普通高等教育智慧海洋技术系列教材

电路基础

主　编　项建弘
副主编　席志红

科学出版社
北　京

内 容 简 介

为了适应新工科建设，满足高等教育改革需求，同时加强高等学校卓越工程师培养，本书除介绍电路原理与电路分析基础知识外，还增加了模拟电路、数字电路、变压器和电动机等内容。本书内容符合教育部高等学校电子电气基础课程教学指导分委员会制定的电路理论基础、电路分析基础课程教学基本要求。

全书共 15 章，除绪论外，主要内容有：电路模型和电路定律、电阻电路的等效变换和化简、电路的分析方法和网络定理、动态电路的时域分析、正弦电路的稳态分析、电路频率特性分析、双口网络、电子电路元件、数字电路基础、三相电路、磁路与互感电路、电动机、暂态电路的复频域分析法、非线性电路等。

本书可作为高等学校电子信息类、电气类、自动化类、仪器类、计算机类等专业的教材或参考书，也可供工程技术人员参考和自学使用。

图书在版编目（CIP）数据

电路基础 / 项建弘主编. -- 北京：科学出版社，2024.8. -- （普通高等教育智慧海洋技术系列教材）.--ISBN 978-7-03-079419-2

Ⅰ.TM13

中国国家版本馆 CIP 数据核字第 2024TO28Q5 号

责任编辑：陈　琪 / 责任校对：王　瑞
责任印制：赵　博 / 封面设计：马晓敏

科学出版社 出版
北京东黄城根北街 16 号
邮政编码：100717
http://www.sciencep.com

三河市骏杰印刷有限公司印刷
科学出版社发行　各地新华书店经销

*

2024 年 8 月第　一　版　　开本：787×1092　1/16
2025 年 3 月第三次印刷　　印张：22 1/2
字数：576 000
定价：69.80 元
（如有印装质量问题，我社负责调换）

前 言

　　党的二十大报告指出，"全面提高人才自主培养质量，着力造就拔尖创新人才"。围绕新时代人才培养，同时为适应新工科专业课程体系改革的需要，本书结合了编者所在课程组 50 余年的教学经验，在《电工基础》（哈尔滨船舶工程学院电工教研室，1979）和《电路分析基础》（席志红，2016）的基础上融入了模拟电路、数字电路和磁路等部分，并兼顾了各类高等学校的使用需求。

　　本书是海洋信息技术领域的基础教材，一方面重视基础内容、概念和原理，为电类专业学生夯实基础，另一方面也兼顾非电类学生应具备的电类知识体系。本书框架为：第 1～8、14 章为交直流电路，第 9、15 章为模拟电路，第 10 章为数字电路，以上三部分分别揭示了海洋信息（或信号）获取、处理与逻辑分析等电路的基本原理；第 11～13 章为三相电路和电器电路，体现了承载信息处理电子装备的供电和电器驱动的基本原理。前后章节具有较强的先后逻辑性和系统关联性，书中还结合一些工程应用案例，以培养初学者理论联系工程实际的"新工科"素养。同时，本书融入微课视频和部分习题参考答案，读者可扫描书中二维码进行学习。除此之外，作者依托智慧树平台构建"电路基础"AI 课程（免登录网址：http://t.zhihuishu.com/V2Zk58ML），提供课程图谱、问题图谱与能力图谱等，供读者从多维度、多层面理解知识点。

　　本书第 1～3 章由项建弘编写，第 4、9 章由王霖郁编写，第 5、10 章由李鸿林编写，第 6、7 章由黄丽莲编写，第 8 章由刘庆玲编写，第 11 章由席志红编写，第 12、13 章由张忠民编写，第 14 章由靳庆贵编写，第 15 章由王伞编写。本书的编写规则、设计以及全书的统稿由项建弘和席志红负责。

　　由于编者水平有限，书中难免有疏漏之处，恳请各位读者批评指正。

编　者
2024 年 5 月

目 录

第1章 绪论 ··· 1
1.1 电路的历史与发展 ··· 1
1.2 电路与海洋信息场 ··· 2
1.2.1 电力系统 ··· 2
1.2.2 电子信息系统 ··· 4
1.2.3 海洋信息场 ··· 5
习题 ··· 6

第2章 电路模型和电路定律 ··· 7
2.1 电路和电路模型 ··· 7
2.1.1 实际电路 ··· 7
2.1.2 电路模型 ··· 8
2.1.3 电路的概念和术语 ··· 8
2.2 电路的基本物理量 ··· 9
2.2.1 电流及其参考方向 ··· 9
2.2.2 电压及其参考方向 ··· 10
2.2.3 电压和电流的关联参考方向 ··· 11
2.2.4 电功率 ··· 11
2.2.5 电能量 ··· 12
2.3 电路元件的基本电磁特性及模型 ··· 13
2.3.1 电路元件 ··· 13
2.3.2 电阻元件 ··· 14
2.3.3 电容元件 ··· 16
2.3.4 电感元件 ··· 18
2.3.5 开关 ··· 21
2.3.6 独立电源 ··· 21
2.3.7 受控电源 ··· 23
2.4 基尔霍夫定律 ··· 23
2.4.1 基尔霍夫电流定律 ··· 23
2.4.2 基尔霍夫电压定律 ··· 25
习题 ··· 27

第3章 电阻电路的等效变换和化简 ··· 30
3.1 电路等效的概念 ··· 30
3.2 电阻电路的等效变换 ··· 30
3.2.1 电阻的串联 ··· 30
3.2.2 电阻的并联 ··· 31

		3.2.3 电阻的串并联 ……………………………………………………… 32
		3.2.4 电阻的星形和三角形连接及其等效互换 ……………………… 33
	3.3	含受控源电路的等效电阻 ……………………………………………… 36
	3.4	含源电阻电路的等效变换 ……………………………………………… 37
		3.4.1 电压源的串联和并联 ………………………………………………… 37
		3.4.2 电流源的串联和并联 ………………………………………………… 37
		3.4.3 有伴电源 …………………………………………………………… 38
		3.4.4 实际电源两种模型的等效互换 ……………………………………… 39
	习题	……………………………………………………………………………… 41
第4章	电路的分析方法和网络定理 ……………………………………………………… 44
	4.1	支路电流法 ………………………………………………………………… 44
	4.2	节点电压法 ………………………………………………………………… 46
	4.3	回路电流法 ………………………………………………………………… 52
	4.4	叠加定理 …………………………………………………………………… 55
	4.5	替代定理 …………………………………………………………………… 58
	4.6	戴维南定理与诺顿定理 …………………………………………………… 59
		4.6.1 戴维南定理 ………………………………………………………… 60
		4.6.2 诺顿定理 …………………………………………………………… 63
	4.7	特勒根定理 ………………………………………………………………… 64
		4.7.1 特勒根定理 1 ……………………………………………………… 65
		4.7.2 特勒根定理 2 ……………………………………………………… 66
	4.8	互易定理 …………………………………………………………………… 68
	习题	……………………………………………………………………………… 70
第5章	动态电路的时域分析 ………………………………………………………………… 75
	5.1	动态电路方程及其初始条件 ……………………………………………… 75
	5.2	一阶电路的暂态响应 ……………………………………………………… 78
		5.2.1 一阶电路恒定输入下的全响应 ……………………………………… 78
		5.2.2 一阶电路的零输入响应 ……………………………………………… 83
		5.2.3 一阶电路的零状态响应 ……………………………………………… 85
	5.3	一阶电路的三要素法 ……………………………………………………… 89
	5.4	阶跃响应和冲激响应 ……………………………………………………… 94
		5.4.1 阶跃响应 …………………………………………………………… 94
		5.4.2 冲激响应 …………………………………………………………… 98
	5.5	二阶电路的暂态响应 ……………………………………………………… 102
		5.5.1 二阶电路的零输入响应 ……………………………………………… 102
		5.5.2 二阶电路的零状态响应 ……………………………………………… 107
		5.5.3 二阶电路的全响应 ………………………………………………… 109
	5.6	暂态电路的应用 …………………………………………………………… 110
		5.6.1 微分电路与积分电路 ………………………………………………… 110
		5.6.2 卷积积分 …………………………………………………………… 112

习题 ··· 114

第 6 章　正弦电路的稳态分析 ··· 119
6.1　直流系统和交流系统 ·· 119
6.2　正弦量的相量表示 ··· 119
6.2.1　正弦量的基本概念 ·· 119
6.2.2　复数 ·· 121
6.2.3　相量表示正弦量 ·· 123
6.3　RLC 在正弦电路中的特性 ·· 125
6.3.1　基尔霍夫定律的相量形式 ·· 125
6.3.2　RLC 元件的相量形式 ·· 125
6.4　正弦稳态电路相量分析 ··· 128
6.4.1　复阻抗和复导纳 ·· 128
6.4.2　串并联电路的分析 ··· 132
6.4.3　复杂电路的分析 ·· 135
6.5　正弦稳态电路的功率 ·· 138
6.5.1　瞬时功率和平均功率 ··· 138
6.5.2　无功功率和视在功率 ··· 139
6.5.3　负载功率因数的提高 ··· 141
6.5.4　最大功率传输 ··· 142
　　　习题 ··· 144

第 7 章　电路频率特性分析 ··· 149
7.1　串联谐振与频率响应 ·· 149
7.1.1　RLC 串联谐振 ·· 149
7.1.2　串联电路的谐振曲线和通频带 ··· 152
7.2　并联谐振 ··· 154
7.3　周期性非正弦信号的频谱概念 ··· 157
7.3.1　周期函数的傅里叶级数展开式 ··· 157
7.3.2　周期性非正弦电压和电流的有效值及平均功率 ··································· 161
7.4　周期性非正弦电路的分析 ·· 163
7.5　谐振电路与周期性非正弦电路应用 ··· 165
　　　习题 ··· 168

第 8 章　双口网络 ·· 170
8.1　双口网络概述 ·· 170
8.2　双口网络的方程及参数 ··· 171
8.2.1　导纳参数方程与阻抗参数方程 ··· 171
8.2.2　混合参数方程 ··· 175
8.2.3　传输参数方程 ··· 177
8.3　双口网络的互联 ··· 180
8.3.1　级联 ·· 180
8.3.2　串-串联 ·· 182

		8.3.3 并-并联	182
		8.3.4 串-并联	183
		8.3.5 并-串联	183
	8.4	双口网络的开路阻抗和短路阻抗	185
		8.4.1 开路阻抗	185
		8.4.2 短路阻抗	185
		8.4.3 开路阻抗和短路阻抗的关系	185
	8.5	对称双口网络的特性阻抗	186
	8.6	双口网络的等效电路	187
	习题		190
第 9 章	电子电路元件		192
	9.1	半导体基础知识	192
		9.1.1 本征半导体	192
		9.1.2 杂质半导体	193
		9.1.3 PN 结	193
	9.2	半导体二极管	195
		9.2.1 二极管的伏安特性	195
		9.2.2 二极管的等效电路	196
	9.3	半导体三极管及电路模型	198
		9.3.1 三极管的结构及类型	198
		9.3.2 三极管的电流放大作用	198
		9.3.3 三极管的特性曲线	199
		9.3.4 三极管的微变等效分析方法	200
	9.4	场效应管及电路模型	201
		9.4.1 场效应管基本概念	201
		9.4.2 场效应管放大电路的接法	204
		9.4.3 场效应管的开关应用	205
	9.5	集成运算放大器及电路模型	206
		9.5.1 运算放大器的基本概念	206
		9.5.2 理想运算放大器的电路分析	207
	习题		211
第 10 章	数字电路基础		213
	10.1	数字电路概述	213
		10.1.1 数字电路及数字信号	213
		10.1.2 数字信号抽象	214
	10.2	逻辑关系与逻辑门电路	216
		10.2.1 逻辑关系和逻辑运算	216
		10.2.2 逻辑门电路	220
	10.3	数字电路的应用	223
	习题		225

第 11 章 三相电路 228

11.1 三相交流电的产生及传输 228
11.1.1 三相电源的星形连接 229
11.1.2 三相电源的三角形连接 230
11.2 对称三相电路的分析 231
11.3 不对称三相电路的分析 236
11.4 三相电路的功率 239
习题 241

第 12 章 磁路与互感电路 244

12.1 磁路的基本概念和基本定律 244
12.1.1 磁场的基本物理量 244
12.1.2 铁磁物质的磁化曲线 245
12.1.3 磁路及其基本定律 246
12.2 互感元件与参数方程 249
12.2.1 互感系数和耦合系数 249
12.2.2 互感电压及同名端 251
12.2.3 互感元件的连接和去耦等效电路 254
12.3 互感电路的分析及线性变压器 256
12.3.1 具有互感的正弦电路的分析 256
12.3.2 线性变压器 259
12.4 交流铁心磁路及铁心变压器 261
12.4.1 交流铁心线圈 261
12.4.2 铁心变压器 263
12.4.3 三相变压器及特殊变压器 269
12.5 电磁铁 271
12.5.1 直流电磁铁 271
12.5.2 交流电磁铁 272
习题 272

第 13 章 电动机 276

13.1 三相异步电动机的基本结构及工作原理 276
13.1.1 基本结构 276
13.1.2 铭牌数据 277
13.1.3 工作原理 279
13.2 三相异步电动机的电磁转矩和机械特性 283
13.2.1 电磁转矩 283
13.2.2 机械特性 286
13.3 三相异步电动机的运行特性及控制原理 288
13.3.1 三相异步电动机的起动 288
13.3.2 三相异步电动机的调速 291
13.3.3 三相异步电动机的反转与制动 293

13.4 单相异步电动机 ... 295
13.4.1 结构特点和工作原理 ... 295
13.4.2 电容分相式异步电动机 ... 297
13.4.3 单相异步电动机的反转和调速 ... 298
13.5 直流电机 ... 299
13.5.1 直流电机的结构 ... 300
13.5.2 直流电动机的工作原理 ... 301
13.5.3 直流电动机的电动势和电磁转矩 ... 301
13.5.4 直流电动机的分类 ... 302
13.5.5 直流电动机的机械特性 ... 303
13.5.6 直流电动机运行 ... 304
13.6 常用执行电动机简介 ... 306
13.6.1 伺服电动机 ... 306
13.6.2 步进电机 ... 307
习题 ... 308

第 14 章 暂态电路的复频域分析法 ... 311
14.1 拉普拉斯变换及其基本性质 ... 311
14.1.1 拉普拉斯变换与逆变换 ... 311
14.1.2 拉普拉斯变换的基本性质 ... 312
14.2 拉普拉斯逆变换的部分分式展开法 ... 317
14.3 电路定律及模型的运算形式 ... 321
14.3.1 基尔霍夫定律的运算形式 ... 321
14.3.2 元件模型的运算形式 ... 321
14.3.3 欧姆定律的运算形式 ... 323
14.4 拉普拉斯变换的运算法 ... 324
14.4.1 运算电路模型 ... 324
14.4.2 拉普拉斯变换的运算法 ... 324
14.5 网络函数及其特性 ... 329
14.5.1 网络函数 ... 329
14.5.2 网络特性 ... 329

第 15 章 非线性电路 ... 332
15.1 非线性电阻元件 ... 332
15.1.1 非线性电阻元件及其约束关系 ... 332
15.1.2 非线性电阻元件的串联和并联 ... 333
15.2 非线性电阻电路分析方法 ... 334
15.2.1 图解法 ... 334
15.2.2 小信号分析法 ... 335
15.2.3 分段线性法 ... 338
15.3 典型非线性电路分析 ... 340
15.3.1 非线性动态电路分析 ... 340

15.3.2　非线性振荡电路分析 …………………………………………………… 342
15.3.3　混沌电路分析 …………………………………………………………… 343
参考文献 ……………………………………………………………………………… 346

第1章 绪　　论

人类进入21世纪以来，无论是电力技术、新能源技术、电子信息技术、海洋信息技术、人工智能技术，还是生物技术、航空航天技术、制造技术、交通运输技术等都依赖于电路和电子系统，电路已经融入人类的衣、食、住、行、用等日常生活的各个方面，并且影响着人类的生活方式和思维方式。

1.1　电路的历史与发展

中国人的祖先很早就发现了"电"这一现象，最早在甲骨文中，就有电的记载，当时用来表达闪电的意思。

在商代的金文中就出现了加雨字头的"電"字。西周初期的青铜器上"電"字的形状逐渐演变为现在所见的形态。在战国时期的竹简上，"電"字的写法有所变化，但基本仍然保持闪电的含义。

秦汉隶书中"電"字的书写形式逐渐趋于规范，开始有了电力、电流等现代意义的引申。东汉的《说文解字》中提到"电，阴阳激耀也"。

随着时间的推移，"电"字的书写形式逐渐演变为楷书风格，同时其含义也扩展到了现在的电学概念。"电"字演变进程如图1-1所示。

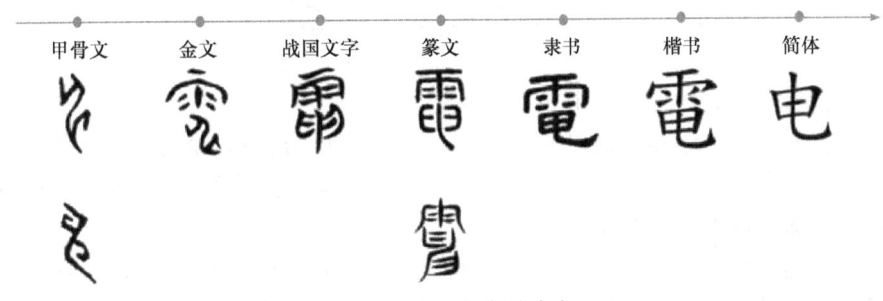

图1-1　"电"字的演变

明代，武当山主峰建成全铜金殿，每当雷雨时节，金殿借助脊饰放电产生电弧，导致空气激烈膨胀形成硕大火球，在金殿顶部激跃翻滚，蔚为壮观。而且金殿借助雷电洗炼更加熠熠生辉，屹立600年而不倒，古人利用电的智慧令人叹为观止，如图1-2所示。

16世纪末，英国科学家威廉·吉尔伯特(William Gilbert)开始研究静电现象，并首次提出了"电力"这个概念。

1752年，美国科学家本杰明·富兰克林(Benjamin Franklin)通过风筝实验，证实了雷电的本质也是电，这一发现为后来的电学发展奠定了基础。

图 1-2 "雷火炼殿"奇观

19 世纪初至中期，安德烈·玛丽·安培(Andre-Marie Ampere)和乔治·西蒙·欧姆(Georg Simon Ohm)等科学家提出了安培环路定理、安培定律和欧姆定律，为后续的电路分析提供了重要的数学工具和理论基础。

19 世纪末至 20 世纪初，交流电的理论开始受到重视。詹姆斯·克拉克·麦克斯韦(James Clerk Maxwell)的电磁理论和尼古拉·特斯拉(Nikola Tesla)等工程师对交流电的研究促进了交流电理论的发展。

20 世纪初，网络理论作为电路分析的重要工具得到了发展。莱昂·夏尔·戴维南(Leon Charles Thevenin)、爱德华·劳笠·诺顿(Edward Lawry Norton)和汉斯·梅耶尔(Hans Ferdinand Mayer)等科学家提出了戴维南定理和诺顿定理，用于简化和分析复杂的电路系统。

20 世纪中期，美国麻省理工学院吉耶曼(Guillemin)教授编著的 *Introductory Circuit Theory* 对经典电路理论进行了系统的整理。

在现代，电路理论已经成为电气类、电子信息类、自动化类、计算机类、生物工程类等专业的核心理论课程之一。从微电子器件到电子电气系统，电路理论的应用范围涵盖了几乎所有的电子设备和系统，为现代科技的发展和应用提供了重要的理论支持。

1.2　电路与海洋信息场

电路在现代应用中，发挥着如下两大重要作用。

其一，电能量处理。电路承载电能传输、分配与转换，形成安全的电力系统。

其二，电信号处理。电路实现信号传输、处理、变换与存储等，不同功能的电路相互协作，构筑成复杂多样的电子信息系统。

电力系统和电子信息系统可以应用于各个科技领域和研究方向，如海洋信息场、人工智能、量子计算、清洁能源、智能制造、生物医疗等。

1.2.1　电力系统

电力系统将发电站产生的电能经变电、输电送至配电所，供给各用户，如图 1-3 所示。

电能的来源主要有：火力发电、水力发电、核能发电、风力发电、太阳能发电、地热发电、海洋能发电等。据统计，2022 年全球发电能源结构中，火电约占总体的 35%，水电约 15%，核电约 9%，风电约 7%。

火力发电靠燃烧煤炭、石油、天然气等燃料经过锅炉将水加热为过热蒸汽，再由蒸汽轮机带动发电机转子转动，从而产生电能输出。火力发电站建造工期短，一般为同等装机容

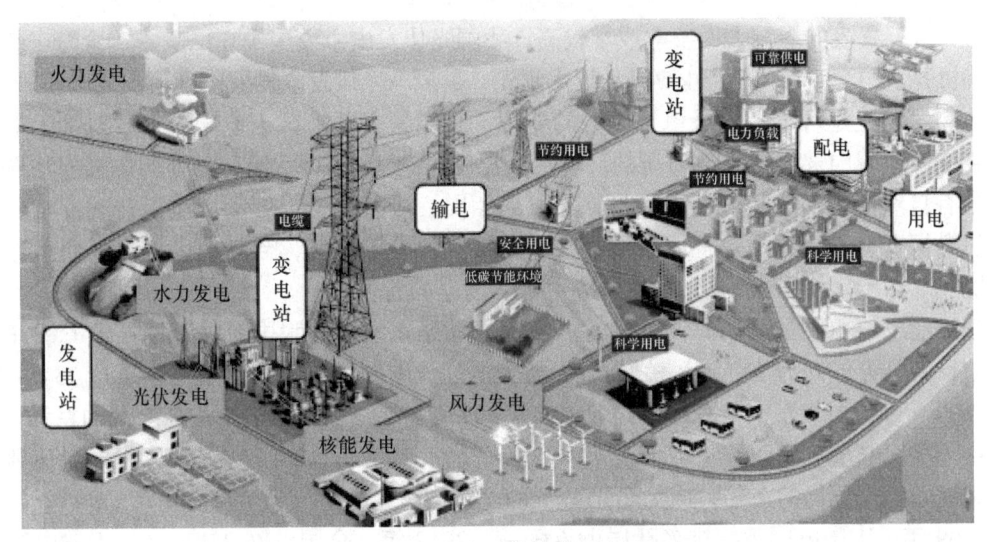

图 1-3 电力系统构成示意图

量的水电站的一半甚至更少,建设投资也相对较少。我国最大的火力发电厂是中国大唐托克托发电厂,装机容量约为 672 万 kW,也是世界上最大的燃煤电站,被誉为火电站中的"超级航母"。但是随着地球自然资源的减少,燃料来源牵动着全球的经济,其次燃料燃烧带来的环境损害也越来越不容忽视,因此对"碳排放"的限制已经成为全人类都必须重视的事情。

水力发电利用水流的高低落差,将其势能转换为水轮机的动能,带动发电机运转发电,是非常好的绿色能源。水力发电可以与航运、养殖、灌溉、防洪和旅游构成水资源的综合利用,但是水力发电站建设时间长、成本高。我国国土西高东低,且有丰富的水资源,非常适合水力发电,我国水力发电的技术水平居世界首位,装机总容量超 4 亿 kW,仅三峡水电站装机容量就有 2250 万 kW,已成为全世界最大清洁能源生产基地。随着燃料能源的紧缺,地球上可以利用的水力发电资源多数已经被充分利用,水力发电再难有新的大规模增长。

核能发电利用核反应堆中的核裂变(或聚变)所释放出的热能进行发电。核能能量密度极大,消耗少量的核燃料就可以产生巨额热能,而且核能发电不产生碳排放,也不需要长途运输煤炭、石油等燃料,是一种清洁能源,非常有价值、有前景,但是核物质的放射性、核废物的处理难度都极大地限制了核电站的建设和发展。目前世界上只有少数几个国家具有建设核电站的能力,我国核能发电的装机容量超过 1 亿 kW,主要集中在东南沿海地区。福建福清核电站是我国自主化、国产化程度最高的核电站,装机容量达到 667.8 万 kW,采用的"华龙一号"技术安全性非常可靠。

风力发电利用自然风力带动风力发电机发电,也是可再生、绿色、清洁的能源。风力发电站建设成本较低、周期短,但是因受气候影响,风力不稳定,风力发电有间歇性,可以作为其他发电形式的补充。我国的风力发电资源主要集中在北方(东北、西北)地区。近几年我国为了改善人民的自然环境,对清洁能源给予高度重视,基于对"绿水青山就是金山银山"的深刻体会和践行,大力发展风力发电和太阳能发电,风力发电装机容量达 4 亿 4 千万 kW,居世界首位。

太阳能发电可以分为太阳能热发电和光伏发电。太阳能热发电是汇聚太阳能,将水加热成水蒸气来发电;光伏发电利用太阳能电池直接把光能转换为电能,是太阳能发电的主要形式。太阳能发电也是永不枯竭、绿色、清洁的能源,但是太阳能照射的能量分布密度低,且阳光受气候、天气、昼夜的影响大，发电成本较高。我国光伏发电主要集中在内蒙古、青海、新疆，目前装机容量约为6亿1千万kW，且技术领先，是全球光伏发电发展速度最快的国家。

地热发电也是可再生、绿色、清洁的能源，其能量主要来源于地球深处放射性元素的衰变，衰变使地球内部成为高温高压的环境，其温度可达7000℃，地球深处的熔融岩浆侵入地壳后会有自然涌出的热蒸汽升空，与火力发电相同，热蒸汽可以带动汽轮机转动发电。我国的地热勘探资料显示，地热资源主要存在于西藏、云南等地区，台湾地区也有。西藏当雄羊八井地热电站于1977年投运，是我国应用地热发电的首例。

海洋能发电主要是利用海洋的潮汐、海流的动能来发电，我国有位于浙江温岭的江厦潮汐电站，装机容量约为3.9MW。目前世界最大的潮汐电站位于韩国，装机容量达254MW。

2008年，我国年发电量总额超过日本、加拿大、德国、法国、英国、意大利的总和。2011年，我国净发电量总额达到4.47万亿kW·h，跃居世界第一。2022年，我国发电量达到8.85万亿kW·h，是美国的2倍，成为名副其实的"电国"。

2009年，中国电网规模排名跃居世界第一。2018年，全国电网35kV及以上输电线路回路长度达189万km，已经是1949年的291倍，相当于绕赤道47圈。

我国76%的煤炭资源位于北部和西北部地区，80%的水力发电资源分布在西南部地区，大部分风能、太阳能分布在西部和北部地区，而70%以上的能源需求主要集中在长江三角洲地区、珠江三角洲地区、京津唐渤海湾地区，能源基地与负荷中心的距离为1000～3000km，因此必须进行远距离电力传输。随着我国经济的快速发展，以500kV超高压线路为主干网络的架构已经显现出输电量小、无法实现远距离大跨度输送电力的缺陷，需要建设更高电压等级的网络架构。

中国的特高压输电技术在世界上处于领先水平，2018年输电最高电压等级达1100kV（特高压），是世界第一。我国幅员辽阔，特高压输电推进了西部大开发战略，在世界其他地区也将有广泛的应用前景。

1.2.2 电子信息系统

尽管电子信息系统具备不可胜数的功能，但主要由四部分功能电路模块构成，即信号获取电路模块、信号处理电路模块、逻辑分析电路模块和电器驱动电路模块，电子信息系统如图1-4所示。

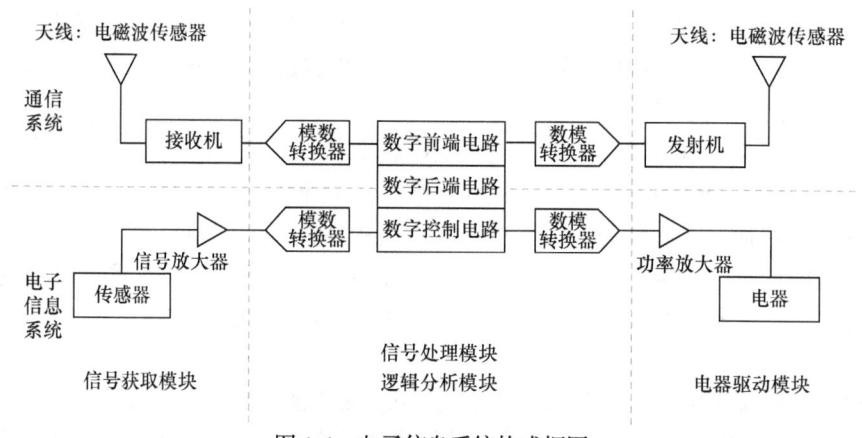

图1-4 电子信息系统构成框图

(1)传感器：将外部信号转化为电信号，根据物理量种类和工作原理，可分为力、速度、温度、流量、气体等传感器，以及电阻、电容、电感、电压、光电、热电偶等类型。通信系统中的天线也可视作电磁波传感器。

(2)信号放大器：主要负责电信号放大处理，其涵盖的放大电路包含晶体管放大器、运算放大器等。

(3)数模-模数转换器：用于模拟信号与数字信号相互转化，如 ADC（模数转换器）和 DAC（数模转换器）。

(4)数字前端电路：主要任务是信号处理，包括数字滤波、数字变频、降噪、编解码等。

(5)数字后端电路：主要作用是信息提取和逻辑分析，包含特征提取、时域分析、频谱分析、逻辑判断和数据压缩等。

(6)数字控制电路：产生控制信号，以调试外部电器的运行状态、稳定性及性能等。

(7)功率放大器：用于提升信号功率，进而能够驱动电器和设备。

需要指出的是，传感器和信号放大器用于信号获取；数模-模数转换器、数字前端电路、数字后端电路和数字控制电路均属于信号处理电路范畴；而功率放大器用于电器驱动。然而，上述划分并非绝对，例如，信号放大器和功率放大器也可以归属于信号处理电路。

通信系统既包括有线通信系统，也包括无线通信系统，作为电子信息系统的一类，其结构与电子信息系统类似，其中的模拟接收机、模拟发射机也归为信号处理电路。

近年来，人工智能成为人们关注的焦点，其依赖于有效的信号处理算法，如类人脑的神经网络算法、决策树算法、聚类算法、最优化算法等，这些算法多通过电子信息系统中的信号处理电路得以实现。借助人工智能算法而生的电子信息系统，又被称为智能系统。智能系统的感知、传感和决策功能，使得电子信息系统能更好地应对复杂需求和挑战，从而在各领域实现更高效率、更可靠和更智能的应用。

1.2.3 海洋信息场

海洋是地球上对气候、生态及资源维护至关重要的生态系统，其环境也对人类经济社会发展具有重大价值。面临信息时代的挑战，人们亟须实时掌握海洋动态信息并进行有效运用，这些信息包括海洋温度、盐度、洋流速度、悬浮物质浓度及生物量等物理、化学及生物参数信息。因此，一个由以上诸多信息组成的复杂空间分布场景便构成了海洋信息场。而电路作为海洋信息智能化感知、获取、处理、传输的核心部分，其设计需满足一定的特殊需求。

(1)海洋信息观测与传感：通过部署传感器及测量设备来收集海洋信息，如海洋温度、盐度、洋流速度、海洋生物数量等。此类传感器与电路相连，将接收到的信号转化为电信号并传出。设计电路时需考虑海水腐蚀、高湿度、光照等海洋环境特有的需求，从而提高设备的可靠性与稳定性。

(2)海洋信息处理与传输：电路为处理收集的海洋信号提供了必要的二次处理，如放大、滤波、调制等，确保数据的正常运行与有效传输。在此过程中，布局设计需考虑数据整形以及大数据压缩处理。而海洋信息传输电路的设计，更需兼顾数据的深海、跨介质、有线或无线传输，以保证海洋信息的安全与可靠传输。

(3)海洋智能装备：在海洋信息观察、处理与传输过程中，一套高度集成传感器、通信电路、控制电路和计算电路的自动化智能装备起着关键性作用。此装备的电路设计带来了难度较大的挑战。

(4)电力供应与能量管理：考虑到海洋环境的特殊性和电子设备的能耗特点，设计适应海洋环境的电源与能量管理系统尤为重要。此类系统需考虑海浪、潮汐等影响因素，采用节能与可再生能源方案，确保海洋设备的持久运行。

以自主水下航行器(autonomous underwater vehicle，AUV)为例，这是一种在水下执行多种任务的机器人装备，广泛应用于海洋勘探、生物研究以及科学研究等领域。AUV装备有推进系统、能源系统、导航通信系统、传感器与仪器以及控制系统，还包括载荷系统和浮力调节系统等，其中的推进系统如图1-5所示，可见AUV装备与电子信息系统有密切的联系。

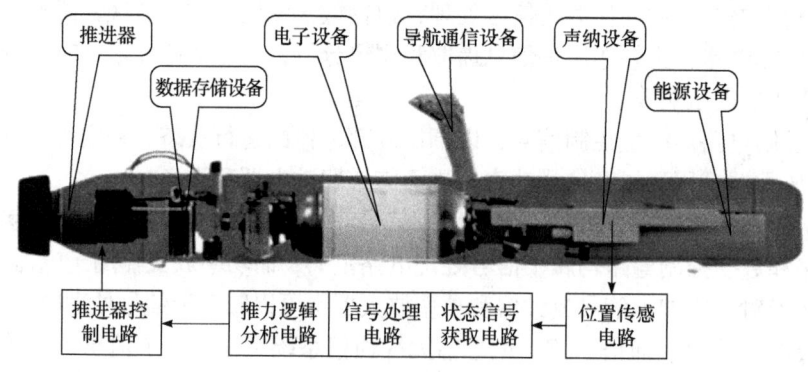

图 1-5　AUV 推进系统构成框图

总而言之，海洋信息场与电路相辅相成，电路的运用与改良有助于改善海洋信息场监测与研究的精确性、高效性和持续性，为海洋资源管理与环境保护等领域提供强有力的支撑。

习　　题

1-1　请列举电路还有哪些作用。

1-2　请查阅资料，列举在信号获取电路、信号处理电路、逻辑分析电路和电器驱动电路中还有哪些具体的功能电路。

1-3　请举例分析其他电子或电气系统的构成是否包含信号获取、信号处理、逻辑分析、电器驱动等主要电路。

第 2 章 电路模型和电路定律

本章介绍电路的基础知识和基本定律，主要内容有：电路模型的基本概念；描述电路的基本物理量电流、电压及其参考方向；电路的功率和能量；构成电路的基本电路元件及其伏安关系；描述电路中电流、电压约束关系的基尔霍夫定律。引入参考方向是分析电路的前提，各种电路元件的特性和基尔霍夫定律是分析电路的基础，这些将贯穿本门课程始终。

2.1 电路和电路模型

2.1.1 实际电路

实际电路(actual circuit)是为实现某种功能，由一些电子元器件和用电设备相互连接组成的总体。如图 2-1(a)所示，干电池(dry cell)和灯泡由两根导线(wire)、开关连接起来便构成一个简单的照明电路。

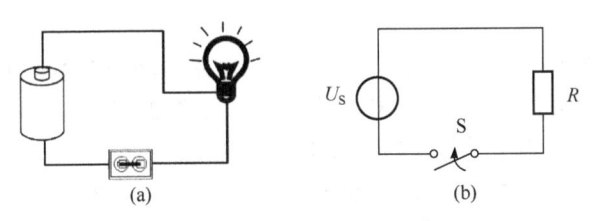

图 2-1 实际电路与电路模型

实际电路的作用可分为两类：一类可以完成电能的转换、传输、分配以及驱动设备，如电力系统、照明系统、船舶推进器系统等；另一类可以产生、处理、变换和存储电信号(electrical signal)，如电子技术中的振荡、扫描、放大、调谐等。

实际电路的组成可能非常简单，也可能十分复杂。无论简单还是复杂，总要包含以下四个基本组成部分。

(1)电源(source)：将其他形式的能量转换为电能的元器件或设备，其功能是为电路提供电能，如锂电池、发电机等。

(2)负载(load)：吸收或消耗电能的元器件或设备，其功能是将电能转变为其他形式的能量，如发光二极管、电脑等，又称用电器或换能器。

(3)导线：用来连接各种电子元器件或设备，使之形成完整的电路，其功能是引导电流(current)流动、传输能量，如电缆线、高压线、数据线等。

(4)开关(swith)：一种连通电流和切断电流的电子元器件或设备，其功能是将电路闭合，使电流流到电路其他部分；或将电路开路，使电流中断，如按键开关、遥控开关、隔离开关等。

此外，电路中还会有各种控制和保护设备或装置，如继电器和熔断器等。

2.1.2 电路模型

研究和分析电路问题就是研究和分析发生在电路中的各种物理过程和电磁现象(electromagnetic phenomena)。每种实际电路元器件或设备都可能同时发生多种电磁现象。为便于研究和分析,通常用理想电路元件及其组合来代替实际电路元件或设备,构成与实际电路对应的电路模型(circuit model)。

理想电路元件是指具有某种单一电磁性质的假想元件,是实际电路元器件在一定条件下抽象化的模型。例如,理想电阻(resistance)元件是指将电能转换成其他形式的能量消耗掉且不可逆转的物理过程的电路元件。电阻器、电灯、冰箱等实际元器件或设备都可以用理想电阻元件来代替。理想电压源(voltage source)元件是指将其他形式的能量转换成电能并可对外提供确定电压(voltage)的电路元件。干电池、蓄电池、锂电池等实际元器件在不考虑其内部消耗电能的条件下,都可以用理想电压源元件代替;否则,用理想电压源元件和理想电阻元件的串联组合来代替。

对于图 2-1(a)所示的实际电路,用理想电阻元件 R 代替灯泡,用理想电压源元件 U_S 代替干电池(电池内部对电能的消耗忽略不计),用线段代替连接导线(导线电阻忽略不计),就可以得到与之对应的电路模型,如图 2-1(b)所示。这种由理想电路元件组成、反映实际电路连接关系的电路模型图,又称电路图(circuit diagram),简称为电路(circuit)。

本书所研究和分析的电路均指由理想电路元件构成的电路(模型)。

2.1.3 电路的概念和术语

结构比较复杂的电路又称(电)网络(network)。电路和网络在本书中没有严格的区别,可以通用。描述电路或网络有一些常用的概念和术语,以图 2-2 所示的网络为例,介绍如下。

(1) 支路(branch):网络中不分岔的一段电路。例如,支路 ab、bc、cd、da、ac、bd,一共 6 条支路,可以表示为支路数 $b=6$。其中,R_2、R_4、R_5 所在支路不含电源,称为无源支路;其余 3 条支路均含有电源,称为含源支路。

(2) 节点(node):3 条或 3 条以上支路的连接点。例如,节点 a、b、c、d,一共 4 个节点,可以表示为节点数 $n_t=4$。

应该指出,支路和节点的定义不唯一。本书采用上述的支路和节点的定义。有时也可以定义一个二端元件为一条支路,支路之间的连接点即为一个节点。若按这种定义,则图 2-2 中有 9 条支路和 7 个节点(除 a、b、c、d 四点外,还有 a′、b′、c′ 三点也为节点)。

(3) 路径(path):两个节点间包含的支路。例如,节点 a 到节点 c 有 3 条路径,分别为 ac、abc、adc,路径不唯一。

(4) 回路(loop):网络中由若干条支路形成的闭合路径。例如,回路 abda、bcdb、abca、abdca、adbca、adcba 和 adca,一共 7 个回路,可以表示为回路数 $l=7$。

(5) 平面网络(planar network):如果将一个网络展开在平面上,经过适当的调整可以使其所有支路均互不交叉,则称该网络为平面网络;否则称为非平面网络。可以证明,4 个及少于 4 个节点(节点为本书定义)的网络

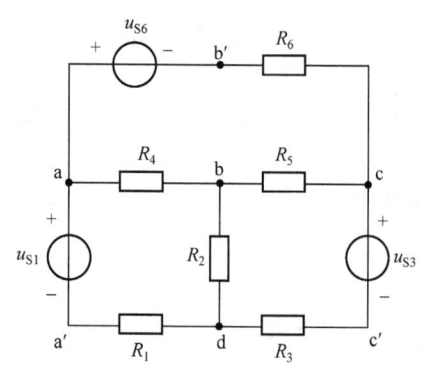

图 2-2 网络常用概念示例图

均为平面网络。显然，图 2-2 是一个平面网络。

(6) 网孔(mesh)：在平面网络中，没有被支路穿过的回路，称为网孔。网孔是一种特殊的回路。例如，图 2-2 中的回路 abda、bcdb、abca，一共 3 个网孔，可以表示为网孔数 $M=3$。

应该指出，只有对于平面网络才有网孔的概念；对于非平面网络，只有回路的概念而没有网孔的概念。

2.2 电路的基本物理量

描述电路性能的物理量统称为电路变量(circuit variable)，如电流、电压、电荷(charge)、磁链(flux linkage)、电功率(electrical power)、电能量(electrical energy)等，其中常用的是电流和电压。另外，用电设备和器件工作时，加载的电流、电压和电功率不应超过它们的额定值，若小于额定值，用电设备不能正常工作；若大于额定值，用电设备容易被损坏。

2.2.1 电流及其参考方向

电荷有序运动形成电流。习惯上把正电荷运动的方向规定为电流的方向。电流的大小用电流强度来表示。电流强度是指单位时间内通过载流体横截面积的电荷量，其定义式为

$$i(t) = \frac{dq}{dt} \tag{2-1}$$

式中，电荷 q 的单位为库仑(C)；时间 t 的单位为秒(s)；电流强度 $i(t)$（简记为 i）的单位为安培(Ampere)，简称安(A)，也可以用千安(kA)、毫安(mA)、微安(μA)作为电流的单位，其换算关系如下：

$$1kA=10^3 A, \quad 1mA=10^{-3} A, \quad 1\mu A=10^{-6} A$$

电流的大小和方向都影响着电路的实际工作状态，因此在研究和分析电路时，两者也要同时标出或同时确定。当电流流经电路中的一条具体支路时，其实际方向只有两种可能，非此即彼。但是当分析电路时，电流的实际方向有时很难准确判断，还可能随时间变化。为了便于分析，可以事先指定一个电流流动的方向，当然这一方向不一定是电流的实际方向。这个事先任意指定的方向称为电流的参考方向(reference direction)。

指定电流的参考方向后，就可以把电流看成代数量，具有正负值。规定：当电流的实际方向与参考方向一致时，电流为正值；反之，电流为负值。电流的参考方向一般用箭头直接标在支路上，还可以用双下标表示，如 i_{ab} 表示该电流的参考方向由 a 指向 b。如图 2-3 所示的一段电路，电流的实际方向如虚线箭头所示，由 a 流向 b，大小为 2A。若指定的参考方向如图 2-3(a) 所示，则电流 $i=2A$；若指定的参考方向如图 2-3(b) 所示，则电流 $i=-2A$。

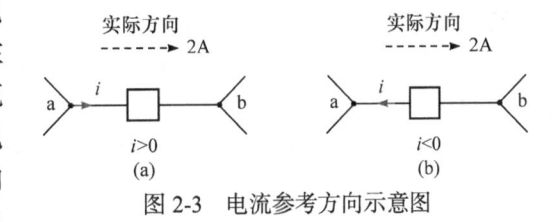

图 2-3 电流参考方向示意图

显然，在指定参考方向下，也可以根据电流数值的正或负来确定电流的实际方向。参考方向的选取是任意的，参考方向选取不同，只影响电流值的正负号，不影响问题的实际结论。要说明的是，只有指定了参考方向后，才能写出随时间变化的电流表达式。

2.2.2 电压及其参考方向

电路的电位、电压和电动势是既彼此相关又有区别的物理量。

1. 电位

单位正电荷在电路中某点所具有的电位能,称为该点的电位(electric potential),用字母 v 表示。

电位的数值是对所选定的参考点而言的。电位参考点是规定其电位为零($v=0$)的点,可以任意指定,通常都是选取电路中接地或接机壳的公共端为参考点。假如 a 点的电位用 v_a 来表示,当 a 点的电位高于参考点时,$v_a>0$;反之,$v_a<0$。电路中某点的电位随参考点的不同而不同。但参考点一旦确定,电路中各点的电位便都有了唯一的确定值。电位的这一性质称为单值性。

2. 电压

单位正电荷受电场力作用从电路中的一点移至另一点所做的功,称为这两点之间的电压。在电源以外的电路中,于电场力作用下,正电荷总是由高电位移向低电位,这个移动的方向被规定为电压的方向,即由高电位指向低电位。

可见,随着电荷的移动,正电荷所具有的电位能在减少,减少的能量被这段电路吸收,所以电压又称电位降。因此,电路中某两点之间的电压也可以说成是单位正电荷在电场力的作用下由一点移动到另一点的过程中所失去的能量,其定义式为

$$u = v_a - v_b = \frac{dW}{dq} \tag{2-2}$$

式中,dW 为电荷 dq 由 a 点移动到 b 点的过程中所失去的电位能,电位能的单位为焦耳(J);电压 u 的单位为伏特(Volt),简称伏(V),也可以用千伏(kV)、毫伏(mV)、微伏(μV)作为电压的单位,其换算关系如下:

$$1kV=10^3V, \quad 1mV=10^{-3}V, \quad 1\mu V=10^{-6}V$$

电位和电压的单位相同,两者既有联系又有区别。电位是对电路中某点而言的,其值与参考点的选取有关。电压则是对电路中某两点而言的,其值与参考点的选取无关。当电路中某点的电压是指该点与参考点之间的电压时,它与该点的电位是一致的。

与电流相似,电路中某两点间电压的实际方向有时也很难判别。为方便分析,可以任意指定一个方向为电压的参考方向。

指定电压的参考方向后,电压就是一个代数量,具有正负值。规定:当电压的实际方向与参考方向一致时,电压为正值;反之,电压为负值。用参考极性(reference polarity)"+"标记高电位,"−"标记低电位,"+"极性指向"−"极性的方向就表示电压的参考方向,如图 2-4(a)所示;也可以用双下标表示,如 u_{ab} 表示该电压的参考方向由 a 指向 b。显然 u_{ab} 与 u_{ba} 是不同的,两者之间相差一个负号,即 $u_{ab}=-u_{ba}$。如图 2-4 所示的一段电路,电压的实际方向由 a 指向 b,大小为 5V。若指定的参考方向如图 2-4(a)所示,则电压 $u=5V$;若指

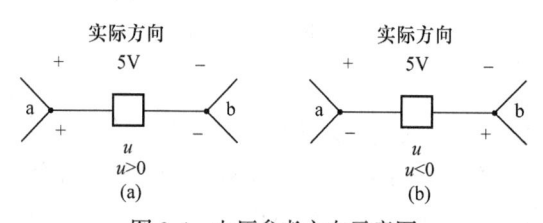

图 2-4 电压参考方向示意图

定的参考方向如图 2-4(b)所示，则电压 $u = -5\text{V}$。

显然，在指定参考方向下，也可以根据电压数值的正或负来确定电压的实际方向。参考方向选取不同，只影响电压值的正负号，不影响问题的实际结论。同样要说明的是，只有指定了参考方向后，才能写出随时间变化的电压表达式。

3. 电动势

电动势(electromotive force)只存在于电源内部，其数值等于单位正电荷受非电场力作用从低电位移到高电位所做的功，方向由低电位指向高电位。

电动势用字母 e 表示。与电压用来描述电源之外的电路中正电荷的电位降相反，电动势一般用来描述电源内部正电荷电位的升高。对电源来讲，其外部的电压和内部的电动势大小相等而方向相反。例如，图 2-4(a)方框中的元件若为电压源元件，则 a、b 两点之间的电动势为 $e_{ab} = v_b - v_a = -u_{ab}$。电动势和电压的单位相同。

2.2.3 电压和电流的关联参考方向

电压和电流的参考方向在电路分析中起着十分重要的作用。在对任何具体电路进行分析之前，都应先指定各有关电压和电流的参考方向，否则分析将难以展开。电压和电流的参考方向可以各自独立地任意指定。但是，习惯上同一段电路的电压和电流常常选取一致的参考方向，称这样选取的参考方向为关联参考方向，如图 2-5 所示。若两者方向选取不一致，则称为非关联参考方向，如图 2-6 所示。

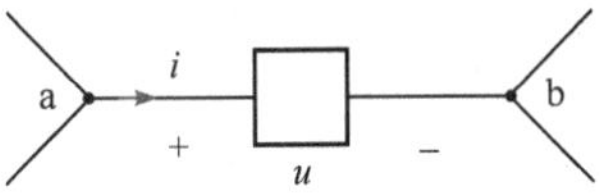

图 2-5 关联参考方向 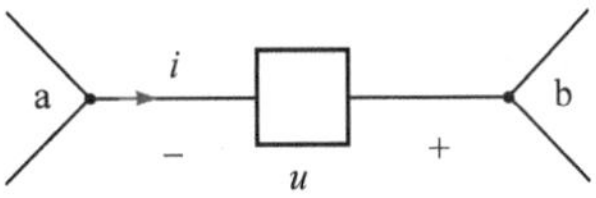　　　　　　　　图 2-6 非关联参考方向

这里需强调一下，本书后面文字提到的或电路中标示的电压和电流方向，若无特别声明，一般指的都是参考方向，而不是其实际方向。初学者对这一点必须特别注意并逐步适应。

2.2.4 电功率

在 2.2.2 节提到，正电荷在电场力的作用下由高电位移动到低电位，通过这段电路将失去一部分电位能，这部分能量被这段电路所吸收。如图 2-5 所示，一段电路上电压、电流取关联参考方向时，由式(2-2)可知，这段电路吸收的能量为

$$dW = udq$$

则单位时间内这段电路吸收的能量即电功率(简称功率)为

$$p = \frac{dW}{dt} = u\frac{dq}{dt}$$

式中，功率 p 的单位为瓦特(Watt)，简称瓦(W)，也可以用千瓦(kW)或毫瓦(mW)作为功率的单位，其换算关系如下：

$$1\text{kW} = 10^3\text{W}, \quad 1\text{mW} = 10^{-3}\text{W}$$

再由式(2-1)可得功率的表达式为

$$p = ui \text{ (吸收)} \tag{2-3}$$

式(2-3)说明，在关联参考方向下，一段电路所吸收的功率为其电压和电流的乘积。

当电压和电流为非关联参考方向时，如图 2-6 所示，则这段电路吸收的功率为

$$p = -ui$$

式中，负号与 u、i 中任何一个量相结合，相当于将该变量的方向倒过来，于是两个变量仍相当于取关联参考方向。

以上两式所计算的功率都是以吸收为前提的，其计算结果取决于 u、i 是正值还是负值，所以有两种可能：若 $p > 0$，则表明这段电路的确是吸收功率的；若 $p < 0$，则表明这段电路实际上是发出功率的。

一段电路的功率也可以以发出为前提，当电压和电流为非关联参考方向时，如图 2-6 所示，则这段电路发出的功率为

$$p = ui \tag{2-4}$$

式(2-4)的计算结果也有两种可能：若 $p > 0$，则表明这段电路的确是发出功率的；若 $p < 0$，则表明这段电路实际上是吸收功率的。

【例 2-1】 如图 2-7 所示，求各元件或电路的功率，其中 $u_1 = 5\text{V}$，$i_1 = 2\text{A}$，$u_2 = 4\text{V}$，$i_2 = -3\text{A}$，$u_S = 3\text{V}$，$i_3 = 5\text{mA}$。

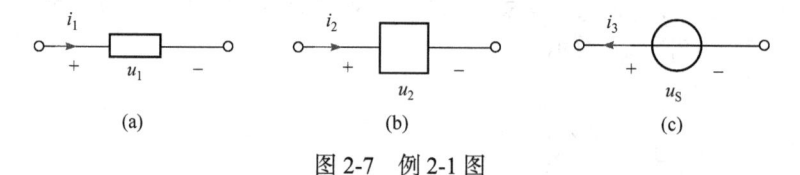

图 2-7 例 2-1 图

解 (1)图 2-7(a)所示电阻元件的电压和电流为关联参考方向，故其功率为

$$p_1 = u_1 i_1 = 5 \times 2 = 10(\text{W}) \quad \text{(吸收)}$$

说明：在求功率时，应先明确所求功率是以"吸收"还是"发出"为前提，并标注。

(2)图 2-7(b)所示元件的电压和电流为关联参考方向，故其功率为

$$p_2 = u_2 i_2 = 4 \times (-3) = -12(\text{W}) \quad \text{(吸收)}$$

说明：由于 $p_2 < 0$，所以该元件实际发出 12W 的功率。

(3)图 2-7(c)所示电压源元件的电压和电流为非关联参考方向，故其功率为

$$p_{u_S} = u_S i_3 = 3 \times (5 \times 10^{-3}) = 15(\text{mW}) \quad \text{(发出)}$$

也可以将电流 i_3 反向，使电压和电流为关联参考方向，则其功率为

$$p_{u_S} = u_S (-i_3) = -3 \times (5 \times 10^{-3}) = -15(\text{mW}) \quad \text{(吸收)}$$

说明：由于 $p_{u_S} < 0$，所以该电源实际发出 15mW 的功率。可见，无论是以吸收还是以发出为前提进行计算，最后得出的结论都是一样的。

2.2.5 电能量

如图 2-5 所示，一段电路在某段时间 $t_0 \sim t$ 内从外界吸收的电能为

$$W = \int_{t_0}^{t} p(\xi) \mathrm{d}\xi = \int_{t_0}^{t} u(\xi) i(\xi) \mathrm{d}\xi \tag{2-5}$$

若 $W > 0$，则表明这段电路的确是吸收电能的；若 $W < 0$，则表明该段电路实际是发出电能的。电能 W 的单位为焦耳。工程上常用瓦秒($\mathrm{W \cdot s}$)或千瓦时($\mathrm{kW \cdot h}$)作为电能的单位，千瓦时又称度。

2.3 电路元件的基本电磁特性及模型

本节将集中介绍一些常用的理想电路元件。为了方便，今后将省略"理想"二字而简称为电路元件。

2.3.1 电路元件

人们常用电路元件来反映实际电路元件，虽然与实际电路元件有偏差，但是可以用其描绘实际电路元件的特性，构成描述电路参数的数学模型——电路方程。从研究的角度来看，借助电路方程还能精确地预测电路性能。

1. 集总参数元件与分布参数元件

当实际元件的尺寸远小于其工作频率下电磁波的波长时，元件的电磁过程可视为集中在一个元件内部进行，电流通过元件的时间相对于电流的变化时间可以忽略不计，即在任一时刻，流入二端元件一端的电流恒等于流出其另一端的电流，这样的元件被称为集总参数元件(lumped element)。由集总参数元件构成的电路称为集总参数电路(lumped circuit)。

当实际元件的尺寸远大于其工作频率下电磁波的波长时，则这种电路不能按集总参数电路来处理，被称为分布参数电路。分布参数电路可以用多个集总参数元件的适当组合来逼近其电磁特性。

2. 线性元件与非线性元件

本节介绍的每种电路元件均具有精确的物理定义、专属的表示符号和与其他元件不同的电磁特性，这些特性可由两个电路变量(电压 u、电流 i、电荷 q、磁链 Ψ)的数学关系来描述。

线性元件是指在其工作范围内，电路的输出变量和输入变量之间成正比关系的元件。换句话说，输出变量与输入变量之间的映射关系需要满足可加性和齐次性，可以用简单的线性方程来描述。常见的线性元件包括电阻、电感和电容等。

非线性元件是指电路的输出变量和输入变量之间不成正比关系的元件。这意味着描述非线性元件的数学关系不可通过简单的线性方程来描述。常见的非线性元件包括二极管、三极管、晶体管等。

3. 时变元件与时不变元件

若一个电路元件的参数不随时间而变化，则称为时不变元件，如电阻(参数 R)、电容(参数 C)、电感(参数 L)均为常量。若一个电路元件的参数随时间的变化而变化，则称为时变元件，如二极管、三极管随着工作时间变长，元件温度升高，电流值随之变化。

4. 无源元件与有源元件

不需要电源即可工作,并且无法对外提供电能的电路元件称为无源元件(passive element)。线性电阻、电容、电感、变压器等均为无源元件。

必须要有外加电源才可以正常工作,或能够产生并对外提供电能的电路元件称为有源元件(active element)。电压源、电流源、各种受控源和理想运算放大器等均为有源元件。

此外,若根据其与外部连接的端钮数目,则元件还可分为二端、三端、四端元件等,如电阻、电容、电感、电压源和电流源均为二端元件,受控源为四端元件。端钮数目大于或等于 3 的元件统称为多端元件(multiterminal element)。

说明一下,本书所讨论的电路均为集总参数电路,而且都是由线性、时不变元件构成的。下面将列举一些常用的电路元件,它们皆属理想化且在结构或功能上均具有不可再分的特性。

(1) 电阻元件:耗能电器或设备的理想化模型,它是反映将电能转换成其他形式的能量被消耗且不可逆转这一物理过程的二端电路元件。

(2) 电容元件(capacitor):实际电容器的理想化模型,它是反映电压引起电荷聚集的物理过程和电场能量储存的电磁现象的二端电路元件。

(3) 电感元件(inductor):实际电感线圈的理想化模型,它是反映电流产生磁通的物理过程和磁场能量储存的电磁现象的二端电路元件。

(4) 开关:实际开关的理想化模型,它是反映电流通与断这一物理过程的二端或多端电路元件。

(5) 独立电源:实际电源的理想化模型,它是具有把非电能量(机械能、化学能、光能等)转换成电能,并向外部电路提供电压或电流的二端电路元件。

(6) 受控电源:某些电子器件的理想化模型,它是具有把电压或电流进行放大或缩小的功能,含有控制支路和受控支路的四端电路元件。

任意电路或网络都是由若干电路元件互相连接而构成的,电路元件是电路最基本的组成单元,所以要分析一个电路的性能,应从研究电路元件的电压电流关系(voltage current relation, VCR)开始,其简称伏安关系,它是建立完整电路方程的两种约束关系之一。

2.3.2 电阻元件

电阻元件是电路中应用最广泛的元件。许多实际的电路器件(如电阻器、电热器、电灯泡、扬声器等)都可以用电阻元件来表示。

电阻元件是其特性可以用 u-i 平面上的一条曲线来表示的二端电路元件。在 u-i 平面上表示电阻元件特性的曲线称为电阻元件的伏安特性曲线,简称伏安特性(Volt-Ampere characteristic)。若伏安特性是一条通过 u-i 平面坐标原点的直线,则称其对应的电阻元件为线性电阻元件(linear resistor);否则,为非线性电阻元件(non-linear resistor)。图 2-8(a)所示的特性曲线对应的是线性电阻元件,图 2-8(b)所示的两条特性曲线对应的都是非线性电阻元件。

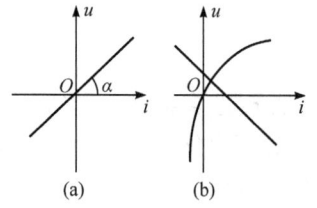

线性电阻元件的电路符号如图 2-9 所示。在关联参考方向下,线性电阻元件的伏安关系满足欧姆定律(Ohm's law):

$$u = Ri \quad \text{或} \quad i = Gu \tag{2-6}$$

式中,R、G 在一般情况下均为不变的正实常数,与 u、i 无

图 2-8 电阻元件的伏安特性曲线

关，且 $G=1/R$。R 反映了元件对电流的阻碍能力，称为电阻元件的电阻量(resistance)，单位为欧姆(Ohm)，用字母 Ω 表示；电压一定时，R 越大，电流越小。G 反映了元件对电流的传导能力，称为元件的电导(conductance)，单位为西门子(Siemens)，用字母 S 表示；电压一定时，G 越大，电流越大。R 和 G 都是电阻元件的参数，它们从不同的角度反映了电阻元件的特性。

若电压和电流取非关联参考方向，则有

$$u = -Ri \quad \text{或} \quad i = -Gu$$

当 $R=0$ 或 $G \to \infty$ 时，由式(2-6)可知，无论 i 为何值(只要为有限值)，将恒有 $u=0$。此时，电阻元件的伏安特性将与 i 轴重合，如图 2-10(a)所示。这种情况下，电阻元件的作用相当于短路(short circuit)。任何一个元件或一段电路，只要其两端电压为零，便可视为短路。

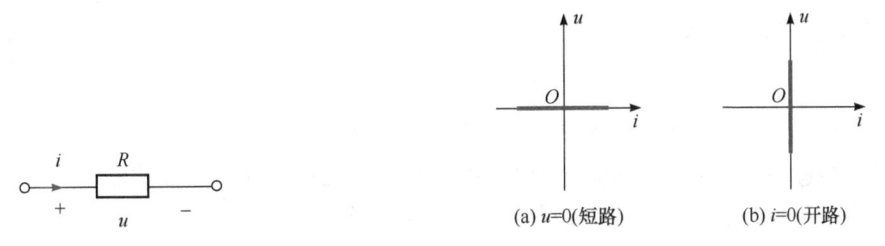

图 2-9 电阻元件的电路符号

图 2-10 短路和开路情况下电阻元件的伏安特性曲线

(a) $u=0$(短路)　　(b) $i=0$(开路)

相反，当 $G=0$ 或 $R \to \infty$ 时，由式(2-6)可知，无论 u 为何值(只要为有限值)，将恒有 $i=0$。此时，电阻元件的伏安特性将与 u 轴重合，如图 2-10(b)所示。这种情况下，电阻元件的作用相当于断路或开路(open circuit)。任何一个元件或一段电路，只要流经其中的电流为零，便可视为开路。"短路"和"开路"是以后经常用到的两个重要概念。

由线性电阻元件的伏安关系可知，任何时刻线性电阻元件的电压(或电流)完全由同一时刻的电流(或电压)所决定，而与该时刻以前的电流(或电压)无关。因此，电阻元件是一种瞬时元件。

当电压和电流取关联参考方向时，线性电阻元件吸收的瞬时功率为

$$p = ui = Ri^2 = \frac{u^2}{R} = Gu^2 = \frac{i^2}{G} \tag{2-7}$$

即电阻元件吸收的功率与电流的平方或电压的平方成正比。因此，当 R 或 G 为正值时，将恒有 $p \geq 0$，这说明正值电阻是纯粹的耗能元件(dissipative element)。此外，由式(2-7)还可以看出：当电流一定时，阻值越大，电阻吸收的功率越大；当电压一定时，阻值越大，电阻吸收的功率越小。

线性电阻元件在时间区间 $t_0 \sim t$ 内吸收的电能为

$$W = \int_{t_0}^{t} u(\xi)i(\xi)\mathrm{d}\xi = \int_{t_0}^{t} Ri^2(\xi)\mathrm{d}\xi = \int_{t_0}^{t} Gu^2(\xi)\mathrm{d}\xi$$

这些电能将被转换成热能、光能等其他形式的能量被消耗掉。

在关联参考方向下，正值电阻元件的伏安特性在 u-i 平面的第一、三象限。若一个线性电阻元件的伏安特性在 u-i 平面的第二、四象限，则此元件的电阻将为负值，负值电阻元件吸收的功率由式(2-7)可知小于零，说明它实际上是发出电能。负值电阻元件一般需经过特殊的设

计。为了叙述方便，把线性电阻元件简称为电阻，用 R 既表示电阻元件符号，也表示电阻元件参数。

2.3.3 电容元件

电容元件也是电路中应用最广的元件之一。电容元件是其特性可以用 q-u 平面上的一条曲线来表示的二端电路元件。在 q-u 平面上表示电容元件特性的曲线称为电容元件的库伏特性曲线，简称库伏特性(Coulomb-Volt characteristic)。若库伏特性是一条通过 q-u 平面坐标原点的直线，如图 2-11 所示，则称其对应的电容元件为线性电容元件，否则为非线性电容元件。

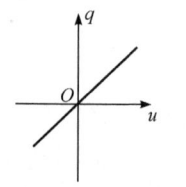

图 2-11 电容元件的库伏特性曲线

线性电容元件的电路符号如图 2-12 所示。两个极板上的电荷与电压成线性关系，即

$$q = Cu \tag{2-8}$$

式中，C 在一般情况下为一个不变的正实常数，与 q、u 无关，称为电容元件的电容量(capacitance)。电容 C 的单位为法拉(Farad)，简称法(F)。工程上也可以用微法(μF)和皮法(pF)作为电容的单位，其换算关系如下：

图 2-12 电容元件的电路符号

$$1\mu F = 10^{-6} F, \quad 1pF = 10^{-12} F$$

随着加在电容两端的电压变化，电容两极板上存储的电荷也随之变化。电荷增加的过程称为充电，电荷减少的过程称为放电。在充放电的过程中，必有电流产生。当电压和电流为关联参考方向时，将有

$$i = \frac{dq}{dt} = \frac{d(Cu)}{dt} = C\frac{du}{dt} \tag{2-9}$$

这就是线性电容元件的伏安关系。式(2-9)说明，线性电容元件的电流与其电压的变化率成正比，而与电压的大小无关。电压变化越快，电流越大；当电压恒定不变时，电流为零，此时电容元件相当于开路。由于电容元件的电流和电压之间具有上述动态关系，故电容元件是一种动态元件(dynamic element)，含电容的电路也称为动态电路。

式(2-9)是用电压来表示电流，是一种导数关系。若用电流来表示电压，则电容元件的伏安关系又可以写成式(2-10)所示的积分形式：

$$u(t) = \frac{1}{C}\int_{-\infty}^{t} i(\xi)d\xi = \frac{1}{C}\int_{-\infty}^{t_0} i(\xi)d\xi + \frac{1}{C}\int_{t_0}^{t} i(\xi)d\xi = u(t_0) + \frac{1}{C}\int_{t_0}^{t} i(\xi)d\xi \tag{2-10}$$

式中，t_0 为积分过程中的某个指定时刻，称为初始时刻，而

$$u(t_0) = \frac{1}{C}\int_{-\infty}^{t_0} i(\xi)d\xi$$

是 t_0 时刻的电容电压，称为电容的初始电压(initial voltage)。

式(2-10)表明，任一时刻电容元件的电压不仅与该时刻的电流有关，而且与该时刻以前的电流均有关。这说明，电容元件对其电流的全部"历史"具有记忆功能，所以电容元件是一种记忆元件(memory element)。相比之下，电阻元件就不具有记忆功能，故电阻元件是一种无记忆元件。

若取初始时刻 $t_0=0$，则式(2-10)可以写成：

$$u(t)=u(0)+\frac{1}{C}\int_0^t i(\xi)\mathrm{d}\xi$$

若 $u(0)=0$，则上式可简化为

$$u(t)=\frac{1}{C}\int_0^t i(\xi)\mathrm{d}\xi$$

电容元件还是一种储能元件(energy storage element)，它能把从电路中吸收的能量以电场能的形式储存在元件的电场之中，而不是消耗掉。在适当的时候，储存的电场能会以某种方式释放出来；但释放的能量不会超过它所吸收并储存的能量，即电容元件本身既不消耗能量，也不会产生新的能量。

在关联参考方向下，电容元件吸收的功率为

$$p=ui=uC\frac{\mathrm{d}u}{\mathrm{d}t}$$

电容元件在某时刻所储有的电场能，也就是它在过去所有时刻从外界吸收的能量为

$$W_C(t)=\int_{-\infty}^t u(\xi)i(\xi)\mathrm{d}\xi=C\int_{u(-\infty)}^{u(t)} u(\xi)\mathrm{d}u(\xi)=\frac{1}{2}Cu^2(t)-\frac{1}{2}Cu^2(-\infty)$$

由于 $u(-\infty)$ 为储能之初的电容电压，故应有 $u(-\infty)=0$。于是，电容元件在某时刻所储有的电场能为

$$W_C(t)=\frac{1}{2}Cu^2(t) \tag{2-11}$$

这说明电容元件在某时刻所储有的电场能与该时刻电压的平方成正比。它仅与该时刻的电压有关，而和以往电压的变化情况以及此时电流的大小甚至有无均无关。电容元件储存或释放能量的过程往往体现在电容元件两端电压的升高或降低，由于能量一般是不能突变的，所以电容元件两端的电压一般情况下也是不能突变的。

与电阻元件相同，为了叙述方便，把线性电容元件简称为电容，用 C 既表示电容元件符号，也表示电容元件参数。

【例 2-2】 已知电容元件的电容 $C=1\mu\mathrm{F}$，加在其两端的电压 u 的波形如图 2-13(a)所示，电压 u 和电流 i 取关联参考方向，试画出其电流 i 的波形，并计算在 $t_1=4\mathrm{ms}$ 和 $t_2=5\mathrm{ms}$ 时电容元件的电场能。

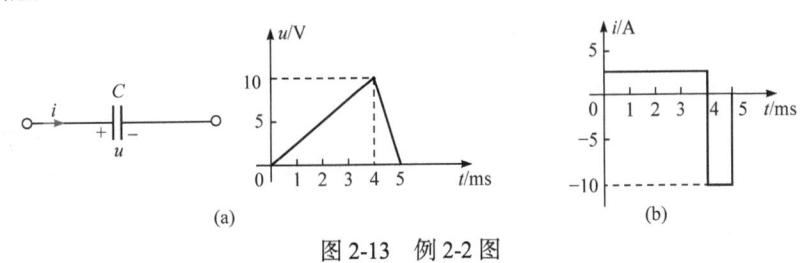

图 2-13 例 2-2 图

解 (1)由图 2-13(a)可得电容电压的表达式为

$$u=\begin{cases} 2.5\times 10^3 t \text{ V}, & 0\leqslant t<4\mathrm{ms} \\ -10\times 10^3(t-5) \text{ V}, & 4\mathrm{ms}\leqslant t<5\mathrm{ms} \\ 0, & t\geqslant 5\mathrm{ms} \end{cases}$$

故电容的电流为

$$i(t) = C\frac{du}{dt} = 10^{-6} \times \frac{du}{dt} = \begin{cases} 2.5 \text{ mA}, & 0 \leqslant t < 4\text{ms} \\ -10 \text{ mA}, & 4\text{ms} \leqslant t < 5\text{ms} \\ 0, & t \geqslant 5\text{ms} \end{cases}$$

电流波形如图 2-13(b)所示。

(2) 由图 2-13(a)可知：

$$u(t_1) = 10\text{V}, \quad u(t_2) = 0$$

故电容的储能分别为

$$W_C(t_1) = \frac{1}{2}Cu^2(t_1) = \frac{1}{2} \times 10^{-6} \times 10^2 = 5 \times 10^{-5}(\text{J})$$

$$W_C(t_2) = \frac{1}{2}Cu^2(t_2) = \frac{1}{2} \times 10^{-6} \times 0 = 0$$

需要指出，因为制造电容器的电介质或多或少都存在着电荷泄漏现象，所以实际电容器除有储能作用外，也会消耗一部分能量。这时，描述实际电容器的特性需要使用电容元件和电阻元件的组合。由于电容器耗能与所加电压直接相关，故工程上考虑电容器耗能影响的常用电路模型为阻容。

2.3.4 电感元件

电感元件也是电路中常用的元件。电感元件是其特性可以用 Ψ-i 平面上的一条曲线来表示的二端电路元件。在 Ψ-i 平面上表示电感元件特性的曲线称为电感元件的韦安特性曲线，简称韦安特性(Weber-Ampere characteristic)。若韦安特性是一条通过 Ψ-i 平面坐标原点的直线，如图 2-14 所示，则称其对应的电感元件为线性电感元件，否则为非线性电感元件。

线性电感元件的电路符号如图 2-15(a)所示。通过其中的电流与其产生的磁链成线性关系，即

$$\Psi = Li \tag{2-12}$$

式中，L 在一般情况下为一个不变的正实常数，与 Ψ、i 无关，称为电感元件的电感量(inductance)。磁链 Ψ 的单位为韦伯(Wb)；电流 i 的单位为安培(A)；电感的单位为亨利(Henry)，简称亨(H)。工程上也可以用毫亨(mH)和微亨(μH)作为电感的单位，其换算关系如下：

$$1\text{mH} = 10^{-3}\text{H}, \quad 1\mu\text{H} = 10^{-6}\text{H}$$

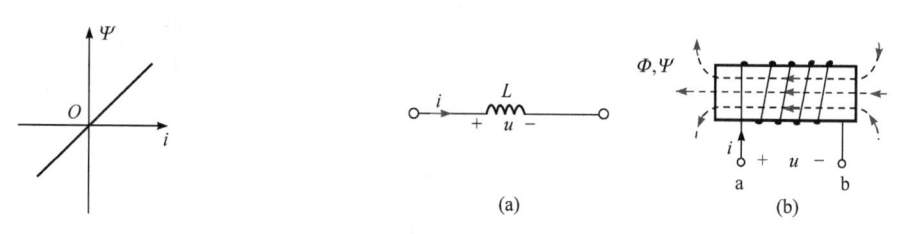

图 2-14 电感元件的韦安特性曲线

图 2-15 电感元件的电路符号及其原理示意图

可以把电感元件看作由无阻导线绕制而成的空芯线圈，如图 2-15(b)所示。当在线圈中通以电流 i 时，线圈中产生磁通 Φ 并形成磁链 Ψ。如果电流是变化的，磁链 $\Psi = Li$ 也将随之变化。根据法拉第电磁感应定律(Faraday's law of electromagnetic induction)，磁链的变化将在线

圈两端引起感应电压(induced voltage)，而且在电流与磁通或磁链的方向满足右手螺旋定则，感应电压和电流方向一致的前提下，将有

$$u = \frac{d\Psi}{dt} = \frac{d(Li)}{dt} = L\frac{di}{dt} \quad (2-13)$$

这就是线性电感元件的伏安关系。式(2-13)说明，线性电感元件的电压与其电流的变化率成正比，而与电流的大小无关。电流变化越快，电压越高；当电流恒定不变时，电压为零，此时电感元件相当于短路。同样，由于电感元件的电压和电流之间具有上述动态关系，故电感元件是一种动态元件，含电感的电路也称为动态电路。

式(2-13)是用电流来表示电压，是一种导数关系。若用电压来表示电流，则电感元件的伏安关系又可以写成式(2-14)所示的积分形式：

$$i(t) = \frac{1}{L}\int_{-\infty}^{t} u(\xi)d\xi = \frac{1}{L}\int_{-\infty}^{t_0} u(\xi)d\xi + \frac{1}{L}\int_{t_0}^{t} u(\xi)d\xi = i(t_0) + \frac{1}{L}\int_{t_0}^{t} u(\xi)d\xi \quad (2-14)$$

式中，t_0 为积分过程中的某个指定时刻，称为初始时刻，而

$$i(t_0) = \frac{1}{L}\int_{-\infty}^{t_0} u(\xi)d\xi$$

是 t_0 时刻的电感电流，称为电感的初始电流(initial current)。

式(2-14)表明，任一时刻电感元件的电流不仅与该时刻的电压有关，而且与该时刻以前的电压均有关。这说明，电感元件对其电压的全部"历史"具有记忆功能，所以电感元件也是一种记忆元件。

若取初始时刻 $t_0 = 0$，则式(2-14)可以写成：

$$i(t) = i(0) + \frac{1}{L}\int_{0}^{t} u(\xi)d\xi$$

若 $i(0) = 0$，则上式可简化为

$$i(t) = \frac{1}{L}\int_{0}^{t} u(\xi)d\xi$$

电感元件还是一种储能元件，它能把从电路中吸收的能量以磁场能的形式储存在元件的磁场之中，而不是消耗掉。在适当的时候，储存的磁场能会以某种方式释放出来；但释放的能量不会超过它所吸收并储存的能量，即电感元件本身既不消耗能量，也不会产生新的能量。

在关联参考方向下，电感元件吸收的功率为

$$p = ui = L\frac{di}{dt}i$$

电感元件在某时刻所储有的磁场能，也就是它在过去所有时刻从外界吸收的能量为

$$W_L(t) = \int_{-\infty}^{t} u(\xi)i(\xi)d\xi = L\int_{i(-\infty)}^{i(t)} i(\xi)di(\xi) = \frac{1}{2}Li^2(t) - \frac{1}{2}Li^2(-\infty)$$

由于 $i(-\infty)$ 为储能之初的电感电流，故应有 $i(-\infty) = 0$。于是，电感元件在某时刻所储存的磁场能为

$$W_L(t) = \frac{1}{2}Li^2(t) \quad (2-15)$$

这说明电感元件在某时刻所储有的磁场能与该时刻电流的平方成正比，它仅与该时刻的电流有关，而和以往电流的变化情况以及此时电压的大小甚至有无均无关。电感元件储存或释放能量的过程往往体现在流过电感元件电流的增加或减少，由于能量一般是不能突变的，所以流过电感元件的电流一般情况下也是不能突变的。

与以上元件相同，为了叙述方便，把线性电感元件简称为电感，用 L 既表示电感元件符号，也表示电感元件参数。

【例2-3】 已知电感元件的电感 $L=2\mathrm{mH}$，流经其中的电流 i 的波形如图2-16(a)所示，电压 u 和电流 i 取关联参考方向，试画出其电压 u 的波形，并计算在 $t_1=0.5\mathrm{ms}$ 和 $t_2=1\mathrm{ms}$ 时电感元件的磁场能。

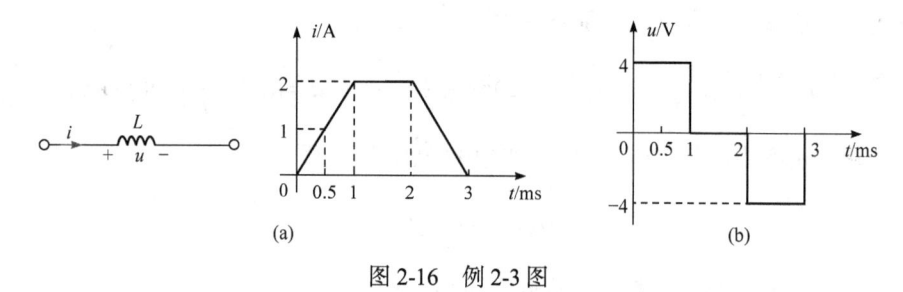

图2-16 例2-3图

解 (1) 由图2-16(a)可得电感电流的表达式为

$$i = \begin{cases} 2\times 10^3 t \text{ A}, & 0 \leqslant t < 1\mathrm{ms} \\ 2\mathrm{A}, & 1\mathrm{ms} \leqslant t < 2\mathrm{ms} \\ 6-2\times 10^3 t \text{ A}, & 2\mathrm{ms} \leqslant t < 3\mathrm{ms} \\ 0, & t \geqslant 3\mathrm{ms} \end{cases}$$

故电感的电压为

$$u(t) = L\frac{\mathrm{d}i}{\mathrm{d}t} = 2\times 10^{-3}\times \frac{\mathrm{d}i}{\mathrm{d}t} = \begin{cases} 4\mathrm{V}, & 0 \leqslant t < 1\mathrm{ms} \\ 0, & 1\mathrm{ms} \leqslant t < 2\mathrm{ms} \\ -4\mathrm{V}, & 2\mathrm{ms} \leqslant t < 3\mathrm{ms} \\ 0, & t \geqslant 3\mathrm{ms} \end{cases}$$

电压波形如图2-16(b)所示。

(2) 由图2-16(a)可知：

$$i(t_1)=1\mathrm{A}, \quad i(t_2)=2\mathrm{A}$$

故电感的储能分别为

$$W_L(t_1) = \frac{1}{2}Li^2(t_1) = \frac{1}{2}\times 2\times 10^{-3}\times 1^2 = 10^{-3}(\mathrm{J})$$

$$W_L(t_2) = \frac{1}{2}Li^2(t_2) = \frac{1}{2}\times 2\times 10^{-3}\times 2^2 = 4\times 10^{-3}(\mathrm{J})$$

需要指出，因为制造电感线圈的导线存在电阻，所以实际电感器绝非是理想化的，它也会消耗一部分能量。为了反映电感线圈绕线电阻的影响，工程上常用一个小电阻与电感元件串联作为实际电感器的模型。

2.3.5 开关

开关是一种广泛用于电路之中的基本电路元件。

开关的种类很多,但都是基于断开(open)和闭合(closed)这两种状态来工作的。在理想情况下,处于断开状态的开关使电路开路,电流中断;而处于闭合状态的开关使电路连通,电流流过。考虑到本书的需要,本节仅对单刀单掷(SPST)开关和单刀双掷(SPDT)开关进行简要介绍。开关用 S 表示,其理想化电路模型如图 2-17 和图 2-18 所示。

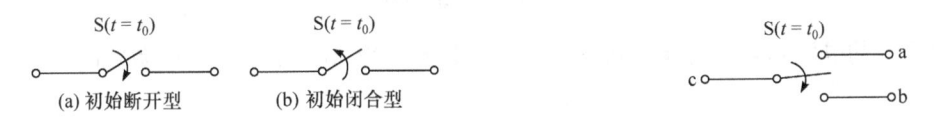

图 2-17　SPST 开关的电路符号

图 2-18　SPDT 开关的电路符号

图 2-17(a) 和 (b) 分别表示初始断开型 SPST 开关和初始闭合型 SPST 开关,括号内标记的 $t=t_0$ 是指开关发生状态切换的时刻,开关是理想化的,故状态切换过程不需要时间。这就意味着在 $t<t_0$ 时,SPST 开关处于切换前的初始状态,而在 $t \geqslant t_0$ 时,SPST 开关处于切换后的新状态。图 2-18 中的 SPDT 开关相当于两个 SPST 开关,即一个初始闭合型 SPST 开关接于 c 和 a 两端,而另一个初始断开型 SPST 开关接于 c 和 b 两端。在 $t=t_0$ 时,两个开关要同时发生切换,并且状态切换过程不需要时间。

2.3.6 独立电源

实际电源根据其提供的电压或电流是否受到外部电路变量的控制可分为两种:独立电源(简称独立源)和受控电源(简称受控源)。本节先来分析独立电源。

独立电源又可分为两种:独立电压源(independent voltage source)和独立电流源(independent current source)。它们分别是实际电压源和实际电流源的理想化模型。

1. 独立电压源

能够对外提供按给定规律变化的确定电压的二端电路元件,称为独立电压源,简称电压源。电压源的电路符号如图 2-19(a) 所示,其电压用 $u_S(t)$ 表示,称为源电压。若电压源的电压 $u_S(t)$ 为恒定值,则称其为恒定电压源或直流(direct current,DC)电压源。直流电压源也可以用图 2-19(b) 所示的电路符号来表示,其中长线表示电源的"+"极端,短线表示电源的"-"极端,而源电压常用大写字母 U_S 表示。若电压源的电压 $u_S(t)$ 随时间按正弦规律变动,则称其为正弦电压源(sinusoidal voltage source),又称交流(alternating current,AC)电压源;若电压源的电压 $u_S(t)=0$,则称其为零值电压源,零值电压源相当于短路。

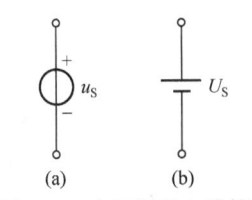

图 2-19　电压源的电路符号

电压源最显著的特点是其电压不随外电路的变化而变化,与外电路无关;而其电流随着外电路的变化而变化,由外电路来确定。具体来说,电压源与外电路的连接如图 2-20(a) 所示,电压源的端电压 $u(t)=u_S(t)$,而输出电流 $i(t)$ 由外电路决定。在 t_0 时刻,电压源的伏安特性可以用 u-i 平面上的一条平行于 i 轴的直线来表示,如图 2-20(b) 所示。这说明,在任一瞬间,电压源对外提供的电压是一个确定的值,等于其源电压 $u_S(t)$ 在该时刻的值,与电流的大小无关;当 $u_S(t)$ 随时间改变时,这条平行于 i 轴的直线也将随之改变其位置。直流电压源的伏安特性如图 2-20(c)所示，是一条不随时间改变的平行于 i 轴的直线。

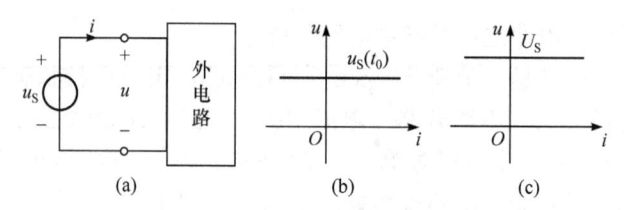

图 2-20　电压源与外电路连接及特性曲线

若取电压源的电压和电流为非关联参考方向，如图 2-20(a)所示，则电压源发出的功率为
$$p(t) = u_S(t) i(t)$$
这也是外电路吸收的功率。

2. 独立电流源

能够对外提供按给定规律变化的确定电流的二端电路元件，称为独立电流源，简称电流源。

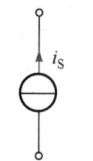

电流源的电路符号如图 2-21 所示，其电流用 $i_S(t)$ 表示，称为源电流。若电流源的电流 $i_S(t)$ 为恒定值，则称其为恒定电流源或直流电流源；若电流源的电流 $i_S(t)$ 随时间按正弦规律变动，则称其为正弦电流源(sinusoidal current source)，又称交流电流源；若电流源的电流 $i_S(t)=0$，则称其为零值电流源，零值电流源相当于开路。

图 2-21　电流源的电路符号

与电压源相反，电流源最显著的特点是其电流不随外电路的变化而变化，与外电路无关；而其电压随着外电路的变化而变化，由外电路来确定。具体来说，电流源与外电路的连接如图 2-22(a)所示，电流源的输出电流 $i(t)=i_S(t)$，而端电压 $u(t)$ 由外电路决定。在 t_0 时刻，电流源的伏安特性可以用 u-i 平面上的一条平行于 u 轴的直线来表示，如图 2-22(b)所示。这说明，在任一瞬间，电流源对外提供的电流是一个确定的值，等于其源电流 $i_S(t)$ 在该时刻的值，与电压的大小无关；当 $i_S(t)$ 随时间改变时，这条平行于 u 轴的直线也将随之改变其位置。直流电流源的伏安特性如图 2-22(c)所示，是一条不随时间改变的平行于 u 轴的直线。

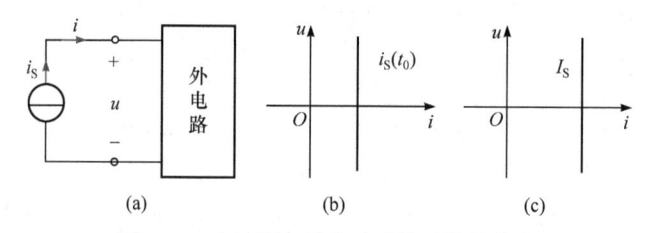

图 2-22　电流源与外电路连接及特性曲线

若取电流源的电压和电流为非关联参考方向，如图 2-22(a)所示，则电流源发出的功率为
$$p(t) = u(t) i_S(t)$$

根据以上对这两种电源的介绍，理想的电压源可以提供任意的电流；而理想的电流源可以提供任意的电压，它们都可以对外提供任意的功率。当然，实际电源是做不到这一点的。电压源和电流源这两种独立源通常都是给电路提供能量的，所以统称为激励(excitation)。但有时，某个电压源或电流源在电路中也可能吸收能量，而不是提供能量，此时它在电路中就不是作为电源而是作为负载存在的，如蓄电池(可看作电压源)被充电时就是这样。与激励相

对应，由独立源作用而引起电路各处的电压或电流，称为响应(response)。

前几节介绍的元件都有确定的伏安关系，可以由其电压通过自身的伏安关系直接确定其电流，或者相反。而电压源和电流源这两种元件不同，它们本身并无确定的伏安关系，电压源的电流和电流源的电压均不能由元件自身来确定，而必须通过外电路才能加以确定。此外，根据电阻元件的定义，电压源和电流源这两种元件均属于非线性电阻元件范畴，不过在实际中，一般并不把它们看成电阻，而总是作为电源来处理。

2.3.7 受控电源

受控源可以是电压源或电流源，控制量可能是电路某处的电压或电流，因此受控源有四种类型：电压控制电压源(voltage-controlled voltage source，VCVS)、电流控制电压源(current-controlled voltage source，CCVS)、电压控制电流源(voltage-controlled current source，VCCS)和电流控制电流源(current-controlled current source，CCCS)。它们的电路符号如图 2-23 所示，为区别于独立源，用菱形表示受控源的电源部分。图 2-23 中的 u_1 和 i_1 分别表示控制电压和电流，μ、r、g 和 β 分别是受控源的控制系数，其中 μ 和 β 均无量纲，分别为转移电压比和转移电流比，r 和 g 分别为转移电阻和转移电导。当受控源的控制系数为常数时，其称为线性受控源。本书仅考虑线性受控源，故省略"线性"二字而直接称之为受控源。

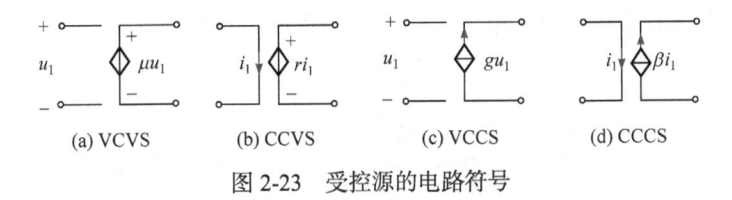

图 2-23 受控源的电路符号

必须注意，受控源是四端双支路元件，两条支路在任何时候、任何情况下都不能割裂开来。对受控源来说，其源电压和源电流是受控制支路控制的，它不能脱离控制支路独立存在，两条支路间是一种耦合(coupling)关系。

作为一种电源元件，受控源除电源部分不能脱离控制外，其他特性与独立源没有区别。但受控源毕竟不是独立源，它在电路中并不能单独起激励的作用，在一个没有独立源存在的电路中，处处电压或电流为零，受控源的源电压或源电流也因控制量为零而均为零。

2.4 基尔霍夫定律

在集总参数电路中，各元件的电流和电压受到两个方面的约束：一是元件本身的特性所形成的约束，即元件特有的电压电流关系(VCR)；二是元件相互之间的连接所构成的约束，基尔霍夫定律(Kirchhoff's law)就反映了这方面的约束关系。

基尔霍夫定律是集总参数电路的基本定律，是分析各种电路问题的基础。基尔霍夫定律包括电流定律和电压定律两部分。

2.4.1 基尔霍夫电流定律

基尔霍夫电流定律(Kirchhoff's current law，KCL)又称基尔霍夫第一定律，是描述电路中各支路电流约束关系的定律。该定律指出：对于任一电路中的任一节点，在任一时刻，流出

该节点的所有支路电流的代数和等于零。其数学表达式为

$$\sum i = 0 \tag{2-16}$$

在具体应用 KCL 之前,要先指定各电流的参考方向,根据其参考方向决定求和过程中的正和负。规定:流出节点的电流为正,则流入节点的电流为负(也可以做相反的规定)。例如,对于图 2-24 所示的电路,各支路电流的参考方向已经设定,将 KCL 应用于节点⑤,可得节点电流方程:

$$-i_3 - i_4 + i_5 + i_6 = 0$$

它反映了汇集于节点⑤的各支路电流之间的约束关系。给定其中任意 3 个电流,第 4 个电流便可随之确定。这说明,汇集于某节点的所有支路电流中有一个是不独立的,可由其余的电流来确定。

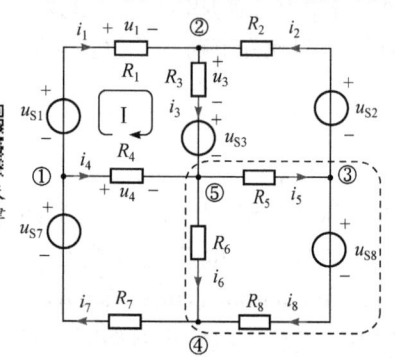

图 2-24 KCL 示例电路图

如果把流出和流入节点的电流分别写在方程的两边,则上式可以改写成:

$$i_5 + i_6 = i_3 + i_4$$

该式表明,流出节点⑤的电流之和等于流入该节点的电流之和。因此,KCL 也可以理解为在任一时刻,流出电路某节点的电流之和等于流入该节点的电流之和,即有

$$\sum i_{出} = \sum i_{入} \tag{2-17}$$

可见,KCL 反映了电流的连续性,是电荷守恒定律的体现。

KCL 通常应用于节点,但对于包围若干节点的闭合面也是适用的。例如,对于图 2-24 中虚线所示的闭合面,若设穿出闭合面的电流为正,穿入闭合面的电流为负(也可以做相反的规定),则应用 KCL 可得

$$i_2 - i_3 - i_4 + i_7 = 0 \tag{2-18}$$

事实上,只要将闭合面内包围的③、④、⑤三个节点处的节点电流方程:

$$i_2 - i_5 + i_8 = 0$$
$$-i_6 + i_7 - i_8 = 0$$
$$-i_3 - i_4 + i_5 + i_6 = 0$$

相加,便可得到式(2-18)的结果。这说明,穿过一个闭合面的各支路电流的代数和等于零,也可以说成穿出某闭合面的电流之和等于穿入同一闭合面的电流之和,即对上述闭合面应用 KCL 也可以写成:

$$i_2 + i_7 = i_3 + i_4$$

【例 2-4】 电路如图 2-25 所示,已知 $i_1 = -2A$,$i_4 = 3A$,$i_5 = -4A$,求流经电阻 R_2、R_3 的电流。

解 在应用 KCL 之前,应先设定 R_2、R_3 两支路电流的参考方向,如图 2-25 所示。将 KCL 应用于节点 b,可得

$$i_3 = i_4 + i_5 = 3 + (-4) = -1(A)$$

再将 KCL 应用于节点 a,可得

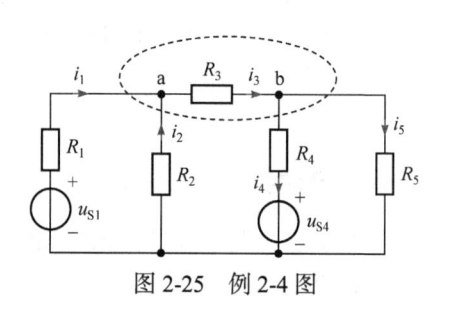

图 2-25 例 2-4 图

即
$$i_1 + i_2 = i_3$$
$$i_2 = i_3 - i_1 = (-1) - (-2) = 1(A)$$

i_2 也可以通过将 KCL 应用于虚线所示的闭合面来求得，即由
$$i_1 + i_2 = i_4 + i_5$$
得
$$i_2 = i_4 + i_5 - i_1 = 3 + (-4) - (-2) = 1(A)$$

【例 2-5】 电路如图 2-26 所示，求 3Ω 电阻上的电压 u_1。

解 将 KCL 应用于节点 b，可得
$$\frac{u_1}{3} = i + 0.5u$$

由 VCR 可知：
$$u = 5 \times 2 = 10(V)$$

将 KCL 应用于虚线所示的闭合面，可得
$$2 + 0.5i = i + 0.5u$$
即
$$i = 2 \times (2 - 0.5u) = 2 \times (2 - 0.5 \times 10) = -6(A)$$
则
$$u_1 = 3 \times (i + 0.5u) = 3 \times (-6 + 0.5 \times 10) = -3(V)$$

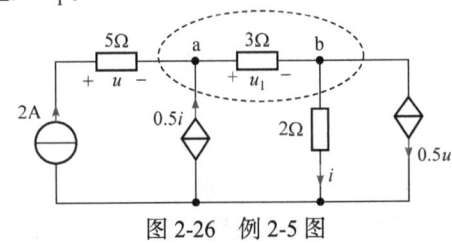

图 2-26 例 2-5 图

需要指出，基尔霍夫电流定律与支路构成和元件的性质无关，即 KCL 方程的具体形式仅与节点和支路的连接关系以及支路电流的参考方向有关。

2.4.2 基尔霍夫电压定律

基尔霍夫电压定律（Kirchhoff's voltage law，KVL）又称基尔霍夫第二定律，是描述电路中各支路电压约束关系的定律。该定律指出：对于任一电路中的任一回路，在任一时刻，沿该回路绕行一周途经各元件或支路电压的代数和等于零。其数学表达式为

$$\sum u = 0 \tag{2-19}$$

在具体应用 KVL 之前，需先任意指定一个回路的绕行方向，并要指定各电压的参考方向，然后根据其参考方向与回路方向是否一致来决定求和过程中的正和负。规定：元件或支路电压参考方向与回路绕行方向相同取正号，相反则取负号。例如，对图 2-24 中的回路 I 应用 KVL，可得回路电压方程：

$$-u_{S1} + u_1 + u_3 + u_{S3} - u_4 = 0$$

它反映了构成回路 I 的各元件电压之间的约束关系。给定其中的任意 4 个电压，第 5 个电压便可随之确定。这说明，构成回路的所有元件电压中有一个是不独立的，可由其余的电压来确定。

如果把与回路绕行方向相同和相反的电压分别写在方程的两边，则上式可以改写成：
$$u_1 + u_3 + u_{S3} = u_{S1} + u_4$$

该式表明，与回路绕行方向相同的电压降之和等于与回路绕行方向相反的电压升之和，即有

$$\sum u_{降} = \sum u_{升} \tag{2-20}$$

可见，KVL 实质上是能量守恒定律的体现。

KVL 通常应用于回路，但对于一段不闭合回路或一条路径也可以应用。例如，对于图 2-27 所示的一段电路，由于在节点①、②之间并无支路相连，因此没有形成回路。但可以设想在①、②之间有一条支路，如图 2-27 中的虚线所示，该支路实际上是开路的，并设其电压为 u_{12}，于是按图中所示的回路方向应用 KVL，可得

$$u_{12} + u_3 + u_{S3} - u_4 = 0$$

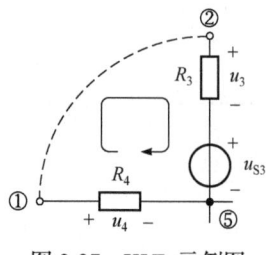

图 2-27 KVL 示例图

由此可进一步求得①、②两点之间的电压为

$$u_{12} = u_4 - u_{S3} - u_3 \quad (2-21)$$

式(2-21)表明，电路中任意两点之间的电压等于由起点到终点沿途各电压的代数和，电压方向与路径方向(由起点到终点的方向)一致时为正，相反为负。

【例 2-6】 电路如图 2-28 所示，已知 $i_1 = 0.5\text{A}$，求 u_{ab}、i_2 和 u_{ac}。

解 将 KVL 应用于不闭合回路 I，可直接求得

$$u_{ab} = 20i_1 + 5 - 6 = 20 \times 0.5 + 5 - 6 = 9(\text{V})$$

将 KVL 应用于回路 II，得

$$10i_2 = 5 - 10 = -5(\text{V})$$

$$i_2 = -0.5\text{A}$$

图 2-28 例 2-6 图

将 KVL 应用于 20Ω、10Ω 电阻组成的路径 ac，得

$$u_{ac} = 20i_1 + 10i_2 = 20 \times 0.5 + 10 \times (-0.5) = 5(\text{V})$$

如果不求 i_2，电压 u_{ac} 也可经由 20Ω 电阻、5V 及 10V 电压源组成的路径直接求得：

$$u_{ac} = 20i_1 + 5 - 10 = 20 \times 0.5 + 5 - 10 = 5(\text{V})$$

由例 2-6 可知，电压的计算结果与路径选择无关。

【例 2-7】 电路如图 2-29 所示，求电压控电压源的功率。

解 将 KVL 应用于回路 I 和 II，可得

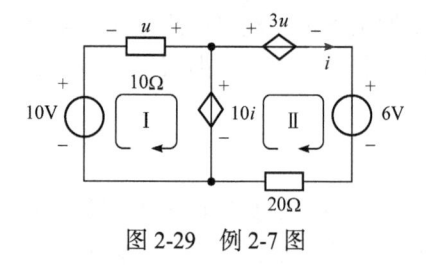

$$10 + u = 10i$$

$$10i = 3u + 6 + 20i$$

解联立方程组可得 $u = -4\text{V}$，$i = 0.6\text{A}$。电压控电压源两端电压电流为关联方向，则电压控电压源的功率为

$$p = 3ui = 3 \times (-4) \times 0.6 = -7.2(\text{W}) \quad (\text{吸收})$$

图 2-29 例 2-7 图

所以电压控电压源吸收 -7.2W 功率。

📖 **电路抽象思维**

科学的抽象思维是用抽象的概念反映自然界或物质过程的内在本质的思想。它使人们能够从感性认识世界的过程中提炼出事物的本质，形成理性的规定和概念。科学的、合乎逻辑的抽象思维是在社会实践的基础上形成的。

电路抽象思维(简称电路抽象)则是科学抽象思维的延伸。电路抽象也是众多物理学家

在大量电路实验的基础上形成的,是理解电路行为和指导电路设计的思想。在这种思想的指导下,人们从实际电路中抽象出一系列电路概念、电路物理量(也称为电路参数、性能指标)、电路符号、理想电路元件以及电路模型。特别是电路模型的提出,使以数学方程描述电路功能成为可能。例如,可以用基本的电路定律(如欧姆定律、基尔霍夫定律等)来描述和推导电路的功能和性能。

此外,电路抽象还有三点作用。第一,电路分析简单化。在电路分析过程中,电路抽象帮助人们集中精力于电路的核心特性,而不必受到其他电磁特性细节的干扰。第二,电路分析层次化。一个复杂电路可以被分解为多个子电路,每个子电路又可以进一步被分解为更小的模块,甚至是一个回路或一条支路。这种层次化的抽象使得电路设计和分析更聚焦,人们可以将注意力集中在特定的层次上,而不必同时处理整个电路。第三,电路功能的理解。开篇就提到电路可研究电信号处理或电能量处理,以及电路的输入和输出关系,这些有助于理解电信号在电路中的放大、滤波、延迟等特性;或是有助于理解电能量在电路中的传输、变换、分配等过程。

总而言之,电路抽象思维是理解、分析和设计电路的关键能力,它能帮助工程师抓住电路中的主要问题,忽略次要问题,从而解决电路瓶颈,提高电路性能,优化或创新电路方案,降低电路成本。

习　题

2-1 题 2-1 图中各方框代表某一电路元件,问此电路共有几条支路? 几个节点? 几个网孔?

2-2 题 2-2 图中各方框代表一段电路,在图示参考方向下,已知各电压、电流的数值分别为 $u_1 = 6V$,$i_1 = 2A$;$u_2 = 6V$,$i_2 = -20mA$;$u_3 = -6V$,$i_3 = 3A$;$u_4 = -6V$,$i_4 = -0.5A$。

(1)指出各段电路电压、电流的实际方向;

(2)计算各段电路的功率,标出吸收还是发出,并说明实际是吸收还是发出。

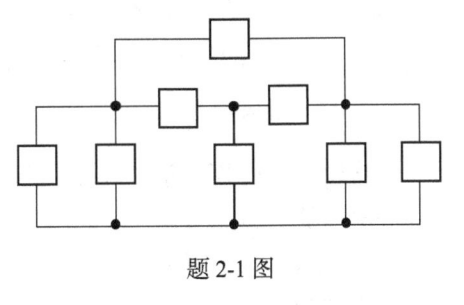

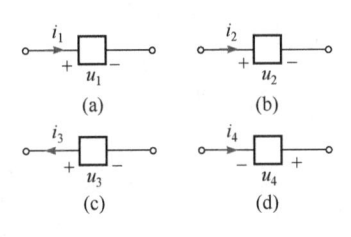

题 2-1 图　　题 2-2 图

2-3 题 2-3 图中各方框代表某一电路元件,在图示参考方向下,求得各元件电流、电压分别为 $i_1 = 5A$,$i_2 = 3A$,$i_3 = -2A$;$u_1 = 6V$,$u_2 = 1V$,$u_3 = 5V$,$u_4 = -8V$,$u_5 = -3V$。

(1)指出各电流、电压的实际方向;

(2)计算各元件的功率,标出吸收还是发出,并验证所得解答是否满足功率守恒。

2-4 题 2-4 图中已知电导 $G = 0.2S$,电压 $u = 10\cos 100t$ V,求电流 i 和功率 p。

2-5 题 2-5 图中已知电容 $C = 1\mu F$,电压 $u = 10\cos 1000t$ V,求电流 i。

2-6 题 2-6 图中已知电感 $L = 0.1H$,电流 $i = 0.1\cos 1000t$ A,求电压 u。

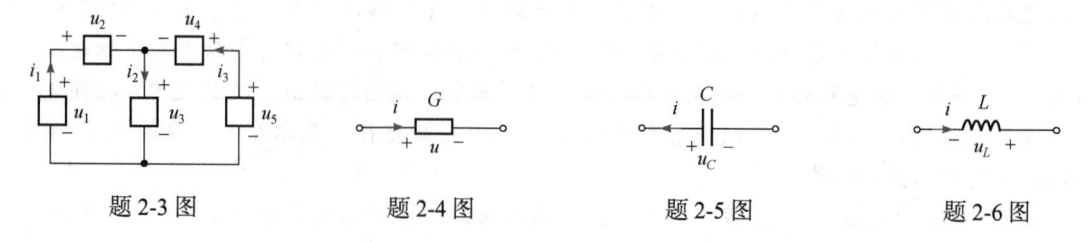

题 2-3 图　　　　题 2-4 图　　　　题 2-5 图　　　　题 2-6 图

2-7　题 2-7 图中已知电容 $C=10\mu F$，电压 u、电流 i 参考方向如图(a)所示，电压 u 的波形如图(b)所示，求电流 i 及吸收的功率 p 的波形。

2-8　题 2-8 图中已知电容 $C=1\mu F$，电压 u、电流 i 参考方向如图(a)所示，电流 i 的波形如图(b)所示，若初始电压 $u=0$，(1)求电压 u 并画出其波形；(2)求 $t_1=1s$ 和 $t_2=2s$ 时电容的储能。

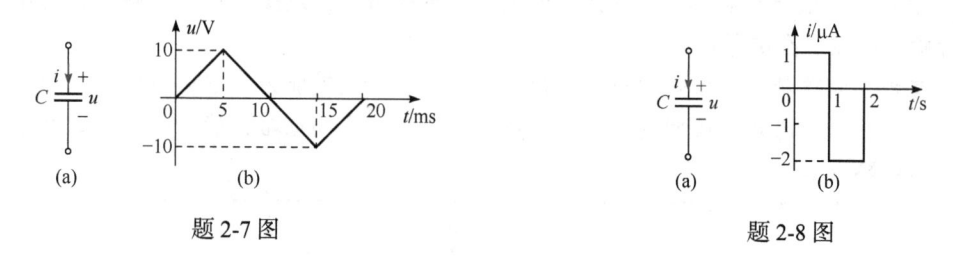

题 2-7 图　　　　　　　　　　题 2-8 图

2-9　题 2-9 图中已知电感 $L=2H$，电压 u、电流 i 参考方向如图(a)所示，电压 u 的波形如图(b)所示，若初始电流 $i=0$，(1)求电流 i 并画出其波形；(2)求 $t=1s$、$2s$、$3s$ 时电感的储能。

2-10　求题 2-10 图中各元件的电流、电压和功率。

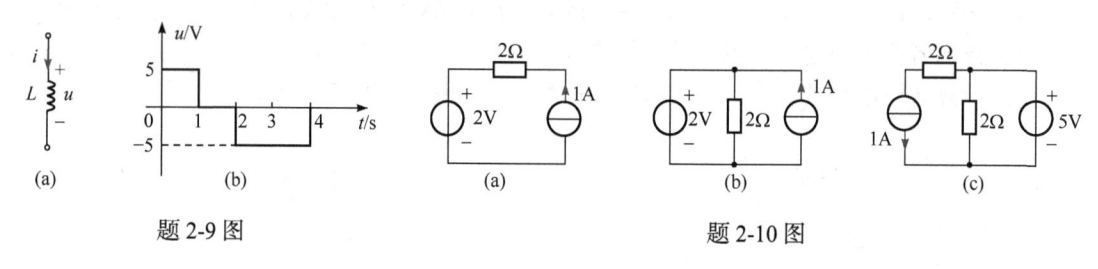

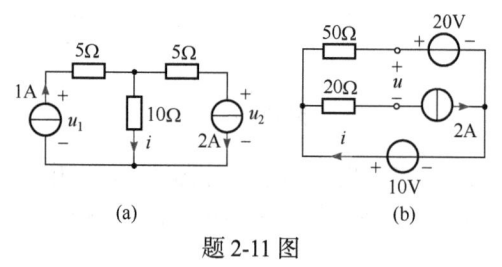

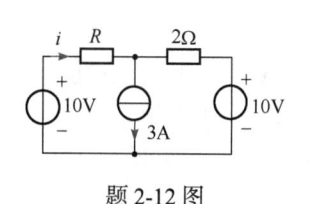

题 2-9 图　　　　　　　　　　题 2-10 图

2-11　电路如题 2-11 图所示，求各电路中标示出的电流和电压的值。

2-12　电路如题 2-12 图所示，已知 $i=2A$，求电阻 R 及各电源功率。

2-13　电路如题 2-13 图所示，若 $i_S=I_m\cos\omega t$ A，$u_S=Ue^{-at}$ V，求电压源电流和电流源电压。

题 2-11 图

题 2-12 图　　　　　　　　题 2-13 图

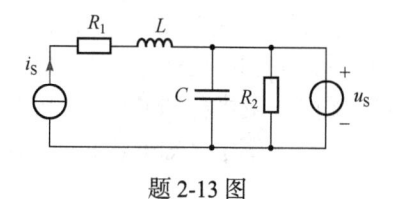

2-14 电路如题 2-14 图所示，若 $i_1 = i_2 = 1\text{A}$，应用 KCL 和 KVL，求电阻 R。

2-15 电路如题 2-15 图所示，已知 $u = 10\text{V}$，求 u_S。

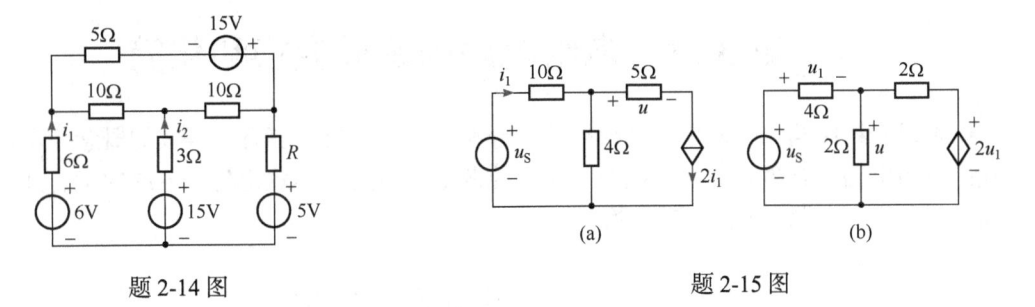

题 2-14 图

题 2-15 图

2-16 电路如题 2-16 图所示，求支路电流 i。

2-17 电路如题 2-17 图所示，求支路电流 i 和两独立源的功率。

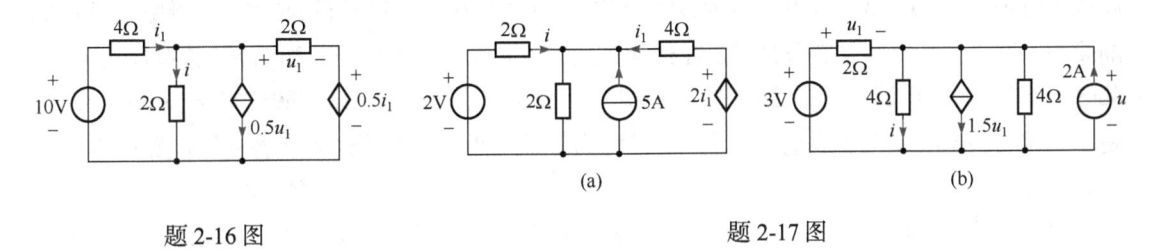

题 2-16 图

题 2-17 图

第3章 电阻电路的等效变换和化简

本章介绍结构比较简单的电阻电路的分析方法,主要内容有:等效的概念;不同连接形式的电阻电路、含独立源电阻电路、含受控源电阻电路的等效化简;电源的串、并联等效化简;两种实际电源模型的等效变换。

3.1 电路等效的概念

在对电路进行分析时,往往可以把电路较为复杂的部分用简单的电路替换掉,如将图 3-1(a) 虚线框内的电路用图 3-1(b) 中的电阻 R_{eq} 来代换,从而使整个电路得到简化,使得电路分析更加简单。当然这种代换是有条件的:在代换前后,a、b 端钮间的电压 u 和电流 i 关系保持不变。此时,图 3-1(a) 虚线框内的电路与图 3-1(b) 中的电阻 R_{eq} 在整个电路中的效果是相同的,这就是 "等效(equivalent)" 的概念,电阻 R_{eq} 被称为等效电阻,其阻值由被代替的原电路的电阻大小和结构决定。

概括来说,如果将电路的一部分用另一部分电路代换(如图 3-2(a) 中的 A 用图 3-2(b) 中的 B 代换),而电路其余部分(如图 3-2 中的 N)各处的电流和电压均保持不变,就称这两部分电路(即 A 与 B)相互等效。将电路的一部分用与之等效的另一部分代换,称为等效代换或等效变换。两部分电路等效时,需要满足对应端口处的电压和电流相等,称为等效条件。

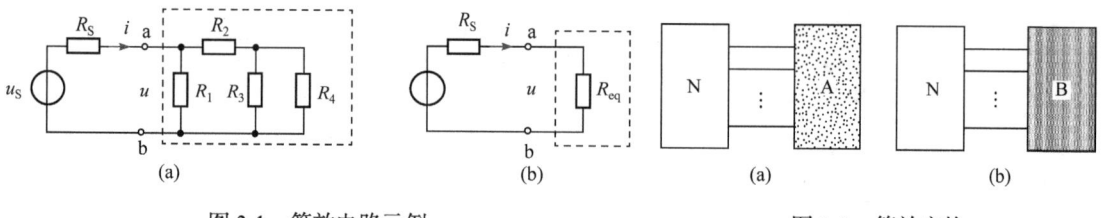

图 3-1 等效电路示例

图 3-2 等效变换

需要强调,A 与 B 互为等效电路(equivalent circuit)是指 "对外" 电路 N 等效,称为 "对外等效";至于等效电路 A 与 B 的内部,两者结构不同,各处的电流和电压没有相互对应的关系,也没有什么约束条件。

3.2 电阻电路的等效变换

电路元件的串联(series connection)和并联(parallel connection)是电路中的两种最基本的连接方式。

3.2.1 电阻的串联

串联是指各电路元件依次首尾相接的连接方式。根据 KCL,串联各元件流过的是同一个电流。图 3-3(a) 所示为 n 个电阻的串联电路,根据 KVL 及电阻元件的 VCR,可得

$$u = u_1 + u_2 + \cdots + u_n = R_1 i + R_2 i + \cdots + R_n i = (R_1 + R_2 + \cdots + R_n)i$$

此时，若用一个电阻 R 代换这 n 个串联电阻，如图 3-3(b)所示，且使 R 满足以下条件：

$$R = R_1 + R_2 + \cdots + R_n \tag{3-1}$$

显然，电路两端的电压和电流关系不会改变。此时，电阻 R 称为串联电路的等效电阻。式(3-1)说明，几个电阻相串联，可以等效成一个电阻，且等效电阻的阻值等于串联的各电阻阻值之和。

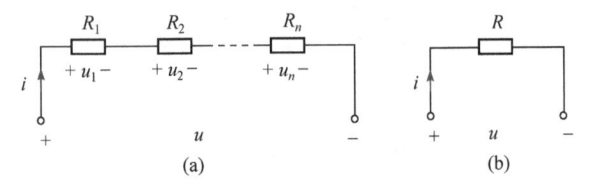

图 3-3 电阻的串联及其等效电路

电阻串联时，各电阻上的电压与总电压的关系为

$$u_k = R_k i = \frac{R_k}{R} u, \quad k = 1, 2, \cdots, n \tag{3-2}$$

即各电阻的电压与该电阻的阻值成正比，阻值大的电阻上分得的电压也大。式(3-2)称为串联分压公式，其比例系数 R_k/R 称为分压比。

若 n 个相同的电阻 r 相串联，则其等效电阻 $R = nr$，每个电阻上的分压均相等：

$$u_k = \frac{u}{n}, \quad k = 1, 2, \cdots, n$$

3.2.2 电阻的并联

并联是指各电路元件首尾两端分别接在一起的连接方式。根据 KVL，并联各元件两端所加的是同一个电压。图 3-4(a)所示为 n 个电阻的并联电路，如果各电阻的参数均用电导 G 表示，根据 KCL 及电阻元件的 VCR，可得

$$i = i_1 + i_2 + \cdots + i_n = G_1 u + G_2 u + \cdots + G_n u = (G_1 + G_2 + \cdots + G_n)u$$

此时，若用一个电阻代换这 n 个并联电阻，如图 3-4(b)所示，且使该电阻的电导 G 满足以下条件：

$$G = G_1 + G_2 + \cdots + G_n \tag{3-3}$$

显然，电路两端的电压和电流关系不会改变。此时，电导 G 称为并联电路的等效电导。式(3-3)说明，几个电阻相并联，可以等效成一个电阻，且等效电阻的电导值等于并联的各电阻的电导值之和。

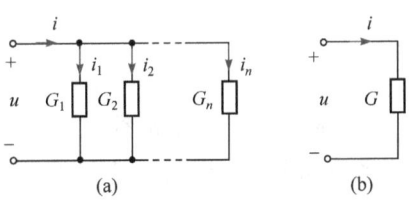

图 3-4 电阻的并联及其等效电路

电阻并联时，各电阻上的电流与总电流的关系为

$$i_k = G_k u = \frac{G_k}{G} i, \quad k = 1, 2, \cdots, n \tag{3-4}$$

即各电阻的电流与该电阻的电导值成正比，电导值大的电阻上分得的电流也大。式(3-4)称为并联分流公式，其比例系数 G_k/G 称为分流比。

若 n 个相同的电阻相并联，每个电阻的电导均为 g，则其等效电阻的电导为 $G=ng$，每个电阻的分流均相等：

$$i_k = \frac{i}{n}, \quad k = 1, 2, \cdots, n$$

以上电阻并联导出的关系都是用电导 G 作为电阻元件的参数，这样得出的式(3-3)和式(3-4)比较简单。若用电阻 R 作为各并联电阻的等效电阻的参数，则由式(3-3)可得

$$\frac{1}{R} = \frac{1}{R_1} + \frac{1}{R_2} + \cdots + \frac{1}{R_n}$$

从而进一步导出

$$R = \frac{1}{\dfrac{1}{R_1} + \dfrac{1}{R_2} + \cdots + \dfrac{1}{R_n}} \tag{3-5}$$

式中，$R_1, R_2, \cdots, R_n$ 为 n 个并联电阻的阻值；R 为并联电路等效电阻的阻值。显然，并联等效电阻的阻值将小于任一并联电阻的阻值。若 n 个相同的电阻 r 相并联，则其等效电阻为 $R = r/n$。

在电路分析中，经常遇到两个电阻相并联的情形，如图 3-5 所示。此时，其并联等效电阻由式(3-5)推导得出：

$$R = \frac{R_1 R_2}{R_1 + R_2}$$

两并联电阻的分流由式(3-4)推导得出，分别为

$$i_1 = \frac{R_2}{R_1 + R_2} i, \quad i_2 = \frac{R_1}{R_1 + R_2} i$$

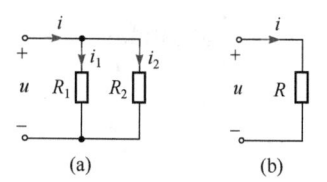

图 3-5 两个电阻并联的等效电路

3.2.3 电阻的串并联

若相互连接的各电阻之间既有串联又有并联，则称为电阻的串并联(series-parallel connection)或混联。对于这种电路，可根据其串、并联关系逐次对电路进行等效变换或化简，最终等效成一个电阻。如图 3-6 所示，R_2 与 R_4 串联后再与 R_3 并联，最后又与 R_1 串联，故其等效电阻为

$$R = R_1 + \frac{R_3(R_2 + R_4)}{R_2 + R_3 + R_4}$$

【例 3-1】 电路如图 3-7(a)所示，已知 $R_1 = 2\Omega$，$R_2 = 2\Omega$，$R_3 = 4\Omega$，$R_4 = 1\Omega$，$u_S = 12\text{V}$，求各支路电流，以及 a、b 间的电压 u_{ab}。

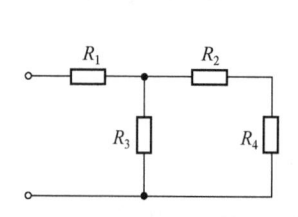

图 3-6 电阻的串并联及等效电路

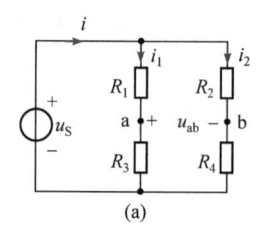

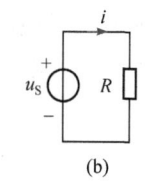

图 3-7 例 3-1 图

解 根据电阻串并联关系，将电源 u_S 以外的部分等效化简为一个电阻 R：

$$R = \frac{(R_1+R_3)(R_2+R_4)}{R_1+R_2+R_3+R_4} = \frac{(2+4)(2+1)}{2+4+2+1} = 2(\Omega)$$

化简后的等效电路如图 3-7(b)所示，则根据 KVL，可知电源提供的电流为

$$i = \frac{u_S}{R} = \frac{12}{2} = 6(A)$$

在图 3-7(a)所示的电路中，根据分流关系，可求得

$$i_1 = \frac{R_2+R_4}{R_1+R_2+R_3+R_4} i = \frac{2+1}{2+4+2+1} \times 6 = 2(A)$$

$$i_2 = \frac{R_1+R_3}{R_1+R_2+R_3+R_4} i = \frac{2+4}{2+4+2+1} \times 6 = 4(A)$$

根据 KVL，可求得

$$u_{ab} = R_3 i_1 - R_4 i_2 = 4 \times 2 - 1 \times 4 = 4(V)$$

由例 3-1 可以看出，对于电阻串并联电路的分析，大体可分为两个过程：首先，从远电源端按串联或并联结构逐级对电路进行等效化简，以求得总的等效电阻或等效电导，从而根据欧姆定律求出电源提供的总电流或总电压；然后，用分流公式或分压公式求得各支路的电流或电压。

3.2.4 电阻的星形和三角形连接及其等效互换

电路中各电路元件的连接方式有时既非串联，也非并联，如图 3-8(a)所示的桥形电路（又称电桥(bridge)，是一种常用的测量电路）中各电阻之间的连接就是如此。在此电路中，R_1、R_2、R_5 三个电阻互相连成一个三角形，三角形的三个顶点就是电路中的三个节点，这种连接称为三角形连接(triangle connection)或△连接。R_1、R_3、R_5 三个电阻的一端连在一起形成一个节点，另一端分别接在电路的三个节点上，这种连接称为星形连接(star connection)或 Y 连接。对于这类电路，就无法用串、并联关系对其进行等效化简。但如果能把 R_1、R_2、R_5 构成的△连接等效变换成 Y 连接，或把由 R_1、R_3、R_5 构成的 Y 连接等效变换成△连接，分别如图 3-8(b)和(c)所示，就可以进一步通过串、并联关系对其进行等效化简。

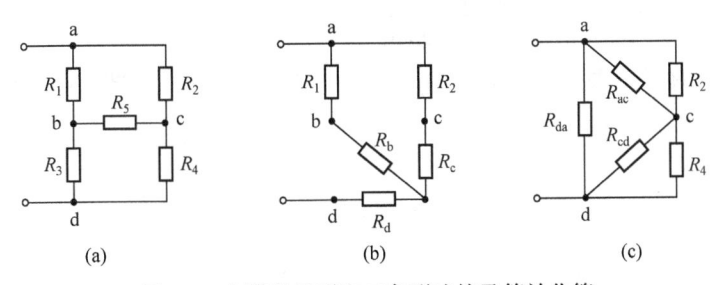

图 3-8 电阻的星形和三角形连接及等效化简

图 3-9(a)和(b)分别是电阻的△连接和 Y 连接，它们都有三个端钮与外部相连，在图中被标为①、②、③，通常就是电路中的三个节点。当这两种连接的电阻之间满足一定关系时，它们在端钮①、②、③以外的特性就会完全相同。此时，两者之间是相互等效的。

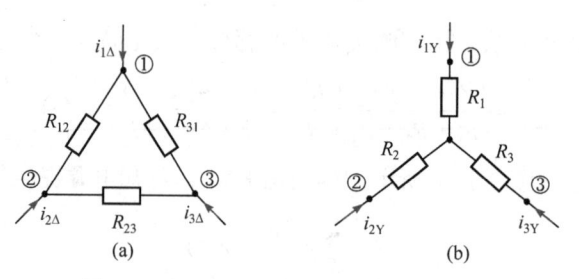

图 3-9 电阻的△连接和 Y 连接等效条件

根据等效的概念，当两者等效时，两者以外电路的电压、电流应保持不变。具体到图 3-9，当两种连接的对应端钮间分别具有相等的电压时，$u_{12\triangle}=u_{12Y}$，$u_{23\triangle}=u_{23Y}$，$u_{31\triangle}=u_{31Y}$，流入对应端钮的电流也应分别相等，即应有 $i_{1\triangle}=i_{1Y}$，$i_{2\triangle}=i_{2Y}$，$i_{3\triangle}=i_{3Y}$。据此，可以推导出两者间的等效条件，具体过程如下。

对于图 3-9(a)所示的△连接，由 KCL 和元件的 VCR 可知，流入三个端钮的电流分别为

$$\begin{cases} i_{1\triangle}=i_{12\triangle}-i_{31\triangle}=\dfrac{u_{12\triangle}}{R_{12}}-\dfrac{u_{31\triangle}}{R_{31}} \\ i_{2\triangle}=i_{23\triangle}-i_{12\triangle}=\dfrac{u_{23\triangle}}{R_{23}}-\dfrac{u_{12\triangle}}{R_{12}} \\ i_{3\triangle}=i_{31\triangle}-i_{23\triangle}=\dfrac{u_{31\triangle}}{R_{31}}-\dfrac{u_{23\triangle}}{R_{23}} \end{cases} \quad (3-6)$$

对于图 3-9(b)所示的 Y 连接，由 KCL 和 KVL 可列出端钮电流和电压间的关系方程：

$$\begin{cases} i_{1Y}+i_{2Y}+i_{3Y}=0 \\ R_1 i_{1Y}-R_2 i_{2Y}=u_{12Y} \\ R_2 i_{2Y}-R_3 i_{3Y}=u_{23Y} \end{cases}$$

联立解之，可求得三个端钮的电流分别为

$$\begin{cases} i_{1Y}=\dfrac{R_3 u_{12Y}+R_2(u_{12Y}+u_{23Y})}{R_1 R_2+R_2 R_3+R_3 R_1}=\dfrac{R_3 u_{12Y}-R_2 u_{31Y}}{R_1 R_2+R_2 R_3+R_3 R_1} \\ i_{2Y}=\dfrac{R_1 u_{23Y}-R_3 u_{12Y}}{R_1 R_2+R_2 R_3+R_3 R_1} \\ i_{3Y}=\dfrac{R_2 u_{31Y}-R_1 u_{23Y}}{R_1 R_2+R_2 R_3+R_3 R_1} \end{cases} \quad (3-7)$$

当两种连接等效时，根据 $i_{1\triangle}=i_{1Y}$，$i_{2\triangle}=i_{2Y}$，$i_{3\triangle}=i_{3Y}$，并将式(3-6)与式(3-7)相比较，可得

$$\begin{cases} \dfrac{1}{R_{12}}=\dfrac{R_3}{R_1 R_2+R_2 R_3+R_3 R_1} \\ \dfrac{1}{R_{23}}=\dfrac{R_1}{R_1 R_2+R_2 R_3+R_3 R_1} \\ \dfrac{1}{R_{31}}=\dfrac{R_2}{R_1 R_2+R_2 R_3+R_3 R_1} \end{cases} \quad (3-8)$$

式(3-8)就是两种连接等效时，电阻间应当满足的关系，也就是两者的等效条件。由此可进一步解得

$$\begin{cases} R_{12} = \dfrac{R_1R_2 + R_2R_3 + R_3R_1}{R_3} = R_1 + R_2 + \dfrac{R_1R_2}{R_3} \\ R_{23} = \dfrac{R_1R_2 + R_2R_3 + R_3R_1}{R_1} = R_2 + R_3 + \dfrac{R_2R_3}{R_1} \\ R_{31} = \dfrac{R_1R_2 + R_2R_3 + R_3R_1}{R_2} = R_3 + R_1 + \dfrac{R_3R_1}{R_2} \end{cases} \tag{3-9}$$

或者反过来求得

$$\begin{cases} R_1 = \dfrac{R_{31}R_{12}}{R_{12} + R_{23} + R_{31}} \\ R_2 = \dfrac{R_{12}R_{23}}{R_{12} + R_{23} + R_{31}} \\ R_3 = \dfrac{R_{23}R_{31}}{R_{12} + R_{23} + R_{31}} \end{cases} \tag{3-10}$$

若已知 Y 连接的三个电阻，欲求等效成△连接的三个电阻时，可用式(3-9)计算；若已知△连接的三个电阻，欲求等效成 Y 连接的三个电阻时，可用式(3-10)计算。

为了便于记忆，将两种连接套在一起，如图 3-10 所示，并将以上等效互换公式归纳为

$$\triangle 电阻(如R_{12}) = \frac{Y电阻两两乘积之和}{相对的Y电阻(如R_3)}$$

$$Y电阻(如R_1) = \frac{相邻两\triangle电阻之积(如R_{31}R_{12})}{三\triangle电阻之和}$$

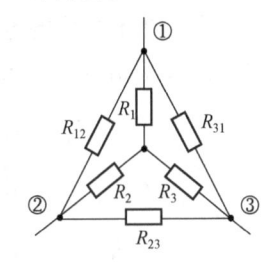

图 3-10 △连接和 Y 连接的等效变换

当一种连接的三个电阻相等时，等效成另一种连接的三个电阻也相等，则有

$$R_\triangle = 3R_Y \quad 或 \quad R_Y = \frac{1}{3}R_\triangle$$

【例 3-2】 电路如图 3-11(a)所示，已知 $R_1 = 5\Omega$，$R_2 = 2\Omega$，$R_3 = R_4 = R_5 = 3\Omega$，求等效电阻 R_{ab}。

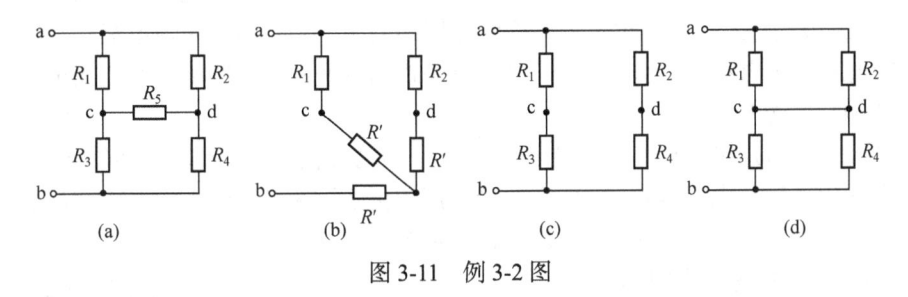

图 3-11 例 3-2 图

解 将 R_3、R_4、R_5 构成的△连接等效变换成 Y 连接，如图 3-11(b)所示，则 $R' = 1\Omega$，由串并联关系可求得

$$R_{ab} = \frac{(R_1 + R')(R_2 + R')}{R_1 + R' + R_2 + R'} + R' = \frac{(5+1)(2+1)}{(5+1)+(2+1)} + 1 = 3(\Omega)$$

对于图 3-11(a)所示的电桥，可以证明，四个桥臂电阻 R_1、R_2、R_3、R_4 只要满足以下关系：

$$R_1R_4 = R_2R_3 \quad 或 \quad \frac{R_1}{R_2} = \frac{R_3}{R_4} \tag{3-11}$$

即相对桥臂电阻的乘积相等或相邻桥臂电阻的比值相等，电桥就达到平衡。电桥平衡时，c、d 两点电位相等，桥路电阻 R_5 既可做开路处理（图 3-11(c)），也可做短路处理（图 3-11(d)），从而使分析简化。

【例 3-3】 电路如图 3-12(a) 所示，已知 $R_1 = R_2 = R_5 = 9\Omega$，$R_3 = R_4 = R_6 = 3\Omega$，求等效电阻 R_{ab}。

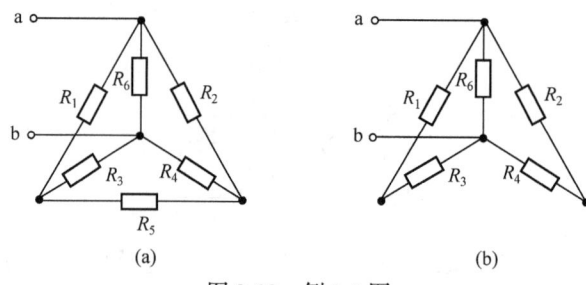

图 3-12 例 3-3 图

解 图 3-12(a) 所示的电路中，电阻 R_1、R_2、R_3、R_4、R_5 构成电桥，其中 R_5 为桥路电阻。由式 (3-11) 可知，满足电桥平衡条件。视桥路电阻 R_5 为开路，如图 3-12(b) 所示，则等效电阻为

$$R_{ab} = \frac{1}{\frac{1}{R_6} + \frac{1}{R_1+R_3} + \frac{1}{R_2+R_4}} = \frac{1}{\frac{1}{3} + \frac{1}{9+3} + \frac{1}{9+3}} = 2(\Omega)$$

3.3 含受控源电路的等效电阻

不含独立源也不含受控源的二端电阻电路或网络，经过电阻的串、并联或 △-Y 等效变换，最终总能用某一个值的等效电阻进行代换，获得原电路的最简等效电路。

若电路或网络中含有线性受控源，如图 3-13 所示，则无法通过上述的等效变换直接进行化简。但可以证明，无论网络内部如何复杂，网络两端钮间的电压和电流总是成正比的，即此时二端网络的作用相当于一个电阻，而阻值就是端钮间电压和电流的比值。只要找到网络两端钮间电压和电流的比值关系，

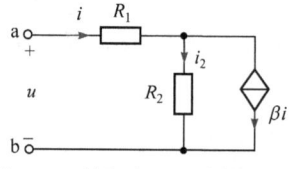

图 3-13 外加电源法求等效电阻

即可获得该网络的等效电阻。

在图 3-13 所示的电路中，为产生端钮间的电压和电流，假设端钮 a、b 间外加一个电源（可以是电压源，也可以是电流源），在端钮 a、b 间产生电压 u 和电流 i，由 KVL 和 KCL 可知：

$$u = R_1i + R_2i_2 = R_1i + R_2(i - \beta i) = [R_1 + R_2(1-\beta)]i$$

则图 3-13 所示网络的等效电阻为

$$R = \frac{u}{i} = R_1 + R_2(1-\beta)$$

【例 3-4】 求图 3-14 所示含受控源电路的等效电阻 R_{ab}。

解 假设在 a、b 端外加一电压源，端钮间电压、电流及各支路电流如图 3-14 所示，根据基尔霍夫定律和元件的 VCR，有

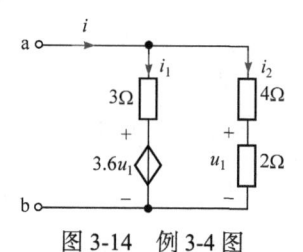

图 3-14 例 3-4 图

$$u = (4+2)i_2 = 6 \times \frac{u_1}{2} = 3u_1$$

$$i = i_1 + i_2 = \frac{u - 3.6u_1}{3} + \frac{u_1}{2} = \frac{3u_1 - 3.6u_1}{3} + 0.5u_1 = 0.3u_1$$

则

$$R_{ab} = \frac{u}{i} = \frac{3u_1}{0.3u_1} = 10\Omega$$

3.4 含源电阻电路的等效变换

在电路中存在多个电源元件时，电源元件间也可以有串联、并联、△连接和 Y 连接等不同的连接形式。本节主要介绍电源间的串联和并联形式，△连接和 Y 连接将在后续章节中介绍。

3.4.1 电压源的串联和并联

图 3-15(a)所示为三个电压源串联，根据 KVL，其端钮间的串联总电压为

$$u = u_{S1} - u_{S2} + u_{S3}$$

若用一个大小为 u 且与 u 同方向的电压源 u_S 代换这三个串联的电压源，如图 3-15(b)所示，则对外电路显然是等效的。由此可知：几个电压源相串联可以等效为一个电压源，等效电压源的电压为相互串联的各电压源电压的代数和，其中方向与等效电压源一致者为正，相反者为负。

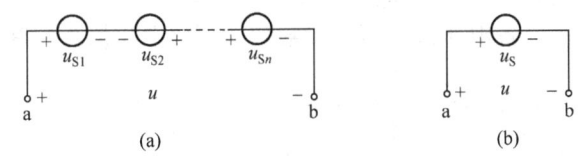

图 3-15 电压源的串联及其等效电路

电压源的并联：由 KVL 可知，只有极性一致且电压相等的电压源才允许并联，否则将违反 KVL。几个极性一致且电压相等的电压源并联可以等效为一个同样极性和电压值的电压源。但并联的各电压源提供的电流无法确定，只有这一并联组合对外提供的总电流可以通过外电路确定。

3.4.2 电流源的串联和并联

图 3-16(a)所示为三个电流源并联，根据 KCL，其并联总电流为

$$i = i_{S1} - i_{S2} + i_{S3}$$

若用一个大小为 i 且与 i 同方向的电流源 i_S 代换这三个并联的电流源，如图 3-16(b)所示，则对外电路显然是等效的。由此可知：几个电流源相并联可以等效为一个电流源，等效电流源的电流为相互并联的各电流源电流的代数和，其中方向与等效电流源一致者为正，相反者为负。

电流源的串联：由 KCL 可知，只有方向一致且电流相等的电流源才允许串联，否则将违反 KCL。几个方向一致且电流相等的电流源串联可以等效为一个同样方向和电流值的电流源。但串联的各电流源提供的电压无法确定，只有这一串联组合对外提供的总电压可以通过外电路确定。

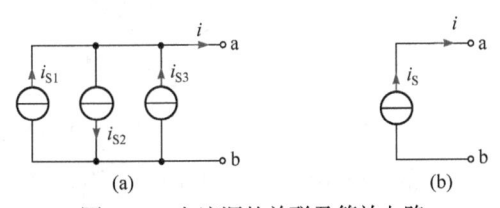

图 3-16 电流源的并联及等效电路

此外，电压源与任何元件相并联(不含电压源)，对外可等效为该电压源，如图 3-17(a)所示；电流源和任何元件相串联(不含电流源)，对外可等效为该电流源，如图 3-17(b)所示。当然等效后的电源和原来的电源并不相同，例如，它们提供的功率一般是不同的，但其对 ab 端以外的电路(如图 3-17 中的网络 N)的作用效果是相同的，这正体现了"对外等效"这一概念。

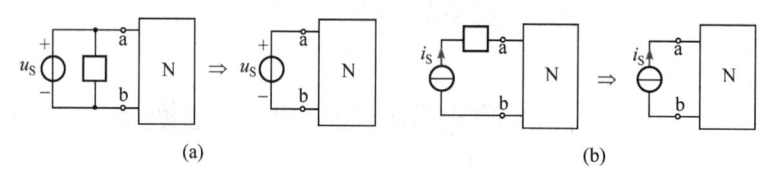

图 3-17 电压源的并联等效和电流源的串联等效

3.4.3 有伴电源

不含独立源的二端电阻网络最终会等效成一个电阻，对含有独立源的二端电阻网络也可以进行等效变换，为该网络的最简等效电路。

对于图 3-18(a)所示的含独立电压源的电阻电路，根据 KVL，有

$$u = u_{S1} - R_1 i - u_{S2} - R_2 i = (u_{S1} - u_{S2}) - (R_1 + R_2)i = u_S - Ri$$

这表明该串联组合可以等效为一个电压源与一个电阻相串联的电路，如图 3-18(b)所示。图 3-18(b)中有

$$u_S = u_{S1} - u_{S2}, \quad R = R_1 + R_2$$

即等效电压源的电压为串联各电压源电压的代数和，等效电阻值为串联各电阻阻值之和。

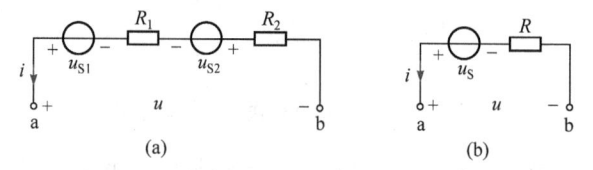

图 3-18 电压源和电阻串联的等效电路

对于图 3-19(a)所示的含独立电流源的电阻电路，根据 KCL，有

$$i = i_{S1} - G_1 u - i_{S2} - G_2 u = (i_{S1} - i_{S2}) - (G_1 + G_2)u = i_S - Gu$$

这表明该并联组合可以等效为一个电流源与一个电阻相并联的电路，如图 3-19(b)所示，可知

$$i_S = i_{S1} - i_{S2}, \quad G = G_1 + G_2$$

即等效电流源的电流为并联各电流源电流的代数和，等效电阻的电导值为并联各电阻的电导值之和。

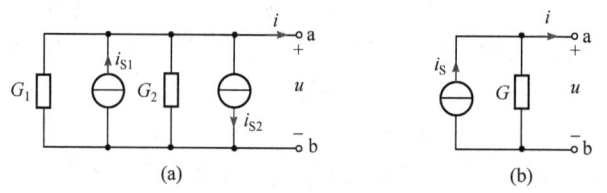

图 3-19 电流源和电阻并联的等效电路

图 3-18(b)所示的电压源-电阻串联组合(又称有伴电压源)和图 3-19(b)所示的电流源-电阻并联组合(又称有伴电流源)，是含独立源电阻电路的两种最简电路形式，也是实际电源的两种

电路模型。

3.4.4 实际电源两种模型的等效互换

反映同一电源的两种电路模型间是可以进行等效互换的，其等效互换条件可推导如下。

对于图 3-20(a) 所示的有伴电压源，在图示参考方向下，其对外的电压电流关系为

$$u = u_S - Ri \tag{3-12}$$

对于图 3-20(b) 所示的有伴电流源，在同样参考方向下，其对外的电压电流关系为

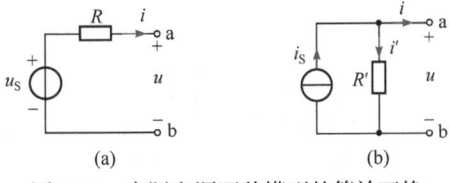

图 3-20 实际电源两种模型的等效互换

$$u = R'i' = R'(i_S - i) = R'i_S - R'i \tag{3-13}$$

若两种电源模型等效，则其对外的电压电流关系应一致，比较式(3-12)和式(3-13)，可得

$$\begin{cases} R = R' \\ u_S = R'i_S \end{cases} \tag{3-14}$$

或

$$\begin{cases} R' = R \\ i_S = u_S / R \end{cases} \tag{3-15}$$

式(3-14)是由并联组合的参数求其等效的串联组合的参数；式(3-15)是由串联组合的参数求其等效的并联组合的参数。两种电源模型等效时，有伴电压源和有伴电流源中的电阻是相等的，可以统一用 R 来表示，R 又称实际电源的等效内阻。应该指出，在两种电源模型间进行等效互换时，要特别注意电压源和电流源方向的对应关系应如图 3-20 所示。

两种电源模型在任一时刻对外的电压电流关系，称为其外特性(external characteristic)。图 3-20 所示两含源电路的外特性如图 3-21 所示，该外特性是一条与 u、i 两轴分别相交的直线。直线与 u 轴的交点是在 i = 0 即对外开路时的电压，称为开路电压(open-circuit voltage)，用 u_{oc} 表示；直线与 i 轴的交点是在 u = 0 即对外短路时的电流，称为短路电流(short-circuit current)，用 i_{sc} 表示。在有伴电压源中，$u_{oc} = u_S$，$i_{sc} = u_S / R$；在有伴电流源中，$u_{oc} = Ri_{sc}$，$i_{sc} = i_S$。综上所述，无

图 3-21 含源电路的外特性

论是哪种组合，均有

$$u_{oc} = Ri_{sc}$$

从而有

$$R = \frac{u_{oc}}{i_{sc}}$$

即含源电路的等效电阻等于其开路电压与短路电流的比值。

图 3-21 的外特性曲线还说明，含源电路对外提供的电压随着外电路取用电流的增大而减小，其减小速率的绝对值就等于含源电路的等效电阻值。实际电源一般等效内阻不大，对外提供的电压随负载取用电流的增大而减小的速率较慢，但短路电流较大。因此，实际电源一般来说是不允许直接短路的。

【例 3-5】 利用等效变换将图 3-22(a) 中 ab 端左侧的电路化为最简形式，并求电流 i。

解 利用有伴电压源和有伴电流源的等效互换条件，分别经图 3-22(b)～(d)将原电路等效成图 3-22(e)或(f)所示的最简形式。

根据 KVL，由图 3-22(e)求得

$$i = \frac{1}{3+2} = 0.2(\text{A})$$

或根据分流公式,由图 3-22(f)求得

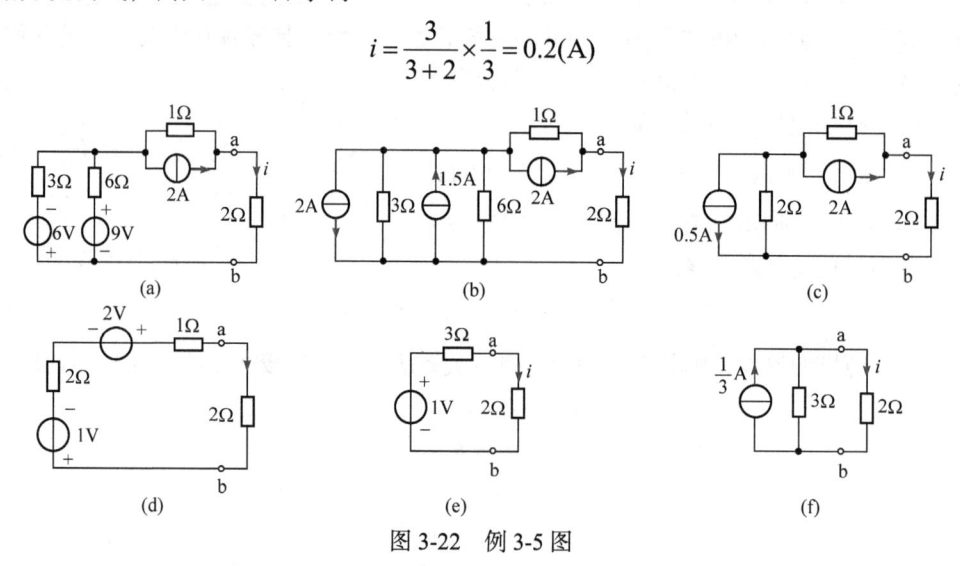

$$i = \frac{3}{3+2} \times \frac{1}{3} = 0.2(\text{A})$$

图 3-22 例 3-5 图

由例 3-5 可以看出,对于含独立源的二端电阻网络,最终总可以等效化简为一个电压源和一个电阻相串联的电路或一个电流源和一个电阻相并联的电路。

如果一个电路既含有独立源又含有受控源,也可以将受控源当作独立源来进行两种电源模型间的等效变换。但要注意,受控源的控制变量所在支路要处于被变换的电路之外。

【例 3-6】 电路如图 3-23(a)所示,求电阻电压 u。

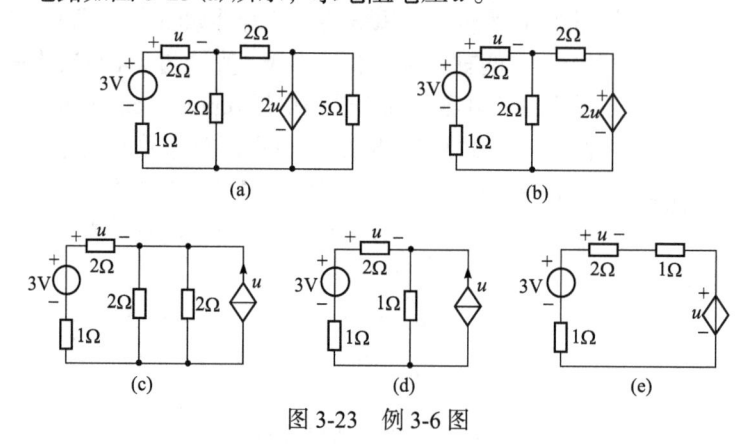

图 3-23 例 3-6 图

解 利用电压源的并联等效以及有伴电压源和有伴电流源的等效互换条件,分别经图 3-23(b)~(d)将原电路等效成图 3-23(e)所示的形式。

图 3-23(e)中不能再进行化简,若合并串联电阻,则受控源的控制量 u 就会消失,所以由 KVL 和元件的 VCR 可得

$$u + \frac{u}{2} \times 1 + u + \frac{u}{2} \times 1 = 3\text{V}$$

解方程得 $u = 1\text{V}$。

> **化繁为简思维**
>
> 电路化繁为简思维是指将复杂的电路问题简化成易于理解的形式。这种思维方式在第 2 章已有体现——运用理想化模型来表征单一特定的电磁物理现象。
>
> 本章则是将电路中的复杂部分替换为等效电路，达到简化电路的目的。例如，例 3-1 中从远电源端按串联或并联结构逐级对电路进行等效化简，最终替换为一个等效电阻；后面章节还会研究将电路中的非线性元件用线性元件替代。
>
> 在第 4 章中则是选用不同的"基变换"来减少电路方程数量，如节点电压法、回路电流法等，都是用一组变量代换另一组变量，降低求解方程的难度。
>
> 今后，在分析复杂功能电路时，也可以将复杂的电路问题分解成更小、更简单的部分，然后逐步解决每个部分。这样做可以使问题更易于理解。
>
> 通过运用化繁为简的思维方式，可以更轻松地理解和解决复杂的电路问题，提高电路设计和分析的效率。

习 题

3-1 求题 3-1 图中各二端电阻网络的等效电阻 R_{ab}。

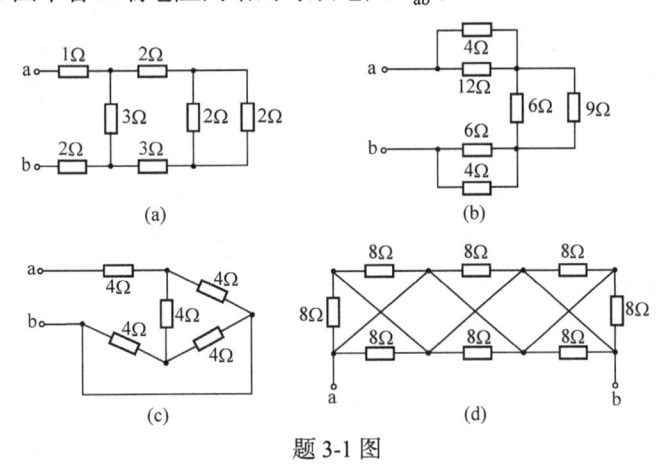

题 3-1 图

3-2 电路如题 3-2 图所示，求电流 i。

3-3 电路如题 3-3 图所示，已知 $R_1 = R_2 = 500\Omega$，$u_S = 10\text{V}$。

(1) 求图 (a) 中的电压 u_o；

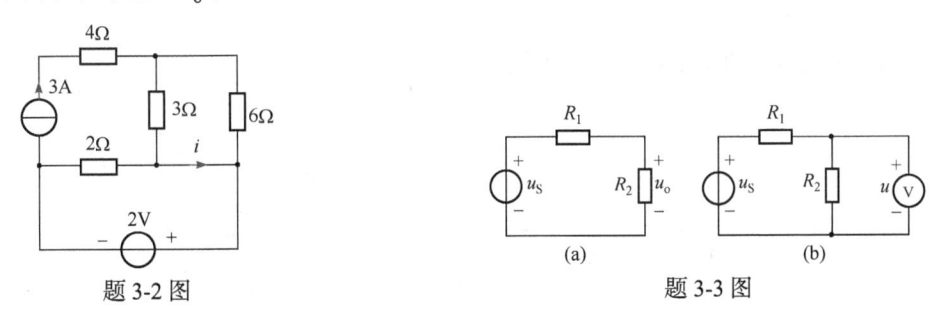

题 3-2 图

题 3-3 图

(2) 用电压表测量 R_2 上的电压，如图 (b) 所示，若电压表的内阻 $R_V = 1\text{k}\Omega$，求电压表的读数；若改用 $R_V = 10\text{k}\Omega$ 的电压表测量，电压表的读数又为多少？

3-4 求题 3-4 图所示电路中的电压 u_o。

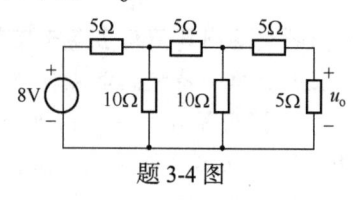

题 3-4 图

3-5 求题 3-5 图所示各二端电阻网络的等效电阻 R_{ab}。

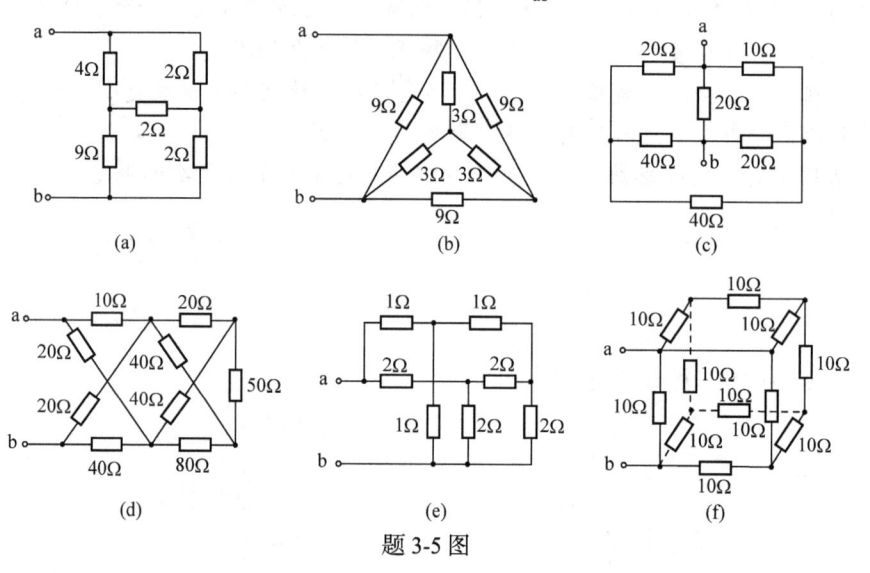

题 3-5 图

3-6 求题 3-6 图所示电路中的电流 i_1 和 i_2。

3-7 题 3-7 图所示电路中虚线框内部分是由 T 形电路构成的衰减器。试证明当 $R_1 = R_2 = R$ 时，$R_{ab} = R$ 且 $u_o = 0.5 u_i$。

3-8 求题 3-8 图所示电路中的电压 u。

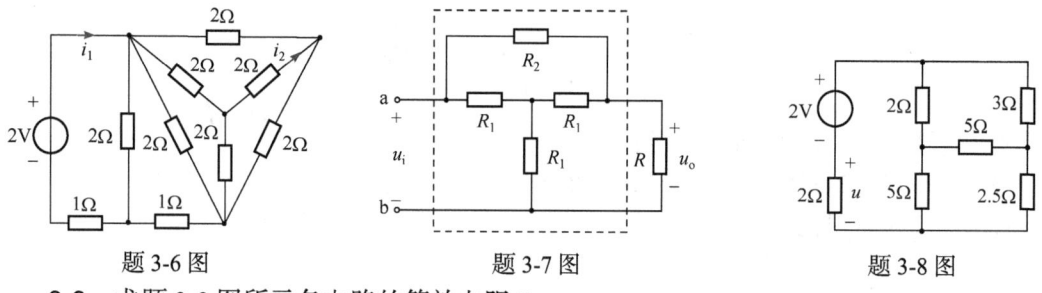

题 3-6 图   题 3-7 图   题 3-8 图

3-9 求题 3-9 图所示各电路的等效电阻 R_{ab}。

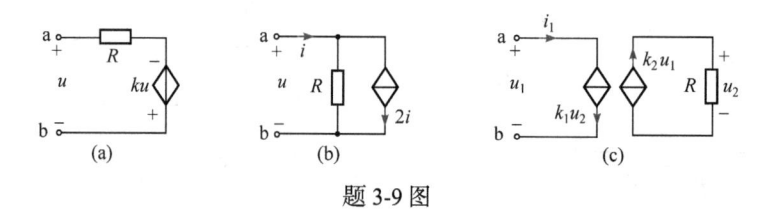

题 3-9 图

3-10 求题 3-10 图所示电路的等效电阻 R_{ab}。

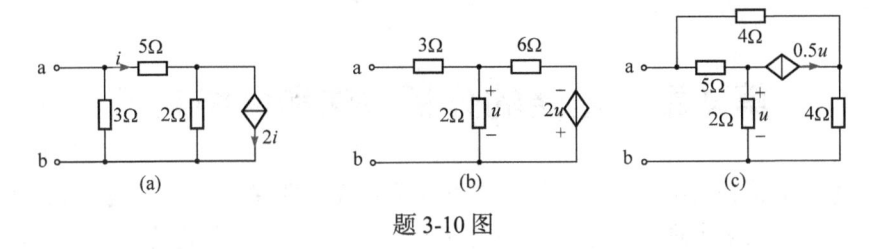

题 3-10 图

3-11 求题 3-11 图所示各含源电路的最简形式。

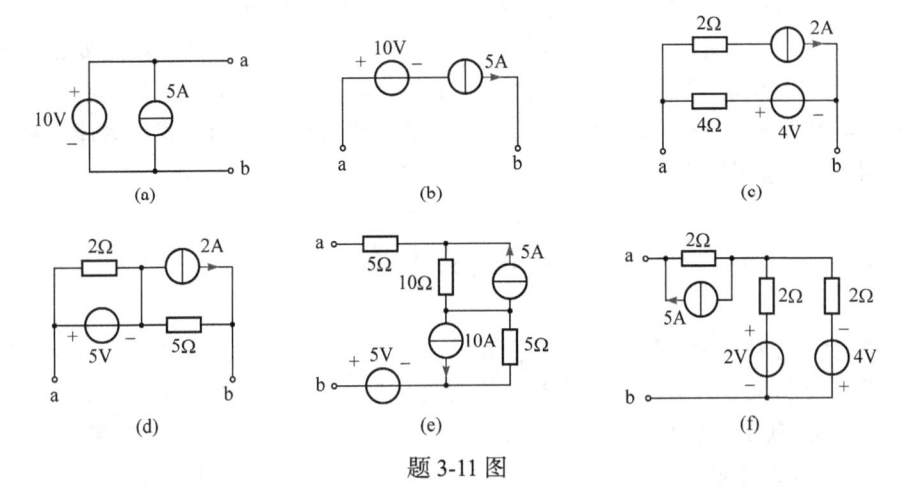

题 3-11 图

3-12 题 3-12 图所示电路中，图(b)为图(a)经等效化简后的电路。已知图(a)中 $R_1 = 12\Omega$，$R_2 = 6\Omega$，$u_{S1} = 12V$，$u_{S2} = 6V$。(1) 求图(b)中的 R 和 i_S；(2) 若 $R_3 = 2\Omega$，分别求图(a)中 R_1、R_2 和图(b)中 R 消耗的功率，R_1、R_2 消耗的功率之和与 R 消耗的功率是否相等？

3-13 求题 3-13 图所示电路中的电流 i。

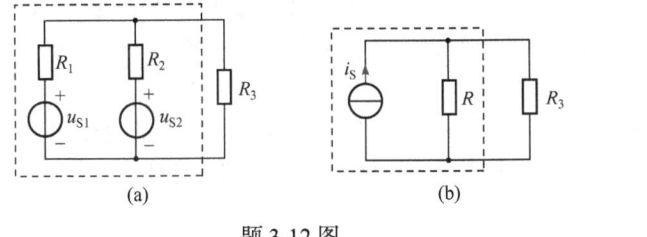

题 3-12 图

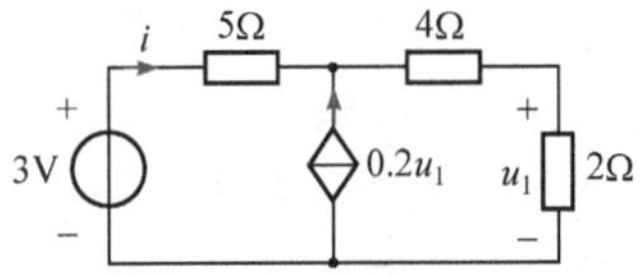

题 3-13 图

3-14 求题 3-14 图所示电路中的电压 u。

3-15 求题 3-15 图所示电路中的电流 i。

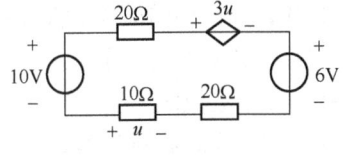

题 3-14 图

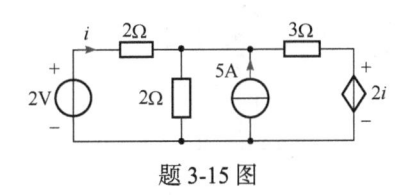

题 3-15 图

第 4 章　电路的分析方法和网络定理

网络定理是电路分析中的基本工具，它可以帮助我们理解和解决电路问题，快速求解电路中的各种参数。网络定理主要包括支路电流法、节点电压法、回路电流法、叠加定理、替代定理、戴维南定理与诺顿定理，以及特勒根定理、互易定理等，这些定理有各自不同的特点和分析需求，选择合适的分析方法可以更加高效地解决电路问题。

归于一般性，不管用什么方法对电路进行分析，都需要有一个选取网络变量、建立网络方程并计算求解的过程。整个分析过程会有一定的步骤。各种分析方法都具有一定的系统性和普遍性，也就是说，各种方法所建立起来的网络方程都有一定的格式和规律。掌握其特点和规律，会使我们运用起来更加方便。

4.1　支路电流法

以支路电流为网络变量列写方程求解的分析方法，称为支路电流法（branch current method），简称支路法。方程建立的依据就是 KCL、KVL 以及元件的 VCR。以图 4-1 所示的电路为例，电路共有 4 个节点、6 条支路，设各支路电流分别为 $i_1, i_2, \cdots, i_6$，参考方向如图所示。在节点①、②、③、④处分别应用 KCL，可以列出 4 个节点电流方程，即

$$-i_1 + i_2 + i_3 = 0, \quad i_1 + i_4 - i_6 = 0, \quad -i_2 - i_4 + i_5 = 0, \quad -i_3 - i_5 + i_6 = 0$$

由于每一条支路均与两个节点相连，且每一支路电流必然流出其中一个节点而流入另一个节点，所以在对所有节点列出的 KCL 方程中，每一支路电流必然出现两次，且一次为正、一次为负。若把以上 4 个方程相加，必然得出等号两边均为零的结果。这说明，以上 4 个方程并非相互独立。若去掉其中任意 1 个（如上述方程的最后一个），余下的 3 个便都是独立的了。这就是说，对于图 4-1 所示的电路，由 KCL 可以列出 3 个独立的节点电流方程。要确定 6 个未知电流，还需要 3 个方程，可以运用 KVL 列出。

图 4-1 所示的电路中，共有 7 个不同的回路，应用 KVL 可以列出 7 个方程，但进一步验证可以发现，在这些方程中，只有 3 个是独立的，例如，按网孔 I、II、III 列出的 3 个方程就是独立的，分别是

$$R_1 i_1 + R_2 i_2 - R_4 i_4 = u_{S1} + u_{S4}$$
$$-R_2 i_2 + R_3 i_3 - R_5 i_5 = -u_{S3}$$
$$R_4 i_4 + R_5 i_5 + R_6 i_6 = -u_{S4} + u_{S6}$$

将 3 个独立的 KVL 方程和前面 4 个方程中的任意 3 个独立的 KCL 方程，共 6 个方程联立，便可求出 6 条支路电流，这就是支路电流法。

从以上支路方程的建立过程可以看出，支路法的关键是列出数目足够的独立方程。一般情况下，对于具有 b 条支路、n_t 个节点的电路，支路法需列出 b 个

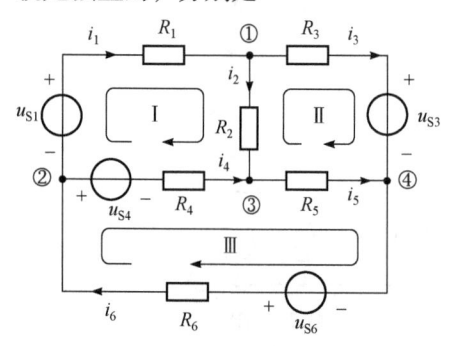

图 4-1　支路法示例电路图

方程。由 KCL 可列出 $n = n_t - 1$ 个独立的节点电流方程，由 KVL 可列出余下的 $l = b - n = b - n_t + 1$ 个独立的回路电压方程。其中，前 n 个方程很容易获得，后 l 个方程要保证其独立性，则必须注意回路的选取。能够列出一组相互独立的 KVL 方程的回路称为独立回路(可以证明总共有 $l = b - n_t + 1$ 个独立回路)。为保证所取回路均为独立回路，可使所取的每个回路至少包含一条其他回路中所没有的新支路。对于平面网络，网孔就是一组独立回路。选网孔作为一组独立回路既方便又直观。

综上所述，用支路法分析电路问题的步骤可归纳如下：
(1) 设定各支路电流方向；
(2) 由 KCL 列出 $n = n_t - 1$ 个独立的节点电流方程；
(3) 由 KVL 列出余下的 $l = b - n_t + 1$ 个独立的回路电压方程；
(4) 将以上所得的 b 个方程联立求解，求出各支路电流。

【例 4-1】 在图 4-2 所示的电路中，已知 $R_1 = 2\Omega$，$R_2 = R_3 = 10\Omega$，$u_{S1} = 5V$，$u_{S2} = 4V$，$u_{S3} = 8V$，求各支路电流。

解 设各支路电流分别为 i_1、i_2、i_3，方向如图 4-2 所示。将 KCL 应用于节点①，可列出：

$$i_1 + i_2 - i_3 = 0$$

将 KVL 分别应用于回路 I 和回路 II，可列出：

$$R_1 i_1 - R_2 i_2 = u_{S1} - u_{S2}$$

$$R_2 i_2 + R_3 i_3 = u_{S2} + u_{S3}$$

将各元件数值代入上述方程，整理得

$$\begin{cases} i_1 + i_2 - i_3 = 0 \\ 2i_1 - 10i_2 = 1 \\ 10i_2 + 10i_3 = 12 \end{cases}$$

图 4-2 例 4-1 图

解得 $i_1 = 1A$，$i_2 = 0.1A$，$i_3 = 1.1A$。

【例 4-2】 列写求解图 4-3 所示电路的支路电流方程。

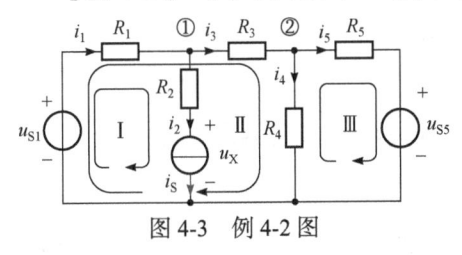

解 该电路与前两例不同，有一条电流源支路，在列写 KVL 方程时，要注意电流源两端的电压是未知的，切不可武断地认为电流源两端没有电压。这里，设电流源 i_S 两端的电压为 u_X，极性为上 "+"、下 "−"。对节点①、②列写 KCL 方程，对回路 I、II、III 列写 KVL 方程，得到的支路电流方程为

图 4-3 例 4-2 图

$$\begin{cases} -i_1 + i_2 + i_3 = 0 \\ -i_3 + i_4 + i_5 = 0 \\ -u_{S1} + R_1 i_1 + R_2 i_2 + u_X = 0 \\ -u_{S1} + R_1 i_1 + R_3 i_3 + R_4 i_4 = 0 \\ -R_4 i_4 + i_5 R_5 + u_{S5} = 0 \\ i_2 = i_S \end{cases}$$

需要说明,支路法的缺点是:当电路结构较为复杂时,未知变量多,联立的方程数目多,求解过程较烦琐。

4.2 节点电压法

如果把网络的任一节点选作参考节点(reference node),其余各个节点便都是独立节点。各独立节点与参考节点之间的电压称为节点电压(node voltage)。各节点电压的方向都是指向参考点的(即参考点为各节点电压的"−"极端)。

由于各条支路均连接在两个节点上,所以各支路电压均可由与之相连的两个节点电压之差来表示;当回路中各条支路的电压均用与之相连的节点电压表示时,每个节点电压均会在方程中出现两次,且一正一负,所以由各支路构成的任何回路必满足$\sum u = 0$,即节点电压自动满足 KVL,或者说节点电压不受 KVL 约束,因而是独立的。以上两点说明,节点电压可以作为网络的一组独立电压变量。

以一组独立节点的节点电压为网络变量列方程求解的分析方法,称为节点电压法,简称节点法或节点分析(nodal analysis)。因为节点电压自动满足 KVL,所以用节点法建立的电路方程只能用 KCL 来列出。以图 4-4(a)所示的电路为例,说明方程的建立过程。

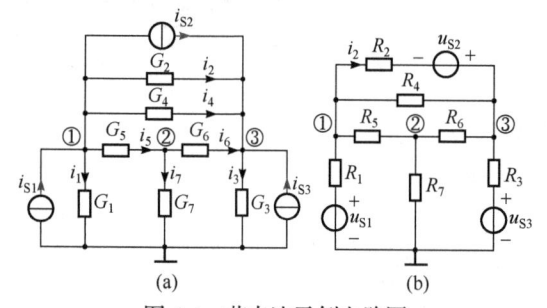

图 4-4 节点法示例电路图

首先指定参考点,并对其余各独立节点进行编号(或命名),如图 4-4(a)中所示,设 u_{n1}、u_{n2}、u_{n3} 分别为节点①、②、③的节点电压。此时,各电阻支路的电流(方向见图)便可通过支路电压与节点电压的关系用节点电压表示如下:

$$i_1 = G_1 u_{n1}, \quad i_2 = G_2(u_{n1} - u_{n3}), \quad i_3 = G_3 u_{n3}, \quad i_4 = G_4(u_{n1} - u_{n3})$$
$$i_5 = G_5(u_{n1} - u_{n2}), \quad i_6 = G_6(u_{n2} - u_{n3}), \quad i_7 = G_7 u_{n2}$$

将 KCL 应用于节点①,可得

$$i_1 - i_{S1} + i_{S2} + i_2 + i_4 + i_5 = 0$$

把电阻支路的电流与节点电压的关系代入上式,得

$$G_1 u_{n1} - i_{S1} + i_{S2} + G_2(u_{n1} - u_{n3}) + G_4(u_{n1} - u_{n3}) + G_5(u_{n1} - u_{n2}) = 0$$

整理后,得

$$(G_1 + G_2 + G_4 + G_5)u_{n1} - G_5 u_{n2} - (G_2 + G_4)u_{n3} = i_{S1} - i_{S2} \tag{4-1}$$

再将 KCL 分别应用于节点②和节点③,经过与上面同样的过程,可得

$$-G_5 u_{n1} + (G_5 + G_6 + G_7)u_{n2} - G_6 u_{n3} = 0 \tag{4-2}$$

$$-(G_2 + G_4)u_{n1} - G_6 u_{n2} + (G_2 + G_3 + G_4 + G_6)u_{n3} = i_{S2} + i_{S3} \tag{4-3}$$

式(4-1)~式(4-3)这 3 个方程就是以节点电压 u_{n1}、u_{n2}、u_{n3} 为变量,由 KCL 列出的,称为节点电压方程或节点方程。将这 3 个方程联立便可求得各节点电压,进一步可由节点电压求得电路的其他响应参量,如各支路电流或元件的功率等。

第4章 电路的分析方法和网络定理

如果将式(4-1)~式(4-3)方程左边各节点电压前的系数连同前面的正、负号统一用 G_{kj} 表示，方程右边电流源电流的代数和统一用 i_{Snk} 表示，并设其独立节点数为 n，那么节点方程便可以写成如下的一般形式：

$$\begin{cases} G_{11}u_{n1} + G_{12}u_{n2} + \cdots + G_{1n}u_{nn} = i_{Sn1} \\ G_{21}u_{n1} + G_{22}u_{n2} + \cdots + G_{2n}u_{nn} = i_{Sn2} \\ \quad\quad\quad\quad\quad \vdots \\ G_{n1}u_{n1} + G_{n2}u_{n2} + \cdots + G_{nn}u_{nn} = i_{Snn} \end{cases} \quad (4\text{-}4)$$

式(4-4)中各个方程分别对应于各个独立节点。其中，第 k 个方程中 u_{nk} 的系数 G_{kk} ($k=1, 2, \cdots, n$) 称为节点 ⓚ 的自电导(self conductance)，它等于连接于节点 k 的各支路的电导之和，且恒为正（如图 4-4(a) 所示电路中的 $G_{22} = G_5 + G_6 + G_7$）；u_{nj} 的系数 G_{kj} ($k, j = 1, 2, \cdots, n$ 且 $k \neq j$) 称为节点 ⓙ 与节点 ⓚ 之间的互电导(mutual conductance)，它等于连接于两节点间公共支路的电导之和，恒为负。若网络不含受控源，式(4-4)方程左边的系数将具有对称性，即有 $G_{kj} = G_{jk}$（如图 4-4(a) 所示电路中的 $G_{13} = G_{31} = -(G_2 + G_4)$）；方程右边的 i_{Snk} ($k = 1, 2, \cdots, n$) 为流入节点 ⓚ 的所有电流源电流的代数和，其中电流方向指向节点 ⓚ 的为正，反之为负（如图 4-4(a) 所示电路中的 $i_{Sn1} = i_{S1} - i_{S2}$）。

节点法以独立节点的节点电压为网络变量，列出的方程只有 $n = n_t - 1$ 个，比支路法少 $l = b - n_t + 1$ 个，解起来相对简单。

若电路中含有电压源-电阻串联支路，且各电阻的参数不是 G 而是 R，如图 4-4(b) 所示，则在列写节点方程时，只要注意到电压源-电阻串联组合可以等效成电流源-电阻并联组合（事实上图 4-4(a) 和 (b) 所示的电路是等效的），且各支路电阻的倒数就是其电导，则可以按式(4-1)的规律直接列出其节点方程如下：

$$\begin{cases} \left(\dfrac{1}{R_1} + \dfrac{1}{R_2} + \dfrac{1}{R_4} + \dfrac{1}{R_5}\right)u_{n1} - \dfrac{1}{R_5}u_{n2} - \left(\dfrac{1}{R_2} + \dfrac{1}{R_4}\right)u_{n3} = \dfrac{u_{S1}}{R_1} - \dfrac{u_{S2}}{R_2} \\ -\dfrac{1}{R_5}u_{n1} + \left(\dfrac{1}{R_5} + \dfrac{1}{R_6} + \dfrac{1}{R_7}\right)u_{n2} - \dfrac{1}{R_6}u_{n3} = 0 \\ -\left(\dfrac{1}{R_2} + \dfrac{1}{R_4}\right)u_{n1} - \dfrac{1}{R_6}u_{n2} + \left(\dfrac{1}{R_2} + \dfrac{1}{R_3} + \dfrac{1}{R_4} + \dfrac{1}{R_6}\right)u_{n3} = \dfrac{u_{S2}}{R_2} + \dfrac{u_{S3}}{R_3} \end{cases}$$

以上方程右边的各项就是由电压源-电阻串联组合等效成电流源-电阻并联组合时，各等效电流源的电流。要特别注意的是，它们并不是各含源支路的支路电流。例如，R_2、u_{S2} 支路的 VCR 方程为

$$R_2 i_2 - u_{S2} = u_{n1} - u_{n3}$$

故该支路的支路电流为

$$i_2 = \dfrac{u_{n1} - u_{n3} + u_{S2}}{R_2}$$

式(4-4)说明，用节点电压法分析电路时，只要根据电路的结构，掌握每个节点所连各条支路的电阻、电压源、电流源的数值和方向，就可以直接列出该节点的方程，而无须再考虑 KCL 或 KVL（虽然该方法是由这两个定律推导出的），所以该方法是基于电路结构的直接求解

方法，很适合计算机编程，易于推广到大型电路的分析。

节点电压法分析电路的步骤如下：

(1) 指定参考节点，并对其余各独立节点进行编号或命名；

(2) 针对每个独立节点，根据该节点所连支路的种类及元件参数列出节点方程；

(3) 解方程组求得各节点电压；

(4) 根据题意，由各节点电压进一步求出题中要求的各变量（如各支路电流等）。

【例 4-3】 电路如图 4-5 所示，已知 $R_1 = R_2 = R_3 = 2\Omega$，$R_4 = 4\Omega$，$R_5 = 5\Omega$，$u_{S1} = 10\text{V}$，$u_{S2} = 2\text{V}$，$i_S = 3\text{A}$。用节点法求各支路电流。

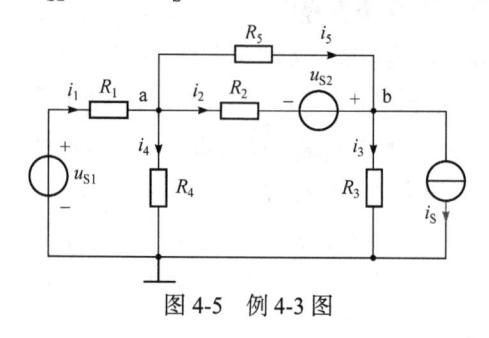

解 设参考点如图 4-5 所示，两独立节点分别为 a 和 b，其节点方程可列出如下：

$$\begin{cases} \left(\dfrac{1}{R_1}+\dfrac{1}{R_2}+\dfrac{1}{R_4}+\dfrac{1}{R_5}\right)u_a - \left(\dfrac{1}{R_2}+\dfrac{1}{R_5}\right)u_b = \dfrac{u_{S1}}{R_1}-\dfrac{u_{S2}}{R_2} \\ -\left(\dfrac{1}{R_2}+\dfrac{1}{R_5}\right)u_a + \left(\dfrac{1}{R_2}+\dfrac{1}{R_3}+\dfrac{1}{R_5}\right)u_b = \dfrac{u_{S2}}{R_2}-i_S \end{cases}$$

图 4-5 例 4-3 图

代入数值并整理，得

$$\begin{cases} 1.45u_a - 0.7u_b = 4 \\ -0.7u_a + 1.2u_b = -2 \end{cases}$$

解得

$$u_a = 2.72\text{V},\ u_b = -0.08\text{V}$$

令各支路电流方向如图 4-5 所示，则有

$$i_1 = \dfrac{u_{S1} - u_a}{R_1} = \dfrac{10 - 2.72}{2} = 3.64(\text{A})$$

$$i_2 = \dfrac{u_a + u_{S2} - u_b}{R_2} = \dfrac{2.72 + 2 - (-0.08)}{2} = 2.4(\text{A})$$

$$i_3 = \dfrac{u_b}{R_3} = \dfrac{-0.08}{2} = -0.04(\text{A})$$

$$i_4 = \dfrac{u_a}{R_4} = \dfrac{2.72}{4} = 0.68(\text{A})$$

$$i_5 = \dfrac{u_a - u_b}{R_5} = \dfrac{2.72 - (-0.08)}{5} = 0.56(\text{A})$$

在以上几个电路中，我们只见识了电阻支路、电流源支路、电压源串电阻支路三种情况的节点方程。电路中还有很多其他连接形式的支路，列写节点方程时如何列出其自电导、互电导及流入该节点的独立电流源之和呢？我们将在后面几小节对其他连接形式的支路进行推导和详细分析。

若在电路中出现以下几种情况，在列写节点电压方程时，要相应地做一些处理，此时，节点方程也不能按照式(4-4)那样直接列出规律的形式，而是在严格遵循基尔霍夫定律的前提下，根据一些步骤和原则，综合电路图中各个元件的结构约束关系来具体分析，列写节点方程组。

1. 含纯电压源支路的分析

若电路中含有无伴电压源支路（即只有一个电压源而没有与之串联的电阻），又称纯电压

源支路(简称纯压源支路)，则因该支路不能等效变换成电流源，且该支路电流不能用节点电压来表示，所以就无法按式(4-1)直接列出其节点方程。遇到这种情况，可以先设定纯压源支路的电流，列方程时将纯压源支路的电流作为未知量。以图 4-6 所示的电路为例，图中电路共 3 个节点，若选节点③作为参考点，并设纯压源 u_{S1} 支路电流为 i，方向如图 4-6 所示，则在节点①和②，由 KCL 列出的方程应为

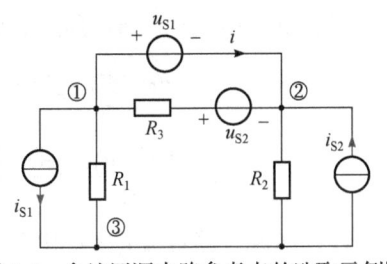

图 4-6 含纯压源支路参考点的选取示例图

$$\left(\frac{1}{R_1}+\frac{1}{R_3}\right)u_{n1}-\frac{1}{R_3}u_{n2}=\frac{u_{S2}}{R_3}-i_{S1}-i$$

$$-\frac{1}{R_3}u_{n1}+\left(\frac{1}{R_2}+\frac{1}{R_3}\right)u_{n2}=i_{S2}-\frac{u_{S2}}{R_3}+i$$

由于方程中多了一个未知量 i，因而需补充一个方程，这个方程就是纯压源支路电压 u_{S1} 与节点电压的关系，即

$$u_{n1}-u_{n2}=u_{S1}$$

将以上 3 个方程联立，就可以求出各节点电压。

对于图 4-6 所示的电路，还有另外一种较为简便的处理方法，就是选取纯压源支路的一端为参考点(而不是任选一点为参考点)，如选取节点②为参考点。此时，节点①的节点电压就是电压源 u_{S1} 的电压，即

$$u_{n1}=u_{S1}$$

在节点①就不必再列 KCL 方程了，只需在节点③列出方程即可，即

$$-\frac{1}{R_1}u_{n1}+\left(\frac{1}{R_1}+\frac{1}{R_2}\right)u_{n3}=i_{S1}-i_{S2}$$

将以上两个方程联立，就可以求出各节点电压。

如果电路含有几个纯电压源支路，当这些支路有公共端时，选择公共端为参考点最为方便，否则就需将以上两种处理方法结合起来使用。

【例 4-4】 电路和参数如图 4-7 所示，用节点法求各支路的电流。

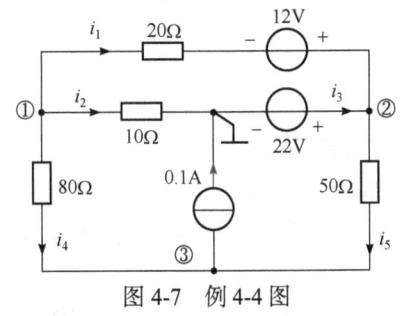

解 选取参考点并将其余各节点编号如图 4-7 所示，则节点②的电压 $u_{n2}=22\text{V}$。

由节点①和③可列出节点方程为

$$\left(\frac{1}{10}+\frac{1}{20}+\frac{1}{80}\right)u_{n1}-\frac{1}{20}u_{n2}-\frac{1}{80}u_{n3}=-\frac{12}{20}$$

$$-\frac{1}{80}u_{n1}-\frac{1}{50}u_{n2}+\left(\frac{1}{80}+\frac{1}{50}\right)u_{n3}=-0.1$$

图 4-7 例 4-4 图

整理得

$$\begin{cases}13u_{n1}-u_{n3}=40\\-5u_{n1}+13u_{n3}=136\end{cases}$$

解得

$$u_{n1}=4\text{V},\ u_{n3}=12\text{V}$$

设各支路电流如图 4-7 所示，则有

$$i_1 = \frac{u_{n1} - u_{n2} + 12}{20} = \frac{4 - 22 + 12}{20} = -0.3(\text{A}), \quad i_2 = \frac{u_{n1}}{10} = \frac{4}{10} = 0.4(\text{A})$$

$$i_4 = \frac{u_{n1} - u_{n3}}{80} = \frac{4 - 12}{80} = -0.1(\text{A}), \quad i_5 = \frac{u_{n2} - u_{n3}}{50} = \frac{22 - 12}{50} = 0.2(\text{A})$$

而纯压源支路电流 i_3 无法由节点电压求出，只能由 KCL 求出，为

$$i_3 = i_5 - i_1 = 0.2 - (-0.3) = 0.5(\text{A})$$

该例若选节点③为参考点，需增设纯压源支路电流 i_3 为未知变量，列出的联立方程应为 4 个，求解不太方便。

2. 含串联电阻的电流源电路的分析

若电路中含有电流源与电阻串联支路，如图 4-8 所示，电流源 i_{S5} 支路串联一电阻，则因该支路电流仍为电流源电流 i_{S5}，与串联电阻无关，所以按 KCL 列出的节点方程仍是原来的方程，与电流源串联的电阻在方程中不会出现。这就是说，如果出现这种情况，只要对与电流源串联的电阻不加考虑（当做没有这一电阻），按式(4-1)直接列出其节点方程即可。

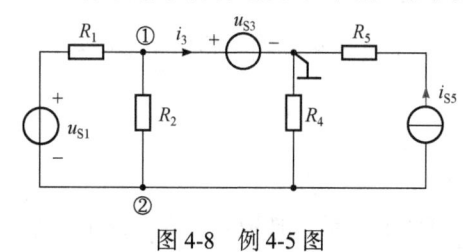

图 4-8 例 4-5 图

【例 4-5】 电路及参数如图 4-8 所示，请列出该电路的节点方程。

解 本例中，u_{S3} 所在支路为无伴电压源支路，设该电压源的"-"端为参考点，并标于图 4-8 中，则其另一端节点①的节点电压为已知，不必再列方程，只需在节点②列方程即可：

$$\begin{cases} u_{n1} = u_{S3} \\ \left(\dfrac{1}{R_1} + \dfrac{1}{R_2} + \dfrac{1}{R_4}\right) u_{n2} - \left(\dfrac{1}{R_1} + \dfrac{1}{R_2}\right) u_{n1} = -\dfrac{u_{S1}}{R_1} - i_{S5} \end{cases}$$

注意，在节点②列写方程时，i_{S5} 支路串联的电阻 R_5 未在节点的自电导中出现，原因是每条支路的电流是唯一的，若把 R_5 列入自电导内，则会造成方程中同一支路出现两个不同电流的结果，违背了基尔霍夫电流定律。但是，在计算该网络各支路电压时，仍然要考虑 R_5 上的电压，根据欧姆定律计算即可。

3. 含受控源电路的分析

在前面所介绍的各种分析方法中，均未涉及网络中含有受控源的情况。如果网络中含有受控源，各种分析方法将如何运用？建立方程时应注意些什么问题呢？

受控源作为一种电源元件，在第 2 章已对其做过介绍，即除了其源电压或源电流不像独立源那样是按自身给定的规律变化（即完全不受外电路影响），而是受控于电路某处的电压或电流的特性之外，其他主要特点均与独立源一致。

因此，在分析电路问题时，若遇到受控源，或在应用各种网络分析方法分析含受控源电路问题时，可遵循以下原则。

(1) 将受控源视为独立源，按各种分析方法的规律列出其相应的方程(如节点法按式(4-1)的形式列出方程)。

(2) 补充一个辅助方程，补充的方程就是控制量与网络变量之间的关系。

这是因为，在列方程的过程中，由于受控源的控制量一般并非网络变量，故每有一个受控源，就会增加一个变量（即受控源的控制量），即需要增加一个方程，式中将体现控制量与网络变量的关系。将以上所得方程联立起来，便可得到分析结果。

例如，对于图 4-9 所示的含受控源电路，用节点法对其进行分析。

在选定参考点之后，首先将受控源视为独立源，按式(4-1)对其节点①、②列出方程。

节点①：

$$\left(\frac{1}{R_1}+\frac{1}{R_2}+\frac{1}{R_3}\right)u_{n1}-\left(\frac{1}{R_2}+\frac{1}{R_3}\right)u_{n2}=i_S-\frac{ri_1}{R_3}$$

节点②：

$$-\left(\frac{1}{R_2}+\frac{1}{R_3}\right)u_{n1}+\left(\frac{1}{R_2}+\frac{1}{R_3}+\frac{1}{R_4}\right)u_{n2}=\frac{ri_1}{R_3}-gu_2$$

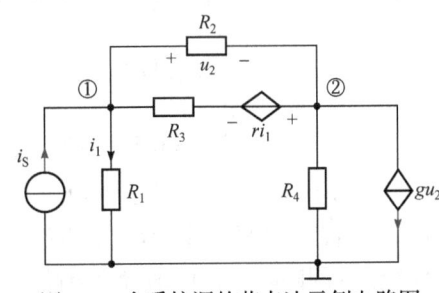

图 4-9 含受控源的节点法示例电路图

方程中，由于两受控源的控制量 i_1 和 u_2 并非节点电压 u_{n1} 和 u_{n2}，所以需补充两个辅助方程，即用 u_{n1} 和 u_{n2} 来表示 i_1 和 u_2 这两个控制量，有

$$i_1=\frac{u_{n1}}{R_1}$$

$$u_2=u_{n1}-u_{n2}$$

将以上 4 个方程联立，便可解得结果。如果把补充方程分别代入原节点电压方程，将控制量消掉，经过整理，便可得到以 u_{n1} 和 u_{n2} 为变量的两个节点方程：

$$\begin{cases}\left(\dfrac{1}{R_1}+\dfrac{1}{R_2}+\dfrac{1}{R_3}+\dfrac{r}{R_1R_3}\right)u_{n1}-\left(\dfrac{1}{R_2}+\dfrac{1}{R_3}\right)u_{n2}=i_S\\-\left(\dfrac{1}{R_2}+\dfrac{1}{R_3}+\dfrac{r}{R_1R_3}-g\right)u_{n1}+\left(\dfrac{1}{R_2}+\dfrac{1}{R_3}+\dfrac{1}{R_4}-g\right)u_{n2}=0\end{cases}$$

注意，以上方程中 $G_{12}\neq G_{21}$。一般来说，当电路中含有受控源时，其节点方程的系数便失去了对称性，即 $G_{kj}\neq G_{jk}$。

【例 4-6】 电路及参数如图 4-10 所示，试用节点法求各支路电流。

解 如图 4-10 所示，选取参考点，则有

$$u_a=5i_1$$

$$-\frac{1}{10}u_a+\left(\frac{1}{10}+\frac{1}{5}+\frac{1}{10}\right)u_b-\frac{1}{10}u_c=\frac{5}{10}-\frac{3}{10}$$

$$-\frac{1}{10}u_b+\left(\frac{1}{10}+\frac{1}{5}\right)u_c=-\frac{5}{10}-0.5u_2$$

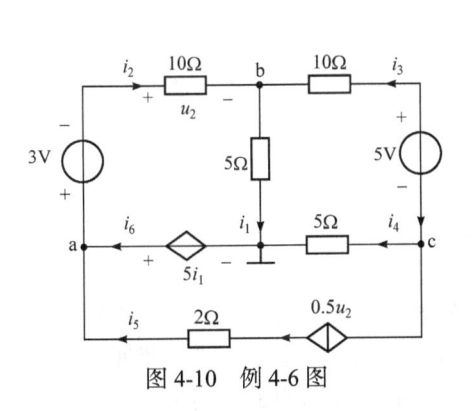

补充方程： $i_1=u_b/5,\ u_2=u_a-3-u_b$

整理得

$$\begin{cases}u_a=u_b\\-u_a+4u_b-u_c=2\\5u_a-6u_b+3u_c=10\end{cases}$$

图 4-10 例 4-6 图

化简得
$$\begin{cases} 3u_b - u_c = 2 \\ -u_b + 3u_c = 10 \end{cases}$$

解得
$$u_a = u_b = 2\text{V}, \ u_c = 4\text{V}$$

设各支路电流方向如图中所示，则有

$$i_1 = \frac{u_b}{5} = \frac{2}{5} = 0.4(\text{A}), \quad i_2 = \frac{u_a - 3 - u_b}{10} = \frac{2 - 3 - 2}{10} = -0.3(\text{A})$$

$$i_3 = \frac{u_c + 5 - u_b}{10} = \frac{4 + 5 - 2}{10} = 0.7(\text{A}), \quad i_4 = \frac{u_c}{5} = \frac{4}{5} = 0.8(\text{A})$$

$$i_5 = 0.5u_2 = 0.5(u_a - 3 - u_b) = -1.5(\text{A}), \quad i_6 = i_2 - i_5 = -0.3 - (-1.5) = 1.2(\text{A})$$

在本例的分析过程中，当把受控源视为独立源时，因有纯电压源支路，参考点并非随意选取；因有电流源与电阻串联支路，所以与受控流源串联的2Ω电阻不能列入方程之中。在遇到类似的问题时，请仔细看清电路，并合理运用节点法列写方程。

【例 4-7】 已知节点电压方程式如下，试根据方程画出电路图，并在图中标明各元件。

$$\begin{cases} \left(\dfrac{1}{R_1} + \dfrac{1}{R_2} + \dfrac{1}{R_3} + \dfrac{1}{R_4} \right)u_a - \left(\dfrac{1}{R_3} + \dfrac{1}{R_4} \right)u_b = \dfrac{u_{S1}}{R_1} - \dfrac{u_{S4}}{R_4} - i_{S3} & \text{①} \\ -\left(\dfrac{1}{R_3} + \dfrac{1}{R_4} \right)u_a + \left(\dfrac{1}{R_3} + \dfrac{1}{R_4} + \dfrac{1}{R_5} \right)u_b = \dfrac{u_{S4}}{R_4} + i_{S1} + i_{S3} & \text{②} \end{cases}$$

解 首先，已知方程组有两个网络变量 u_a 和 u_b，对应有两个方程，可知该电路中有 3 个节点，其中 1 个为参考节点，2 个为独立节点，分别为节点 a 和节点 b。

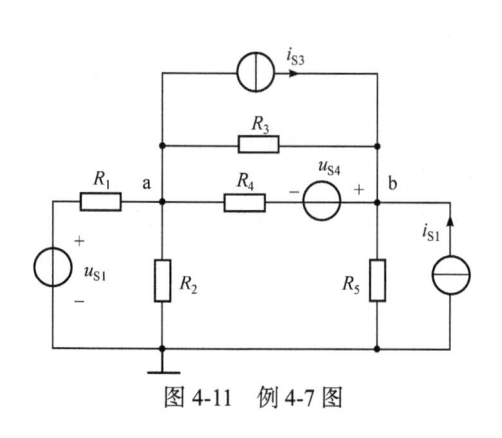

其次，观察方程组的①式中，和节点 a 相连接的有 4 个支路电阻，都分别位于单独的支路上，而且和节点 a 相连接的电源有 3 条支路，其中 2 条为有伴电压源支路，1 条为电流源支路。

方程组的②式中，和节点 b 相连的有 3 条电阻支路，其中 R_3 和 R_4 是两节点间的互电阻，和节点 b 相连的电源有 3 个：2 个独立电流源，1 个有伴电压源。

最后，再根据该节点方程的对称性，且观察等式中的电压源和电流源的符号，可画出如图 4-11 所示的电路图。

图 4-11 例 4-7 图

思考：本例中，若把 u_{S4} 换成 ri_1，同时再加一个辅助方程：$i_1 = \dfrac{u_{S1} - u_a}{R_1}$，则电路又该如何画出呢？

4.3 回路电流法

对于具有 b 条支路的网络，共有 b 个支路电流，我们发现，所有这些支路电流不必一次性全部求出。例如，对于图 4-1 所示的电路，事实上只要先求出 i_1、i_3 和 i_6，进一步便可由这 3 个电流求出余下的 3 个电流（i_2, i_4, i_5）。从理论上讲，在具有 n_t 个节点的网络中，可以得到

$n = n_t -1$ 个独立的节点电流方程，其中每个方程所包含的电流总有一个可以用其他电流来表示，即总有一个是不独立的。这样，一共就有 n 个电流是不独立的。换句话说，在总共 b 个支路电流中，只有 $l = b - n = b - n_t + 1$ 个电流是独立的。这一独立的电流变量数刚好与网络的独立回路数相吻合。因此，我们有理由想到，网络的独立电流变量是否与独立回路有某种联系。

对于任一回路，可以设想沿回路边界有一假想电流在流动，称这一假想电流为回路电流(loop current)，如图 4-12 中的 i_{l1}、i_{l2} 和 i_{l3} 均为这样的回路电流。由于各回路电流均同时出入各个节点，所以在各个节点处必有 $\sum i = 0$，即回路电流自动满足 KCL，或者说回路电流不受 KCL 约束。

任何一组独立回路的回路电流均可作为网络的一组独立电流变量。首先，它不受 KCL 约束，因而是独立的；其次，所有的支路电流均可由这组回路电流来表示，因而是完整的。例如，在图 4-12 中，i_{l1}, i_{l2}, i_{l3} 便是一组独立回路的回路电流，各支路电流 $i_1, i_2, \cdots, i_6$ 可以分别用这组回路电流表示为

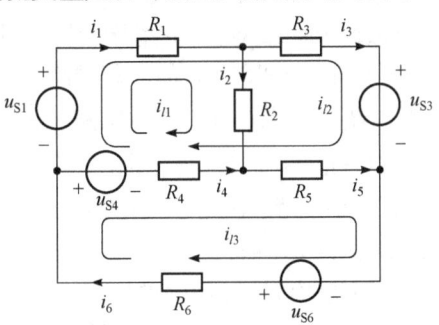

图 4-12 回路法示例电路图

$$i_1 = i_{l1} + i_{l2}, \quad i_2 = i_{l1}, \quad i_3 = i_{l2}, \quad i_4 = i_{l3} - i_{l1} - i_{l2}, \quad i_5 = i_{l3} - i_{l2}, \quad i_6 = i_{l3}$$

以任一组独立回路的回路电流为网络变量列方程求解的分析方法，称为回路电流法，简称回路法或回路分析(loop analysis)。这种方法方程的建立不能用 KCL(因为回路电流不受 KCL 约束)，只能用 KVL。以图 4-12 所示的电路为例，方程的建立过程如下。

首先选取一组独立回路，并设各回路电流分别为 i_{l1}、i_{l2} 和 i_{l3}，方向如图 4-12 所示。将 KVL 应用于回路 l_1（回路绕行方向与回路电流方向一致），可得

$$R_1 i_1 + R_2 i_2 - R_4 i_4 = u_{S1} + u_{S4}$$

将各支路电流均用回路电流表示，代入上面的方程，得

$$R_1(i_{l1} + i_{l2}) + R_2 i_{l1} - R_4(i_{l3} - i_{l1} - i_{l2}) = u_{S1} + u_{S4}$$

整理后，得

$$(R_1 + R_2 + R_4)i_{l1} + (R_1 + R_4)i_{l2} - R_4 i_{l3} = u_{S1} + u_{S4} \tag{4-5}$$

再将 KVL 分别应用于回路 l_2 和 l_3，经过与上面同样的过程，可得

$$(R_1 + R_4)i_{l1} + (R_1 + R_3 + R_4 + R_5)i_{l2} - (R_4 + R_5)i_{l3} = u_{S1} - u_{S3} + u_{S4} \tag{4-6}$$

$$-R_4 i_{l1} - (R_4 + R_5)i_{l2} + (R_4 + R_5 + R_6)i_{l3} = u_{S6} - u_{S4} \tag{4-7}$$

式(4-5)～式(4-7)这 3 个方程就是以回路电流 i_{l1}、i_{l2} 和 i_{l3} 为变量，由 KVL 列出的，称为回路电流方程或回路方程。将这 3 个方程联立便可求得各回路电流，进一步由支路电流和回路电流的关系便可求得各支路电流，这就是回路电流法。

若将式(4-5)～式(4-7)回路方程左边各回路电流的系数连同前面的正、负号统一用 R_{kj} 表示，方程右边电压源电压的代数和统一用 u_{Slk} 表示，并将其独立回路数设为 l，则回路方程可以写成如下的一般形式：

$$\begin{cases} R_{11}i_{l1} + R_{12}i_{l2} + \cdots + R_{1l}i_{ll} = u_{Sl1} \\ R_{21}i_{l1} + R_{22}i_{l2} + \cdots + R_{2l}i_{ll} = u_{Sl2} \\ \vdots \\ R_{l1}i_{l1} + R_{l2}i_{l2} + \cdots + R_{ll}i_{ll} = u_{Sll} \end{cases} \tag{4-8}$$

式(4-8)中各个方程分别对应于各个独立回路。其中，第 k 个方程中 i_{lk} 的系数 R_{kk} ($k=1,2,\cdots,l$) 称为回路 k 的自电阻(selfresistance)，它等于构成回路 k 的各支路电阻之和。在回路绕行方向与回路电流方向一致的前提下，自电阻总是正的(如图 4-12 所示电路中的 $R_{11}=R_1+R_2+R_4$ 等)；i_{lj} 的系数 R_{kj} ($k,j=1,2,\cdots,l$ 且 $k\neq j$) 称为回路 j 与回路 k 之间的互电阻(mutual resistance)，它等于两回路的公共支路电阻之和，当两回路电流在公共电阻上方向一致时为正，相反时为负。若网络不含受控源，式(4-8)方程左边的系数将具有对称性，即有 $R_{kj}=R_{jk}$ (如图 4-12 所示电路中的 $R_{12}=R_{21}=R_1+R_4, R_{23}=R_{32}=-(R_4+R_5)$ 等)；方程右边的 u_{Slk} ($k=1,2,\cdots,l$) 为构成回路 k 的所有电压源电压的代数和，当电源电压方向与回路 k 的绕行方向(即回路电流 i_{lk} 的方向)一致时为负，相反时为正(如图 4-12 所示电路中的 $u_{Sl2}=u_{S1}-u_{S3}+u_{S4}$ 等)。

回路法以独立回路的回路电流为网络变量，列出的方程只有 $l=b-n_t+1$ 个，比支路法少 $n=n_t-1$ 个，解起来相对简单。

对于平面网络，全部网孔就是一组独立回路。若选网孔作为网络的一组独立回路，则回路电流又称网孔电流(mesh current)，回路方程又称网孔方程，故此时的分析方法又称网孔法或网孔分析(mesh analysis)。显然，网孔法是回路法的一种特殊情况，网孔方程的特点和规律与一般的回路方程是完全相同的。

综上所述，可将回路(网孔)法解题步骤归纳如下：

(1) 选取一组独立回路(网孔)，设出回路(网孔)电流方向；

(2) 以回路(网孔)电流方向为回路(网孔)绕行方向，由 KVL 按式(4-8)的形式列出回路(网孔)方程；

(3) 解方程求出各回路(网孔)电流；

(4) 根据题意，由回路(网孔)电流进一步求出题中要求的各变量(如各支路电流等)。

选取网孔作为平面网络的一组独立回路既方便又直观，故常被采用。但网孔只是众多组独立回路中的一组。实际上，独立回路的选取多种多样，且不受平面网络的限制，因此一般的回路法比网孔法具有更大的灵活性。

总之，对于含有电流源支路的网络，如果按一般情况列写回路或网孔方程，注意不要漏掉电流源的电压；考虑电流源的电压之后，还要补充一个方程，补充的方程即为电流源电流与回路或网孔电流的关系；也可以在列 KVL 方程时避开电流源支路，以免考虑电流源电压。对于这种问题，最简便的处理办法是灵活且适当地选取独立回路，使电流源电流正好是某个独立回路的回路电流，即不要把电流源支路作为两个或两个以上独立回路的公共支路。

【例 4-8】 电路和参数如图 4-13 所示，求各未知支路的电流。

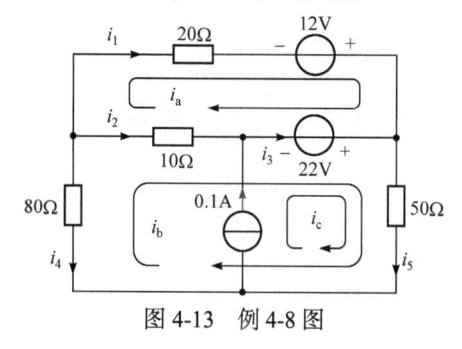

图 4-13 例 4-8 图

解 选取独立回路如图中所示，设各回路电流分别为 i_a、i_b 和 i_c，则有

$$\begin{cases} 30i_a - 10i_b = -10 \\ -10i_a + 140i_b + 50i_c = 22 \\ i_c = 0.1 \end{cases}$$

解得 $i_a=-0.3\text{A}$, $i_b=0.1\text{A}$, $i_c=0.1\text{A}$

设各未知支路电流 $i_1,i_2,\cdots,i_5$ 方向如图 4-13 所示，

则有
$$i_1 = i_a = -0.3\text{A}$$
$$i_2 = i_b - i_a = 0.1 - (-0.3) = 0.4(\text{A})$$
$$i_3 = i_b + i_c - i_a = 0.1 + 0.1 - (-0.3) = 0.5(\text{A})$$
$$i_4 = -i_b = -0.1\text{A}$$
$$i_5 = i_b + i_c = 0.1 + 0.1 = 0.2(\text{A})$$

在本例解题过程中，3 个回路方程实际上相当于 2 个方程，解起来比较简单。如果选 3 个网孔作为一组独立回路，即使在列 KVL 方程时避开电流源支路，仍要 3 个方程联立，解起来比前者复杂，读者不妨一试。

4.4 叠加定理

线性电路的一个显著特点就是其叠加性，或称直线性(linearity)。例如，在图 4-14(a)所示的电路中，有两个独立源(称为激励)，现在欲求其支路电流 i_2(称为响应)。

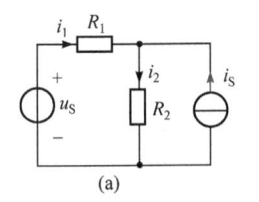

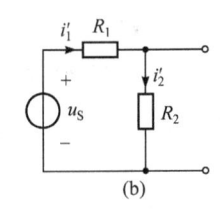

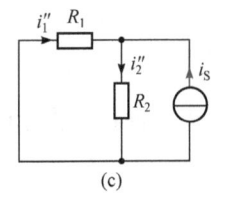

图 4-14 叠加定理示例电路图

由 KCL 和 KVL 可列出方程：
$$\begin{cases} i_1 = i_2 - i_S \\ R_1 i_1 + R_2 i_2 = u_S \end{cases}$$

并求得
$$i_2 = \frac{1}{R_1 + R_2} u_S + \frac{R_1}{R_1 + R_2} i_S$$

可见，响应 i_2 由两项组成，每一项只与一个激励成比例，若令
$$i_2' = \frac{1}{R_1 + R_2} u_S, \quad i_2'' = \frac{R_1}{R_1 + R_2} i_S$$

则
$$i_2 = i_2' + i_2''$$

这一结果说明，响应 i_2 由两个分量组成，其中第一个分量 i_2' 是在 $i_S = 0$ 即独立电流源不作用而电压源单独作用时的结果，如图 4-14(b)所示；第二个分量 i_2'' 是在 $u_S = 0$ 即独立电压源不作用而电流源单独作用时的结果，如图 4-14(c)所示。这一结论正是线性电路叠加性的体现。

线性电路的叠加性可由叠加定理(superposition theorem)叙述如下。

在线性电路中，电路某处的电流或电压(即响应)等于各独立源(即激励)分别单独作用时在该处产生的电流或电压的代数和，其数学表达式为

$$x = \sum_{j=1}^{n} k_j e_j \tag{4-9}$$

式中，x 为电路的响应，可以是电路中任何一处的电流或电压；e 为电路的激励，可以是独立电压源的电压，也可以是独立电流源的电流；k 为常数，由网络结构和元件参数决定。

叠加定理的重要意义在于，各个激励对电路的作用是可以分开来考虑和计算的，为分析电路问题提供了方便。

利用叠加定理分析线性电路问题常称为叠加法。各个激励分别作用时的电路称为相应激励下的分电路。某电源不作用时应置零：对电压源而言，该电源处应代之以短路；对电流源而言，该电源处应代之以开路。下面通过例题说明叠加法的应用，并从中总结出应用叠加法时应注意的问题。

【例 4-9】 用叠加法求图 4-15(a)所示电路的电流 i，并求 6Ω 电阻吸收的功率。

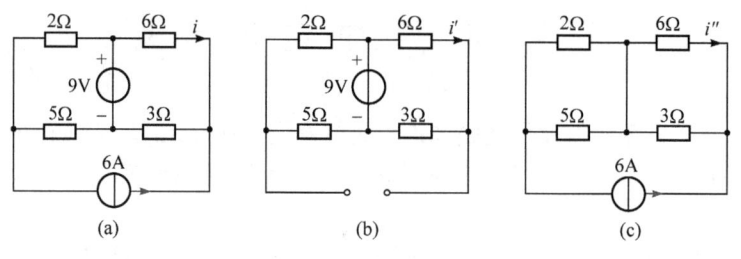

图 4-15 例 4-9 图

解 当 9V 电压源单独作用时，电流源处开路，由分电路图(b)可求得

$$i' = \frac{9}{6+3} = 1(\text{A})$$

当 6A 电流源单独作用时，电压源处短路，由分电路图(c)应用分流公式可求得

$$i'' = \frac{3}{6+3} \times 6 = 2(\text{A})$$

故

$$i = i' - i'' = 1 - 2 = -1(\text{A})$$

此处电流 i 取 i' 与 i'' 的代数和。

6Ω 电阻吸收的功率为

$$p = 6i^2 = 6 \times (-1)^2 = 6(\text{W})$$

在本例中，两电源各自单独作用时，6Ω 电阻吸收的功率分别是

$$p' = 6(i')^2 = 6 \times 1^2 = 6(\text{W}), \quad p'' = 6(i'')^2 = 6 \times 2^2 = 24(\text{W})$$

显然

$$p \neq p' + p''$$

这说明，功率不能像电流或电压那样进行叠加，这是因为功率与电流或电压之间不是线性关系。

【例 4-10】 用叠加法求图 4-16(a)所示电路中电流源的电压 u。

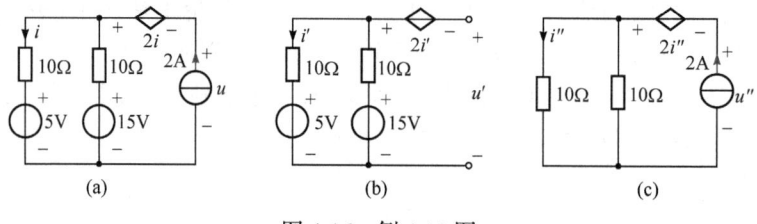

图 4-16 例 4-10 图

解 将原电路分成两个分电路考虑，在分电路图(b)中，两个电压源共同作用，电流源不作用，此时有

$$i' = \frac{15-5}{10+10} = 0.5(A), \quad u' = -2i' + 10i' + 5 = 8 \times 0.5 + 5 = 9(V)$$

在分电路图(c)中，电流源单独作用，两个电压源均不作用，此时有

$$i'' = 2/2 = 1(A), \quad u'' = -2i'' + 10i'' = 8 \times 1 = 8(V)$$

故

$$u = u' + u'' = 9 + 8 = 17(V)$$

【**例 4-11**】图 4-17 所示的电路中，N_0 为不含独立源的线性电阻网络，当 $u_S = 10V$，$i_S = 2A$ 时，$i = 3A$；$u_S = 0$，$i_S = 3A$ 时，$i = 1.2A$。求当 $u_S = 20V$，$i_S = 5A$ 时的电流 i。

解 电路中 u_S 与 i_S 为两个激励，i 为响应，根据叠加定理，有

$$i = k_1 u_S + k_2 i_S$$

将已知条件代入，得

$$\begin{cases} 10k_1 + 2k_2 = 3 \\ 3k_2 = 1.2 \end{cases}$$

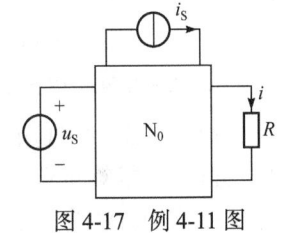

解得

$$k_1 = 0.22, \quad k_2 = 0.4$$

将 k_1、k_2 的值及 $u_S = 20V$，$i_S = 5A$ 代入，可得

$$i = 0.22 \times 20 + 0.4 \times 5 = 6.4(A)$$

图 4-17 例 4-11 图

总结以上各例，可将应用叠加法时应注意的问题归纳如下：

(1) 叠加定理适用于线性电路中的电流或电压，叠加为取代数和，要根据各分电路中所求电流或电压与原电路中所求电流或电压的方向是否一致来决定取和过程中的"+"或"−"；

(2) 在各分电路中，不作用的电源应置零，即电压源处应短路，电流源处应开路；

(3) 各独立源作用情况可以逐个考虑，也可以分组考虑；

(4) 受控源不是激励，各独立源分别作用时，受控源应始终保留在电路中；

(5) 功率不能通过叠加计算。

由叠加定理很容易推得，在线性电路中，当所有的激励（电压源和电流源）同时增大或缩小若干比例时，响应（电流或电压）也将增大或缩小同样的比例，这就是齐性定理（homogeneity theorem），或称齐性原理。显然，当电路中只有一个激励时，响应将与激励成正比。

对于例 4-10 的电路，若电流源电流由 2A 增至 4A，其他均不变，则两电压源作用的结果不变，仍为 $u' = 9V$。

而电流源单独作用的结果，根据齐性原理，响应将随激励的加倍而加倍，变为

$$u'' = 8 \times \frac{4}{2} = 16(V)$$

于是有

$$u = u' + u'' = 9 + 16 = 25(V)$$

应用齐性原理分析梯形电路很方便，请看例题。

【**例 4-12**】求图 4-18 所示电路中的各支路电流，已知 $u_S = 10V$。

解 设各支路电流如图 4-18 所示，先假定

图 4-18 例 4-12 图

$i'_5 = 1\text{A}$，由后向前可逐步推得

$$u'_{bo} = (3+2)i'_5 = 5 \times 1 = 5(\text{V})$$
$$i'_4 = u'_{bo}/2 = 5/2 = 2.5(\text{A}), \quad i'_3 = i'_4 + i'_5 = 2.5 + 1 = 3.5(\text{A})$$
$$u'_{ao} = 3i'_3 + u'_{bo} = 3 \times 3.5 + 5 = 15.5(\text{V})$$
$$i'_2 = u'_{ao}/2 = 15.5/2 = 7.75(\text{A}), \quad i'_1 = i'_2 + i'_3 = 7.75 + 3.5 = 11.25(\text{A})$$
$$u'_S = 3i'_1 + u'_{ao} = 3 \times 11.25 + 15.5 = 49.25(\text{V})$$

令 $u_S = 10\text{V}$，它是 u'_S 的 $k = \dfrac{10}{49.25} \approx 0.203$ 倍，根据齐性原理，各支路电流也应为以上按假定推出的结果的 k 倍，即

$$i_1 = ki'_1 = 0.203 \times 11.25 \approx 2.28(\text{A}), \quad i_2 = ki'_2 = 0.203 \times 7.75 \approx 1.57(\text{A})$$
$$i_3 = ki'_3 = 0.203 \times 3.5 \approx 0.71(\text{A}), \quad i_4 = ki'_4 = 0.203 \times 2.5 \approx 0.51(\text{A}), \quad i_5 = ki'_5 = 0.203 \times 1 = 0.203(\text{A})$$

以上推算过程是由梯形电路的末端(即远离电源的一端)由后往前进行推算的，所以称为"倒推法"。推算过程中为了方便，设末端电流 $i'_5 = 1\text{A}$，最后按齐性原理将结果予以修正，所以又称这种方法为"单位电流法"。

4.5 替 代 定 理

替代定理(substitution theorem)的内容如下：在一个任意的电路中，若某一支路(设其为第 k 支路)的电压和电流为 u_k 和 i_k，则无论该支路是如何构成的，总可以用一个电压等于 u_k 的电压源或者用一个电流等于 i_k 的电流源来替代，替代后电路中各支路的电压和电流均保持原电路中的数值不变。替代定理的上述内容可用图 4-19 来表述，图中 N 为除支路 k 之外电路的其余部分。

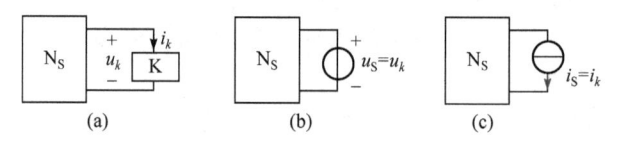

图 4-19 替代定理示例电路图

替代定理的证明比较简单。当用一个 $u_S = u_k$ 的电压源替代支路 k(图 4-19(b))之后，新电路与原电路在结构上完全相同，所以两者的 KCL 和 KVL 方程完全相同。而且除支路 k 之外，电路的其余部分并未改变，因此其中各支路的约束关系(即支路方程)也都未改变；只有支路 k 有所差异，但该支路的电压并未变动，其电流也不受本支路的约束(因为该支路为电压源)。如果在替代前后原电路和新电路都具有唯一解，那么原电路的全部支路电压和支路电流，必然也能满足新电路的全部约束关系，这就是说原电路的解，也是新电路的解。以上就是用电压源 $u_S = u_k$ 替代支路 k 时定理的证明。至于用电流源 $i_S = i_k$ 替代支路 k 的情形(图 4-19(c))，也可做与上述类似的证明。

【例 4-13】 在图 4-20(a)所示的电路中，可以求得支路 3 的 2Ω 电阻元件上的电压 $u_3 = 4\text{V}$，电流 $i_3 = 2\text{A}$，将该支路分别用电压源和电流源替代来验证替代定理。

解 在图 4-20(a)所示的电路中，可以进一步求得 $i_1 = 5\text{A}$，$i_2 = 3\text{A}$，$u_2 = 6\text{V}$。

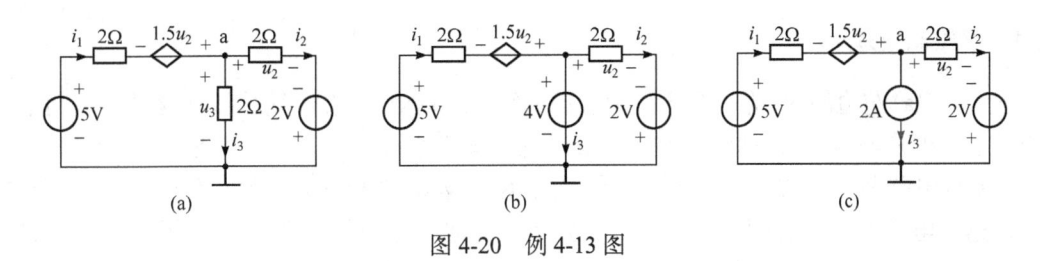

图 4-20 例 4-13 图

现在来验证替代定理。首先，将支路 3 用电压源替代，电压源的电压等于 u_3，即 4V，得到如图 4-20(b) 所示的电路，求得

$$u_2 = 4 + 2 = 6(\text{V})$$

$$i_2 = \frac{u_2}{2} = 3\text{A}, \quad i_1 = \frac{5 - 4 + 1.5u_2}{2} = 5\text{A}$$

$$i_3 = i_1 - i_2 = 2\text{A}$$

可见替代后，图 4-20(b) 所示电路中所有支路电流及元件电压都与图 4-20(a) 所示电路中一致。

其次，将支路 3 用电流源替代，电流源的电流等于 i_3，即 2A，得到如图 4-20(c) 所示的电路，求得

$$i_1 = i_2 + 2$$

$$2i_1 + 2i_2 = 5 + 2 + 1.5u_2$$

而

$$u_2 = 2i_2$$

将以上 3 个方程联立，解得 $i_1 = 5\text{A}$，$i_2 = 3\text{A}$，$u_2 = 6\text{V}$。

以上计算结果表明，图 4-20(a)～(c) 这 3 个电路中各支路电流一致（从而各支路电压也一致），这就验证了替代定理。

替代定理既适用于线性电路，也适用于非线性电路。被替代的支路可以是任何元件构成的，甚至可以是一个二端网络（二端网络最终可等效为一条含源或无源支路）。对于含有受控源的电路，特别要注意，受控源是个四端元件，切不可将受控源"肢解"为两部分，例如，将其控制变量所在支路替代掉而保留受控电源输出部分，这样就破坏了原电路的电压电流关系，从而出现错误结果或无解。

替代定理除了可以用来分析电路之外，还可用来证明一些其他的网络定理，如 4.6 节将要讨论的戴维南定理与诺顿定理，其证明就用到了替代定理。

4.6 戴维南定理与诺顿定理

由第 3 章可知，一个不含独立源的二端电阻网络（即使其中含有受控源），最终可以等效为一个电阻；而含有独立源的二端电阻网络，通过等效变换和等效化简，最终可以等效为一个电压源和一个电阻相串联的电路或一个电流源和一个电阻相并联的电路。如何直接确定这两种等效电路中电压源（或电流源）与电阻的参数（而不是通过等效变换和等效化简最终得到）就是本节所要解决的问题。

4.6.1 戴维南定理

图 4-21(a)左边的 N_S 为一个含有独立源的线性二端电阻网络(简称线性含源二端网络)，右边的小方框是与 N_S 相连的外电路，它可以是一条任意的支路，也可以是一个任意的二端网络。如果外电路断开，如图 4-21(b)所示，由于 N_S 内部含有独立源，此时在 a、b 两端会有电压，称这一电压为 N_S 的开路电压，用 u_{oc} 表示。若把 N_S 中所有的独立源均置零，即把 N_S 中的独立电压源代之以短路，独立电流源代之以开路，得到的二端网络用 N_0 表示，如图 4-21(c)所示，N_0 可以等效成一个电阻，用 R_0 表示。

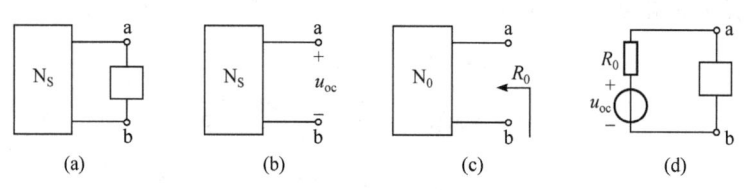

图 4-21 戴维南定理等效电路图

戴维南定理(Thevenin's theorem)指出：一个含有独立源的线性二端电阻网络，对外可以等效为一个电压源和一个电阻相串联的电路。此电压源的电压等于该二端网络的开路电压，电阻则等于该二端网络中所有独立源均置零时的等效电阻。根据戴维南定理，图 4-21(a)所示的电路可等效为图 4-21(d)所示的电路，图中取代 N_S 的 u_{oc} 与 R_0 的串联组合称为 N_S 的戴维南等效电路，u_{oc} 与 R_0 则为戴维南等效电路的参数。用戴维南等效电路取代 N_S 之后，外电路中的电压和电流均将保持不变。这又一次体现了"对外等效"的概念。

要证明戴维南定理，只要证明图 4-22(a)中的 N_S 和图 4-22(b)中的 u_{oc} 与 R_0 的串联组合对外电路的电压电流关系一致即可。这可以用替代定理和叠加定理来证明。将图 4-22(a)中的外电路视为一条任意的支路，并设其支路电压和电流分别为 u 和 i，如图中所示。根据替代定理，可以用一个电流 $i_S=i$ 的电流源替代该支路而不影响电路各处的电压和电流，替代后的电路如图 4-22(c)所示。再应用叠加定理，将电路中的全部独立源分为两组，一组是 N_S 内部所有的独立源共同作用而外部电流源不作用，所得分电路如图 4-22(d)所示，显然此时有

$$u' = u_{oc}$$

另一组是 N_S 内部所有的独立源均不作用(均置零)，只有外部电流源单独作用，所得分电路如图 4-22(e)所示；此时二端网络 N_0 可等效为一个电阻 R_0，故有

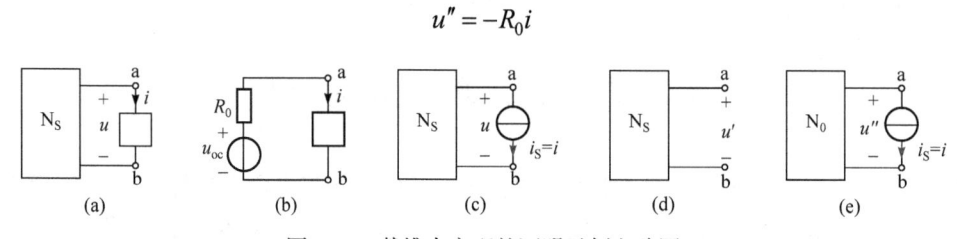

$$u'' = -R_0 i$$

图 4-22 戴维南定理的证明示例电路图

于是，由叠加定理可得

$$u = u' + u'' = u_{oc} - R_0 i$$

这就是含有独立源的线性二端电阻网络 N_S 对外的电压电流关系。这一关系和图 4-22(b)

的 u_{oc} 与 R_0 串联组合对外的电压电流关系完全一致。于是，戴维南定理得到了证明。

应用戴维南定理，可以把一个任意复杂的含源二端电阻网络等效成一个电压源和一个电阻的串联组合，使电路得到简化，为进一步分析提供了方便。等效化简的关键就是确定含源二端电阻网络的等效参数 u_{oc} 与 R_0。

【例 4-14】 求图 4-23(a)所示电路的戴维南等效电路。

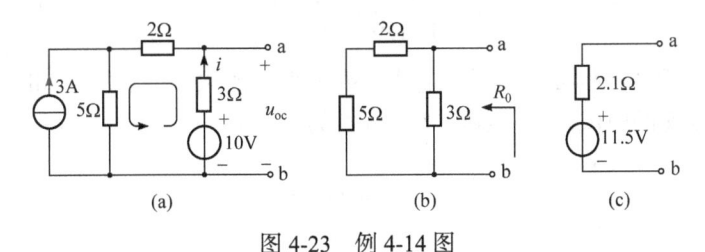

图 4-23 例 4-14 图

解 (1)求该电路的开路电压 u_{oc}。

设 u_{oc} 和电流 i 的方向如图 4-23(a)中所示，因 a、b 端开路，按图中回路方向可列出方程：

$$(3+2)i + 5(i+3) = 10$$

解得

$$i = -0.5\text{A}$$

故

$$u_{oc} = 10 - 3i = 10 - 3\times(-0.5) = 11.5(\text{V})$$

(2)求其等效电阻 R_0。

将电路中所有独立源均置零，即将电压源用短路替代，将电流源用开路替代，得电路如图 4-23(b)所示，由此求得

$$R_0 = \frac{3\times(2+5)}{3+(2+5)} = 2.1(\Omega)$$

由以上可得图 4-23(a)所示电路的戴维南等效电路如图 4-23(c)所示。

若要求电路中某一支路的电压或电流，可以先把该支路以外的电路视为含源二端网络，应用戴维南定理将其等效化简，再做进一步的分析。

若电路中除某一电阻变化之外，其余部分均保持不变，欲求该电阻取不同数值时，流经其中的电流及其消耗的功率，这类问题用戴维南定理分析最为方便。

【例 4-15】 求图 4-24(a)所示的电路中，当 $R=1、2、4、6、8\Omega$ 时，流经其中的电流及 R 消耗的功率。

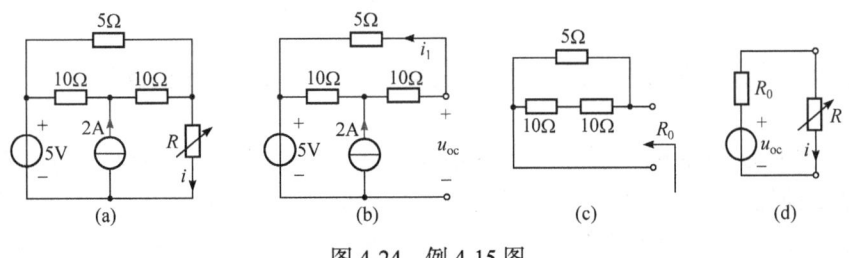

图 4-24 例 4-15 图

解 (1)将 R 支路移去，得电路如图 4-24(b)所示，设其开路电压的方向如图中所示。由分流公式可求得流经 5Ω 电阻的电流为

$$i_1 = \frac{10}{10+(10+5)} \times 2 = 0.8(\text{A})$$

故
$$u_{\text{oc}} = 5i_1 + 5 = 5 \times 0.8 + 5 = 9(\text{V})$$

(2) 将图 4-24(b) 中的电压源处短路，电流源处开路，所得电路如图 4-24(c) 所示，则有

$$R_0 = \frac{5 \times (10+10)}{5+(10+10)} = 4(\Omega)$$

(3) 由以上两步可得图 4-24(a) 所示电路经戴维南等效化简后的电路如图 4-24(d) 所示。由该电路可求得通过 R 的电流及其消耗的功率分别为

$$i = \frac{u_{\text{oc}}}{R_0 + R}, \quad p = Ri^2 = \frac{Ru_{\text{oc}}^2}{(R_0 + R)^2}$$

将 $R_0 = 4\Omega$，$u_{\text{oc}} = 9\text{V}$，$R = 1\Omega, 2\Omega, 4\Omega, 6\Omega, 8\Omega$ 分别代入，可得电流和功率如表 4-1 所示。

表 4-1 例 4-15 表

R/Ω	1	2	4	6	8
i/A	1.8	1.5	1.125	0.9	0.75
p/W	3.24	4.50	5.0625	4.86	4.50

从例 4-15 可以看出，随着电阻值的增大，流经电阻的电流逐渐减小；但电阻消耗的功率却是先增大而后又减小，在 $R = R_0 = 4\Omega$ 时，功率最大。这是因为，当 $R = 0$ 时，电阻短路，其电压为零，功率自然为零；而当 $R \to \infty$ 时，电阻开路，其电流为零，功率自然也为零；于是在这两个极端之间，功率必有最大值。求解其最大值的发生条件，令 $dp/dR = 0$，得

$$R = R_0 \quad (4\text{-}10)$$

上述结论是一般性的，可叙述为：当负载电阻(R)与给定的含源二端电阻网络(或具有内阻的电源)的内阻(R_0)相等，即 $R = R_0$ 时，负载可由给定网络(或电源)获取最大功率。这在工程上称为功率"匹配(match)"，有时把这一结论称为最大功率传输定理。在阻抗匹配的情况下，负载吸收的最大功率为

$$p_{\max} = \frac{u_{\text{oc}}^2}{4R_0} \quad (4\text{-}11)$$

电源输出功率的效率为

$$\eta = \frac{i^2 R}{i^2 R_0 + i^2 R} \times 100\% = 50\%$$

负载获得的最大功率与内阻消耗的功率相等，所以此时负载只获得(等效)电源发出功率的一半。

电路在阻抗匹配条件下，负载虽然获得最大功率，但是电源输出功率的效率仅有 50%，其余 50% 的能量损耗于电源内阻上。在弱电系统，如通信系统中，通过阻抗匹配使负载获得最大功率时，尽管效率低，但其传输的功率不大，故电源内阻上的能量损耗也无关紧要。但在强电系统中，因传输的功率很大，若效率低，则将造成可观的能量损耗，因此应尽量提高效率。

【例 4-16】 电路及参数如图 4-25(a) 所示，求 R 为何值时可以获得最大功率？最大功率为多少？

图 4-25 例 4-16 图

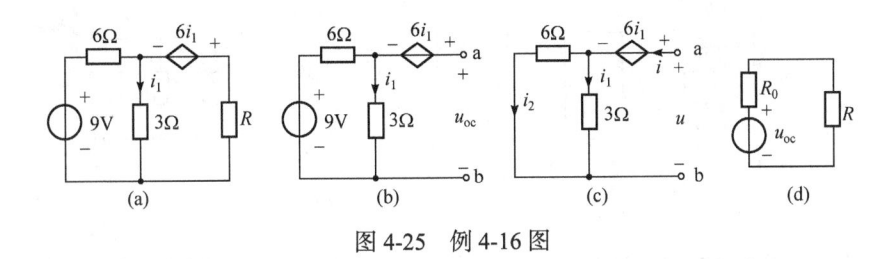

解 (1)将电阻 R 移去,得图 4-25(b),设开路电压 u_{oc} 方向如图中所示,由于 a、b 端开路,有

$$i_1 = \frac{9}{6+3} = 1(A), \quad u_{oc} = 6i_1 + 3i_1 = 9i_1 = 9 \times 1 = 9(V)$$

(2)将 9V 电压源处短路,得电路如图 4-25(c)所示,因含有受控源,可用外加电源法求其等效电阻 R_0。设外加电源之后在 a、b 端的电压和电流方向如图 4-25(c)所示,则有

$$u = 6i_1 + 3i_1 = 9i_1$$

$$i = i_1 + i_2 = i_1 + \frac{3i_1}{6} = 1.5i_1$$

从而

$$R_0 = \frac{u}{i} = \frac{9i_1}{1.5i_1} = \frac{9}{1.5} = 6(\Omega)$$

(3)由以上两步可得图 4-25(a)所示的电路经戴维南等效化简后的电路如图 4-25(d)所示,当 $R = R_0 = 6\Omega$ 时,电阻 R 可获最大功率,且最大功率为

$$p_{max} = \frac{u_{oc}^2}{4R_0} = \frac{9^2}{4 \times 6} = 3.375(W)$$

当网络含有受控源时,要注意受控源与控制量之间的不可分割性。例如,对于例 4-16,在应用戴维南定理时,不允许将受控源与电阻 R 一起移去,因为这样做将使受控源与控制量割裂开来,且在化简后的等效电路(受控源和电阻串联支路原样保留)中,控制支路的消失使受控源没有了控制量,从而失去了意义。

4.6.2 诺顿定理

一个线性含源二端电阻网络既然可以等效成一个电压源和一个电阻的串联组合,也就可以等效成一个电流源和一个电阻的并联组合,这就引出了诺顿定理(Norton's theorem)。

诺顿定理指出:一个含有独立源的线性二端电阻网络,可以等效成一个电流源和一个电阻相并联的电路。此电流源的电流即为该二端网络的短路电流,电阻则为该二端网络中所有独立源均置零时的等效电阻。诺顿定理可通过图 4-26 来说明。仍用 N_S 表示含源二端网络,如图 4-26(a)所示;用 i_{sc} 表示 N_S 二端对外短路时的电流,如图 4-26(b)所示;N_S 中所有独立源均置零时得到的网络仍用 N_0 表示,R_0 仍为 N_0 的等效电阻,见图 4-26(c);则根据诺顿定理,图 4-26(a)所示的电路可等效为图 4-26(d)所示的电路,图中取代 N_S 的 i_{sc} 与 R_0 的并联组合称为 N_S 的诺顿等效电路,i_{sc} 和 R_0 则为诺顿等效电路的参数。

要证明诺顿定理,可以像证明戴维南定理那样用替代定理(将外电路用电压源替代)和叠加定理,也可以直接由戴维南定理通过等效变换来证明。这里不再赘述。

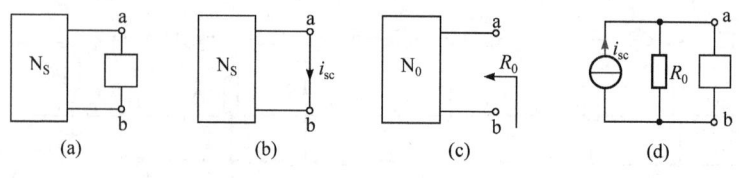

图 4-26 诺顿定理等效电路图

诺顿定理在应用时应该注意的问题与戴维南定理相同，只是在求其等效参数时需求短路电流而不是开路电压。两种等效电路共有 3 个参数：u_{oc}、i_{sc} 和 R_0，而且三者关系为 $u_{oc} = R_0 i_{sc}$，故只要求出其中的任意两个，便可由上述关系求出第三个。例如，可以通过 u_{oc} 和 i_{sc} 求得 $R_0 = u_{oc} / i_{sc}$。

【例 4-17】 用诺顿定理求图 4-27(a)所示电路中的电流 i。

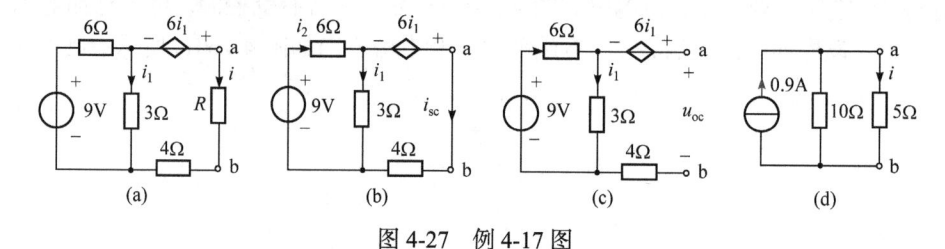

图 4-27 例 4-17 图

解 (1)移去 5Ω 电阻，将 a、b 短路，设短路电流为 i_{sc}，如图 4-27(b)所示。列出方程：

$$9 = 6i_2 + 3i_1$$
$$3i_1 = -6i_1 + 4i_{sc}$$
$$i_2 = i_1 + i_{sc}$$

将以上 3 个方程联立，解得 $i_{sc} = 0.9$A。

(2)用开路电压和短路电流求 R_0（也可用外加电源法）：将 a、b 开路，所得电路如图 4-27(c)所示。由于 a、b 开路，所以有

$$i_1 = \frac{9}{6+3} = 1(A), \quad u_{oc} = 6i_1 + 3i_1 = 9i_1 = 9 \times 1 = 9(V)$$

于是，可求得

$$R_0 = \frac{u_{oc}}{i_{sc}} = \frac{9}{0.9} = 10(\Omega)$$

(3)由以上两步可得图 4-27(a)所示的电路经诺顿等效化简后的电路如图 4-27(d)所示，根据分流公式，由该电路可求得 $i = \frac{10}{10+5} \times 0.9 = 0.6(A)$。

戴维南定理和诺顿定理可以统称为含源二端网络定理，有时也称为等效电源定理(equivalent source theorem)或等效发电机原理。

4.7 特勒根定理

特勒根定理(Tellegen's theorem)与基尔霍夫定律相同，和电路元件的性质无关，是电路理论中对集总参数电路普遍适用的基本定理。

为方便叙述特勒根定理，本节首先介绍电路(或网络)的拓扑图(topology graph)。拓扑图

只反映电路的几何结构(或称网络的拓扑性质)，即各支路之间的连接关系，而无论支路的具体构成如何。电路的拓扑图仅由一些圆点和线段组成。每个圆点代表电路的一个节点，每条线段代表电路的一条支路，这样得到的一个与电路相对应的、抽象化的图形就称为电路的拓扑图,简称电路的图(graph)。例如，对于图 4-28(a)所示的电路，可以得到其拓扑图如图 4-28(b)所示。在这个拓扑图中，参照相应电路中各支路电压、电流一致的参考方向，规定各支路的参考方向。标明各支路参考方向的图称为有向图(directed graph)，即图 4-28(b)也为有向图。

特勒根定理有两种表述形式，分别称为特勒根定理 1 和特勒根定理 2。

4.7.1 特勒根定理 1

对于一个具有 b 条支路的任意网络，若用 u_k 和 i_k ($k = 1,2,\cdots,b$)分别表示各条支路的电压和电流，且假设每条支路的电压和电流方向一致，则在任意时刻均有

$$\sum_{k=1}^{b} u_k i_k = 0 \tag{4-12}$$

这一定理可通过图 4-28 所示的电路图证明如下。

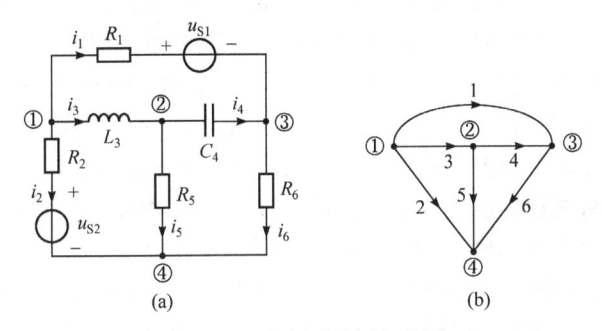

图 4-28 有向图示例电路图

以节点④为参考节点，令 u_{n1}、u_{n2}、u_{n3} 分别表示节点①、②、③的节点电压，按 KVL 可得出各支路电压、节点电压之间的关系为

$$u_1 = u_{n1} - u_{n3}, \quad u_2 = u_{n1}, \quad u_3 = u_{n1} - u_{n2}, \quad u_4 = u_{n2} - u_{n3}, \quad u_5 = u_{n2}, \quad u_6 = u_{n3}$$

对节点①、②、③应用 KCL，得

$$\begin{cases} i_1 + i_2 + i_3 = 0 \\ -i_3 + i_4 + i_5 = 0 \\ -i_1 - i_4 + i_6 = 0 \end{cases} \tag{4-13}$$

而

$$\sum_{k=1}^{6} u_k i_k = u_1 i_1 + u_2 i_2 + u_3 i_3 + u_4 i_4 + u_5 i_5 + u_6 i_6$$

把支路电压用节点电压表示后，整理得

$$\sum_{k=1}^{6} u_k i_k = (u_{n1} - u_{n3})i_1 + u_{n1}i_2 + (u_{n1} - u_{n2})i_3 + (u_{n2} - u_{n3})i_4 + u_{n2}i_5 + u_{n3}i_6$$

或

$$\sum_{k=1}^{6} u_k i_k = u_{n1}(i_1 + i_2 + i_3) + u_{n2}(-i_3 + i_4 + i_5) + u_{n3}(-i_1 - i_4 + i_6) \tag{4-14}$$

将式(4-13)代入式(4-14)即有

$$\sum_{k=1}^{6} u_k i_k = 0$$

特勒根定理 1 较容易理解。式(4-12)中的各项分别表示网络中各支路吸收的功率；这一定理实质上是功率守恒的体现，即各支路吸收的功率总和为零，或者说各支路吸收和发出的功率相互平衡。正因如此，有时又称该定理为功率定理(power theorem)。

4.7.2 特勒根定理 2

若两个网络 N 和 N̂ 具有完全相同的拓扑图，每个网络的支路电压和电流分别用 u_k、i_k 和 $\hat{u}_k$、$\hat{i}_k$ ($k=1,2,\cdots,b$)表示，且假设每条支路的电压和电流参考方向一致，则在任何时刻均有

$$\sum_{k=1}^{b} u_k \hat{i}_k = 0 \tag{4-15}$$

$$\sum_{k=1}^{b} \hat{u}_k i_k = 0 \tag{4-16}$$

这一定理的证明与上一定理的证明相同。关键的一点是，N 和 N̂ 这两个网络的拓扑图相同，只需注意到这一点，具体的证明过程与特勒根定理 1 完全相同，这里不再赘述。

应该指出的是，式(4-15)与式(4-16)中的各项是一个网络中的支路电压与另一网络中对应的支路电流的乘积，虽然也具有功率的量纲，但并无实际的物理意义，它并不代表哪一实际支路的功率。因此，又称特勒根定理 2 为似功率定理(quasi-power theorem)。

这里所说的两个网络对各条具体支路的构成没有任何限制，只要它们的拓扑图相同即可。当然，两个网络也可以理解为同一网络的两种不同的工作状态(如在两个不同时刻的状态)。这就极大地扩展了特勒根定理 2 的适用范围，常可用来巧妙地解决一些电路问题。

可以用图 4-29 所示的两个网络来验证特勒根定理，图中已标明各支路电流的方向，支路电压的方向与支路电流的方向一致。

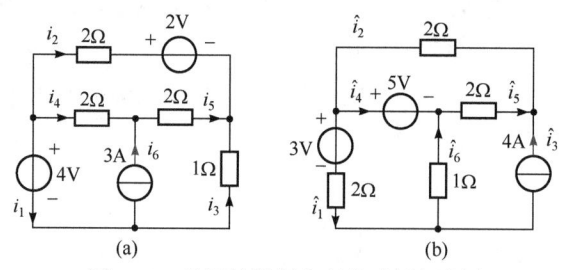

图 4-29 验证特勒根定理的示例电路图

通过分析可求出各个网络的支路电压和支路电流，见表 4-2。

表 4-2 各个网络的支路电压和支路电流

k	1	2	3	4	5	6
u_k/V	4	2	−2	−2	4	−6
i_k/A	1	0	−2	−1	2	3
$\hat{u}_k$/V	7	−1.5	−8.5	5	−6.5	−2
$\hat{i}_k$/A	2	−0.75	4	−1.25	−3.25	−2

则有
$$\sum_{k=1}^{6} u_k i_k = 4 + 0 + 4 + 2 + 8 - 18 = 0$$

$$\sum_{k=1}^{6} \hat{u}_k \hat{i}_k = 14 + 1.125 - 34 - 6.25 + 21.125 + 4 = 0$$

这就验证了特勒根定理 1。

同时有
$$\sum_{k=1}^{6} u_k \hat{i}_k = 8 - 1.5 - 8 + 2.5 - 13 + 12 = 0$$

$$\sum_{k=1}^{6} \hat{u}_k i_k = 7 + 0 + 17 - 5 - 13 - 6 = 0$$

这就验证了特勒根定理 2。

【例 4-18】 图 4-30(a) 中 N_0 为线性无源电阻网络。当 $u_S = 8V$，$R_1 = R_2 = 2\Omega$ 时，测得 $i_1 = 2A$，$u_2 = 2V$；当 $u_S = 9V$，$R_1 = 1.4\Omega$，$R_2 = 0.8\Omega$ 时，测得 $\hat{i}_1 = 3A$，求此时 $\hat{u}_2$ 的值。

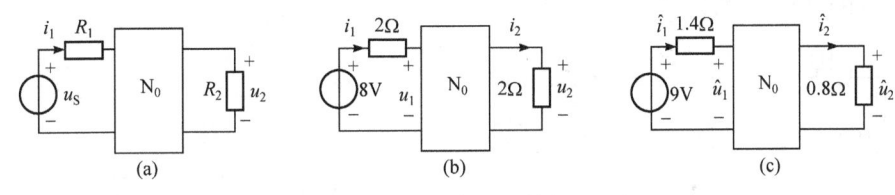

图 4-30 例 4-18 图

解 将两次不同的情况视为两个网络 N 和 $\hat{N}$，分别如图 4-30(b) 和 (c) 所示，显然它们的拓扑图相同。设 N_0 中各支路电压和电流方向一致，根据特勒根定理 2，应有

$$\sum_{k=1}^{b} u_k \hat{i}_k = -u_1 \hat{i}_1 + u_2 \hat{i}_2 + \sum_{k=3}^{b} u_k \hat{i}_k = 0 \tag{4-17}$$

及
$$\sum_{k=1}^{b} \hat{u}_k i_k = -\hat{u}_1 i_1 + \hat{u}_2 i_2 + \sum_{k=3}^{b} \hat{u}_k i_k = 0 \tag{4-18}$$

设 N_0 中各支路电阻为 R_k，则有
$$u_k = R_k i_k, \quad \hat{u}_k = R_k \hat{i}_k, \quad k = 3, 4, \cdots, b$$

从而有
$$\sum_{k=3}^{b} u_k \hat{i}_k = \sum_{k=3}^{b} R_k i_k \hat{i}_k = \sum_{k=3}^{b} \hat{u}_k i_k \tag{4-19}$$

将式 (4-17) ~ 式 (4-19) 联立，可得
$$-u_1 \hat{i}_1 + u_2 \hat{i}_2 = -\hat{u}_1 i_1 + \hat{u}_2 i_2 \tag{4-20}$$

由题中所给条件可知：
$$i_1 = 2A, \quad u_1 = 8 - 2i_1 = 4V, \quad u_2 = 2V, \quad i_2 = u_2/2 = 1A$$
$$\hat{i}_1 = 3A, \quad \hat{u}_1 = 9 - 1.4\hat{i}_1 = 4.8V, \quad \hat{i}_2 = \hat{u}_2/0.8$$

将以上数据代入式 (4-20)，可得
$$-4 \times 3 + 2 \times \hat{u}_2/0.8 = -4.8 \times 2 + \hat{u}_2 \times 1$$

解得 $\hat{u}_2 = 1.6\text{V}$。

特勒根定理还可以用来证明其他网络定理。

4.8 互易定理

对于图 4-31 中的两个电路，很容易求得图(a)中的电流 i_1 与图(b)中的电流 i_2 相等，均为 0.5A。这两个电路的区别只是激励和响应互换了位置，其他没有什么变化。这一现象涉及线性电路的另一性质——互易性(reciprocity)，反映这一性质的定理称为互易定理(reciprocity theorem)。

图 4-31 所示的电路可以表示成如图 4-32 所示的一般形式。图 4-32 中的 N_0 是一个对外具有两对端钮的仅含有线性电阻的网络，不含有独立源与受控源，其中的一对端钮用来接激励，另一对端钮用来测响应。互易定理指出，对单一激励作用下的线性无源电阻网络，当激励和响应互换位置时，若激励的数值相等，则响应的数值也相等。根据激励与响应的不同情况，互易定理具体有以下三种形式。

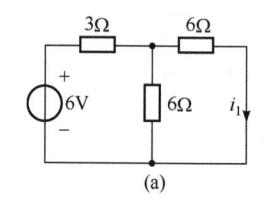

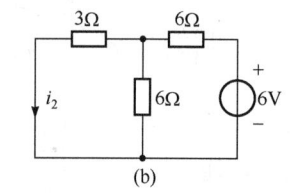

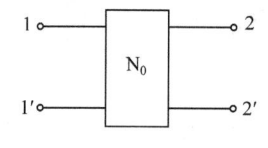

图 4-31 互易定理示例电路图

图 4-32 线性无源电阻网络

(1) 激励为电压源，响应为短路电流，如图 4-33 所示。此时，若 $\hat{u}_S = u_S$，则 $\hat{i}_1 = i_2$。

(2) 激励为电流源，响应为开路电压，如图 4-34 所示。此时，若 $\hat{i}_S = i_S$，则 $\hat{u}_1 = u_2$。

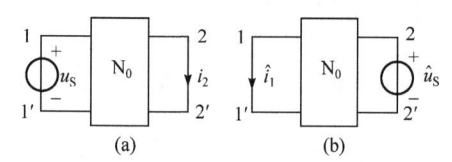

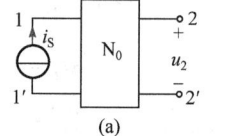

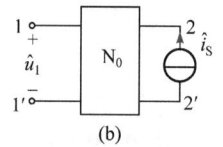

图 4-33 互易定理形式一示例电路图

图 4-34 互易定理形式二示例电路图

(3) 激励分别为电压源和电流源，响应分别为开路电压和短路电流，如图 4-35 所示。此时，若 $\hat{i}_S = u_S$，则 $\hat{i}_1 = u_2$。

可以用特勒根定理 2 来证明互易定理。把 1-1' 端接激励、2-2' 端测响应的电路视为网络 N，把 2-2' 端接激励、1-1' 端测响应的电路视为网络 $\hat{N}$，分别如图 4-36(a)和(b)所示(至于激励和响应各是什么，暂不考虑)。根据特勒根定理 2，应有

$$\begin{cases} u_1\hat{i}_1 + u_2\hat{i}_2 + \sum_{k=3}^{b} u_k\hat{i}_k = 0 \\ \hat{u}_1 i_1 + \hat{u}_2 i_2 + \sum_{k=3}^{b} \hat{u}_k i_k = 0 \end{cases}$$

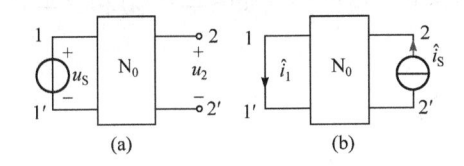

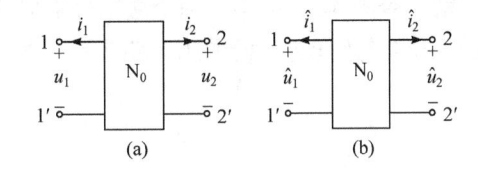

图 4-35 互易定理形式三示例电路图

图 4-36 互易定理证明电路图

以上两式中的第三项对应于 N_0 中各支路。设 N_0 中各支路电阻为 R_k，则有

$$u_k = R_k i_k, \quad \hat{u}_k = R_k \hat{i}_k, \quad k = 3, 4, \cdots, b$$

将它们分别代入以上两式，得

$$\begin{cases} u_1 \hat{i}_1 + u_2 \hat{i}_2 + \sum_{k=3}^{b} R_k i_k \hat{i}_k = 0 \\ \hat{u}_1 i_1 + \hat{u}_2 i_2 + \sum_{k=3}^{b} R_k \hat{i}_k i_k = 0 \end{cases}$$

从而得

$$u_1 \hat{i}_1 + u_2 \hat{i}_2 = \hat{u}_1 i_1 + \hat{u}_2 i_2 \tag{4-21}$$

对照图 4-33 所示的两个电路，有 $u_1 = u_S$，$\hat{u}_2 = \hat{u}_S$，$u_2 = \hat{u}_1 = 0$。把它们代入式(4-21)，得

$$u_S \hat{i}_1 = \hat{u}_S i_2 \quad \text{或} \quad \frac{i_2}{u_S} = \frac{\hat{i}_1}{\hat{u}_S}$$

此时，若 $\hat{u}_S = u_S$，则 $\hat{i}_1 = i_2$。这就证明了互易定理的第一种形式。

对照图 4-34 所示的两个电路，有 $i_1 = -i_S$，$\hat{i}_2 = -\hat{i}_S$，$i_2 = \hat{i}_1 = 0$。把它们代入式(4-21)，得

$$u_2 \hat{i}_S = \hat{u}_1 i_S \quad \text{或} \quad \frac{u_2}{i_S} = \frac{\hat{u}_1}{\hat{i}_S}$$

此时，若 $\hat{i}_S = i_S$，则 $\hat{u}_1 = u_2$。这就证明了互易定理的第二种形式。

对照图 4-35 所示的两个电路，有 $u_1 = u_S$，$\hat{i}_2 = -\hat{i}_S$，$i_2 = \hat{u}_1 = 0$。把它们代入式(4-21)，得

$$u_S \hat{i}_1 - u_2 \hat{i}_S = 0$$

即

$$u_S \hat{i}_1 = u_2 \hat{i}_S \quad \text{或} \quad \frac{u_2}{u_S} = \frac{\hat{i}_1}{\hat{i}_S}$$

此时，若 $\hat{i}_S = u_S$，则 $\hat{i}_1 = u_2$。这就证明了互易定理的第三种形式。

在互易定理的三种形式中，尽管激励和响应各不相同，但它们有一个共同的特点，那就是若把激励置零，则在激励与响应互换位置前后，电路保持不变。在满足这一条件的前提下，互易定理可以归纳为：对于一个仅含单一激励的线性电阻网络，响应与激励的比值在它们互换位置前后保持不变。

【例 4-19】 在图 4-37 所示的电路中，N_0 为线性无源电阻网络，已知图(a)中的 $u_1 = 2V$，$u_2 = 1V$，求图(b)中的 u。

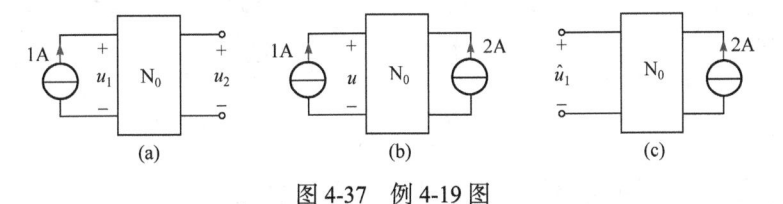

图 4-37 例 4-19 图

解 令图 4-37(b)中的两个激励分别单独作用,得两个分电路分别如图 4-37(a)和图 4-37(c)所示。将互易定理应用于图(a)和图(c),得

$$\frac{\hat{u}_1}{2}=\frac{u_2}{1}$$

从而得

$$\hat{u}_1=2u_2=2\times1=2(\text{V})$$

再根据叠加定理,可求得

$$u=u_1+\hat{u}_1=2+2=4(\text{V})$$

> **演绎思维**
>
> 本章介绍了几种网络定理的分析方法,所有这些方法都是基于基尔霍夫电压和电流定律进一步推导的,在线性和非线性电路的基础上得到了相对稳定、成熟的方法总结。特别是针对不同特点的电路,分析的时候有一定的倾向选择,且结论具有明显的普遍性和严密性,这样的一个过程很好地诠释了科学思维方法中演绎推理的思想,借助这样的思想,我们在分析电路的时候有的放矢、酌情选择,最终可以越过基尔霍夫定律,直接运用这些方法分析和讨论电路,并取得更加高效的方法,节约时间,提高效率,为后续电路的进一步分析奠定基础。
>
> 同时,演绎思维是科学研究和创新的基础。通过演绎推理和逻辑分析,从已有的观察、实验和理论出发,推导出新的假设、理论或实验设计,从而推动科学知识的进步和创新。

习 题

4-1 电路及参数如题 4-1 图所示,用支路法分别求开关 S 断开和闭合两种情况下的各支路电流。

4-2 用支路法求题 4-2 图所示电路的各支路电流。

4-3 用节点法求题 4-2 图所示电路的各支路电流。

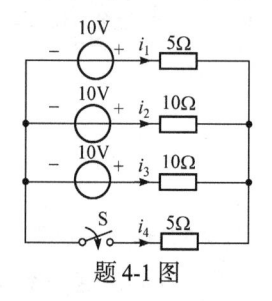

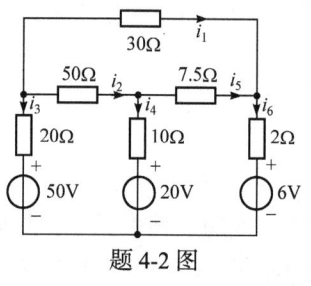

题 4-1 图

题 4-2 图

4-4 列出题 4-4 图所示电路的节点方程(参考点已指定)。

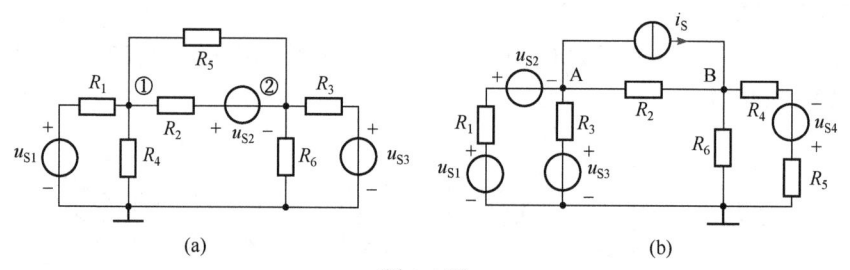

(a)

(b)

题 4-4 图

4-5 列写题 4-5 图所示电路的节点方程(参考点已指定)。

4-6 请用节点法求题 4-6 图所示电路中各电源的功率。

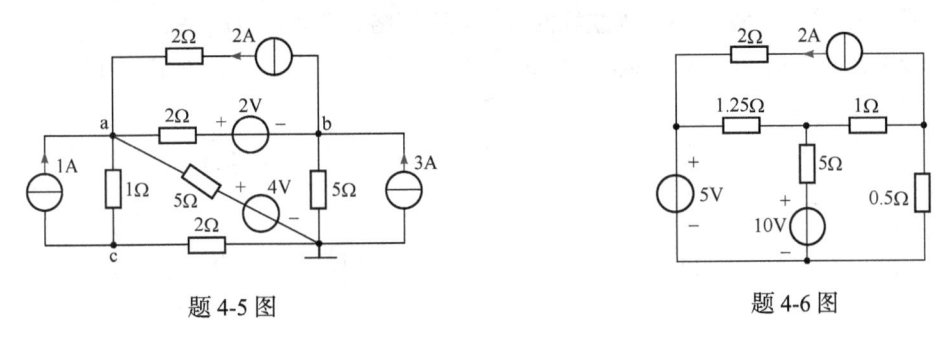

题 4-5 图

题 4-6 图

4-7 题 4-7 图所示的电路为一单节偶电路，各条支路均为电阻和电压源串联支路。试用节点法证明其节偶电压为

$$u = \sum_{k=1}^{n} \frac{u_{Sk}}{R_k} \bigg/ \sum_{k=1}^{n} \frac{1}{R_k}$$

式中，分子为各支路等效电流源电流的代数和；分母为各支路电导之和。此式又称弥尔曼定理。

4-8 列写题 4-8 图所示电路的节点方程。

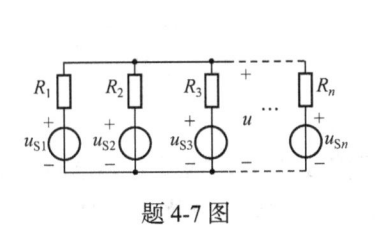

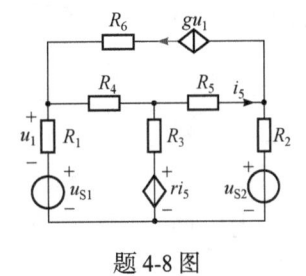

题 4-7 图

题 4-8 图

4-9 用节点法求题 4-9 图所示电路中的电流 i_1 和 i_2。

4-10 用节点法求题 4-10 图所示电路的各支路电流。

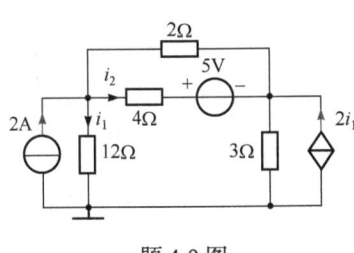

题 4-9 图

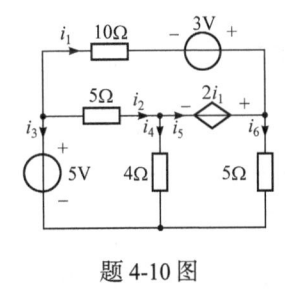

题 4-10 图

4-11* 根据节点电压方程，画出电路图。

$$\begin{cases} \left(\dfrac{1}{R_1} + \dfrac{1}{R_2} + \dfrac{1}{R_3} + \dfrac{1}{R_4}\right)u_a - \left(\dfrac{1}{R_3} + \dfrac{1}{R_4}\right)u_b = \dfrac{u_S}{R_1} - \dfrac{2u}{R_4} \\ -\left(\dfrac{1}{R_3} + \dfrac{1}{R_4}\right)u_a + \left(\dfrac{1}{R_3} + \dfrac{1}{R_4} + \dfrac{1}{R_5}\right)u_b = \dfrac{2u}{R_4} + i_S \\ u = u_S - u_a \end{cases}$$

4-12 试用叠加法求题 4-12 图中电压源的电流和电流源的电压。

4-13 题 4-13 图中，N_0 为不含独立源的线性电阻网络。已知：当 $u_{S1}=2V$，$u_{S2}=3V$ 时，响应电流 $i=2A$；而当 $u_{S1}=-2V$，$u_{S2}=1V$ 时，电流 $i=0$。求当 $u_{S1}=u_{S2}=5V$ 时的电流 i。

题 4-12 图   题 4-13 图

4-14 用叠加法求题 4-14 图所示电路中的电压 u。

4-15 用叠加法求题 4-15 图所示电路中的电压 u 和电流 i。

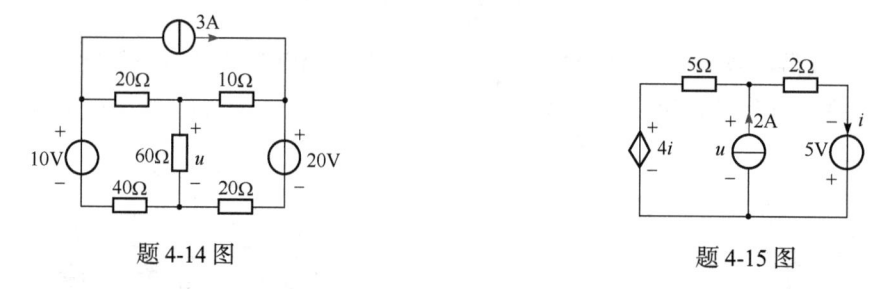

题 4-14 图   题 4-15 图

4-16 用叠加法求题 4-16 图所示电路中的电流 i。

4-17 题 4-17 图中，N_S 为含有独立源的线性电阻网络，当 $u_S=2V$，$i_S=0A$ 时，$u=5V$；当 $u_S=0$，$i_S=2A$ 时，$u=6V$；当 $u_S=2V$，$i_S=2A$ 时，$u=7V$。求当 $u_S=4V$，$i_S=3A$ 时的电压 u。

4-18 试用倒推法求题 4-18 图所示电路的各支路电流。

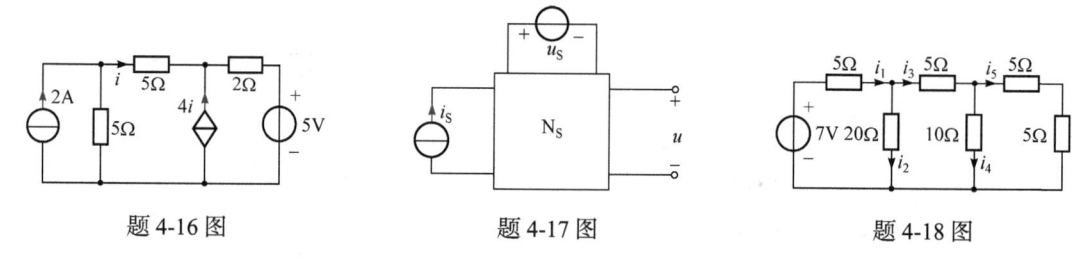

题 4-16 图   题 4-17 图   题 4-18 图

4-19 求题 4-19 图所示各电路从 a、b 两端看进去的戴维南等效电路。

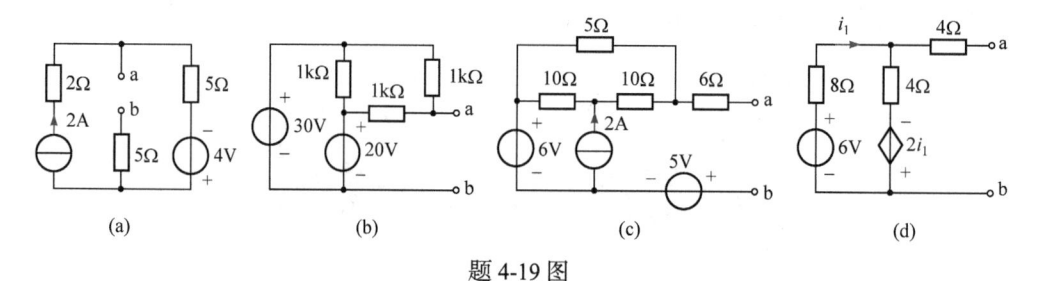

(a)   (b)   (c)   (d)

题 4-19 图

4-20 分别用戴维南定理和诺顿定理求题 4-20 图所示电路中的电压 u。

4-21 用戴维南定理求题 4-21 图所示电路中的电流 i。

4-22 分别用叠加定理和戴维南定理求题 4-22 图所示电路中的电流 i。

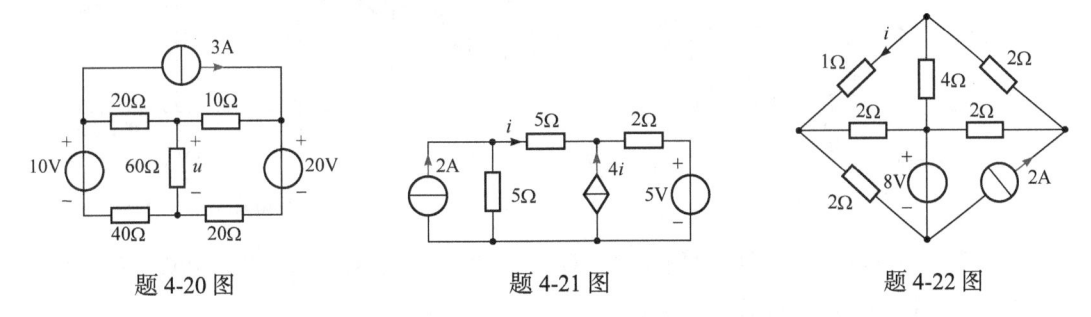

题 4-20 图　　题 4-21 图　　题 4-22 图

4-23 题 4-23 图所示的电路中，R 为何值时可获得最大功率？R 所获得的最大功率是多少？

4-24 电路如题 4-24 图所示。(1)求 $R=10\Omega$ 时的电流 i；(2)若 $i=1\text{A}$，则 R 应为何值？(3)R 为何值时可获得最大功率？最大功率为多少？

4-25 电路如题 4-25 图所示。(1)求 R 分别为 3、7、21、93Ω 时流经其中的电流 i；(2)R 为何值时可获得最大功率？并求此最大功率。

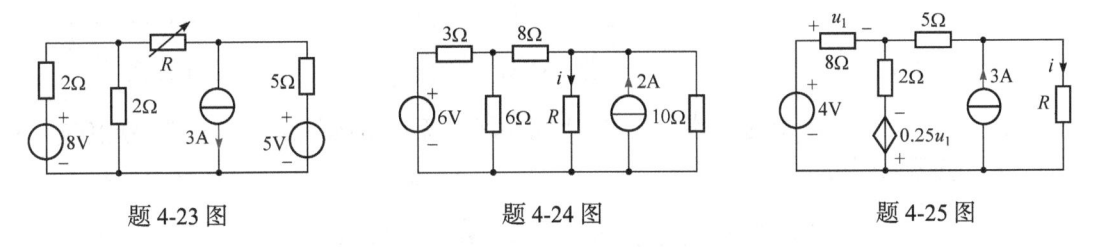

题 4-23 图　　题 4-24 图　　题 4-25 图

4-26 电路如题 4-26 图所示，R 为何值时可获得最大功率？最大功率为多少？

4-27 电路如题 4-27 图所示，R 为何值时能获得最大功率？求获得的最大功率值为多少。

4-28 分别用戴维南定理和诺顿定理求题 4-28 图所示电路中的电压 u。

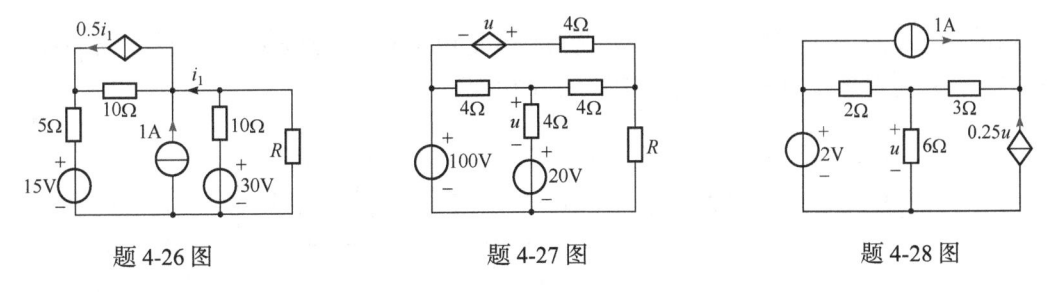

题 4-26 图　　题 4-27 图　　题 4-28 图

4-29 电路如题 4-29 图所示，试用诺顿定理求图中的电流 i_L。

4-30 测绘某实际电源外特性的电路如题 4-30 图(a)所示，测得其外特性如图(b)所示。求 $R=5.5\Omega$ 时电源的输出电压 u。

4-31 题 4-31 图中 N_S 为含有独立源的线性二端电阻网络。已知：当 $R=0$ 时，$i=3\text{A}$；当 $R=10\Omega$ 时，$i=1\text{A}$。求 $R=20\Omega$ 时，电流 i 为何值。

题 4-29 图

题 4-30 图

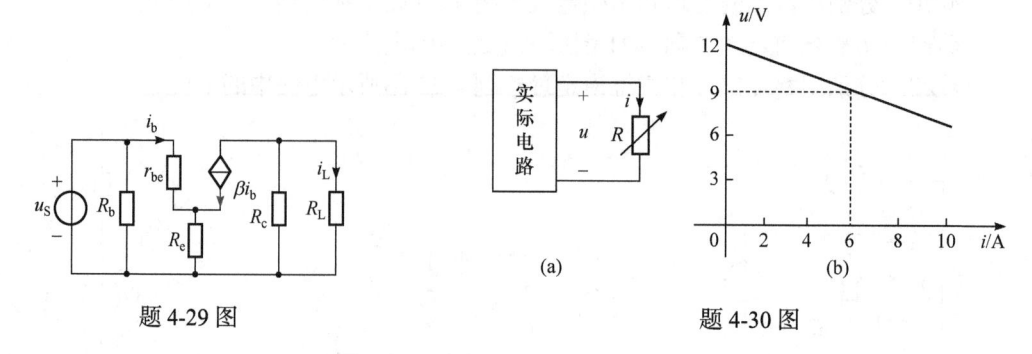

4-32 列写题 4-32 图所示电路的回路方程。若给定 $R_1 = 10\text{k}\Omega$，$R_2 = R_3 = 4\text{k}\Omega$，$R_4 = 2\text{k}\Omega$，$u_S = 70\text{V}$，$i_S = 1.6\text{mA}$，求各支路电流。

4-33 用回路法求题 4-33 图所示电路中的电流 i_1 和 i_2。

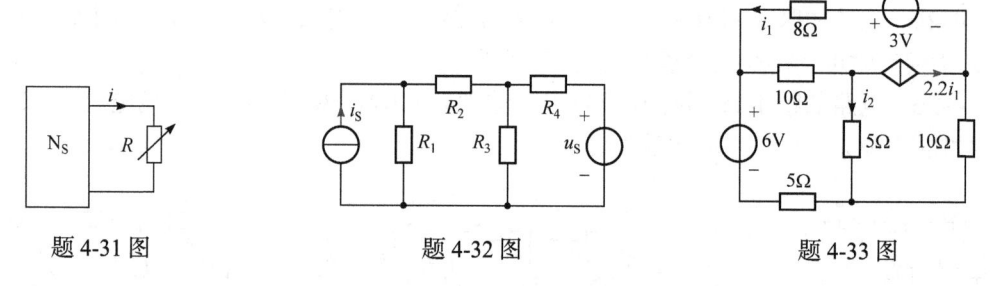

题 4-31 图

题 4-32 图

题 4-33 图

4-34 题 4-34 图所示的电路中，N_0 为同一线性无源电阻网络。已知图(a)中的电流 $i_2 = 0.5\text{A}$，求图(b)中的电压 $\hat{u}_1$。

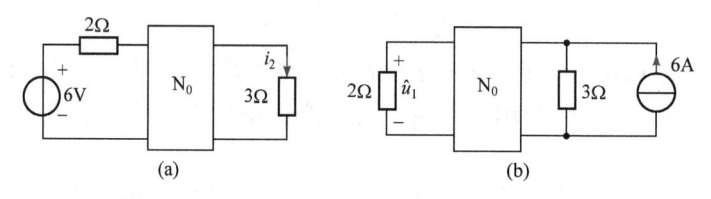

题 4-34 图

4-35 题 4-35 图所示的电路中，N_0 为线性无源电阻网络。已知图(a)中的电流 $i_1 = 1\text{A}$，$i_2 = 0.5\text{A}$，分别求图(b)中的电流 i_1' 和图(c)中的电流 i_1''。

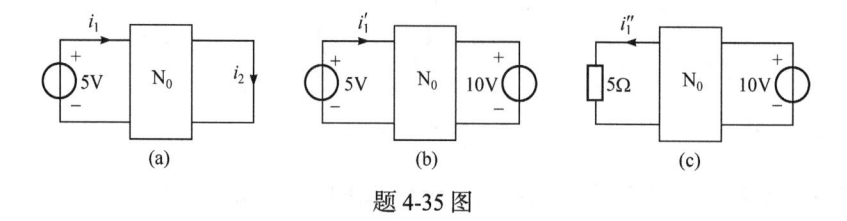

题 4-35 图

第5章 动态电路的时域分析

电容和电感元件上的电压和电流之间具有微分或积分关系，因而也称为动态元件。含有动态元件的电路称为动态电路(dynamic circuit)。动态元件的特性使得由基尔霍夫定律得出的描述动态电路的方程是微分方程，其描述了电路的动态行为。

电路的结构或元件参数发生变化，会引起电路工作状态的变化。引起电路工作状态发生变化的诸因素(如电路的接通、断开、短路、电压的改变或参数改变等)统称为电路的换路(switching)。动态电路的一个特征是当电路换路时，由于动态元件的电磁场能在一般情况下不能突变，因而当电路从原来的稳定状态转入一个新的稳定状态时，需要经历一个过渡过程。在这一过程中，电路状态处于急剧的变化之中，时间通常也是极为短暂的，所以也称这一过渡状态为暂态(transient state)，以与稳态(steady state)相区别。

尽管电路的过渡过程时间一般很短，但其过渡特性常被工程上的各个领域所应用。一方面，在电子技术中常用 RC 或 LC 电路的暂态过程来产生振荡信号、实现波形变换，电子式时间继电器的延时也是由电容充放电的快慢决定的。另一方面，电路在过渡过程中可能会出现过电压或过电流现象，这在设计电气设备时必须加以考虑，以确保其安全可靠地运行，可见研究过渡过程具有十分重要的意义。过渡过程常用的分析方法包括时域分析和复频域分析等，本章介绍动态电路的时域分析方法。

5.1 动态电路方程及其初始条件

首先以图 5-1 所示的 RC 串联电路为例，分析只含有一个动态元件的电路。在 $t=t_0$ 时将开关闭合，即电路在 $t=t_0$ 时换路。换路后若以电容电压 u_C 为求解对象，则由 KVL 可列出电路方程为

$$RC\frac{du_C}{dt}+u_C=u_S, \quad t \geq t_0 \tag{5-1}$$

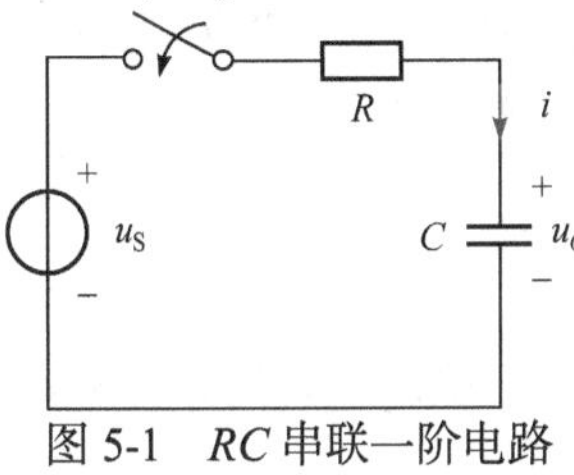

若以电流 i 为求解对象，利用电容元件的伏安关系，并对式(5-1)两边求导可以得到：

$$R\frac{di}{dt}+\frac{i}{C}=\frac{du_S}{dt}, \quad t \geq t_0$$

图 5-1 RC 串联一阶电路

当电路中只有一个动态元件(电容或电感)，或者经变换后可等效为一个动态元件时，描述该电路的 KCL 或 KVL 方程是一阶线性微分方程，这样的电路称为一阶电路(first order circuit)。

若电路中含有两个动态元件，如一个电容和一个电感，如图 5-2 所示。
以电容电压 u_C 为求解对象，则由 KVL 可列出电路方程为

$$LC\frac{d^2u_C}{dt^2}+RC\frac{du_C}{dt}+u_C=u_S, \quad t \geq t_0 \tag{5-2}$$

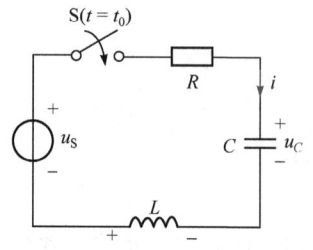

图 5-2 *RLC* 串联二阶电路

若以电流 i 为求解对象，利用电容元件的伏安关系，并对式(5-2)两边求导可以得到：

$$L\frac{d^2 i}{dt^2} + R\frac{di}{dt} + \frac{1}{C}i = \frac{du_S}{dt}, \quad t \geqslant t_0$$

当电路中只有两个动态元件(或经变换后可等效为两个动态元件)时，描述该电路的方程是二阶线性微分方程，这样的电路称为二阶电路(second order circuit)。

若电路中含有 $n(n>2)$ 个动态元件，则描述电路的方程为高阶微分方程，其一般式可以写为

$$a_n \frac{d^n x}{dt^n} + a_{n-1}\frac{d^{n-1}x}{dt^{n-1}} + \cdots + a_1\frac{dx}{dt} + a_0 x = e(t), \quad t \geqslant t_0 \tag{5-3}$$

根据 KCL、KVL 和支路的 VCR，可以建立描述电路的微分方程。对于线性动态电路，因为其元件参数均为常数，所以建立的方程为常系数线性微分方程。分析动态电路的过渡过程的方法之一就是以时间 t 为自变量，直接求解微分方程，称为时域分析方法，也称为经典法 (classical method)。本章采用经典法分析一阶电路和二阶电路，对于复杂的高阶暂态电路的分析，常用计算机辅助求解。

用经典法求解常微分方程时，必须根据电路的初始条件(即初始值)确定解答中的积分常数。设描述电路动态过程的微分方程为 n 阶，其通解中有 n 个待定积分常数。初始条件是指电路所求变量(电压或电流)及其前 $n-1$ 阶导数的初始值。

由于所建立的微分方程是换路后的电路方程，故所用的初始条件也应该是换路后的。为了更加明确，用 $t = t_0^+$ 表示换路后的起始时刻，而用 $t = t_0^-$ 表示换路前的终止时刻。对于图 5-1 所示的一阶电路，其初始条件显然应该是 $t = t_0^+$ 时的变量(电压或电流)值，如 $u_C(t_0^+)$、$i(t_0^+)$。那么如何确定电路的初始条件呢？

对于线性电容元件，在关联参考方向下，其电压和电流有如下关系：

$$u_C(t) = \frac{1}{C}\int_{-\infty}^{t} i(\xi)d\xi = u_C(t_0^-) + \frac{1}{C}\int_{t_0^-}^{t} i(\xi)d\xi$$

式中，$u_C(t_0^-)$ 为换路前终止时刻的电容电压值。为求得换路后起始时刻的电容电压，可把 $t = t_0^+$ 代入上式，得

$$u_C(t_0^+) = u_C(t_0^-) + \frac{1}{C}\int_{t_0^-}^{t_0^+} i(\xi)d\xi$$

当电流 i 为有限值时，显然上式中的积分为零，从而可得

$$u_C(t_0^+) = u_C(t_0^-) \tag{5-4}$$

这一结果说明，若换路瞬间流经电容的电流为有限值，则电容电压在换路前后保持不变，即电容电压在换路瞬间不发生跃变。在这种情况下，只要得知 $u_C(t_0^-)$，也就可知 $u_C(t_0^+)$；而 $u_C(t_0^-)$ 可以由电路换路前的状态来加以确定。

与此类似，对于线性电感元件，在关联参考方向下，其电流和电压有如下关系：

$$i_L(t) = \frac{1}{L}\int_{-\infty}^{t} u(\xi)d\xi = i_L(t_0^-) + \frac{1}{L}\int_{t_0^-}^{t} u(\xi)d\xi$$

式中，$i_L(t_0^-)$ 为换路前终止时刻的电感电流值。把 $t = t_0^+$ 代入上式，便可求得换路后起始时刻的电感电流为

$$i_L(t_0^+) = i_L(t_0^-) + \frac{1}{L}\int_{t_0^-}^{t_0^+} u(\xi)d\xi$$

显然，当电压 u 为有限值时，上式中的积分为零，从而可得

$$i_L(t_0^+) = i_L(t_0^-) \tag{5-5}$$

这一结果说明，若换路瞬间电感元件上的电压为有限值，则电感电流在换路前后保持不变，即电感电流在换路瞬间不发生跃变。

电容电压和电感电流在一般情况下不能跃变的实质是能量一般不能跃变。因为电容的电场能量 $W_C = Cu_C^2/2$，电感的磁场能量 $W_L = Li_L^2/2$，u_C 和 i_L 的跃变就意味着 W_C 和 W_L 的跃变，而能量的跃变又意味着功率为无限大 $(p = dW/dt)$，这在一般情况下是不可能的。当然，在某些特定的条件下，电容电压和电感电流也可能发生跃变。

在动态电路的分析中，多数情况下都把换路时刻记为计时起点，即认为在 $t = 0$ 时换路，这时式(5-4)和式(5-5)可写为

$$u_C(0^+) = u_C(0^-) \tag{5-6}$$

$$i_L(0^+) = i_L(0^-) \tag{5-7}$$

式(5-6)、式(5-7)(或式(5-4)、式(5-5))也称为换路定律(law of switching)。

根据换路定律，可以确定 $u_C(0^+)$、$i_L(0^+)$ 的值，至于 $u_C(0^-)$、$i_L(0^-)$ 的值，应该由 $t = 0^-$ 时电路的状态求出。若换路前电路已经处于稳定状态，则问题归结为稳态电路的求解。对于稳态电路的求解方法已经在前面相应章节中阐明，需要注意的是，在直流稳态电路中，电容相当于开路，电感相当于短路。

以上讨论的仅仅是电容电压和电感电流这两个变量在换路时的情形。对于电路中其他电压、电流在 $t = 0^+$ 时的值，则没有换路前后保持不变的结论，其换路后的初始值应该由 $u_C(0^+)$、$i_L(0^+)$ 和电路的输入，运用 KCL、KVL 进一步加以确定，具体方法为：把 $t = 0^+$ 时的电容电压和电感电流分别用电压为 $u_C(0^+)$ 的电压源与电流为 $i_L(0^+)$ 的电流源来替代(在零初始条件下，电容相当于短路，电感相当于开路)，对于电路中的独立电源，则可取其 $t = 0^+$ 时的值，这样就得到一个 $t = 0^+$ 时的等效电路。用此电路便可计算出电路中其他电压、电流的初始值。

【例 5-1】 在图 5-3 所示的电路中，已知 $R = 5\Omega$，$R_1 = R_2 = 10\Omega$，电压源为直流电源且 $U_S = 30V$，在 $t = 0$ 时，开关 S 闭合。求 $u_C(0^+)$、$i_L(0^+)$、$i(0^+)$、$u_L(0^+)$ 及 $i_C(0^+)$。

解 换路前电路为稳定的直流电路，电容相当于开路，电感相当于短路，故有

$$u_C(0^-) = \frac{R_1}{R + R_1}U_S = \frac{10}{5+10} \times 30 = 20(V), \quad i_L(0^-) = \frac{U_S}{R + R_1} = \frac{30}{5+10} = 2(A)$$

换路后，有

$$u_C(0^+) = u_C(0^-) = 20V, \quad i_L(0^+) = i_L(0^-) = 2A$$

画出 $t = 0^+$ 时的等效电路，如图 5-4 所示，进而可求得

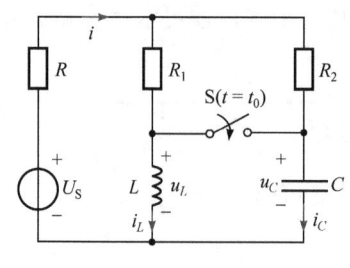

图 5-3 例 5-1 图

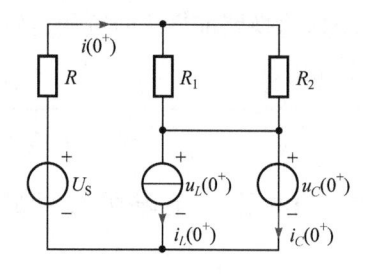

图 5-4 例 5-1 中 $t=0^+$ 时的等效电路

$$i(0^+) = \frac{U_S - u_C(0^+)}{R + \dfrac{R_1 R_2}{R_1 + R_2}} = \frac{30 - 20}{5 + 5} = 1(A)$$

$$u_L(0^+) = u_C(0^+) = 20V, \quad i_C(0^+) = i(0^+) - i_L(0^+) = -1A$$

从上面例题的计算结果可以看出，除电容电压和电感电流在换路瞬间不发生跃变之外，其他电流和电压包括电容的电流和电感的电压在换路瞬间一般都可能发生跃变。因此，绝对不能把式(5-4)～式(5-7)的关系随意应用于 u_C 和 i_L 以外的电压和电流。

最后，需补充说明的是，对于电容元件，因其电荷 $q = Cu_C$，由式(5-4)可得

$$q(t_0^+) = q(t_0^-) \tag{5-8}$$

对于电感元件，因其磁链 $\Psi = Li_L$，由式(5-5)可得

$$\Psi(t_0^+) = \Psi(t_0^-) \tag{5-9}$$

即电容电荷和电感磁链在换路瞬间一般也不发生跃变。实际上，式(5-8)、式(5-9)比式(5-4)、式(5-5)具有更大的适应性，在非线性问题中用到的正是这两个关系式。

5.2 一阶电路的暂态响应

动态电路的暂态响应是各种能量来源共同作用于电路的结果。作用于电路的能量来源有两个方面：一是由外施激励(即独立源)输入的；二是电路中储能元件原来储存的。储能元件所储存的能量取决于电容电压和电感电流的数值。某时刻 t_0 的电容电压值 $u_C(t_0)$ 和电感电流值 $i_L(t_0)$ 称为电路在 t_0 时刻的"状态"(state)。电路在某时刻 t_0 之后的响应就是由 t_0 时刻的状态和 t_0 以后的输入两者共同决定的。

如果换路后输入为零(即没有外施激励)，仅由电路的初始状态引起的响应称为零输入响应(zero-input response)；如果换路后初始状态为零，仅由电路的输入引起的响应称为零状态响应(zero-state response)；如果换路后初始状态和输入均不为零，由电路的初始状态和输入两者共同引起的响应称为全响应(complete response)。

从以上定义可以看出，动态电路的全响应更具有一般性，下面首先分析一阶电路的全响应。

5.2.1 一阶电路恒定输入下的全响应

先以 RC 串联接通恒压源的电路为例，讨论 RC 电路在恒定输入下的全响应。电路如图 5-5

所示,在开关 S 动作之前,电容已充有电压 U_0,即 $u_C(0^-)=U_0$。在 $t=0$ 时,开关 S 由位置 2 合到位置 1 上。换路后,设 $u_S=U_S$ 为恒定不变的常量,以 u_C 为变量,由 KVL 列出电路方程为

$$RC\frac{\mathrm{d}u_C}{\mathrm{d}t}+u_C=U_S, \quad t\geqslant 0 \tag{5-10}$$

图 5-5 RC 电路的全响应

这是一个常系数一阶线性非齐次微分方程,其一般解为该方程的一个特解(又称特积分)u_{Cs} 和相应齐次方程的通解(又称余函数)u_{Ct} 之和,即

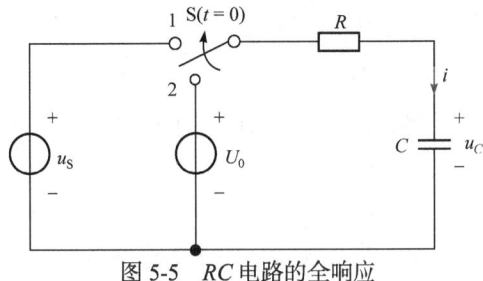

$$u_C=u_{Cs}+u_{Ct} \tag{5-11}$$

式(5-10)对应的齐次方程为

$$RC\frac{\mathrm{d}u_{Ct}}{\mathrm{d}t}+u_{Ct}=0, \quad t\geqslant 0 \tag{5-12}$$

其解的一般形式为

$$u_{Ct}(t)=A\mathrm{e}^{pt} \tag{5-13}$$

式中,p 是式(5-12)微分方程的特征方程:

$$RCp+1=0$$

的根(即特征根),因此有 $p=-\dfrac{1}{RC}$,则相应齐次方程的通解为

$$u_{Ct}(t)=A\mathrm{e}^{-\frac{t}{RC}} \tag{5-14}$$

它是一个随时间衰减的指数函数,其变化规律与输入无关,故称之为自由分量(free component);随着时间的推移,该量逐渐趋向于零,最终消失,因而又被称为暂态分量,也可称为暂态响应(transient-state response)。非齐次方程的特解与输入函数密切相关,它是由输入强制建立起来的,一般与输入有相同的变化规律,故称之为强制分量(forced component),在数学中可用待定系数法或观察法加以确定。当 $t\to\infty$ 时,由于暂态响应 $u_{Ct}\to 0$,故响应 $u_C\to u_{Cs}$,而此时过渡过程已经结束,电路已达新的稳态(如果电路最终有一个稳定状态的话),故非齐次方程的特解 u_{Cs} 实际上就是电路换路后到达新的稳定状态时的解,所以又称稳态分量,也可称为稳态响应(steady-state response),即

$$u_{Cs}=U_S \tag{5-15}$$

将式(5-14)和式(5-15)代入式(5-11),可得

$$u_C(t)=U_S+A\mathrm{e}^{-\frac{t}{RC}} \tag{5-16}$$

式中,A 为待定的积分常数,可将初始条件:

$$u_C(0^+)=u_C(0^-)=U_0 \tag{5-17}$$

代入式(5-16)求得

$$A = U_0 - U_S$$

将 A 代入式(5-16)，可得到微分方程(5-10)满足初始条件(式(5-17))的解为

$$u_C(t) = U_S + (U_0 - U_S)e^{-\frac{t}{RC}} \tag{5-18}$$

进一步可求得电路中的电流为

$$i(t) = C\frac{du_C}{dt} = \frac{U_S - U_0}{R}e^{-\frac{t}{RC}} \tag{5-19}$$

以上求得的 $u_C(t)$ 和 $i(t)$ 就是图 5-5 所示电路换路后的全响应。它们的变化曲线如图 5-6 所示，图中表示出了 $U_0 < U_S$、$U_0 > U_S$ 和 $U_0 = U_S$ 三种情况下 u_C 和 i 的变化规律。当 $U_0 < U_S$ 时，电流 $i > 0$，电容处于充电状态，u_C 逐渐升高，由开始的 U_0 充电至最终的 U_S；当 $U_0 > U_S$ 时，电流 $i < 0$，电容处于放电状态，u_C 逐渐下降，由开始的 U_0 放电至最终的 U_S；当 $U_0 = U_S$ 时，电流 $i = 0$，电路未经任何充、放电过程而立即进入稳态，故此时电路没有过渡过程。

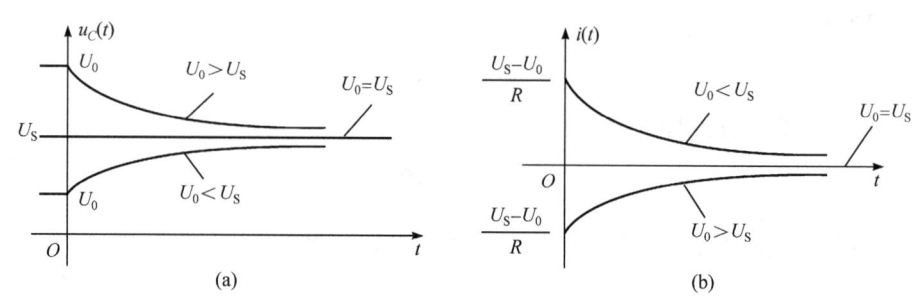

图 5-6 全响应曲线

由式(5-18)和式(5-19)可以看出，RC 全响应过程中各响应衰减的速度取决于电路参数 R、C 的乘积。若记 $\tau = RC$，则各响应可进一步写成：

$$u_C(t) = U_S + (U_0 - U_S)e^{-\frac{t}{\tau}}, \quad i(t) = \frac{U_S - U_0}{R}e^{-\frac{t}{\tau}} = I_0 e^{-\frac{t}{\tau}}$$

当 R 的单位为欧姆，C 的单位为法拉时，τ 的单位为秒：

$$欧 \cdot 法 = \frac{伏}{安} \cdot \frac{库}{伏} = \frac{库}{库/秒} = 秒$$

即 τ 具有时间的量纲。因此，称 τ 为 RC 电路的时间常数(time constant)。

理论上，只有在 $t \to \infty$ 时，各暂态分量才最终趋向于零，过渡过程才结束。但实际上，指数函数的衰减在开始阶段是很快的。表 5-1 列出了 $i(t)$ 随时间变化的情况(假设 $U_0 < U_S$)。从表中可以看出，经过一个 τ 的时间，i 就从初值 I_0 下降到初值的 36.8%，经过 3τ 或 5τ 衰减到初值的 5% 或 1% 以下，此时响应已接近于零。工程上一般认为，换路后经过 $3\tau \sim 5\tau$ 的时间暂态过程即告结束。在大部分实际电路中，过渡过程都是极为短暂的。例如，某 RC 电路中，$R = 4.7\text{k}\Omega$，$C = 150\text{pF}$，则 $\tau = RC = 4700 \times 150 \times 10^{-12} \approx 0.7(\mu\text{s})$。即使认为经过 5τ 才结束，也不过只有 3.5μs 的时间。

表 5-1 暂态分量随时间变化情况

t	0	τ	2τ	3τ	4τ	5τ	...	∞
$e^{-\frac{t}{\tau}}$	$e^0=1$	$e^{-1}=0.368$	$e^{-2}=0.135$	$e^{-3}=0.050$	$e^{-4}=0.018$	$e^{-5}=0.007$	...	0
$i(t)=I_0 e^{-\frac{t}{\tau}}$	I_0	$0.368I_0$	$0.135I_0$	$0.050I_0$	$0.018I_0$	$0.007I_0$	...	0

从表 5-1 可以看出，时间常数 τ 就是响应的暂态分量从初值衰减到初值的 36.8% 所需的时间。实际上，它也是暂态分量从任意值开始衰减到该值的 36.8% 所需的时间。例如，在 $t=t_0$ 时，响应 i 为

$$i(t_0)=I_0 e^{-\frac{t_0}{\tau}}$$

经过一个 τ 的时间，即在 $t=t_0+\tau$ 时，响应 $i(t)$ 变为

$$i(t_0+\tau)=I_0 e^{-\frac{t_0+\tau}{\tau}}=I_0 e^{-\frac{t_0}{\tau}}\cdot e^{-1}=0.368 i(t_0)$$

可见，从 t_0 开始经过一个 τ 的时间，响应由 $i(t_0)$ 衰减到 $i(t_0)$ 的 36.8%。

时间常数的大小决定了电路过渡过程的长短。图 5-7 表示出了初值相同的三条曲线，其时间常数分别为 τ_1、τ_2、τ_3，且 $\tau_1<\tau_2<\tau_3$。显然，时间常数越小，曲线衰减越快，电路过渡过程越短。

一个具体电路的时间常数可以根据给定的电路参数求出，如前面所叙述的那样。若元件参数未知，则可以用实验的方法先测出其响应曲线，例如，$i(t)$ 如图 5-8 所示，然后通过该曲线来确定电路的时间常数，具体做法如下：在曲线上任取一点 A，过 A 点作曲线的切线交时间轴于 C 点，则次切距 BC 的长 $|BC|=\tau$。这一结论可证明如下：

$$|BC|=\frac{|AB|}{\tan\theta}=\frac{i(t_0)}{\left|\frac{di}{dt}\right|_{t=t_0}}=\frac{\frac{U_S-U_0}{R}e^{-\frac{t_0}{\tau}}}{\left|-\frac{1}{\tau}\frac{U_S-U_0}{R}e^{-\frac{t_0}{\tau}}\right|}=\tau$$

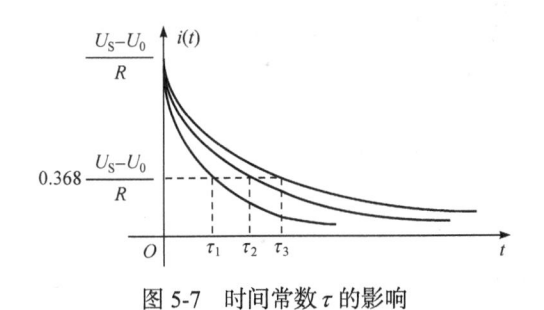

图 5-7 时间常数 τ 的影响

图 5-8 时间常数 τ 的测量

这说明，从某时刻 t_0 开始，若以该时刻的变化率衰减下去，则经过 τ 之后，曲线将衰减到零。换言之，时间常数 τ 也就是响应的暂态分量从某时刻开始以该时刻的变化率衰减到零所需的时间。

RC 电路的时间常数只和电路参数 R、C 有关，与电路的初始状态无关。由 $\tau=RC$ 可知，

R、C 越大，τ 越大。这在物理概念上也是很容易理解的：如果 $U_0 < U_S$，当 U_0 一定时，C 越大，电容储存的电荷越多，在相同条件下充电的时间就越长；R 越大，充电电流越小，在相同条件下充电的时间同样也就越长。

下面再以 RL 并联接通恒流源的电路为例，讨论 RL 电路在恒定输入下的全响应。

在图 5-9(a) 所示的电路中，在开关 S_1、S_2 动作之前，电感中已有电流为 I_0，即 $i_L(0^-) = I_0$。在 $t = 0$ 时，开关 S_1 由位置 2 合到位置 1 上，开关 S_2 由位置 1 合到位置 2 上，即换路后，电路如图 5-9(b) 所示，电路的输入 $i_S = I_S$。以 i_L 为变量，由 KCL 列出电路方程为

$$\frac{L}{R}\frac{di_L}{dt} + i_L = I_S, \quad t \geq 0 \tag{5-20}$$

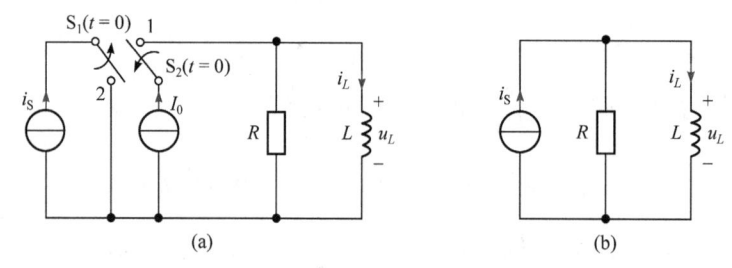

图 5-9 RL 电路的全响应

式 (5-20) 与式 (5-10) 相同，都是一个常系数一阶线性非齐次微分方程，利用相同的微分方程解法，可以求得

$$i_L(t) = I_S + (I_0 - I_S)e^{-\frac{R}{L}t} = I_S + (I_0 - I_S)e^{-\frac{t}{\tau}} \tag{5-21}$$

进一步可求得

$$u_L(t) = L\frac{di_L}{dt} = R(I_S - I_0)e^{-\frac{R}{L}t} = R(I_S - I_0)e^{-\frac{t}{\tau}} \tag{5-22}$$

式 (5-21) 与式 (5-22) 中 $\tau = L/R$ 是 RL 电路的时间常数。当 L 的单位为亨利，R 的单位为欧姆时，τ 的单位也为秒。它具有如同 RC 电路中 $\tau = RC$ 一样的意义。注意在 RL 电路中，时间常数与 L 成正比而与 R 成反比。这是因为当 $I_0(I_0 \neq I_S)$ 一定时，L 越大，电感储存或释放的磁场能量越多，而 R 越小，电阻或电感的电压越小，电感充放电速度越慢，这些都会使过渡过程变长。

由以上微分方程求解过程可知，全响应可分解为

全响应 = 稳态分量(强制分量) + 暂态分量(自由分量)

全响应具有如下的一般形式：

$$x(t) = x_s(t) + Ae^{-\frac{t}{\tau}} \tag{5-23}$$

式中，$x(t)$ 为所求的任一全响应；$x_s(t)$ 为所求响应的稳态分量，可通过稳态分析求得；$Ae^{-\frac{t}{\tau}}$ 为所求响应的暂态分量，即相应齐次方程的通解，其大小和输入有关，是由输入和初始状态两者共同决定的；τ 为电路的时间常数，$\tau = RC$ 或 L/R，与输入无关。

【例 5-2】 图 5-10 所示的电路原已稳定，已知 $R_1 = R_2 = R_3 = 10\Omega$，$L = 0.5H$，$U_S = 6V$，

在 $t=0$ 时，开关 S 断开。求 $t \geq 0$ 时的电感电流 $i_L(t)$。

解 换路前电路稳定，电感相当于短路，故有

$$i_L(0^-) = \frac{U_S}{R_1 + \frac{R_2 R_3}{R_2 + R_3}} \cdot \frac{R_3}{R_2 + R_3} = 0.2\text{A}$$

换路后，有 $\qquad i_L(0^+) = i_L(0^-) = 0.2\text{A}$

电路的时间常数为 $\qquad \tau = \dfrac{L}{R_1 + R_2} = \dfrac{0.5}{10+10} = \dfrac{1}{40}\text{(s)}$

图 5-10 例 5-2 图

电感电流的暂态分量为 $\qquad i_{Lt} = A\text{e}^{-\frac{t}{\tau}} = A\text{e}^{-40t}$

电感电流的稳态分量为 $\qquad i_{Ls} = \dfrac{U_S}{R_1 + R_2} = \dfrac{6}{10+10} = 0.3\text{(A)}$

故 $\qquad i_L(t) = i_{Ls} + i_{Lt} = 0.3 + A\text{e}^{-40t} \text{ A}$

将初始条件 $i_L(0^+) = 0.2$ A 代入，得 $0.3 + A = 0.2$，所以 $A = -0.1$。

于是得所求响应为 $\qquad i_L(t) = 0.3 - 0.1\text{e}^{-40t} \text{ A}$

5.2.2 一阶电路的零输入响应

零输入响应是指换路后输入为零（即没有外施激励）时电路的响应，它是仅由电路的初始状态引起的响应。

首先讨论 RC 电路的零输入响应。在图 5-11 所示的电路中，在开关 S 动作之前，电容已充有电压 U_0，即 $u_C(0^-) = U_0$。在 $t=0$ 时，开关 S 由位置 2 合到位置 1 上，换路后，由 KVL 有

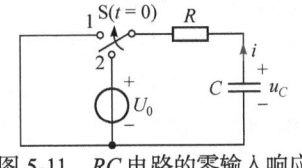

图 5-11 RC 电路的零输入响应

$$RC\frac{\text{d}u_C}{\text{d}t} + u_C = 0, \quad t \geq 0 \qquad (5\text{-}24)$$

这是一个常系数一阶线性齐次微分方程。对比式(5-10)、式(5-12)，可见零输入响应其实就是全响应中外施激励为零时的响应，参照式(5-12)的求解过程，得式(5-24)的解为

$$u_C(t) = U_0 \text{e}^{-\frac{t}{RC}} = U_0 \text{e}^{-\frac{t}{\tau}} \qquad (5\text{-}25)$$

这是充电电容经电阻放电时的电容电压表达式。进一步可求得放电电流为

$$i(t) = -C\frac{\text{d}u_C}{\text{d}t} = \frac{U_0}{R}\text{e}^{-\frac{t}{\tau}} \qquad (5\text{-}26)$$

式中，τ 为时间常数，$\tau = RC$。

式(5-25)、式(5-26)就是一阶 RC 电路的零输入响应。由响应的表达式可以看出，各响应均与初始状态 U_0 成正比，都按同样的指数规律衰减。图 5-12 表示出了各响应随时间变化的曲线。其中，电容电压 $u_C(t)$ 在换路瞬间（$t=0$ 时）保持不变为 U_0，并由 U_0

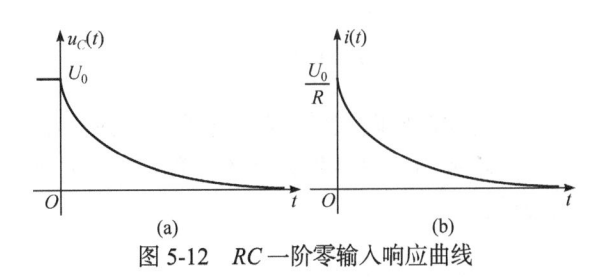

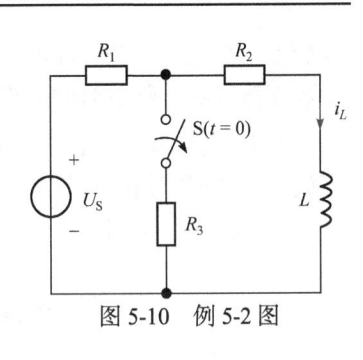

图 5-12 RC 一阶零输入响应曲线

开始按指数规律衰减；放电电流 $i(t)$ 则在换路瞬间由零跃变至 U_0/R，然后由该值开始按同一指数规律衰减。随着时间的推移，各响应最终都趋向于零。

充电电容在经电阻放电的整个过程中，电容最初储存的电场能 ($W_C(0)=CU_0^2/2$) 最终将全部放出。根据能量守恒原理，这些能量全部被电阻吸收并转换为热能消耗掉。这一点也可由下面的计算得到证明：

$$W_R = \int_0^\infty Ri^2 dt = \int_0^\infty R\left(\frac{U_0}{R}e^{-\frac{t}{RC}}\right)^2 dt = \frac{U_0^2}{R}\left(-\frac{RC}{2}\right)e^{-\frac{2}{RC}t}\bigg|_0^\infty = \frac{1}{2}CU_0^2$$

现在讨论 RL 电路的零输入响应。在图 5-13 所示的电路中，在开关 S 动作之前，电感中已有电流，即 $i_L(0^-)=I_0$。在 $t=0$ 时，开关 S 由位置 1 合到位置 2 上，即换路后，RL 电路的输入为零。由 KVL 有

$$L\frac{di_L}{dt}+Ri_L=0,\quad t\geqslant 0 \tag{5-27}$$

与式(5-24)相同，这也是一个常系数一阶线性齐次微分方程，其解为

$$i_L(t)=i_L(0^+)e^{-\frac{R}{L}t}=I_0 e^{-\frac{R}{L}t}=I_0 e^{-\frac{t}{\tau}} \tag{5-28}$$

进一步可求得

$$u_L(t)=L\frac{di_L}{dt}=-RI_0 e^{-\frac{R}{L}t}=-RI_0 e^{-\frac{t}{\tau}} \tag{5-29}$$

实际上零输入响应就是全响应式(5-21)、式(5-22)中外施激励 I_S 为零时的响应。

以上求出的 $i_L(t)$ 和 $u_L(t)$ 就是图 5-13 所示 RL 电路的零输入响应。由响应的表达式也可看出，各响应均与初始状态 I_0 成正比，都按同样的指数规律衰减。图 5-14 表示出了各响应随时间变化的曲线。其中，$u_L(t)$ 为负值是因为 $i_L(t)$ 一直在减小，电感电压的实际方向与参考方向相反。

式(5-28)与式(5-29)中的 τ 是 RL 电路的时间常数，$\tau=L/R$。

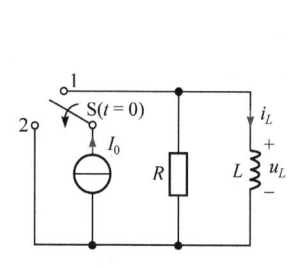

图 5-13 RL 电路的零输入响应

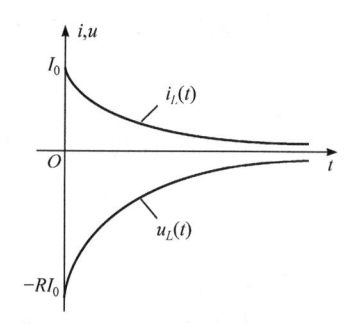

图 5-14 RL 一阶零输入响应曲线

以上 RL 电路在换路后的整个过渡过程中，电感中原来储存的磁场能 ($W_L(0)=LI_0^2/2$) 最终将全部放出，由电阻吸收并转换为热能消耗掉。这一点读者可以通过计算电阻吸收的能量自行验证。

总结以上的讨论，可以归纳得出一阶电路的零输入响应具有以下两个特点。

(1) 响应具有如下的一般形式：

$$x(t) = x(0^+)e^{-\frac{t}{\tau}} \tag{5-30}$$

式中，$x(t)$为所求的任一零输入响应；$x(0^+)$为所求响应的初始值；τ为电路的时间常数，对于 RC 电路，$\tau = RC$，对于 RL 电路，$\tau = L/R$。

(2) 响应与电路的初始状态（$u_C(0^+)$或$i_L(0^+)$）成线性关系，即当初始状态增大K倍时，响应也相应地增大K倍。这一特点也称为零输入响应的线性性质。

【例 5-3】 图 5-15(a)所示电路原已稳定，已知直流电源电压$U_S = 100\text{V}$，$R = 20\Omega$，$L = 2\text{H}$，电压表的内阻$R_V = 10\text{k}\Omega$，量程为 150V。在$t = 0$时，开关 S 断开。求$u_V(0^+)$及电感电流$i_L(t)$（$t \geq 0$）。

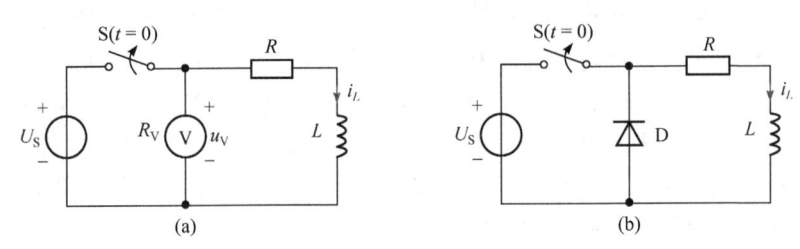

图 5-15 例 5-3 图

解 换路前电路稳定，有

$$i_L(0^-) = U_S/R = 100/20 = 5(\text{A})$$

换路后，有

$$i_L(0^+) = i_L(0^-) = 5\text{A}, \quad u_V(0^+) = -R_V i_L(0^+) = -5 \times 10^4 = -50(\text{kV})$$

$$\tau = \frac{L}{R + R_V} = \frac{2}{20 + 10^4} = \frac{1}{5010} \text{(s)}$$

由式(5-30)可得 $\quad i_L(t) = i_L(0^+)e^{-\frac{t}{\tau}} = 5e^{-5010t} \text{ A}, \quad t \geq 0$

在该例中可以看到，电压表在换路瞬间所承受的电压高达 50kV，这样高的电压将使电压表遭到损坏。为避免损坏电压表，应在断开开关之前，将电压表拆除。但仅此一举，还会存在问题。当断开开关时，由于电流的突然变化（由 5A 跃变为零），在电感线圈两端会产生极高的感应电压，该电压不仅可能会击穿线圈的绝缘材料，而且还会在开关触点间形成高压电弧，损坏触点。为避免这些问题，常在 RL 电路旁并联一个二极管 D，如图 5-15(b)所示。电路正常工作时，二极管截止；开关断开时，二极管为 RL 电路提供放电通路，以消除因电流突变而引起的高压。工程上称此二极管为续流二极管。

5.2.3 一阶电路的零状态响应

零状态响应是指换路后初始状态为零时电路的响应，它是仅由电路的输入引起的响应。

首先讨论 RC 串联接通恒压源的情形。电路如图 5-16 所示，设 $u_S = U_S$ 为恒定不变的常量。换路后，由 KVL 有

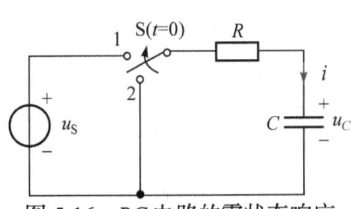

图 5-16 RC 电路的零状态响应

$$RC\frac{\mathrm{d}u_C}{\mathrm{d}t}+u_C=U_S, \quad t\geqslant 0 \tag{5-31}$$

式(5-31)与式(5-10)完全相同。只是初始条件与式(5-17)不同，这里是$u_C(0^+)=u_C(0^-)=0$，可见零状态响应其实就是全响应中初始储能为零时的响应，于是RC电路的零状态响应为

$$u_C(t)=U_S+(0-U_S)\mathrm{e}^{-\frac{t}{RC}}=U_S\left(1-\mathrm{e}^{-\frac{t}{\tau}}\right) \tag{5-32}$$

进一步可求得

$$i(t)=C\frac{\mathrm{d}u_C}{\mathrm{d}t}=\frac{U_S}{R}\mathrm{e}^{-\frac{t}{RC}}=\frac{U_S}{R}\mathrm{e}^{-\frac{t}{\tau}} \tag{5-33}$$

从响应的表达式(5-32)、式(5-33)可以看出，它们都和输入U_S成线性关系。

$u_C(t)$和$i(t)$的变化曲线如图5-17所示。电容电压u_C由零被逐渐充电至U_S，而充电电流i则由U_S/R逐渐衰减到零。充电过程的快慢取决于电路的时间常数$\tau=RC$。经过一个τ的时间，u_C的暂态分量u_{Ct}衰减到其初值的36.8%，而实际的电容电压升至其稳态值的63.2%。充电结束即电路达到新的稳态时，$u_C=U_S$而$i=0$。这就是说，在直流电源经电阻给电容充电的整个过程中，电容元件由开始相当于短路(电压为零)到最终相当于开路(电流为零)。在这一过程中，输入提供的能量，一部分转换为电场能量储存于电容之中，另一部分则被电阻吸收转换成热能消耗掉。电容最终储存的能量为

$$W_C=\frac{1}{2}CU_S^2$$

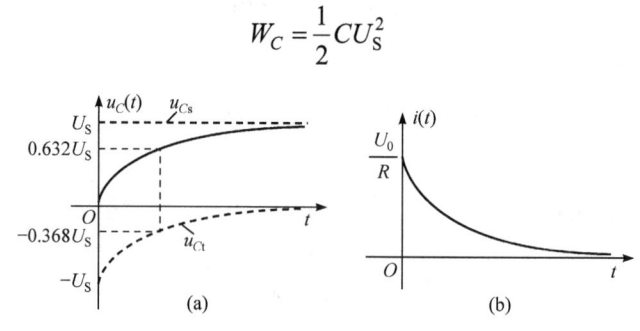

图 5-17 RC一阶零状态响应曲线

而电阻在整个充电过程中消耗的能量为

$$W_R=\int_0^\infty Ri^2\mathrm{d}t=\frac{U_S^2}{R}\int_0^\infty \mathrm{e}^{-\frac{2}{RC}t}\mathrm{d}t=\frac{1}{2}CU_S^2$$

恰好有$W_C=W_R$。这说明，电容在零状态下由直流电源经电阻充电的过程中，电阻消耗的能量和电容储存的能量相等，即电源提供的能量只有一半储存在电容之中，充电效率为50%。这一结论与R、C的具体数值无关，即对任何RC串联电路均适用，只要电容的初始电压为零即可。

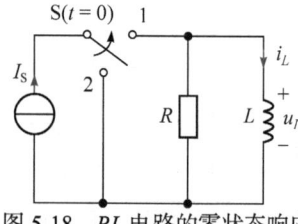

图 5-18 RL电路的零状态响应

最后讨论RL电路的零状态响应。在图5-18所示的电路中，在开关S动作之前，电感电流为零，即$i_L(0^-)=0$。在$t=0$时，开关S由位置2合到位置1上，换路后，由KCL有

$$\frac{L}{R}\frac{\mathrm{d}i_L}{\mathrm{d}t}+i_L=I_S, \quad t\geqslant 0 \tag{5-34}$$

式(5-34)与式(5-20)完全相同。同样只是初始条件不同，这里

是 $i_L(0^+) = i_L(0^-) = 0$，于是 RL 电路的零状态响应为

$$i_L(t) = I_S + (0 - I_S)\mathrm{e}^{-\frac{R}{L}t} = I_S\left(1 - \mathrm{e}^{-\frac{t}{\tau}}\right) \tag{5-35}$$

进一步可求得

$$u_L(t) = L\frac{\mathrm{d}i_L}{\mathrm{d}t} = RI_S\mathrm{e}^{-\frac{R}{L}t} = RI_S\mathrm{e}^{-\frac{t}{\tau}} \tag{5-36}$$

从式(5-35)、式(5-36)同样可以看出，零状态响应就是全响应中初始储能为零时的响应，它们都和输入 I_S 成线性关系。

式(5-35)、式(5-36)反映了只在输入 I_S 的作用下，电感储存磁场能过程中电压与电流的变化规律，电感最终储存的磁场能为 $W_L = LI_S^2/2$，读者可以自行验证：最终电阻消耗的能量和电感储存的能量相等。

总结以上的讨论，可以归纳得出一阶电路的零状态响应具有以下两个特点。

(1) 响应具有如下的一般形式：

$$x(t) = x_s(t) + A\mathrm{e}^{-\frac{t}{\tau}} \tag{5-37}$$

式中，$x(t)$ 为所求的任一零状态响应；$x_s(t)$ 为所求响应的稳态分量，可通过稳态分析求得；$A\mathrm{e}^{-\frac{t}{\tau}}$ 为所求响应的暂态分量，即相应齐次方程的通解；τ 为电路的时间常数，仍为 $\tau = RC$ 或 $\tau = L/R$，与输入无关。

(2) 响应与电路的输入成线性关系，即当输入增大 K 倍时，响应也相应地增大 K 倍。这一特点也称为零状态响应的线性性质。

应该指出的是，零状态响应与输入成线性关系，零输入响应与初始状态成线性关系，但全响应与输入和初始状态均无简单的线性关系。

以 RC 串联电路为例，如果把式(5-18)和式(5-19)做如下变化：

$$u_C(t) = U_S\left(1 - \mathrm{e}^{-\frac{t}{RC}}\right) + U_0\mathrm{e}^{-\frac{t}{RC}}$$

$$i(t) = \frac{U_S}{R}\mathrm{e}^{-\frac{t}{RC}} - \frac{U_0}{R}\mathrm{e}^{-\frac{t}{RC}}$$

可以发现，两式中的第一项是 RC 串联接通恒压源时的零状态响应，第二项则是 RC 电路的零输入响应，如图 5-19 所示。可见，全响应可以看作零状态响应和零输入响应的叠加，即

$u_C(0^-) = U_0$ $u'_C(0^-) = 0$ $u''_C(0^-) = U_0$

$u_C = u'_C + u''_C$ $u'_C = U_S\left(1 - \mathrm{e}^{-\frac{t}{RC}}\right)$ $u''_C = U_0\mathrm{e}^{-\frac{t}{RC}}$

$i = i' + i''$ $i' = \frac{U_S}{R}\mathrm{e}^{-\frac{t}{RC}}$ $i'' = -\frac{U_0}{R}\mathrm{e}^{-\frac{t}{RC}}$

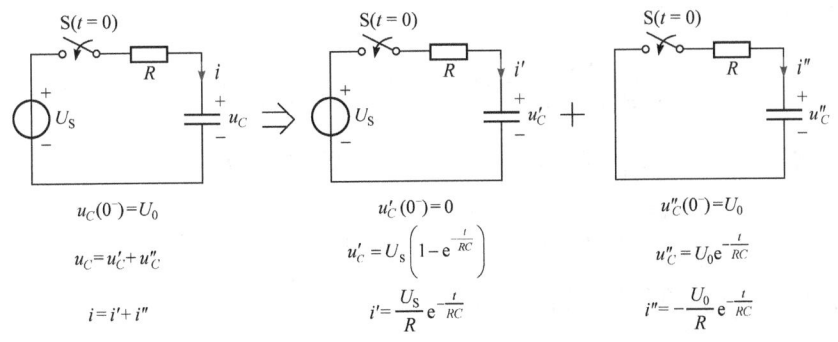

图 5-19   RC 电路的全响应、零状态响应、零输入响应

$$\text{全响应} = \text{零状态响应} + \text{零输入响应} \tag{5-38}$$

这一结论虽然是由 RC 特定电路得出的,但却具有普遍意义,对任一线性电路均适用。事实上,这正是线性电路叠加性质的体现。它说明,当输入和初始状态均不为零时,电路响应是两者共同作用的结果,等于两者分别单独作用时的结果相叠加。

全响应除了可做上述分解(即零输入响应+零状态响应)之外,还可以分解为稳态响应+暂态响应(即稳态分量+暂态分量)。值得注意的是,对于输入和初始状态均不为零的全响应,以上两种分解形式中的各响应分量之间并无简单的相互对应关系,仍以 RC 串联电路中的 u_C 为例,写出如下分析:

$$u_C(t) = U_S - U_S e^{-\frac{t}{RC}} + U_0 e^{-\frac{t}{RC}} = \underbrace{U_S}_{\text{稳态响应}} \underbrace{- U_S e^{-\frac{t}{RC}} + U_0 e^{-\frac{t}{RC}}}_{\text{暂态响应}}$$

其中 $U_S - U_S e^{-\frac{t}{RC}}$ 为零状态响应,$U_0 e^{-\frac{t}{RC}}$ 为零输入响应。

显然,零状态响应不仅包括稳态响应,还包括一部分暂态响应;零输入响应与暂态响应虽然具有相同的形式和变化规律,但零输入响应与输入无关,而暂态响应与输入有关。

综上所述,动态电路的全响应有两种分解方式。前一种分解方式体现了线性电路的叠加性质,两个分量分别与输入和初始状态有明显的因果关系和线性关系;后一种分解方式则更加清楚地说明了过渡过程的物理实质。实际分析电路问题时,用哪种分解方式都可以,可根据具体情况,视方便而定。

【例 5-4】 图 5-20(a)所示电路原已稳定,已知 $R_1 = R_3 = 5\text{k}\Omega$,$R_2 = 10\text{k}\Omega$,$C = 100\text{pF}$,$U_S = 12\text{V}$,在 $t = 0$ 时,开关 S 断开。求 S 断开后输出电压 $u_o(t)$。

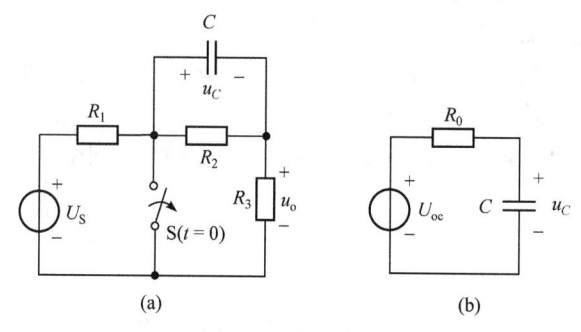

图 5-20 例 5-4 图

解 换路前,$u_C(0^-) = 0$;换路后,$u_C(0^+) = u_C(0^-) = 0$,此时由戴维南定理可将电路等效化简如图 5-20(b)所示,有

$$U_{oc} = \frac{R_2 U_S}{R_1 + R_2 + R_3} = 6\,\text{V}, \quad R_0 = \frac{(R_1 + R_3)R_2}{R_1 + R_2 + R_3} = 5\,\text{k}\Omega$$

故 $u_C(t)$ 响应的稳态分量为 $u_{Cs} = U_{oc} = 6\text{V}$,电路的时间常数为 $\tau = R_0 C = 0.5 \times 10^{-6}\text{s}$。

由式(5-37)可得 $\quad u_C(t) = u_{Cs} + A e^{-\frac{t}{\tau}} = 6 + A e^{-2 \times 10^6 t}\,\text{V}$

将初始条件 $u_C(0^+) = 0$ 代入,得 $6 + A = 0$,$A = -6$,则有

$$u_C(t) = 6 - 6 e^{-2 \times 10^6 t} = 6(1 - e^{-2 \times 10^6 t})\,\text{V}, \quad t \geq 0$$

由图 5-20(a)可得

$$u_o(t) = \frac{1}{2}[U_S - u_C(t)] = 3 + 3e^{-2\times 10^6 t} = 3(1+e^{-2\times 10^6 t})\text{ V}, \quad t \geqslant 0$$

5.3　一阶电路的三要素法

由 5.1 节可知：一阶电路只有一个动态元件(电容或电感)，或者经变换后可等效为一个动态元件，根据戴维南定理或诺顿定理，任意复杂的如图 5-21(a)所示的电路都可以化简为简单的 RC 或 RL 电路，即如图 5-21(b)、(c)所示的电路形式。应用 KCL 或 KVL 可列写出一阶微分方程，如式(5-10)、式(5-20)所示，其一般形式可以写为

$$\tau \frac{\mathrm{d}x(t)}{\mathrm{d}t} + x(t) = e(t), \quad t > 0 \tag{5-39}$$

式中，$e(t)$ 为与外施激励有关的函数；$x(t)$ 为一阶暂态电路中任何一处的电压或电流。

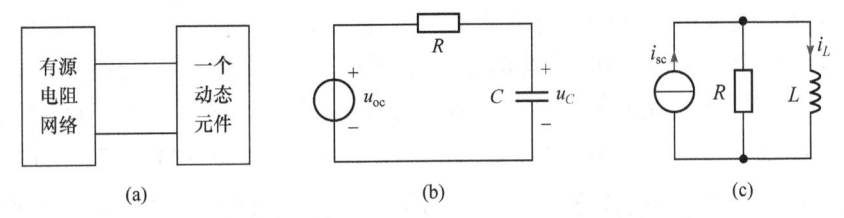

图 5-21　任意复杂一阶电路的戴维南或诺顿等效电路

由 5.2 节的分析可以看到，对一阶电路来说，无论是零状态响应还是全响应，都可以分解为稳态响应和暂态响应两个分量之和。事实上，零输入响应也可以做这样的分解，只不过其稳态响应分量为零。因此，一阶电路的任何一种响应都可以分解为稳态响应和暂态响应两个分量之和，即有

$$x(t) = x_s(t) + Ae^{-\frac{t}{\tau}}$$

式中，$x(t)$ 为电路任一具体响应；$x_s(t)$ 为该响应的稳态分量，即电路达到新的稳态时的响应；τ 为电路的时间常数；A 为待定的积分常数。将 $t=0^+$ 时的初始值代入，得

$$x(0^+) = x_s(0^+) + A$$

$$A = x(0^+) - x_s(0^+)$$

从而所求响应可以写成：

$$x(t) = x_s(t) + \left[x(0^+) - x_s(0^+)\right]e^{-\frac{t}{\tau}} \tag{5-40}$$

式(5-40)是求解一阶电路任一响应的快速计算公式。由该式可以清楚地看出，为了确定电路的某一具体响应，只要分别计算出换路后该响应的稳态解 $x_s(t)$、初始值 $x(0^+)$ 和电路的时间常数 τ 这三个要素，就可以根据上述公式立即写出所求的响应，而不必经过列写电路的微分方程、解微分方程、确定积分常数这些烦琐的步骤，这就大大减少了分析一阶电路的工作量。这种方法称为分析一阶电路的三要素法(three-element method)。

式(5-40)中稳态解 $x_s(t)$ 取决于电路的输入,一般来说是与输入的变化规律相同的时间 t 的函数。零输入时,由于稳态解为零,故响应可简化为

$$x(t) = x(0^+)e^{-\frac{t}{\tau}}$$

这就是零输入响应的一般形式。对于经常遇到的恒定输入,电路达到稳态时,各处电压和电流均为恒定不变的确定值,故常被称作稳态值,用 $x(\infty)$ 表示。此时,式(5-40)可以改写成:

$$x(t) = x(\infty) + \left[x(0^+) - x(\infty)\right]e^{-\frac{t}{\tau}} \tag{5-41}$$

用三要素法分析一阶电路的关键是准确地确定所求响应的三个要素。三要素的确定在前面几节的论述中均已提及,现归纳如下。

(1) 稳态解(值),即所求响应在换路后达到稳定状态时的解(值),与输入密切相关。具体有以下几种情况。①零输入。稳态值显然为零。②恒定输入。由于电路抵达稳态时,各电压、电流均为恒定不变的值,故电容相当于开路,电感相当于短路,稳态值的确定实际上是针对纯电阻电路进行的。③正弦输入。由于电路抵达稳态时各电压、电流均为与输入同频率的正弦量,故可用相量法求得其稳态解(第 6 章讲解)。此外,对于某些输入(如输入函数为 Ke^{at}、Kt 等),电路没有稳定状态,相应的解即为强制分量,可应用数学方法确定。

(2) 初始值,即所求响应在换路后起始时刻的值。可按以下步骤确定:①求出换路前的电容电压和电感电流的值,即 $u_C(0^-)$ 和 $i_L(0^-)$;②由 $u_C(0^+) = u_C(0^-)$ 和 $i_L(0^+) = i_L(0^-)$ 求得换路后电路的初始状态 $u_C(0^+)$ 和 $i_L(0^+)$;③由 $u_C(0^+)$ 和 $i_L(0^+)$ 结合换路后的输入,运用 KCL 和 KVL 进一步确定所求响应的初始值,必要时可画出 $t = 0^+$ 时的等效电路。以上是针对一般情况而言的。对于初始状态发生跃变的特殊情况,参见 5.4.2 节。

(3) 时间常数。一阶电路的时间常数只取决于电路的结构和元件的参数,与输入和初始状态均无关。对于只含有一个储能元件(电容 C 或电感 L)和一个电阻 R 的简单电路,时间常数 $\tau = RC$ 或 L/R;对于含有一个储能元件和多个电阻的较为复杂的电路,从储能元件两端看,所余电路是一个有源或无源的二端电阻网络。根据戴维南定理或诺顿定理,该网络总可以用一个电源和一个电阻组成的电路来等效,此时电路的时间常数即为 $\tau = R_0 C$ 或 L/R_0。这里的 R_0 是从储能元件两端看,所余网络的等效内阻。

下面通过例题来看如何应用三要素法分析一阶电路的过渡过程。

【例 5-5】 电路如图 5-22 所示,已知 $R_1 = R_2 = 2\Omega$,$L = 0.5\text{H}$,$i_S = 2\text{A}$,$u_S = 10\text{V}$,在 $t = 0$ 时,开关 S 闭合。求换路后的电感电流。

解 设电感电流的方向如图 5-22 所示。换路前,有 $i_L(0^-) = i_S = 2\text{A}$。

(1) 初始值:$i_L(0^+) = i_L(0^-) = 2\text{A}$。

(2) 稳态值:因两电源均为直流电源,换路后,电路稳定时电感相当于短路,由叠加法求得

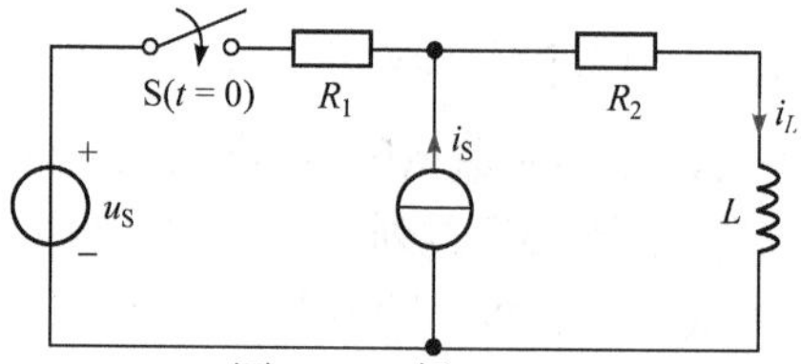

$$i_L(\infty) = i_L'(\infty) + i_L''(\infty) = \frac{u_S}{R_1 + R_2} + \frac{R_1}{R_1 + R_2}i_S$$
$$= 2.5 + 1 = 3.5\text{A}$$

(3) 时间常数:从电感两端看,所余电路的等效内阻(令电压源短路,电流源开路)为 $R_0 = R_1 + R_2 = 4\Omega$,

图 5-22 例 5-5 图

则 $\tau = \dfrac{L}{R_0} = \dfrac{0.5}{4} = \dfrac{1}{8}(\mathrm{s})$。

将以上求得的三要素代入式(5-41)便得响应，即

$$i_L(t) = i_L(\infty) + \left[i_L(0^+) - i_L(\infty)\right] \mathrm{e}^{-\frac{t}{\tau}} = 3.5 - 1.5\mathrm{e}^{-8t}\mathrm{A}, \quad t \geqslant 0$$

【例 5-6】 电路及参数如图 5-23 所示，在 $t<0$ 时，开关 S 合于位置 1 且电容充电已毕；$t=0$ 时，开关 S 由位置 1 合到位置 2 上。求 $t \geqslant 0$ 时的电压 $u(t)$。

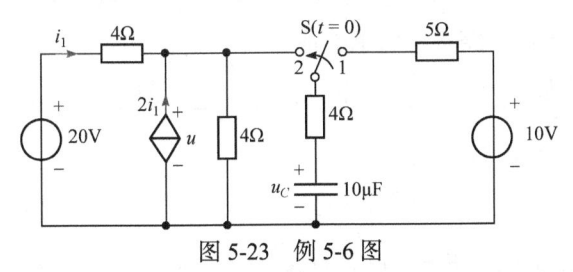

图 5-23 例 5-6 图

解 换路前，电容充电完毕，有 $u_C(0^-) = 10\mathrm{V}$；换路后，$u_C(0^+) = u_C(0^-) = 10\mathrm{V}$。

(1) 为求 $u(0^+)$，可画出 $t=0^+$ 的等效电路如图 5-24(a) 所示，由该图得节点电压方程：

$$\dfrac{3}{4} u(0^+) = \dfrac{20}{4} + \dfrac{10}{4} + 2i_1$$

将 $i_1 = \dfrac{20 - u(0^+)}{4}$ 代入上式，得 $u(0^+) = 14\mathrm{V}$。

(2) 电路稳定时，电容相当于开路，电路如图 5-24(b) 所示，此时由 KVL 可列出方程：

$$20 = 4i_1 + 4i_2 = 4i_1 + 4(i_1 + 2i_1) = 16i_1$$

得 $i_1 = 1.25\mathrm{A}$，从而得 $u = 20 - 4i_1 = 20 - 4 \times 1.25 = 15(\mathrm{V})$

即电压 u 的稳态值 $u(\infty) = 15\mathrm{V}$。

(3) 为求时间常数 τ，先求从电容两端看所余网络的等效内阻 R_0。将 20V 电压源用短路线代替，得电路如图 5-24(c) 所示。设外加电源后电路两端的电压和电流分别为 u' 和 i'，则有

$$i' = -i_1 - 2i_1 - \dfrac{4i_1}{4} = -4i_1, \quad u' = 4i' - 4i_1 = 4(-4i_1) - 4i_1 = -20i_1$$

得

$$R_0 = \dfrac{u'}{i'} = \dfrac{-20i_1}{-4i_1} = 5\Omega$$

故有

$$\tau = R_0 C = 5 \times 10 \times 10^{-6} = 5 \times 10^{-5}(\mathrm{s})$$

将以上所得响应的三要素代入三要素公式，可得

$$u(t) = u(\infty) + \left[u(0^+) - u(\infty)\right]\mathrm{e}^{-\frac{t}{\tau}} = 15 + (14-15)\mathrm{e}^{-\frac{t}{5 \times 10^{-5}}} = 15 - \mathrm{e}^{-2 \times 10^4 t}\mathrm{V}, \quad t \geqslant 0$$

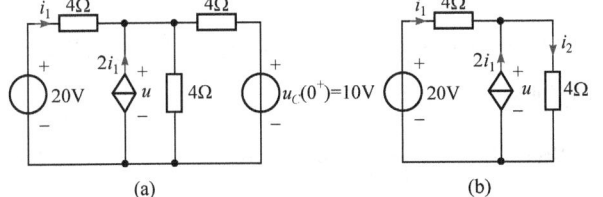

图 5-24 例 5-6 等效电路图

以上是通过直接求响应 $u(t)$ 的三要素再得出所求的响应。实际上，也可以先通过三要素求出 $u_C(t)$，再由 $u_C(t)$ 间接得到所求响应 $u(t)$。具体过程如下：

(1) 电容电压的初始值 $u_C(0^+) = u_C(0^-) = 10\text{V}$；
(2) 电容电压的稳态值与 u 的稳态值是一致的，由前面的结果可知 $u_C(\infty) = 15\text{V}$；
(3) 电路的时间常数同前，仍为 $\tau = 5 \times 10^{-5}\text{s}$，故有

$$u_C(t) = u_C(\infty) + \left[u_C(0^+) - u_C(\infty)\right]e^{-\frac{t}{\tau}} = 15 - 5e^{-2 \times 10^4 t}5(3 - e^{-2 \times 10^4 t})\text{ V}, \quad t \geq 0$$

由此可进一步通过电容支路求得所求响应：

$$u(t) = RC\frac{du_C}{dt} + u_C = 4 \times 10 \times 10^{-6} \times (-5) \times (-2 \times 10^4)e^{-2 \times 10^4 t} + 15 - 5e^{-2 \times 10^4 t}$$

$$= 15 - e^{-2 \times 10^4 t}\text{ V}, \quad t \geq 0$$

其结果是一样的。

【例 5-7】 电路如图 5-25 所示，已知 $U_S = 12\text{V}$，$R_1 = R_2 = 3\text{k}\Omega$，$R_3 = 6\text{k}\Omega$，$C = \frac{1}{3}\mu\text{F}$。若 $t = 0$ 时，开关 S 断开，经过 $t_1 = 1\text{ms}$ 后又闭合，求 $t \geq 0$ 时的电容电压 $u_C(t)$ 和电流 $i(t)$。

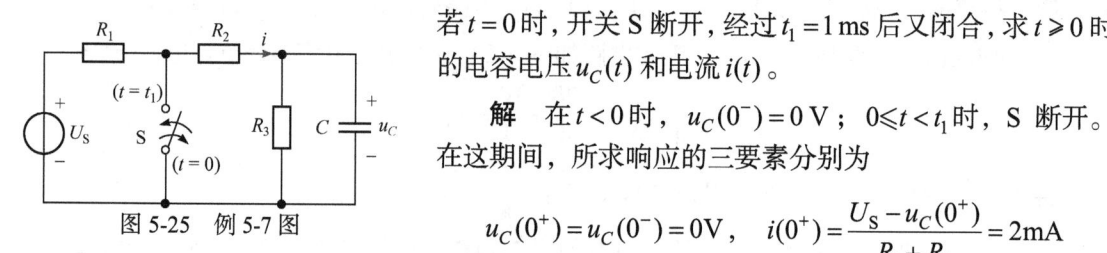

解 在 $t < 0$ 时，$u_C(0^-) = 0\text{ V}$；$0 \leq t < t_1$ 时，S 断开。在这期间，所求响应的三要素分别为

图 5-25 例 5-7 图

$$u_C(0^+) = u_C(0^-) = 0\text{V}, \quad i(0^+) = \frac{U_S - u_C(0^+)}{R_1 + R_2} = 2\text{mA}$$

$$u_C(\infty) = \frac{R_3 U_S}{R_1 + R_2 + R_3} = 6\text{V}, \quad i(\infty) = \frac{U_S - u_C(\infty)}{R_1 + R_2} = 1\text{mA}$$

$$\tau = R_0 C = \frac{(R_1 + R_2)R_3}{R_1 + R_2 + R_3}C = 3 \times 10^3 \times \frac{1}{3} \times 10^{-6} = 1(\text{ms})$$

故有

$$u_C(t) = u_C(\infty) + \left[u_C(0^+) - u_C(\infty)\right]e^{-\frac{t}{\tau}} = 6(1 - e^{-1000t})\text{ V}$$

$$i(t) = i(\infty) + \left[i(0^+) - i(\infty)\right]e^{-\frac{t}{\tau}} = 1 + e^{-1000t}\text{ mA}$$

且

$$u_C(t_1^-) = 6(1 - e^{-1000t_1}) = 6(1 - e^{-1}) \approx 3.79\text{ (V)}$$

在 $t \geq t_1$ 时，S 又闭合，在这期间所求响应的三要素分别为

$$u_C(t_1^+) = u_C(t_1^-) = 3.79\text{V}, \quad i(t_1^+) = -u_C(t_1^+)/R_2 \approx -1.26\text{mA}, \quad u_C(\infty) = 0, \quad i(\infty) = 0$$

$$\tau' = R_0'C = \frac{R_2 R_3}{R_2 + R_3}C = 2 \times 10^3 \times \frac{1}{3} \times 10^{-6} = \frac{2}{3}(\text{ms})$$

故有 $u_C(t) = u_C(t_1^+)e^{-\frac{t-t_1}{\tau}} = 3.79e^{-1500(t-t_1)}\text{ V}$，$i(t) = i(t_1^+)e^{-\frac{t-t_1}{\tau}} = -1.26e^{-1500(t-t_1)}\text{ mA}$。

综合以上两个过程，所求响应分别为

$$u_C(t) = \begin{cases} 6 - (1 - e^{-1000t})\text{ V}, & 0 \leq t < t_1 \\ 3.79e^{-1500(t-t_1)}\text{ V}, & t \geq t_1 \end{cases}, \quad i(t) = \begin{cases} 1 + e^{-1000t}\text{ mA}, & 0 \leq t < t_1 \\ -1.26e^{-1500(t-t_1)}\text{ mA}, & t \geq t_1 \end{cases}$$

像例 5-7 这样在第一次换路后的过渡过程尚未结束时又有第二次换路的情况,称为二次换路。对于二次换路的问题,在用三要素进行分析时需注意以下三点。

(1)一般来说,第二次换路后的时间常数与第一次换路后的时间常数是不一样的,故有时也称这样的问题为具有两个时间常数的问题。

(2)第二次换路后的初始状态取决于第一次换路后的响应 $u_C(t)$ 和 $i_L(t)$。这是因为在一般情况下,有 $u_C(t_1^+) = u_C(t_1^-)$,$i_L(t_1^+) = i_L(t_1^-)$,而 $u_C(t_1^-)$ 和 $i_L(t_1^-)$ 的值是由第一次换路后的响应 $u_C(t)$ 和 $i_L(t)$ 决定的。其他响应在二次换路后的初始值,即在 t_1^+ 时刻的值也要通过 $u_C(t_1^+)$ 和 $i_L(t_1^+)$ 来求得。

(3)第二次换路后的计时起点为 t_1,故在第二次换路后,各响应(对应于 $t = 0$ 换路时的响应)的表达式中为 t 的地方均代之以 $t - t_1$。

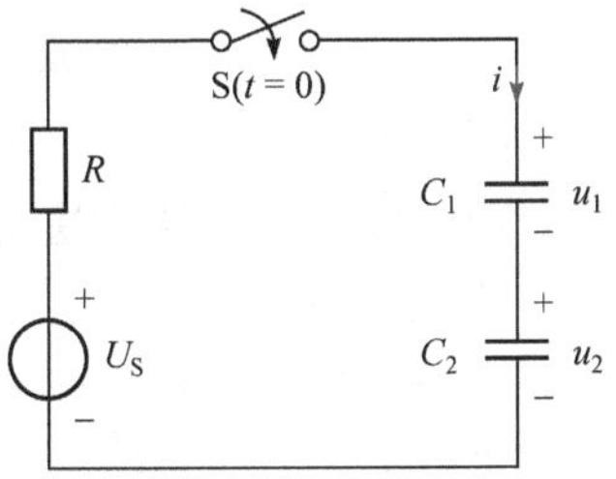

【例 5-8】 电路如图 5-26 所示,各元件参数均为已知,在 $t = 0$ 时,开关 S 闭合。若 $u_1(0^-) = U_{10}$,$u_2(0^-) = 0$,求 $t \geq 0$ 时两电容的电压 $u_1(t)$ 和 $u_2(t)$。

解 因为该电路具有两个储能元件,所以首先应该确定它还是不是一阶电路。为此可列出电路的微分方程如下:

在 $t \geq 0$ 时,由 KVL 有

$$Ri + u_1 + u_2 = U_S \quad \text{①}$$

而

$$i = C_1 \frac{du_1}{dt} \quad \text{②}$$

图 5-26 例 5-8

同时,由于 C_1 和 C_2 相串联,换路后每个电容上新获得的电量应相等,即有

$$C_1 u_1 - C_1 U_{10} = C_2 u_2$$

$$u_2 = \frac{C_1}{C_2} u_1 - \frac{C_1}{C_2} U_{10} \quad \text{③}$$

将②和③均代入①并经整理,便可得到以 u_1 为变量的电路方程:

$$R \frac{C_1 C_2}{C_1 + C_2} \cdot \frac{du_1}{dt} + u_1 = \frac{C_1 U_{10} + C_2 U_S}{C_1 + C_2}$$

显然,这是一个一阶线性非齐次微分方程。解此方程,并利用初始条件 $u_1(0^+) = u_1(0^-) = U_{10}$,便可求得

$$u_1(t) = \frac{C_1 U_{10} + C_2 U_S}{C_1 + C_2} + \frac{C_2(U_{10} - U_S)}{C_1 + C_2} e^{-\frac{t}{\tau}}$$

进一步由③可求得

$$u_2(t) = \frac{C_1(U_S - U_{10})}{C_1 + C_2} \left(1 - e^{-\frac{t}{\tau}}\right)$$

以上两式中,有

$$\tau = R \frac{C_1 C_2}{C_1 + C_2}$$

既然图 5-26 所示的电路仍为一阶电路,就可以用三要素法进行分析。具体过程如下。

(1)初始值:$u_1(0^+) = u_1(0^-) = U_{10}$,$u_2(0^+) = u_2(0^-) = 0$。

(2) 稳态值：稳态时电容相当于开路，电流为零，故由 KVL 有

$$u_1(\infty) + u_2(\infty) = U_S$$

此外，由于 C_1 与 C_2 相串联，每个电容换路后新获得的电量相等，即有

$$C_1 u_1(\infty) - C_1 U_{10} = C_2 u_2(\infty)$$

将以上两方程联立，可解得

$$u_1(\infty) = \frac{C_1 U_{10} + C_2 U_S}{C_1 + C_2}, \quad u_2(\infty) = \frac{C_1(U_S - U_{10})}{C_1 + C_2}$$

(3) 时间常数：两电容串联可等效为一个电容 $C = \dfrac{C_1 C_2}{C_1 + C_2}$，故 $\tau = RC = R\dfrac{C_1 C_2}{C_1 + C_2}$。

将以上求得的三要素分别代入式(5-40)，便可求得两响应 $u_1(t)$ 和 $u_2(t)$，与直接解方程所得结果一致。

还应指出，三要素法是从一阶电路的分析中总结出来的，所以只适用于一阶电路。一阶电路在结构上的特点是：①只含有一个储能元件；②虽然含有两个以上的同种储能元件，但可以等效化简为一个储能元件；对于这种电路，若令其中的独立源为零，所得网络中同种储能元件应具有直接串、并联关系。同时具有电感和电容的电路不是一阶电路，但在某种特殊情况下，可按一阶电路处理。例如，对于图 5-27 所示的电路，欲求换路后的总电流 i，可按一阶电路分别求得电流 i_1 和 i_2，再由 KCL 便可求得总电流 i。

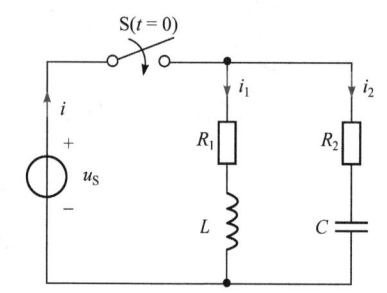

图 5-27 可以按一阶方法求解的 RLC 电路

5.4 阶跃响应和冲激响应

阶跃函数和冲激函数是描述暂态电路中激励源的两种特殊函数，这两种函数都存在不连续点(跃变点)，属于奇异函数(singular function)，它们对研究任意输入作用于电路的响应或系统性能十分有意义。本节就来讨论这两种函数的定义、性质及作用于线性动态电路时所引起的响应。

5.4.1 阶跃响应

1. 阶跃函数

单位阶跃函数(unit step function)用 $\varepsilon(t)$ 来表示，定义为

$$\varepsilon(t) = \begin{cases} 0, & t < 0 \\ 1, & t \geq 0 \end{cases} \tag{5-42}$$

波形如图 5-28(a)所示，在 $t = 0$ 处，$\varepsilon(t)$ 由 0 跃变至 1。

若单位阶跃函数的跃变点不是在 $t = 0$ 处，而是在 $t = t_0$ 处，波形如图 5-28(b)所示，则称它为延迟单位阶跃函数，用 $\varepsilon(t - t_0)$ 表示，即

$$\varepsilon(t - t_0) = \begin{cases} 0, & t < t_0 \\ 1, & t \geq t_0 \end{cases} \tag{5-43}$$

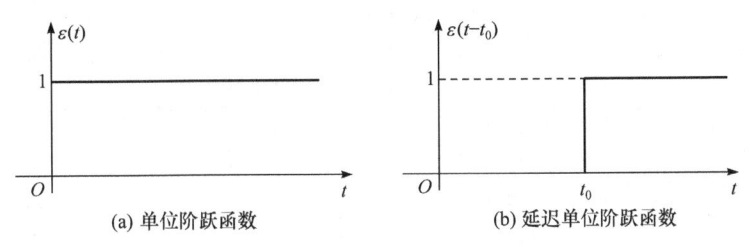

图 5-28 阶跃函数曲线

单位阶跃函数与任一常量 K 的乘积 $K\varepsilon(t)$ 仍是一个阶跃函数，此时阶跃的幅度为 K。

单位阶跃函数与任一函数 $f(t)$ 的乘积将只保留该函数在跃变点以后的值，而使跃变点以前的值变为零，即有

$$f(t)\varepsilon(t) = \begin{cases} 0, & t < 0 \\ f(t), & t \geq 0 \end{cases} \tag{5-44}$$

$$f(t)\varepsilon(t-t_0) = \begin{cases} 0, & t < t_0 \\ f(t), & t \geq t_0 \end{cases} \tag{5-45}$$

因此，单位阶跃函数可以用来"开启"一个任意函数 $f(t)$，这给函数的表示带来了便利。例如，对于线性函数 $f(t) = Kt$（K 为常数），由图 5-29(a)、(b)、(c)、(d)可以清楚地看出 $f(t)$、$f(t)\varepsilon(t)$、$f(t)\varepsilon(t-t_0)$ 及 $f(t-t_0)\varepsilon(t-t_0)$ 的不同。

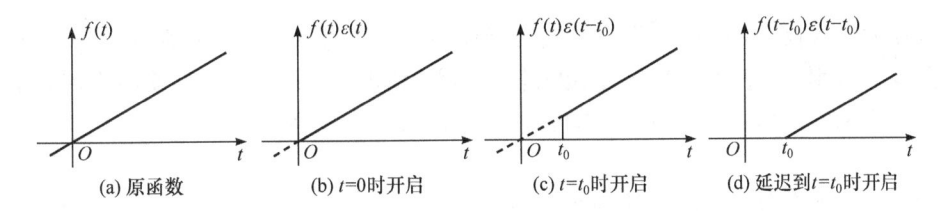

图 5-29 单位阶跃函数的用途示意图

在电路分析中，可以利用单位阶跃函数来表示某些输入波形。例如，图 5-30(a)中 $f(t)$ 矩形脉冲波形可被看作图 5-30(b)中两个单位阶跃函数的波形合成的结果，从而有

$$f(t) = \varepsilon(t-t_1) - \varepsilon(t-t_2) \tag{5-46}$$

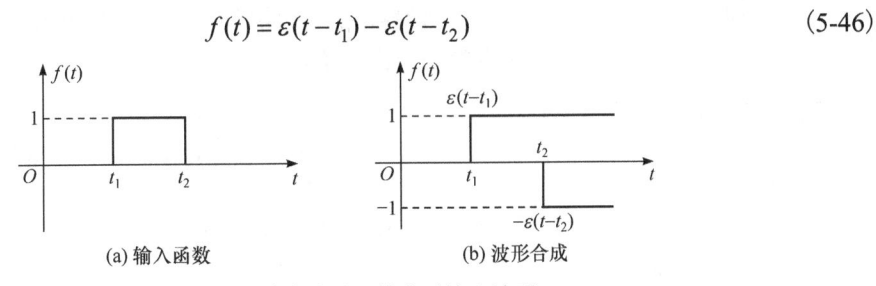

图 5-30 用单位阶跃函数表示输入波形

单位阶跃函数还可以用来"模拟"电路中的开关动作。例如，在图 5-31(a)中，电路的输入电压为 $u_S\varepsilon(t)$，其含义与图 5-31(b)中开关 S 的动作相同，即在 $t<0$ 时，RC 电路被短接，输入为零；在 $t \geq 0^+$ 时，RC 电路被接到电压源 u_S 上。

类似地，在图 5-32(a)中，电路的电流输入为 $i_S\varepsilon(t-t_1)$，其含义与图 5-32(b)中的换路相同，即在 $t<t_1$ 时，RL 电路与电流源没有接通，输入为零；而在 $t \geq t_1^+$ 时，RL 电路才被接到电

流源 i_S 上。

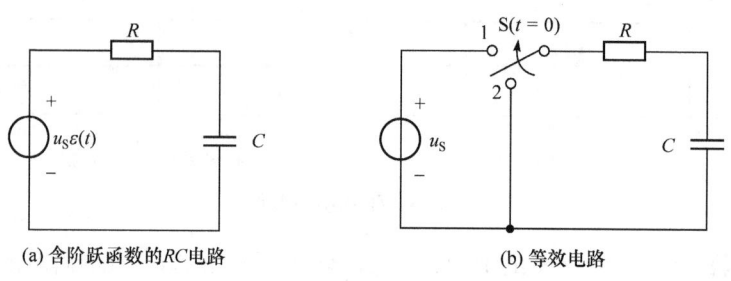

(a) 含阶跃函数的RC电路　　　　　(b) 等效电路

图 5-31　单位阶跃函数等效为开关的作用

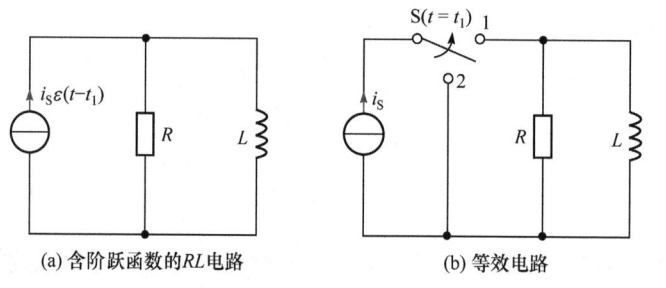

(a) 含阶跃函数的RL电路　　　　　(b) 等效电路

图 5-32　单位阶跃函数等效为开关的作用

2. 阶跃响应

当电路的输入仅为（单位）阶跃电源时，相应的响应称为（单位）阶跃响应（step response）。单位阶跃响应可用 $s(t)$ 表示。需要指出的是，因为电路仅有阶跃输入，换路前输入为零，故知其初始状态必为零。因此，电路的（单位）阶跃响应实际上是在（单位）阶跃输入作用下的零状态响应。

下面给出几道求解阶跃响应的例题。

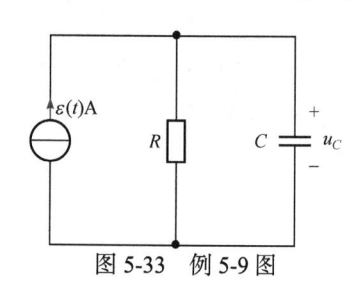

【例 5-9】　电路如图 5-33 所示，求单位阶跃电流源作用于 RC 并联电路时的响应 $u_C(t)$。

解　在 $t<0$ 时，由于输入为零，故 $u_C(0^-)=0$。

$t=0$ 时换路，换路后，相当于 1A 电流源作用于电路，可用三要素法分析如下：

$$u_C(0^+)=u_C(0^-)=0$$
$$u_C(\infty)=R\times 1=R,\quad \tau=RC$$

图 5-33　例 5-9 图

故有
$$u_C(t)=R\left(1-e^{-\frac{t}{RC}}\right),\quad t\geqslant 0 \tag{5-47}$$

考虑到 $t<0$ 时，$u_C=0$，故所求响应也可写为 $u_C(t)=R\left(1-e^{-\frac{t}{RC}}\right)\varepsilon(t)$，而不必再另行标注时间域。

若将输入改为延迟的单位阶跃函数 $\varepsilon(t-t_1)$，则响应也应延迟 t_1，变为

$$u_C(t)=R\left(1-e^{-\frac{t-t_1}{RC}}\right)\varepsilon(t-t_1) \tag{5-48}$$

若将输入改为 $I_S\varepsilon(t)$，则由齐性原理可知，其响应将变为

$$u_C(t)=RI_S\left(1-\mathrm{e}^{-\frac{t}{RC}}\right)\varepsilon(t) \tag{5-49}$$

综上所述，若把某电路对单位阶跃输入 $\varepsilon(t)$ 的响应记作 $s(t)=x(t)\varepsilon(t)$，则该电路对延迟 t_1 时间的单位阶跃输入 $\varepsilon(t-t_1)$ 的响应为 $s(t-t_1)=x(t-t_1)\varepsilon(t-t_1)$，而对输入 $K\varepsilon(t)$ 的响应为 $Ks(t)=Kx(t)\varepsilon(t)$。

【例 5-10】 电路如图 5-34 所示，求单位阶跃电压源作用于 RC 串联电路时的响应 $u_C(t)$。

解 在 $t<0$ 时，输入为零，$u_C(0^-)=0$。换路后，1V 电压源作用于电路，所求响应的三要素分别为

$$u_C(0^+)=u_C(0^-)=0,\quad u_C(\infty)=1\mathrm{V},\quad \tau=RC$$

故有
$$u_C(t)=\left(1-\mathrm{e}^{-\frac{t}{RC}}\right)\varepsilon(t)\,\mathrm{V} \tag{5-50}$$

图 5-34 例 5-10 图

【例 5-11】 在图 5-35(a) 所示的电路中，输入 u_S 的波形如图 5-35(b) 所示，求电容电压 $u_C(t)$。

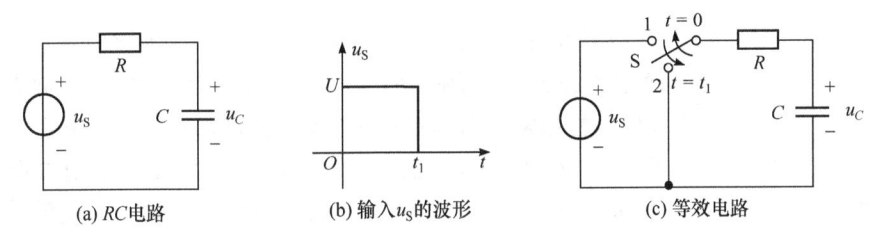

图 5-35 例 5-11 图
(a) RC 电路 (b) 输入 u_S 的波形 (c) 等效电路

解 由例 5-10 可知，所求电容电压的单位阶跃响应（零状态响应）为

$$s(t)=\left(1-\mathrm{e}^{-\frac{t}{RC}}\right)\varepsilon(t)\,\mathrm{V} \tag{5-51}$$

将输入 u_S 用单位阶跃函数表示为
$$u_S=U[\varepsilon(t)-\varepsilon(t-t_1)]=U\varepsilon(t)-U\varepsilon(t-t_1) \tag{5-52}$$

根据线性电路的叠加性质和零状态响应与激励间的线性关系，可由 $s(t)$ 直接写出所求电容电压为

$$u_C(t)=Us(t)-Us(t-t_1)=U\left(1-\mathrm{e}^{-\frac{t}{RC}}\right)\varepsilon(t)-U\left(1-\mathrm{e}^{-\frac{t-t_1}{RC}}\right)\varepsilon(t-t_1) \tag{5-53}$$

该例也可以按二次换路问题求解，如图 5-35(c) 所示，用三要素法分时间段求得结果如下：

$$u_C(t)=\begin{cases} U\left(1-\mathrm{e}^{-\frac{t}{RC}}\right), & 0^+\leqslant t<t_1 \\ U\left(1-\mathrm{e}^{-\frac{t_1}{RC}}\right)\mathrm{e}^{-\frac{t-t_1}{RC}}, & t\geqslant t_1^+ \end{cases} \tag{5-54}$$

以上两种解法所得结果式(5-53)和式(5-54)，表面看起来似乎不一致，但实际上是一致的：因为当 $0^+ \leqslant t < t_1$ 时，式(5-53)中的第二项为零，故与式(5-54)相同；而当 $t \geqslant t_1^+$ 时，由式(5-53)经变换可得式(5-54)，下面为推导过程：

$$u_C(t) = U\left(1 - e^{-\frac{t}{RC}}\right) - U\left(1 - e^{-\frac{t-t_1}{RC}}\right)$$
$$= Ue^{-\frac{t-t_1}{RC}} - Ue^{-\frac{t}{RC}}e^{\frac{t_1}{RC}}e^{-\frac{t_1}{RC}} = U\left(1 - e^{-\frac{t_1}{RC}}\right)e^{-\frac{t-t_1}{RC}} \tag{5-55}$$

5.4.2 冲激响应

1. 冲激函数

先介绍一个矩形脉冲函数(rectangle pulse function) $f_\Delta(t)$，其定义如下：

$$f_\Delta(t) = \begin{cases} 0, & t < 0 \\ \dfrac{1}{\Delta}, & 0 \leqslant t < \Delta \\ 0, & t \geqslant \Delta \end{cases} \tag{5-56}$$

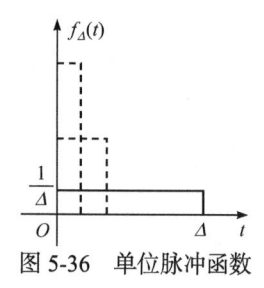

由定义可画出 $f_\Delta(t)$ 的波形如图5-36所示。该波形表示一个宽度为 Δ、高度为 $1/\Delta$ 的矩形脉冲。由于这一脉冲所围的面积（称为脉冲的强度）为1，故又称 $f_\Delta(t)$ 为单位脉冲函数(unit pulse function)。

图 5-36 单位脉冲函数

由图5-36可见，单位脉冲函数脉冲宽度 Δ 越小，脉冲高度 $1/\Delta$ 越大，且脉冲强度始终保持为1。显然，当 $\Delta \to 0$ 时，它变成了一个宽度为零、高度无限而面积为1的特殊脉冲，我们把这一特殊脉冲定义为单位冲激函数(unit impulse function)，记作 $\delta(t)$，即

$$\delta(t) = \lim_{\Delta \to 0} f_\Delta(t) = \begin{cases} 0, & t \neq 0 \\ \infty, & t = 0 \end{cases}, \quad \int_{-\infty}^{\infty} \delta(t) dt = 1 \tag{5-57}$$

在 $t \neq 0$ 时，$\delta(t) = 0$，而当 $t = 0$ 时，$\delta(t) \to \infty$，其图形表示如图5-37(a)所示。箭头旁注明1表示其强度为1。若单位冲激函数不是在 $t = 0$ 时出现，而是在 $t = t_0$ 时出现，则其称为延迟单位冲激函数，记作 $\delta(t - t_0)$，其图形表示如图5-37(b)所示。若冲激函数的强度不是1而是 K，则用 $K\delta(t)$ 表示，其图形表示如图5-37(c)所示。由定义可知，$\delta(t)$ 具有倒时间的量纲，其单位为 s^{-1}。若 $K\delta(t)$ 代表电流，其单位为A，则 K 的单位为库仑(C)；若 $K\delta(t)$ 代表电压，其单位为V，则 K 的单位为韦伯(Wb)。

(a) 单位冲激函数 (b) 延迟单位冲激函数 (c) 冲激函数

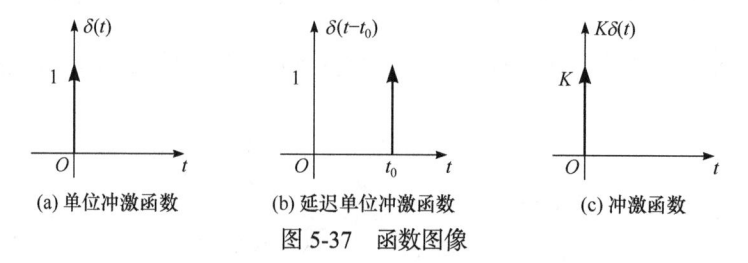

图 5-37 函数图像

因为在 $t \neq 0$ 时，$\delta(t) = 0$，所以对于在 $t = 0$ 处连续的任意函数 $f(t)$，将有

$$f(t)\delta(t) = f(0)\delta(t)$$

于是有
$$\int_{-\infty}^{\infty} f(t)\delta(t)\mathrm{d}t = f(0)\int_{-\infty}^{\infty} \delta(t)\mathrm{d}t = f(0) \tag{5-58}$$

同理，对于在 $t = t_0$ 处连续的任意函数 $f(t)$，有
$$\int_{-\infty}^{\infty} f(t)\delta(t-t_0)\mathrm{d}t = f(t_0)\int_{-\infty}^{\infty} \delta(t-t_0)\mathrm{d}t = f(t_0) \tag{5-59}$$

单位冲激函数把一个函数在某一瞬间的值"筛选"或"抽取"出来的性质称为"筛分"性质或"取样"性质。

由 $\delta(t)$ 的定义式可知：
$$\int_{-\infty}^{t} \delta(\xi)\mathrm{d}\xi = \begin{cases} 0, & t < 0 \\ 1, & t \geqslant 0 \end{cases} \tag{5-60}$$

即
$$\int_{-\infty}^{t} \delta(\xi)\mathrm{d}\xi = \varepsilon(t) \tag{5-61}$$

可见，单位阶跃函数是单位冲激函数的积分。反过来，单位冲激函数则是单位阶跃函数的导数，即
$$\delta(t) = \frac{\mathrm{d}\varepsilon(t)}{\mathrm{d}t} \tag{5-62}$$

严格地讲，在工程实际中，既不存在绝对的冲激，也不存在绝对的阶跃，它们都是被理想化、抽象化的结果。我们可以把一种上升速率极快的波形近似看成阶跃，对这种波形求导将会得到一个宽度极为窄小而高度极大的脉冲，该脉冲便可以近似看成冲激。因此，在实际中，这两种函数及其相互关系是十分有意义的。

2. 冲激响应

当电路的输入仅为（单位）冲激电源时，相应的响应称为（单位）冲激响应（impulse response）。单位冲激响应可用 $h(t)$ 表示。

下面以接有单位冲激电流源的 RC 并联电路（图 5-38）为例，讨论冲激响应问题。

由于冲激函数是一种特殊函数，它的值在 $t \neq 0$ 时处处为零，且有

$$\int_{-\infty}^{\infty} \delta(t)\mathrm{d}t = \int_{0^-}^{0^+} \delta(t)\mathrm{d}t = 1$$

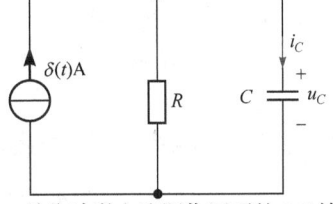

图 5-38 单位冲激电流源作用下的 RC 并联电路

因此冲激电源引起的电路响应由以下三个阶段形成：① $t < 0$ 时，由于 $\delta(t) = 0$，电路相当于零输入，故必有 $u_C(0^-) = 0$；② $t = 0$ 时，也就是在 $t = 0^-$ 至 $t = 0^+$ 区间，$\delta(t) = \infty$，此时电路受到激励，从而使电容在这一瞬间获得了能量，即 $u_C(0^+)$ 的值已不为零，发生了跃变；③ $t > 0$ 时，$\delta(t) = 0$，电路相当于零输入，此时电容电压应为

$$u_C(t) = u_C(0^+)\mathrm{e}^{-\frac{t}{RC}} \tag{5-63}$$

以上分析表明，电路对单位冲激电源（$\delta(t)$ 函数）的零状态响应实际上包含两个过程，即先由 $\delta(t)$ 在 $t = 0$ 的瞬间给电路建立起一个非零的初始状态 $u_C(0^+)$，然后由该初始状态在 $t > 0$

时引起电路的零输入响应。不难发现，这里的关键问题是 $u_C(0^+)$ 的确定。显然，冲激电流源的存在，破坏了 $t=0$ 的瞬间电容电流为有限值的条件，故使 $u_C(0^+)=u_C(0^-)$ 不再成立，即电容电压在 $t=0$ 的瞬间发生跃变。因此，必须另外寻求确定 $u_C(0^+)$ 的方法。

对于图 5-38 所示的电路，由 KCL 容易得到电路方程为

$$C\frac{\mathrm{d}u_C}{\mathrm{d}t}+\frac{u_C}{R}=\delta(t) \tag{5-64}$$

因为 $\delta(t)$ 只在 $t=0^-$ 至 $t=0^+$ 区间不为零，所以对式(5-64)两边由 0^- 到 0^+ 取积分，得

$$\int_{0^-}^{0^+}C\frac{\mathrm{d}u_C}{\mathrm{d}t}\mathrm{d}t+\int_{0^-}^{0^+}\frac{u_C}{R}\mathrm{d}t=\int_{0^-}^{0^+}\delta(t)\mathrm{d}t \tag{5-65}$$

式中，左边第二项只有在 u_C 为冲激函数时才不为零；但如果 u_C 为冲激函数，$\mathrm{d}u_C/\mathrm{d}t$ 将为冲激函数的一阶导数，因此式(5-65)不成立，即式(5-64)不成立，显然这与 KCL 相违背，所以 u_C 为冲激函数是不可能的，只能是有限值，于是该项积分应为零，从而可得

$$C[u_C(0^+)-u_C(0^-)]=1 \tag{5-66}$$

故有

$$u_C(0^+)=\frac{1}{C}+u_C(0^-)=\frac{1}{C} \tag{5-67}$$

这一结果说明，在单位冲激电流源 $\delta(t)$ 的作用下，电容电压在 $t=0$ 的瞬间由 $u_C(0^-)=0$ 跃变为 $u_C(0^+)=1/C$。

我们也可以直接利用电荷守恒定律求得 $u_C(0^+)$，即 $Cu_C(0^+)=1+Cu_C(0^-)$。这里的"1"为冲激电流源的冲激强度，单位为库仑，为电容在 $t=0$ 的瞬间获得的 1 库仑电量，因此同样可以得到式(5-66)。

求得 $u_C(0^+)$ 之后，便可得到电路的单位冲激响应为

$$u_C(t)=\frac{1}{C}\mathrm{e}^{-\frac{t}{RC}}, \quad t\geqslant 0 \tag{5-68}$$

考虑到 $t<0$ 时，$u_C=0$，可以把该单位冲激响应表示为

$$u_C(t)=\frac{1}{C}\mathrm{e}^{-\frac{t}{RC}}\varepsilon(t) \tag{5-69}$$

进一步对式(5-69)求导，可得电容电流为

$$i_C(t)=C\frac{\mathrm{d}u_C}{\mathrm{d}t}=\mathrm{e}^{-\frac{t}{RC}}\delta(t)-\frac{1}{RC}\mathrm{e}^{-\frac{t}{RC}}\varepsilon(t)=\delta(t)-\frac{1}{RC}\mathrm{e}^{-\frac{t}{RC}}\varepsilon(t) \tag{5-70}$$

图 5-39 表示出了 $u_C(t)$ 和 $i_C(t)$ 随时间变化的曲线。其中，电容电流 i_C 在 $t=0$ 时为一单位冲激电流，正是该电流使电容在瞬间获得了 1 库仑的电量，才导致电容电压 u_C 在此瞬间由零跃变至 $1/C$。当 $t>0$ 时，由于冲激电流源的电流 $\delta(t)=0$，电源支路相当于开路，电容通过电阻放电，故 i_C 为负值；电容电压 u_C 则由 $1/C$ 逐渐衰减，最终趋向于零。

现在，让我们仔细考察 RC 并联电路分别接于单位冲激电流源和单位阶跃电流源两种情况下的响应 $u_C(t)$。其中，$s(t)$ 表示单位阶跃响应，$h(t)$ 表示单位冲激响应，即

$$s(t)=R\left(1-\mathrm{e}^{-\frac{t}{RC}}\right)\varepsilon(t)$$

(a) 电压曲线 (b) 电流曲线

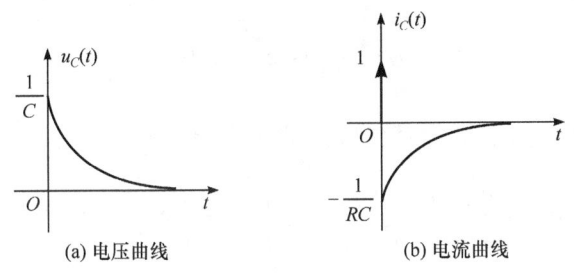

图 5-39 $u_C(t)$ 和 $i_C(t)$ 随时间变化的曲线

$$h(t) = \frac{1}{C} e^{-\frac{t}{RC}} \varepsilon(t)$$

于是有

$$\frac{\mathrm{d}s(t)}{\mathrm{d}t} = \frac{1}{C} e^{-\frac{t}{RC}} \varepsilon(t) + R\left(1 - e^{-\frac{t}{RC}}\right)\delta(t) = \frac{1}{C} e^{-\frac{t}{RC}} \varepsilon(t)$$

即

$$h(t) = \frac{\mathrm{d}s(t)}{\mathrm{d}t} \tag{5-71}$$

这一结果告诉我们：一个电路的单位冲激响应等于其单位阶跃响应关于时间的导数。反过来，一个电路的单位阶跃响应等于其单位冲激响应关于时间的积分，即

$$s(t) = \int_{-\infty}^{t} h(\xi)\mathrm{d}\xi \tag{5-72}$$

上述关系虽然由一个具体的问题得出，但对线性电路而言却具有普遍意义。上述关系成立的原因是电路中的单位阶跃电源 $\varepsilon(t)$ 和单位冲激电源 $\delta(t)$ 之间存在着积分关系或导数关系。本书不对式(5-71)和式(5-72)描述的关系的普遍性进行证明，感兴趣的读者可通过查阅线性常系数微分方程的性质获得解答。

上述关系表明，当求取某一电路的单位冲激响应时，可以先用同一类型的单位阶跃电源替换电路中的单位冲激电源，然后求取单位阶跃响应，最后再通过对单位阶跃响应求时间导数的方法求出电路的单位冲激响应。

需要指出，上述求解中用单位阶跃电源替换单位冲激电源的做法，相当于对激励源做了一次关于时间的积分运算，因此需要在单位阶跃电源的原有单位上添加一个新单位 s(秒)，这样才能使由求导方法获得的单位冲激响应达到物理量纲上的吻合。

【例 5-12】 电路如图 5-40(a)所示，求 RL 串联接于单位冲激电压源时的响应 $i_L(t)$。

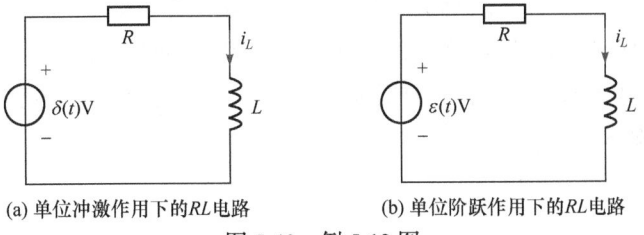

(a) 单位冲激作用下的RL电路 (b) 单位阶跃作用下的RL电路

图 5-40 例 5-12 图

解 为避免在 $t=0$ 时建立微分方程，先把单位冲激电源 $\delta(t)$ 换成单位阶跃电源 $\varepsilon(t)$，如图 5-40(b)所示，求 i_L 的单位阶跃响应。由于

$$i_L(0^+) = i_L(0^-) = 0, \quad i_L(\infty) = \frac{1}{R}, \quad \tau = \frac{L}{R}$$

故得 i_L 的单位阶跃响应为
$$s(t) = \frac{1}{R}\left(1 - e^{-\frac{R}{L}t}\right)\varepsilon(t)$$

再对 $s(t)$ 求导，便可求出单位冲激响应，即所要求的电感电流为
$$i_L(t) = h(t) = \frac{di_L(t)}{dt} = \frac{1}{R}\left(1 - e^{-\frac{R}{L}t}\right)\delta(t) + \frac{1}{L}e^{-\frac{R}{L}t}\varepsilon(t) = \frac{1}{L}e^{-\frac{R}{L}t}\varepsilon(t)$$

5.5 二阶电路的暂态响应

用二阶微分方程描述的动态电路，称为二阶电路。RLC 串联电路和 GCL 并联电路以及 RCC、RLL 电路都是典型的二阶电路。本节通过对 RLC 串联电路和 GCL 并联电路来研究二阶电路的暂态响应。

5.5.1 二阶电路的零输入响应

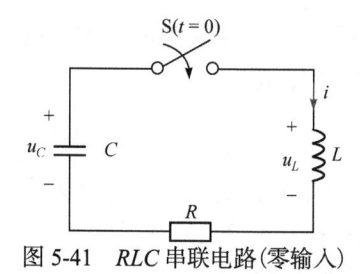

电路如图 5-41 所示，在 $t=0$ 时，开关 S 闭合，在 S 闭合之前，电容已经充电，设其电压为 U_0，即 $u_C(0^-) = U_0$，而电流 $i(0^-) = 0$。在 $t \geq 0$ 时，由 KVL 有
$$u_C = L\frac{di}{dt} + Ri$$

图 5-41 RLC 串联电路(零输入)

将 $i = -C\dfrac{du_C}{dt}$ 代入，经整理可得

$$LC\frac{d^2 u_C}{dt^2} + RC\frac{du_C}{dt} + u_C = 0 \tag{5-73}$$

这是一个常系数二阶线性齐次微分方程，其特征方程为
$$LCp^2 + RCp + 1 = 0$$

由此可求得其特征根为
$$p_1 = -\frac{R}{2L} + \sqrt{\left(\frac{R}{2L}\right)^2 - \frac{1}{LC}}, \quad p_2 = -\frac{R}{2L} - \sqrt{\left(\frac{R}{2L}\right)^2 - \frac{1}{LC}}$$

微分方程(5-73)的解为何种形式要根据特征根 p_1 和 p_2 的具体情况。特征根是由电路参数 R、L、C 决定的，具体情况有三种，现分别讨论如下。讨论中，各种情况下方程解的形式直接引用数学分析的结果。

1. $R > 2\sqrt{\dfrac{L}{C}}$

在这种情况下，特征根 p_1 和 p_2 为两个不等的负实数。方程(5-73)的解为
$$u_C(t) = Ae^{p_1 t} + Be^{p_2 t} \tag{5-74}$$

式中，A 和 B 为两个待定的积分常数，可由初始条件确定：

$$\begin{cases} u_C(0^+) = u_C(0^-) = U_0 \\ \left.\dfrac{\mathrm{d}u_C}{\mathrm{d}t}\right|_{t=0^+} = -\dfrac{i(0^+)}{C} = -\dfrac{i(0^-)}{C} = 0 \end{cases} \tag{5-75}$$

即将该初始条件代入式(5-75)中，得到 $A + B = U_0$，$Ap_1 + Bp_2 = 0$，由此求得

$$A = \frac{p_2}{p_2 - p_1}U_0, \quad B = -\frac{p_1}{p_2 - p_1}U_0$$

于是得

$$u_C(t) = \frac{U_0}{p_2 - p_1}(p_2 \mathrm{e}^{p_1 t} - p_1 \mathrm{e}^{p_2 t})$$

进一步可求得

$$i(t) = -C\frac{\mathrm{d}u_C}{\mathrm{d}t} = -\frac{U_0}{L(p_2 - p_1)}(\mathrm{e}^{p_1 t} - \mathrm{e}^{p_2 t})$$

$$u_L(t) = L\frac{\mathrm{d}i}{\mathrm{d}t} = -\frac{U_0}{p_2 - p_1}(p_1 \mathrm{e}^{p_1 t} - p_2 \mathrm{e}^{p_2 t})$$

注意，在求电流 $i(t)$ 时利用了关系 $p_1 p_2 = 1/(LC)$。

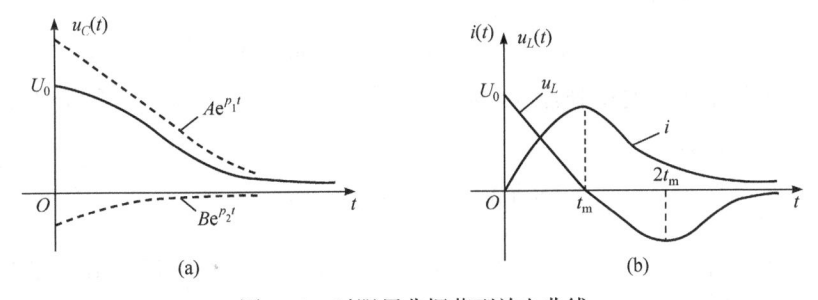

将以上各响应的变化曲线表示于图 5-42 中。其中，u_C 由两个单调衰减的指数函数构成。因为 p_1 和 p_2 均为负值，且 $|p_1| < |p_2|$，所以构成 u_C 的两项中，前一项为正且绝对值较大，但衰减较慢；后一项为负且绝对值较小，但衰减较快。两项合成的结果为一条正值的、随时间单调衰减的曲线，即 u_C 由初值 U_0 开始单调衰减，最终趋向于零。这说明电容一直处于放电状态，直至放电结束，放电过程为非振荡型。在放电过程中，放电电流 i 始终为正，且在放电一开始即 $t = 0$ 时，$i = 0$；随着时间的推移，放电电流 i 逐渐增大，到 $t = t_\mathrm{m}$ 时达最大值；之后转而减小，到 $t \to \infty$ 时，$i = 0$，放电结束。因 $i(0^+) = 0$，故 $u_L(0^+) = u_C(0^+) = U_0$，即电感电压 u_L 的初值也为 U_0。随着时间的推移，在 $0 < t < t_\mathrm{m}$ 期间，因为电流 i 逐渐增加，即 $\mathrm{d}i/\mathrm{d}t > 0$，故 u_L 为正值且随着电流增加速度的减慢，u_L 逐渐减小；当 $t = t_\mathrm{m}$ 时，因 $\mathrm{d}i/\mathrm{d}t = 0$，故 $u_L = 0$；当 $t > t_\mathrm{m}$ 时，因为电流 i 转而逐渐减小即 $\mathrm{d}i/\mathrm{d}t < 0$，故 u_L 为负值；当 $t = 2t_\mathrm{m}$ 时，u_L 达负的最大值，而后逐渐衰减，最终趋向于零。

图 5-42 过阻尼非振荡型放电曲线

放电过程中，电流 i 的最大值发生在 t_m 时刻，也就是 u_L 为零的时刻。由 u_L 的表达式可以求出 t_m 的值，具体过程如下。

由 $u_L(t_\mathrm{m}) = 0$，得 $p_1 \mathrm{e}^{p_1 t_\mathrm{m}} = p_2 \mathrm{e}^{p_2 t_\mathrm{m}}$，即 $\dfrac{p_2}{p_1} = \dfrac{\mathrm{e}^{p_1 t_\mathrm{m}}}{\mathrm{e}^{p_2 t_\mathrm{m}}} = \mathrm{e}^{(p_1 - p_2)t_\mathrm{m}}$，于是得 $t_\mathrm{m} = \dfrac{1}{p_1 - p_2}\ln\dfrac{p_2}{p_1}$。

电感电压最小值(即负的最大值)的发生时刻可由 $\dfrac{\mathrm{d}u_L}{\mathrm{d}t} = 0$ 求得，具体过程如下。

由 $\dfrac{\mathrm{d}u_L}{\mathrm{d}t}=0$,得 $p_1^2\mathrm{e}^{p_1t}=p_2^2\mathrm{e}^{p_2t}$,即 $\left(\dfrac{p_2}{p_1}\right)^2=\dfrac{\mathrm{e}^{p_1t}}{\mathrm{e}^{p_2t}}=\mathrm{e}^{(p_1-p_2)t}$,由此便可求得电感电压最小值的发生时刻为

$$t=\dfrac{2}{p_1-p_2}\ln\dfrac{p_2}{p_1}=2t_m$$

在整个放电过程中,电路中电磁能量的转换情况如下:在 $0<t<t_m$ 期间,随着电容电压 u_C 的减小和电流 i 的增大,电容储存的电场能量不断放出,其中一部分转换为磁场能储存于电感之中,另一部分则被电阻吸收消耗掉;在 $t>t_m$ 之后,电容电压 u_C 继续减小,与此同时,电流也转而减小,即电容继续放出其尚存的电场能量,同时电感也把刚储存的磁场能量放出,两部分能量均被电阻吸收并消耗掉。两个阶段的能量转换关系如图 5-43 所示。

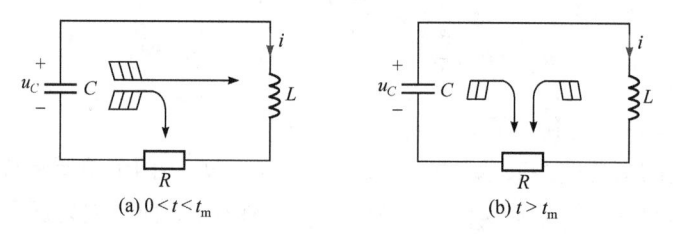

(a) $0<t<t_m$ (b) $t>t_m$

图 5-43 过阻尼非振荡放电能流图

2. $R<2\sqrt{\dfrac{L}{C}}$

在这种情况下,特征根 p_1 和 p_2 为一对实部为负的共轭复数,若记:

$$\delta=\dfrac{R}{2L},\ \omega_0=\dfrac{1}{\sqrt{LC}},\ \omega=\sqrt{\dfrac{1}{LC}-\left(\dfrac{R}{2L}\right)^2}=\sqrt{\omega_0^2-\delta^2}$$

则
$$p_1=-\delta+\mathrm{j}\omega,\ p_2=-\delta-\mathrm{j}\omega$$

因此,方程(5-73)的解为

$$u_C(t)=\mathrm{e}^{-\delta t}(A_1\cos\omega t+A_2\sin\omega t)$$

式中,A_1 和 A_2 为两个待定的积分常数。若令 $A_1=A\cos\theta$,$A_2=A\sin\theta$,则上式中括号内的两项可合并为一项,写成:

$$u_C(t)=A\mathrm{e}^{-\delta t}\cos(\omega t-\theta) \tag{5-76}$$

方程(5-73)在 $R<2\sqrt{\dfrac{L}{C}}$ 时的解采用式(5-76)的形式,式(5-76)中的 A 和 θ 即为两个待定的积分常数。将初始条件式(5-75)代入式(5-76),可得

$$A\cos\theta=U_0,\ \delta\cos\theta-\omega\sin\theta=0$$

由此求得 $\theta=\arctan\dfrac{\delta}{\omega}$,$A=\dfrac{\omega_0}{\omega}U_0$

式中,δ、ω、ω_0 及 θ 之间的关系如图 5-44 中的直角三角形所示。

图 5-44 δ、ω、ω_0 及 θ 之间的关系

将以上确定的积分常数代回式(5-76)中，可得

$$u_C(t) = \frac{\omega_0}{\omega} U_0 e^{-\delta t} \cos(\omega t - \theta)$$

则

$$i(t) = -C\frac{du_C}{dt} = \frac{U_0}{\omega L} e^{-\delta t} \cos\left(\omega t - \frac{\pi}{2}\right)$$

$$u_L(t) = L\frac{di}{dt} = \frac{\omega_0}{\omega} U_0 e^{-\delta t} \cos(\omega t + \theta)$$

在推导运算过程中用到了 δ、ω、ω_0 及 θ 之间的直角三角形关系和 $\omega_0^2 = 1/(LC)$。

从以上各响应的表达式可以看出，各电压和电流均为幅值按指数规律衰减的余弦函数，它们都是按同一频率正负交替变动的，即放电过程为振荡型，这种现象称为自由振荡(free oscillation)。各响应振荡的快慢取决于 ω 的大小；ω 是由电路参数 R、L、C 决定的，称为阻尼振荡角频率。各响应衰减的快慢则取决于 δ 的大小，故称 δ 为衰减系数(attenuation coefficient)；δ 也是由电路参数决定的，由 $\delta = \frac{R}{2L}$ 可知，R 越大，响应衰减越快。

图 5-45 表示出了电容电压 $u_C(t)$ 和电流 $i(t)$ 的变化曲线。其中，u_C 的零值点出现在 $\omega t = \frac{\pi}{2} + \theta, \frac{3\pi}{2} + \theta, \cdots$ 处；而 u_C 的极值点也即 i 的零值点出现在 $t = 0, \pi, 2\pi, \cdots$ 处；i 的极值点则出现在 $\omega t = \frac{\pi}{2} - \theta, \frac{3\pi}{2} - \theta, \cdots$ 处。从图 5-45 中可以清楚地看出，各响应均为衰减的正弦振荡曲线。随着时间的推移，振荡放电逐渐减弱，最终停止(衰减到零)。

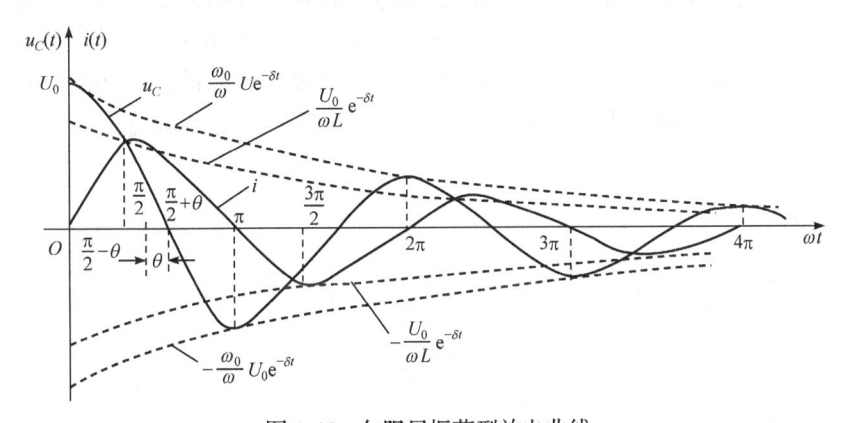

图 5-45 欠阻尼振荡型放电曲线

在放电过程中，电路中电磁能量的转换情况可结合图 5-45 的曲线分时间段来说明。在 $0 < t < \pi/\omega$ 这半个周期中，能量的转换情况又可分为三个阶段(图 5-46)，具体如下：在 $0 < t < (\pi/2 - \theta)/\omega$ 期间，随着 u_C 的减小和电流 i 的增大，电容储存的电场能在不断释放，其中的一部分被电感吸收并储存起来，另一部分则被电阻吸收并消耗掉；到 $t = (\pi/2 - \theta)/\omega$ 时，电流 i 达到最大值，因而此时的电感储存的磁场能也达到最大。在 $(\pi/2 - \theta)/\omega < t < (\pi/2 + \theta)/\omega$ 期间，电容电压继续减小，电流也转而减小，即电容仍在释放能量，电感也将刚储存的能量放出，这些能量均由电阻吸收并消耗掉；到 $t = (\pi/2 + \theta)/\omega$ 时，电容电压 $u_C = 0$，此时电容储存的能量已全部放出，但电流 $i \neq 0$，即电感储存的能量尚未放完。在 $(\pi/2 + \theta)/\omega < t < \pi/\omega$ 期间，电流继续减小，同时电容电压反方向增大，说明在此期间，电感在继续释放能量，其中

一部分被电容吸收并储存起来(电容被反方向充电)，另一部分仍被电阻吸收并消耗掉；到 $t=\pi/\omega$ 时，电流 $i=0$，即电感储存的能量已全部放出，但电容电压 $u_C\neq 0$ 且达负的最大值，电容又重新积蓄了能量。当然此时电容的储能比其最初的储能要少，因为电阻始终在消耗能量。在接下去的半个周期，即在 $\pi/\omega < t < 2\pi/\omega$ 期间，电磁能量的转换情况与前半周期相同，只不过是在反方向下进行的，然后重复前面的过程，如此周而复始，形成振荡放电的全部物理过程。整个过程中，因为电阻一直在不断地消耗能量，故电路中的能量越来越少，直至全部耗尽。

(a) $0<t<\dfrac{\dfrac{\pi}{2}-\theta}{\omega}$ (b) $\dfrac{\dfrac{\pi}{2}-\theta}{\omega}<t<\dfrac{\dfrac{\pi}{2}+\theta}{\omega}$ (c) $\dfrac{\dfrac{\pi}{2}+\theta}{\omega}<t<\dfrac{\pi}{\omega}$

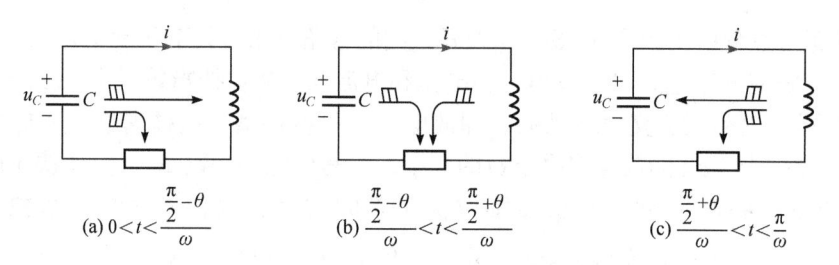

图 5-46 欠阻尼振荡型放电能流图

若电路中的电阻 $R=0$，则 $\delta=0$，且 $\omega=\omega_0=1/\sqrt{LC}$，$\theta=\arctan\delta/\omega=0$，此时电路中的各响应分别为

$$u_C(t)=U_0\cos\omega_0 t,\quad i(t)=\frac{U_0}{\omega_0 L}\cos\left(\omega_0 t-\frac{\pi}{2}\right),\quad u_L(t)=U_0\cos\omega_0 t=u_C(t)$$

即各响应均为正弦量，它们的振幅并不衰减，放电过程将为等幅的正弦振荡过程。因为没有能量损耗，能量将在 L 和 C 之间永无休止地相互转换下去。然而在实际中，电感线圈总是有损耗的，要想维持等幅正弦振荡，必须不断地向电路提供新的能量，以补偿线圈(电阻)损耗的能量。晶体管 LC 振荡器就能自动补偿能量的损耗而产生等幅正弦振荡。

3. $R=2\sqrt{\dfrac{L}{C}}$

在这种情况下，特征根 p_1 和 p_2 为两个相等的负实数，即

$$p_1=p_2=-\frac{R}{2L}=-\delta$$

方程(5-73)的解为

$$u_C(t)=(A+Bt)\mathrm{e}^{-\delta t} \tag{5-77}$$

式中，A 和 B 为两个待定的积分常数。将初始条件式(5-75)代入，可得

$$A=U_0,\quad B-A\delta=0$$

则

$$u_C(t)=U_0(1+\delta t)\mathrm{e}^{-\delta t}$$

进一步可求得

$$i(t)=-C\frac{\mathrm{d}u_C}{\mathrm{d}t}=\frac{U_0}{L}t\mathrm{e}^{-\delta t}$$

$$u_L(t)=L\frac{\mathrm{d}i}{\mathrm{d}t}=U_0(1-\delta t)\mathrm{e}^{-\delta t}$$

注意，上面在推导电流表达式的过程中用到了 $\delta^2=\omega_0^2=1/(LC)$。

从以上各响应的表达式可以看出，此时放电过程属于非振荡型。各响应随时间的变化规律与第一种情形类似，这里不再画出。

通过以上三种情形的讨论，我们已经看到，$R=2\sqrt{L/C}$ 正好是 RLC 串联电路中各响应属于非振荡型还是振荡型的分界点，故称该阻值为临界电阻。当 $R \geq 2\sqrt{L/C}$ 时，响应为非振荡型；当 $R < 2\sqrt{L/C}$ 时，响应为振荡型。习惯上又称 $R > 2\sqrt{L/C}$ 为过阻尼，$R = 2\sqrt{L/C}$ 为临界阻尼，$R < 2\sqrt{L/C}$ 为欠阻尼，$R = 0$ 为无阻尼。实际工作中可根据具体需要，通过改变电路参数之间的关系，来选择合适的工作情形。例如，当我们需要振荡时，就把电路参数调整到欠阻尼条件下；当我们不希望发生振荡现象时，就把电路参数调整到过阻尼条件下。

最后还应指出，本节关于 RLC 串联电路零输入响应的结果，只是在 $u_C(0^+) = U_0$ 和 $i(0^+) = 0$ 的特定初始条件下得出的。尽管电路响应的形式与电路的初始条件无关，但积分常数的确定与初始条件有关。因此，当电路的初始条件与本节讨论的假定不同时，其结果也必然与本节所得结果不同，决不可不看前提随意引用。

【**例 5-13**】 在图 5-47 所示的电路中，已知 $u_S=20\text{V}$，$R=r=10\Omega$，$L=2\text{mH}$，$C=10\mu\text{F}$，换路前电路是稳定的。求换路后的电容电压 $u_C(t)$。

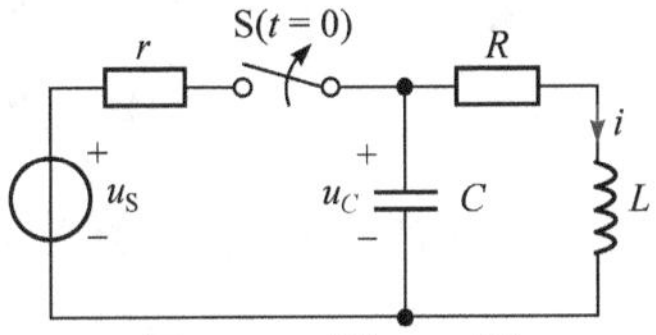

解 换路前，因电路稳定，电容相当于开路，电感相当于短路，故有

图 5-47 例 5-13 图

$$i(0^-) = \frac{u_S}{r+R} = \frac{20}{10+10} = 1(\text{A}), \quad u_C(0^-) = Ri(0^-) = 10\text{V}$$

换路后，在所形成的 RLC 串联电路中，因 $2\sqrt{\dfrac{L}{C}} = 2\sqrt{\dfrac{2\times 10^{-3}}{10\times 10^{-6}}} \approx 28.3(\Omega)$，即有 $R < 2\sqrt{\dfrac{L}{C}}$，故响应为振荡型，且

$$\delta = \frac{R}{2L} = \frac{10}{2\times 2\times 10^{-3}} = 2500(\text{s}^{-1}), \quad \omega = \sqrt{\frac{1}{LC} - \left(\frac{R}{2L}\right)^2} = \sqrt{\frac{1}{2\times 10^{-3}\times 10^{-5}} - 2500^2} \approx 6614(\text{rad/s})$$

所以有
$$u_C(t) = A\text{e}^{-\delta t}\cos(\omega t - \theta) = A\text{e}^{-2500t}\cos(6614t - \theta)$$

将初始条件为：$u_C(0^+) = u_C(0^-) = 10\text{ V}$，$\left.\dfrac{du_C}{dt}\right|_{t=0^+} = -\dfrac{i(0^+)}{C} = -\dfrac{i(0^-)}{C} = -10^5\text{A/s}$。代入上式得

$$A\cos\theta = 10, \quad 2500A\cos\theta - 6614A\sin\theta = 10^5$$

解得
$$\theta = -48.6°, \quad A = 15.12$$

于是，所求响应为 $u_C(t) = 15.12\text{e}^{-2500t}\cos(6614t + 48.6°)\text{ V}, \quad t \geq 0$。

5.5.2 二阶电路的零状态响应

二阶电路中动态元件的初始储能为零（即电容两端的电压和通过电感的电流都为零），仅由外施激励引起的响应称为二阶电路的零状态响应。

1. RLC 串联电路的零状态响应

图 5-48 所示为 RLC 串联电路，开关 S 在 $t = 0$ 时闭合，闭合之前动态元件的初始储能为零，

即 $u_C(0^+) = u_C(0^-) = 0$，$i(0^+) = i(0^-) = 0$。

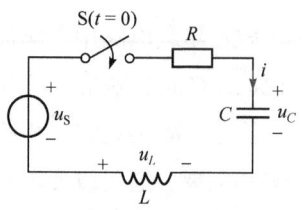

在 $t \geq 0$ 时，根据 KVL 和元件的电压电流关系，得到以电容电压为变量的微分方程：

$$LC\frac{d^2 u_C}{dt^2} + RC\frac{du_C}{dt} + u_C = u_S \qquad (5-78)$$

这是一个常系数的二阶线性非齐次微分方程，其解为

$$u_C = u_C' + u_C''$$

图 5-48 RLC 串联电路（零状态响应）

式中，u_C' 为特解，$u_C' = u_S$；u_C'' 为通解，是对应齐次微分方程的解，u_C'' 的解法与二阶电路的零输入响应一致。式(5-78)方程的解的形式为

$$\begin{cases} u_C = u_S + A_1 e^{p_1 t} + A_2 e^{p_2 t}, & p_1 \neq p_2 \\ u_C = u_S + A_1 e^{-\delta t} + A_2 t e^{-\delta t}, & p_1 = p_2 = -\delta \\ u_C = u_S + A e^{-\delta t} \cos(\omega t - \theta), & p_{1,2} = -\delta \pm j\omega \end{cases}$$

由初值 $u_C(0^+) = 0$ 和 $\left.\dfrac{du_C}{dt}\right|_{t=0^+} = 0$ 确定常数。

2. GLC 并联电路的零状态响应

图 5-49 所示为 GCL 并联电路，$u_C(0^-) = 0$，$i_L(0^-) = 0$。在 $t = 0$ 时，开关 S 闭合。根据 KVL，有

$$i_G + i_C + i_L = i_S$$

以 i_L 为待求变量，可得

$$LC\frac{d^2 i_L}{dt^2} + GL\frac{di_L}{dt} + i_L = i_S \qquad (5-79)$$

这是二阶线性非齐次微分方程，它的解由特解

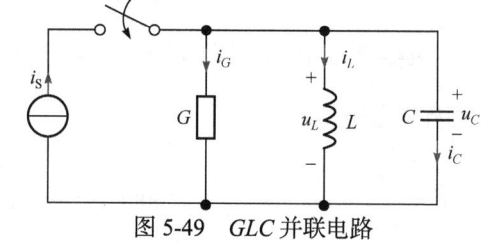

图 5-49 GLC 并联电路

和对应的齐次微分方程的通解组成。若 i_S 为直流激励或正弦激励，则取稳态解 i_L' 为特解，而通解 i_L'' 与零输入响应形式相同，再根据初始条件确定积分常数，从而得到全解。

【例 5-14】 在图 5-49 所示的电路中，$u_C(0^-) = 0$，$i_L(0^-) = 0$，$G = 2 \times 10^{-3}$ S，$C = 1\mu$F，$L = 1$H，$i_S = 1$A，当 $t = 0$ 时，开关 S 断开。求响应 i_L、u_C 和 i_C。

解 列出开关 S 断开后的电路微分方程为式(5-79)，特征方程为

$$LCp^2 + GLp + 1 = 0 \qquad (5-80)$$

代入数据后得特征根为 $p_1 = p_2 = -\delta = -10^3$。由于特征根是两个相等的实数根，为临界阻尼状态，其解为

$$i_L = i_L' + i_L''$$

式中，i_L' 为特解，$i_L' = 1$A；i_L'' 为对应齐次方程的解，$i_L'' = A_1 e^{-\delta t} + A_2 t e^{-\delta t}$，因此通解为

$$i_L = 1 + A_1 e^{-\delta t} + A_2 t e^{-\delta t}$$

$t = 0^+$ 时的初始值为

$$\begin{cases} i_L(0^+) = i_L(0^-) = 0 \\ \left.\dfrac{\mathrm{d}i_L}{\mathrm{d}t}\right|_{t=0^+} = \dfrac{u_L(0^+)}{L} = \dfrac{u_C(0^+)}{L} = \dfrac{u_C(0^-)}{L} = 0 \end{cases}$$

代入初始条件可得 $\qquad A_1 = -1, \quad A_2 = -10^3$

则零状态响应为 $\qquad i_L = 1 - (1+10^3 t)\mathrm{e}^{-10^3 t}$ A, $t \geqslant 0$

$$u_C = u_L = L\dfrac{\mathrm{d}i_L}{\mathrm{d}t} = 10^6 t\,\mathrm{e}^{-10^3 t}\ \text{V}, \quad t \geqslant 0$$

$$i_C = C\dfrac{\mathrm{d}u_C}{\mathrm{d}t} = (1-10^3 t)\mathrm{e}^{-10^3 t}\ \text{A}, \quad t \geqslant 0$$

过渡过程是临界阻尼情况，属于非振荡性质。

5.5.3 二阶电路的全响应

若二阶电路具有初始储能，又接入外施激励，则电路的响应称为二阶电路的全响应。全响应是零状态响应和零输入响应的叠加，可以通过把零状态方程的解代入非零的初始条件求得全响应。

【例 5-15】 在图 5-50 所示的电路中，开关 S 在 $t=0$ 时闭合，已知 $u_C(0^-)=0$，$i_L(0^-)=2\text{A}$，$R=50\Omega$，$C=100\mu\text{F}$，$L=0.5\text{H}$，$u_\text{S}=50\text{V}$。求开关闭合后电感中的电流 $i_L(t)$。

解 从已知条件可以看出，在 $t=0$ 开关闭合前有 $i_L(0^-)=2\text{A}$，开关闭合后又引入电压源，所以开关闭合后的响应为全响应。

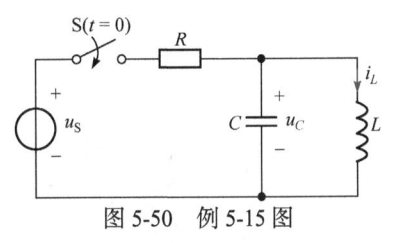

图 5-50 例 5-15 图

根据 KVL，列出方程为 $\qquad RLC\dfrac{\mathrm{d}^2 i_L}{\mathrm{d}t^2} + L\dfrac{\mathrm{d}i_L}{\mathrm{d}t} + Ri_L = u_\text{S}$

代入已知参数得 $\qquad \dfrac{\mathrm{d}^2 i_L}{\mathrm{d}t^2} + 200\dfrac{\mathrm{d}i_L}{\mathrm{d}t} + 20000 i_L = 20000$

设全响应 $i_L = i_L' + i_L''$，特解 $i_L' = u_\text{S}/R = 50/50 = 1\text{A}$。下面求通解 i_L''。

二阶微分方程的特征方程为 $p^2 + 200p + 20000 = 0$，特征根为 $p_{1,2} = 100 \pm \mathrm{j}100$，是共轭复根，则

$$i_L'' = A\mathrm{e}^{-100t}\cos(100t - \theta)$$

则全响应为 $\qquad i_L(t) = 1 + A\mathrm{e}^{-100t}\cos(100t - \theta)$

已知初始条件：$\begin{cases} i_L(0^+) = i_L(0^-) = 2\text{A} \\ \left.\dfrac{\mathrm{d}i_L}{\mathrm{d}t}\right|_{t=0^+} = \dfrac{u_C(0^+)}{L} = \dfrac{u_C(0^-)}{L} = 0 \end{cases}$

所以有 $\qquad 1 + A\cos\theta = 2, \quad -100A\cos\theta + 100A\sin\theta = 0$

解得 $A = \sqrt{2}$，$\theta = 45°$。

全响应为 $\qquad i_L(t) = 1 + \sqrt{2}\mathrm{e}^{-100t}\cos(100t - 45°)\ \text{A}, \quad t \geqslant 0$

5.6 暂态电路的应用

5.6.1 微分电路与积分电路

当矩形脉冲作用于 RC 电路时，根据电路的时间常数及响应情况的不同，可以得到两种重要的应用电路——微分电路和积分电路。

1. 微分电路

在图 5-51(a) 所示的 RC 电路中，输入信号 u_i 是占空比为 50% 的矩形脉冲序列，输出电压 u_o 取自电阻 R 两端。当电路的时间常数 $\tau = RC \ll t_w$ (t_w 为脉冲宽度) 时，电路的暂态过程如图 5-51(b) 所示。

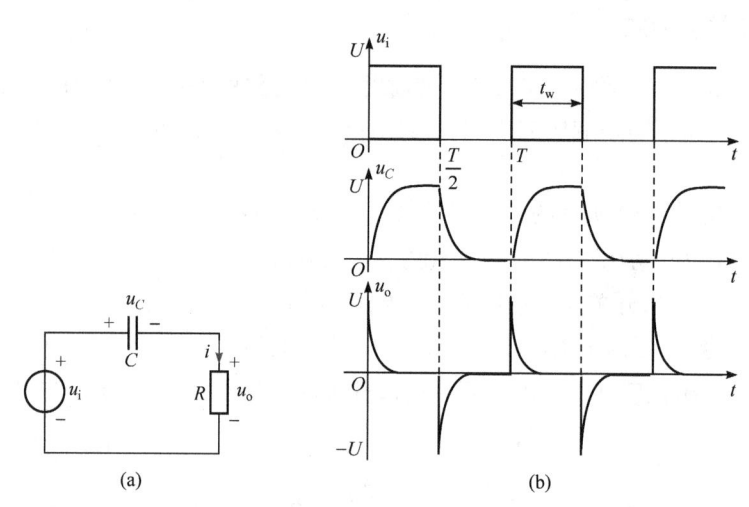

图 5-51 微分电路及波形图

当 $0 \leqslant t < \dfrac{T}{2}$ 时，设初始电容电压为零，所以图 5-51(a) 中电路处于零状态响应过程，信号源以恒压 U 为电容充电。因为 $\tau \ll t_w$，所以 u_C 很快从零达到稳态值 U，而 u_o 很快由 $u_o^+ = U$ 衰减到 $u_o = 0$，这样在电阻两端就输出一个正尖脉冲。

当 $\dfrac{T}{2} \leqslant t < T$ 时，因为 $u_i = 0$，所以图 5-51(a) 中电路处于零输入响应过程，电容经电阻 R 放电，且放电速度很快，其电压 u_C 很快由 U 降到零，而 u_o 很快由 $u_o\left(\dfrac{T^+}{2}\right) = -U$ 衰减到 $u_o = 0$，在电阻两端就输出一个负尖脉冲，如图 5-51(b) 所示。

由图 5-51(b) 可以看出，当 $\tau = RC \ll t_w$ 时，$u_C \approx u_i$，而

$$u_o = iR = RC\dfrac{du_C}{dt}$$

所以有

$$u_o \approx RC\dfrac{du_i}{dt} \tag{5-81}$$

式 (5-81) 表明：输出电压 u_o 近似与输入电压 u_i 的微分成正比，故称此电路为微分电路。

从图 5-51(b)也可以看出，输出的尖脉冲反映了输入矩形脉冲的变化情况，是对矩形脉冲微分的结果。微分电路输出的尖脉冲常被用于脉冲数字电路中作为触发信号。

2. 积分电路

在图 5-52(a)所示的 RC 电路中，输入信号仍是占空比为 50%的矩形脉冲序列，但与微分电路不同的是：输出电压 u_o 取自电容 C 两端。当电路的时间常数 $\tau = RC \gg t_w$ 时，电路的暂态过程如图 5-52(b)所示。

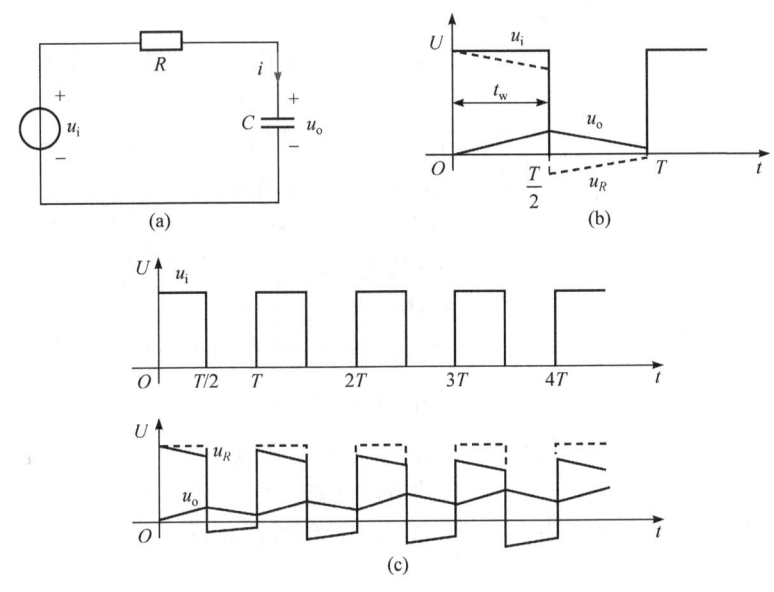

图 5-52 积分电路及波形图

当 $0 \leqslant t < \dfrac{T}{2}$ 时，设初始电容电压为零，所以图 5-52(a)中电路处于零状态响应过程，信号源以恒压 U 为电容充电。因为 $\tau \gg t_w$，所以 u_C 增长缓慢，在脉冲持续时间内近似线性增长，如图 5-52(b)所示，当 $t = \dfrac{T}{2}$ 时，输出电压 u_o 很小。

当 $\dfrac{T}{2} \leqslant t < T$ 时，图 5-5(a)中电路处于零输入响应过程，电容经电阻 R 放电，且放电速度很慢，其电压 u_o 近似线性衰减。当 $t = T$ 时，输出电压 u_o 很小，但不等于零。

在下一个脉冲到来后又开始重复上述的充放电过程，但不同的是，第二次充电时电容电压初始值不为零，因此在第二个脉冲结束时，电容电压会比第一个脉冲结束时的电容电压高一些，经过若干个脉冲后电容的充电与放电达到平衡状态，得到稳定的输出电压，如图 5-52(c)所示。

由图 5-52(b)可以看出，当 $\tau \gg t_w$ 时，由于 u_o 幅度很小，因此有 $u_R \approx u_i$，即 $u_i \approx iR$，而

$$i = C \frac{du_o}{dt}$$

所以有

$$u_o = \frac{1}{C} \int i \, dt \approx \frac{1}{RC} \int u_i \, dt \tag{5-82}$$

式(5-82)表明：输出电压u_o近似与输入电压u_i的积分成正比，故称此电路为积分电路。从图 5-52(b)也可以看出，输出的三角波是对矩形脉冲积分的结果。通过积分电路实现波形变换，如产生三角波或锯齿波，可以作为扫描信号。

5.6.2 卷积积分

电路的单位冲激响应$h(t)$能反映电路的暂态响应的性质。若已知电路的单位冲激响应$h(t)$，可以求出该电路对任意激励的零状态响应。下面讨论卷积积分公式推导和计算一阶线性电路对任意输入的零状态响应问题。

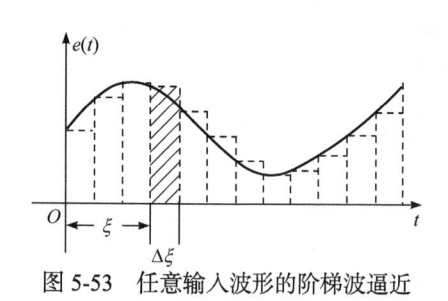

图 5-53 任意输入波形的阶梯波逼近

设图 5-53 所示的曲线函数$e(t)$为电路的任意输入，它起始于$t=0$时刻。将$0\sim t$区间的激励分成许多宽度相同的窄矩形脉冲，如图 5-53 所示，这样可以用阶梯波来逼近$e(t)$，$\Delta\xi$越小就越逼近$e(t)$。

当$\Delta\xi$趋向于零时，每个矩形脉冲均趋向于强度等于其面积(高度乘以$\Delta\xi$)的冲激函数。例如，对于$t=\xi$处的特定脉冲(图中阴影区域)，其高度为$e(\xi)$，当$\Delta\xi\to 0$时，该脉冲最终趋向于强度为微分大小的冲激函数：

$$e(\xi)\Delta\xi\delta(t-\xi) \tag{5-83}$$

若电路对一个在$t=0$时出现的单位冲激函数$\delta(t)$的响应为$h(t)$，则对一个在$t=\xi$时出现的强度为$e(\xi)\Delta\xi$的冲激函数$e(\xi)\Delta\xi\delta(t-\xi)$的响应就是$e(\xi)\Delta\xi h(t-\xi)$。

根据线性电路的叠加定理，电路在某一时刻t对任意输入$e(t)$的响应$x(t)$就是t以前所有微分冲激函数的响应之和：

$$x(t)=\lim_{\Delta\xi\to 0}\sum_{\xi=0}^{t}e(\xi)\Delta\xi h(t-\xi)$$

即

$$x(t)=\int_0^t e(\xi)h(t-\xi)\mathrm{d}\xi \tag{5-84}$$

记作

$$x(t)=e(t)*h(t) \tag{5-85}$$

式(5-84)和式(5-85)就是卷积积分公式。

卷积积分公式表明，线性电路对任意输入作用下的零状态响应等于其单位冲激响应$h(t)$与输入$e(t)$的卷积(convolution)，即只要知道了某一电路的单位冲激响应，就可以利用卷积积分来计算该电路对任意输入的零状态响应。其中，输入函数$e(t)$既可以是电压源的电压，也可以是电流源的电流。

需要指出，对于用卷积积分算出的任意输入下的零状态响应，其单位必须与单位冲激响应的单位相同，这是由于输入函数$e(t)$的单位已全部涵盖在单位冲激响应之中。因此，在卷积计算中，必须保证输入函数$e(t)$为电压源时以伏特作单位或输入函数$e(t)$为电流源时以安培作单位。还需注意式(5-84)是变上限积分，被积函数中的t应被视为常量。另外，读者可以自行分析，式(5-85)卷积运算满足交换律。

【例 5-16】 电路如图 5-54 所示，已知$R=10\Omega$，$L=1\mathrm{H}$，$u_S=10e^{-5t}\mathrm{V}$，在$t=0$时，开关 S 闭合。求$t\geqslant 0^+$时的电路电

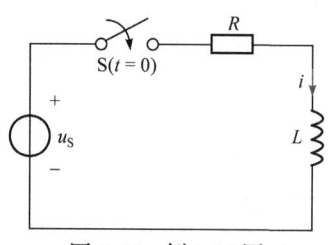

图 5-54 例 5-16 图

流 $i(t)$。

解 由例 5-12 已知，电路电流的单位冲激响应为

$$h(t) = \frac{1}{L}e^{-\frac{R}{L}t} = e^{-10t} \text{ A}$$

输入函数为 $\qquad u_S(t) = 10e^{-5t}$ V

将它们代入式(5-84)，可得 $t \geq 0^+$ 时所求响应为

$$i(t) = \int_0^t u_S(\xi)h(t-\xi)d\xi = \int_0^t 10^{-5\xi} e^{-10(t-\xi)}d\xi$$

$$= 10e^{-10t}\int_0^t e^{5\xi}d\xi = 2e^{-10t}(e^{5t}-1) = 2(e^{-5t}-e^{-10t}) \text{ A}$$

【例 5-17】 电路如图 5-55 所示，已知 $R_1 = 3\Omega$，$R_2 = 6\Omega$，$C = 0.1$F，开关 S 原来接在 $U_S = 9$V 的恒压源上且电路已经稳定，$t = 0$ 时改接到 $u_S = 18e^{-t}$ V 的电压源上。求 $t \geq 0^+$ 时流经电阻 R_2 的电流 $i_2(t)$。

解 因所求响应 $i_2 = u_C / R_2$，所以只要求出 u_C 即可求出 i_2，下面求 u_C。

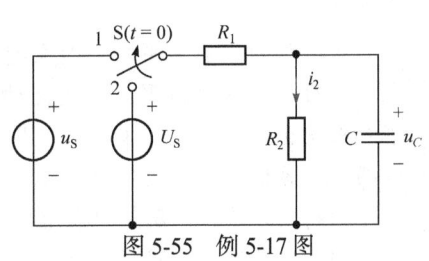

图 5-55 例 5-17 图

换路前，有 $\qquad u_C(0^-) = \dfrac{R_2}{R_1+R_2}U_S = 6\text{V}$

换路后，有 $\qquad u_C(0^+) = u_C(0^-) = 6\text{V}$

$$\tau = \frac{R_1 R_2}{R_1 + R_2}C = 2 \times 0.1 = 0.2(\text{s})$$

从而得出电容电压的零输入响应为

$$u'_C(t) = u_C(0^+)e^{-\frac{t}{\tau}}V = 6e^{-5t} \text{ V}, \quad t \geq 0^+$$

电容电压的零状态响应 $u''_C(t)$ 可用卷积积分计算。

为求单位冲激响应，将电压源 u_S 替换为单位阶跃电压源，于是可求出电容电压的单位阶跃响应为

$$s(t) = \frac{R_2}{R_1+R_2}\left(1-e^{-\frac{t}{\tau}}\right)\varepsilon(t) = \frac{2}{3}(1-e^{-5t})\varepsilon(t) \text{ V}\cdot\text{s}$$

故通过对 $s(t)$ 求导，可求出单位冲激响应为

$$h(t) = \frac{ds(t)}{dt} = \frac{10}{3}e^{-5t}\varepsilon(t) + \frac{2}{3}(1-e^{-5t})\delta(t) = \frac{10}{3}e^{-5t}\varepsilon(t) \text{ V}$$

输入函数为 $\qquad u_S(t) = 18e^{-t}$ V

由卷积积分得 $t \geq 0^+$ 时电容电压的零状态响应为

$$u''_C(t) = \int_0^t u_S(t)h(t-\xi)d\xi = \int_0^t 18e^{-t} \times \frac{10}{3}e^{-5(t-\xi)}d\xi$$

$$= 60e^{-5t}\int_0^t e^{4\xi}d\xi = 15(e^{-t}-e^{-5t})(\text{V})$$

电容电压的全响应为

$$u_C(t) = u'_C(t) + u''_C(t) = 6e^{-5t} + 15 \times (e^{-t} - e^{-5t}) = 15e^{-t} - 9e^{-5t} \text{ V}, \quad t \geq 0^+$$

于是，所求电流为

$$i_2 = \frac{u_C}{R_2} = \frac{1}{6} \times (15e^{-t} - 9e^{-5t}) = 2.5e^{-t} - 1.5e^{-5t} \text{ A}, \quad t \geq 0^+$$

卷积积分不仅是计算线性动态电路零状态响应的一种有效方法，而且是分析线性系统性能的一种重要的数学手段。限于篇幅，对于有关这方面的知识，本书不再深入讨论，有兴趣的读者可自行查阅相关资料。

> **归纳思维**
>
> 从特殊到一般，再从一般到特殊，是人们认识事物的基本途径。归纳和演绎就是实现上述途径的两种思维形式，也是两种基本的逻辑思维方式。科学归纳推理的主要特点是考察对象与属性之间的因果联系，因而有助于引导人们去探求事物的本质，发现事物的规律，从而把感性认识提升到理性认识。
>
> 归纳思维是科学研究中很重要的思维模式，它是一种由部分到整体、由特殊到一般的思维。例如，哥德巴赫问题、七桥问题等著名数学问题的提出都来自归纳思维；归纳统计是借助抽样调查，由局部推断总体，以对不确定的事物做出决策的一种统计；机器学习的本质也是一种寻找经验参数的归纳统计过程；"经验参数"是一种归纳思维，正是由 n 个已知的数据或现象，推论出一个规律。本章通过一阶 RC 和 RL 两种电路分析，得到适用于一阶电路的暂态分析方法——三要素法，只需计算出电路的初始值、稳态值和时间常数这三个要素就可以得到分析结果，而不需要求解复杂的微分方程，这也是借鉴了科学归纳的思想。
>
> 又如，对偶是自然界中普遍存在的一种特殊现象，电路的元件、参数、结构和定律等均具有对偶现象，如本章的 RC 串联与 RL 并联电路，对应的一阶微分方程，得到的响应都具有对偶关系。利用电路的对偶关系，可以有效地建立它们之间一些相似或相对的内在联系，简化认知事物的过程，为分析电路提供一种便捷的方法。

习　题

5-1 题 5-1 图所示的电路原已稳定，在 $t=0$ 时，开关 S 闭合。求各支路电流在 $t=0^+$ 时的值。

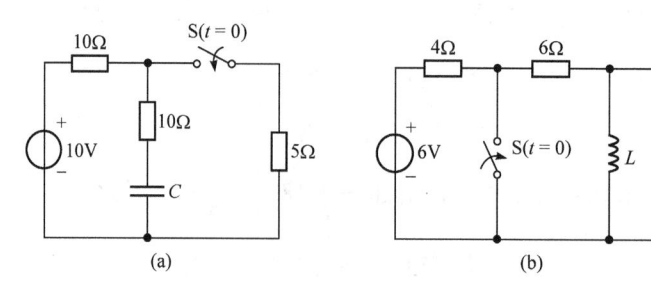

题 5-1 图

5-2 题 5-2 图所示的电路原已稳定，在 $t=0$ 时，开关 S 闭合。求 $t=0^+$ 时各支路的电流和电感元件的电压。

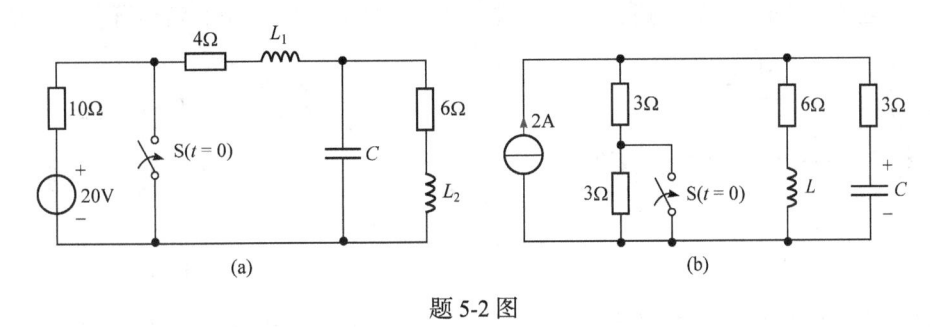

题 5-2 图

5-3 题 5-3 图所示的电路原已稳定，在 $t=0$ 时，开关 S 断开。求 $t=0^+$ 时各支路的电流和电感元件的电压，以及电容电压和电感电流对时间的变化率，即 $\dfrac{du_C}{dt}\bigg|_{t=0^+}$ 和 $\dfrac{di_L}{dt}\bigg|_{t=0^+}$。

5-4 题 5-4 图所示的各电路中，在 $t=0$ 时，电源均作用于电路。已知 $u_C(0)=1\text{V}$，$i_L(0)=1\text{A}$，求 u_C、i_L 的零输入响应、零状态响应和全响应。

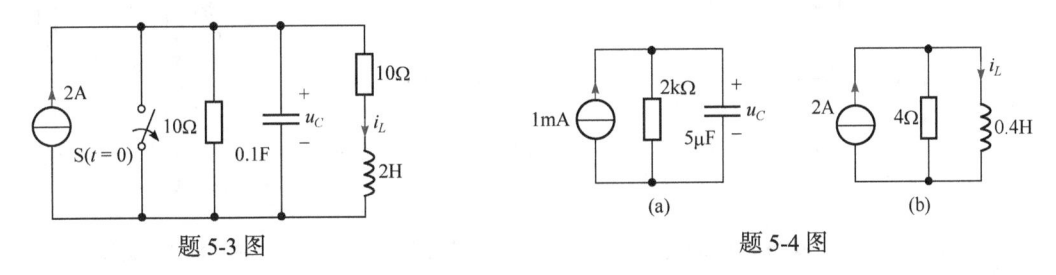

题 5-3 图

题 5-4 图

5-5 一个电感线圈被短接后，经过 0.1s，电感电流衰减到其初值的 36.8%；若串联 10Ω 电阻后再短接，则经过 0.05s，电感电流就衰减到初值的 36.8%。求线圈的电阻和电感。

5-6 100μF 的充电电容对电阻放电时，电阻所消耗的总能量是 2J；当电容放电至 0.06s 时，电容电压为 10V。求电容电压的初始值和电阻 R 的值。

5-7 题 5-7 图所示的电路中，已知：$u_S=20\text{V}$，电容器初始电压为零，$t=0$ 时将开关 S 闭合，闭合后经 5τ 时间电路达到稳定，若在 S 闭合瞬间电路电流 $i(0^+)=10\text{mA}$，经过 0.02s 电流减小为 3.68mA。求：(1)电路参数 R、C；(2)电路基本达到稳定时(约 5τ)所需的时间；(3) $t=0.02$s 时，电容器上的电压 u_C。

5-8 题 5-8 图所示的电路中，已知：$u_S=24\text{V}$，$R_1=230\Omega$，K 是电阻为 250Ω、吸合时电感为 25H 的直流电磁继电器，继电器的释放电流为 4mA(即电流小于此值时释放)，$t=0$ 时将开关 S 闭合。求 S 闭合后经过多少时间继电器才能释放？

题 5-7 图

题 5-8 图

5-9　题 5-9 图所示的电路原已稳定，在 $t=0$ 时，开关 S 断开。求 $t>0$ 时电容电压和流经电容的电流。

5-10　题 5-10 图所示的电路，在 $t=0$ 时，开关 S 闭合。求 $t>0$ 时流经开关的电流。

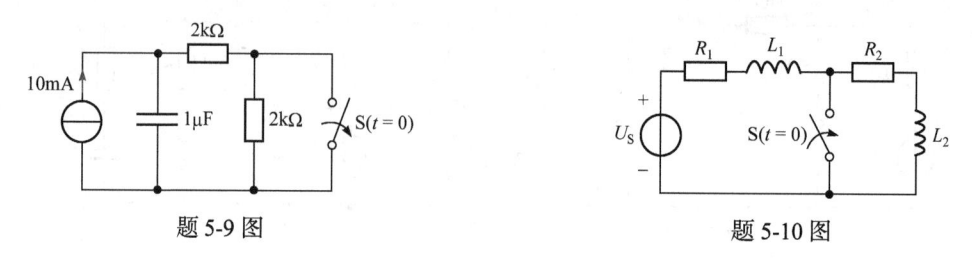

题 5-9 图　　　　题 5-10 图

5-11　题 5-11 图所示的电路原已稳定，在 $t=0$ 时，开关 S 闭合。求 $t>0$ 时的电容电压和流经开关的电流。

5-12　如题 5-12 图所示的电路，在 $t<0$ 时，开关 S 断开，电路已达稳态；在 $t=0$ 时，开关 S 闭合。求 $t>0$ 时的响应 $u(t)$。

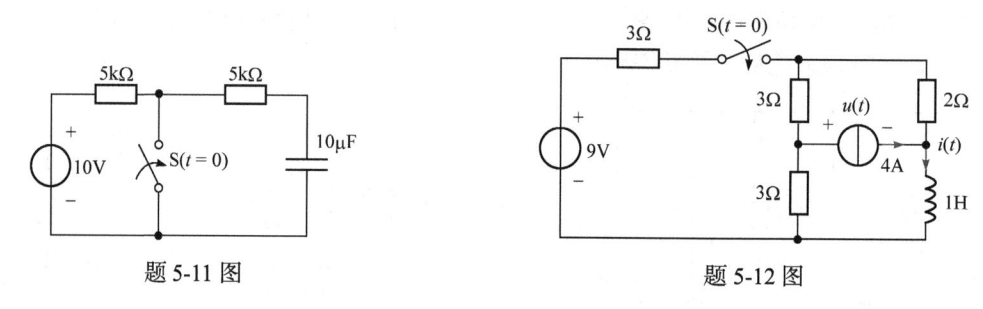

题 5-11 图　　　　题 5-12 图

5-13　如题 5-13 图所示的电路，在 $t=0$ 时，开关 S 闭合。(1)求 $t>0$ 时各支路的电流和电源发出的功率；(2)若要使换路后电源支路的电流无过渡过程，则 R、r、C、L 之间应满足什么关系？

5-14　如题 5-14 图所示的电路，在 $t=0$ 时，开关 S 闭合。求 $t>0$ 时的电流 i。

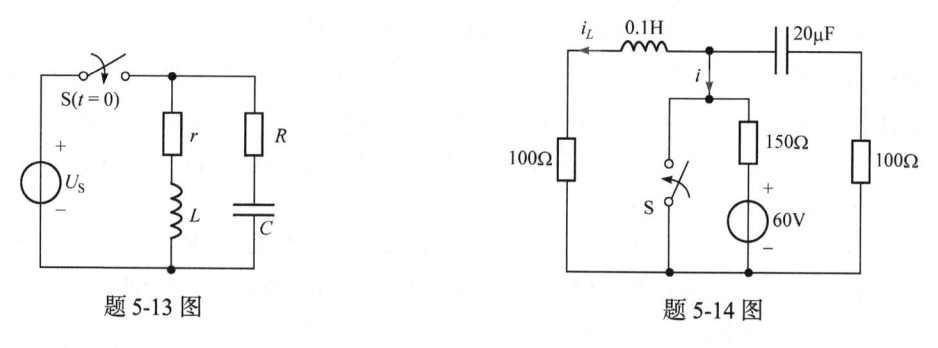

题 5-13 图　　　　题 5-14 图

5-15　电路及参数如题 5-15 图所示，求 $t \geqslant 0$ 时的电容电压。

5-16　题 5-16 图所示的电路原处于稳态，$C=0.01\text{F}$。在 $t=0$ 时，开关 S 由闭合突然断开，用三要素法求 $t>0$ 时的电压 $u(t)$。

5-17　题 5-17 图所示的电路中，开关 S 闭合前已达到稳态，在 $t=0$ 时，开关 S 闭合，利用三要素法求 $u_{C1}(t)$ 和 $u_{C2}(t)$。

5-18　题 5-18 图所示的电路原已稳定(开关是断开的)，$t=0$ 时将开关 S 闭合，经过

$t_1 = 0.4$ ms 又将开关断开。求 $t \geqslant 0$ 时的电容电压。

题 5-15 图

题 5-16 图

题 5-17 图

题 5-18 图

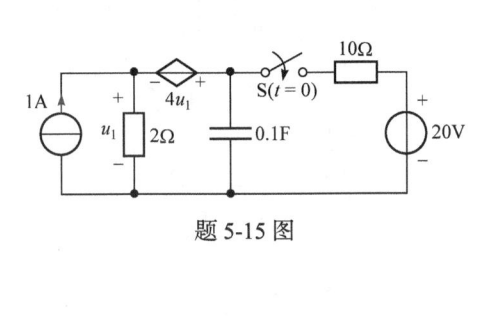

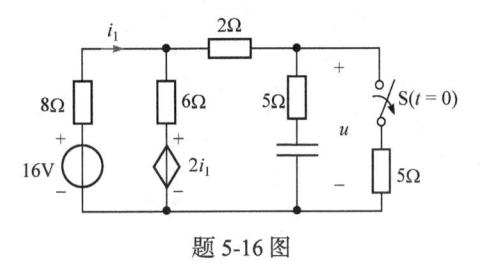

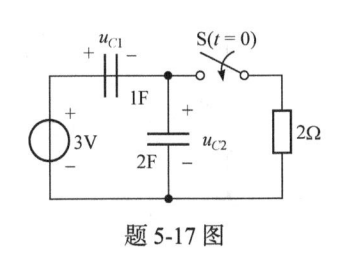

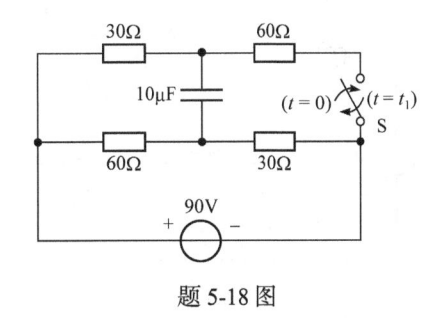

5-19 电路及参数如题 5-19 图所示，$t=0$ 时先将 S_1 闭合，经过 $t_1 = \dfrac{1}{3}$ ms 时再将 S_2 闭合。求 $t>0$ 时的电压 $u(t)$。

5-20 题 5-20 图所示的电路中，当 $u_S = 1$V，$i_S = 0$A 时，$u_C(t) = \dfrac{1}{2} + 2\mathrm{e}^{-2t}$ V；若 $u_S = 0$，$i_S = 1$A，则 $u_C(t) = 2 + \dfrac{1}{2}\mathrm{e}^{-2t}$ V。(1)求 R_1、R_2、C 的值；(2)若 $u_S = 1$V，$i_S = 1$A，求电容电压 $u_C(t)$。

题 5-19 图

题 5-20 图

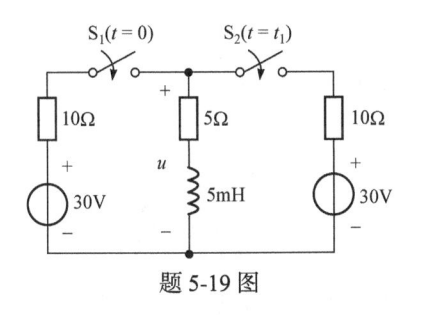

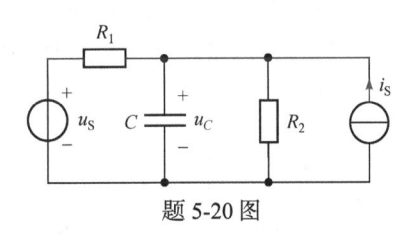

5-21 电路及参数如题 5-21 图所示，求 $t \geqslant 0$ 时的电感电流和电压。

5-22 题 5-22 图所示的电路中，N_0 为无源电阻网络，$C=0.1$F；当 $u_S = 5\varepsilon(t)$ V 时，输出电压 $u_o(t) = (2+0.5\mathrm{e}^{-2t})\varepsilon(t)$ V。若把电容换成 $L=1$H 的电感，求：(1)保持 $u_S = 5\varepsilon(t)$ V 不变情况下的输出电压 $u_o(t)$；(2)改变为 $u_S = \delta(t)$ V 时的输出电压。

5-23 题 5-23 图所示的电路原已稳定，在 $t=0$ 时，开关由位置 a 合到位置 b 上。(1)求 $t \geqslant 0$ 时的电容电压和电感电流；(2)求电感电流的最大值。

5-24 题 5-24 图所示的电路中，换路前，电路已处于稳态，求：(1)换路后，电路进入临界阻抗状态时的 R_1；(2)当 $R_1 = 0.5\Omega$ 时的 $u_C(t)$。

题 5-21 图

题 5-22 图

题 5-23 图

题 5-24 图

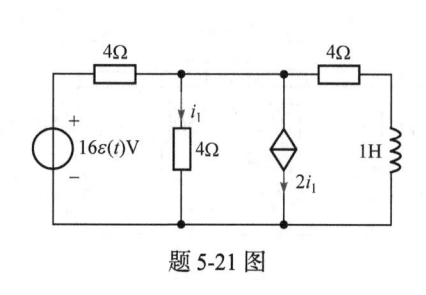

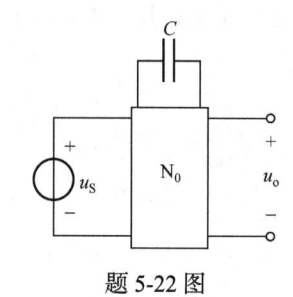

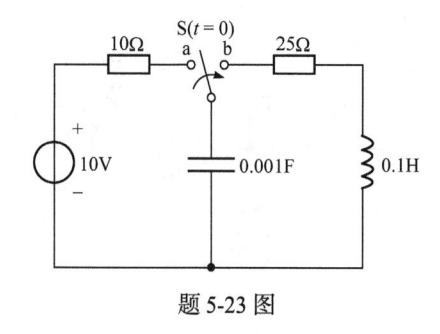

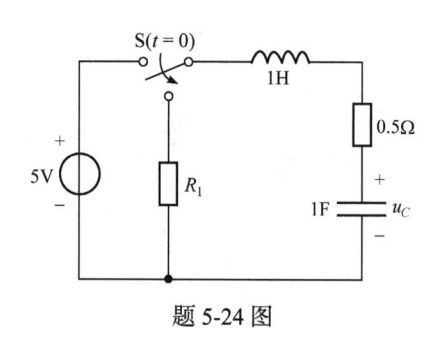

5-25 串联 RLC 电路的响应为

$$u_C(t) = 30 - 10e^{-20t} + 30e^{-10t} \text{ V}, \quad i_L(t) = 40e^{-20t} - 60e^{-10t} \text{ mA}$$

式中，u_C 和 i_L 分别是电容电压和电感电流。确定 R、L、C 的值。

5-26 已知题 5-26 图所示的电路，其中 $u_C(0^+) = 1\text{V}$，$i_L(0^+) = 2\text{A}$，求：

(1) 当 $R = 1/5\Omega$，$L = 1/4\text{H}$，$C = 1\text{F}$ 时的 $u_C(t)$；

(2) 当 $R = 1/4\Omega$，$L = 1/4\text{H}$，$C = 1\text{F}$ 时的 $u_C(t)$；

(3) 当 $R = 1/2\Omega$，$L = 1/4\text{H}$，$C = 1\text{F}$ 时的 $u_C(t)$；

(4) 当 $R = \infty$，$L = 1/4\text{H}$，$C = 1\text{F}$ 时的 $u_C(t)$。

5-27 题 5-27 图所示的电路中，求 $t > 0$ 时的全响应 $u_C(t)$ 和 $i(t)$。

5-28 试用卷积积分求题 5-28 图所示电路中的电流 $i(t)$。

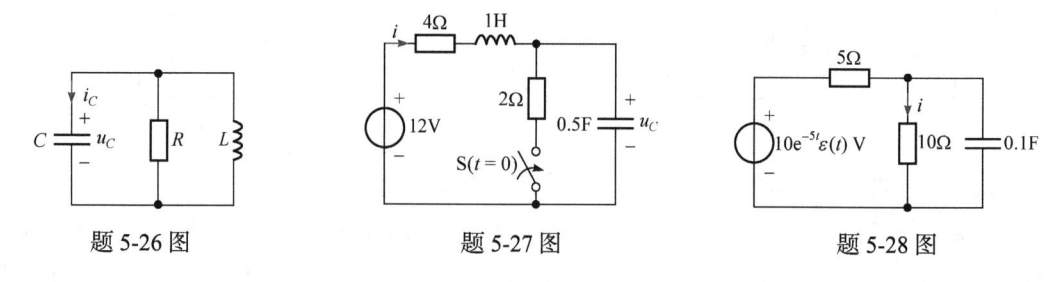

题 5-26 图

题 5-27 图

题 5-28 图

第 6 章　正弦电路的稳态分析

正弦电路是指含有正弦电源（激励）且电路各部分产生的电压和电流（响应）均按正弦规律变化的电路，工程上也称为交流电路。

本章只对正弦电源激励下线性电路的稳态响应进行分析，重点介绍相量法（phasor method），即用相量表示正弦量从而进行正弦电路分析的方法，同时将前面章节介绍的电路分析方法和电路定律引入正弦电路的稳态分析中。

6.1　直流系统和交流系统

到目前为止，我们讨论的电路一直都是恒定信号源电路。由于直流电压稳定，因此许多电子设备（如计算机、手机等）需要直流电源供电。另外，直流电池是一种可再生的电源，适用于小型设备和移动设备。但是直流也有很多劣势，如电力传输损耗大：在长距离传输时，直流输电线路的损耗相对较大。直流电压转换通常需要使用电子元件，成本较高。

正弦电路与直流电路相比有很多优点，如激励能源便于产生（发电机多产生正弦电压）、能量便于传输（变压器可以升高和降低正弦电压）、使用维护方便（交流电机结构简单、运行可靠）等。因此，正弦电路在电力系统和电子技术领域得到了广泛的应用。另外，正弦信号是一种基本信号，任何非正弦周期信号都可以分解为一系列不同频率的正弦信号，所以周期性非正弦电路可以按照正弦电路进行处理，研究正弦电路的分析方法具有非常重要的理论意义和实用价值。

6.2　正弦量的相量表示

6.2.1　正弦量的基本概念

电路中按正弦规律周期变化的电压或电流统称为正弦量（sinusoid）。正弦量可以用时间的正弦函数表示，也可以用时间的余弦函数表示，两者相差的角度为 π/2，本书采用余弦函数表示正弦量。

下面以正弦电流（sinusoidal current）为例，介绍正弦量的有关概念。

图 6-1 所示为正弦电流的波形图，电流方向周期性变化，电路图中所标参考方向代表正半轴方向。正弦电流的表达式为

$$i = I_\mathrm{m} \cos(\omega t + \varphi_i) \qquad (6\text{-}1)$$

式中，i 为电流在 t 时刻的值，称为瞬时值，用小写字母表示；I_m 为振幅，即正弦量在整个振荡过程中达到的最大值；ω 为正弦量的角频率（angular frequency）；φ_i 为初相位（initial phase）。I_m、ω、φ_i 是表述正弦量的三个基本要素，它们

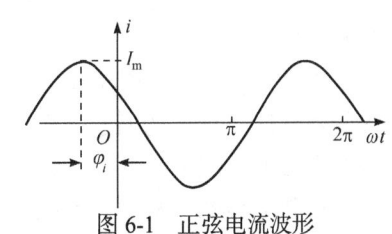

图 6-1　正弦电流波形

分别反映了正弦量变化的大小、快慢和初始状态。

正弦电流变化一次所用的时间称为周期(T)，单位时间变化的次数称为频率(f)，单位时间变化的角度称为角频率(ω)。T、f、ω之间有如下关系：

$$\omega = 2\pi f = 2\pi/T \tag{6-2}$$

式中，T的单位为秒(s)；f的单位为赫兹(Hz)；ω的单位为弧度/秒(rad/s)。我国电力系统采用的标准频率$f = 50$ Hz，习惯上称为工频(power frequency)，对应的角频率$\omega = 100\pi \approx 314$(rad/s)。

正弦电流随时间变化的角度$\omega t + \varphi_i$称为相位(phase)，$t = 0$时的相位φ_i称为初相位(简称初相)，单位为弧度(rad)，取值范围为$|\varphi_i| \leqslant \pi$。由于$t = 0$时，$i(0) = I_m \cos\varphi_i$，所以初相决定了正弦电流的初始值，即$t = 0$时的值。$\varphi_i$的大小与计时起点(即$t = 0$时的点)的选择有关。在波形图中，$\varphi$等于离计时起点最近的正弦量最大值所对应的相位角的相反数。

在正弦电路中，计量正弦量大小的往往不是幅值和瞬时值，而是有效值(effective value)。有效值的概念不仅仅适用于正弦量，也适用于周期性变化的非正弦量(又称周期量)。

有效值是根据电流流过电阻时的热效应而计算得来的。若周期电流或电压在一个周期内产生的热效应和一个直流量在相同的时间里产生的热效应相等，则将这一直流量的电压或电流称为周期量的有效值。

下面以周期电流通过线性电阻做功为例，推导有效值的计算公式。

周期电流i流过电阻R，在一个周期内所做的功为

$$W_1 = \int_0^T Ri^2 \mathrm{d}t$$

直流电流I流过电阻R，相同时间所做的功为

$$W_2 = RI^2 T$$

电流i和I做功能力相同，即

$$\int_0^T Ri^2 \mathrm{d}t = RI^2 T$$

由此可得
$$I = \sqrt{\frac{1}{T}\int_0^T i^2 \mathrm{d}t} \tag{6-3}$$

由式(6-3)可见，周期量的有效值等于其瞬时值的平方在一周期内平均值的平方根，因此又称均方根值(root-mean-square value)，用大写字母I表示。

正弦量是周期量的特殊情况，将正弦电流$i = I_m \cos(\omega t + \varphi_i)$代入式(6-3)，得

$$I = \sqrt{\frac{1}{T}\int_0^T I_m^2 \cos^2(\omega t + \varphi_i)\mathrm{d}t} = \frac{I_m}{\sqrt{2}} = 0.707 I_m \tag{6-4}$$

可见，正弦量的有效值为最大值$1/\sqrt{2}$，且与角频率和初相无关。这一关系同样适用于正弦的电压。

通常所讲的正弦电压和电流的大小，如交流电压380V或220V，指的是有效值；各种电气设备铭牌上标明的额定电压和电流也是指有效值；一般交流电压表和电流表的读数同样也是指有效值。但说明各种电路器件和电气设备绝缘水平的耐压值，是指电压的最大值。

正弦电路的分析中，不仅要计算各正弦量的大小，还要比较它们的相位关系，这就要用

到相位差(phase difference)的概念。

两个同频率的正弦电流：
$$i_1 = I_{m1}\cos(\omega t + \varphi_{i1}), \quad i_2 = I_{m2}\cos(\omega t + \varphi_{i2})$$

二者相位差为 $\quad\varphi = (\omega t + \varphi_{i1}) - (\omega t + \varphi_{i2}) = \varphi_{i1} - \varphi_{i2}$

可见，同频率的两个正弦量的相位差即为初相之差，与时间无关。

根据相位差的不同，正弦量的相位关系有以下几种情况。当 $\varphi > 0$ 时，i_1 比 i_2 先达到最大值，如图 6-2(a)所示，称 i_1 超前于 i_2；当 $\varphi < 0$ 时，i_1 比 i_2 后达到最大值，如图 6-2(b)所示，称 i_1 滞后于 i_2；当 $\varphi = 0$ 时，i_1 和 i_2 同时达到最大值，如图 6-2(c)所示，称 i_1 和 i_2 同相。如果 $\varphi = \pm\dfrac{\pi}{2}$，两个电流的波形恰好相差 1/4 个周期，如图 6-2(d)所示，这种特殊情况称为正交。当 $|\varphi| = 180°$ 时，i_1 和 i_2 一个达到正最大值，一个达到负最大值，如图 6-2(e)所示，称 i_1 和 i_2 反相。

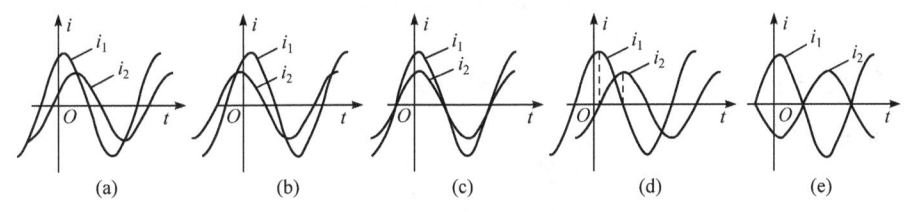

图 6-2 同频率正弦量的相位关系

正弦量的初相与计时起点的选择有关，但两个正弦量的相位差与计时起点无关。因此，进行正弦电路分析时，可以任意指定某个正弦量的初相为零，这个正弦量称为参考正弦量，其他正弦量的初相即为它们与参考正弦量的相位差。

同频率正弦量的代数和，以及这些正弦量任意阶导数的代数和，仍是同频率的正弦量，这是正弦量的一个重要性质。对于不同频率的正弦量，其相位差是随时间不断变化的，故本书只讨论同频率正弦量的比较。

【例 6-1】 已知某正弦电流的波形如图 6-3 所示，试写出其瞬时值表达式。

解 由图 6-3 可以看出，电流的最大值 $I_m = 2\text{ A}$，周期 $T = 8\text{ ms}$，故有
$$\omega = 2\pi/T \approx 785\text{ rad/s}$$

每个周期为 8 小格，每小格对应的相角为 $\dfrac{2\pi}{8} = \dfrac{\pi}{4}$，离计时起点最近的最大值点所对应的相角为 $\dfrac{3}{4}\pi$，可知初相 $\varphi = -\dfrac{3}{4}\pi$。

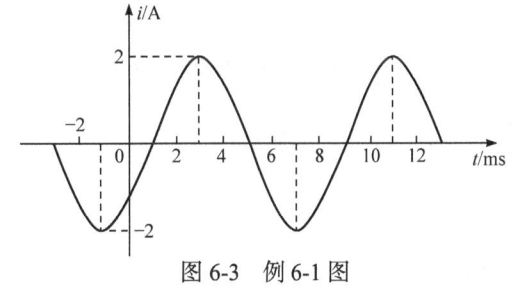

图 6-3 例 6-1 图

综上所述，可得电流的瞬时值表达式为
$$i = I_m\cos(\omega t + \varphi_i) = 2\cos\left(785t - \dfrac{3}{4}\pi\right)\text{A}$$

6.2.2 复数

复数及其运算是应用相量法的数学基础，本节仅做简单的介绍。

复数 A 的代数式可以表示为 $$A = a + jb$$

式中，$j=\sqrt{-1}$ 为虚数单位；a 为复数的实部，记作 $a = \text{Re}[A]$；b 为复数的虚部，记作 $b = \text{Im}[A]$。还可以用复平面上的矢量 $\overrightarrow{OA}$ 表示，如图 6-4 所示，其中矢量的长度 ρ 称为复数的模；矢量与正实轴之间的夹角 θ 称为复数的辐角，记作 $\arg(A)$。它们之间的关系如下：

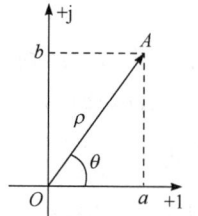

$$\begin{cases} a = \rho\cos\theta \\ b = \rho\sin\theta \\ \rho = \sqrt{a^2 + b^2} \\ \theta = \arctan\dfrac{b}{a} \end{cases}$$

图 6-4 复数的复平面表示

可得复数 A 的三角函数式为

$$A = \rho(\cos\theta + j\sin\theta) \tag{6-5}$$

根据欧拉公式：

$$\begin{cases} \cos\theta = \dfrac{e^{j\theta} + e^{-j\theta}}{2} \\ \sin\theta = \dfrac{e^{j\theta} - e^{-j\theta}}{2j} \end{cases}$$

得出复数的指数式： $$\cos\theta + j\sin\theta = e^{j\theta}$$

代入式(6-5)，复数 A 也可以表示为极坐标式：

$$A = \rho e^{j\theta} = \rho\angle\theta \tag{6-6}$$

复数在进行加减运算时用代数式比较方便，在进行乘除运算时用极坐标式比较方便。例如，有两个复数：

$$A_1 = a_1 + jb_1 = \rho_1\angle\theta_1, \quad A_2 = a_2 + jb_2 = \rho_2\angle\theta_2$$

则有

$$A_1 \pm A_2 = (a_1 \pm a_2) + j(b_1 \pm b_2), \quad A_1 \cdot A_2 = \rho_1\rho_2\angle(\theta_1 + \theta_2), \quad \frac{A_1}{A_2} = \frac{\rho_1}{\rho_2}\angle(\theta_1 - \theta_2)$$

对于两个共轭复数：

$$A = a + jb = \rho\angle\theta, \quad A^* = a - jb = \rho\angle-\theta$$

则有
$$A + A^* = 2a, \quad A - A^* = j2b$$
$$A \cdot A^* = \rho^2, \quad \frac{A}{A^*} = 1\angle 2\theta$$

复数进行加法运算时还可以用复平面上的矢量进行。如图 6-5(a) 所示，已知三个复数 A_1、A_2、A_3，求 $A = A_1 + A_2 + A_3$。可以采用平行四边形定则，如图 6-5(b) 所示；也可以采用多边形定则，如图 6-5(c) 所示。对于两个以上的复数，显然多边形定则更为方便。

【例 6-2】 设 $A_1 = 3 - j4$，$A_2 = 10\angle 135°$，求 $A_1 + A_2$ 和 $\dfrac{A_1}{A_2}$。

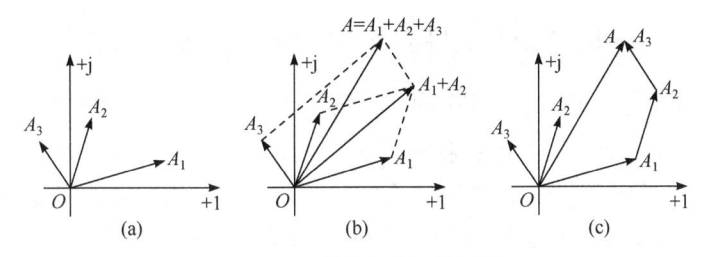

图 6-5 复数的矢量运算图示

解 用代数式形式求复数的代数和，有

$$A_2 = 10\angle 135° = 10(\cos 135° + j\sin 135°) = -7.07 + j7.07$$

$$A_1 + A_2 = (3 - j4) + (-7.07 + j7.07) = -4.07 + j3.07$$

转换为指数形式，有

$$\arg(A_1 + A_2) = \arctan\left(\frac{3.07}{-4.07}\right) \approx 143°$$

$$|A_1 + A_2| = \sqrt{4.07^2 + 3.07^2} = 5.1$$

即有 $A_1 + A_2 = 5.1\angle 143°$，或者有

$$\frac{A_1}{A_2} = \frac{3 - j4}{10\angle 135°} = \frac{5\angle -53.1°}{10\angle 135°} = 0.5\angle -188.1° = 0.5\angle 171.9°$$

6.2.3 相量表示正弦量

在正弦稳态电路中，所有的响应都是与激励同频率的正弦量。在已知频率的情况下，只需关注两个要素就可以确定正弦量。例如，正弦电压为

$$u = U_m \cos(\omega t + \varphi_u) = \sqrt{2} U \cos(\omega t + \varphi_u)$$

只要确定其最大值 U_m（或有效值 U）和初相 φ_u 即可。联系到复数的极坐标式，若用复数的模对应正弦量最大值（或有效值），用复数的辐角对应正弦量的初相，则复数完全可以代表正弦量，称为正弦量的相量。

为了与一般复数相区别，通常用正弦量符号顶部加一小圆点来表示相量。当复数的模对应正弦量最大值时，用 $\dot{U}_m = U_m \angle \varphi_u$ 表示 u，称为最大值相量；当复数的模对应正弦量有效值时，用 $\dot{U} = U \angle \varphi_u$ 表示 u，称为有效值相量。显然，最大值相量和有效值相量的关系为

$$\dot{U}_m = \sqrt{2}\dot{U} \tag{6-7}$$

相量是一个复数，自然可以用复平面上的矢量表示，这种表示相量的图形称为相量图（phasor diagram）。通常在画相量图时，可以省略实轴和虚轴。图 6-6 中分别表示了电流相量 $\dot{I} = I \angle \varphi_i$ 和电压相量 $\dot{U} = U \angle \varphi_u$。将多个相量表示在一个相量图中，往往可以直接反映相量之间的关系。应该注意，相量和正弦量之间是相互对应的关系，它们并不相等。

根据欧拉公式，得

$$U_m e^{j(\omega t + \varphi_u)} = U_m \cos(\omega t + \varphi_u) + j U_m \sin(\omega t + \varphi_u)$$

正弦量 $u = U_m \cos(\omega t + \varphi_u)$ 可以表示为

图 6-6 相量图

$$u = \text{Re}\left[U_m e^{j(\omega t + \varphi_u)}\right] = \text{Re}\left[U_m e^{j\varphi_u} e^{j\omega t}\right] = \text{Re}\left[\dot{U}_m e^{j\omega t}\right]$$

式中，$\dot{U}_m$ 为最大值相量；$e^{j\omega t}$ 对应复平面上长度为 1、角速度为 ω 的逆时针方向旋转的矢量，称为旋转因子(rotating factor)；二者的乘积 $\dot{U}_m e^{j\omega t}$ 对应复平面上长度为 U_m、初始位置($t=0$ 时)与正实轴夹角为 φ_u、角速度为 ω 的逆时针方向旋转的矢量，称为旋转相量(rotating phasor)，其任何时刻在实轴上的投影即为正弦量 u。图 6-7 清楚地说明了正弦量和相量之间的关系。

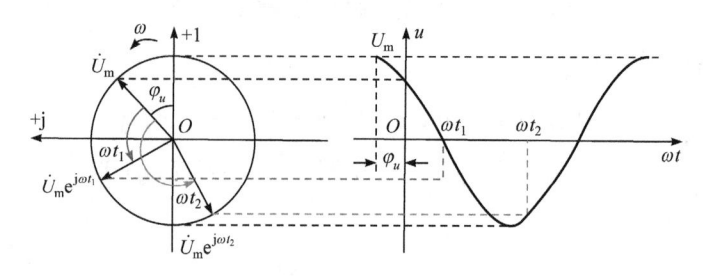

图 6-7 正弦量与相量关系图示

由图 6-7 可以看出，相量 $\dot{U}_m$ 乘以旋转因子 $e^{j\omega t}$，相当于把相量逆时针方向旋转 ωt 角度，而模的大小不变。当 $\omega t = \pm 90°$ 时，$e^{\pm j90°} = \pm j$，即相量乘以 +j 相当于逆时针方向旋转 90°，相量乘以 −j 相当于顺时针方向旋转 90°，故 j 称为 90° 旋转因子。

【例 6-3】 试分别写出代表电流 $i_1 = 14.14\cos\omega t\text{A}$，$i_2 = 4\sqrt{2}\cos(\omega t + 45°)\text{A}$，$i_3 = 5\sin\omega t\text{A}$ 的相量，并画出其相量图。

解 代表 i_1 和 i_2 的相量可直接如下写出：

$$\dot{I}_1 = 10\angle 0°\text{A}, \quad \dot{I}_2 = 4\angle 45°\text{A}$$

或

$$\dot{I}_{1m} = 14.14\angle 0°\text{A}, \quad \dot{I}_{2m} = 4\sqrt{2}\angle 45°\text{A}$$

可先对电流 i_3 做变换：

$$i_3 = 5\sin\omega t = 5\cos\left(\omega t - \frac{\pi}{2}\right)\text{A}$$

再写出代表 i_3 的相量为

$$\dot{I}_3 = \frac{5}{\sqrt{2}}\angle -90°\text{A} \quad \text{或} \quad \dot{I}_{3m} = 5e^{-j90°} = -j5(\text{A})$$

电流相量图如图 6-8 所示。

图 6-8 例 6-3 图

【例 6-4】 已知三个同频率(频率 $f = 50\text{Hz}$)的电压相量：$\dot{U}_1 = 220\angle -30°\text{V}$，$\dot{U}_2 = j10\text{V}$，$\dot{U}_{3m} = 3 + j4\text{V}$，试写出它们所对应的正弦量。

解 由 $f = 50\text{Hz}$ 可知角频率 $\omega = 2\pi f \approx 314\text{rad/s}$。可直接写出 $\dot{U}_1 = 220\angle -30°\text{V}$，对应的正弦电压为

$$u_1 = 220\sqrt{2}\cos(314t - 30°)\text{V}$$

由 $\dot{U}_2 = j10 = 10\angle 90°\text{V}$ 可写出它所对应的正弦电压为

$$u_2 = 10\sqrt{2}\cos(314t + 90°)\text{V}$$

$\dot{U}_{3m}$ 应先由代数式转换为指数式,即 $\dot{U}_{3m} = 3 + j4 = 5e^{j53.13°}$ (V),进而写出它所对应的正弦电压为

$$u_3 = 5\cos(314t + 53.13°)\,\text{V}$$

6.3 RLC 在正弦电路中的特性

6.3.1 基尔霍夫定律的相量形式

在线性非时变的正弦稳态电路中,全部电压、电流都是同一频率的正弦量。本节将在此基础上,直接用相量通过复数形式的电路方程描述电路的基本定律,其称为电路定律的相量形式。

在集总参数电路中,任一时刻流出(或流入)任一节点的电流代数和等于零,其时域表示为 $\sum i = 0$。当方程中各电流均为同频率的正弦量时,根据相量的唯一性和线性性质,可得基尔霍夫电流定律方程的相量形式:

$$\sum \dot{I}_m = 0 \quad \text{或} \quad \sum \dot{I} = 0 \tag{6-8}$$

即流出电路任一节点所有支路电流相量的代数和等于零。

在集总参数电路中,任一时刻沿任一回路各支路电压的代数和等于零,其时域表示为 $\sum u = 0$。当方程中各电压均为同频率的正弦量时,根据相量的唯一性和线性性质,可得基尔霍夫电压定律方程的相量形式:

$$\sum \dot{U}_m = 0 \quad \text{或} \quad \sum \dot{U} = 0 \tag{6-9}$$

即沿电路任一回路所有电压相量的代数和等于零。

应该指出,在正弦稳态电路中,KCL 和 KVL 只对电流相量和电压相量成立,而对其最大值和有效值不成立,除非各电流或各电压同相。

【例 6-5】 已知图 6-9 中 $i_1 = 10\cos(\omega t + 30°)\,\text{A}$, $i_2 = 5\cos(\omega t - 45°)\,\text{A}$,求 i_3。

解 由 KCL 可知: $i_3 = i_2 - i_1$

采用相量形式计算,由 $\dot{I}_{1m} = 10\angle 30°\,\text{A}$, $\dot{I}_{2m} = 5\angle -45°\,\text{A}$ 可得

$$\dot{I}_{3m} = \dot{I}_{2m} - \dot{I}_{1m} = 5\angle -45° - 10\angle 30° = -5.12 - j8.54 = 9.96\angle -121°\,(\text{A})$$

故有 $i_3 = 9.96\cos(\omega t - 121°)\,\text{A}$

图 6-9 例 6-5 图

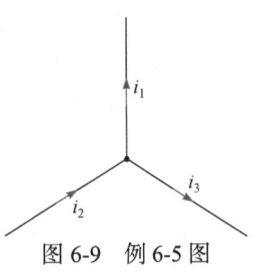

6.3.2 RLC 元件的相量形式

1. 电阻元件

线性电阻的伏安关系满足欧姆定律,若流过电阻的电流为正弦电流 $i = I_m \cos(\omega t + \varphi_i)$,在关联参考方向下,电阻上的电压为 $u = RI_m \cos(\omega t + \varphi_i) = U_m \cos(\omega t + \varphi_u)$,说明电阻元件的电压和电流是同频率的正弦量。令电压相量 $\dot{U}_m = U_m \angle \varphi_u$,则相量形式有

$$\dot{U}_m = U_m \angle \varphi_u = RI_m \angle \varphi_i = R\dot{I}_m \quad \text{或} \quad \dot{U} = U\angle \varphi_u = RI\angle \varphi_i = R\dot{I}$$

式中, $U_m = RI_m$ 或 $U = RI$; $\varphi_u = \varphi_i$ 或 $\varphi_u - \varphi_i = 0$。

它们的最大值或有效值仍满足欧姆定律，而辐角相等，即电压、电流同相。图 6-10(a) 为电阻的相量模型，图 6-10(b) 为其电压、电流的相量图，它们在同一个方向的直线上（相位差为零），有

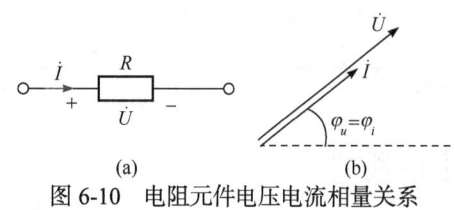

$$\begin{cases} U = RI \\ \varphi_u = \varphi_i \end{cases} \tag{6-10}$$

图 6-10 电阻元件电压电流相量关系

2. 电感元件

对于线性电感，若流过电感的电流为正弦电流 $i = I_m \cos(\omega t + \varphi_i)$，在关联参考方向下，根据电感的电压-电流的时域关系，有

$$u = L\frac{\mathrm{d}i}{\mathrm{d}t} = -\omega L I_m \sin(\omega t + \varphi_i) = \omega L I_m \cos\left(\omega t + \varphi_i + \frac{\pi}{2}\right)$$

说明电感元件的电压和电流是同频率的正弦量，且电压比电流在相位上超前 π/2。它们的最大值或有效值有类似欧姆定律的关系，但还与角频率 ω 有关。令电压相量为 $\dot{U}_m = U_m \angle \varphi_u$，则 u 的表达式变换后的相量形式为

$$\dot{U}_m = \mathrm{j}\omega L \dot{I}_m \quad \text{或} \quad \dot{U} = \mathrm{j}\omega L \dot{I}, \quad \varphi_u = \varphi_i + \frac{\pi}{2} \quad \text{或} \quad \varphi_u - \varphi_i = \frac{\pi}{2}$$

进一步由 $\dot{U} = U\angle \varphi_u$ 和 $\dot{I} = I\angle \varphi_i$ 得 $U\angle \varphi_u = \omega L I \angle \left(\varphi_i + \frac{\pi}{2}\right)$，即

$$\begin{cases} U = \omega L I \\ \varphi_u = \varphi_i + \frac{\pi}{2} \end{cases}$$

图 6-11(a) 为电感元件的相量模型，图 6-11(b) 为其电压、电流的相量图。

若令 $X_L = \omega L = 2\pi f L$，$X_L$ 反映了电感元件反抗电流通过的能力，称为电感的电抗，简称感抗（inductive reactance），单位为欧姆。感抗与频率成正比，频率越高，感抗越大。当 $f \to \infty$ 时，$X_L \to \infty$，$i = 0$，电感相当于开路；当 $f = 0$（直流）时，$X_L = 0$，$u = 0$，电感相当于短路。

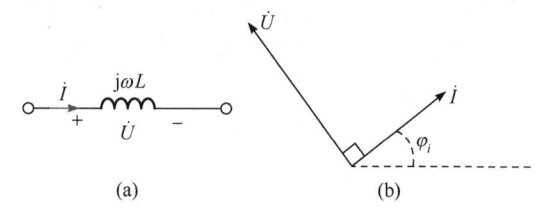

感抗的倒数称为电感的电纳，简称感纳（inductive susceptance），单位为西门子，用 B_L 表示，即

图 6-11 电感元件电压电流相量关系

$$B_L = \frac{1}{\omega L} = \frac{1}{2\pi f L} \tag{6-11}$$

3. 电容元件

对于线性电容，若流过电容的电压为正弦电压 $u = U_m \cos(\omega t + \varphi_u)$，在关联参考方向下，根据电容的电压-电流的时域关系，有

$$i = C\frac{\mathrm{d}u}{\mathrm{d}t} = -\omega C U_m \sin(\omega t + \varphi_u) = \omega C U_m \cos\left(\omega t + \varphi_u + \frac{\pi}{2}\right)$$

说明电容元件的电压和电流是同频率的正弦量，且电压比电流在相位上滞后 π/2。它们的最大

值或有效值有类似欧姆定律的关系，还与角频率 ω 有关。令电流相量为 $\dot{I}_m = I_m \angle \varphi_i$，则 i 的表达式变换后的相量形式为

$$\dot{U}_m = \frac{1}{j\omega C}\dot{I}_m \quad 或 \quad \dot{U} = \frac{1}{j\omega C}\dot{I}, \quad \varphi_i = \varphi_u + \frac{\pi}{2} \quad 或 \quad \varphi_u - \varphi_i = -\frac{\pi}{2}$$

进一步由 $\dot{U} = U\angle\varphi_u$ 和 $\dot{I} = I\angle\varphi_i$，得 $U\angle\varphi_u = \frac{I}{\omega C}\angle\left(\varphi_i - \frac{\pi}{2}\right)$，即

$$\begin{cases} U = \dfrac{1}{\omega C}I \\ \varphi_u = \varphi_i - \dfrac{\pi}{2} \end{cases}$$

图 6-12(a) 为电容元件的相量模型，图 6-12(b) 为其电压、电流的相量图。

若令

$$X_C = \frac{1}{\omega C} = \frac{1}{2\pi f C} \tag{6-12}$$

X_C 反映了电容元件反抗电流通过的能力，称为电容的电抗，简称容抗（capacitive reactance），单位为欧姆。容抗与频率成反比，频率越高，容抗越小。当 $f \to \infty$ 时，$X_C = 0$，$u = 0$，电容相当于短路；当 $f = 0$（直流）时，$X_C \to \infty$，$i = 0$，电容相当于开路。

容抗的倒数称为电容的电纳，简称容纳（capacitive susceptance），单位为西门子，用 B_C 表示，即

$$B_C = \omega C = 2\pi f C \tag{6-13}$$

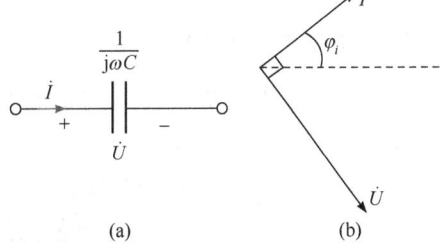

图 6-12　电容元件电压电流相量关系

【例 6-6】　在图 6-13(a) 所示的 RLC 串联电路中，已知 $R = 30\Omega$，$L = 0.05H$，$C = 25\mu F$，通过电路的电流为 $i = 0.5\sqrt{2}\cos(1000t + 30°)A$。求各元件电压 u_R、u_L、u_C 和总电压 u，并画它们的相量图。

图 6-13　例 6-6 图

解　电流 i 可用相量表示为 $\dot{I} = 0.5\angle 30°A$，且 $\omega = 1000\,\text{rad/s}$。各电压也用相量表示，可得

$$\dot{U}_R = R\dot{I} = 30 \times 0.5\angle 30° = 15\angle 30°(V)$$

$$\dot{U}_L = j\omega L\dot{I} = j1000 \times 0.05 \times 0.5\angle 30° = 25\angle 120°(V)$$

$$\dot{U}_C = -j\frac{1}{\omega C}\dot{I} = -j\frac{1}{1000 \times 25 \times 10^{-6}} \times 0.5\angle 30° = 20\angle -60°(V)$$

$$\dot{U} = \dot{U}_R + \dot{U}_L + \dot{U}_C = 15\angle 30° + 25\angle 120° + 20\angle -60° = 5\sqrt{10}\angle 48.4°(V)$$

它们所对应的瞬时值表达式分别为

$$u_R = 15\sqrt{2}\cos(1000t + 30°)\text{V}$$
$$u_L = 25\sqrt{2}\cos(1000t + 120°)\text{V}$$
$$u_C = 20\sqrt{2}\cos(1000t - 60°)\text{V}$$
$$u = 10\sqrt{5}\cos(1000t + 48.4°)\text{V}$$

各电压相量图如图 6-13(b) 所示。

6.4 正弦稳态电路相量分析

前面分析了线性元件(R、L、C)在正弦电路中的特征，但实际的正弦电路往往是由几种元件组成的，如电动机、继电器等都含有线圈，且线圈的电阻不容忽视；放大器、信号源等内部含有电阻、电容或电感等。因此，分析多种元件构成的正弦电路更有实际意义。

6.4.1 复阻抗和复导纳

阻抗和导纳的概念以及对它们的运算和等效变换是线性电路正弦稳态分析中的重要内容。图 6-14 所示为一个不含独立电源的二端网络，当它在角频率为 ω 的正弦源激励下处于稳定状态时，端口的电流、电压都是同频率的正弦量，电压相量和电流相量的比值称为网络的复阻抗(complex impedance)，用 Z 表示，单位为欧姆，即

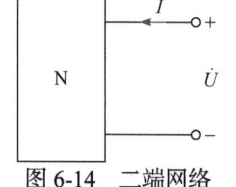

$$Z = \dot{U}/\dot{I} \tag{6-14}$$

图 6-14 二端网络

该式称为相量形式的欧姆定律。

由定义可知单一的电阻、电感、电容元件的复阻抗分别为

$$Z_R = R, \quad Z_L = j\omega L = jX_L, \quad Z_C = \frac{1}{j\omega C} = -jX_C$$

可见，电阻元件的复阻抗只有电阻分量，电感和电容元件的复阻抗只有电抗分量。复阻抗也可以用极坐标式表示：

$$Z = \frac{\dot{U}}{\dot{I}} = \frac{U}{I}\angle(\varphi_u - \varphi_i) = |Z|\angle\varphi = z\angle\varphi$$

式中，$|Z| = z = \dfrac{U}{I}$，称为阻抗模；$\varphi = \varphi_u - \varphi_i$，称为阻抗角。

上式说明，阻抗模为电压和电流有效值之比，阻抗角为电压和电流之间的相位差。当 $\varphi > 0$ 时，电压超前于电流，网络呈电感性；当 $\varphi < 0$ 时，电压滞后于电流，网络呈电容性；当 $\varphi = 0$ 时，电压和电流同相，网络呈电阻性。

复阻抗可以用代数式表示：

$$Z = R + jX$$

式中，R 称为电阻分量；X 称为电抗分量。由于

$$\dot{U} = Z\dot{I} = R\dot{I} + jX\dot{I} = \dot{U}_R + \dot{U}_X \tag{6-15}$$

因此可将 Z 的实部和虚部看作串联，如图 6-15 所示，称为复阻抗的串联等效电路。根据 KVL，

3 个电压相量在复平面上组成一个直角三角形。以电流 i 为参考相量,并假设复阻抗为电感性,即 $X>0$,则可得到如图 6-16(a)所示的相量图,称为复阻抗的电压三角形,图中 $\dot{U}$ 与 $\dot{U}_R$ 的夹角 φ 就是 $\dot{U}$ 与 $\dot{I}$ 的相位差,即阻抗角。将电压三角形的各边数值均除以电流有效值,便可得到反映 R、X、Z 三者关系的阻抗三角形,如图 6-16(b)所示。

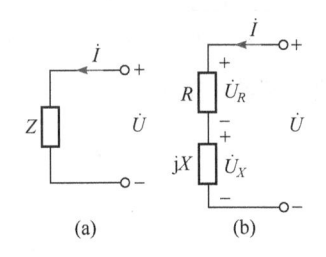

图 6-15 复阻抗的串联等效电路

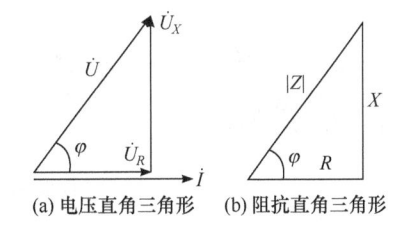

图 6-16 复阻抗的电压三角形和阻抗三角形

二端网络电流相量和电压相量的比值称为网络的复导纳(complex admittance),用 Y 表示,单位为西门子,即

$$Y = \dot{I}/\dot{U} \tag{6-16}$$

该式也称为相量形式的欧姆定律。

由定义可知单一的电阻、电感、电容元件的复导纳分别为

$$Y_R = \frac{1}{R} = G, \quad Y_L = \frac{1}{j\omega L} = -jB_L, \quad Y_C = j\omega C = jB_C$$

可见,电阻元件的复导纳只有电导分量,电感和电容元件的复导纳只有电纳分量。复导纳也可以用极坐标式表示:

$$Y = \frac{\dot{I}}{\dot{U}} = \frac{I}{U} \angle(\varphi_i - \varphi_u) = |Y| \angle \varphi' = y \angle \varphi'$$

式中,$|Y| = y = \frac{I}{U}$,称为导纳模;$\varphi' = \varphi_i - \varphi_u$,称为导纳角。

上式说明,导纳模为电流和电压有效值之比,导纳角为电流和电压之间的相位差。当 $\varphi' > 0$ 时,电流超前于电压,网络呈电容性;当 $\varphi' < 0$ 时,电流滞后于电压,网络呈电感性;当 $\varphi' = 0$ 时,电流和电压同相,网络呈电阻性。

复导纳可以用代数式表示:

$$Y = G + jB$$

式中,G 称为电导分量;B 称为电纳分量。由于

$$\dot{I} = Y\dot{U} = G\dot{U} + jB\dot{U} = \dot{I}_G + \dot{I}_B \tag{6-17}$$

因此可将 Y 的实部和虚部看作并联,如图 6-17 所示,称为复导纳的并联等效电路。根据 KCL,3 个电流相量在复平面上组成一个直角三角形。以电压 u 为参考相量,并假设复导纳为电容性,即 $B>0$,则可得到如图 6-18(a)所示的相量图,称为复导纳的电流三角形,图中 $\dot{I}$ 与 $\dot{I}_G$ 的夹角 φ' 就是 $\dot{I}$ 与 $\dot{U}$ 的相位差,即导纳角。将电流三角形的各边数值均除以电压有效值,便可得到反映 G、B、Y 三者关系的导纳三角形,如图 6-18(b)所示。

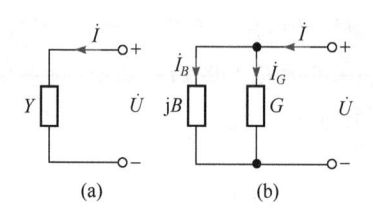

图 6-17　复导纳的并联等效电路 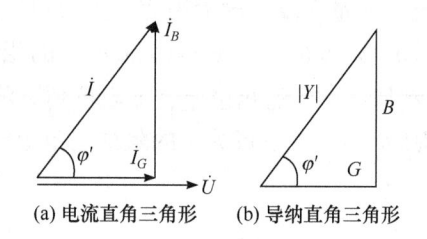　　　　图 6-18　复导纳的电流三角形和导纳三角形

Z 和 Y 互为倒数，由

$$|Y|\angle\varphi' = \frac{1}{|Z|\angle\varphi} = \frac{1}{|Z|}\angle-\varphi$$

可得

$$|Y| = 1/|Z|, \quad \varphi' = -\varphi$$

即阻抗模和导纳模互为倒数，阻抗角和导纳角互为相反数。进一步推导串联等效电路和并联等效电路的参数关系：

$$R + jX = \frac{1}{G + jB} = \frac{G}{G^2 + B^2} + j\frac{-B}{G^2 + B^2}$$

$$G + jB = \frac{1}{R + jX} = \frac{R}{R^2 + X^2} + j\frac{-X}{R^2 + X^2}$$

可得

$$R = \frac{G}{G^2 + B^2}, \quad X = \frac{-B}{G^2 + B^2}, \quad G = \frac{R}{R^2 + X^2}, \quad B = \frac{-X}{R^2 + X^2} \tag{6-18}$$

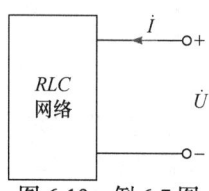

复阻抗和复导纳是由网络的拓扑结构、元件参数和频率共同决定的，只有在确定的频率下，才会有确定的复阻抗或复导纳。另外，复阻抗和复导纳是正弦电路的专有概念，它们是复数，但不是相量，所以符号顶部不加小圆点。

图 6-19　例 6-7 图

【例 6-7】 对于图 6-19 所示的无源 RLC 网络，当所加的电压 $U=100$V 时，测得电流 $I=2$ A，若电压和电流的相位差为 $\varphi=36.87°$，试求出此时该网络的串联和并联等效电路的参数。

解 阻抗模为　　　　　　$|Z| = U/I = 100/2 = 50(\Omega)$

则其复阻抗为　　　　　　$Z = |Z|e^{j\varphi} = 50e^{j36.87°} = 40 + j30(\Omega)$

由此可得其串联等效电路的参数为

$$R = 40\Omega, \quad X = 30\Omega$$

进而可求得其并联等效电路的参数为

$$G = \frac{R}{R^2 + X^2} = \frac{40}{40^2 + 30^2} = 0.016(S), \quad B = \frac{-X}{R^2 + X^2} = \frac{-30}{40^2 + 30^2} = -0.012(S)$$

并联等效电路的参数也可通过复导纳求出：

$$Y = \frac{1}{Z} = \frac{1}{50e^{j36.87°}} = 0.02e^{-j36.87°} = 0.016 - j0.012(S)$$

即 $G = 0.016S$, $B = -0.012S$

对阻抗或导纳的串并联电路的分析计算、三角形和星形之间的互换，完全可以采纳电阻电路中的方法及相关的公式。

【例 6-8】 (1)求图 6-20(a)所示 RLC 串联电路的等效复阻抗，并讨论其性质；(2)若 $R = 30\Omega$，$X_L = 20\Omega$，$X_C = 60\Omega$，所加电压 $U = 100V$，求流经电路的电流 I，各元件上的电压 U_R、U_L、U_C 和电抗元件(L、C)上的串联总电压 U_X(称作电抗电压)，并画出反映各电压关系的相量图。

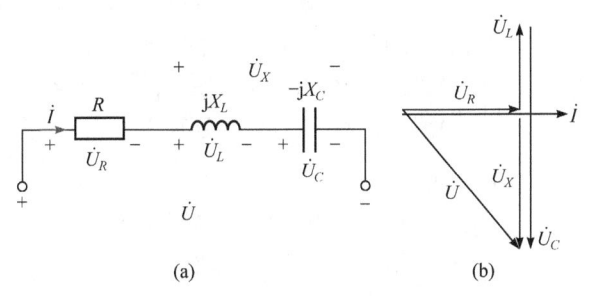

图 6-20 例 6-8 图

解 (1)等效复阻抗为

$$Z = Z_R + Z_L + Z_C = R + j\omega L - j\frac{1}{\omega C} = R + j\left(\omega L - \frac{1}{\omega C}\right)$$

若将 Z 写为 $\qquad Z = R + jX$

则 $\qquad X = \omega L - \frac{1}{\omega C} = X_L - X_C$

即 RLC 串联电路的电抗为感抗和容抗之差。当 $X_L > X_C$ 时，$X > 0$，电路呈电感性；当 $X_L < X_C$ 时，$X < 0$，电路呈电容性；当 $X_L = X_C$ 时，$X = 0$，电路呈电阻性，此时 $Z=R$，为纯电阻。由于 X_L 与 ω 成正比，X_C 与 ω 成反比，所以随着 ω 由低到高的变化，电路的性质会发生由电容性经电阻性到电感性的变化，尽管电路元件的参数并未改变。

(2)若 $R = 30\Omega$，$X_L = 20\Omega$，$X_C = 60\Omega$，则复阻抗为

$$Z = R + j(X_L - X_C) = 30 + j(20 - 60) = 30 - j40 = 50\angle-53.13°(\Omega)$$

电流为 $\qquad I = U/|Z| = 100/50 = 2(A)$

各元件上的电压为

$U_R = RI = 30 \times 2 = 60(V)$，$U_L = X_L I = 20 \times 2 = 40(V)$，$U_C = X_C I = 60 \times 2 = 120(V)$

由于 $\dot{U}_L$ 与 $\dot{U}_C$ 反相，所以总的电抗电压为

$$U_X = |U_L - U_C| = |40 - 120| = 80(V)$$

以 $\dot{I}$ 为参考相量，可得反映各电压关系的相量图如图 6-20(b)所示。其中有

$$\dot{U}_X = \dot{U}_L + \dot{U}_C$$
$$\dot{U} = \dot{U}_R + \dot{U}_L + \dot{U}_C = \dot{U}_R + \dot{U}_X$$

$\dot{U}_R$、$\dot{U}_X$ 和 $\dot{U}$ 三者构成直角三角形。

对于 GCL 并联电路的情况，读者可根据对偶原理对照 RLC 串联电路的情况自行分析讨论，得出相应的结论。

6.4.2 串并联电路的分析

正弦稳态电路使用相量和复阻抗之后，可以列出与电阻电路类似的电路方程，因此电阻电路中的各种分析方法，同样适用于正弦电路。

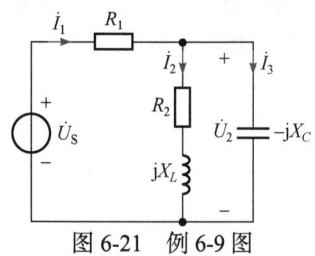

【**例 6-9**】 在图 6-21 所示的电路中，已知 $R_1 = 4\Omega$，$R_2 = 6\Omega$，$X_L = 8\Omega$，$X_C = 5\Omega$，$U_S = 12V$，求各支路电流。

说明：在正弦电路的分析中，若所求电流或电压没有明确是瞬时值还是有效值，则只需求出其相量即可；在已知电压或电流中，若没给出初相，可根据方便，任设某个电流或电压为参考相量。

图 6-21 例 6-9 图

解 用 Z_1、Z_2 和 Z_3 分别表示三条支路的阻抗，有

$$Z_1 = R_1 = 4\Omega$$
$$Z_2 = R_2 + jX_L = 6 + j8 = 10\angle 53.1°(\Omega)$$
$$Z_3 = -jX_C = -j5 = 5\angle -90°(\Omega)$$

电路总的等效复阻抗为

$$Z = Z_1 + \frac{Z_2 Z_3}{Z_2 + Z_3} = 4 + \frac{(6+j8)(-j5)}{6+j8-j5}$$
$$= 9.9\angle -42.3°(\Omega)$$

设 $\dot{U}_S = 12\angle 0°\ V$，各支路电流如图 6-21 中所示，则有

$$\dot{I}_1 = \frac{\dot{U}_S}{Z} = \frac{12\angle 0°}{9.9\angle -42.3°} = 1.21\angle 42.3°(A)$$

$$\dot{I}_2 = \frac{Z_3}{Z_2 + Z_3}\dot{I}_1 = \frac{-j5}{6+j8-j5} \times 1.21\angle 42.3° = 0.9\angle -74.3°(A)$$

$$\dot{I}_3 = \frac{Z_2}{Z_2 + Z_3}\dot{I}_1 = \frac{6+j8}{6+j8-j5} \times 1.21\angle 42.3° = 1.8\angle 68.8°(A)$$

也可以在求得 $\dot{I}_1$ 之后，先求出 $\dot{U}_2$，再求出 $\dot{I}_2$ 和 $\dot{I}_3$，即

$$\dot{U}_2 = \dot{U}_S - R_1 \dot{I}_1 = 12\angle 0° - 4 \times 1.21\angle 42.3° = 9.03\angle -21.2°(V)$$

于是有

$$\dot{I}_2 = \frac{\dot{U}_2}{Z_2} = \frac{9.03\angle -21.2°}{10\angle 53.1°} = 0.9\angle -74.3°(A)$$

$$\dot{I}_3 = \frac{\dot{U}_2}{Z_3} = \frac{9.03\angle -21.2°}{5\angle -90°} = 1.8\angle 68.8°(A)$$

结果是一样的。

【**例 6-10**】 在图 6-22 所示的电路中，已知 $R = 15\Omega$，$X_L = 20\Omega$，所加电压 $U = 100V$，电流 $\dot{I}$ 与电压 $\dot{U}$ 同相，且在 Z_2 并联前后，$\dot{I}$ 的有效值保持不变，求 Z_2。

说明：欲求某个未知的复阻抗，最直接的办法就是求出该复

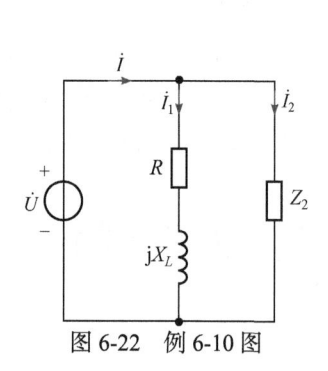

图 6-22 例 6-10 图

阻抗上的电压相量和电流相量，然后将两者相除。

解 设 $\dot{U}=100\angle0°\text{V}$，两并联支路的电流分别为 $\dot{I}_1$ 和 $\dot{I}_2$，如图 6-22 所示，则有

$$\dot{I}_1 = \frac{\dot{U}}{R+jX_L} = \frac{100\angle0°}{15+j20} = 4\angle-53.13°(\text{A})$$

由题给条件可知，此时 $I=4\text{A}$（因为在并联 Z_2 之前，$\dot{I}$ 即 $\dot{I}_1$，其有效值为 4 A），且 $\dot{I}$ 与 $\dot{U}$ 同相，故得

$$\dot{I} = 4\angle0°\text{A}$$

从而可得

$$\dot{I}_2 = \dot{I} - \dot{I}_1 = 4\angle0° - 4\angle-53.13° = 3.58\angle63.4°(\text{A})$$

于是有

$$Z_2 = \frac{\dot{U}}{\dot{I}_2} = \frac{100\angle0°}{3.58\angle63.4°} = 27.93\angle-63.4° = 12.5-j25(\Omega)$$

也可以在求得 $\dot{I}$ 之后，由复导纳的并联关系求得 Z_2，即由并联复导纳：

$$Y = \frac{\dot{I}}{\dot{U}} = \frac{4\angle0°}{100\angle0°} = \frac{1}{15+j20} + \frac{1}{Z_2}$$

求得 $Z_2 = 12.5 - j25\ \Omega$

【例 6-11】 图 6-23 所示串联电路中，已知 $U=50\text{V}$，$U_1=U_2=30\text{V}$，$R_1=10\Omega$，求复阻抗 Z_2。

图 6-23 例 6-11 电路图

解 法一 设 $\dot{U}_1 = 30\angle0°\text{V}$，$\dot{U}_2 = 30\angle\varphi_2\text{V}$，$\dot{U} = 50\angle\varphi\text{V}$，则根据 KVL，有

$$\dot{U} = \dot{U}_1 + \dot{U}_2$$

即

$$50\angle\varphi = 30\angle0° + 30\angle\varphi_2$$

或

$$50\cos\varphi + j50\sin\varphi = 30 + 30\cos\varphi_2 + j30\sin\varphi_2$$

由此可得

$$\begin{cases} 5\cos\varphi = 3(1+\cos\varphi_2) \\ 5\sin\varphi = 3\sin\varphi_2 \end{cases}$$

将上面两式的两边分别平方之后再相加，消去 φ，可求得

$$\varphi_2 = \arccos\frac{7}{18} = \pm 67.1°$$

于是得

$$\dot{U}_2 = 30\angle\pm67.1°\text{V}$$

又因

$$\dot{I} = \frac{\dot{U}_1}{R_1} = \frac{30\angle0°}{10} = 3\angle0°(\text{A})$$

从而可得

$$Z_2 = \frac{\dot{U}_2}{\dot{I}} = \frac{30\angle\pm67.1°}{3\angle0°} = 3.89\pm j9.21(\Omega)$$

结果中的正、负两种情况说明 Z_2 有感性和容性两种可能。

法二 设 $\dot{U}_1$ 为参考相量，考虑到 $\dot{U}_2$ 有超前（Z_2 为感性时）和滞后（Z_2 为容性时）于 $\dot{U}_1$ 两种可能，可得反映 $\dot{U}_1$、$\dot{U}_2$ 和 $\dot{U}$ 三者关系的相量图如图 6-23(b) 所示，对于图中的电压三角形，根据余弦定理，有

$$U^2 = U_1^2 + U_2^2 - 2U_1U_2\cos(\pi-\varphi_2) = U_1^2 + U_2^2 + 2U_1U_2\cos\varphi_2$$

从而可得
$$\cos\varphi_2 = \frac{U^2 - U_1^2 - U_2^2}{2U_1U_2} = \frac{50^2 - 30^2 - 30^2}{2\times 30\times 30} = \frac{7}{18}$$

即
$$\varphi_2 = \arccos\frac{7}{18} = \pm 67.1°$$

以下过程同法一，略

法三 设 $Z_2 = R_2 + jX_2$，因 R_1 与 Z_2 相串联(流过电流相同)，且 $U_1 = U_2$，故有

$$|Z_2| = \sqrt{R_2^2 + X_2^2} = R_1$$

又因串联总阻抗为
$$|Z| = \sqrt{(R_1+R_2)^2 + X_2^2} = U/I$$

其中
$$I = U_1/R_1 = 30/10 = 3(A)$$

把前面所得的两个方程联立，并将 R_1、U 和 I 的数值代入，得

$$\begin{cases} \sqrt{R_2^2 + X_2^2} = 10 \\ \sqrt{(10+R_2)^2 + X_2^2} = \dfrac{50}{3} \end{cases}$$

解得
$$R_2 = 3.89\,\Omega,\ X_2 = \pm 9.21\,\Omega$$

即
$$Z_2 = 3.89 \pm j9.21\,\Omega$$

在本例的各种解法中，解法一可称作相量解析法，通过相量建立方程然后求解。前面各例均属于此法，这是正弦电路分析中最一般的方法。解法二可称作相量图解法或简称相量图法，借助于反映各相量关系的相量图，通过各相量在相量图中的几何关系，来确定有关相量的模或辐角。在一般的串并联电路分析中，借助于相量图，往往可以使分析计算的过程简化，而且各相量之间的关系一目了然，所以常被采用。解法三为一般的代数解法，根据给定的电压、电流数值关系，列出代数方程然后求解。当网络结构较为复杂时，代数方程的得出不会这么容易，解出过程也不会这么简单。因此，这种方法只在结构非常简单的串联或并联电路中采用。

【例 6-12】 在图 6-24(a)所示电路中，已知 $L = 63.7\text{mH}$，$U = 70\text{V}$，$U_1 = 100\text{V}$，$U_2 = 150\text{V}$，工作频率 $f = 50\text{Hz}$，求电阻 R 和电容 C 的值。

分析： U_2 已知，欲求 R、C 之值，只要求得 I_R 和 I_C 问题就可解决。易知 $\dot I_R + \dot I_C = \dot I_L$ 且三者构成直角三角形。I_L 可通过 U_1 和 L 求得，可以借助于相量图来进一步求出 I_R 和 I_C。以 $\dot I_R$ 为参考相量，可得电流三角形如图 6-24(b)所示，只要确定了 $\dot I_L$ 的相角 φ，就可求出 I_R 和 I_C。φ 的确定可由给定条件得到的电压相量图来进行。由 $\dot U_2$ 与 $\dot I_R$ 同相，$\dot U_1$ 超前于 $\dot I_L$ 的相角为 90°，结合给定的三电压的数值，可以得到反映三电压关系的电压相量图，如图 6-24(b)所示。由此可求出 φ'，进而可求出 φ。

解 以 $\dot U_2$ 为参考相量，通过以上的分析，可得各电压、电流相量图如图 6-24(b)

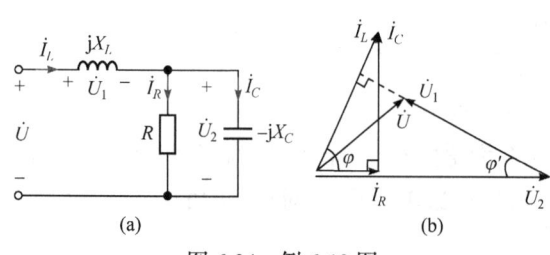

图 6-24 例 6-12 图

所示，对于图中所示的电压三角形，根据余弦定理，有

$$U^2 = U_1^2 + U_2^2 - 2U_1U_2\cos\varphi'$$

得 $$\cos\varphi' = \frac{U_1^2 + U_2^2 - U^2}{2U_1U_2} = \frac{100^2 + 150^2 - 70^2}{2\times100\times150} = 0.92$$

所以 $$\varphi' = \arccos 0.92 = 23.1°$$

于是有 $$\varphi = 90° - \varphi' = 90° - 23.1° = 66.9°$$

由 $$I_L = \frac{U_1}{X_L} = \frac{U_1}{2\pi fL} = \frac{100}{314\times 0.0637} = 5(\text{A})$$

可得 $$I_R = I_L\cos\varphi = 5\cos 66.9° = 1.96(\text{A})$$

$$I_C = I_L\sin\varphi = 5\sin 66.9° = 4.6(\text{A})$$

从而可得 $$R = U_2/I_R = 150/1.96 = 76.53(\Omega)$$

再由 $$I_C = 2\pi fCU_2$$

可得 $$C = \frac{I_C}{2\pi fU_2} = \frac{4.6}{314\times 150} = 97.7(\mu\text{F})$$

6.4.3 复杂电路的分析

对于结构较为复杂的电路，用简单串并联关系难以求解，此时可以应用支路法、节点法、回路法，也可以应用戴维南定理等有关网络定理来进行分析。

【例 6-13】 列写图 6-25 所示电路的节点方程。

解 设 o 点为参考点，其余两节点电压分别为 $\dot{U}_a$ 和 $\dot{U}_b$。以 $\dot{U}_a$、$\dot{U}_b$ 为变量在 a、b 两点可列节点方程如下：

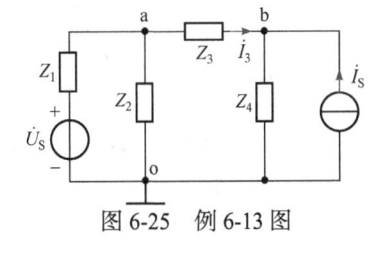

$$\begin{cases}\left(\frac{1}{Z_1} + \frac{1}{Z_2} + \frac{1}{Z_3}\right)\dot{U}_a - \frac{1}{Z_3}\dot{U}_b = \frac{\dot{U}_S}{Z_1} \\ -\frac{1}{Z_3}\dot{U}_a + \left(\frac{1}{Z_3} + \frac{1}{Z_4}\right)\dot{U}_b = \dot{I}_S\end{cases}$$

图 6-25 例 6-13 图

以上第一个方程中 $\dot{U}_a$ 的系数为节点 a 的自导纳(self admittance)，$\dot{U}_b$ 的系数为节点 b 与节点 a 之间的互导纳(mutual admittance)；第二个方程中 $\dot{U}_a$ 的系数为节点 a 与节点 b 之间的互导纳，$\dot{U}_b$ 的系数为节点 b 的自导纳。它们都和电阻电路中的自电导和互电导相对应。

例 6-14 在例 6-13 中，若给定 $Z_1 = Z_2 = Z_3 = Z_4 = 6 + j8\Omega$，$\dot{I}_S = 20\angle -30°\text{A}$，求流经 Z_3 的电流。

解 设流经 Z_3 的电流为 $\dot{I}_3$，方向如图 6-25 中所示。根据戴维南定理，去掉 Z_3 后，所余二端网络可等效化简为一个电压源和一个阻抗相串联的电路。等效电压源的电压为该二端网络的开路电压，等效阻抗为二端网络内所有独立源均为零时从二端看进去的入端阻抗。现分别求出如下。

去掉 Z_3，所余二端网络重新画出如图 6-26(a)所示，则有

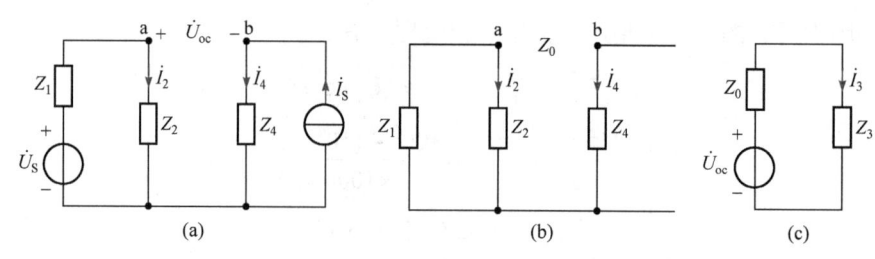

图 6-26 例 6-14 图

$$\dot{U}_{oc} = Z_2\dot{I}_2 - Z_4\dot{I}_4 = \frac{Z_2\dot{U}_S}{Z_1+Z_2} - Z_4\dot{I}_S = 25\angle 60° - 200\angle 23.1° = 180.7\angle -161.7°(V)$$

令二端网络内独立源均为零，得图 6-26(b)，则有

$$Z_0 = \frac{Z_1Z_2}{Z_1+Z_2} + Z_4 = 3+j4+6+j8 = 9+j12(\Omega)$$

画出图 6-25 所示电路的戴维南等效电路如图 6-26(c)所示，由此等效电路可立即求得

$$\dot{I}_3 = \frac{\dot{U}_{oc}}{Z_0+Z_3} = \frac{180.7\angle -161.7°}{9+j12+6+j8} = 7.23\angle 145.2°(A)$$

该例也可用叠加定理求解。

【例 6-15】 求图 6-27 所示电路中流经电压源的电流 $\dot{I}$ 和电流源两端的电压 $\dot{U}$。

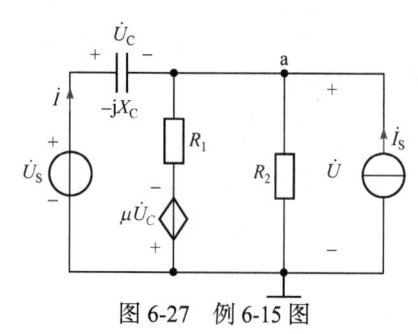

解 这是一个含有受控源的电路，现分别用节点法和戴维南定理求解。

(1) 节点法。设参考点如图 6-27 所示，则 a 点的节点电压即为电流源两端的电压 $\dot{U}$。首先将受控源视作独立源，可在 a 点列出节点方程：

$$\left(\frac{1}{R_1}+\frac{1}{R_2}+j\omega C\right)\dot{U} = j\omega C\dot{U}_S - \frac{\mu\dot{U}_C}{R_1} + \dot{I}_S$$

图 6-27 例 6-15 图

其次将受控源的控制量用节点电压表示，得

$$\dot{U}_C = \dot{U}_S - \dot{U}$$

将此式代入上面的方程并整理，得

$$\left(\frac{1-\mu}{R_1}+\frac{1}{R_2}+j\omega C\right)\dot{U} = \dot{I}_S - \left(\frac{\mu}{R_1} - j\omega C\right)\dot{U}_S$$

所以

$$\dot{U} = \frac{\dot{I}_S - \left(\frac{\mu}{R_1} - j\omega C\right)\dot{U}_S}{\frac{1-\mu}{R_1}+\frac{1}{R_2}+j\omega C} = \frac{R_1R_2\dot{I}_S - R_2(\mu - j\omega CR_1)\dot{U}_S}{R_1+(1-\mu)R_2+j\omega CR_1R_2}$$

流经电压源的电流 $\dot{I}$ 即流经电容 C 的电流，故有

$$\dot{I} = j\omega C\dot{U}_C = j\omega C(\dot{U}_S - \dot{U})$$

将上面求得的 $\dot{U}$ 代入并整理，得

$$\dot{I} = \frac{\mathrm{j}\omega C\left[(R_1+R_2)\dot{U}_\mathrm{S} - R_1R_2\dot{I}_\mathrm{S}\right]}{R_1+(1-\mu)R_2+\mathrm{j}\omega CR_1R_2}$$

(2) 戴维南定理。先求电流源两端的电压即 R_2 两端的电压 $\dot{U}$，为此可将 R_2 支路移去，得如图 6-28(a) 所示的有源二端网络，并求得该二端网络的开路电压和等效内阻如下。

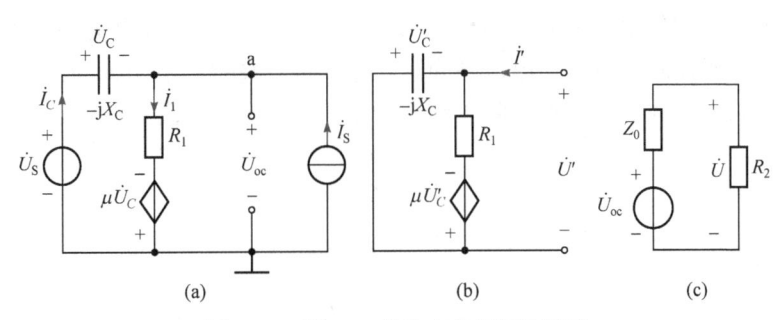

图 6-28 例 6-15 戴维南定理解法图示

在图 6-28(a) 中，有
$$\dot{I}_1 = \dot{I}_C + \dot{I}_\mathrm{S} = \mathrm{j}\omega C\dot{U}_C + \dot{I}_\mathrm{S}$$

将 KVL 应用于左边回路，有
$$\dot{U}_\mathrm{S} = \dot{U}_C + R_1\dot{I}_1 - \mu\dot{U}_C = (1-\mu)\dot{U}_C + R_1(\mathrm{j}\omega C\dot{U}_C + \dot{I}_\mathrm{S})$$

得
$$\dot{U}_C = \frac{\dot{U}_\mathrm{S} - R_1\dot{I}_\mathrm{S}}{1-\mu+\mathrm{j}\omega CR_1}$$

故有
$$\dot{U}_\mathrm{oc} = \dot{U}_\mathrm{S} - \dot{U}_C = \frac{R_1\dot{I}_\mathrm{S} - (\mu-\mathrm{j}\omega CR_1)\dot{U}_\mathrm{S}}{1-\mu+\mathrm{j}\omega CR_1}$$

将图 6-28(a) 中的独立源均置零，得如图 6-28(b) 所示的含有受控源的二端网络，用外加电源法可求得其等效阻抗如下。

$$\dot{U}' = \dot{U}'_C$$
$$\dot{I}' = \mathrm{j}\omega C\dot{U}'_C + \frac{\dot{U}'_C - \mu\dot{U}'_C}{R_1} = \frac{1-\mu+\mathrm{j}\omega CR_1}{R_1}\dot{U}'_C$$

故有
$$Z_0 = \frac{\dot{U}'}{\dot{I}'} = \frac{R_1}{1-\mu+\mathrm{j}\omega CR_1}$$

由以上两步可得原电路的戴维南等效电路如图 6-28(c) 所示，由该电路可求得

$$\dot{U} = \frac{R_2\dot{U}_\mathrm{oc}}{Z_0+R_2} = \frac{R_2 \cdot \dfrac{R_1\dot{I}_\mathrm{S}-(\mu-\mathrm{j}\omega CR_1)\dot{U}_\mathrm{S}}{1-\mu+\mathrm{j}\omega CR_1}}{\dfrac{R_1}{1-\mu+\mathrm{j}\omega CR_1}+R_2} = \frac{R_1R_2\dot{I}_\mathrm{S}-R_2(\mu-\mathrm{j}\omega CR_1)\dot{U}_\mathrm{S}}{R_1+(1-\mu)R_2+\mathrm{j}\omega CR_1R_2}$$

以下求 $\dot{I}$ 的过程同(1)，略。

对于含有受控源的电路，分析和处理的原则与电阻电路相同。

从以上诸例可以看出，正弦电路分析中所包含的内容比直流电路要丰富、复杂得多，可谓千变万化、种类繁多，读者应在做题过程中注意归纳、总结，逐步积累经验，以提高分析问题和解决问题的能力。

6.5 正弦稳态电路的功率

6.5.1 瞬时功率和平均功率

如图 6-29(a)所示的二端网络，它吸收的瞬时功率 p 等于电压和电流的乘积：$p=ui$，当网络处于正弦稳态时，端口电压、电流是同频率正弦量，瞬时功率(instantaneous power)是两个同频正弦量的乘积，也是一个随时间做周期变化的非正弦周期量。

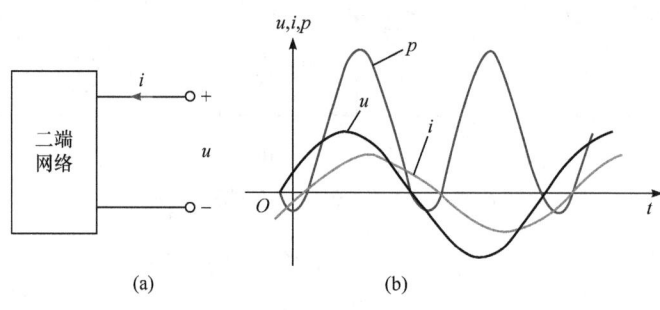

图 6-29 二端网络及其功率波形

端口电压、电流为

$$u = \sqrt{2}U\cos(\omega t + \varphi_u)$$
$$i = \sqrt{2}I\cos(\omega t + \varphi_i)$$

则其瞬时功率为

$$p = ui = UI\left[\cos(\varphi_u - \varphi_i) + \cos(2\omega t + \varphi_u + \varphi_i)\right]$$
$$= UI\cos\varphi + UI\cos(2\omega t + \varphi_u + \varphi_i)$$

式中，$\varphi = \varphi_u - \varphi_i$，为电压和电流的相位差，因此网络的瞬时功率包括恒定分量和正弦分量两部分，正弦分量的频率为电压(或电流)频率的 2 倍。

对于工程上计量的功率，例如，家用电器标记的功率都是周期量的平均功率，如电热水器的功率为 1500W、日光灯的功率为 40W 等，都是指平均功率，也称为有功功率，用 P 表示，是网络实际消耗的功率，单位为 W：

$$P = \frac{1}{T}\int_0^T p\mathrm{d}t = \frac{1}{T}\int_0^T ui\mathrm{d}t = UI\cos\varphi$$

式中，$\cos\varphi$ 称为功率因数(power factor)，电压和电流的相位差 φ 又称功率因数角。由于功率因数的存在，网络的有功功率一般小于其电压和电流有效值的乘积。

若二端网络为电阻元件，则其瞬时功率为

$$p_R = UI + UI\cos(2\omega t + 2\varphi_i) = 2UI\cos^2(\omega t + \varphi_i)$$

从图 6-30 所示的波形图可以看出，$p \geqslant 0$ 说明电阻只从外界吸收能量，是纯粹的耗能元件。电阻的平均功率为

$$P = \frac{1}{T}\int_0^T p\mathrm{d}t = \frac{1}{T}\int_0^T ui\mathrm{d}t = UI$$

图 6-30 电阻元件功率波形

根据电阻元件的电压电流关系，又可以将上式写成：

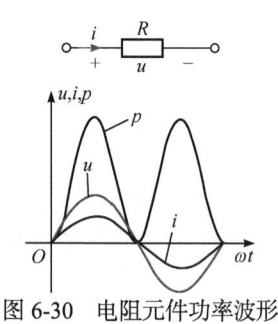

$$P = UI = I^2R = \frac{U^2}{R}$$

若二端网络为电感元件，则其瞬时功率为

$$p_L = UI\cos\left(2\omega t + 2\varphi_u - \frac{\pi}{2}\right) = UI\sin 2(\omega t + \varphi_u)$$

从图 6-31 所示的波形图可以看出，正弦交流电路中电感元件的瞬时功率是一个正弦函数，该正弦函数的频率是电压、电流频率的 2 倍，幅值为电压有效值与电流有效值之积。对其瞬时功率求平均值，有

$$P = \frac{1}{T}\int_0^T p\,\mathrm{d}t = \frac{1}{T}\int_0^T UI\sin 2(\omega t + \varphi_u)\mathrm{d}t = 0$$

电感的平均功率为 0，电感于半个周期从外界吸收能量储存于磁场中，半个周期将储存的磁场能向外界释放，吸收和释放的能量相等，说明电感本身不消耗能量，只与外界交换能量。

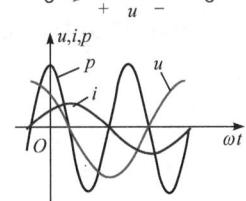

图 6-31　电感元件功率波形

若二端网络为电容元件，则其瞬时功率为

$$p_C = UI\cos\left(2\omega t + 2\varphi_i - \frac{\pi}{2}\right) = UI\sin(2\omega t + 2\varphi_i)$$

从图 6-32 所示的波形图可以看出，正弦交流电路中电容元件的瞬时功率是一个正弦函数，该正弦函数的频率是电压、电流频率的 2 倍，幅值为电压有效值与电流有效值之积。对其瞬时功率求平均值，有

$$P = \frac{1}{T}\int_0^T p\,\mathrm{d}t = \frac{1}{T}UI\sin(2\omega t + 2\varphi_i) = 0$$

电容的平均功率为 0，电容于半个周期从外界吸收能量储存于电场中，半个周期将储存的电场能向外界释放，吸收和释放的能量相等，说明电容本身不消耗能量，只与外界交换能量。

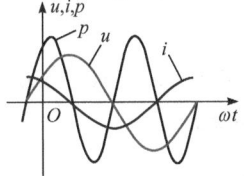

图 6-32　电容元件功率波形

6.5.2　无功功率和视在功率

对应有功功率，引入无功功率(reactive power)的概念，用 Q 表示，单位为 var，定义为

$$Q = UI\sin\varphi \tag{6-19}$$

无功功率没有明显的物理意义，只是网络引入的一个辅助计算量。当网络呈电感性时，$\varphi > 0$，故 $Q > 0$，表示网络吸收或消耗无功功率；当网络呈电容性时，$\varphi < 0$，故 $Q < 0$，表示网络发出或产生无功功率。

电压和电流有效值的乘积称为视在功率或表观功率(apparent power)，用 S 表示，单位为 V·A，即

$$S = UI \tag{6-20}$$

当网络为电阻、电感、电容元件时，其有功功率和无功功率分别为

$$P_R = UI, Q_R = 0;\quad P_L = 0, Q_L = UI;\quad P_C = 0, Q_C = -UI$$

可见，电阻元件消耗有功功率，电感元件吸收无功功率，电容元件发出无功功率。

由 P、Q、S 的表达式可知三者关系如下：

$$\begin{cases} P = S\cos\varphi \\ Q = S\sin\varphi \\ S = \sqrt{P^2 + Q^2} \\ \varphi = \arctan\dfrac{Q}{P} \end{cases}$$

根据有功功率、无功功率和视在功率的关系，正弦电路的功率可表示为一个复数 $\overline{S}$，即

$$\overline{S} = P + jQ = S\angle\varphi \tag{6-21}$$

称为复功率(complex power)，其实部为有功功率，虚部为无功功率，模为视在功率，辐角为功率因数角。复功率没有实际的物理意义，只是一个计算量。复功率是复数，但不是相量，故符号顶部不用"·"而用"−"。

将式(6-20)代入式(6-21)，可得

$$\overline{S} = UI\angle(\varphi_u - \varphi_i) = U\angle\varphi_u \cdot I\angle -\varphi_i = \dot{U}\overset{*}{I} \tag{6-22}$$

式中，$\overset{*}{I}$ 为电流相量 $\dot{I} = I\angle\varphi_i$ 的共轭复数，可见复功率可通过电压相量和电流相量进行计算。

将式(6-14)代入式(6-22)，可得

$$\overline{S} = Z\dot{I}\overset{*}{I} = ZI^2 \tag{6-23}$$

可见，复功率也可以通过电流有效值和复阻抗进行计算。

【例 6-16】 如图 6-33 所示的正弦交流电路，$Z_1 = 20\Omega$，$Z_2 = 6 + j8\Omega$，$Z_3 = 10 - j10\Omega$，$U = 100V$。求电压源发出的有功功率 P、无功功率 Q 和总功率因数及电流 I。

解 法一 设 $\dot{U} = 100\angle 0°V$，则有

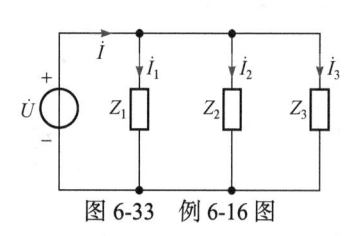

$$\dot{I}_1 = \frac{\dot{U}}{Z_1} = \frac{100\angle 0°}{20} = 5\angle 0°(A)$$

$$\dot{I}_2 = \frac{\dot{U}}{Z_2} = \frac{100\angle 0°}{6 + j8} = 10\angle -53.1°(A)$$

$$\dot{I}_3 = \frac{\dot{U}}{Z_3} = \frac{100\angle 0°}{10 - j10} = 5\sqrt{2}\angle 45°(A)$$

图 6-33 例 6-16 图

根据 KCL，有 $\dot{I} = \dot{I}_1 + \dot{I}_2 + \dot{I}_3 = 5\angle 0° + 10\angle -53.1° + 5\sqrt{2}\angle 45° = 16.28\angle -10.62°(A)$，则电流 $I = 16.28$ A，功率因数 $\cos\varphi = \cos 10.62° = 0.98$。

有功功率为 $\qquad P = UI\cos\varphi = 100 \times 16.28 \times \cos 10.62° = 1600W$

无功功率为 $\qquad Q = UI\sin\varphi = 100 \times 16.28 \times \sin 10.62° = 300\text{var}$

法二 根据法一，有

$$\dot{I}_1 = 5\angle 0°A，\dot{I}_2 = 10\angle -53.1°A，\dot{I}_3 = 5\sqrt{2}\angle 45°A$$

$$P_1 = I_1^2 \operatorname{Re}[Z_1] = 500\text{W}, \quad Q_1 = 0$$
$$P_2 = I_2^2 \operatorname{Re}[Z_2] = 600\text{W}, \quad Q_2 = I_2^2 \operatorname{Im}[Z_2] = 800\text{var}$$
$$P_3 = I_3^2 \operatorname{Re}[Z_3] = 500\text{W}, \quad Q_3 = I_3^2 \operatorname{Im}[Z_3] = -500\text{var}$$

则
$$P = P_1 + P_2 + P_3 = 1600\text{W}$$
$$Q = Q_1 + Q_2 + Q_3 = 300\text{var}$$
$$S = \sqrt{P^2 + Q^2} = \sqrt{1600^2 + 300^2} = 1627.9(\text{V}\cdot\text{A})$$
$$I = S/U = 1627.9/100 = 16.3(\text{A})$$
$$\cos\varphi = P/S = 1600/1627.9 = 0.98$$

法三 等效阻抗为
$$Z = Z_1 // Z_2 // Z_3 = 20//(6+\text{j}8)//(10-\text{j}10) = 6.14\angle 10.62°(\Omega)$$
$$\dot{I} = \frac{\dot{U}}{Z} = \frac{100\angle 0°\text{ A}}{6.14\angle 10.62°} = 16.28\angle -10.62°(\text{A})$$
$$\bar{S} = \dot{U}\overset{*}{\dot{I}} = 100\angle 0° \times 16.28\angle 10.62° = 1628\angle 10.62° = 1600+\text{j}300$$

所以
$$P = 1600\text{W}, \quad Q = 300\text{var}$$
$$S = \sqrt{P^2 + Q^2} = \sqrt{1600^2 + 300^2} = 1627.9(\text{V}\cdot\text{A})$$
$$\cos\varphi = P/S = 1600/1627.9 = 0.98$$

6.5.3 负载功率因数的提高

电力系统中，发电机和变压器的发送与输变电能力取决于它们电压和电流的最大限额，即额定电压 U_N 和额定电流 I_N。二者的乘积 $U_\text{N}I_\text{N}$，即其额定视在功率 S_N，称为发电机和变压器的容量。它们所能提供的有功功率不仅取决于自身的容量，而且取决于负载的功率因数。当负载为电阻性时，$\cos\varphi = 1$，输出的有功功率等于其容量；当负载为电感性或电容性时，$\cos\varphi < 1$，输出的有功功率小于其容量，且负载功率因数越低，输出有功功率越小。另外，在电压和有功功率一定的情况下，功率因数越低，电路取用的电流越大，消耗在输电线中的功率 ($\Delta P = I^2 r$) 越大。因此，为充分利用设备容量，减小输电线路功率损耗，设法提高电路的功率因数势在必行。

提高功率因数就是要减小电压和电流的相位差。目前电力系统的负载多数是电感性的，通常采用并联电容的方法提高功率因数，其原理如图 6-34(a) 所示，图中 RL 串联支路代表电感性负载，负载电流 $\dot{I}_L$ 比电源电压 $\dot{U}_\text{S}$ 滞后 φ，并联电容前，$\dot{I}_L$ 为电源提供的电流。并联电容后电源提供的电流 $\dot{I} = \dot{I}_L + \dot{I}_C$，$\dot{I}$ 比 $\dot{U}_\text{S}$ 滞后 φ'，于是电源提供的电流减小

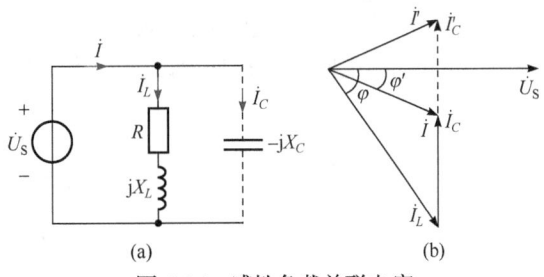

图 6-34 感性负载并联电容

$(I<I_L)$，电路的功率因数提高$(\cos\varphi'>\cos\varphi)$，但电路的有功功率保持不变。从理论上讲，这种方法可使功率因数提高到 1，但从经济效果上考虑，实际中只提高到 0.9 或 0.95 左右。

如何根据功率因数的要求来确定并联电容的数值呢？请看下面例题。

【例 6-17】 在 50 Hz、380 V 的电源上接一电感性负载，功率 $P=20$ kW，功率因数 $\cos\varphi=0.6$。若要使电路的功率因数提高为 $\cos\varphi'=0.9$，问需并联多大的电容器？

解 根据题意，可画出电路和相量图如图 6-34(b)所示。可以根据相量图，确定所需的 I_C，进而由 $I_C=\omega CU_S$ 便可求得 C 的数值，具体如下。

$$P=U_S I_L \cos\varphi=U_S I\cos\varphi'$$

可分别求得

$$I_L=\frac{P}{U_S\cos\varphi},\quad I=\frac{P}{U_S\cos\varphi'}$$

由相量图可知：

$$I_C=I_L\sin\varphi-I\sin\varphi'=\frac{P}{U_S}(\tan\varphi-\tan\varphi')$$

于是有

$$C=\frac{I_C}{\omega U_S}=\frac{P}{\omega U_S^2}(\tan\varphi-\tan\varphi')$$

$$=\frac{20\times 10^3}{2\times 3.14\times 50\times 380^2}\times(\tan 53.1°-\tan 25.8°)$$

$$=374(\mu F)$$

事实上，还有一个满足要求的解答，如相量图中的虚线所示。这时整个电路由于过补偿而呈电容性，需要的电容更大，显然是不可取的。

6.5.4 最大功率传输

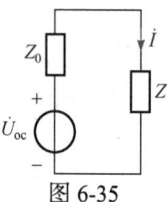

正弦稳态电路中，相对于负载而言，电路的其余部分就是一个有源二端网络。根据戴维南定理，可等效为如图 6-35 所示的电路，图中 $\dot{U}_{oc}$ 和 Z_0 为戴维南等效参数，Z 为负载。

设 $Z_0=R_0+jX_0$，$Z=R+jX$，则流经负载的电流有效值为

$$I=\frac{U_{oc}}{\sqrt{(R_0+R)^2+(X_0+X)^2}}$$

图 6-35

则负载吸收的有功功率为

$$P=I^2R=\frac{RU_{oc}^2}{(R_0+R)^2+(X_0+X)^2} \tag{6-24}$$

下面分两种情况讨论负载从电源获得最大功率的条件。

(1) 负载的电阻和电抗均可改变，其他参数不变，则获得最大功率的条件为

$$\begin{cases} X+X_0=0 \\ \dfrac{dP}{dR}=\dfrac{R_0-R}{(R_0+R)^3}=0 \end{cases}$$

解得

$$\begin{cases} X=-X_0 \\ R=R_0 \end{cases}$$

即有
$$Z = R_0 - jX_0 = \overset{*}{Z}_0$$

此时负载获得最大功率的条件是 $Z = R_0 - jX_0 = \overset{*}{Z}_0$，即负载阻抗等于电源内阻抗的共轭复数时，负载可以获得最大功率。这种情况称为共轭匹配(conjugated matching)，又称最佳匹配。

实现最佳匹配时，电源等效内阻抗消耗的功率与负载消耗的功率相同，即电能的传输效率仅为 50%，因此电力系统不能工作在这种状态。但在通信和控制系统中，电路的传输功率很小，所以常常工作在最佳匹配状态，以求负载获得最大的功率输出。

(2) 负载的阻抗模可以改变，阻抗角不能改变，也就是 R 和 X 可以改变，但 X/R 不能改变（负载为纯电阻时属于这种情况）。

将 $R = Z\cos\varphi$，$X = Z\sin\varphi$，$R_0 = Z_0\cos\varphi_0$，$X_0 = Z_0\sin\varphi_0$ 代入式(6-24)，得

$$P = \frac{U_{oc}^2|Z|\cos\varphi}{(|Z_0|\cos\varphi_0 + |Z|\cos\varphi)^2 + (|Z_0|\sin\varphi_0 + |Z|\sin\varphi)^2}$$

可知，当 $\frac{dP}{d|Z|} = 0$ 时，功率最大，即

$$\frac{dP}{d|Z|} = \frac{U_{oc}^2\cos\varphi(|Z_0|^2 - |Z|^2)}{(|Z_0|\cos\varphi_0 + |Z|\cos\varphi)^2 + (|Z_0|\sin\varphi_0 + |Z|\sin\varphi)^2} = 0$$

可得，负载获得最大功率的条件是

$$|Z| = |Z_0| \tag{6-25}$$

即负载阻抗模等于电源内阻抗模时，负载可以获得最大功率。这种情况称为模匹配，此时的最大功率为

$$P_{max} = \frac{U_{oc}^2\cos\varphi}{2|Z_0|[1 + \cos(\varphi_0 - \varphi)]} \tag{6-26}$$

【例 6-18】 在图 6-36(a)所示的电路中，已知 $R_1 = R_2 = 30\Omega$，$X_L = X_C = 40\Omega$，$U_S = 100V$。(1)求负载 Z 的最佳匹配值及可获得的最大功率；(2)若 $Z = R$ 为一纯电阻，求负载 R 为何值时可获最大功率？最大功率为多少？

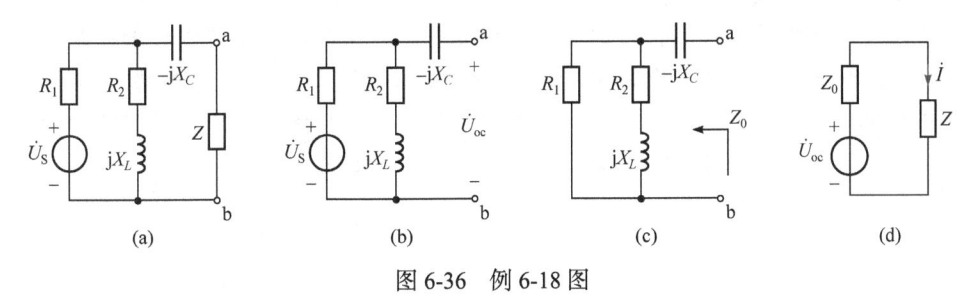

图 6-36 例 6-18 图

解 先求原电路去掉负载后的戴维南等效参数。令 $\dot{U}_S = 100\angle 0°V$，由图 6-36(b)可得

$$\dot{U}_{oc} = \frac{R_2 + jX_L}{R_1 + R_2 + jX_L}\dot{U}_S = \frac{30 + j40}{60 + j40}\times 100\angle 0° = 69.35\angle 19.4°(V)$$

由图 6-36(c)可得

$$Z_0 = \frac{R_1(R_2 + jX_L)}{R_1 + R_2 + jX_L} - jX_C = \frac{30(30 + j40)}{30 + 30 + j40} - j40$$
$$= 19.6 - j33.1 = 38.5\angle -59.4°(\Omega)$$

(1) 负载的最佳匹配值为　　　$Z = \overset{*}{Z}_0 = 19.6 + j33.1\ \Omega$

可获得的最大功率为　　　$P_{max} = \frac{U_{oc}^2}{4R_0} = \frac{69.35^2}{4\times 19.6} = 61.34(W)$

(2) 负载为纯电阻时，$R = |Z_0| = 38.5\Omega$，可获得最大功率，即

$$P_{max} = \frac{U_{oc}^2}{2|Z_0|(1+\cos\varphi_0)} = \frac{69.35^2}{2\times 38.5(1+\cos 59.4°)} = 41.39(W)$$

变换域思想

　　变换域思想是指将信号处理或系统分析的问题从时域或空间域转换到频域或复平面上进行研究和解决的思维方式。这种思想可以帮助更好地理解信号或系统的性质，并提供更有效的分析方法和解决方案。通过变换域思想，可以更深入地研究信号的频谱特性、系统的传输函数等，从而实现更精确的信号处理和系统设计。

　　通过学习如何将信号或系统从时域转换到频域进行分析，学生不仅可以理解抽象的数学概念，还可以将这种思维模式应用到实际生活中解决复杂问题，同时还能激发学生的思维活跃性和创新意识，培养他们对问题的全面思考和解决能力。变换域思想在实际应用中有许多方面的应用，其中包括但不限于以下几个方面。

　　信号处理领域：在音频处理、图像处理、通信系统等领域中，常常会使用变换域思想进行信号的频谱分析、滤波处理、压缩编码等操作，以提高信号处理的效率和质量。

　　控制系统设计：在控制系统设计中，变换域思想可以帮助设计师对系统的频率特性进行分析和优化，从而提高系统的性能和稳定性。

　　数学建模与仿真：在数学建模与仿真中，变换域思想可以帮助将复杂的时域问题转换为简单的频域问题，从而更方便地进行数学建模和仿真分析。

　　信号恢复与数据处理：在信号恢复与数据处理中，变换域思想可以帮助恢复受损信号或处理数据，如通过傅里叶变换进行成像信号处理、通过小波变换进行数据压缩等。

　　总体来说，变换域思想在各个领域的实际应用中具有广泛的意义，可以帮助解决复杂问题，提高系统性能，优化设计方案，推动科学技术的进步。

习　题

6-1 把下列复数按要求进行转换。

(1) 化成极坐标式：$3 - j4$，$6 + j3$，$-8 + j6$，$-5 - j10$，5。

(2) 化成直角坐标式：$5\angle 36.87°$，$10\angle -53.13°$，$8\angle 30°$，$1\angle 120°$，$15\angle(\pi/4)$，$2\angle -90°$，$3\angle 180°$。

6-2 实验中示波器显示出两个工频正弦电压 u_1 和 u_2 的波形如题 6-2 图所示，已知 u_1 的振幅是 5V。(1)试写出它们的瞬时值表达式(以 u_1 为参考正弦量)；(2)若用电压表来量这两个电压，读数各为多少？

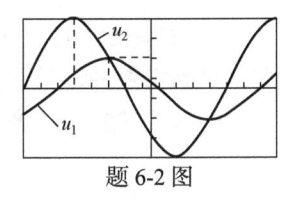

题 6-2 图

6-3 指出下列各组正弦电压、电流的最大值、有效值、频率和初相，并确定每组两个正弦量之间的相位差。

(1) $\begin{cases} u_1 = 300\cos 314t \text{ V} \\ u_2 = 220\sqrt{2}\cos(314t - 30°) \text{ V} \end{cases}$

(2) $\begin{cases} i_1 = \sqrt{2}\cos\left(200\pi t + \dfrac{\pi}{3}\right) \text{ A} \\ i_2 = \sin\left(200\pi t + \dfrac{\pi}{3}\right) \text{ A} \end{cases}$

(3) $\begin{cases} u = 100\cos(500t + 120°) \text{ V} \\ i = -10\sqrt{2}\cos(500t - 60°) \text{ A} \end{cases}$

6-4 写出题 6-3 各组正弦量的相量表达式，并画出每组的相量图。

6-5 写出下列各相量对应的正弦量瞬时值表达式。

(1) $\dot{U} = 220\angle 40° \text{ V}(f = 50 \text{ Hz})$ (2) $\dot{U}_m = \text{j}100 \text{ V}(\omega = 100\text{rad/s})$

(3) $\dot{I}_m = -10 \text{ A}(f = 100 \text{ Hz})$ (4) $\dot{I} = 4 - \text{j}3 \text{ A}(\omega = 200\text{rad/s})$

6-6 求题 6-6 图所示各电路中的 U。已知 $U_1 = 30\text{V}$，$U_2 = 40\text{V}$，说明在什么条件下串联总电压有效值才等于各分电压有效值之和。

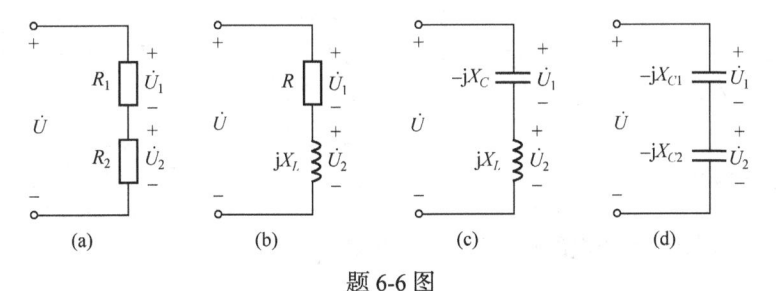

题 6-6 图

6-7 题 6-7 图所示的电路中，已知 $R = 50\Omega$，$C = 15.9\mu\text{F}$，正弦电压 u 的有效值为 100V。求频率为 50Hz 和 500Hz 两种情况下 i_R 和 i_C 的有效值。

6-8 题 6-8 图所示的 RLC 并联电路中，(1)若电阻支路、电感支路及总电流的有效值分别为 $I_R = 4\text{A}$，$I_L = 6\text{A}$，$I = 5\text{A}$，求电容支路电流有效值 I_C；(2)若 $R = 50\Omega$，$L = 20\text{mH}$，$C = 25\mu\text{F}$，电压有效值 $U = 100\text{V}$，角频率 $\omega = 1000\text{rad/s}$，求总电流有效值。

6-9 题 6-9 图所示的电路中，已知 $R = 40\Omega$，$X_L = 30\Omega$，$X_C = 20\Omega$。若 $\dot{I}_L = 3\angle 0° \text{ A}$，求总电流 i 和总电压 u 的表达式，并画出反映各电压、电流关系的相量图。

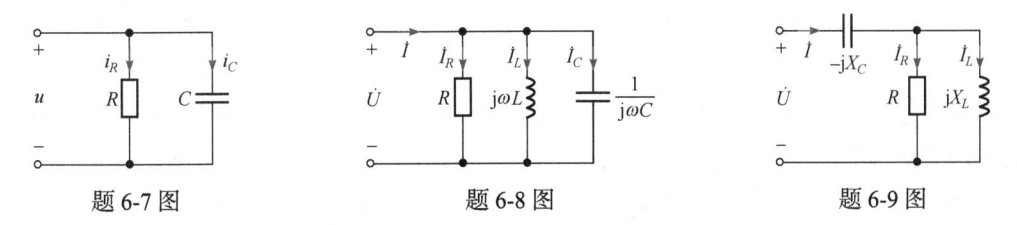

题 6-7 图   题 6-8 图   题 6-9 图

6-10 已知某负载的电压相量和电流相量分别如下：

（1）$\dot{U}=100\angle 120°$ V，$\dot{I}=5\angle 60°$ A ； （2）$\dot{U}=100\angle 30°$ V，$\dot{I}=4\angle 60°$ A。
试确定每种情况下负载的复阻抗、复导纳，并说明其性质。

6-11 求题 6-11 图所示各电路的等效复阻抗。

题 6-10 图 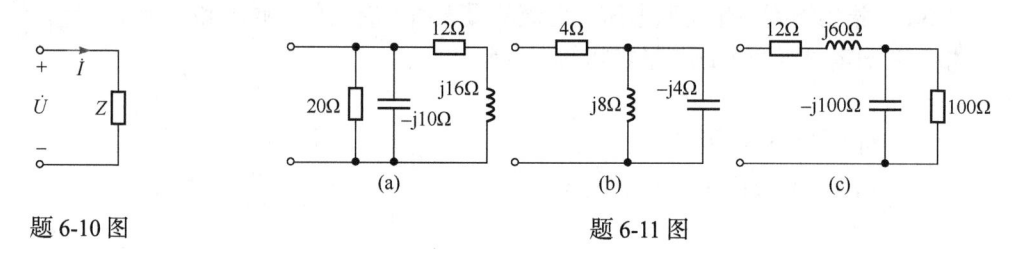　　　　　　　　　　　　　　　题 6-11 图

6-12 求题 6-12 图所示电路的等效复阻抗。若 $R=40\Omega$，$r=10\Omega$，$\dfrac{1}{\omega C}=20\Omega$，求其串联等效电路和并联等效电路的参数。

6-13 题 6-13 图所示的电路中，已知 $R_1=60\Omega$，$R_2=100\Omega$，$L=0.2\text{H}$，$C=10\mu\text{F}$。若电流源的电流为 $i_S=0.2\sqrt{2}\cos(314t+30°)$ A，试求两并联支路的电流 i_R、i_C 和电流源的电压 u。

6-14 题 6-14 图所示的电路中，已知 $L_1=63.7\text{mH}$，$L_2=31.85\text{mH}$，$R_2=100\Omega$，电路工作频率为 $f=500\text{Hz}$，欲使电流 i 与 i_2 的相位差分别为 $0°$，$45°$，$90°$，相应的电容 C 的值为多少？

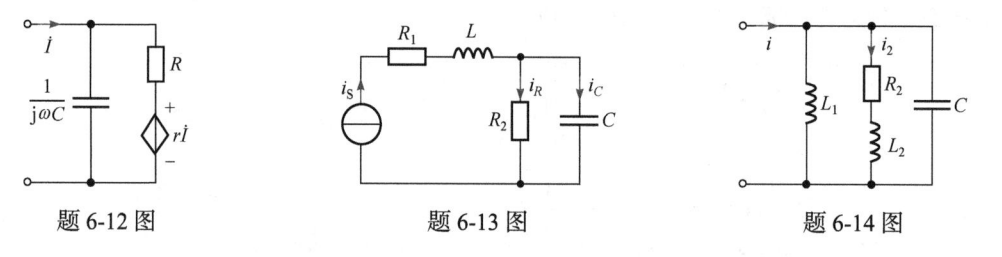

题 6-12 图　　　　　　　　题 6-13 图　　　　　　　　题 6-14 图

6-15 题 6-15 图所示的电路中，若 $U=100\text{V}$，$I_1=I_2=I=10\text{A}$，$\omega=10^4\text{rad/s}$，求 R、L、C 的值。

6-16 试证明题 6-16 图所示的 RC 分压器中，当 $R_1C_1=R_2C_2$ 时，输出与输入电压之比是一个与频率无关的常数。

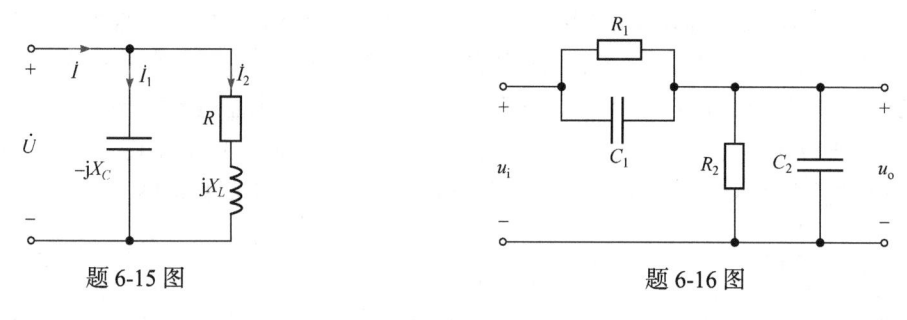

题 6-15 图　　　　　　　　　　　　　　　题 6-16 图

6-17 题 6-17 图所示的电路中，两电压表 V_1 和 V_2 的读数分别为 81.65V 和 111.54V，已知总电压有效值 $U=100\text{V}$，$X_C=50\Omega$，求 R 和 X_L 的值。

6-18 题 6-18 图所示的正弦稳态电路中，已知 $L=0.2\text{H}$，$C=10\mu\text{F}$，$\omega=1000\text{rad/s}$，且电压有效值 $U_2=U_1=U=100\text{V}$，求阻抗 Z_3。

题 6-17 图　　　　　　　　　　　　题 6-18 图

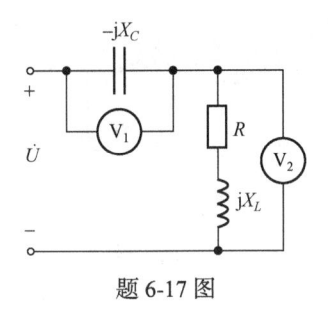

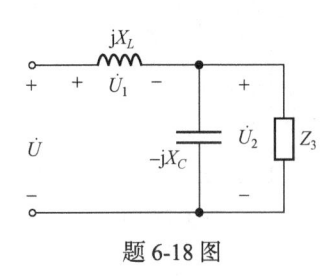

6-19　题 6-19 图所示的正弦稳态电路中，已知 $R_1 = 2\text{k}\Omega$，$R_2 = 500\Omega$，$C = 1000\text{pF}$，若使电压 u 与 u_1 的有效值相等，求 L 应为多少？

6-20　题 6-20 图所示的电路中，$R_1 = X_{L2} = 30\Omega, R_2 = X_{L1} = 40\Omega, U_S = 100\text{V}$。（1）$Z = 33.6\Omega$ 时，求流经其中的电流；（2）Z 为何值时，流经其中的电流最大？

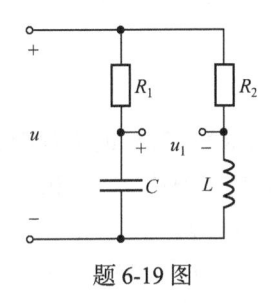

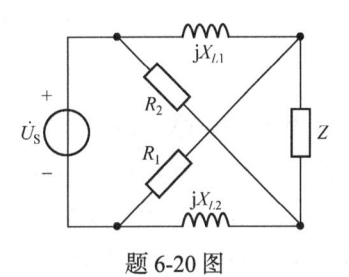

题 6-19 图　　　　　　　　　　　　题 6-20 图

6-21　题 6-21 图所示的电路中，$R_1 = X_C = 5\Omega, R = 8\Omega$，试确定 R_0 为何值时，可使 $\dot{I}_0$ 和 $\dot{U}_S$ 的相位差为 90°。

6-22　题 6-22 图所示的电路中，已知 $R_1 = 5\Omega$，$R_2 = 20\Omega$，$X_C = 20\Omega$，$r = 30\Omega$，$\dot{U}_S = 6\angle 0°\text{V}$；若 $Z = 20 - \text{j}10\,\Omega$，求流经 Z 的电流 $\dot{I}$。

6-23　题 6-23 图所示的正弦稳态电路中，已知 $U = 220\text{V}$，有功功率 $P = 7.5\text{kW}$，无功功率 $Q = 5.5\text{kvar}$，求 R、X 的值。

题 6-21 图　　　　　　　　题 6-22 图　　　　　　　　题 6-23 图

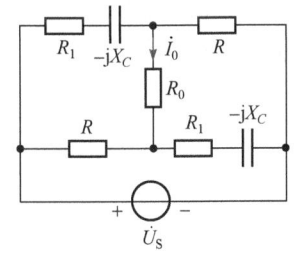

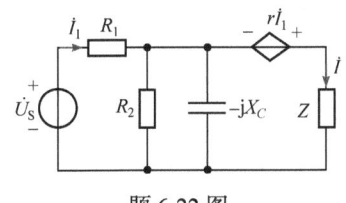

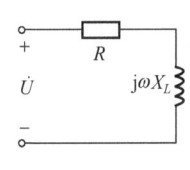

6-24　如题 6-24 图所示正弦交流电路的总功率因数为 0.707（电感性），$Z_1 = 2 + \text{j}4\,\Omega$，电压源输出功率 $P = 500\text{W}$，$U = 100\text{V}$。求负载 Z_2 的值以及它吸收的有功功率。

6-25　题 6-25 图所示的正弦稳态电路中，已知电源有效值 $U_S = 220\text{V}$，$R = 10\Omega$，$U_1 = U_2 = 220\text{V}$，求电路消耗功率 P 的值。

6-26　题 6-26 图所示的电路中，各表的读数如图中所示，求电路元件参数 R_1、X_{L1}、R_2、X_{L2} 的值。

题 6-24 图

题 6-25 图

题 6-26 图

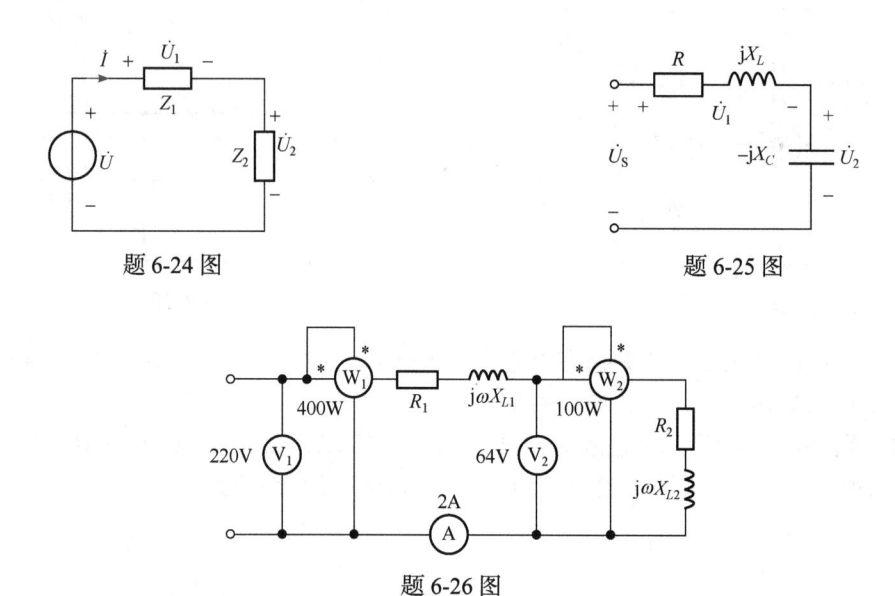

6-27 功率为 40W 的日光灯和白炽灯各 100 只并联在电压为 220V 的工频交流电源上，已知日光灯的功率因数为 0.5(电感性)，求电路的总电流和总功率因数。若要把电路的总功率因数提高到 0.9，应并联多大的电容？并联电容后的总电流是多少？

6-28 题 6-28 图所示的电路中，已知 $U=220\text{V}$，$U_1=141.4\text{V}$，$I_2=30\text{A}$，$I_3=20\text{A}$，电路吸收的功率 $P=1000\text{W}$。试求：(1) I_1 和 U_2；(2) R、X_{L1}、X_{L2} 和 X_C。

6-29 题 6-29 图所示的电路中，已知 $Z_1=3+\text{j}6\Omega$，$Z_2=4+\text{j}8\Omega$。(1) Z_3 为何值时，I_3 最大？(2) Z_3 为何值时，可获最大功率？

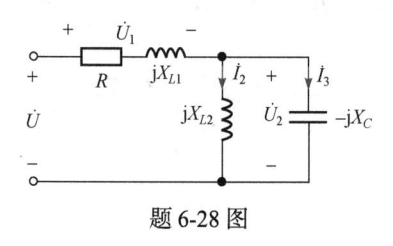

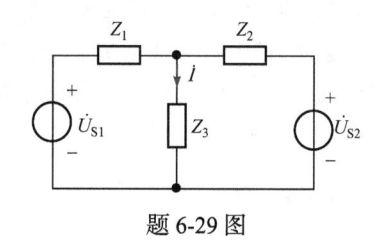

题 6-28 图

题 6-29 图

第 7 章 电路频率特性分析

电路和系统的工作状态跟随频率而变化的现象，称为电路和系统的频率特性，又称频率响应。谐振(resonance)是 R、L、C 元件组成的电路在某些特定频率时发生的一种特殊现象，当电路发生谐振时，电路某一部分呈现出纯电阻性。一方面，谐振可能会给电路的工作带来益处，因而得到广泛应用，如用于高频淬火、高频加热以及收音机、电视机中；另一方面，谐振可能会破坏系统的正常工作，甚至造成危害，因而应设法避免。因此，对电路系统的频率特性和谐振的分析研究是正弦稳态电路分析的重要组成部分。

在生产实践和科学实验中，通常会遇到按非正弦规律变化的电源和电信号。另外，如果电路存在非线性元件，即使在正弦电源的作用下，电路中也将产生非正弦周期的电压和电流，所以本章将讨论在非正弦周期电源或电信号的作用下，线性电路的稳态分析和计算方法。最后，通过谐振电路与非正弦周期电路应用，介绍网络函数和滤波器的概念。

7.1 串联谐振与频率响应

7.1.1 RLC 串联谐振

如图 7-1 所示的 RLC 串联电路，在可变频的正弦电压源 $\dot{U}_S$ 激励下，由于感抗、容抗随频率变动，所以电路中的电压、电流响应也随频率变动。其复阻抗为

$$Z = R + j\left(\omega L - \frac{1}{\omega C}\right) = R + j(X_L - X_C) = R + jX$$

式中，电抗 X 是角频率 ω 的函数，X 随 ω 变化的情况如图 7-2 所示。当 ω 从 0 向 $+\infty$ 变化时，X 从 $-\infty$ 向 $+\infty$ 变化。在 $\omega < \omega_0$ 时，$X < 0$，电路呈电容性；在 $\omega > \omega_0$ 时，$X > 0$，电路呈电感性；在 $\omega = \omega_0$ 时，$X = 0$，电路呈电阻性，发生谐振。

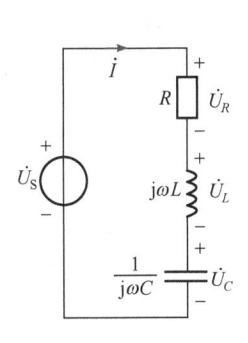

图 7-1 RLC 串联电路

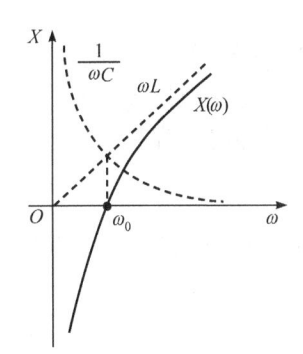

图 7-2 X 随 ω 的变化曲线

这种谐振发生在 RLC 串联电路中，又称串联谐振(series resonance)。串联谐振发生的条件是

$$X = \omega_0 L - \frac{1}{\omega_0 C} = 0 \tag{7-1}$$

由此可得谐振角频率为

$$\omega_0 = \frac{1}{\sqrt{LC}} \tag{7-2a}$$

谐振频率(resonance frequency)为

$$f_0 = \frac{1}{2\pi\sqrt{LC}} \tag{7-2b}$$

当 L 的单位为亨利(H)，C 的单位为法拉(F)时，f_0 的单位为赫兹(Hz)，ω_0 的单位为弧度/秒(rad/s)。串联电路的谐振频率是由电路自身参数决定的，与外部条件无关，故又称电路的固有频率或自然频率(natural frequency)。当电源频率一定时，调节电路参数 L 或 C，使固有频率与电源频率一致而发生谐振；当电路参数一定时，调节电源频率使其与固有频率一致而发生谐振。当然，通过同样途径使 ω、L、C 三者关系不满足谐振条件，则可达到消除谐振的目的。

谐振时，虽然电抗为零，但感抗和容抗并不为零，只是二者相等，将谐振时的感抗或容抗称为串联电路的特性阻抗(characteristic impedance)，记作 ρ，即

$$\rho = \omega_0 L = \frac{1}{\omega_0 C} \tag{7-3a}$$

将式(7-2a)代入式(7-3a)得

$$\rho = \sqrt{\frac{L}{C}} \tag{7-3b}$$

ρ 的单位为欧姆(Ω)，由电路参数 L 和 C 决定，与频率无关。

工程上常用特性阻抗与电阻的比值表征串联谐振电路的性能，称为品质因数(quality factor)，又称共振系数，用 Q 表示，即

$$Q = \frac{\rho}{R} = \frac{\omega_0 L}{R} = \frac{1}{\omega_0 RC} = \frac{1}{R}\sqrt{\frac{L}{C}} \tag{7-4}$$

这是由电路参数 R、L、C 共同决定的一个无量纲的量，有时简称为 Q 值。

谐振时，电路阻抗 $Z_0 = R$，为纯电阻，阻抗值最小。因此，在保持外施电压有效值不变的情况下，谐振时电流最大，为

$$\dot{I}_0 = \dot{U}_S / Z_0 = \dot{U}_S / R$$

谐振时，各元件的电压分别为

$$\dot{U}_{R0} = \dot{I}_0 R = \dot{U}_S$$

$$\dot{U}_{L0} = j\omega_0 L \dot{I}_0 = j\omega_0 L \frac{\dot{U}_S}{R} = jQ\dot{U}_S$$

$$\dot{U}_{C0} = -j\frac{1}{\omega_0 C}\dot{I}_0 = -j\frac{1}{\omega_0 C} \cdot \frac{\dot{U}_S}{R} = -jQ\dot{U}_S$$

谐振发生时，电阻电压与外施电压相等且同相，此时外施电压全部加在电阻上，电阻电压达到最大值；电感电压和电容电压有效值相等，均为外施电压的 Q 倍，但电感电压超前外施电压 90°，电容电压滞后外施电压 90°，总电抗电压 $\dot{U}_{X0} = \dot{U}_{L0} + \dot{U}_{C0} = 0$。

RLC 串联电路谐振时的电压、电流相量图如图 7-3 所示。

在电路 Q 值较高时，电感电压和电容电压的数值都将远大于外施电压的值，所以串联谐振又称电压谐振（voltage resonance）。在接收机的输入回路中，天线接收到的微弱信号输入到串联谐振电路，并在电抗元件两端获得一个比输入电压大很多倍的电压，再送到下一级去进行放大。但在电力系统中，由于电源电压本身较高，如果电路工作于串联谐振状态，出现的高电压将使电气设备损坏，故应避免。

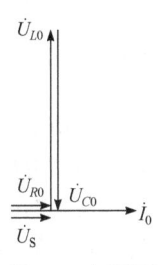

图 7-3 相量图

现在来分析谐振时的能量关系。设谐振时的电路电流为

$$i = I_m \cos(\omega_0 t)$$

则电容电压为

$$u_C = \frac{I_m}{\omega_0 C} \cos\left(\omega_0 t - \frac{\pi}{2}\right) = U_{Cm} \sin(\omega_0 t)$$

电路中的电磁场总能量为

$$W = W_C + W_L = \frac{1}{2} C u_C^2 + \frac{1}{2} L i_L^2 = \frac{1}{2} C U_{Cm}^2 \sin^2(\omega_0 t) + \frac{1}{2} L I_m^2 \cos^2(\omega_0 t)$$

因

$$\frac{1}{2} C U_{Cm}^2 = \frac{I_m^2}{2 \omega_0^2 C} = \frac{1}{2} L I_m^2$$

故有

$$W = \frac{1}{2} C U_{Cm}^2 = \frac{1}{2} L I_m^2 \tag{7-5a}$$

这表明，串联谐振时电场能量最大值等于磁场能量最大值，电路中电磁场总能量是不随时间变化的常量，就等于电场能量或磁场能量的最大值。图 7-4 的曲线反映了谐振时电、磁场能量的关系。电场能量增加某一数值，磁场能量必减小同一数值，反之亦然，这意味着在电容和电感之间存在着电场能量和磁场能量相互转换的周期性振荡过程。电磁场能量的转换只在电路内部进行，电源只向电阻提供能量。

将 $U_{Cm} = Q U_{Sm}$ 代入式（7-5a），得

$$W = \frac{1}{2} C Q^2 U_{Sm}^2 \tag{7-5b}$$

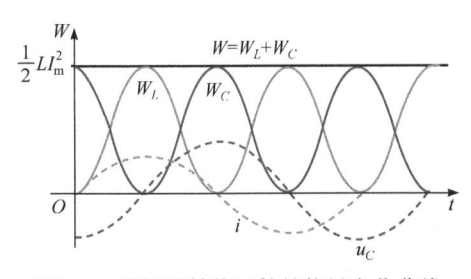

图 7-4 谐振时储能元件的能量变化曲线

式（7-5b）说明，保持外施电压不变，谐振时的电磁场总能量与品质因数的平方成正比。因此，可用提高或降低 Q 值的方法来增强或削弱电路的振荡程度。

由式（7-4）得

$$Q = \frac{\omega_0 L}{R} = \omega_0 \frac{\frac{1}{2} L I_m^2}{\frac{1}{2} R I_m^2} = \omega_0 \frac{\frac{1}{2} L I_m^2}{R I_0^2} = 2\pi \frac{\frac{1}{2} L I_m^2}{R I_0^2 T_0}$$

该式表明了电路 Q 值的物理意义，即 Q 等于谐振时电路中储存的电磁场总能量 $\frac{1}{2} L I_m^2$ 与电

路消耗的平均功率 RI_0^2 之比的 ω_0 倍；Q 也等于谐振时电路中储存的电磁场总能量与电路在一个周期中消耗的能量 $RI_0^2 T_0$ 之比的 2π 倍。电阻 R 越小，电路消耗的能量（或功率）越小，Q 值越大，振荡越激烈。

7.1.2 串联电路的谐振曲线和通频带

电路中的阻抗（导纳）是随频率的变化而变化的。在输入信号有效值保持不变的情况下，电路中的电压、电流也会随频率的变化而变化。阻抗（导纳）、电压、电流与频率之间的关系称为它们的频率特性（frequency characteristic）。在串联谐振电路中，描绘电压、电流与频率关系的曲线称为谐振曲线（resonance curve）。

如图 7-1 所示的 RLC 串联电路，在正弦电压源 $\dot{U}_S$ 作用下，电路中的电流为

$$\dot{I} = \frac{\dot{U}_S}{Z} = \frac{\dot{U}_S}{R + j\left(\omega L - \dfrac{1}{\omega C}\right)}$$

或者写成：

$$I = \frac{U_S}{\sqrt{R^2 + \left(\omega L - \dfrac{1}{\omega C}\right)^2}} \tag{7-6a}$$

串联电路的阻抗角为

$$\varphi = \arctan\frac{\omega L - \dfrac{1}{\omega C}}{R} \tag{7-6b}$$

即电流滞后于外施电压的相位。式(7-6a)反映了电流有效值与频率的关系，称为电流的幅频特性（amplitude-frequency characteristic），由此式得到电流的谐振曲线如图 7-5(a)所示。

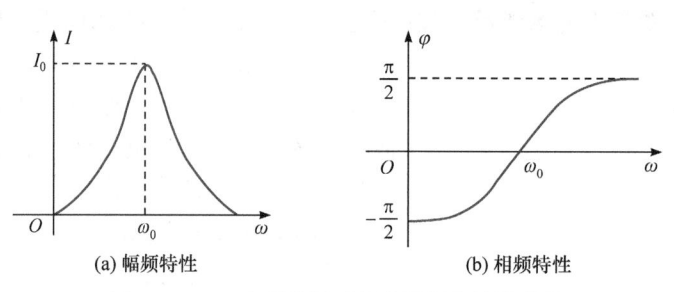

(a) 幅频特性   (b) 相频特性

图 7-5 RLC 串联谐振时电流的频率特性曲线

式 (7-6b) 反映了电流相位与频率的关系，称为电流的相频特性（phase-frequency characteristic），由此式得到电流的相频特性曲线如图 7-5(b)所示。

由图 7-5 可以看出，当 $\omega = \omega_0$ 时，电流最大，$I_0 = U_S / R$，$\varphi = 0$，电流与电压同相，电路处于谐振状态；当 $\omega \neq \omega_0$ 时，$I < I_0$，$\varphi \neq 0$，电路处于失谐状态。ω 偏离 ω_0 越远，I 越小，$|\varphi|$ 越大，电路失谐越严重；当 $\omega < \omega_0$ 时，$\varphi < 0$，电路呈电容性，称为容性失谐，其中 $\omega = 0$ 时，$\varphi = -\pi/2$；当 $\omega > \omega_0$ 时，$\varphi > 0$，电路呈电感性，称为感性失谐，其中 $\omega \to \infty$ 时，$\varphi \to \pi/2$。

从电流谐振曲线可以看出，在谐振频率及其附近，电路具有较大电流，而外施信号频率偏离谐振频率越远，电流则越小。可见，串联谐振电路具有选择最接近谐振频率信号同时抑

制其他信号的能力,这种性质称为电路的选择性(selectivity)。

将式(7-6a)进行变换:

$$I = \frac{U_S}{R\sqrt{1+\left(\frac{\omega L}{R}-\frac{1}{\omega CR}\right)^2}} = \frac{I_0}{\sqrt{1+Q^2\left(\frac{\omega}{\omega_0}-\frac{\omega_0}{\omega}\right)^2}}$$

即
$$\frac{I}{I_0} = \frac{1}{\sqrt{1+Q^2\left(\frac{\omega}{\omega_0}-\frac{\omega_0}{\omega}\right)^2}} \tag{7-7}$$

以 I/I_0 为纵坐标,ω/ω_0 为横坐标,Q 为参变量,可以画出如图 7-6 所示的电流谐振曲线。由于该曲线适用于任何 RLC 串联电路,故称为通用谐振曲线(universal resonance curve)。由图 7-6 可见,Q 值越高,曲线越尖锐陡峭,ω/ω_0 稍偏离 1,I/I_0 就急剧下降,说明电路对非谐振频率信号抑制能力越强,即选择性越好。而 Q 值越低,曲线顶部越平缓,则选择性越差。

一个实际的电信号通常不是单一频率,而是以某一频率为中心占有一定的频带。工程上认为,如果信号占有的频带在谐振曲线最大值的 $1/\sqrt{2}$ 倍对应的两点频率之间,信号通过时的失真(distortion)是可以允许的,所以这两点之间的频率范围称为谐振电路的通频带(pass band)。通频带的边界两点,对应于信号最大功率的一半,称为半功率点。

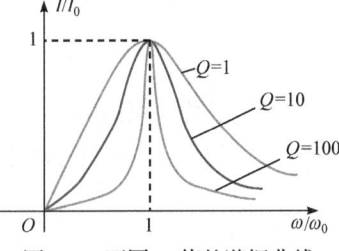

图 7-6 不同 Q 值的谐振曲线

由式(7-7)可知,通频带边界点频率满足:

$$\frac{1}{\sqrt{1+Q^2\left(\frac{\omega}{\omega_0}-\frac{\omega_0}{\omega}\right)^2}} = \frac{1}{\sqrt{2}}$$

即
$$Q\left(\frac{\omega}{\omega_0}-\frac{\omega_0}{\omega}\right) = \pm 1$$

整理得
$$\frac{\omega^2-\omega_0^2}{\omega\omega_0} = \pm\frac{1}{Q}$$

实际电路中 ω 和 ω_0 相差不大,因而有 $\frac{2\omega_0(\omega-\omega_0)}{\omega_0^2} = \pm\frac{1}{Q}$,即 $\omega = \omega_0\left(1\pm\frac{1}{2Q}\right)$。

可得电路的通频带宽度为
$$B_\omega = \frac{\omega_0}{Q} \quad \text{或} \quad B_f = \frac{f_0}{Q} \tag{7-8a}$$

或者写成:
$$\frac{B_\omega}{\omega_0} = \frac{B_f}{f_0} = \frac{1}{Q} \tag{7-8b}$$

式(7-8a)表示电路的绝对通频带,式(7-8b)表示电路的相对通频带。显然,电路的通频带与其 Q 值成反比。

综上所述,串联谐振电路的选择性和通频带是两个相互矛盾的指标。为提高电路的选择性，应尽可能提高 Q 值；为加宽电路的通频带，应适当降低 Q 值。实际应用中，要选择合适的 Q 值，做到两方面兼顾。

RLC 串联电路中各元件电压的幅频特性为

$$U_R = IR = \frac{U_S}{\sqrt{1+Q^2\left(\frac{\omega}{\omega_0}-\frac{\omega_0}{\omega}\right)^2}}$$

$$U_L = X_L I = \frac{\omega L U_S}{R\sqrt{1+Q^2\left(\frac{\omega}{\omega_0}-\frac{\omega_0}{\omega}\right)^2}}$$

$$U_C = X_C I = \frac{U_S}{\omega C R\sqrt{1+Q^2\left(\frac{\omega}{\omega_0}-\frac{\omega_0}{\omega}\right)^2}}$$

各电压的谐振曲线分别表示于图 7-7 中。其中，U_R 的峰值电压为 U_S，出现在 ω_0 处。而 U_L 和 U_C 峰值出现的角频率由数学推导可知：

$$\omega_{L0} = \frac{\omega_0}{\sqrt{1-\frac{1}{2Q^2}}} \ (>\omega_0); \quad \omega_{C0} = \omega_0\sqrt{1-\frac{1}{2Q^2}} \ (<\omega_0)$$

峰值电压为

$$U_{L\max} = U_{C\max} = \frac{QU_S}{\sqrt{1-\frac{1}{4Q^2}}} \ (>QU_S)$$

在 $\omega = \omega_0$ 处，$U_{L0} = U_{C0} = QU_S$。Q 值越大，ω_{L0} 和 ω_{C0} 越接近 ω_0，峰值电压越接近 QU_S。

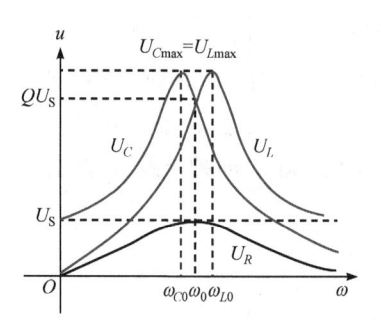

图 7-7 RLC 串联电路各元件电压的幅频特性曲线

7.2 并联谐振

在 RLC 串联谐振电路中，电压源的内阻与电路是串联的。当信号源内阻较大时，串联谐振电路的品质因数大大降低，从而使谐振电路的选择性变差。因此，在信号源内阻较小时应用串联谐振电路合适，而高内阻信号源一般采用并联谐振电路。

并联谐振的定义与串联谐振的定义相同，即端口上的电压与输入电流同相时称为谐振。

图 7-8 所示为正弦电流源 $\dot{I}_S$ 激励下的 GCL 并联电路，其复导纳为

图 7-8 GCL 并联电路

$$Y = G + j\left(\omega C - \frac{1}{\omega L}\right) = G + j(B_C - B_L) = G + jB$$

当满足条件：

$$B = \omega C - \frac{1}{\omega L} = 0 \tag{7-9}$$

时，电压和电流同相，电路发生并联谐振。由式(7-9)可求得并联谐振角频率为

$$\omega_{\mathrm{p}} = \frac{1}{\sqrt{LC}} \tag{7-10a}$$

谐振频率为
$$f_{\mathrm{p}} = \frac{1}{2\pi\sqrt{LC}} \tag{7-10b}$$

可见，GCL 并联电路的谐振频率也是由电路自身参数决定的，且只与 L、C 有关，与 G 无关。

谐振时，容纳 $\omega_{\mathrm{p}}C$ $\left(\text{或感纳} \dfrac{1}{\omega_{\mathrm{p}}L}\right)$ 与电导 G 的比值定义为 GCL 并联谐振电路的品质因数，用 Q_{p} 表示，即

$$Q_{\mathrm{p}} = \frac{\omega_{\mathrm{p}}C}{G} = \frac{1}{\omega_{\mathrm{p}}GL} = \frac{1}{G}\sqrt{\frac{C}{L}} \tag{7-11}$$

这也是由电路参数 G、C、L 共同决定的。Q_{p} 值的大小直接影响并联谐振电路的性能。

谐振时，电路导纳 $Y_{\mathrm{p}} = G$，为纯电导，导纳值最小。在输入电流幅值保持不变的情况下，谐振时电压最大，为 $\dot{U}_{\mathrm{p}} = \dot{I}_{\mathrm{S}}/G$。

谐振时，各支路的电流分别为

$$\dot{I}_{G\mathrm{p}} = \dot{U}_{\mathrm{p}}G = \dot{I}_{\mathrm{S}}$$

$$\dot{I}_{C\mathrm{p}} = \mathrm{j}\omega_{\mathrm{p}}C\dot{U}_{\mathrm{p}} = \mathrm{j}\omega_{\mathrm{p}}C\frac{\dot{I}_{\mathrm{S}}}{G} = \mathrm{j}Q\dot{I}_{\mathrm{S}}$$

$$\dot{I}_{L\mathrm{p}} = -\mathrm{j}\frac{1}{\omega_{\mathrm{p}}L}\dot{U}_{\mathrm{p}} = -\mathrm{j}\frac{1}{\omega_{\mathrm{p}}L}\cdot\frac{\dot{I}_{\mathrm{S}}}{G} = -\mathrm{j}Q\dot{I}_{\mathrm{S}}$$

可见，谐振时电容支路和电感支路电流值相等，均为电流源电流的 Q_{p} 倍。当电路 Q_{p} 值较高时，电容和电感中的电流将比电源电流大得多，所以并联谐振又称电流谐振。由于电容电流和电感电流相位相反，所以总电纳电流 $\dot{I}_{B\mathrm{p}} = \dot{I}_{C\mathrm{p}} + \dot{I}_{L\mathrm{p}} = 0$。谐振时的电压、电流相量图如图 7-9 所示。

实际应用中常以电感线圈和电容器组成并联谐振电路。电感线圈考虑其损耗可等效为电感与电阻的串联电路，电容器损耗很小可忽略，这样可得到如图 7-10 所示的并联电路。在正弦电流源 $\dot{I}_{\mathrm{S}}$ 作用下，其复导纳为

$$Y = \frac{1}{R + \mathrm{j}\omega L} + \mathrm{j}\omega C = \frac{R}{R^2 + \omega^2 L^2} + \mathrm{j}\left(\omega C - \frac{\omega L}{R^2 + \omega^2 L^2}\right) = G + \mathrm{j}B$$

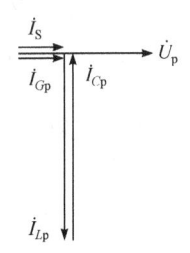

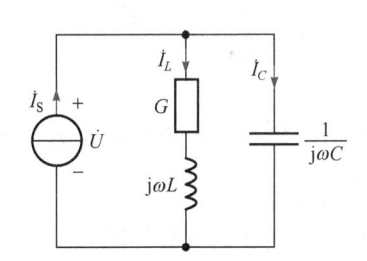

图 7-9　相量图　　　　　　　　　图 7-10　GL 与 C 并联电路

当满足条件:
$$B = \omega C - \frac{\omega L}{R^2 + \omega^2 L^2} = 0 \tag{7-12}$$

时,电压和电流同相,电路发生谐振。由式(7-12)可求得电路的谐振角频率为

$$\omega_p = \sqrt{\frac{1}{LC} - \frac{R^2}{L^2}} = \frac{1}{\sqrt{LC}}\sqrt{1 - \frac{CR^2}{L}} \tag{7-13a}$$

谐振频率为
$$f_p = \frac{1}{2\pi\sqrt{LC}}\sqrt{1 - \frac{CR^2}{L}} \tag{7-13b}$$

可见,电路的谐振频率同样由电路参数决定,且不仅与 L、C 有关,还与 R 有关。当 $\left(1 - \frac{CR^2}{L}\right) < 0$ 即 $R > \sqrt{\frac{L}{C}}$ 时,ω_p 是虚数,电路不会发生谐振;只有当 $R < \sqrt{\frac{L}{C}}$ 时,ω_p 才是实数,电路才会发生谐振。若 $R \ll \sqrt{\frac{L}{C}}$,则式(7-13)可简化为

$$\omega_p \approx \frac{1}{\sqrt{LC}}, \quad f_p \approx \frac{1}{2\pi\sqrt{LC}}$$

实际电路一般能满足该条件,故常以上式计算电路的谐振频率。

谐振时,电路导纳为纯电导,用 G_p 表示,为

$$G_p = Y_p = \frac{R}{R^2 + \omega_p^2 L^2}$$

将式(7-13a)代入上式,得

$$G_p = \frac{CR}{L} \tag{7-14a}$$

电路阻抗为纯电阻,记为 R_p,有

$$R_p = \frac{L}{CR} \tag{7-14b}$$

式(7-14b)说明,电路谐振时的阻抗只由电路参数决定。当 $R \ll \sqrt{\frac{L}{C}}$ 时,电导 G_p 很小,电阻 R_p 很大,即电路在谐振时,将呈现为一个大电阻。在输入电流有效值保持不变的情况下,谐振时电路两端将呈现高电压,即

$$\dot{U}_p = \dot{I}_S R_p = \frac{L}{CR}\dot{I}_S$$

应该说明的是,当电路参数一定,通过调节电源频率使电路达到谐振时的电阻 R_p 并不是阻抗最大值。当电源频率 ω 略高于谐振频率 ω_p 时,复导纳的虚部将不为零,但实部随 ω 的增大而减小,所以导纳将达到最小值,即阻抗将达到最大值,且 R 比 $\sqrt{\frac{L}{C}}$ 越小,阻抗最大值点的 ω 越接近 ω_p。

谐振时,两支路电流分别为

$$\dot{I}_{Cp} = j\omega_p C\dot{U}_p = j\omega_p C\frac{L}{CR}\dot{I}_S = j\frac{\omega_p L}{R}\dot{I}_S$$

$$\dot{I}_{Lp} = \dot{I}_{S} - \dot{I}_{Cp} = \dot{I}_{S} - j\frac{\omega_{p}L}{R}\dot{I}_{S}$$

当 $R \ll \sqrt{\dfrac{L}{C}}$ 时，由于 $\omega_{p} \approx \dfrac{1}{\sqrt{LC}}$，因而有 $\omega_{p}L \approx \sqrt{\dfrac{L}{C}} \gg R$，故此时有

$$\dot{I}_{Lp} \approx -j\frac{\omega_{p}L}{R}\dot{I}_{S}$$

图 7-11 相量图

两支路电流近似反相，且 $I_{Lp} \approx I_{Cp} \gg I_{S}$。谐振时，电压、电流相量图如图 7-11 所示。

7.3 周期性非正弦信号的频谱概念

在工程实际中，经常遇到不按正弦规律变动的电压和电流，称为非正弦电压和电流。图 7-12 给出了几种常见的非正弦电压、电流的波形，它们都是周期性变动的，称为周期性非正弦电压和电流，相应的电路称为周期性非正弦电路。

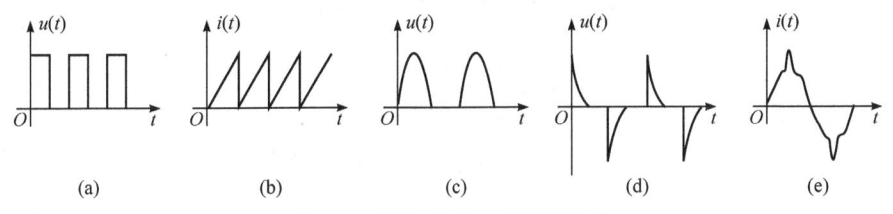

图 7-12 周期性非正弦信号波形

本章仅讨论周期性非正弦电源（或信号）作用于线性电路时的分析和计算方法。由于电源波形不是正弦波，所以不能直接运用第 6 章介绍的相量法。但根据周期函数展开为傅里叶级数的理论，可以先把周期性非正弦电源信号分解为一系列不同频率的正弦分量之和，然后再应用相量法分别计算每一正弦分量单独作用于电路时产生的响应分量，最后根据线性电路的叠加性质，把这些响应分量叠加起来，就可以得到电路中实际的响应，这种方法称为谐波分析法。实际上就是把周期性非正弦电路的计算化为一系列正弦电路的计算，充分利用了相量法这一有效工具。

7.3.1 周期函数的傅里叶级数展开式

周期性非正弦电流、电压信号等都可用一个周期函数表示，即

$$f(t) = f(t + kT)$$

式中，T 为周期函数 $f(t)$ 的周期，且 $k = 0,1,2,3,\cdots$。

若周期函数 $f(t)$ 满足狄利克雷条件，即① $f(t)$ 的极值点的数目为有限个；②间断点的数目为有限个；③在一个周期内绝对可积，即有 $\int_{0}^{T}|f(t)|\mathrm{d}t < \infty$（有界），则 $f(t)$ 可以展开为一个收敛的傅里叶级数 (Fourier series)：

$$f(t) = \frac{a_{0}}{2} + \sum_{k=1}^{\infty}[a_{k}\cos(k\omega t) + b_{k}\sin(k\omega t)] \tag{7-15}$$

式中，$\omega = 2\pi/T$，各系数可按下列公式计算：

$$\begin{cases} a_0 = \dfrac{2}{T}\int_0^T f(t)\mathrm{d}t = \dfrac{2}{T}\int_{-T/2}^{T/2} f(t)\mathrm{d}t \\ a_k = \dfrac{2}{T}\int_0^T f(t)\cos(k\omega t)\mathrm{d}t = \dfrac{2}{T}\int_{-T/2}^{T/2} f(t)\cos(k\omega t)\mathrm{d}t \\ \quad = \dfrac{1}{\pi}\int_0^{2\pi} f(t)\cos(k\omega t)\mathrm{d}(\omega t) = \dfrac{1}{\pi}\int_{-\pi}^{\pi} f(t)\cos(k\omega t)\mathrm{d}(\omega t) \\ b_k = \dfrac{2}{T}\int_0^T f(t)\sin(k\omega t)\mathrm{d}t = \dfrac{2}{T}\int_{-T/2}^{T/2} f(t)\sin(k\omega t)\mathrm{d}t \\ \quad = \dfrac{1}{\pi}\int_0^{2\pi} f(t)\sin(k\omega t)\mathrm{d}(\omega t) = \dfrac{1}{\pi}\int_{-\pi}^{\pi} f(t)\sin(k\omega t)\mathrm{d}(\omega t) \end{cases} \quad (7\text{-}16)$$

式中，$k=1,2,\cdots$。注意 a_k 和 b_k 中后两种表示形式是以 ωt 为积分变量的。对 ωt 来说，被积函数的周期为 2π。

若将常数项 $a_0/2$ 用 A_0 表示，将同频率的余弦项 $a_k\cos(k\omega t)$ 与正弦项 $b_k\sin(k\omega t)$ 合并，则式(7-15)又可写成：

$$f(t) = A_0 + \sum_{k=1}^{\infty} A_{km}\cos(k\omega t + \varphi_k) \quad (7\text{-}17)$$

式中有

$$A_0 = \frac{a_0}{2} = \frac{1}{T}\int_0^T f(t)\mathrm{d}t$$

$$A_{km} = \sqrt{a_k^2 + b_k^2}, \quad \varphi_k = -\arctan\frac{b_k}{a_k}$$

式(7-17)是 $f(t)$ 的傅里叶展开式的另一种形式。其中，A_0 为 $f(t)$ 在一个周期内的平均值，称为 $f(t)$ 的恒定分量或直流分量（DC component）；$A_{km}\cos(k\omega t+\varphi_k)$ 称为 $f(t)$ 的 k 次谐波（harmonic），A_{km} 为 k 次谐波的振幅，φ_k 为 k 次谐波的初相。$k=1$ 时为一次谐波，也称为基波（fundamental wave），其频率与周期函数 $f(t)$ 的频率相同；$k=2$ 及以上的谐波统称为高次谐波（high order harmonic），k 为奇数时称为奇次谐波，k 为偶数时称为偶次谐波。把一个周期函数 $f(t)$ 展开或分解成式(7-17)的形式，又称谐波分析（harmonic analysis）。

电路中所遇到的周期性非正弦量一般都满足狄利克雷条件，所以都可以分解或展开为收敛的傅里叶级数。下面举例说明分解过程。

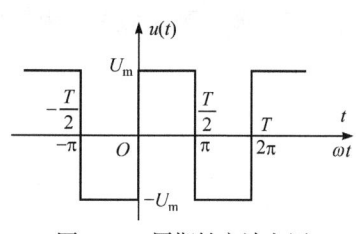

图 7-13 周期性方波电压

【例 7-1】 求图 7-13 所示周期性方波电压的傅里叶展开式。

解 (1) 写出 $u(t)$ 的表达式。$u(t)$ 在一个周期内的表达式为

$$u(t) = \begin{cases} U_\mathrm{m}, & 0 \leqslant t < T/2 \\ -U_\mathrm{m}, & T/2 \leqslant t \leqslant T \end{cases}$$

(2) 求傅里叶级数的各系数。由式(7-16)可求得傅里叶展开式中各系数分别为

$$a_0 = \frac{2}{T}\int_{-T/2}^T u(t)\mathrm{d}t = \frac{2}{T}\left[\int_0^{T/2} U_\mathrm{m}\mathrm{d}t + \int_{-T/2}^{T/2}(-U_\mathrm{m})\mathrm{d}t\right] = 0$$

$$a_k = \frac{1}{\pi}\int_0^{2\pi} u(t)\cos(k\omega t)\mathrm{d}(\omega t) = \frac{1}{\pi}\left[\int_0^{\pi} U_\mathrm{m}\cos(k\omega t)\mathrm{d}(\omega t) + \int_{\pi}^{2\pi}(-U_\mathrm{m})\cos(k\omega t)\mathrm{d}(\omega t)\right]$$

$$= \frac{U_\mathrm{m}}{k\pi}\sin(k\omega t)\bigg|_0^{\pi} - \frac{U_\mathrm{m}}{k\pi}\sin(k\omega t)\bigg|_{\pi}^{2\pi} = 0$$

$$b_k = \frac{1}{\pi}\int_0^{2\pi} u(t)\sin(k\omega t)\mathrm{d}(\omega t) = \frac{1}{\pi}\left[\int_0^{\pi} U_\mathrm{m}\sin(k\omega t)\mathrm{d}(\omega t) + \int_\pi^{2\pi}(-U_\mathrm{m})\sin(k\omega t)\mathrm{d}(\omega t)\right]$$

$$= -\frac{U_\mathrm{m}}{k\pi}\cos(k\omega t)\bigg|_0^{\pi} + \frac{U_\mathrm{m}}{k\pi}\cos(k\omega t)\bigg|_\pi^{2\pi} = \frac{2U_\mathrm{m}}{k\pi}[1-\cos(k\pi)] = \begin{cases} \dfrac{4U_\mathrm{m}}{k\pi}, & k=2n-1, \ n=1,2,3,\cdots \\ 0, & k=2n, \ n=1,2,3,\cdots \end{cases}$$

(3) 写出 $u(t)$ 的傅里叶展开式。由式(7-15)可得该周期性方波电压的傅里叶展开式为

$$u(t) = \frac{4U_\mathrm{m}}{\pi}\left[\sin(\omega t) + \frac{1}{3}\sin(3\omega t) + \frac{1}{5}\sin(5\omega t) + \cdots\right]$$

对于例 7-1，如果将其傅里叶展开式中的各次谐波都画出来，再把它们相加，就可以得到原来的方波。图 7-14 表示出了谐波合成的结果，其中图 7-14(a)取到 3 次谐波，图 7-14(b)取到 5 次谐波，而图 7-14(c)取到 11 次谐波。显然，谐波分量取得越多，合成结果就越接近原来的方波。

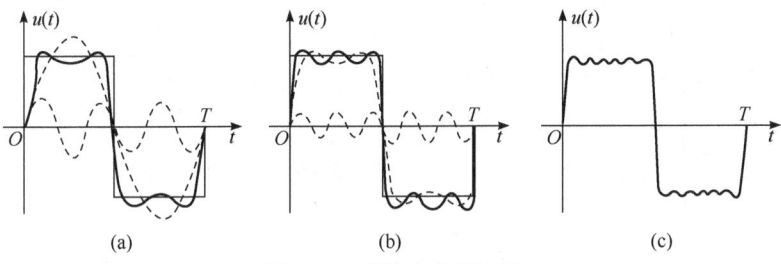

图 7-14 谐波合成后波形

电路中遇到的周期函数的波形常具有某种对称性，利用函数的对称性可使傅里叶系数的确定得到简化。具体有以下三种情况。

(1) 波形对称于纵轴，波形函数为偶函数，有 $f(-t)=f(t)$，如图 7-15 所示。由于

$$f(t) = \frac{a_0}{2} + \sum_{k=1}^{\infty}[a_k\cos(k\omega t) + b_k\sin(k\omega t)]$$

而

$$f(-t) = \frac{a_0}{2} + \sum_{k=1}^{\infty}[a_k\cos(-k\omega t) + b_k\sin(-k\omega t)]$$

$$= \frac{a_0}{2} + \sum_{k=1}^{\infty}[a_k\cos(k\omega t) - b_k\sin(k\omega t)]$$

要满足 $\qquad f(-t)=f(t)$

必须有 $\qquad b_k=0$

这说明，一个偶函数分解为傅里叶级数时，将只含有偶函数分量(恒定分量和余弦项)，而不含有奇数分量(正弦项)。

(2) 波形对称于原点，波形函数为奇函数，有 $f(-t)=-f(t)$，如图 7-16 所示。由于

$$f(t) = \frac{a_0}{2} + \sum_{k=1}^{\infty}[a_k\cos(k\omega t) + b_k\sin(k\omega t)]$$

而

$$f(-t) = \frac{a_0}{2} + \sum_{k=1}^{\infty}[a_k\cos(k\omega t) - b_k\sin(k\omega t)]$$

要满足 $\qquad f(-t)=-f(t)$

必须有 $\qquad a_0=a_k=0$

这说明，一个奇函数分解为傅里叶级数时，将只含有奇函数分量(正弦项)，而不含有偶函数分量(恒定分量和余弦项)。

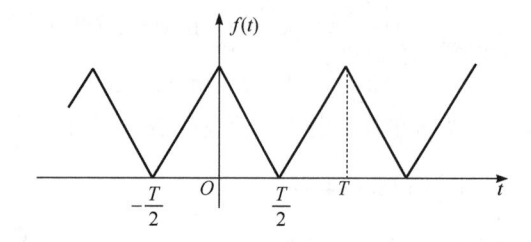

图 7-15 偶函数波形对称于纵轴

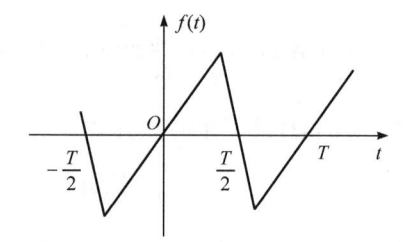

图 7-16 奇函数波形对称于原点

(3) 波形具有镜像对称性，即将波形移动半个周期所得到的新波形与原波形对称于横轴，有 $f\left(t \pm \dfrac{T}{2}\right) = -f(t)$，如图 7-17 所示。由于

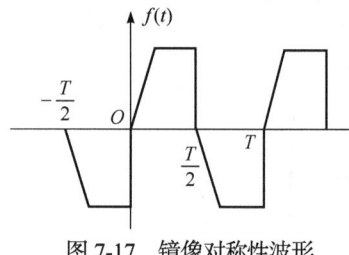

$$f\left(t \pm \dfrac{T}{2}\right) = \dfrac{a_0}{2} + \sum_{k=1}^{\infty}\left\{a_k \cos\left[k\omega\left(t \pm \dfrac{T}{2}\right)\right] + b_k \sin\left[k\omega\left(t \pm \dfrac{T}{2}\right)\right]\right\}$$

$$= \dfrac{a_0}{2} + \sum_{k=1}^{\infty}[a_k \cos(k\omega t \pm k\pi) + b_k \sin(k\omega t \pm k\pi)]$$

图 7-17 镜像对称性波形

而

$$-f(t) = -\dfrac{a_0}{2} - \sum_{k=1}^{\infty}[a_k \cos(k\omega t) + b_k \sin(k\omega t)]$$

要满足

$$f\left(t \pm \dfrac{T}{2}\right) = -f(t)$$

必须有

$$a_0 = 0, \quad a_2 = a_4 = \cdots = 0, \quad b_2 = b_4 = \cdots = 0$$

即

$$a_0 = a_{2q} = b_{2q} = 0, \quad q = 1, 2, \cdots$$

也就是

$$A_0 = A_{2qm} = 0, \quad q = 1, 2, \cdots$$

这说明，对镜像对称的波形进行谐波分析时，只含有奇次谐波分量，而不含有恒定分量和偶次谐波分量。

在对一个给定波形进行谐波分析之前，应首先分析波形的对称性，以确定需要计算的系数，减少计算工作量。如对于图 7-13 所示的波形，可以看出，该方波电压不仅对称于原点，而且还具有镜像对称性，因此在其傅里叶系数中，$a_0 = a_k = 0$，且 b_k 中的偶次项 $b_{2q} = 0$，$q = 1, 2, \cdots$。从而可知，波形的展开式中将只含有奇次的正弦项。这一结论与前面在例题中实际计算的结果是吻合的。经过分析之后，便可直接计算出其非零系数，而不必去计算所有的系数。

表 7-1 是工程中常用到的几个典型的周期函数的傅里叶级数展开式。

表 7-1 周期函数的傅里叶级数

$f(t)$ 的波形	$f(t)$ 的傅里叶级数展开式
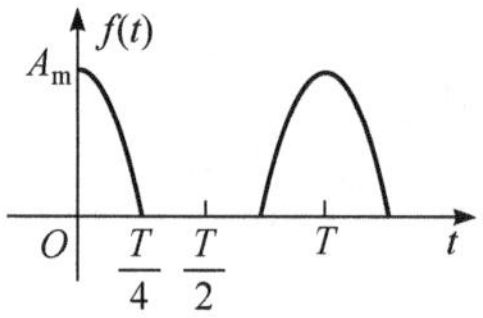	$f(t) = \dfrac{2A_m}{\pi}\left[\dfrac{1}{2} + \dfrac{\pi}{4}\cos(\omega t) + \dfrac{1}{1\times 3}\cos(2\omega t) - \dfrac{1}{3\times 5}\cos(4\omega t) + \cdots\right]$

续表

$f(t)$ 的波形	$f(t)$ 的傅里叶级数展开式
	$f(t) = \dfrac{4A_m}{\pi}\left[\dfrac{1}{2} + \dfrac{1}{1\times 3}\cos(2\omega t) - \dfrac{1}{3\times 5}\cos(4\omega t) + \dfrac{1}{5\times 7}\cos(6\omega t) - \cdots\right]$
	$f(t) = A_m\left\{\dfrac{1}{2} - \dfrac{1}{\pi}\left[\sin(\omega t) + \dfrac{1}{2}\sin(2\omega t) + \dfrac{1}{3}\sin(3\omega t) + \cdots\right]\right\}$
	$f(t) = \dfrac{8}{\pi^2}A_m\left[\cos(\omega t) + \dfrac{1}{9}\cos(3\omega t) + \dfrac{1}{25}\cos(5\omega t) + \cdots\right]$
	$f(t) = \dfrac{4}{\pi}A_m\left[\sin(\omega t) + \dfrac{1}{3}\sin(3\omega t) + \dfrac{1}{5}\sin(5\omega t) + \cdots\right]$
	$f(t) = \dfrac{2}{\pi}A_m\left[\sin(\omega t) - \dfrac{1}{2}\sin(2\omega t) + \dfrac{1}{3}\sin(3\omega t) - \cdots\right]$
	$f(t) = \dfrac{8}{\pi^2}A_m\left[\sin(\omega t) - \dfrac{1}{9}\sin(3\omega t) + \dfrac{1}{25}\sin(5\omega t) - \cdots\right]$
	$f(t) = \dfrac{4}{a\pi}A_m\left[\sin a\sin(\omega t) + \dfrac{1}{9}\sin(3a)\sin(3\omega t) + \dfrac{1}{25}\sin(5a)\sin(5\omega t) + \cdots\right]$

7.3.2 周期性非正弦电压和电流的有效值及平均功率

前面已指出，任一周期电流 i 的有效值 I 为

$$I = \sqrt{\frac{1}{T}\int_0^T i^2 \mathrm{d}t}$$

假设一个周期性非正弦电流 i 可以分解展开为

$$i = I_0 + \sum_{k=1}^{\infty} I_{km}\cos(k\omega t + \varphi_k)$$

将 i 代入有效值公式，可得此电流的有效值为

$$I = \sqrt{\frac{1}{T}\int_0^T \left[I_0 + \sum_{k=1}^{\infty} I_{km}\cos(k\omega t + \varphi_k)\right]^2 \mathrm{d}t}$$

设 $I_k = \dfrac{I_{km}}{\sqrt{2}}$，则上式中 i 的展开式平方后将含有下列各项：

$$\frac{1}{T}\int_0^T I_0^2 \mathrm{d}t = I_0^2$$

$$\frac{1}{T}\int_0^T I_{km}^2 \cos^2(k\omega t + \varphi_k)\mathrm{d}t = \frac{I_{km}^2}{2\pi}\int_0^{2\pi}\cos^2(k\omega t + \varphi_k)\mathrm{d}\omega t = \frac{I_{km}^2}{2\pi}\cdot\pi = \frac{I_{km}^2}{2} = I_k^2$$

$$\frac{1}{T}\int_0^T 2I_0 I_{km}\cos(k\omega t + \varphi_k)\mathrm{d}t = 0$$

$$\frac{1}{T}\int_0^T 2I_{km}I_{nm}\cos(k\omega t + \varphi_k)\cos(n\omega t + \varphi_n)\mathrm{d}t = 0, \quad k \neq n$$

因此，周期性非正弦电流 i 的有效值为

$$I = \sqrt{I_0^2 + \sum_{k=1}^{\infty} I_k^2} = \sqrt{I_0^2 + I_1^2 + I_2^2 + \cdots} \tag{7-18a}$$

同理，周期性非正弦电压 $u = U_0 + \sum_{k=1}^{\infty} U_{km}\cos(k\omega t + \varphi_k)$ 的有效值为

$$U = \sqrt{U_0^2 + U_1^2 + U_2^2 + \cdots} \tag{7-18b}$$

式(7-18)表明，周期性非正弦电流和电压的有效值为其直流分量的平方与各次谐波分量有效值的平方之和的平方根。应注意，周期性非正弦量的有效值与最大值之间没有 $\sqrt{2}$ 倍的关系。

现在推导周期性非正弦电路中的平均功率。如图 7-18 所示，二端网络 N 的瞬时功率为

$$p = ui = \left[U_0 + \sum_{k=1}^{\infty} U_{km}\cos(k\omega t + \varphi_{uk})\right] \cdot \left[I_0 + \sum_{k=1}^{\infty} I_{km}\cos(k\omega t + \varphi_{ik})\right]$$

式中，u、i 取关联参考方向，代入它的平均功率的定义式：

$$P = \frac{1}{T}\int_0^T p\mathrm{d}t$$

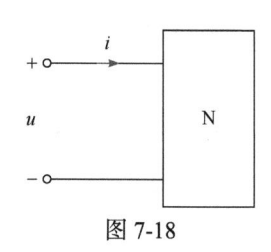

不同频率的正弦电压与电流乘积的上述积分为零(即不产生平均功率)；同频的正弦电压、电流乘积的上述积分不为零。这样不难证明：

$$P = U_0 I_0 + U_1 I_1 \cos\varphi_1 + U_2 I_2 \cos\varphi_2 + \cdots + U_k I_k \cos\varphi_k + \cdots$$
$$= U_0 I_0 + \sum_{k=1}^{\infty} U_k I_k \cos\varphi_k$$

图 7-18

式中，U_k 和 I_k 分别是 k 次谐波电压和电流的有效值；$\varphi_k = \varphi_{uk} - \varphi_{ik}$ 是 k 次谐波电压和电流的相位差。也就是说，周期性非正弦电路中的平均功率等于其直流分量的功率和各次谐波分量的平均功率之和，即

$$P = U_0 I_0 + U_1 I_1 \cos\varphi_1 + U_2 I_2 \cos\varphi_2 + \cdots \tag{7-19}$$

这里得出的功率可以叠加的结论只在周期性非正弦电路中成立，在直流和正弦电路中则是不成立的。这是因为在周期性非正弦电路中，不同谐波的电压和电流只能产生瞬时功率，而不能产生平均功率(由三角函数的正交性所决定)。

7.4 周期性非正弦电路的分析

周期性非正弦电源作用于线性电路的分析计算可用叠加法，大体可分三步进行，具体步骤如下。

(1)把给定的周期性非正弦电源信号分解为直流分量和各次谐波分量之和，所取谐波次数可根据具体要求而定。

(2)分别计算直流分量和各次谐波分量单独作用于电路时的响应分量。其中，直流分量单独作用时，电容相当于开路，电感相当于短路；各次谐波分量单独作用时，可用相量法分析。但应注意，对于不同的谐波，因为频率不同，所以感抗、容抗值也不同。

(3)应用叠加定理，将以上得到的各响应分量叠加起来，便可得到所求的响应。

下面通过两个具体的例子来说明上述步骤。

【例 7-2】 图 7-19(a)为一全波整流器的滤波电路，它是由 $L = 5\text{H}$ 的电感和 $C = 10\mu\text{F}$ 的电容组成的，负载电阻 $R = 2000\Omega$。已知加在滤波电路输入端的电压的波形如图 7-19(b)所示(其中 $\omega = 314\text{rad/s}$，$U_m = 157\text{V}$)。求负载两端电压 u_R。

解 (1)将给定的输入电压 u 分解成傅里叶级数，由表 7-1 查得

$$u = \frac{4U_m}{\pi}\left[\frac{1}{2} + \frac{1}{3}\cos(2\omega t) - \frac{1}{15}\cos(4\omega t) + \cdots\right]$$

图 7-19

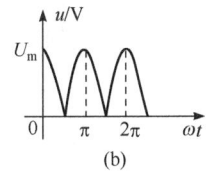

将 $U_m = 157\text{V}$ 代入上式，并取到四次谐波，得

$$u = 100 + 66.67\cos(2\omega t) - 13.33\cos(4\omega t)\text{V}$$

(2)求各分量的响应。

直流分量 $u_0 = 100\text{ V}$ 单独作用时，电感相当于短路，电容相当于开路，故有

$$u_{R0} = u_0 = 100\text{ V}$$

二次谐波分量 $u_2 = 66.67\cos(2\omega t) = 47.15\sqrt{2}\cos(2\omega t)\text{ V}$ 单独作用时，有

$$X_{L2} = 2\omega L = 2 \times 314 \times 5 = 3140(\Omega)$$

$$X_{C2} = \frac{1}{2\omega C} = \frac{1}{2 \times 314 \times 10 \times 10^{-6}} = 159(\Omega)$$

RC 并联阻抗为 $\quad Z_{RC2} = \dfrac{R(-jX_{C2})}{R - jX_{C2}} = \dfrac{2000(-j159)}{2000 - j159} = 158.5\angle -85.5° = 12.44 - j158(\Omega)$

所以 $\dot{U}_{R2} = \dfrac{Z_{RC2}}{jX_{L2}+Z_{RC2}}\dot{U}_2 = \dfrac{158.5\angle-85.5°\times47.15\angle0°}{j3140+12.44-j158} = 2.5\angle-175.3°$ (V)

四次谐波分量 $u_4 = -13.33\cos(4\omega t) = 9.43\sqrt{2}\cos(4\omega t+180°)$ V 单独作用时，有

$$X_{L4} = 4\omega L = 4\times314\times5 = 6280(\Omega)$$

$$X_{C4} = \dfrac{1}{4\omega C} = \dfrac{1}{4\times314\times10\times10^{-6}} = 79.5(\Omega)$$

RC 并联阻抗为 $Z_{RC4} = \dfrac{R(-jX_{C4})}{R-jX_{C4}} = \dfrac{2000(-j79.5)}{2000-j79.5} = 79.4\angle-87.7°(\Omega)$

所以 $\dot{U}_{R4} = \dfrac{Z_{RC4}}{jX_{L4}+Z_{RC4}}\dot{U}_4 = \dfrac{79.4\angle-87.7°\times9.43\angle180°}{j6280+79.4\angle-87.7°} = 0.12\angle2.33°$ (V)

(3) 将上面求得的各响应分量化成瞬时值进行叠加，得负载电压为

$$u_R = u_{R0} + u_{R2} + u_{R4}$$
$$= 100 + 2.5\sqrt{2}\cos(2\omega t - 175.3°) + 0.12\sqrt{2}\cos(4\omega t + 2.33°)$$
$$= 100 + 3.54\cos(2\omega t - 175.3°) + 0.17\cos(4\omega t + 2.33°)\ \text{V}$$

从上面计算结果可以看出，与输入相比，负载电压中的直流分量毫无衰减，二次谐波分量已被大大削弱，四次谐波分量更是所剩无几。这就是滤波电路的作用。

【例 7-3】 图 7-20(a)所示的电路中，已知 $R_1 = 4\Omega$，$R_2 = 3\Omega$，$\omega L = 3\Omega$，$\dfrac{1}{\omega C} = 12\Omega$，电源电压 $u(t) = 10 + 100\sqrt{2}\cos(\omega t) + 50\sqrt{2}\cos(3\omega t+30°)$ V。求各支路电流和 R_1 支路消耗的平均功率。

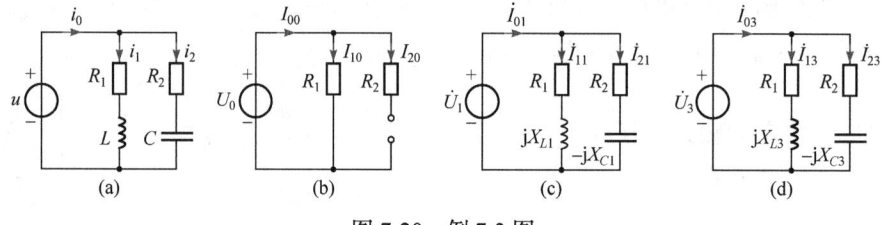

图 7-20 例 7-3 图

解 (1) 将周期性非正弦电源电压展开为傅里叶级数。本题电源电压展开式已给定，因此可直接进入第(2)步。

(2) 分别计算各电压分量单独作用于电路时的各支路电流。三个支路电流分别设为 i_0、i_1 和 i_2，如图 7-20(a)所示。

直流分量 $U_0 = 10\ \text{V}$ 单独作用时，电容相当于开路，电感相当于短路，等效电路如图 7-20(b)所示，有 $I_{20} = 0$， $I_{00} = I_{10} = U_0/R_1 = 10/4 = 2.5$ (A)

一次谐波分量 $u_1 = 100\sqrt{2}\cos(\omega t)$ V 单独作用时，电路如图 7-20(c)所示。用相量法计算如下：

$$\dot{I}_{11} = \dfrac{\dot{U}_1}{R_1+j\omega L} = \dfrac{100\angle0°}{4+j3} = 20\angle-36.9°\ (\text{A}),\quad \dot{I}_{21} = \dfrac{\dot{U}_1}{R_2-j\dfrac{1}{\omega C}} = \dfrac{100\angle0°}{3-j12} = 8.08\angle76°\ (\text{A})$$

$$\dot{I}_{01} = \dot{I}_{11} + \dot{I}_{21} = 17.95 - j4.16 = 18.4\angle-13°\ (\text{A})$$

三次谐波分量 $u_3 = 50\sqrt{2}\cos(3\omega t + 30°)$ V 单独作用时，电路如图 7-20(d)所示。此时角频率为 3ω，故有

$$\dot{I}_{13} = \frac{\dot{U}_3}{R_1 + j3\omega L} = \frac{50\angle 30°}{4 + j9} = 5.08\angle -36°(\text{A}), \quad \dot{I}_{23} = \frac{\dot{U}_3}{R_2 - j\dfrac{1}{3\omega C}} = \frac{50\angle 30°}{3 - j4} = 10\angle 83.1°(\text{A})$$

$$\dot{I}_{03} = \dot{I}_{13} + \dot{I}_{23} = 5.31 + j6.94 = 8.74\angle 52.6°(\text{A})$$

(3) 将上面计算得到的各响应分量进行叠加，得

$$I_0 = I_{00} + i_{01} + i_{03} = 2.5 + 18.4\sqrt{2}\cos(\omega t - 13°) + 8.74\sqrt{2}\cos(3\omega t + 52.6°) \text{ A}$$

$$i_1 = I_{10} + i_{11} + i_{13} = 2.5 + 20\sqrt{2}\cos(\omega t - 36.9°) + 5.08\sqrt{2}\cos(3\omega t - 36°) \text{ A}$$

$$i_2 = I_{20} + i_{21} + i_{23} = 8.08\sqrt{2}\cos(\omega t + 76°) + 10\sqrt{2}\cos(3\omega t + 83.1°) \text{ A}$$

由式(7-19)可得 R_1 支路消耗的平均功率为

$$P_1 = U_0 I_{10} + U_1 I_{11} \cos\varphi_1 + U_3 I_{13} \cos\varphi_3$$
$$= 10 \times 2.5 + 100 \times 20\cos\left[0° - (-36.9°)\right] + 50 \times 5.08\cos\left[30° - (-36°)\right]$$
$$= 1728 \text{ (W)}$$

也可以由电阻 R_1（因电感消耗的平均功率为零）来计算：

$$P_1 = R_1 I_1^2 = R_1(I_{10}^2 + I_{11}^2 + I_{13}^2) = 4 \times (2.5^2 + 20^2 + 5.08^2) = 1728 \text{ (W)}$$

总结以上两例，应该再次强调以下两点。

第一，电感和电容两种元件在不同分量作用下，表现为不同的电抗值。在直流分量作用下，$X_{L0} = 0$，而 $X_{C0} \to \infty$，即电感相当于短路而电容相当于开路；在基波分量作用下，感抗 $X_{L1} = \omega L$，容抗 $X_{C1} = 1/(\omega C)$；而对于 k 次谐波分量，$X_{Lk} = k\omega L = kX_{L1}$，$X_{Ck} = \dfrac{1}{k\omega C} = \dfrac{X_{C1}}{k}$。即感抗与谐波次数成正比，是基波感抗的 k 倍；容抗与谐波次数成反比，是基波容抗的 $1/k$。

第二，把各分量单独作用时的响应分量进行叠加时，应当将各响应分量写成瞬时值形式，将瞬时值进行叠加。把代表不同频率正弦量的相量进行叠加是没有意义的。

7.5 谐振电路与周期性非正弦电路应用

电感和电容的电抗是随频率而变的，频率越高，感抗越大，而容抗越小。工程上利用这一特点，可以把含有电感和电容的各种不同的电路接在输入和输出之间，使输出端口所需要的频率分量能够顺利通过，而抑制不需要的频率分量，这种具有选频功能的中间网络，称为滤波器。通常将希望保留的频率范围称为通带，将希望抑制的频率范围称为阻带。根据通带和阻带在频率范围中的相对位置，滤波器分为低通、高通、带通和带阻四种类型。

网络的响应相量与激励相量之比是频率 ω 的函数，称为正弦稳态下的网络函数，定义为

$$H(j\omega) = \frac{\text{响应相量}}{\text{激励相量}} = |H(j\omega)|e^{j\varphi(\omega)} \tag{7-20}$$

式(7-20)中网络函数的模 $|H(j\omega)|$ 随 ω 的变化规律称为网络的幅频特性，辐角 $\varphi(\omega)$ 随 ω 的变化规律称为网络的相频特性，二者统称为网络的频率特性。

现分别简述如下。

1. 低通滤波器

使低频分量顺利通过而高频分量受到抑制的电路，称为低通滤波器，典型电路如图 7-21 所示，其中图 7-21(a) 为 π 形接法，图 7-21(b) 为 T 形接法。电路中的串联臂为电感，并联臂为电容。现以图 7-21(a) 为例说明其作用。由于电感的感抗与频率成正比，而电容的容抗与频率成反比，所以输入电流 i_1 中的高频分量大部分经左边的电容分流而返回，流经电感的小部分高频分量也会经过右边的电容再次分流，从而使输出电流 i_2 中所含的高频分量很微弱；从电压来看，输入电压 u_1 中的高频分量主要分布在电感上，输出电压 u_2 中含有的高频分量很少。这样，输出中的高频分量被大大削弱，得到的主要是低频分量。

2. 高通滤波器

使高频分量顺利通过而低频分量受到抑制的电路，称为高通滤波器，典型电路如图 7-22 所示。与低通滤波器相反，电路中的串联臂为电容，并联臂为电感。串臂电容使高频分量容易通过而低频分量受到抑制；并臂电感使高频分量分流很少而低频分量大量分流，因而使输出中的低频分量被大大削弱。

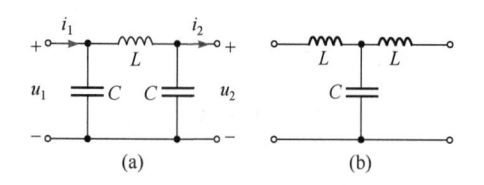

图 7-21 低通滤波电路

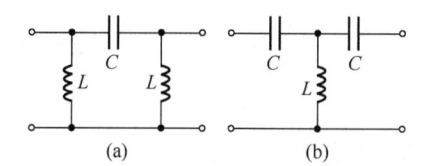

图 7-22 高通滤波电路

3. 带通滤波器

使某一频率范围内的信号分量顺利通过而其他频率的信号分量受到抑制的电路，称为带通滤波器，典型电路如图 7-23 所示。电路中的串联臂为 L_1C_1 串联电路，并联臂为 L_2C_2 并联电路，两臂的谐振角频率相等，即 $\omega_0 = \dfrac{1}{\sqrt{L_1C_1}} = \dfrac{1}{\sqrt{L_2C_2}}$。对于频率等于 ω_0 的信号分量，两臂均处于谐振状态，串臂复阻抗 $Z_s = 0$，相当于短路，对信号无任何阻碍；并臂复导纳 $Y_p = 0$，相当于开路，对信号无任何分流。因而，该频率信号将毫无衰减地通过电路到达输出端。对于在 ω_0 附近的信号分量，由于 Z_s 和 Y_p 都很小，即串臂对信号的阻碍很小，并臂对信号的分流也很小，因而信号可顺利通过。对于偏离 ω_0 越远的信号分量，Z_s 和 Y_p 越大，信号通过电路时衰减也越大。

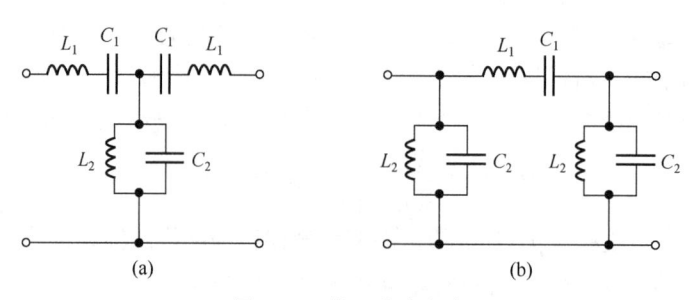

图 7-23 带通滤波电路

4. 带阻滤波器

使某一频率范围内的信号分量受到抑制而其他频率的信号分量顺利通过的电路，称为带阻滤波器，典型电路如图 7-24 所示。与带通滤波器相反，其串联臂为 L_1C_1 并联电路，并联臂为 L_2C_2 串联电路。两臂的谐振频率相等，即 $\omega_0 = \dfrac{1}{\sqrt{L_1C_1}} = \dfrac{1}{\sqrt{L_2C_2}}$。对于频率等于 ω_0 的信号分量，两臂均处于谐振状态，串臂复导纳 $Y_s = 0$，并臂复阻抗 $Z_p = 0$，信号完全被阻碍而不能到达输出端。在 ω_0 附近的信号分量，由于 Y_s 和 Z_p 都很小而很难通过。对于偏离 ω_0 越远的信号分量，Y_s 和 Z_p 越大，信号越容易通过。

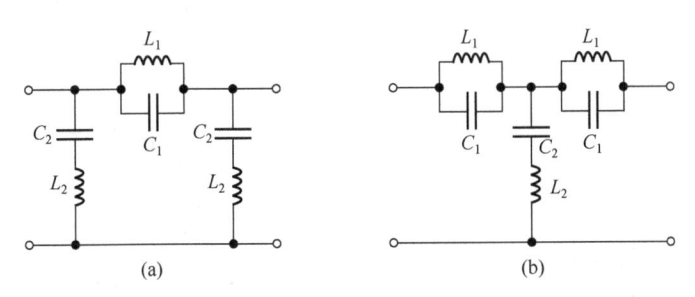

图 7-24 带阻滤波电路

合理地运用 LC 串联和并联谐振的性质可以构成各种带通和带阻滤波器。串联谐振电路就是常用的带通滤波器的实例。

应该指出，以上介绍的几种滤波器电路的构成都是比较典型的。实际滤波器电路不一定都是如此结构，也不一定都由 L、C 构成。

📖 分解思维

分解思维是一种独特的创新思维方法，其原理就是化大为小、化整为零，把大目标分解成小目标，然后进行累计得出总和，以实现创新目标。也就是说，分解思维是指将一个复杂的问题、概念或任务分解成更小、更简单的部分，并针对每个部分进行独立思考、分析和处理的思维方式。通过分解思维，人们可以更清晰地理解问题的本质，更有效地解决问题，并更高效地完成任务。

在电路学习的过程中，可以运用分解思维来帮助理解电路的运作原理和解决问题。以下是一些使用分解思维的方法。

将复杂电路分解为简单部分：将复杂的电路分解成更简单的部分，然后逐步理解每个部分的作用和功能，这可以帮助更深入地理解整个电路的工作原理。

分解问题到最基本的原理：当遇到困难或问题时，可以将问题分解到最基本的原理或概念，然后逐步进行解决，这有助于提高解决问题的逻辑思维和分析能力。

利用分解思维检查电路设计和故障排除：在设计电路或排除故障时，可以使用分解思维来逐步检查每个部分，找出可能存在的问题或错误，并进行修正。

将电路的功能分解为不同的部分和模块：在设计复杂电路时，可以将电路的功能分解为不同的部分和模块，然后分别设计和实现每个部分，最后将它们整合在一起，这有助于提高电路设计的效率和可维护性。

习 题

7-1 RLC 串联电路的谐振频率 $f_0 = 400\text{kHz}$，$C = 900\text{pF}$，$R = 5\Omega$。(1) 求 L、ρ 和 Q；(2) 若信号源电压 $U_S = 1\text{mV}$，求谐振时电路电流及各元件电压。

7-2 题 7-2 图所示的 RLC 串联电路中，R 的数值可变，问：(1) 改变 R 时，电路的谐振频率是否改变？对谐振电路有何影响？(2) 若在 C 两端并联电阻 R_1，是否会改变电路的谐振频率？

7-3 题 7-3 图所示的 RLC 串联电路中，已知电源电压 $U_S = 1\text{V}$，$\omega = 4000\text{rad/s}$，调节电容 C 使毫安表读数最大，为 250mA，此时电压表测得电容电压有效值为 50V。求 R、L、C 及电路 Q 值。

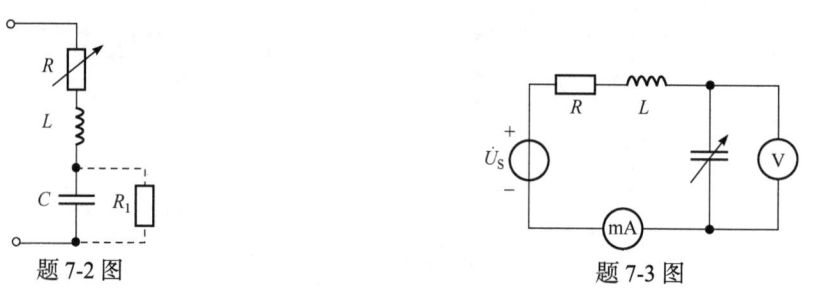

题 7-2 图　　　　题 7-3 图

7-4 给定 RLC 串联电路的谐振频率 $f_0 = 465\text{kHz}$，通频带 $B_f = 10\text{kHz}$，已选定 $C = 200\text{pF}$，求 R、L 及电路 Q 值。

7-5 题 7-5 图所示的 GCL 并联电路中，若保持信号源电流有效值 I_S 不变，仅改变其角频率 ω，试画出电压 U 的谐振曲线，并与 RLC 串联电路的电流谐振曲线相比较。

7-6 在题 7-5 中，若 $I_S = 1\text{mA}$，$C = 1000\text{pF}$，电路的品质因数 $Q_p = 60$，谐振角频率 $\omega_p = 10^6 \text{rad/s}$。(1) 求电感 L 和电阻 R 即 $1/G$；(2) 求谐振时的回路电压和各支路电流。

7-7 一个电感为 25mH、电阻为 25Ω 的线圈和 4000pF 电容并联，外接正弦电流源 $I_S = 0.5\text{mA}$，调节电源频率，使电路谐振。求谐振频率、谐振时电路的阻抗及电路端电压。

题 7-5 图　　　　题 7-7 图

7-8 求下列电路的谐振角频率，并讨论发生谐振的条件。

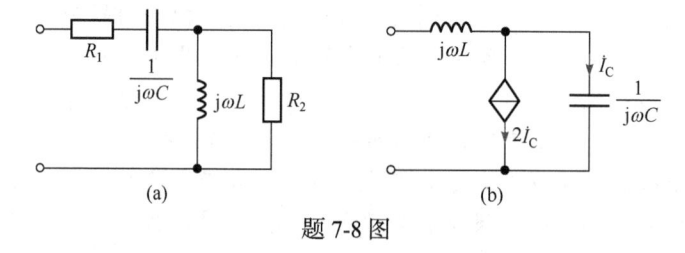

(a)　　　　(b)

题 7-8 图

7-9 已知题 7-9 图所示的电路处于谐振状态，$u_S = 240\sqrt{2}\cos 5000t \text{ V}$，$R_1 = R_2 = 200\Omega$，

$L = 40\text{mH}$，求 i_1、i_L、i_2、i_C。

7-10 已知题 7-10 图中两电压源的电压分别为

$$u_a(t) = 30\sqrt{2}\cos(\omega t) + 20\sqrt{2}\cos(3\omega t + 60°) \text{ V}$$

$$u_b(t) = 10\sqrt{2}\cos(3\omega t + 45°) + 10\sqrt{2}\cos(5\omega t + 30°) \text{ V}$$

求端电压 u 的有效值。

7-11 题 7-11 图所示的电路中，已知 $u = 10 + 80\cos(\omega t + 30°) + 18\cos3(\omega t)$ V，$R = 6\Omega$，$\omega L = 2\Omega$，$\dfrac{1}{\omega C} = 18\Omega$，求 i 及各表读数。

7-12 若 RC 串联电路的电流为 $i = 2\cos1000t + \cos3000t$ A，总电压的有效值为 155V，且总电压不含有直流分量，电路消耗的平均功率为 120W，求 R 和 C。

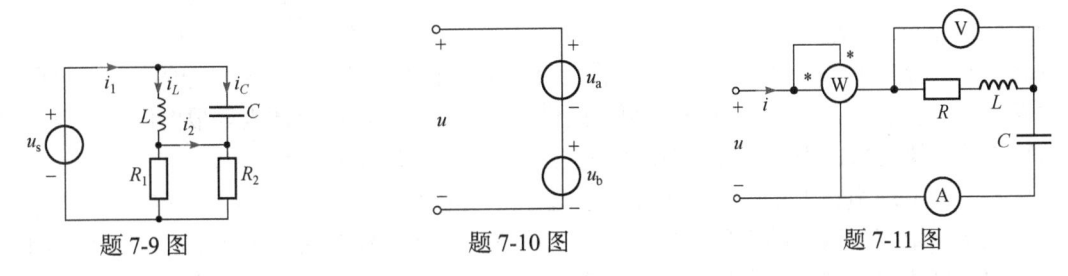

题 7-9 图　　题 7-10 图　　题 7-11 图

7-13 题 7-13 图所示的电路中，已知 $u_S = 20 + 200\sqrt{2}\cos(\omega t) + 100\sqrt{2}\cos(2\omega t + 30°)$ V，$R = 100\Omega$，$\omega L = \dfrac{1}{\omega C} = 200\Omega$，求各支路电流 i_0、i_1、i_2 及电路消耗的平均功率。

7-14 电路如题 7-14 图所示，$C_1 = 500\mu\text{F}$，$R = 10\Omega$，$L = 0.1\text{H}$，当 $i_S = 1\text{A}$，$u_S = 10\sqrt{2}\cos100t$ V 时，安培表 A_2 读数为 1.414A。问当 i_S 保持不变，u_S 改为 $u_S = 10\sqrt{2}\cos200t$ V 时，两个安培表的读数各为多少？

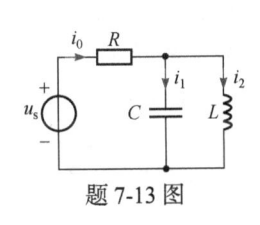

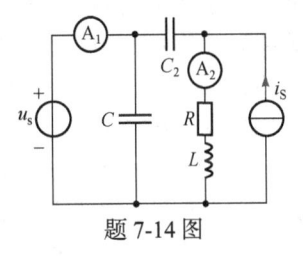

题 7-13 图　　题 7-14 图

7-15 电路如题 7-15 图所示，已知 $u_S = \cos t$ V，$i_S = 1\text{A}$，$R = 1\Omega$，$L = 1\text{H}$，$C = 1\text{F}$，求 i_L。

7-16 题 7-16 图所示的电路中，输入电压信号 $u_i = U_{1m}\cos1000t + U_{3m}\cos3000t$ V，$L = 0.1\text{H}$，C_1、C_2 可调，R_L 为负载电阻，欲使基波毫无衰减地传输给负载电阻 R_L 而三次谐波全部滤除，求 C_1、C_2 的值。

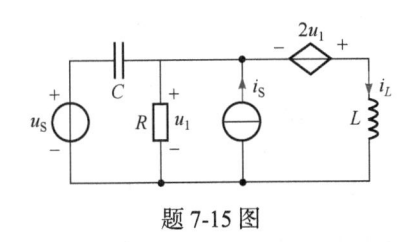

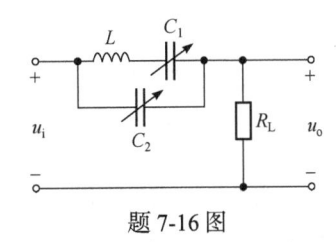

题 7-15 图　　题 7-16 图

第 8 章 双 口 网 络

电能或电信号常常是通过网络的端口(电流出入相等的一对端子)进行传输的。如果一个网络包括电能或电信号的一个输入端口和一个输出端口,就称为二端口网络,简称为双口网络。为了方便对复杂电网络的分析、设计和调试,常将复杂电网络分解为若干简单的子网络。双口网络是常见的子网络,对于复杂电网络中的双口网络,人们更多的是考虑它们的外部特性,即其外部的电压、电流的约束关系,而对其内部构造以及电压、电流分布可以完全不知,即人们常说的"黑箱子",这相当于将双口网络视为一个电路元件,而不把注意力放在对双口网络内部的分析上。因此,研制者需要采用计算或实验的方法,建立端口上的 VCR(电压电流关系)以及其他技术参数,以便为使用者提供参考。此外,研制者还需要根据使用者对双口网络特性的具体要求,用尽可能简单的原理设计出满足要求的双口网络。

基于以上理由,本章以不含独立源,且电容、电感处于零状态的线性双口网络为研究对象,依次介绍双口网络的方程及参数、双口网络的互联、双口网络的开路阻抗和短路阻抗、对称双口网络的特性阻抗、双口网络的等效电路等。最后,在本章结尾的课程思政拓展中,为读者介绍了"黑箱法"的内容。

8.1 双口网络概述

在网络分析中,当需要研究一个网络的输入-输出特性时,人们常把被分析的网络用一个方框与一组对应于网络的输入和输出的端子来表示。在实际应用中,网络的这些对外引出端子经常被成端对地使用。当电流能从端对的一个端子流入、从另一个端子全部流出时,称其为一个端口(port),而组成该端口的端子电流间的关系被称为端口条件(relationship of port)。显然,图 8-1 就是一个有 n 个端对均满足端口条件的 n 端口网络(n-port network)。端口条件:在每个端口上,从一个端子流入的电流始终等于从另一个端子流出的电流。值得注意的是,随着学习的深入,在后面章节将会讲到,当两端口网络间进行互联时,此条件可能不满足。若是如此,则该二端口网络便失去了原有的参数方程。

双口网络(two-port network)就是一种满足端口条件的四端网络。在电路中,我们把双口网络用如图 8-2 所示的电路符号来表示,并把 1-1'端称为双口网络的输入端口(input port),即入口;把 2-2'端称为双口网络的输出端口(output port),即出口。

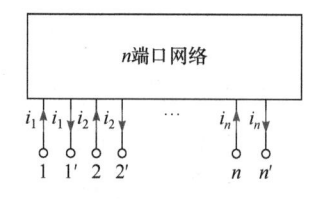

图 8-1　n 端口网络

图 8-2　双口网络的电路符号

双口网络的电路符号类似于一个"黑箱",它不能为我们提供网络内部的任何信息,即元件及其相互间的连接均不可见,因此只能用一个双口网络的端口电压和端口电流来描述它的电特性。

实际应用的大多数电路及系统,常以双口网络的形式出现,如图 8-3(a)所示的传输线、图 8-3(b)所示的空心变压器、图 8-3(c)所示的无源 LC 滤波器和图 8-3(d)所示的光电耦合器等就是这样的例子。

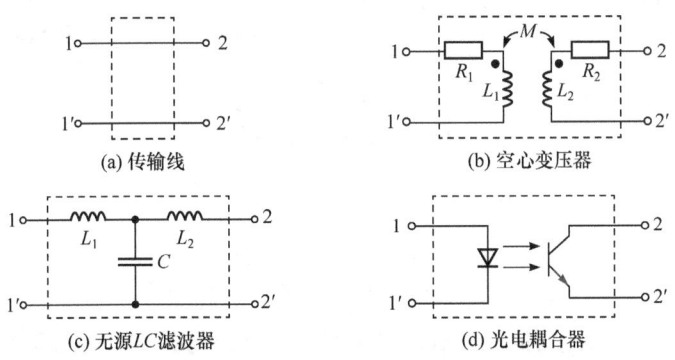

图 8-3 常见的双口网络

双口网络有线性、非线性和含源、无源之分。当一个双口网络内部仅含有线性元件时,称为线性双口网络;反之,称为非线性双口网络。当一个双口网络作为整体能对外部提供能量时,称为端口含源双口网络;反之,称为端口无源双口网络。端口无源双口网络对内部有无电源没有限制,但要求对外部不能有能量输出。当一个双口网络内部不含有独立源以及由初始条件引起的附加电源时,称为无独立源双口网络;反之,称为有独立源双口网络。当一个双口网络内部既无独立源也无受控源时,称为无源双口网络;反之,称为含源双口网络。本章主要讨论线性无独立源的双口网络问题。这里所提到的不含附加电源的意思是双口网络内部的储能元件具有零初始条件的情况。

8.2 双口网络的方程及参数

无论双口网络的内部情况可见还是不可见,都可以使用其端口电压和端口电流之间的关系来表征它的电特性,这些关系被称为双口网络方程(two-port network equation)。由图 8-2 可知,一个双口网络共有四个端口变量,即入口的电压 u_1 与电流 i_1 和出口的电压 u_2 与电流 i_2。如果在建立双口网络方程时,采用其中的任意两个来表示另外两个的话,那么可构成的方程数量为 $C_4^2 = 6$ 个。因此,从这些双口网络方程出发,我们总共可以定义六种双口网络参数(two-port network parameter)。由于每一种双口网络参数都与一个双口网络方程相对应,故双口网络参数在表征双口网络的电特性方面与双口网络方程具有完全等同的作用,也就是说,一旦确定了这些参数,与之对应的双口网络方程也就随之确定了。

为便于考虑双口网络含有电容和电感的情况,下面的分析和讨论将在正弦稳态的情况下采用相量法来进行。

8.2.1 导纳参数方程与阻抗参数方程

1. 导纳参数方程

首先考虑图 8-4 所示的一个线性无独立源双口网络,图中 $\dot{U}_{S1}$ 和 $\dot{U}_{S2}$ 分别为该双口网络

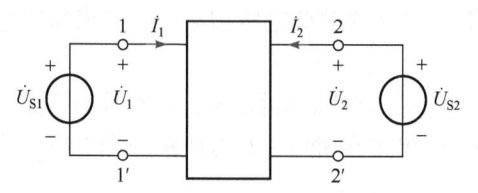

图 8-4 外部加有独立电压源的线性无独立源双口网络

的入口和出口的外加独立电压源相量；端口电压相量 $\dot{U}_1$、$\dot{U}_2$ 和端口电流相量 $\dot{I}_1$、$\dot{I}_2$ 的参考方向也如图中所示。

由叠加定理可知，入口电流 $\dot{I}_1$ 和出口电流 $\dot{I}_2$ 分别等于两个独立电压源各自单独作用时所产生的电流贡献的代数和，即

$$\begin{cases} \dot{I}_1 = y_{11}\dot{U}_{S1} + y_{12}\dot{U}_{S2} \\ \dot{I}_2 = y_{21}\dot{U}_{S1} + y_{22}\dot{U}_{S2} \end{cases} \tag{8-1}$$

因为

$$\dot{U}_{S1} = \dot{U}_1, \quad \dot{U}_{S2} = \dot{U}_2$$

所以有

$$\begin{cases} \dot{I}_1 = y_{11}\dot{U}_1 + y_{12}\dot{U}_2 \\ \dot{I}_2 = y_{21}\dot{U}_1 + y_{22}\dot{U}_2 \end{cases} \tag{8-2}$$

式中，y_{11}、y_{12}、y_{21}、y_{22} 均为复常数，仅由双口网络的内部结构和元件参数所决定，具有导纳量纲（单位为西门子 S），称为双口网络的 Y 参数（Y-parameter），相应地，称式(8-2)为双口网络的导纳参数方程（admittance parameter equation），或简称为 Y 参数方程（Y-parameter equation）。

把式(8-2)写成矩阵形式，可得

$$\begin{bmatrix} \dot{I}_1 \\ \dot{I}_2 \end{bmatrix} = \begin{bmatrix} y_{11} & y_{12} \\ y_{21} & y_{22} \end{bmatrix} \begin{bmatrix} \dot{U}_1 \\ \dot{U}_2 \end{bmatrix} \tag{8-3}$$

写成更简洁的形式为

$$\dot{I} = Y\dot{U} \tag{8-4}$$

式中，$Y = \begin{bmatrix} y_{11} & y_{12} \\ y_{21} & y_{22} \end{bmatrix}$，称为导纳参数矩阵（admittance parameter matrix）。下面给出 Y 参数的定义。

由式(8-2)可知，当出口短路，即 $\dot{U}_2 = 0$ 时，有

$$\begin{cases} y_{11} = \left.\dfrac{\dot{I}_1}{\dot{U}_1}\right|_{\dot{U}_2=0} \\ y_{21} = \left.\dfrac{\dot{I}_2}{\dot{U}_1}\right|_{\dot{U}_2=0} \end{cases} \tag{8-5}$$

当入口短路，即 $\dot{U}_1 = 0$ 时，有

$$\begin{cases} y_{12} = \left.\dfrac{\dot{I}_1}{\dot{U}_2}\right|_{\dot{U}_1=0} \\ y_{22} = \left.\dfrac{\dot{I}_2}{\dot{U}_2}\right|_{\dot{U}_1=0} \end{cases} \tag{8-6}$$

由于式(8-5)和式(8-6)分别是在出口短路和入口短路的情况下给出的，因此 Y 参数又被称为短路导纳参数（short-circuit admittance parameter）。其中，y_{11} 为出口短路时入口的输入导纳，y_{12} 为入口短路时入口对出口的转移导纳，y_{21} 为出口短路时出口对入口的转移导纳，y_{22} 为入口短路时出口的输入导纳。有时也把 y_{11} 和 y_{22} 分别称为入口的策动点导纳和出口的策动点导纳（或入端导纳）。

显然，根据式(8-5)和式(8-6)，既可以从一个已知内部结构和元件参数的双口网络求取 Y 参数，也可以通过实验测量来确定一个内部结构未知的双口网络的 Y 参数。

【例 8-1】 求图 8-5(a)所示的双口网络的 Y 参数。

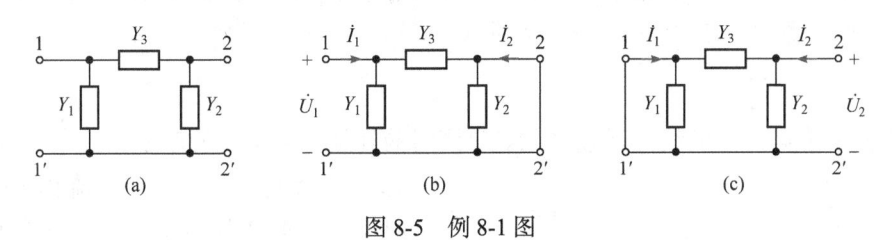

图 8-5 例 8-1 图

解 由于该双口网络的内部结构已知，故根据式(8-5)和式(8-6)来求 Y 参数。首先，把出口短路($\dot{U}_2 = 0$)，电路如图 8-5(b)所示，对其直接分析可得

$$\begin{cases} y_{11} = \dfrac{\dot{I}_1}{\dot{U}_1}\bigg|_{\dot{U}_2=0} = Y_1 + Y_3 \\ y_{21} = \dfrac{\dot{I}_2}{\dot{U}_1}\bigg|_{\dot{U}_2=0} = -Y_3 \end{cases}$$

然后，把入口短路($\dot{U}_1 = 0$)，电路如图 8-5(c)所示，同样，由直接分析可得

$$\begin{cases} y_{12} = \dfrac{\dot{I}_1}{\dot{U}_2}\bigg|_{\dot{U}_1=0} = -Y_3 \\ y_{22} = \dfrac{\dot{I}_2}{\dot{U}_2}\bigg|_{\dot{U}_1=0} = Y_2 + Y_3 \end{cases}$$

由计算结果得

$$y_{12} = y_{21} \tag{8-7}$$

根据互易定理 1 不难证明，对任意线性无独立源双口网络而言，总有 $y_{12} = y_{21}$ 成立。当一个双口网络的 Y 参数存在上述关系时，称为互易性双口网络。由式(8-7)可知，一个线性无独立源(或互易性)双口网络的 Y 参数中仅有三个参数是独立的。

如果一个线性无独立源双口网络的电特性存在对称性，那么它的 Y 参数还将存在以下关系：

$$y_{11} = y_{22} \tag{8-8}$$

此时，双口网络被称为线性无独立源对称双口网络。显然，线性无独立源对称双口网络的 Y 参数中只有两个参数是独立的。这表明若把线性无独立源对称双口网络的入口与出口互换位置，则它的电特性不会改变。

【例 8-2】 求图 8-6 所示的双口网络的 Y 参数。

解 采用比较方程系数的方法求 Y 参数。首先，对图 8-6 直接列写 KCL 方程如下：

$$\begin{cases} \dot{I}_1 = Y_a \dot{U}_1 + Y_b(\dot{U}_1 - \dot{U}_2) \\ \dot{I}_2 = Y_c \dot{U}_2 + Y_b(\dot{U}_2 - \dot{U}_1) - g_m \dot{U}_1 \end{cases}$$

整理后，得

$$\begin{cases} \dot{I}_1 = (Y_a + Y_b)\dot{U}_1 - Y_b \dot{U}_2 \\ \dot{I}_2 = -(Y_b + g_m)\dot{U}_1 + (Y_b + Y_c)\dot{U}_2 \end{cases}$$

与 Y 参数方程进行比较，可得

图 8-6 例 8-2 图

$$y_{11} = Y_a + Y_b, \quad y_{12} = -Y_b$$
$$y_{21} = -Y_b - g_m, \quad y_{22} = Y_b + Y_c$$

由此可见，$y_{12} \neq y_{21}$，这是由本例中的双口网络存在受控电源所造成的。这表明双口网络内部存在受控电源时，其 Y 参数一般不满足 $y_{12} = y_{21}$。

2. 阻抗参数方程

如果把图 8-4 所示的线性无独立源双口网络的外加独立电压源改变为独立电流源 $\dot{I}_{S1}$ 和 $\dot{I}_{S2}$，并保持端口电压和电流相量的参考方向不变，如图 8-7 所示，那么由叠加定理可写出用端口电流表示端口电压的方程如下：

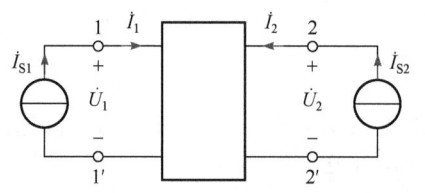

$$\begin{cases} \dot{U}_1 = z_{11}\dot{I}_1 + z_{12}\dot{I}_2 \\ \dot{U}_2 = z_{21}\dot{I}_1 + z_{22}\dot{I}_2 \end{cases} \tag{8-9}$$

图 8-7 外部加有独立电流源的线性无独立源双口网络

式中，z_{11}、z_{12}、z_{21}、z_{22} 均为复常数，仅由双口网络的内部结构和元件参数所决定，具有阻抗量纲（单位为欧姆 Ω），称为双口网络的 Z 参数（Z-parameter），相应地，称式(8-9)为双口网络的阻抗参数方程(impedance parameter equation)，或简称为 Z 参数方程(Z-parameter equation)。

把式(8-9)写成矩阵形式，可得

$$\begin{bmatrix} \dot{U}_1 \\ \dot{U}_2 \end{bmatrix} = \begin{bmatrix} z_{11} & z_{12} \\ z_{21} & z_{22} \end{bmatrix} \begin{bmatrix} \dot{I}_1 \\ \dot{I}_2 \end{bmatrix} \tag{8-10}$$

写成更简洁的形式为 $\quad \dot{U} = Z\dot{I} \tag{8-11}$

式中，$Z = \begin{bmatrix} z_{11} & z_{12} \\ z_{21} & z_{22} \end{bmatrix}$，称为阻抗参数矩阵(impedance parameter matrix)。这里 Z 参数所起的作用，从数学的角度看，实质上是把双口网络的端口电流($\dot{I}_1, \dot{I}_2$)映射成为端口电压($\dot{U}_1, \dot{U}_2$)的一种线性变换。下面给出 Z 参数的定义。

由式(8-9)可知，当出口开路，即 $\dot{I}_2 = 0$ 时，有

$$\begin{cases} z_{11} = \left. \dfrac{\dot{U}_1}{\dot{I}_1} \right|_{\dot{I}_2=0} \\ z_{21} = \left. \dfrac{\dot{U}_2}{\dot{I}_1} \right|_{\dot{I}_2=0} \end{cases} \tag{8-12}$$

当入口开路，即 $\dot{I}_1 = 0$ 时，有

$$\begin{cases} z_{12} = \left. \dfrac{\dot{U}_1}{\dot{I}_2} \right|_{\dot{I}_1=0} \\ z_{22} = \left. \dfrac{\dot{U}_2}{\dot{I}_2} \right|_{\dot{I}_1=0} \end{cases} \tag{8-13}$$

由于式(8-12)和式(8-13)分别是在出口开路和入口开路的情况下给出的，因此 Z 参数又被称为开路阻抗参数(open-circuit impedance parameter)。其中，z_{11} 为出口开路时入口的输入阻

抗，z_{12} 为入口开路时入口对出口的转移阻抗，z_{21} 为出口开路时出口对入口的转移阻抗，z_{22} 为入口开路时出口的输入阻抗。有时也把 z_{11} 和 z_{22} 分别称为入口的策动点阻抗和出口的策动点阻抗(或入端阻抗)。

根据互易定理 2 容易证明，若一个双口网络是线性无独立源的，则一定有

$$z_{12} = z_{21} \tag{8-14}$$

如果一个线性双口网络既是无独立源的又是对称的(电特性的对称)，那么它的 Z 参数一定存在以下关系：

$$z_{11} = z_{22} \tag{8-15}$$

综合上述讨论可知，Y 参数和 Z 参数从两个不同的方面描述了同一个双口网络的电特性。因此，二者之间必然存在着某种关系。把式(8-4)代入式(8-11)中可看到，若 Y 和 Z 参数同时存在，则必有

$$\boldsymbol{Z} = \boldsymbol{Y}^{-1} \tag{8-16}$$

$$\boldsymbol{Y} = \boldsymbol{Z}^{-1} \tag{8-17}$$

这表明如果已知一个双口网络的 Y 参数，那么只要它的 Z 参数存在就可以利用式(8-16)求出；反之，Y 参数可以用式(8-17)来求出。

【例 8-3】 求图 8-8 所示的双口网络的开路阻抗参数矩阵。

解 根据 Z 参数的定义，令出口开路($\dot{I}_2 = 0$)，可得

$$z_{11} = \left.\frac{\dot{U}_1}{\dot{I}_1}\right|_{\dot{I}_2=0} = Z_1 + Z_3$$

$$z_{21} = \left.\frac{\dot{U}_2}{\dot{I}_1}\right|_{\dot{I}_2=0} = Z_3$$

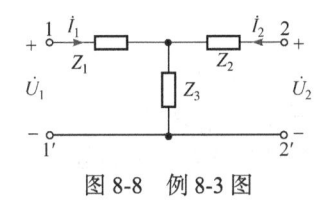

图 8-8 例 8-3 图

再令入口开路($\dot{I}_1 = 0$)，可得

$$z_{12} = \left.\frac{\dot{U}_1}{\dot{I}_2}\right|_{\dot{I}_1=0} = Z_3$$

$$z_{22} = \left.\frac{\dot{U}_2}{\dot{I}_2}\right|_{\dot{I}_1=0} = Z_2 + Z_3$$

于是得

$$\boldsymbol{Z} = \begin{bmatrix} z_{11} & z_{12} \\ z_{21} & z_{22} \end{bmatrix} = \begin{bmatrix} Z_1 + Z_3 & Z_3 \\ Z_3 & Z_2 + Z_3 \end{bmatrix}$$

8.2.2 混合参数方程

当采用双口网络的入口电流和出口电压来表示其入口电压和出口电流时，所得到的方程就是反映双口网络的端口电压与电流关系的混合参数方程。它的表示形式为

$$\begin{cases} \dot{U}_1 = h_{11}\dot{I}_1 + h_{12}\dot{U}_2 \\ \dot{I}_2 = h_{21}\dot{I}_1 + h_{22}\dot{U}_2 \end{cases} \tag{8-18}$$

式中，h_{11}、h_{12}、h_{21}、h_{22} 均为复常数，仅由双口网络的内部结构和元件参数所决定。其中，h_{11} 具有阻抗量纲(单位为欧姆 Ω)，h_{22} 具有导纳量纲(单位为西门子 S)，而 h_{21} 和 h_{12} 均为无量纲的量。由于这四个参数的量纲不同，故称之为混合参数(hybrid parameter)或 H 参数(H-parameter)，相应的方程也称为 H 参数方程(H-parameter equation)。在模拟电子电路中，H

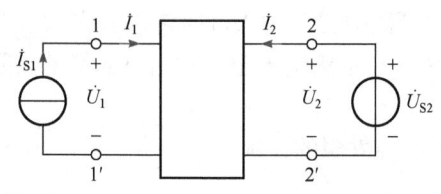

图 8-9 加有外部电源的线性无独立源双口网络

参数经常被用于表示双极型晶体三极管的低频小信号等效电路模型。

有关式(8-18)的正确性,可以通过叠加定理分析图 8-9 所示的电路来证明。因分析方法与建立 Y 参数方程的情况相类似,故在此处略去。

下面给出 H 参数的定义。

由式(8-18)可知,当出口短路,即 $\dot{U}_2 = 0$ 时,有

$$\begin{cases} h_{11} = \dfrac{\dot{U}_1}{\dot{I}_1}\bigg|_{\dot{U}_2=0} \\ h_{21} = \dfrac{\dot{I}_2}{\dot{I}_1}\bigg|_{\dot{U}_2=0} \end{cases} \tag{8-19}$$

当入口开路,即 $\dot{I}_1 = 0$ 时,有

$$\begin{cases} h_{12} = \dfrac{\dot{U}_1}{\dot{U}_2}\bigg|_{\dot{I}_1=0} \\ h_{22} = \dfrac{\dot{I}_2}{\dot{U}_2}\bigg|_{\dot{I}_1=0} \end{cases} \tag{8-20}$$

式中,h_{11} 为出口短路时入口的输入阻抗;h_{12} 为入口开路时入口与出口的电压比;h_{21} 为出口短路时出口与入口的电流比;h_{22} 为入口开路时出口的输入导纳。

【例 8-4】 试用线性无独立源双口网络的 Y 参数来表示 H 参数。

解 线性无独立源双口网络的 Y 参数方程为

$$\begin{cases} \dot{I}_1 = y_{11}\dot{U}_1 + y_{12}\dot{U}_2 \\ \dot{I}_2 = y_{21}\dot{U}_1 + y_{22}\dot{U}_2 \end{cases}$$

由上述联立方程中的第一方程得

$$\dot{U}_1 = \frac{1}{y_{11}}\dot{I}_1 - \frac{y_{12}}{y_{11}}\dot{U}_2$$

把上式代入联立方程中的第二方程,得

$$\dot{I}_2 = \frac{y_{21}}{y_{11}}\dot{I}_1 + \frac{\Delta y}{y_{11}}\dot{U}_2$$

式中,$\Delta y = y_{11}y_{22} - y_{12}y_{21}$。

于是,把上述结果与式(8-18)进行比较,可得

$$h_{11} = \frac{1}{y_{11}}, \quad h_{12} = -\frac{y_{12}}{y_{11}}$$

$$h_{21} = \frac{y_{21}}{y_{11}}, \quad h_{22} = \frac{\Delta y}{y_{11}}$$

可见,H 参数可用 Y 参数表示。由于线性无独立源双口网络的 Y 参数存在 $y_{12} = y_{21}$ 的关系,故可知 H 参数存在以下关系:

$$h_{12} = -h_{21} \tag{8-21}$$

如果一个线性双口网络既是无独立源的又是对称的（电特性的对称），那么它的 H 参数间一定存在以下关系：
$$h_{11}h_{22} - h_{12}h_{21} = 1 \tag{8-22}$$

这是因为线性无独立源对称性双口网络的 Y 参数存在 $y_{11} = y_{22}$ 的关系。

把混合参数方程写成矩阵形式，可得

$$\begin{bmatrix} \dot{U}_1 \\ \dot{I}_2 \end{bmatrix} = \begin{bmatrix} h_{11} & h_{12} \\ h_{21} & h_{22} \end{bmatrix} \begin{bmatrix} \dot{I}_1 \\ \dot{U}_2 \end{bmatrix} = \boldsymbol{H} \begin{bmatrix} \dot{I}_1 \\ \dot{U}_2 \end{bmatrix} \tag{8-23}$$

式中，$\boldsymbol{H} = \begin{bmatrix} h_{11} & h_{12} \\ h_{21} & h_{22} \end{bmatrix}$，称为混合参数矩阵（hybrid parameter matrix）或 H 参数矩阵。由 H 参数方程可见，H 参数所实现的是把端口变量 $(\dot{I}_1, \dot{U}_2)$ 映射成为另一端口变量 $(\dot{U}_1, \dot{I}_2)$ 的一种线性变换。

混合参数方程还有一种反向表示形式，即用入口电压和出口电流来表示入口电流和出口电压，其方程为

$$\begin{bmatrix} \dot{I}_1 \\ \dot{U}_2 \end{bmatrix} = \begin{bmatrix} g_{11} & g_{12} \\ g_{21} & g_{22} \end{bmatrix} \begin{bmatrix} \dot{U}_1 \\ \dot{I}_2 \end{bmatrix} = \boldsymbol{G} \begin{bmatrix} \dot{U}_1 \\ \dot{I}_2 \end{bmatrix} \tag{8-24}$$

式中，$\boldsymbol{G} = \begin{bmatrix} g_{11} & g_{12} \\ g_{21} & g_{22} \end{bmatrix}$，称为反向混合参数矩阵（inverse hybrid parameter matrix）或 G 参数矩阵。相应地，式(8-24)称为反向混合参数方程（inverse hybrid parameter equation）G 参数方程。把式(8-23)代入式(8-24)得到 G 参数与 H 参数间存在以下关系：

$$\boldsymbol{G} = \boldsymbol{H}^{-1} \tag{8-25}$$
$$\boldsymbol{H} = \boldsymbol{G}^{-1} \tag{8-26}$$

8.2.3 传输参数方程

在实际应用中，为了便于描述信号的传输情况，还需要建立能用出口电压和出口电流表示入口电压和入口电流的双口网络方程，即

$$\begin{cases} \dot{U}_1 = t_{11}\dot{U}_2 + t_{12}(-\dot{I}_2) \\ \dot{I}_1 = t_{21}\dot{U}_2 + t_{22}(-\dot{I}_2) \end{cases} \tag{8-27}$$

式(8-27)就是双口网络的传输参数方程（transmission parameter equation）或 T 参数方程（T-parameter equation）。方程中的 t_{11}、t_{12}、t_{21}、t_{22} 均为复常数，仅由双口网络的内部结构和元件参数所决定，称为传输参数（transmission parameter）。其中，t_{11} 和 t_{22} 均为无量纲的量，而 t_{12} 和 t_{21} 分别具有阻抗量纲（单位为欧姆 Ω）和导纳量纲（单位为西门子 S）。

在 T 参数方程中，采用 $-\dot{I}_2$ 作为端口变量，其目的是与"传输"之意常理解为电流沿双口网络的入口方向向前流动的习惯一致。

下面从 Y 参数方程出发，来说明式(8-27)（即 T 参数方程）的合理性。

假定线性无独立源双口网络的 Y 参数方程为

$$\begin{cases} \dot{I}_1 = y_{11}\dot{U}_1 + y_{12}\dot{U}_2 \\ \dot{I}_2 = y_{21}\dot{U}_1 + y_{22}\dot{U}_2 \end{cases}$$

由上述联立方程中的第二方程得

$$\dot{U}_1 = -\frac{y_{22}}{y_{21}}\dot{U}_2 - \frac{1}{y_{21}}(-\dot{I}_2) \tag{8-28}$$

代入联立方程中的第一方程,得

$$\dot{I}_1 = y_{11}\left(-\frac{y_{22}}{y_{21}}\dot{U}_2 + \frac{1}{y_{21}}\dot{I}_2\right) + y_{12}\dot{U}_2 = -\frac{\Delta y}{y_{21}}\dot{U}_2 - \frac{y_{11}}{y_{21}}(-\dot{I}_2) \tag{8-29}$$

式中,$\Delta y = y_{11}y_{22} - y_{12}y_{21}$。

令

$$t_{11} = -\frac{y_{22}}{y_{21}}, \quad t_{12} = -\frac{1}{y_{21}}$$

$$t_{21} = -\frac{\Delta y}{y_{21}}, \quad t_{22} = -\frac{y_{11}}{y_{21}}$$

代入式(8-28)和式(8-29),可得

$$\begin{cases} \dot{U}_1 = t_{11}\dot{U}_2 + t_{12}(-\dot{I}_2) \\ \dot{I}_1 = t_{21}\dot{U}_2 + t_{22}(-\dot{I}_2) \end{cases}$$

可见,把双口网络的传输参数方程表示为式(8-27)的形式具有合理性。

把传输参数方程写成矩阵形式,可得

$$\begin{bmatrix} \dot{U}_1 \\ \dot{I}_1 \end{bmatrix} = \begin{bmatrix} t_{11} & t_{12} \\ t_{21} & t_{22} \end{bmatrix} \begin{bmatrix} \dot{U}_2 \\ -\dot{I}_2 \end{bmatrix} = \boldsymbol{T} \begin{bmatrix} \dot{U}_2 \\ -\dot{I}_2 \end{bmatrix} \tag{8-30}$$

式中,$\boldsymbol{T} = \begin{bmatrix} t_{11} & t_{12} \\ t_{21} & t_{22} \end{bmatrix}$,称为传输参数矩阵(transmission parameter matrix)或 T 参数矩阵。由式(8-30)可见,T 参数所实现的就是把端口变量$(\dot{U}_2, -\dot{I}_2)$映射成为另一端口变量$(\dot{U}_1, \dot{I}_1)$的一种线性变换。

下面给出 T 参数的定义。

由式(8-27)可知,当出口开路,即 $\dot{I}_2 = 0$ 时,有

$$\begin{cases} t_{11} = \left.\dfrac{\dot{U}_1}{\dot{U}_2}\right|_{\dot{I}_2=0} \\ t_{21} = \left.\dfrac{\dot{I}_1}{\dot{U}_2}\right|_{\dot{I}_2=0} \end{cases} \tag{8-31}$$

当出口短路,即 $\dot{U}_2 = 0$ 时,有

$$\begin{cases} t_{12} = \left.\dfrac{\dot{U}_1}{-\dot{I}_2}\right|_{\dot{U}_2=0} \\ t_{22} = \left.\dfrac{\dot{I}_1}{-\dot{I}_2}\right|_{\dot{U}_2=0} \end{cases} \tag{8-32}$$

式中,t_{11} 为出口开路时入口与出口的电压比;t_{12} 为出口短路时入口与出口的转移阻抗;t_{21} 为出口开路时入口对出口的转移导纳;t_{22} 为出口短路时入口与出口的电流比。

对线性无独立源双口网络而言,T 参数之间存在一个约束关系,即

$$t_{11}t_{22} - t_{12}t_{21} = \left(-\frac{y_{22}}{y_{21}}\right)\left(-\frac{y_{11}}{y_{21}}\right) - \left(-\frac{1}{y_{21}}\right)\left(-\frac{\Delta y}{y_{21}}\right) = \frac{y_{12}}{y_{21}} = 1 \tag{8-33}$$

这表明线性无独立源双口网络的 T 参数仅有三个是独立的。如果一个线性双口网络既是无独立源的又是对称的，那么还存在以下关系：

$$t_{11} = t_{22} \tag{8-34}$$

这是因为线性无独立源对称性双口网络的 Y 参数存在 $y_{11} = y_{22}$ 的关系。此时的 T 参数仅有两个是独立的。

【**例 8-5**】 分别求出在图 8-10 中的两个双口网络的传输参数矩阵。

解 根据图 8-10(a)，可以列写方程如下：

$$\begin{cases} \dot{U}_1 = \dot{U}_2 - Z\dot{I}_2 \\ \dot{I}_1 = -\dot{I}_2 \end{cases}$$

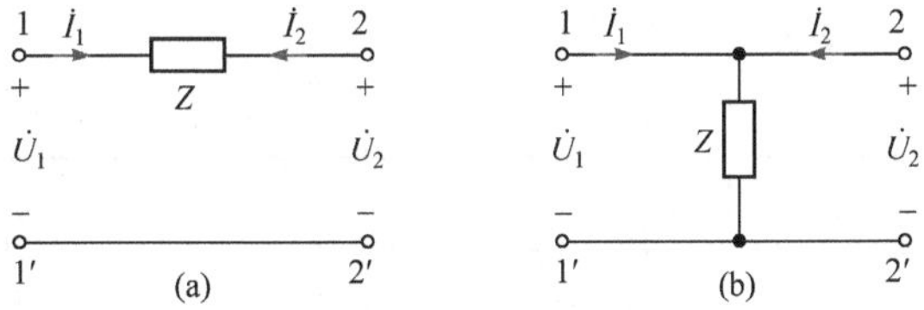

由上述方程可得

$$\boldsymbol{T} = \begin{bmatrix} 1 & Z \\ 0 & 1 \end{bmatrix}$$

图 8-10 例 8-5 图

根据图 8-10(b)，可以列写方程如下：

$$\begin{cases} \dot{U}_1 = \dot{U}_2 \\ \dot{I}_1 = \frac{1}{Z}\dot{U}_2 - \dot{I}_2 \end{cases}$$

于是有

$$\boldsymbol{T} = \begin{bmatrix} 1 & 0 \\ \dfrac{1}{Z} & 1 \end{bmatrix}$$

由本例可见，图 8-10(a)中的双口网络仅含一个串臂元件，它的 T 参数矩阵为一个对角线元素均为 1 的上三角矩阵，上三角矩阵中对角线元素之外的非 0 元素为元件的阻抗值 Z；图 8-10(b)中的双口网络仅含一个并臂元件，它的 T 参数矩阵为一个对角线元素均为 1 的下三角矩阵，下三角矩阵中对角线元素之外的非 0 元素为元件的导纳值 $1/Z$。根据上述特点，称它们为双口网络的基本节。基本节有简化求取复杂双口网络参数的计算的作用，在 8.3 节中可见到有关的例子。

传输参数方程还有一种反向表示形式，即用入口的电压和电流来表示出口的电压和电流，其方程为

$$\begin{bmatrix} \dot{U}_2 \\ -\dot{I}_2 \end{bmatrix} = \begin{bmatrix} t'_{11} & t'_{12} \\ t'_{21} & t'_{22} \end{bmatrix} \begin{bmatrix} \dot{U}_1 \\ \dot{I}_1 \end{bmatrix} = \boldsymbol{T}' \begin{bmatrix} \dot{U}_1 \\ \dot{I}_1 \end{bmatrix} \tag{8-35}$$

式中，$\boldsymbol{T}' = \begin{bmatrix} t'_{11} & t'_{12} \\ t'_{21} & t'_{22} \end{bmatrix}$，称为反向传输参数矩阵(inverse transmission parameter matrix)或 T' 参数矩阵。相应地，式(8-35)称为反向传输参数方程(inverse transmission parameter equation)或 T' 参数方程。显然有以下关系：

$$\boldsymbol{T}' = \boldsymbol{T}^{-1} \tag{8-36}$$

$$\boldsymbol{T} = \boldsymbol{T}'^{-1} \tag{8-37}$$

综上所述，我们已经给出了双口网络的六种方程及其参数的表示形式。显然，在这些方程或参数之间存在着互相表示的关系。这说明同一双口网络的方程与方程或参数与参数之间存在线性相关性，即互相之间不独立。因此，若知道它们当中的任意一种参数，就可以由其导出所需要的其他参数。当然，被导出的这种参数必须是实际存在的。同理，对于双口网络的方程也一样，即双口网络的方程也可以互相转换。为便于双口网络参数间的互换，我们把双口网络的六种参数的转换关系列于表 8-1 中，供查阅使用。

表 8-1 同一双口网络的参数矩阵互换表

参数名称	Z 参数	Y 参数	T 参数	T' 参数	H 参数	G 参数
Z 参数	$z_{11}\ \ z_{12}$ $z_{21}\ \ z_{22}$	$\dfrac{y_{22}}{\Delta y}\ \ -\dfrac{y_{12}}{\Delta y}$ $-\dfrac{y_{21}}{\Delta y}\ \ \dfrac{y_{11}}{\Delta y}$	$\dfrac{t_{11}}{t_{21}}\ \ \dfrac{\Delta t}{t_{21}}$ $\dfrac{1}{t_{21}}\ \ \dfrac{t_{22}}{t_{21}}$	$\dfrac{t'_{22}}{t'_{21}}\ \ \dfrac{1}{t'_{21}}$ $\dfrac{\Delta t'}{t'_{21}}\ \ \dfrac{t'_{11}}{t'_{21}}$	$\dfrac{\Delta h}{h_{22}}\ \ \dfrac{h_{12}}{h_{22}}$ $-\dfrac{h_{21}}{h_{22}}\ \ \dfrac{1}{h_{22}}$	$\dfrac{1}{g_{11}}\ \ -\dfrac{g_{12}}{g_{11}}$ $\dfrac{g_{21}}{g_{11}}\ \ \dfrac{\Delta g}{g_{11}}$
Y 参数	$\dfrac{z_{22}}{\Delta z}\ \ -\dfrac{z_{12}}{\Delta z}$ $-\dfrac{z_{21}}{\Delta z}\ \ \dfrac{z_{11}}{\Delta z}$	$y_{11}\ \ y_{12}$ $y_{21}\ \ y_{22}$	$\dfrac{t_{22}}{t_{12}}\ \ -\dfrac{\Delta t}{t_{12}}$ $-\dfrac{1}{t_{12}}\ \ \dfrac{t_{11}}{t_{12}}$	$\dfrac{t'_{11}}{t'_{12}}\ \ \dfrac{1}{t'_{12}}$ $\dfrac{\Delta t'}{t'_{12}}\ \ \dfrac{t'_{22}}{t'_{12}}$	$\dfrac{1}{h_{11}}\ \ -\dfrac{h_{12}}{h_{11}}$ $\dfrac{h_{21}}{h_{11}}\ \ \dfrac{\Delta h}{h_{11}}$	$\dfrac{\Delta g}{g_{22}}\ \ \dfrac{g_{12}}{g_{22}}$ $-\dfrac{g_{21}}{g_{22}}\ \ \dfrac{1}{g_{22}}$
T 参数	$\dfrac{z_{11}}{z_{21}}\ \ \dfrac{\Delta z}{z_{21}}$ $\dfrac{1}{z_{21}}\ \ \dfrac{z_{22}}{z_{21}}$	$-\dfrac{y_{22}}{y_{21}}\ \ -\dfrac{1}{y_{21}}$ $-\dfrac{\Delta y}{y_{21}}\ \ -\dfrac{y_{11}}{y_{21}}$	$t_{11}\ \ t_{12}$ $t_{21}\ \ t_{22}$	$\dfrac{t'_{22}}{\Delta t'}\ \ \dfrac{t'_{12}}{\Delta t'}$ $\dfrac{t'_{21}}{\Delta t'}\ \ \dfrac{t'_{11}}{\Delta t'}$	$-\dfrac{\Delta h}{h_{21}}\ \ -\dfrac{h_{11}}{h_{21}}$ $-\dfrac{h_{22}}{h_{21}}\ \ -\dfrac{1}{h_{21}}$	$\dfrac{1}{g_{21}}\ \ \dfrac{g_{22}}{g_{21}}$ $\dfrac{g_{11}}{g_{21}}\ \ \dfrac{\Delta g}{g_{21}}$
T' 参数	$\dfrac{z_{22}}{z_{12}}\ \ \dfrac{\Delta z}{z_{12}}$ $\dfrac{1}{z_{12}}\ \ \dfrac{z_{11}}{z_{12}}$	$-\dfrac{y_{11}}{y_{12}}\ \ -\dfrac{1}{y_{12}}$ $-\dfrac{\Delta y}{y_{12}}\ \ -\dfrac{y_{22}}{y_{12}}$	$\dfrac{t_{22}}{\Delta t}\ \ \dfrac{t_{12}}{\Delta t}$ $\dfrac{t_{21}}{\Delta t}\ \ \dfrac{t_{11}}{\Delta t}$	$t'_{11}\ \ t'_{12}$ $t'_{21}\ \ t'_{22}$	$\dfrac{1}{h_{12}}\ \ \dfrac{h_{11}}{h_{12}}$ $\dfrac{h_{22}}{h_{12}}\ \ \dfrac{\Delta h}{h_{12}}$	$\dfrac{\Delta g}{g_{12}}\ \ \dfrac{g_{22}}{g_{12}}$ $\dfrac{g_{11}}{g_{12}}\ \ \dfrac{1}{g_{12}}$
H 参数	$\dfrac{\Delta z}{z_{22}}\ \ \dfrac{z_{12}}{z_{22}}$ $-\dfrac{z_{21}}{z_{22}}\ \ \dfrac{1}{z_{22}}$	$\dfrac{1}{y_{11}}\ \ -\dfrac{y_{12}}{y_{11}}$ $\dfrac{y_{21}}{y_{11}}\ \ \dfrac{\Delta y}{y_{11}}$	$\dfrac{t_{12}}{t_{22}}\ \ \dfrac{\Delta t}{t_{22}}$ $-\dfrac{1}{t_{22}}\ \ \dfrac{t_{21}}{t_{22}}$	$\dfrac{t'_{12}}{t'_{11}}\ \ \dfrac{1}{t'_{11}}$ $-\dfrac{\Delta t'}{t'_{11}}\ \ \dfrac{t'_{21}}{t'_{11}}$	$h_{11}\ \ h_{12}$ $h_{21}\ \ h_{22}$	$\dfrac{g_{22}}{\Delta g}\ \ -\dfrac{g_{12}}{\Delta g}$ $-\dfrac{g_{21}}{\Delta g}\ \ \dfrac{g_{11}}{\Delta g}$
G 参数	$\dfrac{1}{z_{11}}\ \ -\dfrac{z_{12}}{z_{11}}$ $\dfrac{z_{21}}{z_{11}}\ \ \dfrac{\Delta z}{z_{11}}$	$\dfrac{\Delta y}{y_{22}}\ \ \dfrac{y_{12}}{y_{22}}$ $-\dfrac{y_{21}}{y_{22}}\ \ \dfrac{1}{y_{22}}$	$\dfrac{t_{21}}{t_{11}}\ \ -\dfrac{\Delta t}{t_{11}}$ $\dfrac{1}{t_{11}}\ \ \dfrac{t_{12}}{t_{11}}$	$\dfrac{t'_{21}}{t'_{22}}\ \ -\dfrac{1}{t'_{22}}$ $\dfrac{\Delta t'}{t'_{22}}\ \ \dfrac{t'_{12}}{t'_{22}}$	$\dfrac{h_{22}}{\Delta h}\ \ -\dfrac{h_{12}}{\Delta h}$ $-\dfrac{h_{21}}{\Delta h}\ \ \dfrac{h_{11}}{\Delta h}$	$g_{11}\ \ g_{12}$ $g_{21}\ \ g_{22}$
线性无独立源双口网络满足的条件	$z_{12}=z_{21}$	$y_{12}=y_{21}$	$\Delta t = t_{11}t_{22}-t_{12}t_{21}$ $=1$	$\Delta t' = t'_{11}t'_{22}-t'_{12}t'_{21}$ $=1$	$h_{12}=-h_{21}$	$g_{12}=-g_{21}$

8.3 双口网络的互联

在电路设计和分析过程中，常会遇到双口网络的互联问题。双口网络间互相连接的方式有很多种，本节主要介绍三种常见的连接方式：级联 (cascade connection)、串联 (series connection) 和并联 (parallel connection)。

8.3.1 级联

如图 8-11 所示，把前一个双口网络的出口与后一个双口网络的入口连接起来，称为双口网络的级联。

下面来推导双口网络级联的计算公式。考虑到双口网络级联时，用传输参数矩阵表示其电特性最为方便，设图 8-11 中的两个双口网络的传输参数矩阵 T_1 和 T_2 均为已知，则有

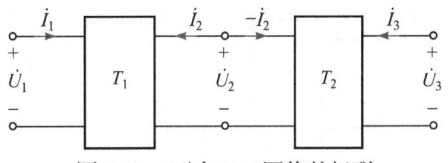

图 8-11 两个双口网络的级联

$$\begin{bmatrix} \dot{U}_1 \\ \dot{I}_1 \end{bmatrix} = T_1 \begin{bmatrix} \dot{U}_2 \\ -\dot{I}_2 \end{bmatrix} \tag{8-38}$$

和

$$\begin{bmatrix} \dot{U}_2 \\ -\dot{I}_2 \end{bmatrix} = T_2 \begin{bmatrix} \dot{U}_3 \\ -\dot{I}_3 \end{bmatrix} \tag{8-39}$$

把式(8-39)代入式(8-38)，可得到级联后的双口网络的传输参数方程为

$$\begin{bmatrix} \dot{U}_1 \\ \dot{I}_1 \end{bmatrix} = T_1 \cdot T_2 \begin{bmatrix} \dot{U}_3 \\ -\dot{I}_3 \end{bmatrix} = T \begin{bmatrix} \dot{U}_3 \\ -\dot{I}_3 \end{bmatrix} \tag{8-40}$$

其中

$$T = T_1 \cdot T_2 \tag{8-41}$$

T 为级联后的双口网络的传输参数矩阵。由式(8-41)可见，级联后的双口网络的传输参数矩阵等于被级联的各个双口网络的传输参数矩阵的乘积。由于矩阵乘法不满足交换律，因此式(8-41)中各矩阵的计算顺序不能交换位置。

如果有 n 个双口网络级联，那么就有

$$T = T_1 \cdot T_2 \cdots T_n \tag{8-42}$$

【例 8-6】 求如图 8-12 所示的双口网络的 T 参数矩阵。

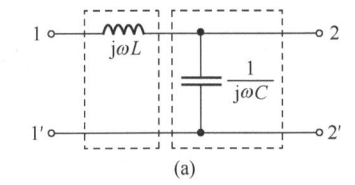

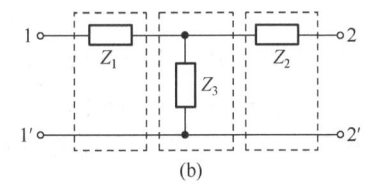

图 8-12 例 8-6 图

解 (1)把图 8-12(a)所示的双口网络划分成两个简单双口网络的级联。由于这两个简单双口网络分别为双口网络的基本节，因此有

$$T = T_1 \cdot T_2 = \begin{bmatrix} 1 & j\omega L \\ 0 & 1 \end{bmatrix} \begin{bmatrix} 1 & 0 \\ j\omega C & 1 \end{bmatrix} = \begin{bmatrix} 1-\omega^2 LC & j\omega L \\ j\omega C & 1 \end{bmatrix} \tag{8-43}$$

(2)由于图 8-12(b)中的双口网络由三个基本节经级联组成，因此有

$$T = T_1 \cdot T_2 \cdot T_3 = \begin{bmatrix} 1 & Z_1 \\ 0 & 1 \end{bmatrix} \begin{bmatrix} 1 & 0 \\ \dfrac{1}{Z_3} & 1 \end{bmatrix} \begin{bmatrix} 1 & Z_2 \\ 0 & 1 \end{bmatrix} = \begin{bmatrix} 1+\dfrac{Z_1}{Z_3} & Z_1 \\ \dfrac{1}{Z_3} & 1 \end{bmatrix} \begin{bmatrix} 1 & Z_2 \\ 0 & 1 \end{bmatrix}$$

$$= \begin{bmatrix} 1+\dfrac{Z_1}{Z_3} & Z_1+Z_2+\dfrac{Z_1 Z_2}{Z_3} \\ \dfrac{1}{Z_3} & 1+\dfrac{Z_2}{Z_3} \end{bmatrix} \tag{8-44}$$

双口网络除级联外，也有串、并联的连接形式。因为双口网络的入口和出口均可以进行

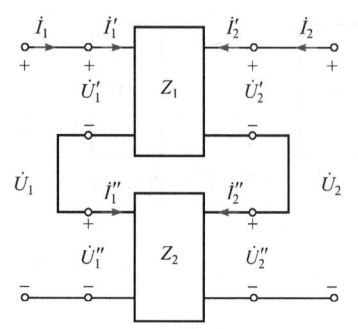

图 8-13 两个双口网络的串联

串、并联连接，所以组合后的不同接法共有四种。下面分别进行介绍。

8.3.2 串-串联

如图 8-13 所示，分别把两个双口网络的入口相串联、出口相串联的连接方式，称为双口网络的串-串联，简称串联。下面来推导双口网络串联的计算公式。考虑到双口网络串联时，用开路阻抗参数矩阵表示其电特性最为方便，设 Z_1 和 Z_2 参数均已知，两个网络各自仍满足端口条件，则有下列两个等式：

$$\begin{bmatrix} \dot{U}_1' \\ \dot{U}_2' \end{bmatrix} = \mathbf{Z}_1 \begin{bmatrix} \dot{I}_1' \\ \dot{I}_2' \end{bmatrix} \quad \text{和} \quad \begin{bmatrix} \dot{U}_1'' \\ \dot{U}_2'' \end{bmatrix} = \mathbf{Z}_2 \begin{bmatrix} \dot{I}_1'' \\ \dot{I}_2'' \end{bmatrix} \tag{8-45}$$

于是，可得到串联后双口网络的阻抗参数方程为

$$\begin{bmatrix} \dot{U}_1 \\ \dot{U}_2 \end{bmatrix} = \begin{bmatrix} \dot{U}_1' + \dot{U}_1'' \\ \dot{U}_2' + \dot{U}_2'' \end{bmatrix} = \begin{bmatrix} \dot{U}_1' \\ \dot{U}_2' \end{bmatrix} + \begin{bmatrix} \dot{U}_1'' \\ \dot{U}_2'' \end{bmatrix} = \mathbf{Z}_1 \begin{bmatrix} \dot{I}_1' \\ \dot{I}_2' \end{bmatrix} + \mathbf{Z}_2 \begin{bmatrix} \dot{I}_1'' \\ \dot{I}_2'' \end{bmatrix} \tag{8-46}$$

由端口条件可知：

$$\begin{bmatrix} \dot{I}_1 \\ \dot{I}_2 \end{bmatrix} = \begin{bmatrix} \dot{I}_1' \\ \dot{I}_2' \end{bmatrix} = \begin{bmatrix} \dot{I}_1'' \\ \dot{I}_2'' \end{bmatrix} \tag{8-47}$$

所以有

$$\begin{bmatrix} \dot{U}_1 \\ \dot{U}_2 \end{bmatrix} = \{\mathbf{Z}_1 + \mathbf{Z}_2\} \begin{bmatrix} \dot{I}_1 \\ \dot{I}_2 \end{bmatrix} = \mathbf{Z} \begin{bmatrix} \dot{I}_1 \\ \dot{I}_2 \end{bmatrix} \tag{8-48}$$

其中

$$\mathbf{Z} = \mathbf{Z}_1 + \mathbf{Z}_2 \tag{8-49}$$

$\mathbf{Z}$ 为串联后的双口网络的开路阻抗参数矩阵。由式(8-49)可见，串联后的双口网络的开路阻抗参数矩阵等于被串联的各个双口网络的开路阻抗参数矩阵的和。

上述结果推广到 n 个双口网络串联时也成立，即

$$\mathbf{Z} = \mathbf{Z}_1 + \mathbf{Z}_2 + \cdots + \mathbf{Z}_n \tag{8-50}$$

8.3.3 并-并联

如图 8-14 所示，分别把两个双口网络的入口相并联、出口相并联的连接方式，称为双口网络的并-并联，简称并联。下面来推导双口网络并联的计算公式。考虑到双口网络并联时，用短路导纳参数矩阵表示其电特性最为方便，设 Y_1 和 Y_2 参数均已知，两个网络各自仍满足端口条件，则有下列两个等式：

$$\begin{bmatrix} \dot{I}_1' \\ \dot{I}_2' \end{bmatrix} = \mathbf{Y}_1 \begin{bmatrix} \dot{U}_1' \\ \dot{U}_2' \end{bmatrix} \quad \text{和} \quad \begin{bmatrix} \dot{I}_1'' \\ \dot{I}_2'' \end{bmatrix} = \mathbf{Y}_2 \begin{bmatrix} \dot{U}_1'' \\ \dot{U}_2'' \end{bmatrix} \tag{8-51}$$

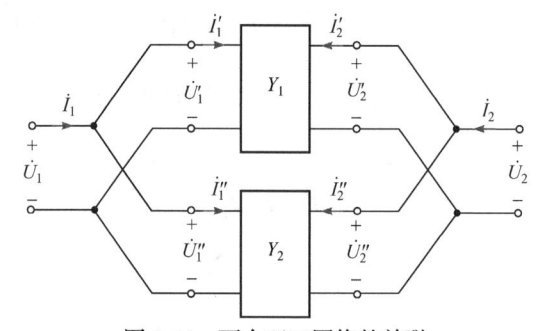

图 8-14 两个双口网络的并联

于是，可得到并联后双口网络的导纳参数方程为

$$\begin{bmatrix} \dot{I}_1 \\ \dot{I}_2 \end{bmatrix} = \begin{bmatrix} \dot{I}_1' + \dot{I}_1'' \\ \dot{I}_2' + \dot{I}_2'' \end{bmatrix} = \begin{bmatrix} \dot{I}_1' \\ \dot{I}_2' \end{bmatrix} + \begin{bmatrix} \dot{I}_1'' \\ \dot{I}_2'' \end{bmatrix} = \mathbf{Y}_1 \begin{bmatrix} \dot{U}_1' \\ \dot{U}_2' \end{bmatrix} + \mathbf{Y}_2 \begin{bmatrix} \dot{U}_1'' \\ \dot{U}_2'' \end{bmatrix} \tag{8-52}$$

由端口条件可知:
$$\begin{bmatrix} \dot{U}_1 \\ \dot{U}_2 \end{bmatrix} = \begin{bmatrix} \dot{U}_1' \\ \dot{U}_2' \end{bmatrix} = \begin{bmatrix} \dot{U}_1'' \\ \dot{U}_2'' \end{bmatrix} \qquad (8\text{-}53)$$

所以有
$$\begin{bmatrix} \dot{I}_1 \\ \dot{I}_2 \end{bmatrix} = \{\boldsymbol{Y}_1 + \boldsymbol{Y}_2\} \begin{bmatrix} \dot{U}_1 \\ \dot{U}_2 \end{bmatrix} = \boldsymbol{Y} \begin{bmatrix} \dot{U}_1 \\ \dot{U}_2 \end{bmatrix} \qquad (8\text{-}54)$$

其中
$$\boldsymbol{Y} = \boldsymbol{Y}_1 + \boldsymbol{Y}_2 \qquad (8\text{-}55)$$

$\boldsymbol{Y}$ 为并联后的双口网络的短路导纳参数矩阵。由式(8-55)可见,并联后的双口网络的短路导纳参数矩阵等于被并联的各个双口网络的短路导纳参数矩阵的和。

上述结果推广到 n 个双口网络并联时也成立,即
$$\boldsymbol{Y} = \boldsymbol{Y}_1 + \boldsymbol{Y}_2 + \cdots + \boldsymbol{Y}_n \qquad (8\text{-}56)$$

8.3.4 串-并联

如图 8-15 所示,分别把两个双口网络的入口相串联、出口相并联的连接方式,称为双口网络的串-并联(series and parallel connection)。

若两个双口网络的 H 参数已知,则仿照前面的推导方法不难推出下列关系:
$$\boldsymbol{H} = \boldsymbol{H}_1 + \boldsymbol{H}_2 \qquad (8\text{-}57)$$

可见,两个双口网络串-并联后的参数矩阵 $\boldsymbol{H}$ 等于被连接的各个双口网络的 H 参数矩阵的和。

上述结果推广到 n 个双口网络串-并联时也成立,即
$$\boldsymbol{H} = \boldsymbol{H}_1 + \boldsymbol{H}_2 + \cdots + \boldsymbol{H}_n \qquad (8\text{-}58)$$

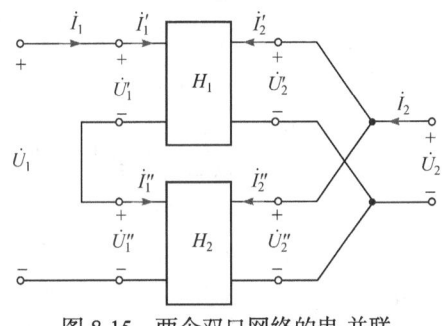

图 8-15 两个双口网络的串-并联

8.3.5 并-串联

如图 8-16 所示,分别把两个双口网络的入口相并联、出口相串联的连接方式,称为双口网络的并-串联(parallel and series connection)。

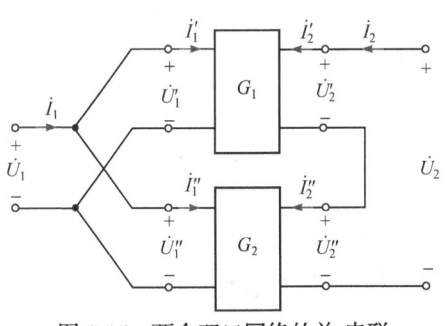

图 8-16 两个双口网络的并-串联

若两个双口网络的 G 参数已知,则仿照前面的推导方法不难推出下列关系:
$$\boldsymbol{G} = \boldsymbol{G}_1 + \boldsymbol{G}_2 \qquad (8\text{-}59)$$

可见,两个双口网络并-串联后的参数矩阵 $\boldsymbol{G}$ 等于被连接的各个双口网络的 G 参数矩阵的和。

上述结果推广到 n 个双口网络并-串联时也成立,即
$$\boldsymbol{G} = \boldsymbol{G}_1 + \boldsymbol{G}_2 + \cdots + \boldsymbol{G}_n \qquad (8\text{-}60)$$

最后指出,本节内给出的经各种串并连接后的复合双口网络的参数矩阵间的关系,都必须是在串并连接后没有破坏双口网络的端口条件的情况下才成立。为保证这一点,须进行端口有效性试验。因端口有效性试验的内容已超出了本书的范畴,故这里不再做深入讨论。

【例 8-7】 双口网络如图 8-17 所示，(1)试用串联法求参数矩阵 Z；(2)试用并联法求参数矩阵 Y。

解 首先，把图 8-17 中的双口网络分别用串联法和并联法重画，如图 8-18 所示。

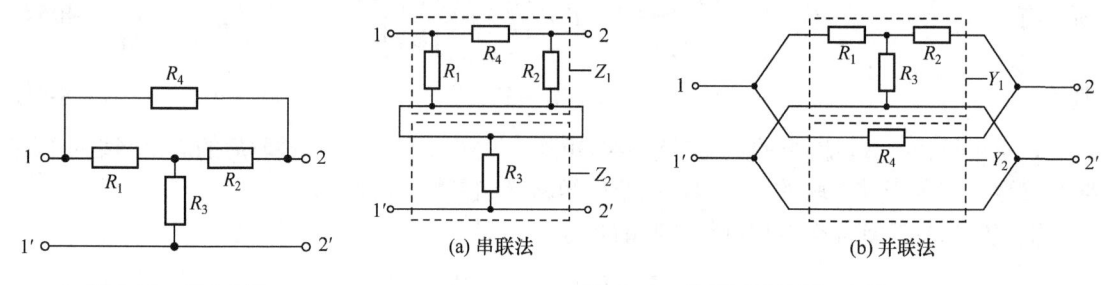

图 8-17 例 8-7 图

(a) 串联法   (b) 并联法

图 8-18 经重画后的例 8-7 图

然后，采用串联法求参数矩阵 Z。由图 8-18(a)可得

$$Y_1 = \begin{bmatrix} \dfrac{1}{R_1}+\dfrac{1}{R_4} & -\dfrac{1}{R_4} \\ -\dfrac{1}{R_4} & \dfrac{1}{R_2}+\dfrac{1}{R_4} \end{bmatrix}$$

$$Z_1 = Y_1^{-1} = \begin{bmatrix} \dfrac{1}{R_1}+\dfrac{1}{R_4} & -\dfrac{1}{R_4} \\ -\dfrac{1}{R_4} & \dfrac{1}{R_2}+\dfrac{1}{R_4} \end{bmatrix}^{-1} = \dfrac{1}{\Delta Y_1} \cdot \begin{bmatrix} \dfrac{1}{R_2}+\dfrac{1}{R_4} & \dfrac{1}{R_4} \\ \dfrac{1}{R_4} & \dfrac{1}{R_1}+\dfrac{1}{R_4} \end{bmatrix}$$

其中

$$\Delta Y_1 = \dfrac{R_1+R_2+R_4}{R_1 R_2 R_4}$$

而且

$$Z_2 = \begin{bmatrix} R_3 & R_3 \\ R_3 & R_3 \end{bmatrix}$$

因此有

$$Z = Z_1 + Z_2 = \begin{bmatrix} R_3 + \dfrac{R_1 R_4 + R_1 R_2}{R_1+R_2+R_4} & R_3 + \dfrac{R_1 R_2}{R_1+R_2+R_4} \\ R_3 + \dfrac{R_1 R_2}{R_1+R_2+R_4} & R_3 + \dfrac{R_2 R_4 + R_1 R_2}{R_1+R_2+R_4} \end{bmatrix}$$

进一步，采用并联法求参数矩阵 Y。由图 8-18(b)可得

$$Z_1 = \begin{bmatrix} R_1+R_3 & R_3 \\ R_3 & R_2+R_3 \end{bmatrix}$$

$$Y_1 = Z_1^{-1} = \begin{bmatrix} R_1+R_3 & R_3 \\ R_3 & R_2+R_3 \end{bmatrix}^{-1} = \dfrac{1}{\Delta Z_1} \cdot \begin{bmatrix} R_2+R_3 & -R_3 \\ -R_3 & R_1+R_3 \end{bmatrix}$$

其中

$$\Delta Z_1 = R_1 R_2 + R_2 R_3 + R_1 R_3$$

而且

$$Y_2 = \begin{bmatrix} \dfrac{1}{R_4} & -\dfrac{1}{R_4} \\ -\dfrac{1}{R_4} & \dfrac{1}{R_4} \end{bmatrix}$$

因此有

$$Y = Y_1 + Y_2 = \begin{bmatrix} \dfrac{1}{R_4} + \dfrac{R_2+R_3}{R_1R_2+R_2R_3+R_1R_3} & -\dfrac{1}{R_4} - \dfrac{R_3}{R_1R_2+R_2R_3+R_1R_3} \\ -\dfrac{1}{R_4} - \dfrac{R_3}{R_1R_2+R_2R_3+R_1R_3} & \dfrac{1}{R_4} + \dfrac{R_1+R_3}{R_1R_2+R_2R_3+R_1R_3} \end{bmatrix}$$

8.4 双口网络的开路阻抗和短路阻抗

根据双口网络参数的定义，求双口网络参数有两条途径：一是理论计算法，这需要知道双口网络的内部结构与元件的参数值；二是实验测量法，如果双口网络结构复杂或是黑箱，在双口网络的内部结构与元件参数未知的情况下，这是获取双口网络参数的唯一手段。由双口网络参数的定义式可知，实验既要测出同一端口处电压和电流的有效值及相位差，也要测出不同端口处电压和电流的有效值及相位差。测量同一端口处电压和电流的相位差容易做到，但是若要测出不同端口处电压和电流的相位差，实施起来就有很大的困难，特别是在电路上没有公共接地点（或参考点）的情况下。

为解决上述问题，在此引入双口网络的开路阻抗和短路阻抗的概念。下面分别给出它们的定义。

8.4.1 开路阻抗

在双口网络的一个端口开路的情况下，从另一个端口处所测得的电压与电流的比值定义为双口网络的开路阻抗（open-circuit impedance）。如果用 Z_{oc1} 表示出口开路时入口的入端阻抗，用 Z_{oc2} 表示入口开路时出口的入端阻抗，那么它们的定义分别为

$$Z_{oc1} = \left.\dfrac{\dot{U}_1}{\dot{I}_1}\right|_{\dot{I}_2=0} \tag{8-61}$$

$$Z_{oc2} = \left.\dfrac{\dot{U}_2}{\dot{I}_2}\right|_{\dot{I}_1=0} \tag{8-62}$$

8.4.2 短路阻抗

同理，在双口网络的一个端口短路的情况下，从另一个端口处所测得的电压与电流的比值定义为双口网络的短路阻抗（short-circuit impedance）。如果用 Z_{sc1} 表示出口短路时入口的入端阻抗，用 Z_{sc2} 表示入口短路时出口的入端阻抗，那么它们的定义分别为

$$Z_{sc1} = \left.\dfrac{\dot{U}_1}{\dot{I}_1}\right|_{\dot{U}_2=0} \tag{8-63}$$

$$Z_{sc2} = \left.\dfrac{\dot{U}_2}{\dot{I}_2}\right|_{\dot{U}_1=0} \tag{8-64}$$

8.4.3 开路阻抗和短路阻抗的关系

由开路阻抗和短路阻抗的定义式可以发现，其与双口网络各参数的定义式是有联系的。若通过测量得到开路阻抗和短路阻抗，则通过它们与双口网络各参数间的关系可以计算出双

口网络的参数。

以 T 参数为例,比较开路阻抗、短路阻抗和 T 参数的定义式可知:

$$Z_{oc1} = \left.\frac{\dot{U}_1}{\dot{I}_1}\right|_{\dot{I}_2=0} = \frac{t_{11}}{t_{21}} \tag{8-65}$$

$$Z_{oc2} = \left.\frac{\dot{U}_2}{\dot{I}_2}\right|_{\dot{I}_1=0} = \frac{t_{22}}{t_{21}} \tag{8-66}$$

$$Z_{sc1} = \left.\frac{\dot{U}_1}{\dot{I}_1}\right|_{\dot{U}_2=0} = \frac{t_{12}}{t_{22}} \tag{8-67}$$

$$Z_{sc2} = \left.\frac{\dot{U}_2}{\dot{I}_2}\right|_{\dot{U}_1=0} = \frac{t_{12}}{t_{11}} \tag{8-68}$$

可见,由式(8-65)~式(8-68)通过实验方法可确定双口网络的传输参数。进一步由双口网络参数间的互换关系,可求出任意一种我们需要的双口网络参数。

因为开路阻抗和短路阻抗间存在着下列关系:

$$\frac{Z_{oc1}}{Z_{sc1}} = \frac{Z_{oc2}}{Z_{sc2}} = \frac{t_{11}t_{22}}{t_{12}t_{21}} \tag{8-69}$$

故可知开路阻抗和短路阻抗中仅有三个是独立的。因此,只需对它们进行实验测量即可;对于求解中缺少的方程,可把线性无独立源双口网络传输参数所满足的约束关系作为补充方程,即

$$t_{11}t_{22} - t_{12}t_{21} = 1 \tag{8-70}$$

如果一个双口网络既是无独立源的也是对称的,那么由 $t_{11} = t_{22}$ 又可得

$$Z_{oc1} = Z_{oc2} = Z_{oc} \tag{8-71}$$

$$Z_{sc1} = Z_{sc2} = Z_{sc} \tag{8-72}$$

此时,仅有两个开、短路阻抗是独立的,故实验只需在双口网络的任意一个端口处进行即可。

8.5 对称双口网络的特性阻抗

为讨论对称双口网络的特性阻抗,考虑出口处接入负载 Z_{L2} 的双口网络,电路如图 8-19 所示。将从入口看进去的等效阻抗 Z_{in} 称为双口网络的输入阻抗。

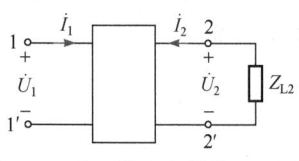

图 8-19 出口接入负载的双口网络

引用正向传输参数方程,可把入口的入端阻抗表示为

$$Z_{in} = \frac{\dot{U}_1}{\dot{I}_1} = \frac{t_{11}\dot{U}_2 - t_{12}\dot{I}_2}{t_{21}\dot{U}_2 - t_{22}\dot{I}_2} \tag{8-73}$$

把负载 Z_{L2} 的元件约束关系 $\dot{U}_2 = -Z_{L2}\dot{I}_2$ 代入式(8-73),可得

$$Z_{in} = \frac{\dot{U}_1}{\dot{I}_1} = \frac{t_{11}Z_{L2} + t_{12}}{t_{21}Z_{L2} + t_{22}} \tag{8-74}$$

由式(8-74)可见,双口网络具有阻抗变换能力,但一般情况下, $Z_{in} \neq Z_{L2}$。

进一步考虑在入口处接入负载 Z_{L1}，电路如图 8-20 所示。将从出口看进去的等效阻抗 Z_{out} 称为双口网络的输出阻抗。

引用反向传输参数方程，最终可把出口的入端阻抗表示为

$$Z_{out} = \frac{\dot{U}_2}{\dot{I}_2} = \frac{t_{22}Z_{L1} + t_{12}}{t_{21}Z_{L1} + t_{11}} \tag{8-75}$$

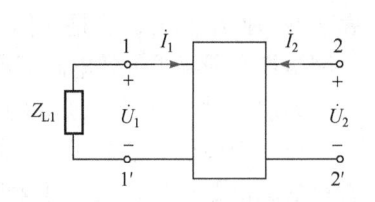

图 8-20 入口接入负载的双口网络

由式(8-74)和式(8-75)可知，尽管取 $Z_{L1} = Z_{L2}$，但一般情况下不能得到 $Z_{in} = Z_{out}$。

现在考虑对称性双口网络的特殊情况。显然，若取 $Z_{L1} = Z_{L2}$，则必然有

$$Z_{in} = Z_{out} = \frac{\dot{U}_2}{\dot{I}_2} = \frac{t_{11}Z_{L1} + t_{12}}{t_{21}Z_{L1} + t_{11}} \tag{8-76}$$

进一步，令 $Z_{in} = Z_{out} = Z_{L1} = Z_{L2} = Z_c$，就有

$$Z_c = \frac{t_{11}Z_c + t_{12}}{t_{21}Z_c + t_{11}} \tag{8-77}$$

于是，求解方程可得

$$Z_c = \sqrt{\frac{t_{12}}{t_{21}}} \tag{8-78}$$

可见，Z_c 仅由双口网络的参数所决定，也就是说，Z_c 反映的是双口网络的固有性质，故称之为线性无独立源对称双口网络的特性阻抗(characteristic impedance)。

根据式(8-69)、式(8-71)和式(8-72)，还可将式(8-78)写成如下形式：

$$Z_c = \sqrt{Z_{oc}Z_{sc}} \tag{8-79}$$

对于一个对称双口网络，若负载 $Z_L = Z_c$，则无论将负载接在入口还是出口，均有

$$Z_{in} = Z_{out} = Z_c \tag{8-80}$$

这里，特性阻抗 Z_c 所代表的物理含义可用图 8-21 表示出。

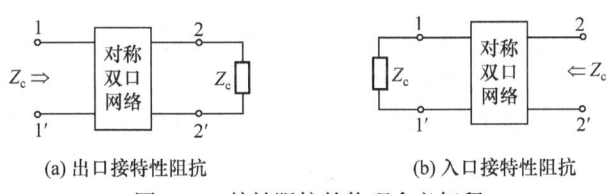

(a) 出口接特性阻抗　　　　(b) 入口接特性阻抗

图 8-21 特性阻抗的物理含义解释

由图 8-21 可见，当对称双口网络的任一端口接入特性阻抗 Z_c 时，从另一端口所看到的入端阻抗仍为 Z_c。对称双口网络的这一特性在 Cable TV 信号传输、射频功率放大、无线电天线系统中有着广泛的应用。

8.6 双口网络的等效电路

前面几节研究了在已知双口网络内部结构和参数的情况下，确定端口参数的方法，属于双口网络分析。在实际应用中还常常涉及相反的问题，即在已知双口网络某种端口参数的情况下，确定双口网络内部的某种结构和元件参数，以获得与已知端口参数等效的双口网络，

属于双口网络综合，它是人们用理论设计电网络的关键步骤。与双口网络分析不同的是，双口网络综合即寻求等效电路问题是多解的，因此存在选择最简等效电路问题。

为便于讨论，下面的分析仅针对线性无独立源互易双口网络的等效电路情况来进行。

类似于线性无独立源二端网络可用一个电阻等效的情况，线性无独立源双口网络也存在着等效的电路结构。当线性无独立源双口网络内部不存在受控电源时，它的任何一种双口参数表示形式中都仅有三个参数是独立的，因此一个仅有三个独立元件组成的双口网络，完全可以等效于一个线性无独立源双口网络的外部端口特性，这意味着该线性无独立源双口网络和其等效电路之间必须具有相同的双口网络参数。

具有三个独立元件的最简双口网络，有 T 形和 π 形两种结构，如图 8-22 所示。

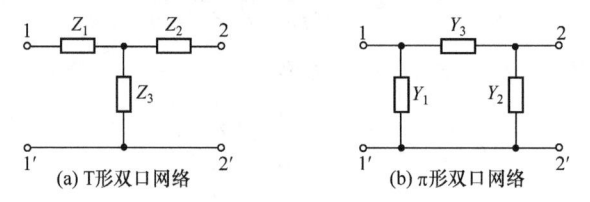

(a) T形双口网络　　(b) π形双口网络

图 8-22　仅有三个独立元件的双口网络

由 Y-△ 变换可知，图 8-22 中的 T 形双口网络和 π 形双口网络可互为等效。因此，只需建立其中之一的元件值与线性无独立源双口网络参数间的关系即可，而另一等效电路中的元件值可通过 Y-△ 变换求出。

根据例 8-1，π 形双口网络的 Y 参数可用其内部元件值表示为

$$y_{11} = Y_1 + Y_3, \quad y_{22} = Y_2 + Y_3, \quad y_{12} = y_{21} = -Y_3$$

反过来，π 形双口网络的内部元件可用其 Y 参数表示为

$$\begin{cases} Y_1 = y_{11} + y_{12} \\ Y_2 = y_{22} + y_{12} \\ Y_3 = -y_{12} = -y_{21} \end{cases} \tag{8-81}$$

可见，一旦线性无独立源双口网络的 Y 参数已知，便可由式(8-81)确定 π 形双口网络内部元件的导纳值，于是可获得双口网络的 π 形等效电路。同理，根据例 8-3，若已知一个线性无独立源双口网络的 Z 参数，则 T 形双口网络内部元件的阻抗可用 Z 参数表示为

$$\begin{cases} Z_1 = z_{11} - z_{12} \\ Z_2 = z_{22} - z_{12} \\ Z_3 = z_{12} = z_{12} \end{cases} \tag{8-82}$$

已知一个线性无独立源双口网络的 T 参数，则 π 形双口网络内部元件的导纳可用 T 表示为

$$\begin{cases} Y_1 = \dfrac{t_{22} - 1}{t_{12}} \\ Y_2 = \dfrac{t_{11} - 1}{t_{12}} \\ Y_3 = \dfrac{1}{t_{12}} \end{cases} \tag{8-83}$$

如果给定的是双口网络的传输参数，可按照下面两种思路求出等效电路：

(1) 利用方程变换，由传输参数求出等效的阻抗参数或导纳参数，然后求得 T 形或 π 形等效电路；

(2) 求出 T 形或 π 形网络的传输参数，从而建立传输参数与等效电路参数的关系，进而由传输参数求得 T 形或 π 形等效电路。

【例 8-8】 已知某双口网络的 Y 参数矩阵如下，求它的 T 形等效电路。

$$Y = \begin{bmatrix} 3 & -2 \\ -2 & 4 \end{bmatrix}$$

解 采用两种方法来求取 T 形等效电路。

法一 根据 $Z = Y^{-1}$，可得 $Z = \begin{bmatrix} 3 & -2 \\ -2 & 4 \end{bmatrix}^{-1} = \frac{1}{8} \times \begin{bmatrix} 4 & 2 \\ 2 & 3 \end{bmatrix} = \begin{bmatrix} 0.5 & 0.25 \\ 0.25 & 0.375 \end{bmatrix}$

则 $Z_1 = z_{11} - z_{12} = 0.25\Omega$，$Z_2 = z_{22} - z_{12} = 0.125\Omega$，$Z_3 = z_{12} = z_{21} = 0.25\Omega$。

于是，可画出如图 8-23 所示的 T 形等效电路。

法二 根据已知的 Y 参数，可求出：$Y_1 = y_{11} + y_{12} = 1S$，$Y_2 = y_{22} + y_{12} = 2S$，$Y_3 = -y_{12} = -y_{21} = 2S$。

于是，可画出如图 8-24(a) 所示的 π 形等效电路。

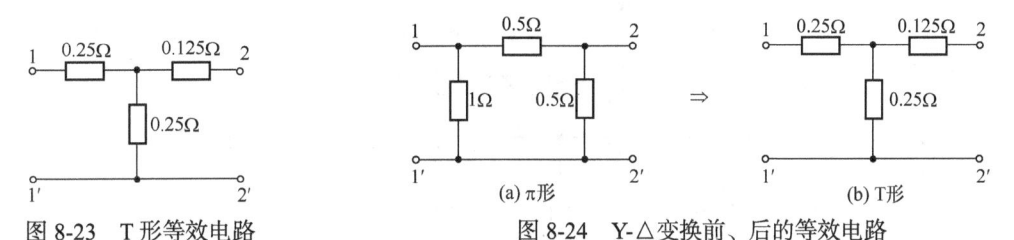

图 8-23 T 形等效电路

图 8-24 Y-△ 变换前、后的等效电路

再对图 8-24(a) 所示的 π 形等效电路使用 Y-△ 变换，可求出图 8-24(b) 所示的 T 形等效电路中的元件值分别为 $Z_1 = z_{11} - z_{12} = 0.25\Omega$，$Z_2 = z_{22} - z_{12} = 0.125\Omega$，$Z_3 = z_{12} = z_{21} = 0.25\Omega$。

可见，两种解法得出的结果完全相同。

黑箱法

"黑箱法"是指一个系统内部结构不清楚或根本无法弄清楚时，从外部输入控制信息，使系统内部发生反应后输出信息，再根据其输出信息来研究其功能和特性的一种方法。

"黑箱"是指那些既不能打开，又不能从外部直接观察其内部状体的系统，如人们的大脑，只能通过信息的输入和输出来确定其结构和参数。通过观察黑箱输入和输出的变量，可以得出关于黑箱内部情况的推理，寻找、发现其内部规律，实现对黑箱的控制。

"黑箱"研究方法的出发点在于：自然界中没有孤立的事物，任何事物间都是相互联系，相互作用的。因此，即使我们不清楚黑箱的内部结构，仅注意到它对于激励如何做出响应，即输入和输出关系，也可以对它进行研究。当输入和输出关系确定后，一般用建立模型的方法来描述黑箱的功能和特性。模型的形式多样，有数学模型（各种函数、方程式、图像、表格等）、物理模型（功能类似于原型的现实系统），以及概念模型，通过分析资料对黑箱模型进行检验和选择，最终阐明黑箱的结构和运动规律并加以应用。

电学黑箱。"黑箱法"从综合的角度为人们提供了一条认识事物的重要途径，尤其对于某些内部结构比较复杂的系统。"电学黑箱"解题方法是一种以实验为基础的解题方法,它的基本思想是:通过实验,探索电路的内部结构,从而推断出电路的功能。"电学黑箱"解题方法的优点是:它可以让我们更好地理解电路的内部结构,从而更好地推断出电路的功能。

黑箱方法的意义。首先,黑箱方法简单易行,它不需要打开黑箱,无须对系统复杂结构的认识,仅从输入和输出方法去考察系统的功能机理,对系统进行整体上的探讨。不像传统方法那样,黑箱法是对系统进行再次认识,这样就保持了黑箱固有的结构特点。其次,黑箱方法把系统看作处在环境中,与环境相互影响、互通信息的系统。通过系统与环境的相互作用来认识系统,这有利于人们从整体的角度、综合全局的角度来观察问题。

习 题

8-1 求出题 8-1 图所示双口网络的 Y 参数矩阵。

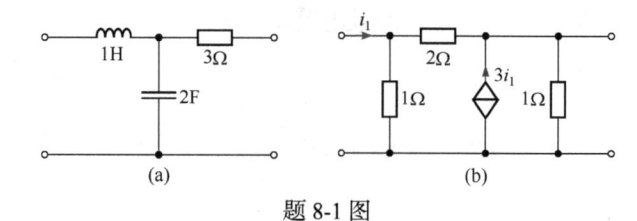

题 8-1 图

8-2 求出题 8-2 图所示双口网络的 Z 参数矩阵。

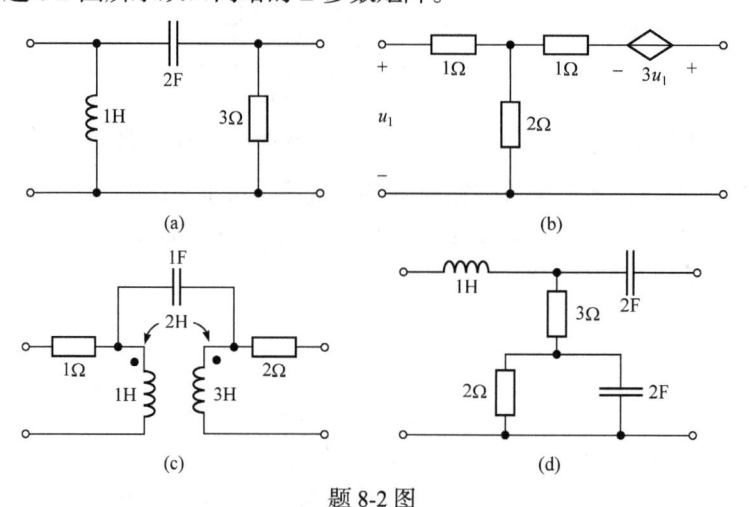

题 8-2 图

8-3 如题 8-3 图所示,求出图(a)的短路导纳参数矩阵及图(b)的开路阻抗参数矩阵,并指出图(a)的 Z 参数矩阵及图(b)的 Y 参数矩阵是否存在?

8-4 求题 8-4 图所示双口网络的 H 参数矩阵。

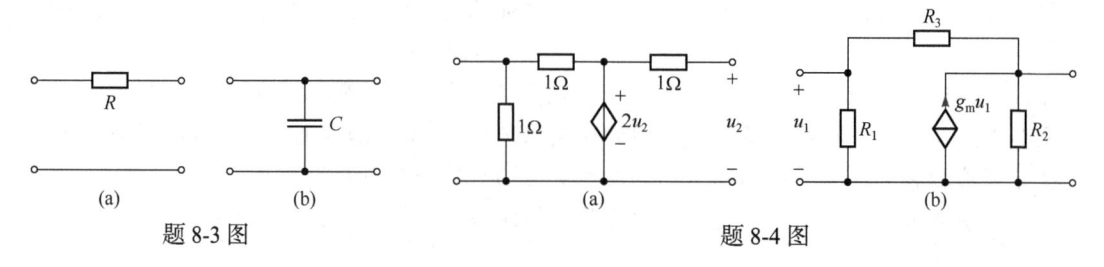

题 8-3 图　　　　题 8-4 图

8-5 求题 8-5 图所示双口网络的 T 参数矩阵。

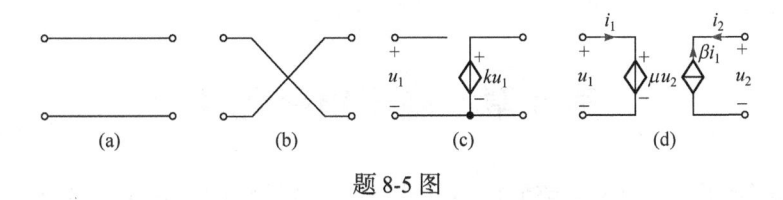

题 8-5 图

8-6 求题 8-6 图所示复杂双口网络的 T 参数，假设双口网络 N 的参数矩阵已知，为 $\boldsymbol{T} = \begin{bmatrix} t_{11} & t_{12} \\ t_{21} & t_{22} \end{bmatrix}$。

8-7 如题 8-7 图所示，求 X 形双口网络的 Y 参数矩阵。

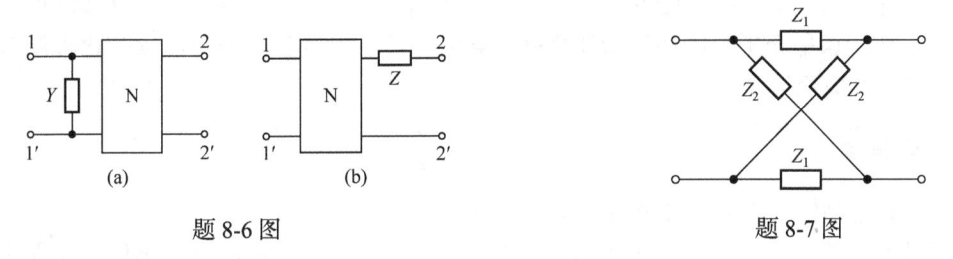

题 8-6 图　　　　　　　　题 8-7 图

8-8 如果由实验测得某双口网络的开路入端阻抗 $Z_{oc1} = j30\,\Omega$，$Z_{oc2} = j8\,\Omega$，短路入端阻抗 $Z_{sc1} = j25.5\,\Omega$，求此双口网络的 T 形等效网络。

8-9 求题 8-9 图所示双口网络的特性阻抗。

8-10 试绘出对应于下列阻抗参数矩阵的任一种双口网络模型。

(a) $\begin{bmatrix} 3 & 1 \\ 1 & 2 \end{bmatrix}(\Omega)$；　　　　(b) $\begin{bmatrix} 3 & 2 \\ -4 & 4 \end{bmatrix}(\Omega)$

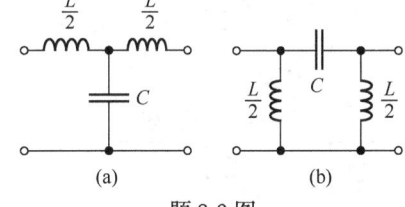

题 8-9 图

8-11 已知线性无独立源对称双口网络的开、短路入端阻抗分别为 Z_{oc} 和 Z_{sc}，试证明该双口网络的特性阻抗为 $Z_c = \sqrt{Z_{oc} \cdot Z_{sc}}$。

8-12 试用题 8-11 的结论重求题 8-7 图所示电路的特性阻抗 Z_c。

第 9 章 电子电路元件

本章将重点介绍几种电子电路元件,以及相关非线性特性,内容主要包括:二极管、三极管、场效应管及简单的运算放大器等。

9.1 半导体基础知识

半导体器件是构成电子电路的基本元件,它们所用的材料是经过特殊加工且性能可控的半导体材料,其特点是介于导体和绝缘体之间,导电性能可以通过掺杂或温度变化来调节,这使其具有广泛的应用性。

9.1.1 本征半导体

纯净的、具有晶体结构的半导体称为本征半导体。

硅和锗是常用的半导体材料,两者都是四价元素,它们最外层的电子既不像导体那么容易挣脱原子核的束缚,也不像绝缘体那样被原子核束缚得那么紧,因而其导电性能介于二者之间。由于相邻原子之间的距离很小,因此相邻的两个原子的最外层电子不但各自围绕自身所属的原子核运动,而且出现在相邻原子所属的轨迹上,成为共用电子,这样的组合称为共价键结构,分别与相邻的 4 个原子的最外层价电子形成稳定的共价键结构,如图 9-1 所示。

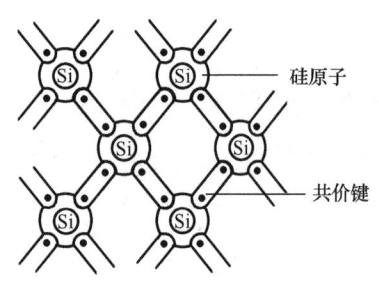

图 9-1 单晶硅中的共价键结构示意图

共价键中的价电子受自身原子核和共价键的束缚,不能自由运动,在零开尔文的温度下,本征半导体是不导电的。在常温下,少数价电子因受热激发获得足够能量,挣脱束缚成为自由电子。对应的共价键中留下的空位,称为空穴。空穴所在的原子由于缺少一个电子而带有正电性,我们也可以把空穴视为带有正电的粒子,其电荷量与电子相等。自由电子和空穴是成对出现的。本征半导体中因受热激发产生自由电子和空穴对(即电子空穴对)的过程称为本征激发。

本征激发产生的自由电子和空穴在外电场作用下会定向移动形成电流。自由电子定向移动形成电子电流;空穴因其正电性吸引邻近价电子定向依次填补空穴,形成定向移动的空穴电流。因自由电子和空穴所带电荷极性不同,两者运动方向相反,本征半导体中的电流是上述两种电流之和。这里的自由电子和空穴均是载流子。

本征半导体中电子空穴对是不断更新的,即总有自由电子去填补空穴,使电子空穴对消失,这种现象称为复合。复合能释放出能量,又激发产生新的电子空穴对。在一定温度下,本征激发产生的电子空穴对与复合掉的电子空穴对数目相等,达到动态的平衡,也就是自由电子和空穴数量相等,载流子浓度一定。但是随着温度升高或受到的光照增强,价电子热运动加剧,会激发出更多电子空穴对,提高载流子浓度,从而提高导电性能,这是半导体固有的热敏特性和光敏特性,利用这种特性可以制成热敏器件和光敏器件。

9.1.2 杂质半导体

通过扩散工艺在本征半导体中掺入少量的杂质元素，便可得到杂质半导体。按掺入的杂质元素不同，可形成 N(negative)型半导体和 P(positive)型半导体；控制掺入杂质元素的浓度，就可控制杂质半导体的导电性能。

在纯净硅(或锗)晶体中掺入五价元素磷(或砷、锑)，如图 9-2(a)所示，就形成了 N 型半导体。磷原子与相邻 4 个硅原子组成共价键时多出 1 个电子，该电子不受共价键的束缚，只受原子核的吸引，在常温下由于受热激发就可以变成自由电子，而晶格中失去 1 个价电子的磷原子形成不能移动的正离子。可见，5 价元素的掺杂增加了半导体中自由电子的数量，使得自由电子比空穴多。在半导体中，数量较多的载流子称为多数载流子，简称多子；数量较少的载流子称为少数载流子，简称少子。掺杂 5 价元素的杂质半导体中，自由电子是多子，空穴是少子，因其以带负电的自由电子导电为主，所以称为 N 型半导体。

在纯净硅(或锗)晶体中掺入 3 价元素硼(或镓、铟)，如图 9-2(b)所示。硼原子与相邻 4 个硅原子组成共价键时多出 1 个空位(电中性)，当空位被周围价电子填补后，价电子所在位置形成带有正电性的空穴，而晶格中获得 1 个价电子的硼原子形成不能移动的负离子。可见，掺杂 3 价元素的杂质半导体中增加了空穴的数量，空穴是多子，自由电子是少子，因其以带正电的空穴导电为主，所以称为 P 型半导体。

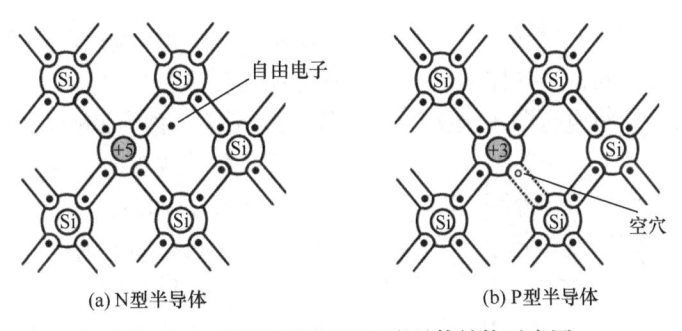

(a) N 型半导体　　　　　　　(b) P 型半导体

图 9-2　N 型半导体和 P 型半导体结构示意图

杂质半导体中因掺杂产生的载流子数量远高于因本征激发产生的载流子数量，通过控制掺杂浓度，可以控制杂质半导体的导电性能。

9.1.3 PN 结

通过掺杂工艺将 P 型半导体和 N 型半导体制作在同一硅片上，两种杂质半导体的交界面处会形成 PN 结(PN junction)。PN 结具有单向导电性。

1. PN 结的形成

P 型半导体和 N 型半导体的交界处两种载流子浓度差异显著，必然发生两部分多子的扩散运动，如图 9-3(a)所示。P 区的空穴和 N 区的自由电子在扩散过程中相互复合，在 P 区侧产生失去空穴的负离子区，在 N 区侧产生失去电子的正离子区，这些离子被固定在晶体结构中不能移动，称为空间电荷，其所在区域称为空间电荷区，空间电荷区具有一定的宽度，电位差为 U_{ho}，因空间电荷区内几乎没有载流子，所以也称为载流子耗尽层，如图 9-3(b)所示。空间电荷区内由正负离子形成的电场称为内电场，方向由 N 区指向 P 区，它对多子的扩散运动起阻挡作用，所以空间电荷区又称阻挡层。

(a) 载流子的扩散运动

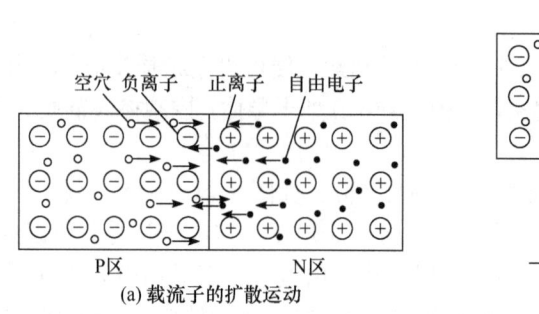

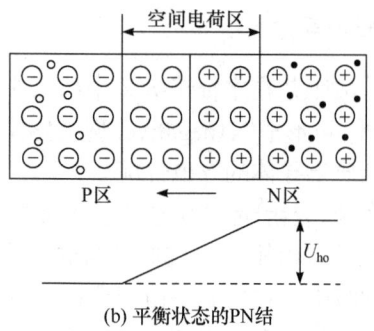

(b) 平衡状态的PN结

图 9-3　PN 结形成示意图

内电场阻碍多子的扩散，但却有助于空间电荷区两侧的少子通过这一区域。少子在内电场作用下的定向运动称为漂移运动，其方向与多子的扩散运动方向相反。

在 P 区和 N 区的交界面进行着两种相反的运动。开始时扩散运动占优势，随着多子的扩散，空间电荷区变宽，内电场增强，扩散运动受到阻碍，但少子的漂移运动开始增强。少子的漂移使空间电荷区变窄，内电场削弱。当扩散和漂移达到动态平衡，即扩散的多子数量与漂移的少子数量相等时，空间电荷区相对稳定，宽度不变，称为 PN 结。

2. PN 结的单向导电性

PN 结和内电场是动态平衡的产物。如果在 PN 结两端外加电场，将破坏原来的平衡状态，随着外加电场方向的不同，半导体的导电性能将会有很大差别。

如图 9-4(a)所示，将电压源正极接 P 区，负极接 N 区，称为 PN 结外加正向电压，也称为正向接法或正向偏置。此时，外电场方向与内电场方向相反，外电场驱使 P 区和 N 区的多子进入空间电荷区，使得空间电荷区内正负离子数目减少，空间电荷区变窄，内电场削弱，破坏了原来的动态平衡，扩散运动开始增强，当外电场大于内电场时，P 区和 N 区的多子扩散运动在外电源的作用下形成持续的正向电流，方向由 P 区指向 N 区，此时

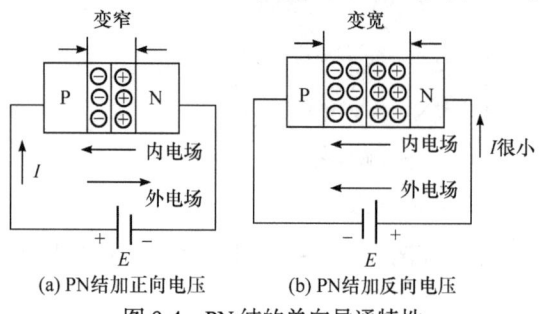

(a) PN结加正向电压　(b) PN结加反向电压

图 9-4　PN 结的单向导通特性

称 PN 结正向导通。PN 结正向导通压降只有零点几伏，呈现低阻状态。正向电流随电源电压的增加而增大，为防止正向电流过大损坏 PN 结，一般会在 PN 结所在支路串联限流电阻。

如图 9-4(b)所示，将电压源负极接 P 区，正极接 N 区，称为 PN 结外加反向电压，也称为反向接法或反向偏置。此时，外电场方向与内电场方向相同，外电场吸引空间电荷区附近的空穴和自由电子离开空间电荷区，使得空间电荷区变宽，内电场增强，多子扩散运动受到阻碍，少子漂移运动增强。在外电源的作用下形成持续的反向电流，方向由 N 区指向 P 区，由于少子浓度低，反向电流很小，PN 结呈现高阻状态，此时称 PN 结反向截止。因为少子是由热激发产生，所以反向电流大小基本不受外加电压的影响，而只与温度有关，温度升高，少子数目增加，反向电流增大。

无论是正向电流还是反向电流，都是两种载流子共同作用的结果。自由电子定向移动产生电子电流，与实际电流方向相反，空穴定向移动产生空穴电流与实际电流方向相同。如果忽略很小的反向电流，那么 PN 结具有单向导电性，即 PN 结正向偏置导通，反向偏置截止。

除单向导电性外，PN 结还具有电容效应。聚集载流子的 P 区和 N 区相当于电容的两个极板，PN 结相当于极板间的电介质，当其厚度随外加电压而变化时，相当于极板间距离改变，从而电容量大小也会发生变化。一般用结电容描述这种电容效应。结电容一般都很小，对中、低频信号呈现出很大的容抗，可视为开路，但在高频信号下，容抗较小，可能产生反向漏电，破坏单向导电性。

3. PN 结的电流方程与伏安特性

PN 结所加端电压 u 与流经它的电流 i 满足如下函数关系：

$$i = I_S \left(e^{\frac{qu}{kT}} - 1 \right) \tag{9-1}$$

式中，I_S 为反向饱和电流；q 为电子的电量；k 为玻尔兹曼常数；T 为热力学温度，将式(9-1)中的 $q/(kT)$ 用 $1/U_T$ 代替，可得

$$i = I_S \left(e^{\frac{u}{U_T}} - 1 \right) \tag{9-2}$$

常温下，即 $T=300K$ 时，$U_T = 26mV$，此时称 U_T 为温度当量。

由式(9-2)可知，当 PN 结外加正向电压，且 $u \gg U_T$ 时，$i \approx I_S e^{\frac{u}{U_T}}$，即 i 随 u 呈指数规律变化；当 PN 结外加反向电压，且 $|u| \gg U_T$ 时，$i \approx -I_S$，i 与 u 的函数关系如图 9-5 所示，其为 PN 结的伏安特性。当反向电压超过一定的数值 $U_{(BR)}$ 时，反向电流急剧增加，称为反向击穿。

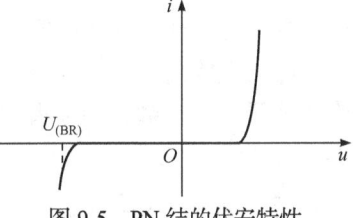

图 9-5　PN 结的伏安特性

9.2　半导体二极管

将 PN 结用外壳封装起来，加上电极引线就构成了普通的半导体二极管，简称二极管。由 P 区引出的电极为阳极，N 区引出的电极为阴极。常见外形如图 9-6 所示。

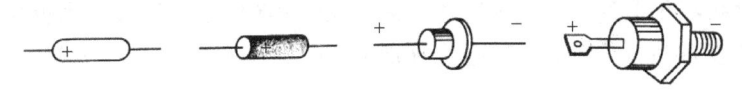

图 9-6　二极管几何外形

9.2.1　二极管的伏安特性

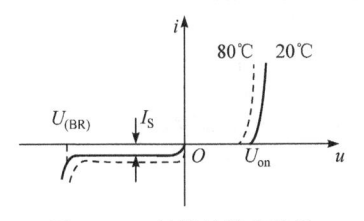

图 9-7　二极管的伏安特性

在对二极管做近似分析时，依旧可以依据 PN 结的电流方程式(9-1)和式(9-2)描述其伏安特性。实测二极管的伏安特性时，发现只有在正向电压足够大的情况下，正向电流才能从零随端电压呈指数规律增大。使二极管开始导通的临界电压称为开启电压 U_{on}，如图 9-7 所示。当二极管所加反向电压的数值足够大时，反向电流基本不变，称为反向饱和电流 I_S。反向电

压太大时，二极管击穿，不同型号的二极管的击穿电压差别很大，从几十伏到几千伏，其中硅材料的击穿电压比锗材料大。

针对正向特性和反向特性两部分，进行如下简单讨论。

1. 正向特性

正向特性在第一象限，当二极管加上很小的电压 U 时，$0<U<U_{on}$，外加正向电压很小，不足以克服 PN 结内电场的阻挡作用，正向电流几乎为零，这一段称为死区，U_{on} 称为死区电压或门槛电压。硅管死区电压约为 0.5V，锗管约为 0.1V。

当 $U>U_{on}$ 时，PN 结内电场被克服，二极管正向导通，电流随电压增加而迅速增大，二极管呈现低阻状态。在正常使用的电流范围内，二极管的端电压几乎维持不变，这个电压称为二极管的正向导通电压，用 U_D 表示。硅二极管的正向导通电压为 0.6~0.8V，通常选择 0.7V；锗二极管的正向导通电压为 0.2~0.3V，通常选择 0.2V。

2. 反向特性

反向特性在第三象限，当外加反向电压 $U<U_{(BR)}$ 时，通过二极管的电流是由少子漂移运动所形成的反向电流，反向电流很小且基本不变，称为反向饱和电流或漏电流，用 I_S 表示，此时，二极管处于反向截止状态。当 $U>U_{(BR)}$ 时，反向电流突然快速增大，二极管反向导通，失去单向导电性，这种现象称为反向击穿，$U_{(BR)}$ 称为反向击穿电压。

除二极管的伏安特性外，二极管受温度影响很大，对温度异常敏感，同时衡量二极管还有很多重要的参数，如最大整流电流、最高反向工作电压等，相关内容请参照模拟电子电路类参考资料。

9.2.2 二极管的等效电路

二极管等效电路是为了分析和计算电路中二极管的行为而采用的简化电路模型。二极管的实际特性比较复杂，其伏安特性为非线性，为了便于分析，常在一定的条件下，用线性元件所构成的电路来近似于模拟二极管的特性，并用之取代电路中的二极管。能够模拟二极管特性的电路称为二极管的等效电路。因此，在不同工作区(正向导通区和反向截止区)有不同的等效模型。

由伏安特性折线化得到以下几种等效电路，如图 9-8 所示，实线表示折线化的伏安特性，虚线表示实际伏安特性。对应的等效电路分别示意在图 9-8(a)、(b)、(c)中。

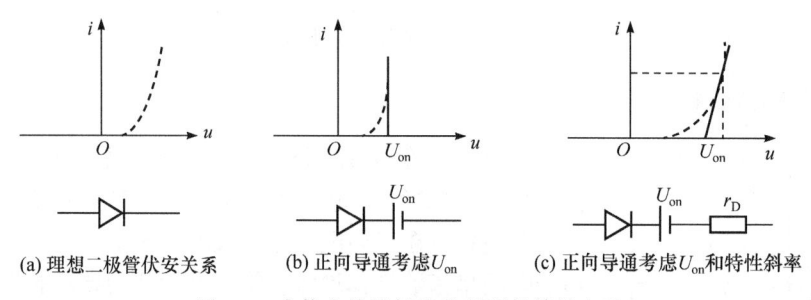

(a) 理想二极管伏安关系　　(b) 正向导通考虑U_{on}　　(c) 正向导通考虑U_{on}和特性斜率

图 9-8　由伏安特性折线化得到的等效电路

图 9-8(a)所示的折线化伏安特性表明二极管导通时正向压降为零，截止时反向电流为零，

称为理想二极管，相当于理想开关，用空心的二极管符号来表示。

图 9-8(b)所示的折线化伏安特性表明二极管导通时正向压降为一个常量U_{on}，截止时反向电流为零，因而等效电路是理想二极管串联电压源U_{on}。

图 9-8(c)所示的折线化伏安特性表明当二极管正向电压u大于U_{on}时，其电流i与u成线性关系，直线斜率为i/r_D。二极管截止时反向电流为零。因此，等效电路是理想二极管串联电压源U_{on}和电阻r_D，且$r_D = \Delta u / \Delta i$。

【例 9-1】 在图 9-9 所示的电路中，已知二极管为硅管，电阻$R=10\mathrm{k}\Omega$。求当电压源u_S分别为30V、6V 和 1.5V 时，i的数值。

图 9-9 例 9-1 图

解 本题中二极管为硅管，其导通电压U_D约为 0.7V。

当u_S=30V 时，u_S高于U_D几十倍，这时认为电阻上的电压U_R约等于电压源电压u_S，即认为二极管具有图 9-8(a)所示的特性，此时
$$i = \frac{u_S}{R} = 3\mathrm{mA}$$

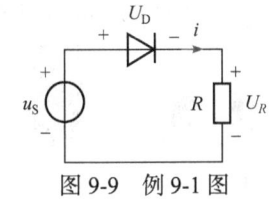

当u_S=6V 时，u_S高于U_D几倍，这时认为二极管具有图 9-8(b)所示的特性，因二极管导通电压的变化范围很小，多数情况下，$U_D = U_{on} = 0.7\mathrm{V}$，则$i = \dfrac{u_S - U_{on}}{R} = 0.53\mathrm{mA}$。

当u_S=1.5V 时，u_S与U_D几乎相等，为使计算出的i接近实际情况，二极管选择图 9-8(c)所示的特性，此时需实测二极管的伏安特性，以确定U_{on}和r_D，设实测电压$U_{on} = 0.55\mathrm{V}$，$r_D = 200\Omega$，则有

$$i = \frac{u_S - U_{on}}{r_D + R} = \frac{1.5 - 0.55}{0.2 + 10} \approx 0.093(\mathrm{mA}) = 93(\mathrm{\mu A})$$

从本例中可以看出，在二极管应用电路中，应根据具体情况选取合适的等效电路，才能减小估算误差，否则误差会超出规定范围。在近似分析中，如图 9-8 所示，以图(a)误差最大，图(c)误差最小，图(b)应用最广。

【例 9-2】 基于二极管的温度测量电路的分析。

为了最大可能地发挥计算能力，笔记本和服务器中的微处理器均工作在变频的时钟下。时钟越快，微处理器每秒所能完成的运算次数越多。然而，随着时钟频率的增加，微处理器就会变得越来越热。一般微处理器的温度应限制为约 110℃。为提高性能，需要提高微处理器的时钟频率，直到受到散热的限制。

在微处理器中可以用二极管来作温度传感器。例如，MAXIM 中的 MAX1617 装置就是迫使两个不同的电流流过二极管，并比较所产生的电压来测量温度的。二极管方程近似为

$$i_D = I_S \mathrm{e}^{\frac{qu_D}{kT}}$$

所以二极管的端电压近似为

$$u_D = \frac{kT}{q}\ln\left(\frac{i_D}{I_S}\right)$$

为测量温度，MAX1617 首先使电流i_{D1}流过二极管，然后再使电流i_{D2}流过二极管，所产生的电压分别为u_{D1}和u_{D2}，它们的差$u_{D1} - u_{D2} = \dfrac{kT}{q}\ln\left(\dfrac{i_{D1}}{i_{D2}}\right)$。

若电流 i_{D1} 与 i_{D2} 的比值确定，则上式中的电压差就正比于热力学温度。

设 i_{D1}=100μA，i_{D2}=10μA，则当 T=300K 或 27℃时，电压差为 59.5mV，若温度上升到 383K 或 110℃，则电压差上升到 76.0mV。

9.3 半导体三极管及电路模型

半导体三极管也称为晶体三极管或双极型晶体管（bipolar junction transistor，BJT），其也是一种基本的半导体器件。它的主要功能是控制电流，可以将微弱的信号放大成幅度较大的电信号，同时也可用作无触点开关。晶体三极管是电子电路中非常重要的组成部分，广泛应用于各种电子设备中。常见的三极管几何外形如图 9-10 所示。

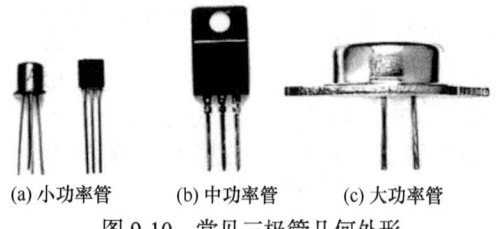

(a) 小功率管　(b) 中功率管　(c) 大功率管

图 9-10　常见三极管几何外形

9.3.1　三极管的结构及类型

各种三极管的外形虽然不同，但是其内部的基本结构是相同的，它们均由两个 PN 结和三根电极引线，再加以管壳封装而成。但是它们并不是两个 PN 结简单的组合，它们的两个 PN 结在形成过程中保持晶格连续，同时两个 PN 结中间只隔着一层很薄的基区。

根据不同的掺杂方式，在同一个硅片上制造出三个掺杂区域，并形成两个 PN 结，即可构成晶体管。采用平面工艺制成的 NPN 型硅材料晶体管的结构如图 9-11 所示，P 区为基区，它很薄且杂质浓度很低；位于上层的 N 区是发射区，掺杂浓度很高；位于下层的 N 区是集电区，面积很大；晶体管的外特性与三个区域的上述特点紧密相关。它们所引出的三个电极分别为基极 b、发射极 e 和集电极 c。

图 9-12(a) 为所示的 NPN 型管的结构示意图，发射区与基区间的 PN 结称为发射结，基区与集电区间的 PN 结称为集电结。

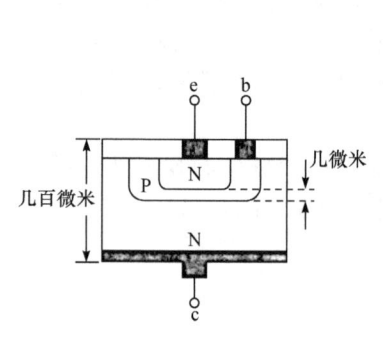

图 9-11　NPN 型硅管结构

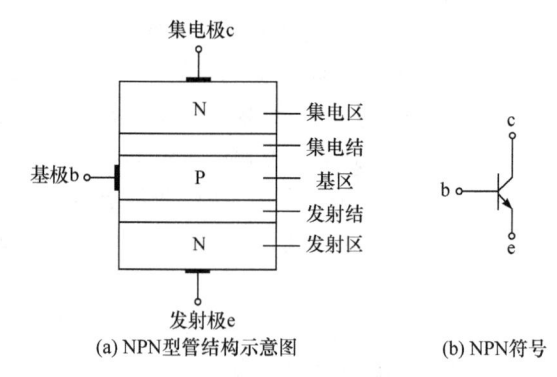

(a) NPN 型管结构示意图　(b) NPN 符号

图 9-12　NPN 型管的结构和符号

9.3.2　三极管的电流放大作用

放大是对模拟信号的基本处理。在生产和实际生活中，大部分实际获得的信号都是微弱的，必须经过放大后才能进一步处理，晶体管是放大电路的核心元件。

图 9-13 所示为基本共射放大电路，Δu_i 为输入电压，接入基极-发射极回路，称为输入

回路；放大后的电压在集电极-发射极回路，称为输出回路。由于发射极是两个回路的公共端，故称该电路为共射放大电路。使晶体管工作在放大状态的外部条件是发射结正向偏置且集电结反向偏置。因而，在输入回路需要加基极电源 U_{BB}，输出回路需要加入集电极电源 U_{CC}；U_{BB} 和 U_{CC} 的极性应如图 9-13 所示，且 U_{CC} 大于 U_{BB}。晶体管的放大作用表现为小的基极电流可以控制大的集电极电流。

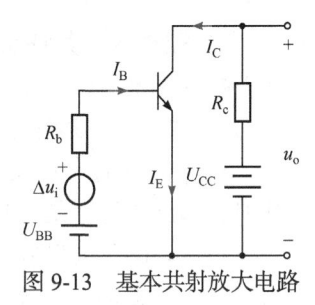

图 9-13 基本共射放大电路

从晶体管的外部看，有
$$I_E = I_C + I_B \tag{9-3}$$

若输入电压 Δu_i 作用，则晶体管的基极电流将在 I_B 的基础上叠加动态电流 Δi_B，当然集电极电流也在 I_C 的基础上叠加动态电流 Δi_C，Δi_C 与 Δi_B 之比称为共射交流放大系数，记作 β，即

$$\beta = \frac{\Delta i_C}{\Delta i_B} \tag{9-4}$$

在一定范围内，可以认为 $i_C = \beta i_B$，小功率管的 β 较大，有的可达三四百；大功率管的 β 较小，有的只有三四十。

9.3.3 三极管的特性曲线

晶体管的输入特性和输出特性曲线描述各电极之间电压、电流的关系，用于对晶体管的性能、参数和晶体管电路的分析估算。

1. 输入特性曲线

输入特性曲线描述在管压降 U_{CE} 一定的情况下，基极电流 i_B 与发射结压降 u_{BE} 之间的函数关系，即
$$i_B = f(u_{BE})|_{U_{CE}=常数} \tag{9-5}$$

基极电流 i_B 与发射结压降 u_{BE} 之间的函数关系图如图 9-14 所示。图 9-14 中，当 $u_{CE} = 0$ 时，集电极与发射极相当于短路，即发射结与集电结并联，故输入特性曲线与 PN 结的伏安特性曲线类似，呈指数规律，如图 9-14 标注 $u_{CE} = 0$ 的曲线所示。

当 u_{CE} 增大时，曲线将右移，如图 9-14 标注 0.5V 和 ≥1V 的曲线所示。对于确定的 u_{BE}，当 u_{CE} 增大到一定程度时，曲线不再明显地右移，所以对于小功率管，可以用 $u_{CE} \geq 1V$ 的曲线来近似于所有 $u_{CE} > 1V$ 的曲线。

图 9-14 晶体管的输入特性曲线

2. 输出特性曲线

输出特性曲线描述基极电流 I_B 为一常量时，集电极电流 i_C 与管压降 u_{CE} 之间的函数关系，即
$$i_C = f(u_{CE})|_{I_B=常数} \tag{9-6}$$

对于每一个 I_B 都有确定的曲线，所以输出特性是一组曲线，如图 9-15 所示。从输出特性曲线可以看出，晶体管有三个工作区，分别是截止区、放大区、饱和区。

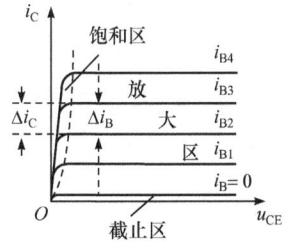

图 9-15 晶体管的输出特性曲线

(1) 截止区：其特点是发射结电压小于开启电压且集电结反向偏置。对于共射电路，$u_{BE} \leqslant U_{on}$ 且 $u_{CE} > u_{BE}$。此时，$I_B=0$，分析时近似认为 $i_C \approx 0$。

(2) 放大区：其特点是发射结正向偏置、集电结反向偏置。对于共射电路，$u_{BE} > U_{on}$ 且 $u_{CE} \geqslant u_{BE}$。此时，i_C 几乎仅仅取决于 i_B，而与 u_{CE} 无关。在理想情况下，当 I_B 按照等差变化时，输出的特性是一簇横轴的等距离平行线。

(3) 饱和区：其特点是发射结与集电结均处于正向偏置。对于共射电路，$u_{BE} > U_{on}$ 且 $u_{CE} < u_{BE}$。此时，i_C 不仅与 i_B 有关，而且明显随 u_{CE} 增大而增大。在实际电路中，若当晶体管的 u_{BE} 增加时，i_B 随之增大，但增大不多或基本不变，则说明晶体管进入饱和区。

9.3.4 三极管的微变等效分析方法

晶体管电路分析的复杂性在于其特性的非线性，如果能在一定调节下将其特性线性化，即用线性电路来描述非线性特性，建立线性模型，就可以用线性电路的分析思路来分析晶体管电路。三极管的微变等效电路分析法是将非特性的三极管电路转换为线性电路的桥梁，这种方法基于三极管的物理特性和实际工作状态，将三极管及其周围电路简化为等效电路，从而便于分析和计算。

共射接法的放大电路中，在低频小信号作用下，将晶体管看作一个线性双口网络，利用网络的 H 参数来表述输入端口、输出端口的电压与电流的相互关系，便可得到共射 H 参数等效模型（图 9-16），该模型用于研究动态参数，它的四个参数都是在静态工作点处求偏导数得到的，所以只有在信号比较小且工作在线性度比较好的区域内，分析计算的结果误差才较小，故这个模型只能用于低频放大电路动态小信号参数的分析。

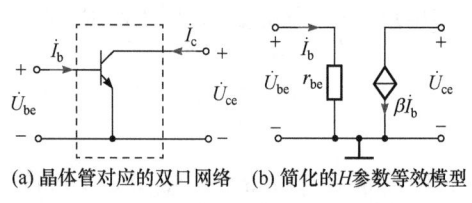

(a) 晶体管对应的双口网络　(b) 简化的 H 参数等效模型

图 9-16　晶体管的微变等效分析模型

在简化的 H 参数等效模型中，可以通过实测得到三极管在低频小信号下正常工作时的放大倍数 β，并可以得到 r_{be} 的近似表达式为

$$r_{be} = (1+\beta)\frac{U_T}{I_{EQ}} \tag{9-7}$$

式中，U_T 为前面提到的 PN 结的温度当量，$U_T=26\text{mV}$，通常可以作为已知条件直接使用。

【例 9-3】　在图 9-17 所示的电路中，已知三极管输入信号为低频小功率信号，电路工作于共射放大区，$U_{CC}=12\text{V}$，$R_{b1}=5\text{k}\Omega$，$R_{b2}=15\text{k}\Omega$，$R_c=5.1\text{k}\Omega$，$R_L=5.1\text{k}\Omega$，晶体管 $\beta=50$，$r_{be}=1.5\text{k}\Omega$，求 $\dfrac{\dot{U}_o}{\dot{U}_i}$ 的值。

解　当三极管电路处于正常放大工作状态时，取 C_1、C_2、C_e 较大，所以对交流电路而言，三个电容可以认为短路，故题中对应的微变等效电路如图 9-18 所示。

记 $A_u = \dfrac{\dot{U}_o}{\dot{U}_i}$，由图 9-18 可得

$$\dot{U}_o = -\beta \dot{I}_b \cdot (R_c // R_L)$$

$$\dot{U}_i = \dot{I}_b r_{be}$$

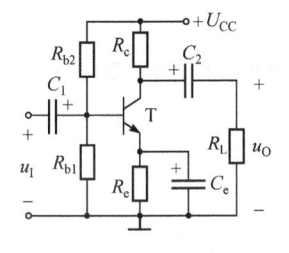

图 9-17 例 9-3 图

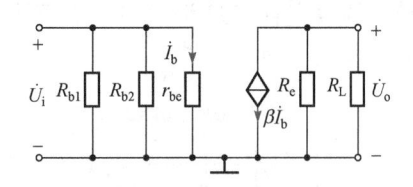

图 9-18 例 9-3 微变等效电路图

故有

$$A_u = \frac{\dot{U}_o}{\dot{U}_i} = -\beta \frac{R_c // R_L}{r_{be}} = -50 \times \frac{5.1 // 5.1}{1.5} = -85$$

进一步分析，关注 $\frac{\dot{U}_i}{\dot{I}_i}$ 数值，将此比值记为 R_i，所以有

$$R_i = \frac{\dot{U}_i}{\dot{I}_i} = r_{be} // R_{b1} // R_{b2} = 1.07 \text{k}\Omega$$

R_i 称为电路的输入电阻，它是从放大电路输入端看进去的等效电阻。

与输入电阻类似，在实际应用中，放大电路的输出端与负载相连，这就产生了电路与负载的相互联系和相互影响，此联系与影响可以用输出电阻来分析。放大电路对其所接负载来说，是一个具有内阻 r_o 的信号源，此信号源的内阻 r_o 就是放大电路的输出电阻，如图 9-19 所示，结合本例，电压源短路时，从输出端看进去的输出电阻阻值为 R_c，即

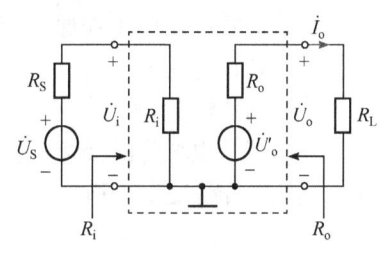

图 9-19 输出回路电压源形式

$$R_o = R_c$$

9.4 场效应管及电路模型

9.4.1 场效应管基本概念

场效应管 (field effect transistor，FET) 是一种利用电场效应来控制电流流动的半导体器件。与双极型晶体管 (BJT) 不同，场效应管主要依靠电场来控制其工作状态。场效应管的主要特点如下：输入阻抗高，场效应管的输入阻抗非常高，可达 $10^6 \sim 10^{12}\Omega$，这使得它非常适合用作各种放大器的输入级，可以减少信号源负载效应；输出阻抗低，场效应管的输出阻抗相对较低，这使得它可以提供较大的驱动能力；开关速度快，场效应管的开关速度非常快，可以达到高速数字电路的要求。除此之外，场效应管还具有热稳定性好、电压控制特性、功耗低、线性范围宽、制造工艺简单等特点。

场效应管主要分为两大类：结型场效应管 (junction field effect transistor，JFET) 和绝缘栅型场效应管 (insulated-gate field effect transistor，IGFET)。绝缘栅型场效应管又分为增强型和耗尽型，它们在集成电路中应用非常广泛。

1. 结型场效应管

结型场效应管有 N 沟道和 P 沟道两种类型，其中 N 沟道结构如图 9-20 所示，两者对应的符号如图 9-21 所示。

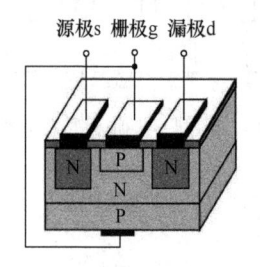

图 9-20　N 沟道结型管的结构

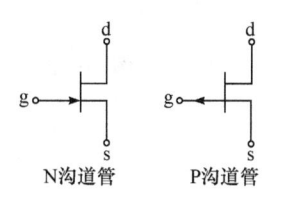

图 9-21　结型场效应管符号

在同一块 N 型半导体上制作两个高掺杂的 P 区，并将它们连接在一起，所引出的电极称为栅极 g；N 型半导体的两端分别引出两个电极，一个称为漏极 d，另一个称为源极 s。P 区与 N 区交界面形成耗尽层，漏极与源极间的耗尽层区域称为导电沟道。栅极、漏极与源极分别对应于三极管中基极 b、集电极 c 和发射极 e。

场效应管的实际工作原理超出了本书讨论的范围，这里重点关注管子的外部特性，即输出特性与转移特性。

1) 输出特性

输出特性也称为漏极特性，其描述的是当栅源电压 u_{GS} 为常量时，漏极电流 i_D 与漏源电压 u_{DS} 之间的函数关系，即

$$i_D = f(u_{DS})|_{u_{GS}=\text{常数}} \tag{9-8}$$

对应于一个 u_{DS}，就有一条曲线，因此输出特性为一簇曲线，如图 9-22 所示。

场效应管有如下三个工作区域。

(1) 可变电阻区：图 9-22 中的虚线为预夹断轨迹，它是各条曲线上使 $u_{DS}=u_{GS}-U_{GS(\text{off})}$ 的点连接而成的。预夹断轨道的左边区域称为可变电阻区，该区域中的曲线近似为不同斜率的直线。当 u_{GS} 确定时，直线的斜率也唯一确定，即 d-s 之间的等效电阻可以确定，因而在该区域中，可以通过改变 u_{GS} 的大小（即压控的方式）来改变漏源等效电阻的阻值，因此称为可变电阻区。

(2) 恒流区（又称饱和区）：图 9-22 中预夹断轨迹的右侧为恒流区。当 $u_{DS}>u_{GS}-U_{GS(\text{off})}$ 时，各曲线近似为一簇横轴的平行线。当 u_{GS} 增大时，i_D 仅略有增大，因而可将 i_D 近似为电压 u_{GS} 控制的电流源。利用场效应管作放大管时，应使其工作在该区域。

(3) 夹断区（又称截止区）：当 $u_{GS}<U_{GS(\text{off})}$ 时，$i_D \approx 0$，图 9-22 中靠近横轴的部分，称为夹断区，一般将使 i_D 等于某一个很小电流的 u_{GS} 定义为夹断电压 $U_{GS(\text{off})}$。

2) 转移特性及特征方程

转移特性是以 u_{DS} 为参变量，栅源电压 u_{GS} 对漏极电流 i_D 的控制关系曲线，其函数关系为

$$i_D = f(u_{GS})|_{u_{DS}=\text{常数}} \tag{9-9}$$

当 u_{DS} 为一个常数时，u_{GS} 对 i_D 的控制作用为：当 $u_{GS}=0$ 时，N 沟道最宽，i_D 最大，记

作 I_{DSS}，称为最大饱和漏电流；当 $u_{GS}<0$ 时，两个耗尽层加厚，i_D 呈指数规律下降，其特征方程为

$$i_D = I_{DSS}\left[1 - \frac{u_{GS}}{U_{GS(off)}}\right]^2 \tag{9-10}$$

式中，$U_{GS(off)}$ 为管子处于截止状态时 u_{GS} 对应的数值，称为夹断电压，即当 $u_{GS} = U_{GS(off)}$ 时，N 沟道被夹断，$i_D \approx 0$。转移特性曲线如图 9-23 所示。

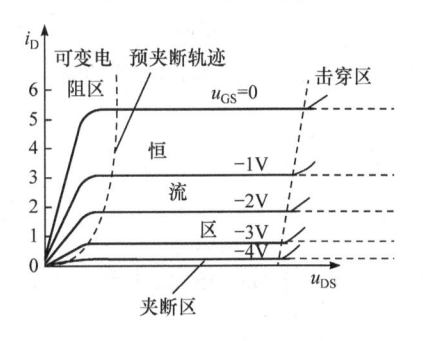

图 9-22 结型场效应管的输出特性

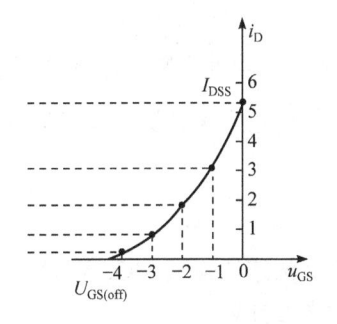

图 9-23 结型场效应管的转移特性

2. 绝缘栅型场效应管

绝缘栅型场效应管的栅极、源极与漏极直接均采用 SiO_2 绝缘层隔离，又因为栅极为金属铝，故又称 MOS(metal-oxide-semiconductor) 管。它的栅源电阻比结型场效应管大得多，可达 $10^{10}\Omega$ 以上，且温度稳定性优于结型场效应管、集成化工艺简单，故广泛应用于大规模和超大规模的集成电路中。

MOS 管也有 N 沟道和 P 沟道，每一类又分为增强型和耗尽型。

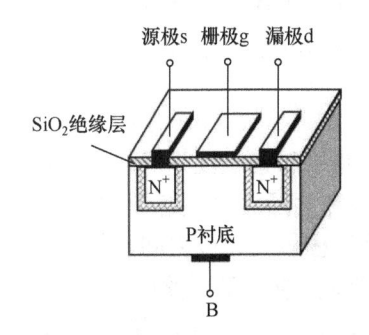

1) N 沟道增强型 MOS 管

N 沟道增强型 MOS 管结构示意图如图 9-24 所示，简写为 NMOS 管。它以一块低掺杂的 P 型硅片为衬底，利用扩散工艺制作两个高掺杂的 N^+ 区，并引出两个电极，分别为源极 s 和漏极 d，在半导体上制作一层 SiO_2 绝缘层，再于 SiO_2 上制作一层金属铝，引出电极，作为栅极 g。通常将衬底与源极接在一起使用。当栅源电压变化时，改变衬底靠近绝缘层的感应电荷，从而控制漏极电流。图 9-25 所示为增强型 MOS 管的符号。

图 9-24 N 沟道增强型 MOS 管结构示意图

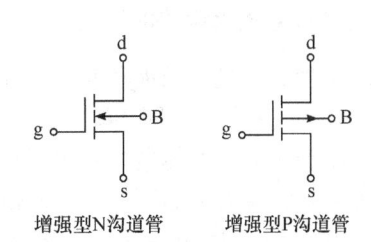

图 9-25 增强型 MOS 管的符号

图 9-26 和图 9-27 分别为 N 沟道增强型 MOS 管的转移特性曲线和输出特性曲线，其输出

区也分为可变电阻区、恒流区及夹断区。

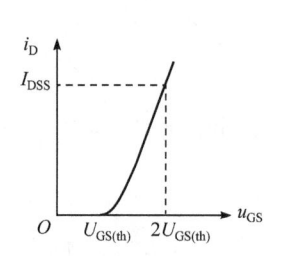

图 9-26 N 沟道增强型 MOS 管的转移特性

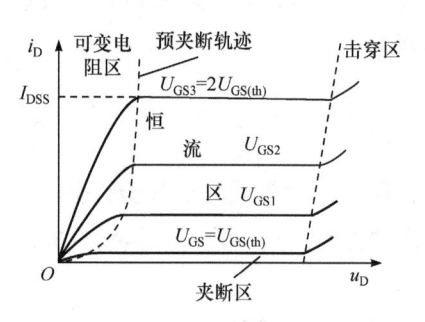

图 9-27 N 沟道增强型 MOS 管的输出特性

与结型场效应管类似，电流与电压的近似关系为

$$i_D = I_{DSS}\left[\frac{u_{GS}}{U_{GS(th)}} - 1\right]^2 \tag{9-11}$$

对于 P 沟道增强型 MOS 管(简写为 PMOS 管)的相关知识与 NMOS 管对偶，具体内容本书中不做详细推导。

2) 耗尽型 MOS 管

如果当制造 MOS 管时，在 SiO_2 绝缘层中掺入大量正离子，那么即使 $u_{GS} = 0$，在正离子的作用下会形成反型层，漏源之间也会存在沟道，只要在漏源之间加正向电压，就会产生漏极电流。N 沟道耗尽型 MOS 管结构示意图如图 9-28 所示。图 9-29 所示为耗尽型 MOS 管的符号。

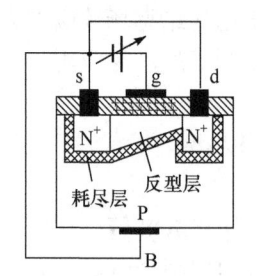

图 9-28 N 沟道耗尽型 MOS 管结构示意图

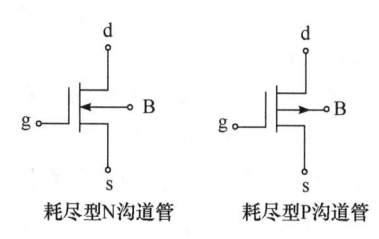

图 9-29 耗尽型 MOS 管的符号

与 N 沟道 MOS 管相对应的是 P 沟道 MOS 管，其夹断电压 $U_{GS(off)} < 0$，当 $u_{GS} < U_{GS(off)}$ 时，管子才能导通，漏源之间应加负电源电压；P 沟道耗尽型 MOS 管的夹断电压 $U_{GS(off)} > 0$，u_{GS} 可在正负值的一定范围内实现对 i_D 的控制，漏源之间也应加负电源电压。

9.4.2 场效应管放大电路的接法

场效应管的源极、栅极和漏极与晶体管的发射极、基极和集电极相对应，因此在组成放大电路时也有三种接法，即共源放大电路、共栅放大电路和共漏放大电路。与分析晶体管的 H 参数等效模型相同，将场效应管也看作一个二端口网络，栅极与源极之间看作输入端口，漏极与源极之间看作输出端口，以 N 沟道增强型 MOS 管为例，在共源电路中，可以认为栅极电流为零，栅源之间只有电压存在，而漏极电流 i_D 是栅源电压 u_{GS} 和漏源电压 u_{DS} 的函数，其对应符号如图 9-25 所示，其交流电路等效模型如图 9-30 所示。

通过该等效模型，在低频小信号时，可以求出输出电压和输入电压的比值，进而得出电压的放大倍数。

【**例 9-4**】 在图 9-31 所示的电路中，画出其对应的交流等效电路图，当 R_s 两端加一个旁路电容 C_s 时，求出其交流信号下的电压放大倍数 $\dot{A}_u$。（跨导 $g_m = 0.312\text{mS}$）

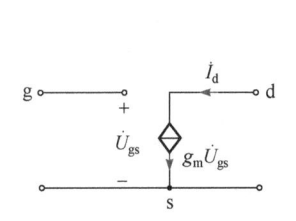

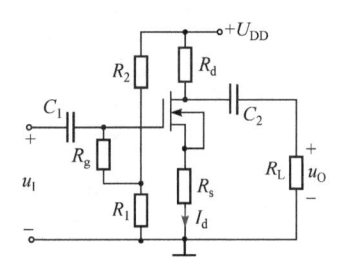

图 9-30 N 沟道增强型 MOS 管交流等效模型

图 9-31 例 9-4 共源场效应管放大电路

解 按照场效应管的 H 参数等效变换模型，图 9-31 可以变换为图 9-32，其中，在交流等效电路中，电容近似短路，直流电源依据叠加定理做零值处理，所以对应的交流等效电路图为图 9-32。

当 R_s 两端加一个旁路电容 C_s 时，交流等效电路图为 9-33。

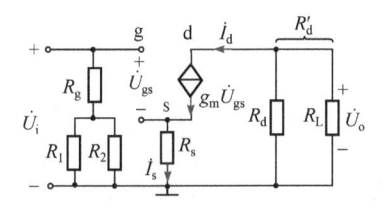

图 9-32 例 9-4 交流等效电路图

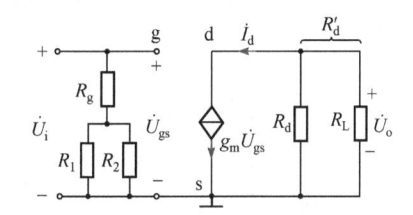

图 9-33 加 C_s 后的等效电路图

加 C_s 后并不影响电路原来的静态工作点，所以放大倍数为

$$\dot{A}_u = \frac{\dot{U}_i}{\dot{U}_o} = -g_m R_d' = -0.312 \times (10 // 100) \approx -3.12$$

9.4.3 场效应管的开关应用

在本课程中，我们往往更为关心的是元件的外特性，基于此点，本节主要分析和简化讨论 IGFET 的 u-i 特性。以 N 沟道增强型 MOS 管为例，依据图 9-27 所示的输出特性，其对应的电路模型可以将 g-s 视为控制端口，d-s 视为被控端口，令控制量为 u_{GS}，可以研究不同 u_{GS} 值下，d-s 之间的 u-i 特性。按照 IGFET 工作在不同区域的特性，可得到如下简化的 IGFET 外部特性近似函数，其中 K 和 U_T 为 IGFET 的特性参数。同时，在 IGFET 的可变电阻区的压控非线性电阻阻值始终在 10Ω 量级，如果在其外围电路采用 $k\Omega$ 量级的电阻，就可以忽略不同的控制电压对其限值的影响，而将其建模为一个固定电阻 R_{on}（该工作区相应简称为"电阻区"）。

$$i_{DS} = \begin{cases} \dfrac{u_{DS}}{R_{on}}, & u_{GS} - U_T > u_{DS} \geq 0 \\ \dfrac{K(u_{GS} - U_T)^2}{2}, & u_{DS} \geq u_{GS} - U_T \geq 0 \\ 0, & u_{GS} - U_T < 0 \end{cases} \tag{9-12}$$

式(9-12)中，从上到下依次对应着 IGFET 的电阻区、恒流区和夹断区，用图 9-34 所示的等效电路进行建模。

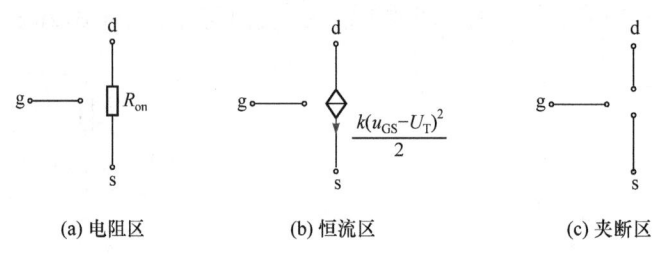

图 9-34 IGFET 在不同区中的等效电路

【例 9-5】 图 9-35 所示的电路是一个典型的 N 沟道增强型 MOS 管作为开关电路的应用，当输入信号 u_I 分别为高低电压时，分析其输出电压的形式。

当输入 u_I 为低电平信号时，管子处于截止状态，电路对应的等效电路如图 9-36 所示。此时输出电压为 U_{DD} 对应的数值，体现为高电平。

当输入 u_I 为高电平信号时，管子处于饱和状态，电路对应的等效电路如图 9-37 所示。

由于 R_{on} 的数值远小于 R_1，所以此时输出电压很低，对应低电平。

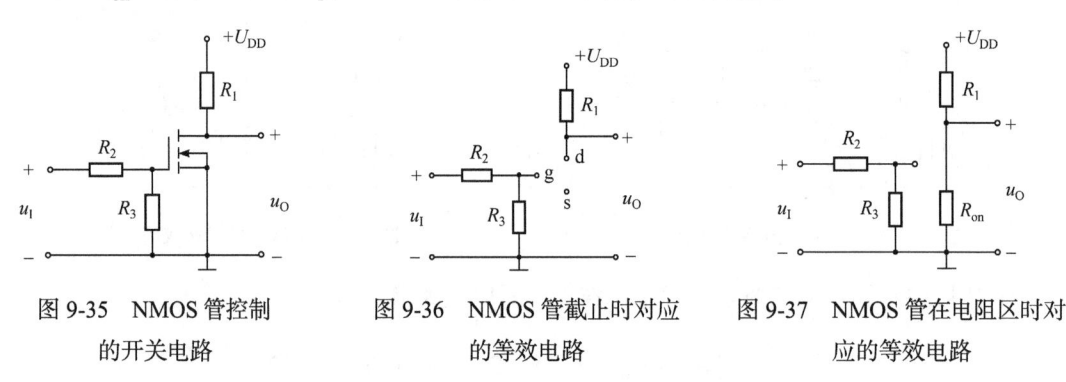

图 9-35 NMOS 管控制的开关电路　　图 9-36 NMOS 管截止时对应的等效电路　　图 9-37 NMOS 管在电阻区时对应的等效电路

9.5　集成运算放大器及电路模型

运算放大器是电子电路中一种重要的多端器件，它的应用十分广泛，应用受控电源的知识，建立运算放大器的电路模型(VCVS)，在电路模型的基础上给出运算放大器在理想化条件下的外部特性，以及含有运算放大器的电阻电路的分析，另外还将介绍一些典型电路。本节给出的运算放大器的电路模型是最简单的电路模型。

9.5.1　运算放大器的基本概念

运算放大器(简称运放)是一种包含许多晶体管的集成电路，它是获得广泛应用的一种多端器件。一般放大器的作用是把输入电压放大一定倍数后再输送出去，其输出电压与输入电压的比值称为电压放大倍数或电压增益。运放是一种高增益(可达几万倍甚至更高)、高输入电阻、低输出电阻的放大器。由于它能完成放大、积分、微分等数学运算，因此被称为运算放大器，然而它的应用远远超出上述范围。

虽然运放有多种型号，其内部结构也各不相同，但从电路分析的角度出发，我们感兴趣的仅仅是运放的外部特性及其电路模型。图 9-38(a)给出了运放的电路图形符号，其中"三角形"符号表示"放大器"（实际运放外部端子比图中所示的可能要多）。运放有两个输入端 a、b 和一个输出端 o。电源端子 E⁺和 E⁻连接直流偏置电压，在分析运放时可以不考虑偏置电源，a 为反相输入端，当输入电压加在 a 端与公共端之间，且其实际方向从 a 端指向公共端时，输出电压的实际方向与输入端相反。b 端为同相输入端，当输入电压加在 b 端与公共端之间时，输出电压与输入电压方向相同。为简化起见，画运放电路符号时可将接地的连接线省略，综上所述，可用图 9-38(b)表示。

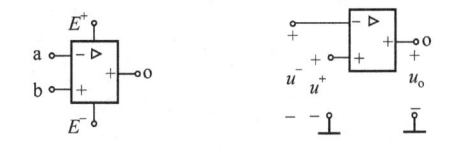

(a) 含有电源和接地的运放　　(b) 简化的运放

图 9-38　运放的电路图形符号图

当运放在 a 端和 b 端分别同时加入电压 u^+ 和 u^- 时，则有

$$u_o = A(u^+ - u^-) = A u_d \tag{9-13}$$

式中，A 为运放电压的放大倍数，运放的这种输入情况称为差分输入；u_d 为差分输入电压。运放的输出电压 u_o 与 u_d 之间的关系可以用图 9-39 来近似表示。

在 $-\varepsilon \leqslant u_d \leqslant \varepsilon$ 范围内，u_o 与 u_d 之间的关系为一段过原点的直线，斜率为放大倍数，所以很陡，而在此范围之外，输出电压区域饱和，其数值略低于直流偏置电压值。本章把运放的工作范围限制在线性段，因为放大倍数很大，u_o 一般为正负十几伏或几伏，所以 u_d 必须很小。A 为开环放大倍数，在运放的实际应用中，通常通过一定的方式将输出的一部分接回到输入中去，这种状态称为闭环运行。

图 9-40 所示为线性电路部分等效的运放电路模型，其本质为一个电压控制电压源。但是应该注意的是，实际运放的工作状况比以上介绍的要复杂一些。放大倍数不仅为有限值，而且可能随着频率的增高而下降。通常图 9-40 所示的模型在输入电压频率较低时是足够精确的，这样的等效在许多场合下不会造成很大的误差。

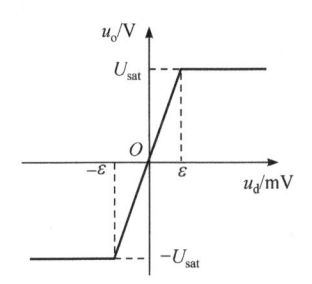

图 9-39　运放的 u_d-u_o 外特性　　　图 9-40　运放的电路模型

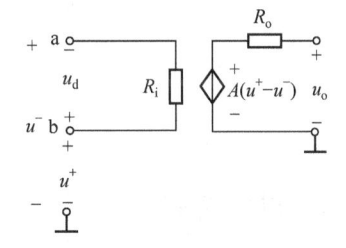

9.5.2　理想运算放大器的电路分析

含有理想运放的电路分析有一些特点，主要有以下两条规则：
(1) 反相端和同相端的输入电流均为零，可称之为"虚断"；
(2) 对于公共端，反相输入端的电压与同相输入端的电压相等，可称之为"虚短"。
合理地运用这两条规则，并与节点电压法相结合，将使这类电路的分析大为简化。

【例 9-6】　图 9-41 所示的电路是反相比例器，求输出电压与输入电压之间的关系。

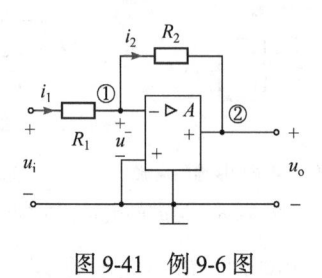

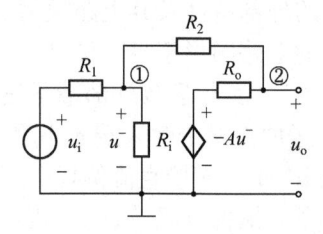

图 9-41 例 9-6 图 　　　　　　　　　 图 9-42 例 9-6 等效电路图

按照图 9-40 所示的等效模型，可以将本题的电路图 9-41 等效为图 9-42。对该电路图进行节点电压分析，则有

$$\begin{cases} \left(\dfrac{1}{R_1}+\dfrac{1}{R_i}+\dfrac{1}{R_2}\right)u_{n1} - \dfrac{1}{R_2}u_{n2} = \dfrac{u_i}{R_i} \\ -\dfrac{1}{R_2}u_{n1} + \left(\dfrac{1}{R_o}+\dfrac{1}{R_2}\right)u_{n2} = -\dfrac{Au^-}{R_o} \end{cases}$$

由于 $u_{n1} = u^-$，$u_{n2} = u_o$，改写上述方程，得

$$\left(\dfrac{1}{R_1}+\dfrac{1}{R_i}+\dfrac{1}{R_2}\right)u^- - \dfrac{1}{R_2}u_o = \dfrac{u_i}{R_i}$$

$$\left(-\dfrac{1}{R_2}+\dfrac{A}{R_o}\right)u^- + \left(\dfrac{1}{R_o}+\dfrac{1}{R_2}\right)u_o = 0$$

联立求解，得

$$u_o = \dfrac{-\left(\dfrac{A}{R_o}-\dfrac{1}{R_2}\right)\dfrac{u_i}{R_1}}{\left(\dfrac{1}{R_o}+\dfrac{1}{R_2}\right)\left(\dfrac{1}{R_1}+\dfrac{1}{R_i}+\dfrac{1}{R_2}\right)+\dfrac{1}{R_2}\left(\dfrac{A}{R_o}-\dfrac{1}{R_2}\right)}$$

所以有

$$\dfrac{u_o}{u_i} = -\dfrac{R_2}{R_1}\dfrac{1}{1+\dfrac{\left(1+\dfrac{R_o}{R_2}\right)\left(1+\dfrac{R_2}{R_1}+\dfrac{R_2}{R_i}\right)}{A-\dfrac{R_o}{R_2}}} \tag{9-14}$$

因为 A 很大，R_o 很小，R_i 很大，适当选择 R_1 和 R_2，有

$$\dfrac{u_o}{u_i} \approx -\dfrac{R_2}{R_1} \tag{9-15}$$

经过实践检验，式(9-13)是足够精确的。

式(9-15)表明在图 9-41 所示的连接方式下，运放电路的输出电压与输入电压之比可以由 R_2/R_1 确定，而不会由于运放的性能稍有改变就使放大倍数受到影响。因此，不同的 R_1 和 R_2 的值可以得到不同的放大倍数，有比例器的作用。同时，还可以借助理想运放的性质，即 $A=\infty$，$R_i=\infty$，$R_o=0$，以及前面讲述的运放规则，即虚断时有 $i_1=i_2=0$ 来分析，从而有

$$\dfrac{u_i-u^-}{R_i} = \dfrac{u^--u_o}{R_2}$$

又因虚短时有 $u^- = 0$，所以有

$$\frac{u_\mathrm{i}}{R_\mathrm{i}} = -\frac{u_\mathrm{o}}{R_2}$$

这样也可以得出式(9-15)。

【例 9-7】 图 9-43 所示的电路是同相比例器，求输出电压与输入电压之间的关系。

解 根据上述规则(1)，有 $i_1 = i_2 = 0$，所以有

$$u_2 = \frac{u_\mathrm{o} R_1}{R_1 + R_2}$$

根据规则(2)，有 $u_\mathrm{i} = u^+ = u^- = u_2$，所以有

$$u_\mathrm{i} = \frac{u_\mathrm{o} R_1}{R_1 + R_2}$$

即

$$\frac{u_\mathrm{o}}{u_\mathrm{i}} = 1 + \frac{R_2}{R_1}$$

选择不同的 R_1 和 R_2 可以获得不同的 $u_\mathrm{o}/u_\mathrm{i}$ 值，而比值一定大于 1，同时又为正，即输出是同相的。若将图 9-43 中的 R_1 改为开路，R_2 改为短路，则变为图 9-44，可以看出 $u_\mathrm{i} = u_\mathrm{o}$，同时有 $i_1 = 0$，此时电路的输出电压与输入电压完全一致，称为电压跟随器。

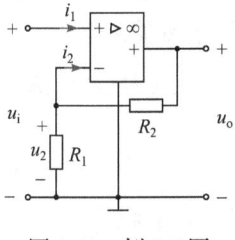

图 9-43 例 9-7 图

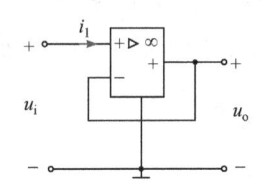

图 9-44 电压跟随器

【例 9-8】 图 9-45 所示的电路是加法器，试分析该电路。

解 根据规则(1)，有 $i^- = 0$；根据规则(2)，有 $u^- = 0$，所以有

$$i = i_1 + i_2 + i_3$$

$$-\frac{u_\mathrm{o}}{R_\mathrm{f}} = \frac{u_1}{R_1} + \frac{u_2}{R_2} + \frac{u_3}{R_3}$$

$$u_\mathrm{o} = -R_\mathrm{f}\left(\frac{u_1}{R_1} + \frac{u_2}{R_2} + \frac{u_3}{R_3}\right)$$

若 $R_\mathrm{f} = R_1 = R_2 = R_3$，则有

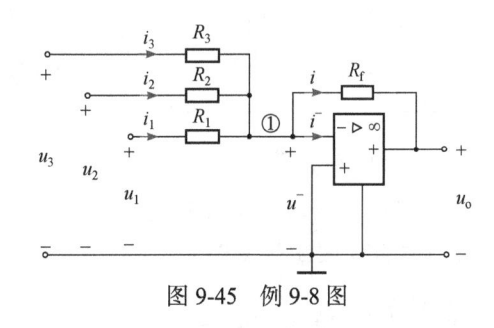

$$u_\mathrm{o} = -(u_1 + u_2 + u_3)$$

图 9-45 例 9-8 图

如果用节点电压法分析该电路，结论是一样的。

【例 9-9】 图 9-46 所示的电路含有两个运放，$R_5 = R_6$，求电路的放大增益。

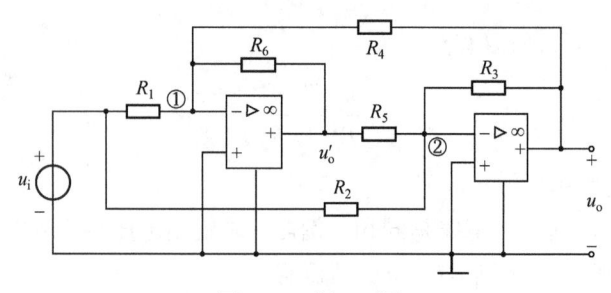

图 9-46 例 9-9 图

解 根据规则(1)、规则(2)，并配合节点电压法，可得

$$-\frac{u_i}{R_1} - \frac{u'_o}{R_6} - \frac{u_o}{R_4} = 0$$

$$-\frac{u_i}{R_2} - \frac{u'_o}{R_5} - \frac{u_o}{R_3} = 0$$

消去 u'_o，得

$$\frac{u_i}{R_1} - \frac{u_i}{R_2} = \frac{u_o}{R_3} - \frac{u_o}{R_4}$$

所以有

$$\frac{u_o}{u_i} = \frac{G_1 - G_2}{G_3 - G_4}$$

通常在列方程时，因为输出端电流无法确定，所以一般不对输出端列写节点方程。

【例 9-10】 根据图 9-47 所示的电路，求双口网络的电压电流关系。

解 由电路图可得 $u_1 = u_2$，即有 $u_1 - u_a = u_2 - u_a$，该表达式等效为 $i_1R = i_2R$，即 $i_1 = i_2$，用双口网络的结论，为

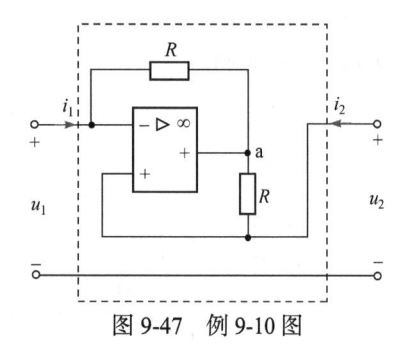

$$\begin{cases} u_1 = u_2 \\ i_1 = i_2 \end{cases}$$

上式也可以用传输参数方程来描述：

$$\begin{bmatrix} u_1 \\ i_1 \end{bmatrix} = \begin{bmatrix} 1 & 0 \\ 0 & -1 \end{bmatrix} \begin{bmatrix} u_2 \\ -i_2 \end{bmatrix}, \text{ 即有 } \boldsymbol{T} = \begin{bmatrix} 1 & 0 \\ 0 & -1 \end{bmatrix}$$

当出口接入复阻抗 Z_L 时，可以用相量法分析入口的输入阻抗 Z_{in}，即

$$Z_{in} = \frac{\dot{U}_1}{\dot{I}_1} = \frac{\dot{U}_2}{\dot{I}_2} = \frac{-Z_L \dot{I}_2}{\dot{I}_2} = -Z_L$$

图 9-47 例 9-10 图

可见，入口的输入阻抗等于出口复阻抗的负值，具有这种特性的双口网络在电路中称为电流反相型复阻抗变换器。

📖 微变等效分析法

本章介绍了几种非线性器件，在分析这类器件时，其非线性的特点使得电路的分析非常困难。因此，本章采用了小信号模型，将非线性器件做线性化处理，从而简化放大电路的分析和设计。建立小信号模型的思路：当放大电路的输入信号电压很小时，可以把三极管小范围内的特性曲线近似地用直线来代替，从而可以把晶体管这类非线性器件所组成的

电路当作线性电路模型来处理。

然后，在这些模型的基础上，运用前面讲过的各种方法对非线性器件进行定性和定量的分析。从对电路的定性分析上升到对电路的合理计算，使得非线性的器件在线性化之后可以定量算出合理的计算结果，在这样的指导下，读者对非线性元器件有了更进一步的了解，并在此基础上将非线性元器件做了拓展应用，展示了元器件的特殊功效和应用范围。

习 题

9-1 求解题 9-1 图所示各电路的输出电压值，设二极管导通电压为 0.7V。

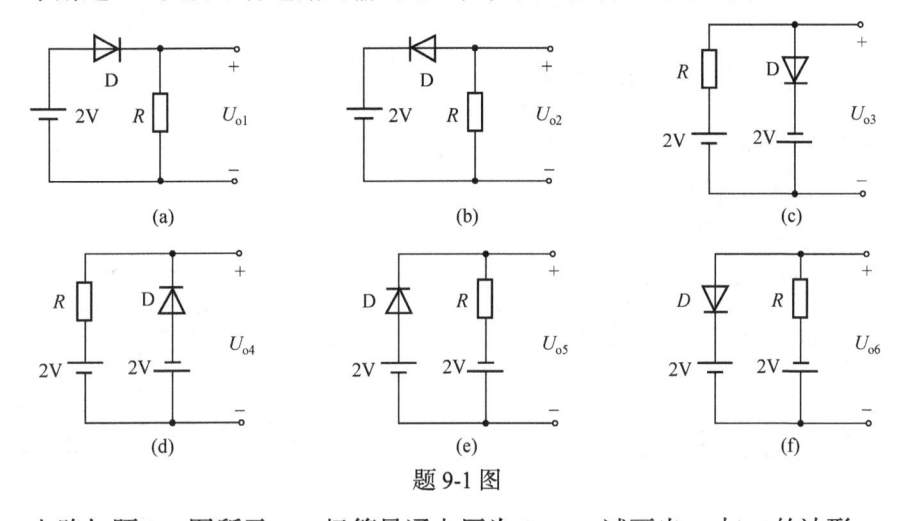

题 9-1 图

9-2 电路如题 9-2 图所示，二极管导通电压为 0.7V。试画出 u_o 与 u_i 的波形。

9-3 电路如题 9-3 图所示，假定二极管是硅二极管，计算电流 I_1 和 I_2。

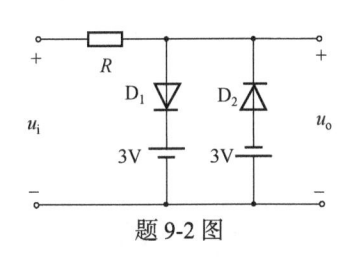

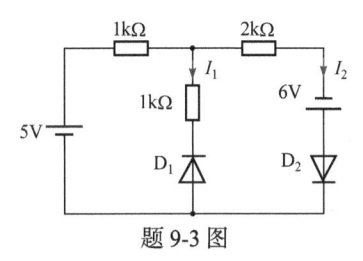

题 9-2 图

题 9-3 图

9-4 电路如题 9-4 图所示，计算流经每一个二极管的电流。

9-5 电路如题 9-5 图所示，当 u_i 为 0V 和 8V 时，u_o 分别为多少？

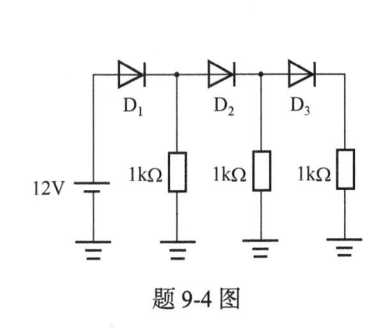

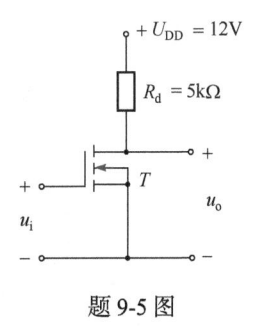

题 9-4 图

题 9-5 图

9-6 题 9-6 图所示电路的输出电压为 u_o，且 $u_o = -3u_1 - 0.2u_2$，其中 $R_3 = 10\text{k}\Omega$，求 R_1 和 R_2。

9-7 求题 9-7 图所示电路输出电压 u_o 和输入电压 u_1、u_2 之间的关系。

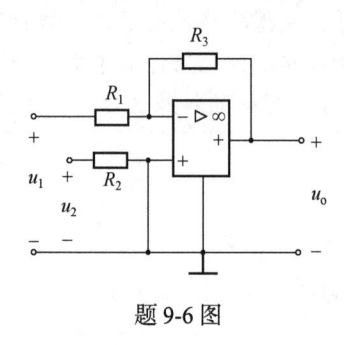

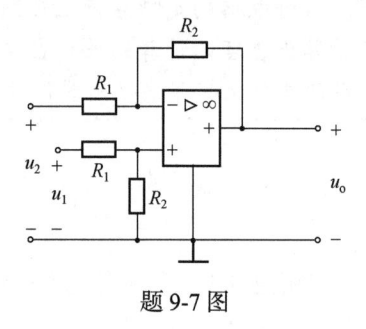

题 9-6 图　　　　题 9-7 图

9-8 求题 9-8 图所示电路中的数值 $\dfrac{u_o}{u_i}$。

9-9 求题 9-9 图所示电路中双口网络的关系。

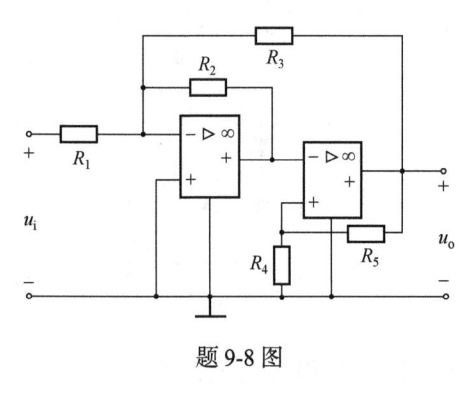

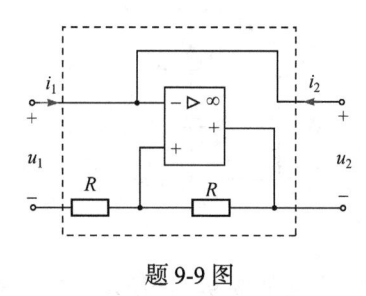

题 9-8 图　　　　题 9-9 图

第 10 章　数字电路基础

数字电路作为现代电子技术的核心，依赖于半导体器件的开关特性来处理信息。通过控制这些器件的导通与截止，不同的输入电平被转换为逻辑状态，从而构建起基本的逻辑门，如与门、或门和非门。这些逻辑门是构建复杂数字系统的基石，它们不仅能执行基本的逻辑运算，还能通过巧妙的组合实现更高级的功能。

本章将探讨数字电路的基本工作原理、相关概念，介绍描述逻辑电路功能的基本方法，并以 CMOS 电路为例，详细说明门电路的工作原理和特性。通过本章的学习，读者将掌握数字电路设计的基础知识，并为进一步深入数字电子技术的复杂领域打下坚实的基础。

10.1　数字电路概述

10.1.1　数字电路及数字信号

电子电路中的信号可分为两类：模拟信号(analog signal)和数字信号(digital signal)。模拟信号是指时间和数值连续的信号，如正弦波就是典型的模拟信号，实际中用到的温度、压力等信号也都是模拟信号。处理模拟信号的电路称为模拟电路(analog circuit)。数字信号是指时间和数值不连续的信号，也就是离散信号，这种信号实际上就是一个脉冲序列。如果以脉冲的高电平代表二进制数"1"，低电平代表二进制数"0"，一个脉冲序列就可以用一个多位的二进制数来表示，数字信号因此而得名。数字信号作用下的电路就称为数字电路(digital circuit)。

数字电路与模拟电路相比，主要有如下优点：在数字电路中，工作信号是二进制的数字信号，即只有 0 和 1 两种可能的取值反映到电路上，即电平的高低或脉冲的有无两种状态。凡是具有两个稳定状态的元件，其状态都可以用二进制的两个数码来表示，故其基本单元电路简单，对实现电路的集成化十分有利。数字电路工作可靠，具有较强的抗干扰能力，并且数字信号便于储存、器件集成度高、使用方便、通用性强。因此，数字电路被广泛采用，尤其在计算机硬件和计算机控制系统中更是必不可少。

随着信息化时代的到来，电子技术的飞速发展，数字电子技术更是成为社会经济发展的主力军，市场需求推动着信息技术向更深层次的迈进。科技信息的不断进步加速了产业的升级换代，这就要求数字电子技术必须要顺应市场的需求，数字化是电子技术的必由之路，这已经成为当代人的共识。除了在计算机领域应用外，数字电路在数字控制系统、工业逻辑系统、数字显示仪表等方面的应用也相当广泛。因此，作为一个科技工作者，应该学习和掌握数字电路的知识。

下面以一个测量电机转速的数字转速表原理框图来说明数字电路的构成。在图 10-1 中，电机的转数经光电传感器转变成一连串微弱的电压脉冲，一个脉冲代表电机转动一圈，这一连串脉冲可以视为模拟量。为了把单位时间内电压脉冲的个数用数字直接显示出来，首先要把它们送入脉冲放大和整形电路，变成等幅的矩形脉冲，这就是数字信号。然后，把矩形脉冲送入到门电路(gate circuit)。门电路是用来控制信号通过的开关电路，它的接通与断开是由加到其另一输入端的秒脉冲控制的。由秒脉冲将门电路接通一秒钟使矩形脉冲通过门电路进入计数器（counter），计数器将一秒钟内输入的脉冲个数通过计数器累计起来，这也就是电机一秒钟内的转数。最后，通过译码器（decoder）、显示器（display device）等电路将计数器累计的二进制数用十进制数直接显示出来。

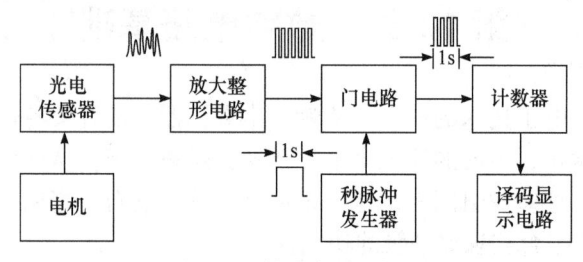

图 10-1 转速表原理框图

由此可见，数字电路主要包括信号的产生、控制、记忆、计数、译码和显示等单元电路。在这些单元电路之间传递的信号都是一组组等幅、有序的脉冲序列。

在脉冲序列中，用来表示 1 和 0 的电压称为逻辑电平，数字电路处理的就是这样的二进制数字信号。在稳态时，数字电路中的半导体器件一般工作在截止或导通状态，即相当于开关工作时的断开或闭合状态，电路输出的数字信号波形即为一系列高低电平。图 10-2(a) 给出了当信号从正常的低电平转变为高电平，然后再回到低电平时产生的一个正脉冲，图 10-2(b) 给出了当信号从正常的高电平转变为低电平，然后再回到高电平时产生的一个负脉冲。图 10-2 中的脉冲为理想脉冲，但实际上，由于电路或元件存在杂散电感或等效电容，电路会产生暂态过程，甚至可能产生超调和振荡，因此上升沿和下降沿的转变不会瞬间完成，实际的脉冲或多或少存在非理想特性，如图 10-3 所示。

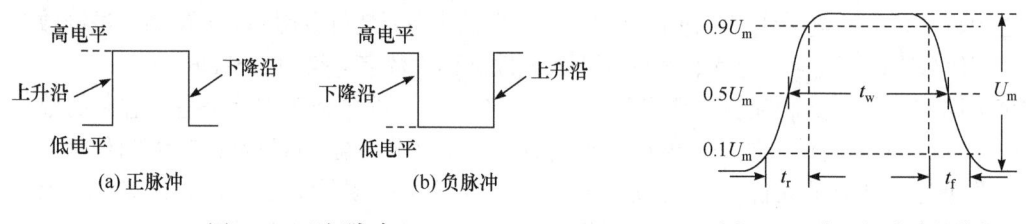

图 10-2 理想脉冲

图 10-3 非理想脉冲的特性

其中，脉冲幅度 U_m 为脉冲电压波形的最大值；上升时间 t_r 为波形从 $0.1U_m$ 上升到 $0.9U_m$ 所需的时间；下降时间 t_f 为波形从 $0.9U_m$ 下降到 $0.1U_m$ 所需的时间；脉冲宽度 t_w 为脉冲上升沿 $0.5U_m$ 到下降沿 $0.5U_m$ 所需的时间。对于周期性脉冲信号，还有周期、频率、占空比等参数。

10.1.2 数字信号抽象

与连续的模拟信号相比，数字信号是离散化的。数值离散化构成了数字抽象的基础，其主要思想是将信号分段量化，使其成为离散或集总的信号值，即将一定范围内的信号值集总为一个值。为了说明数值的离散化，对图 10-4(a) 所示的模拟电压信号进行离散化，这里将电压离散为有限数量的信息值，如 "0" 和 "1"。离散化后，若观察到的电压低于 2.5V，则将其理解为表示信息 "0"。若其值高于 2.5V，则将其理解为表示信息 "1"。相应地，为了输出逻辑 "0"，需要在线路上施加任何低于 2.5V 的电压，例如，这里用 1.25V 的电压；为了输出逻辑 "1"，需要在线路上施加任何高于 2.5V 的电压，例如，这里用 3.75V 的电压。

(a) 模拟信号　　　　　　　　　(b) 数字信号

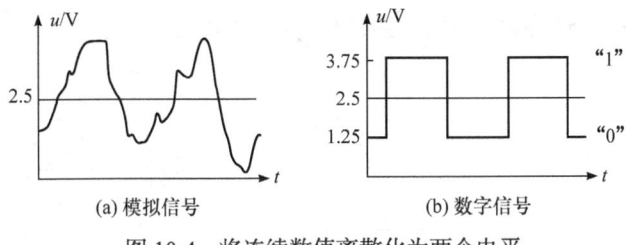

图 10-4　将连续数值离散化为两个电平

将数值离散化后会产生一系列优点，例如，与模拟信号表示相比，其抑制噪声能力强等。如图 10-5 所示，发送者希望将 A 的值传递给接收者，该图说明了模拟和数字两种信号的传输情况。在模拟情况下，假设 A 的值为 2.1V。发送者通过在线路上将信号表示为 2.1V 进行传输。传输过程中的噪声（图 10-5(a) 中用 0.2V 的噪声电压源表示）将该电压在接收者处改变为 2.3V，结果导致接收者将其误理解为 2.3V。在数字情况下，假设信号 A 为逻辑"0"，发送者将 A 的值在线路上用 1.25V 来表示，假设有同样的噪声源影响，接收者收到的电压为 1.45V。在这种情况下，由于接收电压低于 2.5V 阈值，接收者仍能正确地将其理解为逻辑"0"。这样，发送者和接收者能够在数字情况下无误差地进行通信。图 10-6 表示发送者产生的离散化信号波形可以抵抗峰峰值小于 2.5V 的对称噪声干扰。

(a) 模拟电路　　　　　　　　　(b) 数字电路

图 10-5　存在噪声时的信号传输

(a) 发送信号　　　　　　　　　(b) 受干扰信号

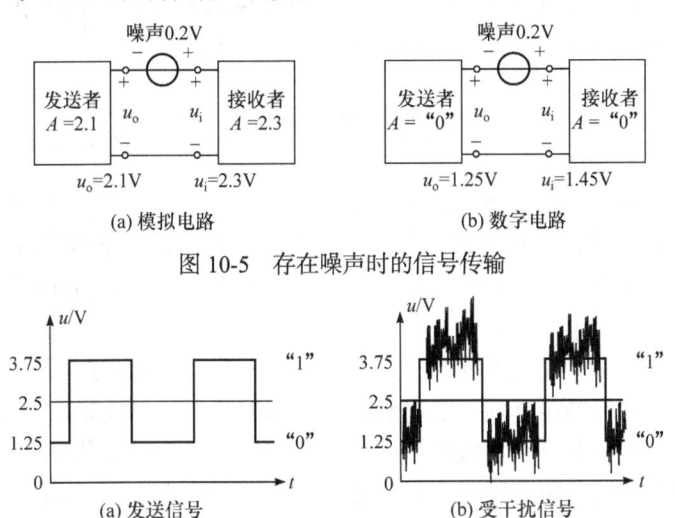

图 10-6　离散化信号抗噪声

当然，离散化表示也不是没有代价的。在模拟情况中，单条线路可以传输任何值，如 1.1V、0.999V。而在数字情况中，一条线路只能传递"0"或"1"，因此明显损失了精度。但对于那些只关心如信号是否高于或低于某阈值的应用场合，损失的精度没有影响，上述的二值表示已经足够。而对于其他关心信号微小变化的应用场合，如图 10-7(a) 所示的某温度传感器输出的模拟电压信号，需要对基本的二值信号表示进行扩展。

为了保持噪声抑制能力的同时获得某种精度，首先要将模拟信号在时间上进行离散化处理，即采样（sampling）。采样是指每隔一定的时间间隔，抽取信号的一个瞬时幅值。采样把模拟信号变成在时间上离散的样值序列，但每个样值的幅值仍然是一个连续的模拟量，因此还必须对其进行数值离散化处理，将其转换为有限数量的离散值，且每个值都为某一个最小单位的整数倍，这种对采样值进行离散化的过程称为量化（quantization），最终用二进制数编码

(encode)来表示其幅值，这样就实现了连续信号幅值离散化处理。

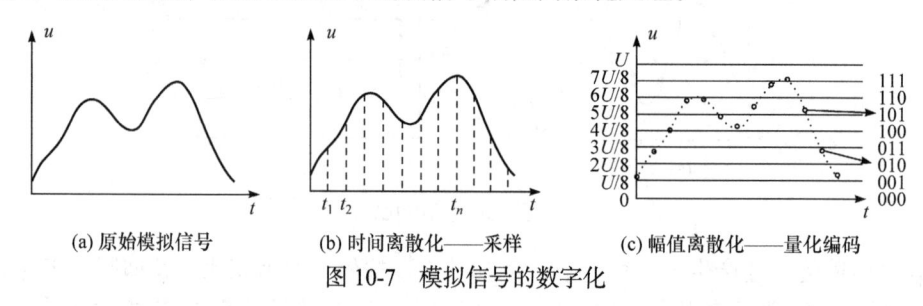

(a) 原始模拟信号　　(b) 时间离散化——采样　　(c) 幅值离散化——量化编码

图 10-7　模拟信号的数字化

对于如图 10-7(a)所示的原始模拟信号，首先进行等间隔采样得到样值序列，如图 10-7(b)所示，然后按某种规则（如舍去法或四舍五入法）对信号进行量化，图 10-7(c)中采用的是 8 级量化（实际中可以根据精度要求，如采用 256 级或 1024 级量化等），即将 $0\sim U/8$ 的电压值用 0 表示（设 U 为信号允许的最大值），$U/8\sim 2U/8$ 的电压值用 $U/8$ 表示，…，$7U/8\sim U$ 的电压值用 $7U/8$ 表示，最后将这 8 个电压值用 3 位二进制数 000、001、…、111 进行编码表示，从而得到数字信号。这样就可以在一条线路上分时地传输 3 位二进制信号，或者在 3 条线路上同时传输这 3 位二进制编码信号。采用适当的采样率和量化级别，可以实现对原始信号的高精度表示。

数字信号抽象是数字信号处理的基础，它使得模拟信号的数字处理成为可能，也使得数字技术在通信、图像处理、生物医学工程等多领域发挥重要作用。

10.2　逻辑关系与逻辑门电路

在客观世界中，事物的发展变化通常都是有一定的因果关系的，例如，在照明电路中，如果开关闭合，灯就会亮；否则灯就会灭。开关闭合与否是因，电灯亮或不亮是果。这种因果关系，也称为逻辑关系。数字电路研究的就是电路输出与输入之间的逻辑关系，所以数字电路又称逻辑电路。

在介绍逻辑关系之前，我们需要了解数字电路的一个重要概念：正负逻辑赋值。

在数字电路中所进行的运算是以二进制运算为基础的，且二进制数中每一位均有 1 或 0 两种可能的取值。在电路中有高、低两种电平与之相对应。若用 1 表示高电平，用 0 表示低电平，则称为正逻辑赋值，简称正逻辑；反之，即用 0 表示高电平，用 1 表示低电平，称为负逻辑赋值，简称负逻辑。分析一个数字电路时，可采用正逻辑，也可采用负逻辑。根据所用正负逻辑的不同，同一电路也可有不同的逻辑关系。这里的正逻辑和负逻辑都是二值逻辑，若无特殊说明，在本书中采用正逻辑。

英国数学家乔治·布尔(George Boole)在 19 世纪中叶首先提出了描述客观事物逻辑关系的数学方法——布尔代数(Boolean algebra)。后来，由于布尔代数被广泛地应用于解决开关电路和数字逻辑电路的分析与设计上，因此也称为开关代数或逻辑代数。逻辑代数中也用字母表示变量，这种变量称为逻辑变量。值得注意的是，在二值逻辑中，每个逻辑变量的取值只有 0 和 1 两种可能。这里的 0 和 1 已不再表示数量的大小，只代表两种不同的逻辑状态。

10.2.1　逻辑关系和逻辑运算

1. 基本逻辑关系与逻辑运算

基本的逻辑关系有与(AND)、或(OR)、非(NOT)三种。图 10-8 中给出了三个指示灯的控制电路：在图(a)中，只有当两个开关同时闭合时指示灯才会亮；在图(b)中，只要有任何一个开关闭合，指示灯就会亮；在图(c)中，开关断开时指示灯亮，而开关闭合时指示灯不亮。

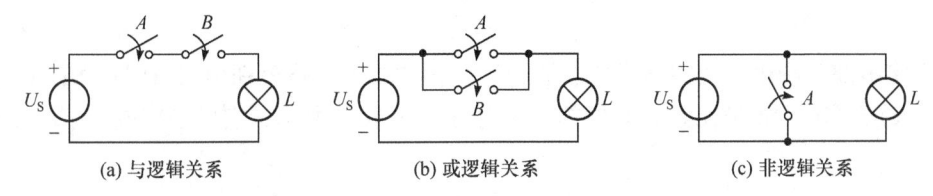

图 10-8　与、或、非逻辑关系举例

如果把开关闭合作为条件(或导致事物结果的原因)，把指示灯亮作为结果，那么图 10-8 中的三个电路代表了三种不同的因果关系，即逻辑关系。

图 10-8(a)电路表明，仅当决定一个事件的全部条件都具备时，这个事件才会发生，这种因果关系称为与逻辑关系。

图 10-8(b)电路表明，当决定一个事件的所有条件中，只要满足其中一个条件时，这个事件就会发生，这种因果关系称为或逻辑关系。

图 10-8(c)电路表明，事件的结果和决定事件的条件总是相反的因果关系，称为非逻辑关系。

若以 A、B 作为电路的输入变量，表示开关的状态，并以 1 表示开关闭合，以 0 表示开关断开；以 L 作为电路的输出变量，表示指示灯的状态，并以 1 表示灯亮，以 0 表示灯灭，则可以列出以 0、1 表示的与、或、非逻辑关系的表格，如表 10-1～表 10-3 所示。这种表格称为逻辑真值表，或简称为真值表(truth table)。

表 10-1　与逻辑运算的真值表

A	B	L
0	0	0
0	1	0
1	0	0
1	1	1

表 10-2　或逻辑运算的真值表

A	B	L
0	0	0
0	1	1
1	0	1
1	1	1

表 10-3　非逻辑运算的真值表

A	L
0	1
1	0

在逻辑代数中，把与、或、非看作逻辑变量的三种最基本的逻辑运算(logic operation)，并以"·"表示与运算，以"+"表示或运算，以变量上方的"−"表示非运算。因此，A、B 进行与、或运算及 A 进行非逻辑运算时可分别写为

$$L = A \cdot B = AB \tag{10-1}$$

$$L = A + B \tag{10-2}$$

$$L = \overline{A} \tag{10-3}$$

在数字电路系统中，实现与、或、非运算逻辑的单元电路分别称为与门（AND gate）、或门（OR gate）、非门（NOT gate），它们的逻辑符号如图10-9所示，它们是构成数字电路最基本的电路。

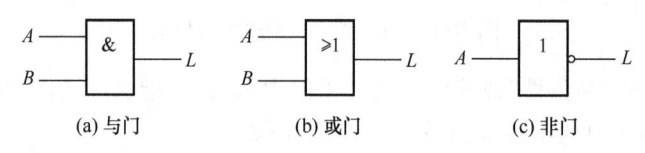

图10-9 与、或、非门的逻辑符号

2. 复合逻辑运算

实际的逻辑问题往往比与、或、非复杂得多，不过它们都可以用与、或、非的组合来实现。最常见的复合逻辑运算有与非（NAND）、或非（NOR）、异或（exclusive-OR）、同或（exclusive-NOR）等。表10-4和给出了部分常见复合逻辑门（logic gate）的逻辑表达式、逻辑符号，表10-5给出了真值表。

表10-4 常见复合逻辑运算的符号及逻辑表达式

门电路	逻辑符号	逻辑表达式
与非门		$L = \overline{A \cdot B} = \overline{AB}$
或非门		$L = \overline{A + B}$
异或门		$L = A\overline{B} + \overline{A}B = A \oplus B$
同或门		$L = AB + \overline{A}\,\overline{B} = A \odot B$

表10-5 常见复合逻辑运算的真值表

A	B	L（与非）	L（或非）	L（异或）	L（同或）
0	0	1	1	0	1
0	1	1	0	1	0
1	0	1	0	1	0
1	1	0	0	0	1

其中，与非、或非可以扩展为多输入变量，如三输入变量的与非门 $L = \overline{ABC}$；异或是这样一种逻辑关系：当 A、B 不同时，输出 L 为1，而当 A、B 相同时，输出 L 为0；同或与异或功能相反，当 A、B 相同时，L 等于1，而当 A、B 不同时，L 等于0。

从上面讲过的各种逻辑关系中可以看到，如果以逻辑变量作为输入，以运算结果作为输出，那么当输入变量的取值确定时，输出的取值便随之而定。因此，输出与输入之间是一种函数关系。这种函数关系称为逻辑函数(logic function)，写为

$$L = F(A, B, C \cdots)$$

由于变量和输出(函数)的取值只有 0 和 1 两种状态，所以本书所讨论的都是二值逻辑函数。任何一个具体的因果关系都可以用一个逻辑函数描述。

逻辑函数有多种表示方法。其中，最常用的就是前面多次用到的真值表、逻辑表达式和逻辑图(logic diagram)等。下面通过例题简单说明各种表示方法及它们之间的相互转换。

【例 10-1】 列写出图 10-10 所示逻辑电路的逻辑表达式和真值表。

解 先求逻辑表达式。

根据所给逻辑图，采用从输入端至输出端逐级推写的方法(反之亦可)，得

$$L = AB + \overline{A}\,\overline{B}$$

逻辑图中共有两个输入变量 A、B，它们有四种取值组合，即 00、01、10、11。依次把各取值代入逻辑图或逻辑表达式，求出相应函数值，列成表格，可得如表 10-6 所示的真值表。可见本例所得到的逻辑式就是同或的与、或、非复合式。

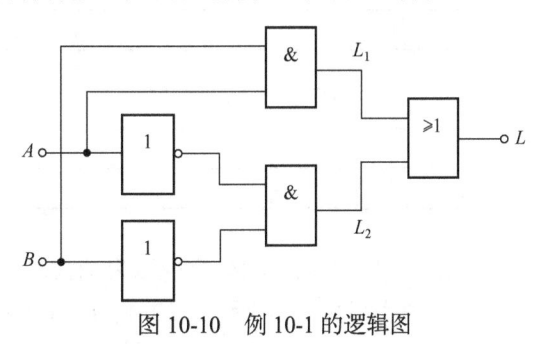

图 10-10 例 10-1 的逻辑图

表 10-6 例 10-1 的真值表

A	B	L
0	0	1
0	1	0
1	0	0
1	1	1

当由真值表写出逻辑表达式时，有如下简便的方法。

(1)对真值表中输出 $L = 1$ 的各项列写逻辑表达式。在 $L = 1$ 的输入变量组合中，各输入变量之间是与逻辑关系；而使 $L = 1$ 的各输入量组合之间是或逻辑关系。

(2)输入变量值为 1，则用输入变量本身表示(如 A、B)；若输入变量取值为 0，则用其反变量表示(如 $\overline{A}$、$\overline{B}$)，然后把输入变量组合写成与逻辑式。

(3)然后把上面 $L = 1$ 的各个与逻辑式相加。

在表 10-6 中，$L=1$ 对应的 A、B 输入组合为 11 和 00，则对应的与逻辑式分别为 AB 和 $\overline{A}\overline{B}$，而 AB 和 $\overline{A}\overline{B}$ 之间又是或逻辑关系，因此表 10-6 对应的逻辑表达式为

$$L = AB + \overline{A}\,\overline{B} \tag{10-4}$$

【例 10-2】 有一个供三人使用的表决电路。表决时，每人若表示赞成，按下各自的按钮。若不赞成就不按。表决结果用指示灯表示，多数赞成时，灯亮；反之，灯不亮。试列出该表决电路的真值表，并写出逻辑表达式。

解 用输入变量 A、B、C 代表三人各自的按钮。表示赞成，按下按钮，取值为 1；反之取值为 0。用输出变量 L 代表指示灯，$L = 1$ 表示多数赞成，灯亮；$L = 0$ 则表示相反情况。根

据题意，列出真值表，如表 10-7 所示。

表 10-7 三人表决电路的真值表

输入			输出
A	B	C	L
0	0	0	0
0	0	1	0
0	1	0	0
0	1	1	1
1	0	0	0
1	0	1	1
1	1	0	1
1	1	1	1

对表中 L = 1 的各项列写逻辑表达式。

在表中输出 L = 1 所对应的 A、B、C 输入组合为 011、101、110、111。这四组输入组合对应的与逻辑式分别是 $\overline{A}BC$、$A\overline{B}C$、$AB\overline{C}$、ABC，因此有

$$L = \overline{A}BC + A\overline{B}C + AB\overline{C} + ABC \tag{10-5}$$

10.2.2 逻辑门电路

实现基本和复合逻辑运算的单元电路称为逻辑门电路，简称门电路，如实现与运算的与门、实现或运算的或门等。门电路按照电路结构组成的不同，可分为分立元件门电路和集成门电路。分立元件门电路是由半导体器件和电阻元件连接而成的，集成门电路主要有 TTL 型和 CMOS 型，这里只介绍 MOS 管开关电路及使用较多的 CMOS 集成门电路。

在二值逻辑中，逻辑变量的取值只有 0 或 1，在数字电路中对应的是电子开关的两种状态，获得高、低电平的基本原理可以通过图 10-11 所示的电路说明。当开关 S 断开时，输出 u_o 为高电平(等于 U_{DD})；而当 S 闭合时，输出便为低电平(等于零)。利用半导体二极管、三极管、场效应管都可以构成开关电路。

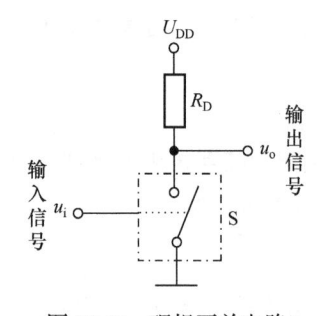

图 10-11 理想开关电路

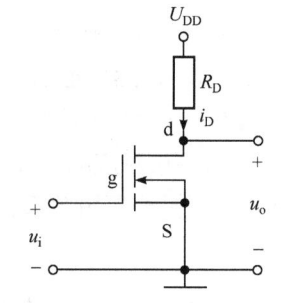

图 10-12 MOS 管开关电路

以 MOS 管取代图 10-11 中的开关 S，可得到图 10-12 所示的开关电路。

当 $u_i = U_{IL} \approx 0 < U_{GS(th)}$ 时，MOS 管工作于截止区，MOS 管的 d-s 之间等效电阻 $R_{OFF}(>10^9\Omega)$ 很大，这时 d-s 之间相当于一个断开的开关，如图 10-13(a)所示，此时只要 $R_D \ll R_{OFF}$，在输出

端便为高电平，即 $u_o = U_{OH} \approx U_{DD}$。

当 $u_i = U_{IH} \approx U_{DD} > U_{GS(th)}$ 时，MOS 管工作于可变电阻区，MOS 管的 d-s 之间等效电阻 R_{ON}（<1kΩ）很小，这时 d-s 之间相当于一个闭合的开关（不很理想的开关，导通电阻为 R_{ON}），如图 10-13(b) 所示，此时只要 $R_D \gg R_{ON}$，在输出端便为低电平，即 $u_o = \dfrac{R_{ON}}{R_{ON} + R_D} U_{DD} = U_{OL} \approx 0$。

(a) 截止状态　　(b) 导通状态

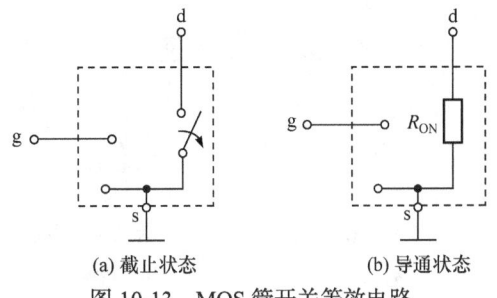

图 10-13　MOS 管开关等效电路

此电路的主要缺点是静态功耗较大。当开关闭合时，电源电压几乎全部加在电阻 R_D 上，消耗功率为 U_{DD}^2/R_D。而 CMOS 电路可以克服这一缺点，这也是集成电路中大量采用 CMOS 管的主要原因。

1. CMOS 非门

CMOS 集成门电路是利用 NMOS 和 PMOS 的互补特性复合而成的门电路。这样的门电路具有功耗低、工作电源电压范围宽、输出电压波形失真度小、抗干扰能力和驱动能力强等优点，因而越来越被重视。

图 10-14 所示为 CMOS 非门的原理图及其逻辑符号，图中 T_1 为驱动管，采用 N 沟道增强型 MOS 管，它的负载电阻不用大阻值电阻 R_D，而用负载管 T_2 代替，以便提高集成度。T_2 采用 P 沟道增强型 MOS 管。

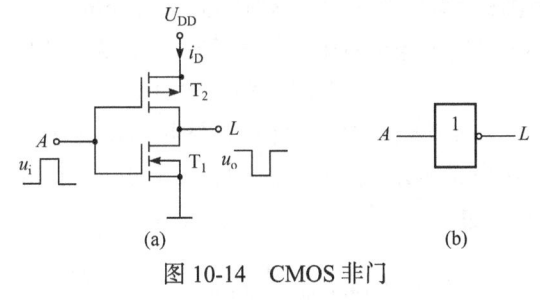

工作时，T_2 的源极接电源正极，T_1 的源极接电源负极。当输入为高电平时，T_1 导通，T_2 截止，输出为低电平。当输入为低电平时，T_1 截止，T_2 导通，输出为高电平。显然电路的输出与输入满足非逻辑关系，即 $L = \overline{A}$。正因如此，通常也将非门称为反相器（inverter）。

图 10-14　CMOS 非门

由分析看到，电路工作时，无论输出是低电平还是高电平，总有一管导通，另一管截止。这使电路具有静态电流小、直流功耗低和输出波形好等优点，因此 CMOS 电路获得了广泛应用。

在图 10-14 所示的电路中，设 $U_{DD} > U_{GS(th)N} + |U_{GS(th)P}|$，且 $U_{GS(th)N} = |U_{GS(th)P}|$，$T_1$ 和 T_2 具有相同的特性，则反相器的输出电压与输入电压的关系曲线，即电压传输特性（voltage transfer characteristic）如图 10-15(a) 所示。漏极电流与输入电压的关系曲线，即电流传输特性（current transfer characteristic）如图 10-15(b) 所示。

当反相器工作特性曲线于 AB 段时，由于 $u_i < U_{GS(th)N}$，T_1 截止，电阻很高；而 $|U_{GS2}| > |U_{GS(th)P}|$，所以 T_2 导通并工作于低电阻区，分压的结果使 $u_o = U_{OH} \approx U_{DD}$，流过 T_1 和 T_2 的漏极电流近似为零。

当反相器工作特性曲线于 CD 段时，由于 $u_i > U_{DD} - |U_{GS(th)P}|$，$U_{GS1} > U_{GS(th)N}$，$T_1$ 导通；而 $|U_{GS2}| < |U_{GS(th)P}|$，所以 T_2 截止，$u_o = U_{OL} \approx 0$，流过 T_1 和 T_2 的漏极电流也近似为零。

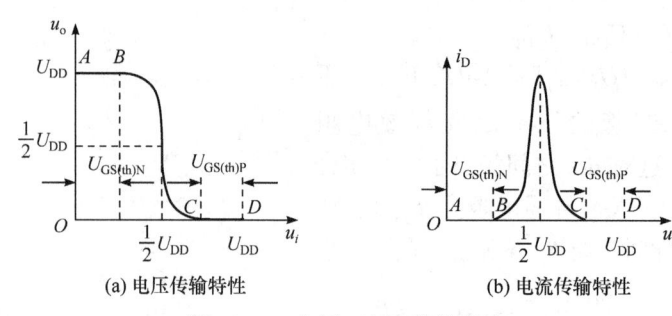

(a) 电压传输特性

(b) 电流传输特性

图 10-15 电压、电流传输特性

当反相器工作特性曲线于 BC 段时，在 $U_{GS(th)N} < u_I < U_{DD} - |U_{GS(th)P}|$ 区间内，$U_{GS1} > U_{GS(th)N}$，$|U_{GS2}| > |U_{GS(th)P}|$，$T_1$、$T_2$ 同时导通，若 T_1、T_2 的参数完全对称，则 $u_i = \frac{1}{2}U_{DD}$ 时，$u_o = \frac{1}{2}U_{DD}$，此时漏极电流最大。

从图 10-15(a) 所示的 CMOS 反相器电压传输特性上可以看到，当输入电压 u_i 偏离正常的低电平而升高时，输出的高电平并不立刻改变。同样，当输入电压 u_i 偏离正常的高电平而降低时，输出的低电平也不会立刻改变。因此，在保证输出高、低电平基本不变的条件下，允许输入信号的高、低电平有一个波动范围，这个范围称为输入端的噪声容限(noise margin)。

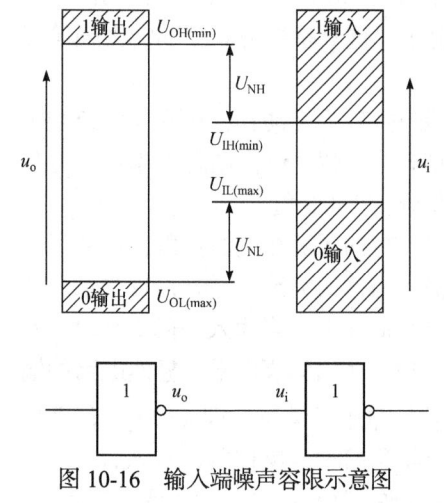

图 10-16 给出了噪声容限的计算方法。在多个门电路级连组成的系统中，前一个门电路的输出就是后一个门电路的输入，所以输入为高电平时的噪声容限为输出高电平的最小值 $U_{OH(min)}$ 和输入高电平的最小值 $U_{IH(min)}$ 之差，即

$$U_{NH} = U_{OH(min)} - U_{IH(min)} \tag{10-6}$$

图 10-16 输入端噪声容限示意图

输入为低电平时的噪声容限为输入低电平的最大值 $U_{IL(max)}$ 和输出低电平的最大值 $U_{OL(max)}$ 之差，即

$$U_{NL} = U_{IL(max)} - U_{OL(max)} \tag{10-7}$$

式中，$U_{IH(min)}$ 是门电路保证能被识别为高电平的最小输入电压；$U_{IL(max)}$ 是门电路保证能被识别为低电平的最大输入电压；$U_{OH(min)}$ 是门电路输出为高电平的最小输出电压；$U_{OL(max)}$ 是门电路输出为低电平的最大输出电压。相关输入输出电压参数可在产品数据手册查阅，并要注意相关参数随电源电压的变化而不同，以确保逻辑信号能够在不同的器件之间正确地传输和识别。

2. CMOS 与非门和 CMOS 或非门

图 10-17 所示为 CMOS 与非门电路结构图，图中两个 NMOS 管 T_1、T_2 串联构成驱动管，两个 PMOS 管 T_3、T_4 并联构成负载管。

显而易见，只有在输入 A、B 全为高电平时，T_1、T_2 全部导通（T_3、T_4 截止），输出端 L

才为低电平；当输入端 A、B 中有一端为低电平时，则 T_1、T_2 两管中必有一管截止，T_3、T_4 管中必有一管导通，L 输出为高电平，即实现 $L = \overline{AB}$ 的逻辑功能。

图 10-18 所示为 CMOS 或非门的电路结构图，图中 T_1、T_2 管并联构成驱动级，采用 NMOS 管，T_3、T_4 采用 PMOS 管串联构成负载管。显然，只有 A、B 输入全为低电平时，T_3、T_4 管才能全导通，输出 L 才可能为高电平，此时 T_1、T_2 截止，保证了输出高电平；其他情况下，T_3、T_4 中至少有一管截止，而 T_1、T_2 中至少有一管导通，因此输出 L 为低电平，即实现 $L = \overline{A+B}$ 的逻辑功能。

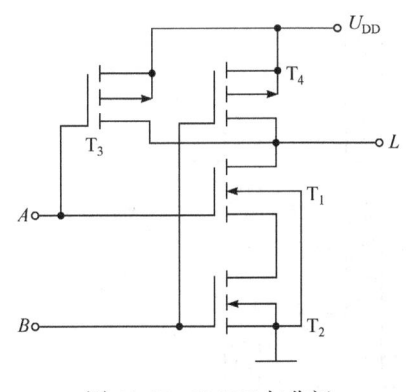

图 10-17　CMOS 与非门　　　　　　图 10-18　CMOS 或非门

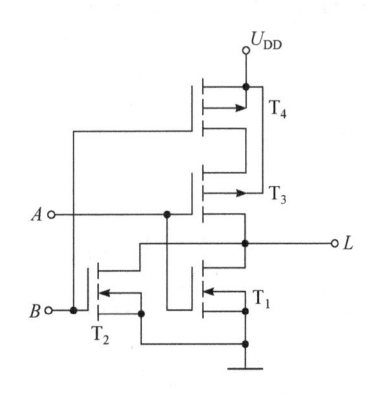

需要指出，在 CMOS 电路中，或非门的使用比与非门更为广泛，这是因为 MOS 管在与非门中，驱动管是串联的，当输入端数增加，即驱动管数增加时，会产生输出低电平向上偏移现象。而在 MOS 管或非门中，驱动管是并联的，因此就不会产生这种情况。

10.3　数字电路的应用

数字电路能实现各种信息处理功能，如算术运算、数据比较、编码、译码、数据选择、数据存储等，本节仅以 4 位二进制数加法运算电路为例，简单说明数字电路的应用。

要实现两个 4 位二进制数 $A(A_3A_2A_1A_0)$ 和 $B(B_3B_2B_1B_0)$ 的加法，可以先实现一个 1 位二进制加法器，然后再用四个 1 位加法器来构成四位加法器。1 位二进制加法器（考虑低位来的进位）称为全加器（full adder），如图 10-19(a) 所示。一个全加器有三个输入：两个相加的一位数字（A_i 和 B_i）以及一个从低位来的进位 C_{i-1}。全加器产生两个输出：一个和 S_i 以及一个到更高位的进位 C_i。

根据加法的运算法则，可列全加器真值表如表 10-8 所示。

表 10-8　全加器真值表

A_i	B_i	C_{i-1}	S_i	C_i
0	0	0	0	0
0	0	1	1	0
0	1	0	1	0
0	1	1	0	1
1	0	0	1	0
1	0	1	0	1
1	1	0	0	1
1	1	1	1	1

通过真值表，可以写出输出端和 S_i、进位 C_i 的逻辑表达式为

$$S_i = A_i B_i C_{i-1} + \overline{A_i}\,\overline{B_i} C_{i-1} + \overline{A_i} B_i \overline{C_{i-1}} + A_i \overline{B_i}\,\overline{C_{i-1}} \tag{10-8}$$

$$C_i = \overline{A_i} B_i C_{i-1} + A_i \overline{B_i} C_{i-1} + A_i B_i \overline{C_{i-1}} + A_i B_i C_{i-1} = A_i B_i + B_i C_{i-1} + A_i C_{i-1} \tag{10-9}$$

由逻辑表达式(10-8)和式(10-9)(式中 C_i 的最终结果根据逻辑代数的基本公式及法则化简而得，这部分知识将在后面课程中进一步学习)可以画出逻辑电路图如图 10-19(b)所示(图中与门输入端的"。"表示取反运算)。

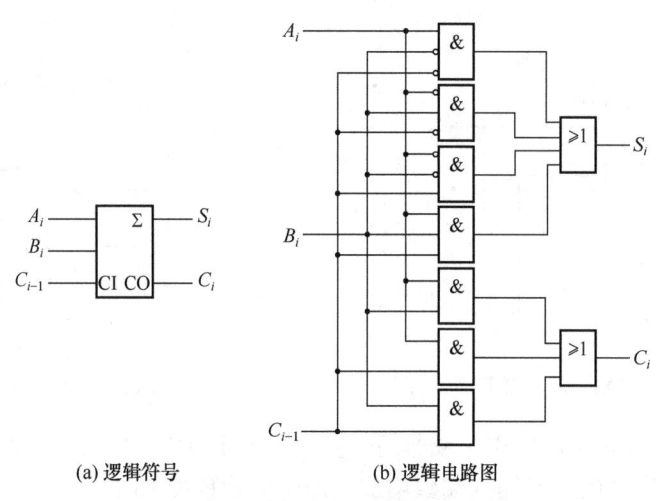

(a) 逻辑符号　　(b) 逻辑电路图

图 10-19　全加器的逻辑符号及电路

利用四个全加器，将低位的进位输出信号 C_i 接到相邻高位的进位输入端 C_{i-1}，其中最低位进位输入端接地(0)，可以实现 4 位二进制加法电路如图 10-20 所示，即实现 $A_3 A_2 A_1 A_0$ 与 $B_3 B_2 B_1 B_0$ 的加法运算，相加的结果为 $C_3 S_3 S_2 S_1 S_0$ 共 5 位。

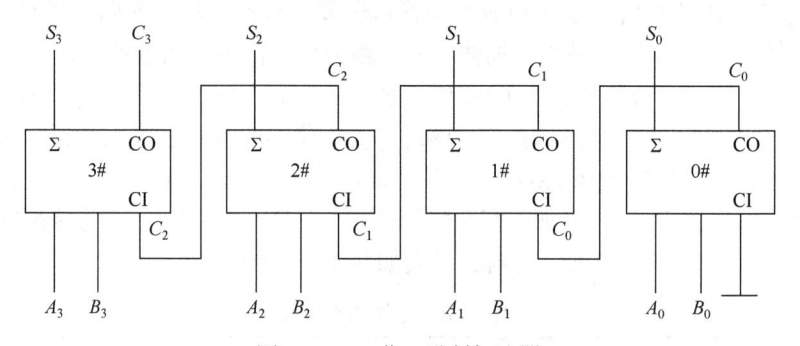

图 10-20　4 位二进制加法器

集成电路 74LS183 是具有两个独立的全加器芯片，采用两片 74LS183 即可实现图 10-20 所示的 4 位二进制加法器。

> **逻辑思维**
>
> 　　逻辑思维是思维的一种基础形式，是人们在认识事物的过程中借助于概念、判断、推理等思维形式能动地反映客观现实的理性认识过程，又称抽象思维。它与形象思维不同，属于科学的抽象概念、范畴，揭示事物的本质，表达认识现实的结果。

> 逻辑思维能力是指正确、合理思考的能力，即对事物进行观察、比较、分析、抽象、概括、判断、推理的能力，采用科学的逻辑方法，准确而有条理地表达自己思维过程的能力。
>
> 在数字电路中，电路输出与输入之间的因果关系是一种二值逻辑关系。在思维方法上，数字电路强调逻辑抽象、逻辑规则、逻辑推理、等效变换、约束条件等，在形式上用真值表、逻辑表达式、卡诺图、状态转换图、状态转换表、时序图等来完成"思维过程可视化"，可实现数字电路的分析与设计，用数字电路逻辑思维方式分析和解决实际问题。

习　题

10-1 题 10-1 图所示为 u_A、u_B 两输入端门的输入波形，试画出：(1) 与门的输出波形；(2) 与非门的输出波形；(3) 或非门的输出波形；(4) 异或门的输出波形。

10-2 试写出题 10-2 图所示各逻辑图的逻辑表示式，并列出各逻辑图的真值表。

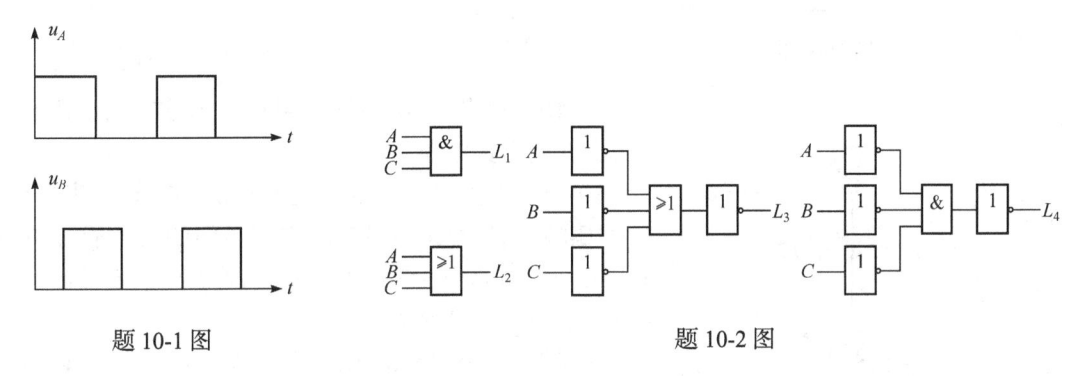

题 10-1 图

题 10-2 图

10-3 若题 10-2 图中各逻辑门的输入波形如题 10-3 图所示，试画出它们的输出波形。

10-4 已知逻辑图和输入 A、B、C 的波形如图 10-4 所示，试写出输出 L 的逻辑式，并画出其波形。

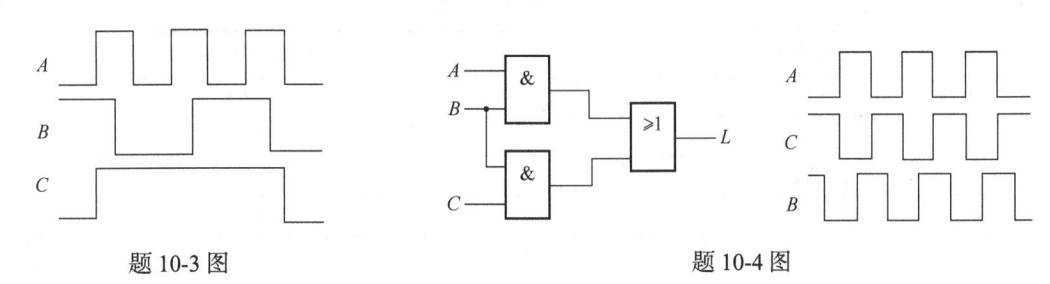

题 10-3 图

题 10-4 图

10-5 当输入 A 和 B 同为"1"或同为"0"时，输出为"1"；当 A 和 B 状态不同时，输出为"0"，试列出状态表并写出相应的逻辑式，画出其逻辑图。

10-6 楼梯上有一盏灯 Z，楼上和楼下各有一个控制该灯的开关 A 和 B，要求上楼时，可在楼下开灯，上楼后在楼上顺手关灯；下楼时可在楼上开灯，下楼后在楼下顺手关灯。设开关 A、B 初始逻辑状态为 00 时，灯不亮，$Z=0$。试分析 Z 与 A、B 的逻辑关系，列出真值表，求逻辑表达式。

10-7 设计一个逻辑电路实现举重裁判多数表决，A、B、C 代表三个裁判，完成如下功能：裁判长(A)同意为2分，普通裁判(B、C)同意为1分，满3分时 L 为1，同意举重成功；不足3分 L 为0，表示举重失败。

10-8 用 NMOS 管实现：$L=(A+B)CD$。

10-9 分析题10-9图所示电路的功能。

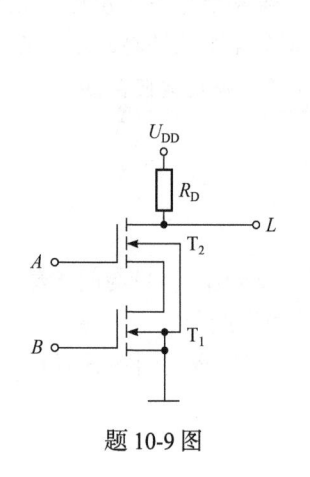

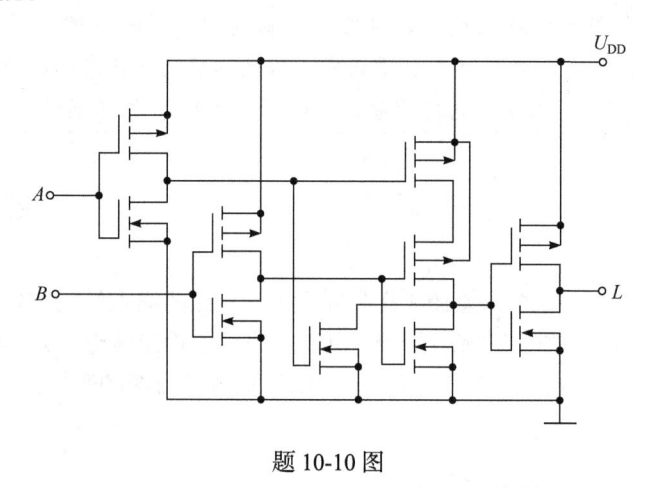

题 10-9 图

题 10-10 图

10-10 写出题10-10图中用CMOS实现的逻辑电路表达式，并列出真值表。

10-11 如何用 CMOS 实现 $L=AB+C$，请画出电路图。

10-12 计算题 10-12 图中逻辑门的最大静态功率损耗。设 $U_{DD}=5V$，$R_D=100k\Omega$，图中皆为 NMOS 器件，每个 NMOS 管的 $R_{ON}=10k\Omega$。

题 10-12 图

10-13 题 10-13 表所示为某 CMOS 反相器 5V 供电时的输入输出电压参数。试说明各参数的意义，求出噪声容限，并绘出满足下表要求的 CMOS 反相器电压传输特性。

题 10-13 表

参数名称	CMOS（4000 系列）
$U_{OH(min)}$/V	4.6
$U_{OL(max)}$/V	0.05
$U_{IH(min)}$/V	3.5
$U_{IL(max)}$/V	1.5

10-14 题 10-14 图中7404系列为 TTL 型非门电路，4069B 系列为 CMOS 型非门电路，二者的输入输出电压参数如题10-14表所示。试分析 TTL 门电路驱动 CMOS 门电路时能否正常工作，并解释原因。

题 10-14 表

参数名称	TTL（7400 系列）	CMOS（4000B 系列）
$U_{OH(min)}$/V	2.4	4.95

参数名称	TTL (7400 系列)	CMOS (4000B 系列)
$U_{OL(max)}/V$	0.4	0.05
$U_{IH(min)}/V$	2.0	3.33
$U_{IL(max)}/V$	0.8	1.67

10-15 题 10-15 图所示为半加器电路，试分析电路的功能。

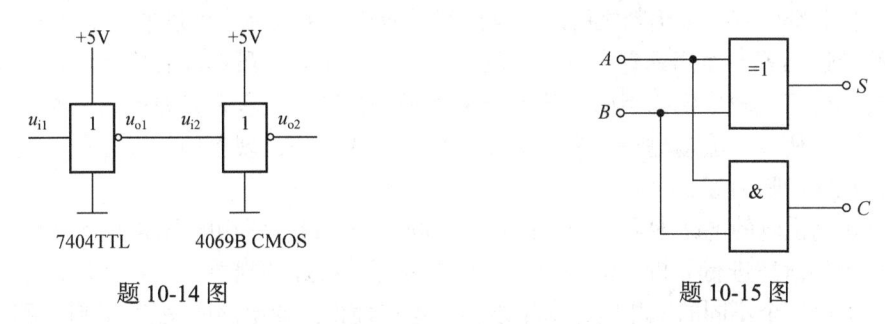

题 10-14 图

题 10-15 图

10-16 题 10-16 图(a)所示为半加器符号，其真值表如题 10-16 表所示，它实现了两个 1 位二进制数的加法，其中 A、B 为加数，S 为和，C 为进位，试分析由半加器构成的题 10-16 图(b)所示电路的功能。

题 10-16 表

A	B	C	S
0	0	0	0
0	1	0	1
1	0	0	1
1	1	1	0

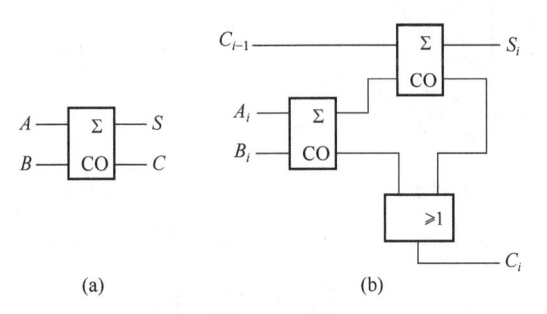

(a)　　　　　(b)

题 10-16 图

第11章 三相电路

目前，在人们的日常生活和工业生产中，最常见的电能来源是交流电，交流电的基本供电方式是三相制(three phase system)。很多工业负载直接使用三相电，而民用电也是将三相电分成三个单相分别使用。三相制之所以得到广泛的应用，是因为这种供电方式在电能的产生、传输、分配及运用等方面都具有十分显著的优越性。近年来，虽然具有广阔应用前景的直流高压输电技术已经比较成熟，但限于技术难度和经济核算，大量替换原有的三相交流输电网络还无法做到，所以直流输电缺少中间落点，较难形成网络，现多用于大容量、远距离的点对点输电以及异步联网等。

采用三相制供电的电路称为三相电路(three phase circuit)。三相电路本质上仍为正弦电路，所以仍然采用相量法进行分析。但是由于三相电源有其特殊的规律，巧妙利用这些规律使三相电路的分析比三个不同的单相电路简单很多，这也使得三相电路的使用和维护相对容易。

11.1 三相交流电的产生及传输

三相电源来自于三相交流发电机，图 11-1(a)所示为三相发电机横剖面的结构示意图。它有三个尺寸与匝数完全相同的绕组，我们用 AX、BY 和 CZ 来表示，三套绕组分别嵌在空间位置彼此相隔 120° 的定子(电机的固定部分)内圆壁上的槽内，中间有一对可以旋转的磁极，称为转子。磁极可由直流励磁形成电磁铁。

(a) 发电机横剖面结构 (b) 三相电源绕组

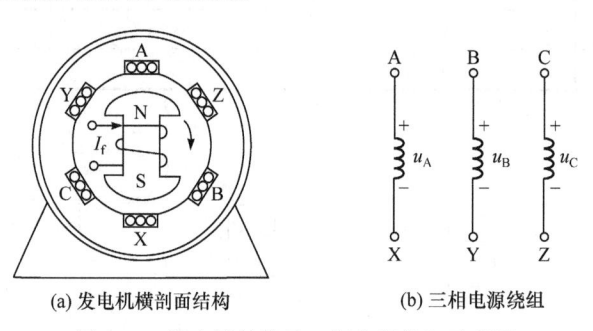

图 11-1 发电机结构及三相电源绕组示意图

若转子按图 11-1(a)所示的顺时针方向，以 50r/s 的速度匀速旋转，由于定子绕组切割磁力线，因此会在三个绕组中分别产生频率相同(50 Hz)、幅值相等、相位依次相差 120°的正弦电压：

$$\begin{cases} u_A = U_m \cos(\omega t) = \sqrt{2}U\cos(\omega t) \text{ V} \\ u_B = U_m \cos(\omega t - 120°) = \sqrt{2}U\cos(\omega t - 120°) \text{ V} \\ u_C = U_m \cos(\omega t - 240°) = U_m \cos(\omega t + 120°) = \sqrt{2}U\cos(\omega t + 120°) \text{ V} \end{cases} \quad (11\text{-}1)$$

这就是对称三相电压，"对称"是指这三个电压频率相同、幅值相等、相位旋转相差 120°。

对于式(11-1)中的三个同频率正弦电压，也可以用相量表示：

$$\begin{cases} \dot{U}_A = U\angle 0° \text{ V} \\ \dot{U}_B = U\angle -120° \text{ V} \\ \dot{U}_C = U\angle -240° = U\angle 120° \text{ V} \end{cases} \quad (11-2)$$

三相交流发电机转子转动的动力来源通常是水动力(水力发电)或气动力(火力发电、风力发电)、核能、海洋潮汐、地热等自然界的一次能源等。大型的发电机组通常都建设在方便利用这些一次能源的场地。为安全起见，发电场所都远离人们日常生活和工作的环境，所以三相交流发电机发出来的电必须远距离经过高压输电网路传送到用户端，再经过三相变压器降压供给用户，用户电压一般为 220V/380V。典型输电网络如图 1-3 所示。

本章主要基于用户端来展开三相交流电路的分析。用图 11-2(a)的图像符号来表示三相电源，其相应的波形图与相量图如图 11-2(b)、(c)所示。

(a) 三相电源　　　(b) 对称三相电压波形图　　　(c) 相量图

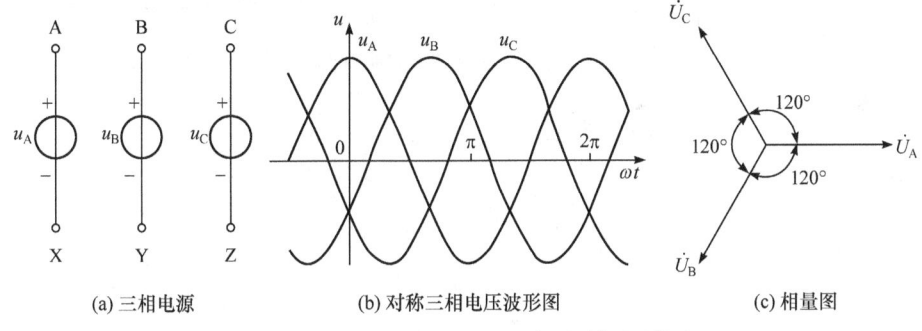

图 11-2　对称三相电源电压波形图与相量图

这里要解释三相电源的"相序"，相序原本是由三相发电机转子的旋转方向决定的。到用户端时，从三相变压器的三套输出绕组已经看不到旋转，如果任意选择一套绕组作为 u_A 相电源，在余下的两相中，选择比 u_A 滞后 120° 的那一相作为 u_B，如此为正相序；如果选择比 u_A 超前 120° 的那一相作为 u_B，那么称为反相序(又称负相序)。对照图 11-2(c)所示的相量图，正相序时，三个相量是顺时针方向排列，负相序时则是逆时针方向排列，工程上默认对称三相电源都是正相序的。对三相电动机而言，三相供电线的顺序决定其转向，正相序对应着电动机正向运转，负相序对应着电动机反转。工程上由错误的供电顺序导致电动机反转，从而造成经济损失甚至人身伤害的事故时有发生。因此，学习三相电路不仅需要掌握对称三相电源各相电压的数量关系，还需要特别注意相序。

11.1.1　三相电源的星形连接

在三相电路中，对称三相电源向外输电有两种特定的连接方式，即星形连接和三角形连接。

如图 11-3(a)所示，把电源的三个负极端连在一起形成一个节点，称为电源的中性点(neutral point)，用字母 N 表示；由三个正极端分别引出三条线连向负载，这三条线称为电源的端线(terminal wire)，又称相线。民用电中的"火线"就引自相线。按这种方式连接的对称三相电源称为星形电源，简记为 Y 连接。

这时，各电源的电压称为相电压(phase voltage)，各端线之间的电压称为线电压(line voltage)。为叙述方便，各电压均采用双下标表示，即用 $\dot{U}_{AN}$、$\dot{U}_{BN}$、$\dot{U}_{CN}$ 表示 Y 连接时三个电源的相电压，用 $\dot{U}_{AB}$、$\dot{U}_{BC}$、$\dot{U}_{CA}$ 表示三个线电压。如果按式(11-2)所示的相量关系，运算可得到线电压与相电压的关系如式(11-3)所示，相量运算图如图 11-4 所示。

$$\begin{cases} \dot{U}_{AB} = \dot{U}_{AN} - \dot{U}_{BN} = \dot{U}_{AN} \times \sqrt{3}\angle 30° \\ \dot{U}_{BC} = \dot{U}_{BN} - \dot{U}_{CN} = \dot{U}_{BN} \times \sqrt{3}\angle 30° \\ \dot{U}_{CA} = \dot{U}_{CN} - \dot{U}_{AN} = \dot{U}_{CN} \times \sqrt{3}\angle 30° \end{cases} \tag{11-3}$$

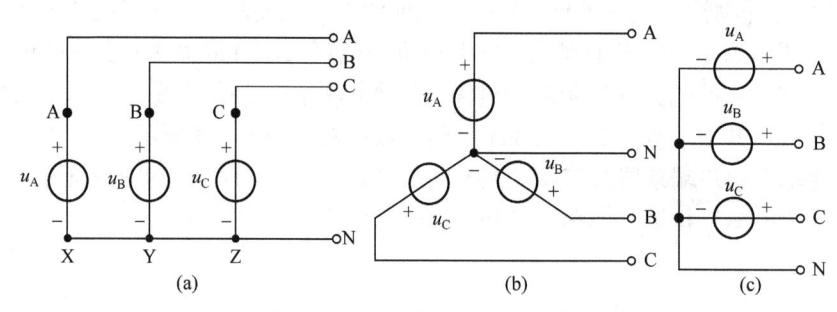

图 11-3 三相电源的星形连接

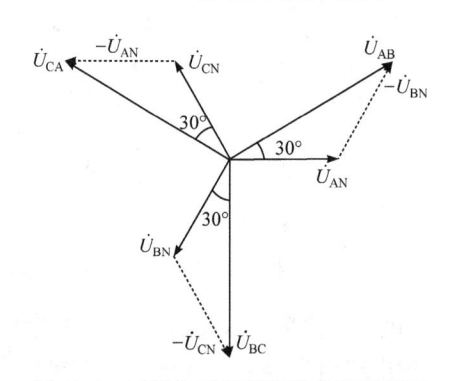

图 11-4 三相电源星形连接电压相量图

这一结果表明，对称三相电源不仅三个相电压对称，三个线电压也是对称的。相位上，线电压超前于对应相的相电压 30°；数值上，线电压为相电压的 $\sqrt{3}$ 倍。若用 U_P 统一表示相电压的有效值，用 U_L 统一表示线电压的有效值，则有 $U_L = \sqrt{3} U_P$。若 $U_P = 220\text{V}$，则 $U_L = \sqrt{3} U_P \approx 380\text{V}$，式中的下标 L 代表"线"，下标 P 代表"相"。

星形电源若只将三条端线引出对外供电，则为三相三线制，此时对外只提供线电压一种电压。若由中点再引出一线，则为三相四线制，此时对外可提供线电压和相电压两种电压。

11.1.2 三相电源的三角形连接

如图 11-5(a)所示，把三个电源的出线端子依次循环相接，并由三个连接点引出三条线输出，这种方式称为三角形连接，用符号 △ 表示。三角形连接的电源只有三相三线制一种供电方式。△ 连接时，各电源的电压仍称为电源的相电压，三条输电线之间的电压仍称为线电压。很显然，此时线电压和相电压是一致的，即 $\dot{U}_{AB} = \dot{U}_A$，$\dot{U}_{BC} = \dot{U}_B$，$\dot{U}_{CA} = \dot{U}_C$。若只看大小，则有 $U_L = U_P$。

这里要指出，对于三角形接法，三个电源顺向串联时回路的总电压 $\dot{U}_A + \dot{U}_B + \dot{U}_C \equiv 0$。这样虽然三个电源接成短路环，但由于合成电压等于零，所以环路中不会有电流。若将其中一

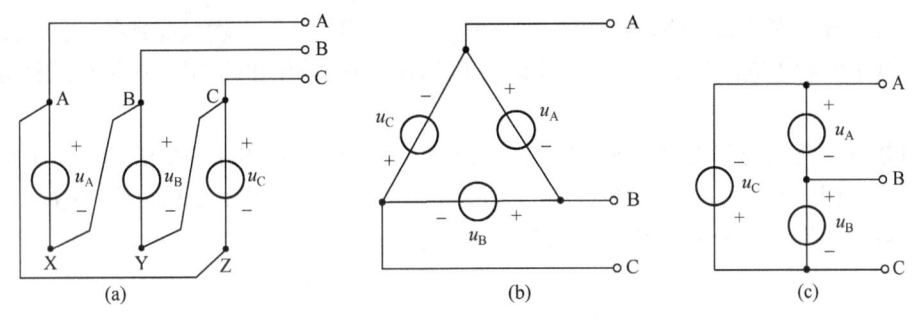

图 11-5 三相电源三角形连接

相接反，如 C 相，则回路总电压 $\dot{U}_A + \dot{U}_B + (-\dot{U}_C) = -2\dot{U}_C$，根据相量图 11-6，对内阻抗很小的电源绕组来说，这就是短路事故，电源绕组会因电流过大而烧毁。因此，实际中在把电源绕组接成三角形之前，常常先用一只电压表接在尚未连接的最后两端之间，如图 11-7 所示，借以观察三角形回路的总电压是否为零，以确保连接无误。

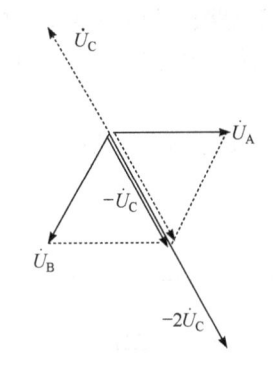

图 11-6 三相绕组 u_C 反向相量图

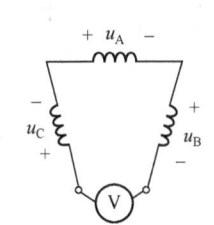

图 11-7 三角形连接预检电路

11.2 对称三相电路的分析

三相电路的负载一般分为对称（或均衡）负载（symmetric load）和不对称（或不均衡）负载（unsymmetric load）两类，如图 11-8 所示，对称三相负载要求同时供给对称的三相电源，如三相交流电动机、三相电阻炉等，其特点是各相阻抗相等，许多大功率工业负载均属于此类；三相电路中还有很多单相负载，单相负载只取用三相电源中的一相，如民用电负载。虽然在供电网

(a) 不对称三相负载　　(b) 对称三相负载

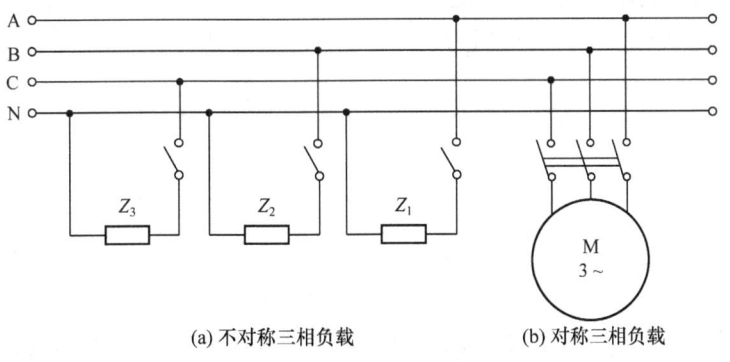

图 11-8 含两类负载的三相电路示意图

路建设时已充分考虑三相电路负载的均衡，即将所有单相负荷都平均分配到各相供电线路上，但由于各单相负载用电的随机性，总会出现三相负载不完全相同的情况，这种负载称为不对称三相负载。

三相电路的负载通常也都接成星形或三角形，如图 11-9 和图 11-10 所示，每个负载称为三相负载的一相，图中 Z_A、Z_B、Z_C 分别为星形连接的 A 相、B 相和 C 相负载，Z_{AB}、Z_{BC}、Z_{CA} 分别为三角形连接的 AB 相、BC 相和 CA 相负载。

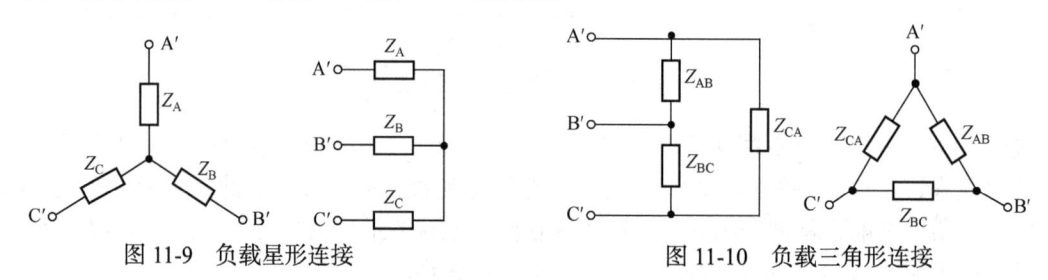

图 11-9　负载星形连接

图 11-10　负载三角形连接

若三相电路的电源、负载都是对称的，则称为对称三相电路；若电源或负载中有一个不对称，则称为不对称三相电路。负载不对称是正常情况，电源不对称则属于供电事故。本节先只对对称三相电路展开分析，即三相负载全相等的情况。

对于对称三相电路，利用其对称性，可以总结出一些简便的分析、计算方法。

首先讨论三相四线制电路，如图 11-11(a) 所示。

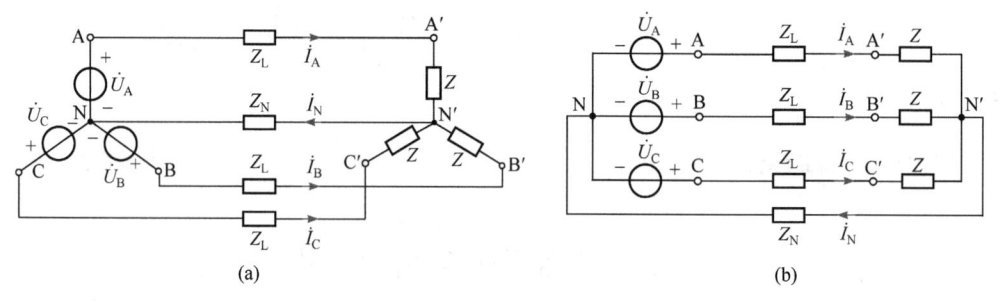

(a)

(b)

图 11-11　Y_0/Y_0 连接电路图

这种电路的电源和负载均为 Y 连接。两个中点 N 和 N′之间有一条连接导线，称为中线 (neutral wire)，Z_N 为中线阻抗。Z_L 为三条输电相线的阻抗。根据结构特点，这种电路也称为有中线的 Y-Y 系统，通常简记为 Y_0/Y_0 系统(电路)。为便于分析，将电路改画为图 11-11(b) 所示的平面电路图。利用节点法求解此电路。

设 N 点为参考节点，N′点的电压为 $\dot{U}_{N'N}$，在 N′点可列出节点方程：

$$\left(\frac{3}{Z+Z_L}+\frac{1}{Z_N}\right)\dot{U}_{N'N} = \frac{\dot{U}_A}{Z+Z_L}+\frac{\dot{U}_B}{Z+Z_L}+\frac{\dot{U}_C}{Z+Z_L}$$

由此求得

$$\dot{U}_{N'N} = \frac{\frac{1}{Z+Z_L}(\dot{U}_A+\dot{U}_B+\dot{U}_C)}{\left(\frac{3}{Z+Z_L}+\frac{1}{Z_N}\right)}$$

因为电源对称，即 $\dot{U}_A+\dot{U}_B+\dot{U}_C \equiv 0$，所以 $\dot{U}_{N'N}=0$。可见，在对称情况下，两中点 N′与 N 等电位。进一步求得流经各相负载的电流，即相电流(phase current)分别为

$$\dot{I}_A = \frac{\dot{U}_{AN}}{Z_L + Z}, \quad \dot{I}_B = \frac{\dot{U}_{BN}}{Z_L + Z}, \quad \dot{I}_C = \frac{\dot{U}_{CN}}{Z_L + Z}$$

这也分别是流经各端线的电流，即线电流（line current），显然它们也都是对称的。负载各相的电压分别为

$$\dot{U}_{A'N'} = Z\dot{I}_A = \frac{Z}{Z_L + Z}\dot{U}_{AN}, \quad \dot{U}_{B'N'} = Z\dot{I}_B = \frac{Z}{Z_L + Z}\dot{U}_{BN}, \quad \dot{U}_{C'N'} = Z\dot{I}_C = \frac{Z}{Z_L + Z}\dot{U}_{CN}$$

上面各相电压也都是对称的。当然，负载端相电压和线电压之间也有如式（11-3）所示的电源端相、线电压的关系。

以上分析表明，对称的 Y_0/Y_0 电路由于其两个中点等电位，因此其各相的电流和电压仅由该相本身的电源和阻抗来决定，各相之间好像彼此互不相关，形成各相的独立性；而且使得各组电压或电流（如相电压、线电流等）均具有对称性。因此，在分析对称 Y_0/Y_0 电路时，只要计算出其中一相的电压和电流，其他两相就可根据对称性由上面计算的结果直接写出而不必再另行计算，这就是"化归单相计算法"。例如，可以把 A 相单独画出进行计算，如图 11-12 所示，图中 N 和 N'之间用一条短路线相连是因为 $\dot{U}_{N'N} = 0$。

图 11-12 化归单相图

另外，由于各线电流对称，使中线电流 $\dot{I}_N = \dot{I}_A + \dot{I}_B + \dot{I}_C = 0$，故中线阻抗的大小甚至中线的有无都是无关紧要的，不影响计算结果。

换句话说，对于对称的 Y_0/Y_0 电路，有中线和没有中线是一样的。若去掉中线，则变为三相三线制，这样的电路简记为 Y/Y 系统（电路）。因此，在输电系统中，远距离输电都采用三相三线，而不需要四线。

【例 11-1】 已知对称三相电源的线电压 $U_L = 380\text{V}$，星形负载各相阻抗均为 $Z = 6 + j8\,\Omega$，电路如图 11-13（a）所示。求负载各相的电流 $\dot{I}_A$、$\dot{I}_B$ 和 $\dot{I}_C$。

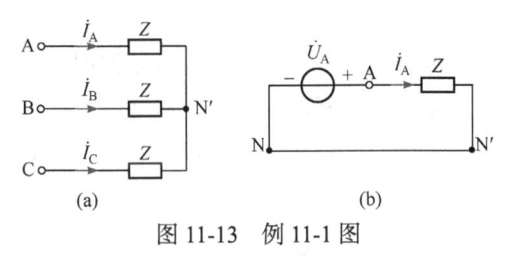

图 11-13 例 11-1 图

解 设想电源进行 Y 连接，根据相、线电压关系，可得电源相电压为

$$U_P = \frac{1}{\sqrt{3}}U_L = \frac{1}{\sqrt{3}} \times 380 \approx 220 \text{ (V)}$$

设 $\dot{U}_A = 220\angle 0°\text{V}$，利用化归单相法，可取 A 相计算，电路如图 11-13（b）所示。

$$\dot{I}_A = \frac{\dot{U}_A}{Z} = \frac{220\angle 0°}{6 + 8j} = 22\angle -53.13° \text{ A}$$

根据对称性，可知 $\dot{I}_B = 22\angle -173.13°\text{A}$，$\dot{I}_C = 22\angle 66.87°\text{A}$。

如果电源仍为 Y 连接，对称三相负载为 △ 连接，那么这样的电路关系简记为 Y/△ 连接。图 11-14（a）所示为忽略输电线路阻抗的星形/三角形三相电路。对于这样的电路，由于输电线为理想导线，所以电源线电压与负载线电压相等，可求得负载相电流：

$$\dot{I}_{A'B'} = \frac{1}{Z}\dot{U}_{AB}, \quad \dot{I}_{B'C'} = \frac{1}{Z}\dot{U}_{BC}, \quad \dot{I}_{C'A'} = \frac{1}{Z}\dot{U}_{CA}$$

(a) 电路图

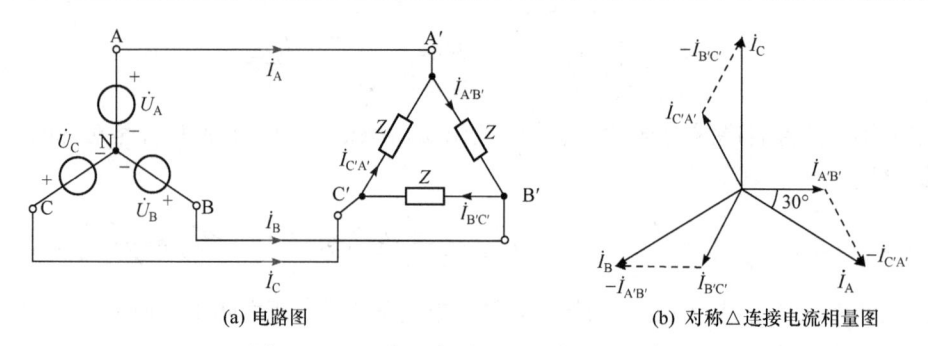

(b) 对称△连接电流相量图

图 11-14 星形/三角形三相电路及电流关系

由于三个线电压 $\dot{U}_{AB}$、$\dot{U}_{BC}$、$\dot{U}_{CA}$ 是对称的，所以负载的三个相电流也是对称的，也可以使用化归单相计算法，只需求得负载一相的电流，其他两相就可以根据对称性直接写出。电路的线电流可以由相电流计算得出。事实上，对于对称负载，△连接时线电流和相电流之间有一种确定的关系。下面就来导出这一关系。

设各电流方向如图 11-14(a) 所示，并假设参考相量 $\dot{I}_{A'B'} = I_P\angle 0°$，根据对称性，有 $\dot{I}_{B'C'} = I_P\angle -120°$，$\dot{I}_{C'A'} = I_P\angle 120°$，则线电流与相电流关系如式(11-4)所示，作出相量图如图 11-14(b) 所示。

△连接中线电流与相电流的关系

$$\begin{cases} \dot{I}_A = \dot{I}_{A'B'} - \dot{I}_{C'A'} = \dot{I}_{A'B'} \times \sqrt{3}\angle -30° \\ \dot{I}_B = \dot{I}_{B'C'} - \dot{I}_{A'B'} = \dot{I}_{B'C'} \times \sqrt{3}\angle -30° \\ \dot{I}_C = \dot{I}_{C'A'} - \dot{I}_{B'C'} = \dot{I}_{C'A'} \times \sqrt{3}\angle -30° \end{cases} \quad (11-4)$$

可见，对于△连接，当相电流对称时，线电流也对称。而且在相位上，线电流滞后于相应的相电流 30°；在数值上，线电流为相电流的 $\sqrt{3}$ 倍。若用 I_P 统一表示各相电流的有效值，用 I_L 统一表示各线电流的有效值，则有 $I_L = \sqrt{3}I_P$。

对于△连接的负载，当考虑输电线路阻抗时，电路如图 11-15(a) 所示，这种电路根据电源侧的电压，并不能判断出每相负载的压降，列方程组求解电路比较麻烦。其实，对这种电路进行分析时，可以将三角形负载等效变换为星形负载，得到如图 11-15(b) 所示的对称 Y/Y 电路。

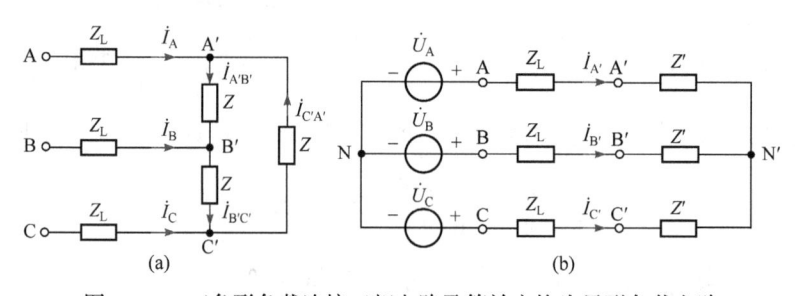

图 11-15 三角形负载连接三相电路及等效变换为星形负载电路

在等效电路中，用化归单相法先求得各线电流 $\dot{I}_A$、$\dot{I}_B$、$\dot{I}_C$，然后再回到原电路中，由式(11-4)求得真实负载的相电流 $\dot{I}_{A'B'}$、$\dot{I}_{B'C'}$、$\dot{I}_{C'A'}$，接着求出负载端线电压 $\dot{U}_{A'B'}$、$\dot{U}_{B'C'}$、$\dot{U}_{C'A'}$（如 $\dot{U}_{A'B'} = Z\dot{I}_{A'B'}$），显然此线电压也就是三角形负载的相电压。由于电路对称，每组电压或电流只需求得一相，其余两相就可由对称关系得出。

【例 11-2】 三个额定电压为 380V、阻抗均为 1000 + j1000 Ω 的负载进行三角形连接，由对称三相电源经约 100m 长的输电线路供电,设输电线平均阻抗为每 10m1+j2 Ω,为使负载达到额定供电电压,求电源线电压,并求输电线路压降。假定电源为星形连接,求电源相电流、负载相电流各为多少?

解 根据题意可画出电路图如图 11-16 所示。其中,$Z_L = 10 \times (1+j2)\Omega = 10 + j20 \Omega$,$Z = 1000 + j1000 \Omega$,负载侧线电压 $U_{A'B'} = U_{B'C'} = U_{C'A'} = 380V$。

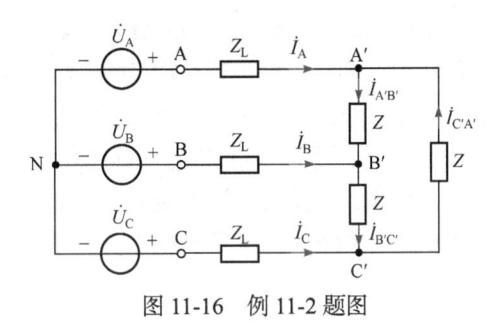

图 11-16 例 11-2 题图

设 $\dot{U}_{A'B'} = 380\angle 0° V$,将三角形负载等效变换为星形负载后,电路与图 11-15(b)相同,这里不再画出。由式 (11-3) 可知,$\dot{U}_{A'N'} = 220\angle -30° V$,则有

$$\dot{I}_A = \frac{\dot{U}_{A'N'}}{Z'} = \frac{220\angle -30°}{(1000 + j1000)/3} = 0.467\angle -75° (A)$$

A 相输电线路压降为

$$\dot{U}_{AA'} = \dot{I}_A Z_L = 0.467\angle -75° \times (10 + j20) = 10.44\angle -11.57° (V)$$

电源相电压为

$$\dot{U}_{AN} = \dot{U}_{AN'} = \dot{U}_{AA'} + \dot{U}_{A'N'} = 10.44\angle -11.57° + 220\angle -30° = 229.93\angle -29.18° (V)$$

电源侧线电压为

$$\dot{U}_{AB} = \sqrt{3}\angle 30° \times \dot{U}_{AN} = \sqrt{3}\angle 30° \times 229.92\angle -29.18° = 398\angle 0.82° (V)$$

根据对称性,有 $\dot{U}_{BC} = 398\angle -119.18° V$,$\dot{U}_{CA} = 398\angle 120.82° V$。可见,要保证负载能够获得额定电压,电源侧线电压应当达到约 398V,输电线路压降约为 10V。

若电源为星形连接,线电流与相电流相等,则电源相电流为

$$\dot{I}_{NA} = 0.467\angle -75° A, \quad \dot{I}_{NB} = 0.467\angle 165° A, \quad \dot{I}_{NC} = 0.467\angle 45° A$$

可求得负载相电流为

$$\dot{I}_{A'B'} = \frac{\dot{U}_{A'B'}}{Z} = \frac{\dot{I}_A}{\sqrt{3}\angle -30°} = 0.27\angle -45° A, \quad \dot{I}_{B'C'} = 0.27\angle -165° A, \quad \dot{I}_{C'A'} = 0.27\angle 75° A$$

三相电路根据电源和负载连接形式的不同,可以有 Y/Y、Y/△、△/Y、△/△ 等几种不同的基本结构,无论哪种结构,只要是对称的,都可以根据△和 Y 等效变换的原则将负载变换成与电源相同的连接形式,采用化归单相法进行计算,再利用电路的对称性求出其他相的电压、电流。

【例 11-3】 有两组负载同时接在三相电源的输出线上,如图 11-17(a)所示,其中负载 1 接

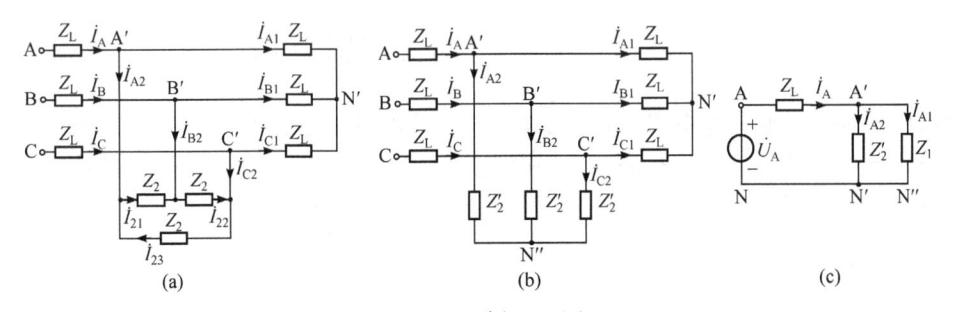

图 11-17 例 11-3 图

成星形，每相为 $Z_1 = 12+j16\Omega$；负载 2 接成三角形，每相为 $Z_2 = 48+j36\Omega$，三根输电线的阻抗均为 $Z_l = 1+j2\Omega$。若对称三相电源的线电压为 $U_L = 380V$，试求各线电流及各负载的相电流。

解 可首先将三角形负载等效变换成星形负载，如图 11-17(b) 所示。因负载对称，故其中点 N″ 与原星形负载中点 N′ 等电位，且都与电源中点 N 等电位（虽然本例中是三相三线制供电，但可以假设电源为 Y 连接，电源端存在中点 N），而对称的 Y/Y 系统与 Y_0/Y_0 系统等效，故可以用短路线将三个中点相连。将 A 相单独画出，如图 11-17(c) 所示。具体分析过程如下。

令

$$\dot{U}_A = \frac{380}{\sqrt{3}}\angle 0° = 220\angle 0°\ (V)$$

$$Z_2' = \frac{1}{3}Z_2 = 16+j12\ \Omega$$

则

$$\dot{I}_A = \frac{\dot{U}_A}{Z_l + \frac{Z_1 Z_2'}{Z_1+Z_2'}} = \frac{220\angle 0°}{1+j2+\frac{(12+j16)(16+j12)}{12+j16+16+j12}} = 17.97\angle -48.3°\ (A)$$

根据对称性，可得其他两线电流：

$$\dot{I}_B = 17.97\angle -168.3°\ A,\quad \dot{I}_C = 17.97\angle 71.7°\ A$$

负载 1 的相电流为

$$\dot{I}_{A1} = \frac{Z_2'}{Z_1+Z_2'}\dot{I}_A = \frac{20\angle 36.9°}{39.6\angle 45°}\times 17.97\angle -48.3° = 9.08\angle -56.4°\ (A)$$

$$\dot{I}_{B1} = 9.08\angle -176.4°\ A,\quad \dot{I}_{C1} = 9.08\angle 63.6°\ A$$

负载 2 的线电流为

$$\dot{I}_{A2} = \frac{Z_1}{Z_1+Z_2'}\dot{I}_A = \frac{12+j16}{12+16j+16+12j}\times 17.97\angle -48.3° = 9.08\angle -40.17°\ (A)$$

$$\dot{I}_{B2} = 9.08\angle -160.17°\ A,\quad \dot{I}_{C2} = 9.08\angle -280.17° = 9.08\angle 79.83°\ (A)$$

由式(11-4)可求出负载 2 的相电流为

$$\dot{I}_{21} = \frac{\dot{I}_{A2}}{\sqrt{3}\angle -30°} = 5.24\angle -10.17°\ A,\quad \dot{I}_{22} = 5.24\angle -130.17°\ A,\quad \dot{I}_{23} = 5.24\angle 109.83°\ A$$

总结本节内容：在对称三相电路中，Y 连接时，其相、线电流是一致的，相、线电压有 $\sqrt{3}$ 倍关系，即 $I_L = I_P$，$U_L = \sqrt{3}U_P$；△连接时，其相、线电压是一致的，相、线电流有 $\sqrt{3}$ 倍的关系，即 $U_L = U_P$，$I_L = \sqrt{3}I_P$。以上结论无论对电源还是负载，都是成立的。

11.3 不对称三相电路的分析

这里所说的不对称三相电路，是指负载不对称的情况，至于电源不对称通常属于供电事故，本节主要针对负载不对称时的正常用电情况展开分析。对于电源不对称的情况，读者可以举一反三自行展开。

1. 中线的作用

假设电路为 Y/Y 结构（图 11-18(a)），且忽略输电线的阻抗，由节点法可求得两中点间的电压(式(11-5))。尽管三相电源仍然是对称的,但由于负载不对称,所以此时 $\dot{U}_{N'N} \neq 0$,即两中点 N 与 N′ 的电位不相等。

$$\dot{U}_{N'N} = \frac{\dfrac{\dot{U}_A}{Z_A} + \dfrac{\dot{U}_B}{Z_B} + \dfrac{\dot{U}_C}{Z_C}}{\dfrac{1}{Z_A} + \dfrac{1}{Z_B} + \dfrac{1}{Z_C}} \tag{11-5}$$

定性画出此时反映各电压关系的相量图,如图 11-18(b)所示(图中假定 $\dot{U}_{N'N}$ 超前于 $\dot{U}_A$)。可见,因为 $\dot{U}_{N'N} \neq 0$,N′ 点与 N 点不再重合,这一现象称为中点位移(或偏移)。

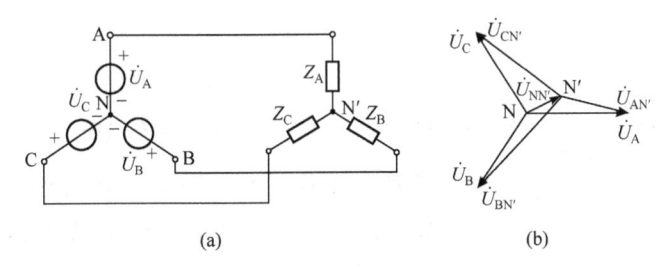

图 11-18 中点偏移电路及电压相量图

中点偏移会造成三相负载各相电压不均衡,在三相供电系统中可能造成很大危害。例如,在图 11-18(b)中,很显然 B、C 两相负载所承受的电压高于电源相电压,而 A 相负载上的电压低于电源相电压,这可能导致 A 相负载因电压过低而不能正常工作,B、C 两相负载因电压过高而损坏,从而使 A 相负载断电。并且,对于存在中点偏移的三相供电系统,其任何一相负载的变动,都将改变偏移电压 $\dot{U}_{N'N}$,从而影响每相负载上承受的电压。因此,中点偏移在三相供电系统中是要尽量避免的。

对于图 11-18(a)所示的电路,如果接上中线(图 11-19)并假定中线阻抗 $Z_N \approx 0$,就可以强迫 $\dot{U}_{N'N} = 0$,这样,尽管负载不对称,但负载各相都可以得到均衡的电压,而且各相的工作状况互不影响,因此中线的存在是非常重要的,这也是低压配电系统广泛采用三相四线制的原因。

在工程实际中,为避免出现中点偏移的情况,中线一定要保留,并且中线上不允许接入开关、熔断器等断路装置。同时,中线还必须选择高强度的粗导线,以使中线电阻接近于零且不易断裂。为避免发生意外事故损坏中线,设计施工时,中线一般都不裸露在外。

【例 11-4】 在图 11-19 所示的电路中,对称三相电源的相电压为 $U_P = 220V$,各相负载均为灯泡,A 相为一只 220V、40W 的灯泡,B、C 相各为一只 220V、100W 的灯泡。(1)求负载各相的电流及中线电流;(2)若中断线开,求负载各相的电压。

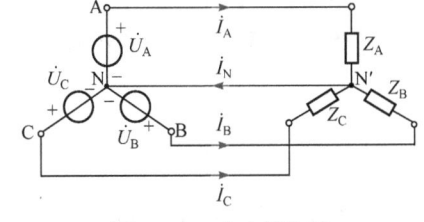

图 11-19 有中线电路

解 (1)由灯泡的额定电压和功率可求出各灯泡的电阻:

$Z_A = R_A = U_P^2 / P_A = 220^2 / 40 = 1210 \ (\Omega)$, $Z_B = Z_C = R_B = R_C = U_P^2 / P_B = 220^2 / 100 = 484 \ (\Omega)$

设 $\dot{U}_A = 220 \angle 0° \text{ V}$,各电流方向如图 11-19 所示。因为有中线,各相可分别独立计算:

$$\dot{I}_A = \dot{U}_A / R_A = 220 \angle 0° / 1210 = 0.182 \angle 0° \text{ (A)}$$

$$\dot{I}_B = \dot{U}_B / R_B = 220\angle-120° / 484 = 0.455\angle-120° \text{ (A)}$$

$$\dot{I}_C = \dot{U}_C / R_C = 220\angle 120° / 484 = 0.455\angle 120° \text{ (A)}$$

中线电流为 $\dot{I}_N = \dot{I}_A + \dot{I}_B + \dot{I}_C = -0.273 = 0.273\angle 180° \text{ (A)}$

(2) 中线断开时，中点偏移电压为

$$\dot{U}_{N'N} = \frac{\dfrac{\dot{U}_A}{R_A} + \dfrac{\dot{U}_B}{R_B} + \dfrac{\dot{U}_C}{R_C}}{\dfrac{1}{R_A} + \dfrac{1}{R_B} + \dfrac{1}{R_C}} = \frac{-0.273}{\dfrac{1}{1210} + \dfrac{2}{484}} = -55 = 55\angle 180° \text{ (V)}$$

故负载各相电压分别为

$$\dot{U}_{AN'} = \dot{U}_A - \dot{U}_{N'N} = 220 - (-55) = 275\angle 0° \text{ (V)}$$

$$\dot{U}_{BN'} = \dot{U}_B - \dot{U}_{N'N} = 220\angle-120° - (-55) = -55 - j190.5 = 198\angle-106° \text{ (V)}$$

$$\dot{U}_{CN'} = \dot{U}_C - \dot{U}_{N'N} = 220\angle 120° - (-55) = -55 + j190.5 = 198\angle 106° \text{ (V)}$$

计算结果表明，理想的中线(阻抗为零)可以保证不对称 Y 连接负载各相用电均衡，灯泡能够正常工作。中线一旦断开则可能导致 A 相灯泡因电压过高而很快烧坏，进一步将导致 B、C 两相灯泡工作电压的改变(将变为多少？读者可以自行计算)。

三相四线制电路中，当负载不对称时，各相电流也不对称，中线电流 $\dot{I}_N = \dot{I}_A + \dot{I}_B + \dot{I}_C \neq 0$；实际的中线阻抗尽管很小，但也不为零，所以实际上中点电压 $\dot{U}_{N'N}$ 并不真正等于零。为了从根本上改善中点位移的问题，还是应该尽量调整各相负载，使之趋向于对称。因此，低压配电变压器的另一作用就是实现不对称三相用电电流的均衡，使变压器和下级用户构成的整体对上一级供电网路来讲是均衡的三相负载，这样也就实现了由三相三线制输电向三相四线制供电的转换。

2. 简单不对称三相电路的分析

不对称三相电路中，电源或负载不对称的情况有很多种可能，由于三相之间不具有旋转对称性，所以不能使用化归单相法，根据一相的计算结果，推知另外两相，故没有成规律的简便分析法，通常要借助于我们学习过的电路分析方法及定理进行综合分析，将这类问题演变为复杂正弦交流电路的综合分析，这里不再做过多介绍。

下面以一个最简单的相序指示电路为例，来分析其工作原理。

【例 11-5】 在图 11-20 所示电路中，R 为两只功率相同的灯泡，若 $R = 1/(\omega C)$，求在电源对称的条件下，两个灯泡哪个较亮？

解 设 $\dot{U}_A = U\angle 0°$，则两中点间电压为

$$\dot{U}_{N'N} = \frac{j\omega C \dot{U}_A + \dfrac{\dot{U}_B}{R} + \dfrac{\dot{U}_C}{R}}{j\omega C + \dfrac{2}{R}}$$

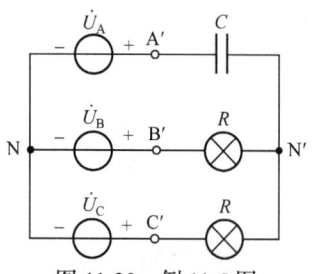

图 11-20 例 11-5 图

将 $R = \dfrac{1}{\omega C}$ 的关系代入上式，并注意到 $\dot{U}_B + \dot{U}_C = -\dot{U}_A$，可得

$$\dot{U}_{N'N} = \frac{j-1}{j+2}\dot{U}_A = -0.2 + j0.6U = 0.63U\angle 108.4°$$

故 B 相灯泡所承受的电压为

$$\dot{U}_{BN'} = \dot{U}_B - \dot{U}_{N'N} = U\angle -120° - (-0.2 + j0.6)U = -0.3 - j1.466U = 1.5U\angle -101.6°$$

故 C 相灯泡所承受的电压为

$$\dot{U}_{CN'} = \dot{U}_C - \dot{U}_{N'N} = U\angle 120° - (-0.2 + j0.6)U = -0.3 + j0.266U = 0.4U\angle 138.4°$$

显然，承受电压较高的 B 相灯泡较亮。

这个电路可以用来测定三相电源的相序。当把它接在相序未知的三相电源上时，若认定接电容的一端为 A 相，则灯泡亮的一端接的就是 B 相(较 A 相滞后 120º)，灯泡暗的一端接的就是 C 相(较 A 相超前 120º)，即按电容、灯泡亮、灯泡暗排定的相序为正序。

11.4 三相电路的功率

在三相电路中，三相负载的有功功率应该等于各相有功功率之和：

$$P = P_A + P_B + P_C = U_{PA}I_{PA}\cos\varphi_A + U_{PB}I_{PB}\cos\varphi_B + U_{PC}I_{PC}\cos\varphi_C$$

即电压和电流均为相电压和相电流；φ_A、φ_B、φ_C 分别为各相电压和电流之间的相位差，也就是各相负载的阻抗角。

同理，三相电路的无功功率为

$$Q = Q_A + Q_B + Q_C = U_{PA}I_{PA}\sin\varphi_A + U_{PB}I_{PB}\sin\varphi_B + U_{PC}I_{PC}\sin\varphi_C$$

由此便可得一般意义下三相电路的视在功率和功率因数为

$$S = \sqrt{P^2 + Q^2}, \quad \cos\varphi' = P/S$$

不过在一般(即不对称)情况下，φ' 并没有什么实际的物理意义，它并不表示哪一实际电压和电流之间的相位差。其实，三相无功功率、三相视在功率及功率因数等概念在不对称的情况下一般很少使用。

三相电路是对称的，则由于各相的电压、电流及功率因数均分别相等，且由 11.2 节可知，无论负载是 Y 连接还是△连接，总有 $U_P I_P = \frac{1}{\sqrt{3}} U_L I_L$。因此，由以上的一般关系可以得到对称时三相电路的平均功率、无功功率和视在功率分别为

$$P = 3U_P I_P \cos\varphi = \sqrt{3} U_L I_L \cos\varphi \tag{11-6}$$

$$Q = 3U_P I_P \sin\varphi = \sqrt{3} U_L I_L \sin\varphi \tag{11-7}$$

$$S = 3U_P I_P = \sqrt{3} U_L I_L \tag{11-8}$$

功率因数则为 $\cos\varphi$，即对称时三相电路的功率因数等于负载各相的功率因数。

以上各式中，U_P、I_P 分别为相电压和相电流的有效值；U_L、I_L 分别为线电压和线电流的有效值；φ 为各相电压和相电流之间的相位差，也就是各相负载的阻抗角，这一点要特别注意。

【例 11-6】 已知某三相电动机的额定输出功率 $P_o = 18\text{kW}$，机械效率 $\eta = 0.9$，工作电压为 380V，功率因数 $\cos\varphi = 0.8$，求在额定输出功率下该电动机的输入电流。

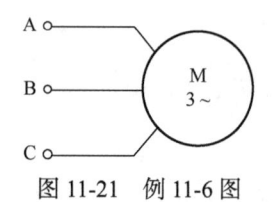

解 根据题意，可画出电机接线图如图 11-21 所示。

由 $\eta = P_\text{o}/P_\text{i}$ 可求得输入功率为

$$P_\text{i} = P_\text{o}/\eta = 18/0.9 = 20 \text{ (kW)}$$

图 11-21 例 11-6 图

由 $P_\text{i} = \sqrt{3}U_\text{L}I_\text{L}\cos\varphi$ 可得输入线电流为

$$I_\text{L} = \frac{P_\text{i}}{\sqrt{3}U_\text{L}\cos\varphi} = \frac{20\times 10^3}{\sqrt{3}\times 380\times 0.8} = 38 \text{ (A)}$$

下面讨论对称三相电路的瞬时功率。设 A 相电压为参考正弦量，各相负载阻抗角为 φ，则各相的瞬时功率分别为

$$\begin{cases} p_\text{A} = u_\text{PA}i_\text{PA} = \sqrt{2}U_\text{P}\cos(\omega t)\cdot\sqrt{2}I_\text{P}\cos(\omega t - \varphi) = U_\text{P}I_\text{P}\cos\varphi + U_\text{P}I_\text{P}\cos(2\omega t - \varphi) \\ p_\text{B} = u_\text{PB}i_\text{PB} = \sqrt{2}U_\text{P}\cos(\omega t - 120°)\cdot\sqrt{2}I_\text{P}\cos(\omega t - 120° - \varphi) \\ \quad = U_\text{P}I_\text{P}\cos\varphi + U_\text{P}I_\text{P}\cos(2\omega t - 240° - \varphi) = U_\text{P}I_\text{P}\cos\varphi + U_\text{P}I_\text{P}\cos(2\omega t - \varphi + 120°) \\ p_\text{C} = u_\text{PC}i_\text{PC} = \sqrt{2}U_\text{P}\cos(\omega t + 120°)\cdot\sqrt{2}I_\text{P}\cos(\omega t + 120° - \varphi) \\ \quad = U_\text{P}I_\text{P}\cos\varphi + U_\text{P}I_\text{P}\cos(2\omega t + 240° - \varphi) = U_\text{P}I_\text{P}\cos\varphi + U_\text{P}I_\text{P}\cos(2\omega t - \varphi - 120°) \end{cases} \quad (11\text{-}9)$$

式(11-9)所示三相瞬时功率表达式的第二项是三个对称的正弦量，故三相瞬时功率之和，即三相电路的总瞬时功率为

$$p = p_\text{A} + p_\text{B} + p_\text{C} = 3U_\text{P}I_\text{P}\cos\varphi \tag{11-10}$$

式(11-10)表明，对称三相电路的瞬时功率等于其平均功率，是一个与时间无关的常量。习惯上把对称三相制的这一特性称为瞬时功率的平衡，故三相制是一种平衡制。这一特性是对称三相制所独有的优点，它使三相电动机在任一瞬间获得的输入功率恒定，产生的电磁转矩相等，从而使三相电机在运转时避免震动，运行非常平稳。

【**例 11-7**】 有一台星形连接的三相电阻加热炉，其有功功率为 75kW，功率因数为 1；另有一台三相交流电动机，其额定输入电功率为 36kW，功率因数为 0.8，采用三角形连接，两者共同由线电压为 380V 的对称三相电源供电，忽略输电线路阻抗，求电源的线电流。

解 根据题意，三相负载的结构与图 11-17(a)相似，只是输电线路阻抗 $Z_\text{L} = 0$，故可以参考图 11-17，这里不再重新画出。

电阻加热炉的功率因数 $\cos\varphi_1 = 1$，$\varphi_1 = 0°$，故无功功率 $Q_1 = 0$。电动机的功率因数 $\cos\varphi_2 = 0.8$，$\varphi_2 = 36.9°$，故无功功率 $Q_2 = P_2\tan\varphi_2 = 36\times\tan 36.9° = 27 \text{ (kvar)}$。

电源输出的总有功功率、总无功功率、总视在功率分别为

$$P = P_1 + P_2 = 75 + 36 = 111\text{(kW)}$$
$$Q = Q_1 + Q_2 = 0 + 27 = 27\text{(kvar)}$$
$$S = \sqrt{P^2 + Q^2} = \sqrt{111^2 + 27^2} = 114\text{(kV·A)}$$

电源的线电流为

$$I_\text{L} = \frac{S}{\sqrt{3}U_\text{L}} = \frac{114\times 10^3}{1.732\times 380} = 173\text{(A)} \tag{11-11}$$

现在来考虑三相功率的测量问题。

对于三相三线制，无论电路对称与否，均可用两只瓦特表测出三相的总有功功率。接法

如下：选取任意两相线之间的电压和其中一相线的电流，接入瓦特表，将两只表分别接入不同的线电压和线电流。以图 11-22 所示的接法为例，表一接入线电压 u_{AC} 和线电流 i_A，表二接入线电压 u_{BC} 和线电流 i_B。此时，两只瓦特表读数的代数和就是所测三相电路的功率，称这种测量方法为二表法。

二表法与负载的具体连接方式无关，其原理如下。

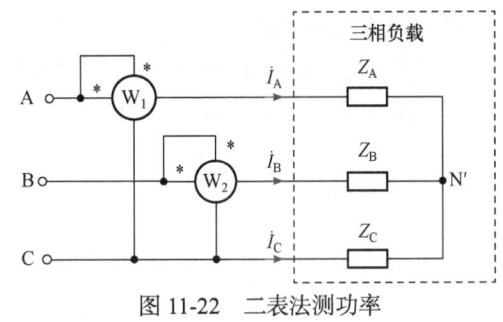

无论负载如何连接，总可以把它转换为星形，如图 11-22 所示的三相负载。两个瓦特表读数之和为

$$P = P_{W_1} + P_{W_2} = U_{AC} I_A \cos\varphi_1 + U_{BC} I_B \cos\varphi_2 \tag{11-12}$$

图 11-22　二表法测功率

式中，φ_1 为 $\dot{U}_{AC}$ 与 $\dot{I}_A$ 的相位差；φ_2 为 $\dot{U}_{BC}$ 与 $\dot{I}_B$ 的相位差。可以证明两表读数的代数和就是三相电路的总有功功率。

由图 11-22 可得 $i_A + i_B + i_C = 0$，即 $i_C = -(i_A + i_B)$，三相总瞬时功率为

$$p = p_A + p_B + p_C = u_{AN'} i_A + u_{BN'} i_B + u_{CN'} i_C = u_{AN'} i_A + u_{BN'} i_B - u_{CN'}(i_A + i_B)$$
$$= (u_{AN'} - u_{CN'}) i_A + (u_{BN'} - u_{CN'}) i_B = u_{AC} i_A + u_{BC} i_B$$

取平均值即可得到式(11-12)。可见两表读数的代数和就是三相电路的总有功功率。需要补充说明，这里所说的代数和意味着在一定条件下，两表之一的读数可能为负。在实际测量时，若某表所接的线电压和线电流的相位差大于 90°，该表的示数应当为负值(此时 $\cos\varphi < 0$)，三相电路总功率等于各表数值之差。

必须指出，在二表法测量三相电路的功率时，一般来讲，单独一只表的读数是没有意义的。

最后附带说明，对于三相四线制电路，若电路对称，因各相功率相等，可以只用一只瓦特表测出任一相的功率，则三相功率为瓦特表读数的 3 倍；也可以用二表法，如上所述。若电路不对称，则只能用三只表分别测出三相的功率，然后将三者相加，而不能用二表法，因为此时 $i_A + i_B + i_C \neq 0$。

习　题

11-1　已知某对称星形三相电源的 A 相电压 $\dot{U}_{AN} = 220\angle 30°$ V，求各线电压 $\dot{U}_{AB}$、$\dot{U}_{BC}$ 和 $\dot{U}_{CA}$。

11-2　某对称三相负载每相为 $Z = 40 + j30\,\Omega$，接于线电压 $U_L = 380$V 的对称三相电源上。
(1)若负载为星形连接，求负载相电压和相电流，并画出电压、电流的相量图；
(2)若负载为三角形连接，求负载相电流和线电流，并画出相、线电流的相量图。

11-3　一个对称星形负载与对称三相电源相连接，若已知线电压 $\dot{U}_{AB} = 380\angle 0°$ V，线电流 $\dot{I}_A = 10\angle -60°$ A，求负载每相的阻抗 Z。

11-4　在如题 11-4 图所示的对称三相电路中，已知电源线电压为 $U_L = 380$V，端线阻抗为 $Z_L = 1 + j2\,\Omega$，负载阻抗 $Z_1 = 30 + j20\,\Omega$，$Z_2 = 30 + j30\,\Omega$，中线阻抗 $Z_N = 2 + j4\,\Omega$，求总的

线电流和负载各相的电流。

11-5 题 11-5 图所示的电路可从单相电源得到对称三相电压，作为小功率三相电路的电源。若所加单相电源的频率为 50Hz，负载每相电阻 $R=20\Omega$，试确定 L 和 C 的值。

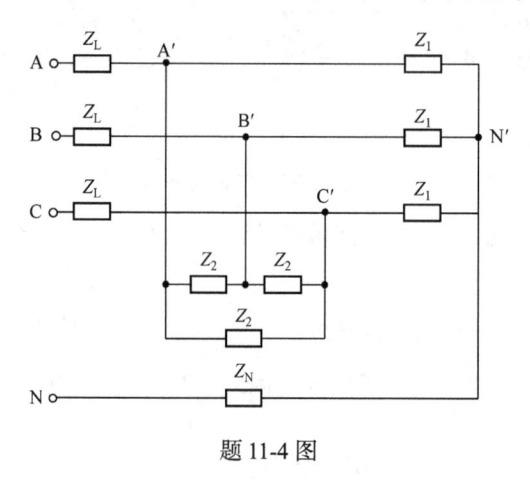

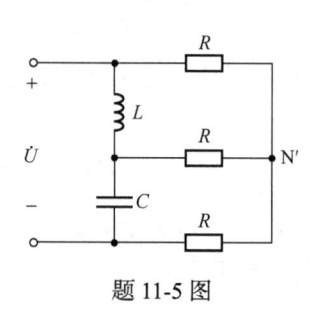

题 11-4 图

题 11-5 图

11-6 题 11-6 图所示电路接于对称三相电源上，已知电源线电压 $U_L=380V$，电路中 $R=380\Omega$，$Z=220\angle-30°\Omega$，求各线电流。

11-7 题 11-7 所示的不对称星形负载接于线电压 $U_L=380V$ 的工频对称三相电源上，已知：$L=1H$，$R=1210\Omega$。(1)求负载各相电压；(2)若电感 L 被短接，求负载端各相电压；(3)若电感 L 被断开，求负载端各相电压。

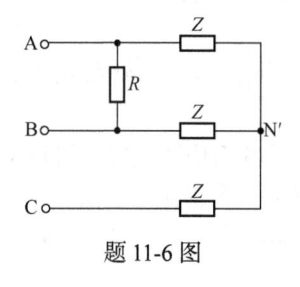

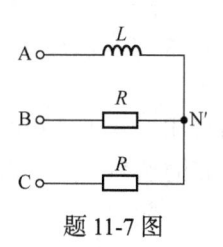

题 11-6 图

题 11-7 图

11-8 有一个三角形负载，其每相阻抗为 $Z=15+j20\Omega$，接在线电压为 380V 的对称三相电源上。(1)求负载相电流和线电流，并作电流相量图；(2)设 AB 相负载开路，重做本题；(3)设 A 线断开，再做本题。

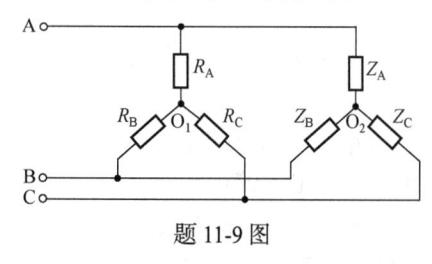

11-9 题 11-9 图所示的电路中，对称三相电源线电压为 380V，三个电阻阻值分别为 $R_A=R_B=50\Omega$，$R_C=100\Omega$，三个阻抗的参数分别为 $Z_A=Z_B=Z_C=30+j40\Omega$，求电源输电线中的电流。

题 11-9 图

11-10 有一个对称三角形负载，其每相阻抗为 $Z_1=12+j16\Omega$，另有一个不对称星形负载，每相电阻为 $R_A=10\Omega$，$R_B=R_C=20\Omega$，输电线路阻抗 $Z_L=1+j\Omega$，对称三相电源线电压 $U_L=380V$，求电源各线的线电流。

11-11 两组对称负载(均为感性)同时连接在电源的输出端线上，如题 11-11 图所示。其中，一组接成三角形，负载功率为 10kW，功率因数为 0.8；另一组接成星形，负载功率也为

10kW，功率因数为 0.855；端线阻抗 $Z_L = 0.1 + j0.2\,\Omega$，欲使负载端线电压保持为 380V，求电源端线电压。

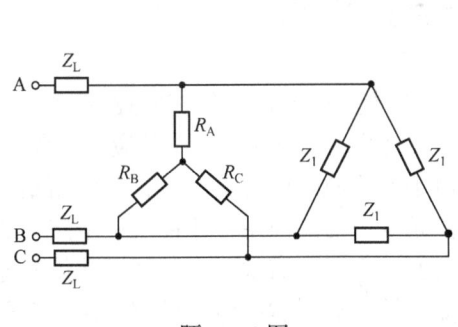

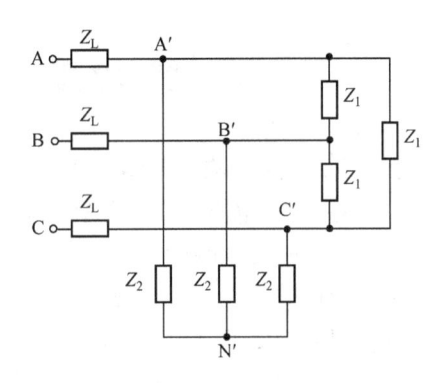

题 11-10 图　　　　　　　　　　题 11-11 图

11-12　三相负载有些是电容性的，例如，三相同步电动机就是一种工业常用的大功率电容性负载，为其供电的三相变压器一般都是专设的，不能与其他交流设备（电感性）共用供电变压器。设有一个三相电容性负载，输入电功率为 10kW，功率因数为 0.707，额定线电压为 380V。输电线路阻抗 $Z_L = 2 + j2\,\Omega$，若要使该负载获得额定工作电压，试计算三相电源的线电压，并据此解释为什么不宜与其他交流设备共用。

11-13　如题 11-13 图所示，用二表法测三相电路的功率，已知线电压 $U_L = 380$V，线电流 $I_L = 5.5$A，负载各相阻抗角 $\varphi = 79°$，求两只瓦特表的读数及电路的总功率。

11-14　将三个复阻抗均为 Z 的负载分别接成星形和三角形，连接到同一对称三相电源的三条端线上，问哪一组负载吸收的功率大？两组负载功率在数值上有什么关系？

11-15　在对称三相制中，如题 11-15 图所示，把瓦特表的电流线圈串接在 A 线中，电压线圈跨接在 B、C 两条端线间。若瓦特表的读数为 P，试证明三相负载吸收的无功功率 $Q = \sqrt{3}P$。

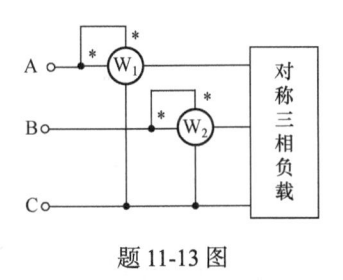

题 11-13 图　　　　　　　　　　题 11-15 图

第 12 章 磁路与互感电路

前面几章讨论的是有关电路的基本定律和基本分析方法。从本章开始将对电路中常用的电器设备，如变压器、电机等进行介绍。这些电器设备在工业生产和日常生活中的应用非常普及。

变压器是一种在电能传输、企业用电、生活用电中不可或缺的电器设备，其作用是在产生极少能量损耗的前提下，实现电压量值的变换，正是变压器的使用，才使得一个广阔的地区乃至一个国家的电力供应可以采用网络的形式覆盖所有有用电需求的地区，也使得各地区的工厂企业或民用单位可以直接从供电网中取用电能，转变成任意的电压量值，而不必因自身的特殊需求自建发电机(厂)提供电能。

在物理学中已知，电与磁通常是共存的，导体中的电流会产生磁场；变化的磁场又会在导体中产生感生电压；磁场中有电流流过的导体会受力。前面所提到的电器设备无一例外都是依靠电与磁的相互作用、相互转化来工作的。电与磁的基本关系和定律在物理学中已学习过，这里不再详细介绍。本章仅以常用工业电器中的电磁关系为主，简要回顾其中常用的变量及定律，并对变压器、电磁铁的工作原理及电磁关系进行介绍和分析。这些电工设备利用电磁感应定律，通过电磁耦合实现电能从一个线圈向另一个线圈的传递。

本章主要讨论互感、含有耦合电感电路的计算、空心变压器和铁心变压器。

12.1 磁路的基本概念和基本定律

电器设备中的磁场一般都局限在一定的路径内，这种路径称为磁路。因此，可以说磁路就是局限在一定路径内部的磁场。

12.1.1 磁场的基本物理量

用来表征磁场性质的基本物理量可归纳如下。

1. 磁感应强度 *B*

磁感应强度是表示空间某点磁场强弱与方向的物理量，其定义为单位正电荷 q 以单位速度 v 在与磁场垂直的方向运动时所受到的力 F：

$$F = \frac{B}{qv} \tag{12-1}$$

其单位为特斯拉(T)，简称特或韦伯/米^2，*B* 常称为磁感应强度。

2. 磁通 *Φ*

磁通是表示穿过某一截面 S 的磁感应强度矢量的通量，或者说是穿过该截面的磁力线总数，其单位为韦伯(Wb)。均匀磁场内的磁通为

$$\Phi = BS \tag{12-2}$$

3. 磁导率 μ

磁导率也称为导磁系数，是用来衡量物质导磁能力的物理量。在工程上，根据磁导率的大小，常把物质分成铁磁物质和非铁磁物质两大类。

空气、铜、铝、木材等物质导磁能力很差，通常称为非铁磁物质。它们的磁导率与真空的磁导率 μ_0 很接近。μ_0 是一个常数，其值为 $4\pi \times 10^{-7}$ H/m（亨利/米）。

硅钢、铸铁、合金等物质导磁能力很强，通常称为铁磁物质。各种铁磁物质的磁导率 μ 比非铁磁物质的磁导率 μ_0 大得多，它们的导磁能力非常强，因此被广泛应用于各种电器设备中，如变压器、电机和各种电磁器件的线圈中都装有由铁磁物质制成的铁心。

为了便于比较各种物质的导磁能力，常把某种材料的磁导率 μ 与真空中的磁导率 μ_0 相比，其比值称为该物质的相对磁导率，即

$$\mu_r = \frac{\mu}{\mu_0} \tag{12-3}$$

式中，μ_r 是一个没有单位的量，它表明铁磁物质的磁导率是真空磁导率的多少倍。

4. 磁场强度 H

磁场强度的定义为介质中某点的磁感应强度与介质磁导率之比，即

$$\boldsymbol{H} = \frac{\boldsymbol{B}}{\mu} \tag{12-4}$$

磁场强度是一个矢量，是为了对磁场进行计算而引入的一个物理量。

在电磁场中，磁场都是由电流产生的，同样大小的电流在不同的磁介质中产生的磁场强弱不同。这是因为不同的物质在外磁场的磁化作用下产生不同的附加磁场，此种附加磁场反过来又会影响外磁场。若把磁介质中的磁场称为内磁场，则前面介绍的 $\varPhi$ 和 $\boldsymbol{B}$ 是描述内磁场强弱和方向的物理量；而磁场强度 $\boldsymbol{H}$ 是描述外磁场即磁场源强弱的物理量。电磁场中，$\boldsymbol{H}$ 与励磁电流 I 成正比，与磁介质无关。

12.1.2 铁磁物质的磁化曲线

由于铁磁物质的磁导率 μ 不是常数，因此式(12-4)只能表示 $\boldsymbol{B}$ 和 $\boldsymbol{H}$ 之间的定性关系。通过实验测出的铁磁物质在磁化过程中的 B-H 关系曲线如图 12-1 所示，该曲线又称磁化曲线。

当磁场强度由 0 增大到最大值 H_m 时，磁感应强度 B 也相应地增大到最大值 B_m，如图 12-1 中 Oa 段曲线所示，Oa 段称为初始磁化曲线。当磁场强度由 H_m 逐渐减小时，磁感应强度 B 沿曲线 ab 段下降。当 H 降为零时，铁磁物质内仍保留有一定量的剩磁，其相应的磁感应强度为 B_r，这种 B 落后于 H 变化的特性称为铁磁物质的磁滞性。若要使 B 降为零，则 H 应变为 $-H_c$，H_c 称为矫顽力。当 H 由 $-H_c$ 继续减小至 $-H_m$ 时，B 沿曲线 cd 段反向增加至 $-B_m$。若磁场强度再由 $-H_m$ 逐渐增加至 $+H_m$，磁感应强度 B 沿曲线 $defa$ 上升至 $+B_m$。可见，铁磁物质的磁化曲线不是一条曲线，而是一个回线，称为磁滞回线。

不同铁磁物质具有不同的磁滞回线，如图 12-2 所示。具

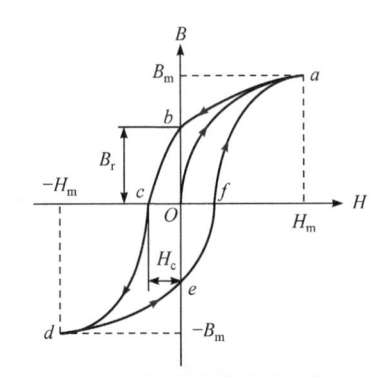

图 12-1 铁磁物质的磁化曲线

有图 12-2(a)所示磁滞回线的物质称为硬磁材料,它可以使磁性长久地保留,不易消失。常见的硬磁材料有金属铝镍钴系、铁铬钴、钕铁硼、硬磁铁氧体等合成材料。其中,钕铁硼是目前磁性最高的材料,有很高的应用价值。具有图 12-2(b)所示磁滞回线的物质称为软磁材料,这种材料具有很高的磁导率,且 B-H 关系比其他材料更接近线性。硅钢、坡莫合金、铸钢、铸铁、软磁铁氧体等属于此类材料,适用于制造电机、变压器的铁心。具有图 12-2(c)所示磁滞回线的物质称为矩磁材料,常见的有镁锰铁氧体、铁镍合金等。这种物质剩磁大且易于翻转,被用作记忆元件,如电子计算机存储器中的磁芯。

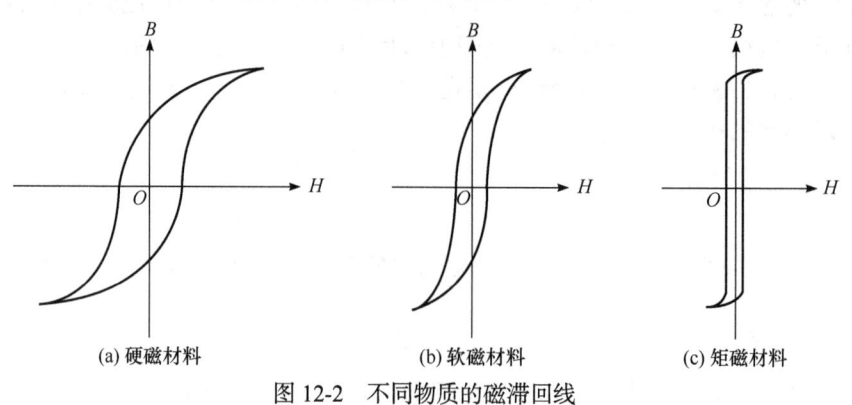

(a) 硬磁材料　　(b) 软磁材料　　(c) 矩磁材料

图 12-2　不同物质的磁滞回线

图 12-3 表示出了几种常用软磁材料的基本磁化曲线,基本磁化曲线相当于磁滞回线中的初始磁化曲线,即图 12-1 中的曲线 Oa 段。由图 12-3 中的曲线可以看出,当磁场强度 H 增大到一定值时,磁感应强度 B 几乎不再随 H 变化,即达到了饱和值,这种现象称为磁饱和。

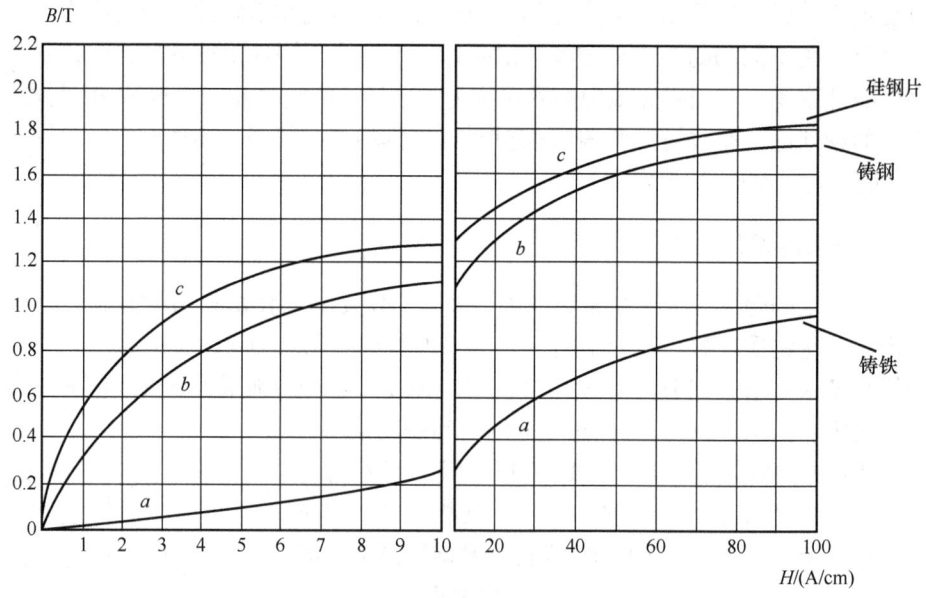

图 12-3　常用软磁材料的基本磁化曲线

12.1.3　磁路及其基本定律

1. 磁路

电机、电器内部的磁场通常都是由通有电流的线圈产生的。为了用较小的励磁电流产生较强的磁场，从而得到较大的感应电动势或电磁力，同时也为了使线圈所产生的磁场局限在一定范围内，实际应用中，常把线圈绕制在用铁磁材料制成的一定形状的铁心上，这就构成了磁路，如图12-4所示。

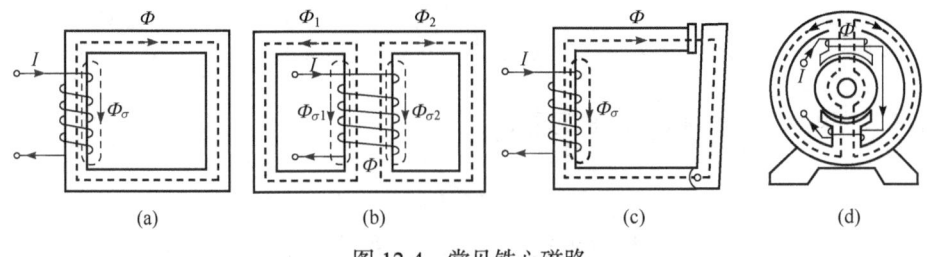

图12-4 常见铁心磁路

当线圈通有电流时，将有磁场产生。通过磁路形成闭合路径的磁通，称为主磁通，用Φ表示；通过空气形成闭合路径的磁通，称为漏磁通，用Φ_σ表示，如图12-4所示。因为铁心的磁导率比空气磁导率大很多倍，所以主磁通Φ比漏磁通Φ_σ大很多倍，因此在磁路计算时通常可以忽略Φ_σ。这样，在具有铁心的电器设备中，分布在空间的复杂的磁场问题就可以归结为磁路内的磁场问题来分析和计算。

2. 磁路的基本定律

磁路的基本定律是由描述磁场性质的磁通连续性原理和全电流定律(或称安培环路定理)推导出来的。

磁通连续性原理指出：磁力线是没有起止的封闭曲线，因此通过任意闭合曲面的总磁通量为零。

全电流定律指出：在磁场中，沿任一闭合路径磁场强度矢量的线积分等于穿过该闭合路径所围面积内各电流的代数和。它的数学表达式为

$$\oint \boldsymbol{H} \mathrm{d}l = \sum I \tag{12-5}$$

式中，电流的正负是这样确定的：当电流的方向与所选路径的循行方向符合右手螺旋定则时，电流前取正号，否则取负号。

电器设备中的磁路通常都是材质均匀且形状规则的整体磁路或分段磁路。当闭合路径选择与主磁通方向完全相同时，$\boldsymbol{H}$与$\mathrm{d}l$同方向，矢量积分变为标量积分。这种情况下，由磁通连续性原理及磁通Φ、磁场强度$\boldsymbol{H}$的定义式(12-2)、式(12-4)，可知在一段磁通恒定、截面均匀的磁路内，磁场强度$\boldsymbol{H}$不随路径l变化，即式(12-5)可简化为

$$\oint \boldsymbol{H} \mathrm{d}l = H_1 \int_{l_1} \mathrm{d}l + H_2 \int_{l_2} \mathrm{d}l + \cdots + H_n \int_{l_n} \mathrm{d}l = \sum I$$

即

$$\sum_{k=1}^{n} H_k l_k = \sum I \tag{12-6}$$

式中，$l_1, l_2, \cdots, l_n$代表磁路的各分段路径，在一个分段内磁路均匀。

根据磁通连续性原理和全电流定律可以推导出磁路的欧姆定律和基尔霍夫定律。

1) 磁路的欧姆定律

对于图12-4(a)所示的磁路，磁路始终均匀，式(12-6)可以简化为

$$Hl = NI \tag{12-7}$$

式中，l 为磁路的平均长度，单位为米(m)；N 为线圈的匝数。若假设铁心的截面积及结构均匀，则将式(12-7)与式(12-2)、式(12-4)联立可进一步推出：

$$\frac{\Phi}{\mu S}l = NI \tag{12-8}$$

令 $F = NI$，$R_m = \dfrac{l}{\mu S}$，则式(12-8)可写成：

$$F = \Phi R_m \tag{12-9}$$

式(12-9)就是磁路的欧姆定律表示式。式中，R_m 称为磁阻；F 称为磁动势。应当注意的是，电路的欧姆定律可用于电路的计算，而磁路中由于铁磁材料的磁导率不是常数，故磁阻 R_m 也不是常数，所以磁路的欧姆定律只能对磁路进行定性分析，不能进行定量计算。

2) 磁路的基尔霍夫第一定律

对于图 12-4(b)所示的有分支磁路，根据磁通连续性原理，在磁路的分支处必然会有 $\Phi - \Phi_1 - \Phi_2 = 0$，即

$$\sum \Phi = 0 \tag{12-10}$$

3) 磁路的基尔霍夫第二定律

对于图 12-4(c)所示的磁路，磁路中有段空气隙。根据磁通连续原理，磁路中磁通 Φ 守恒，即空气隙中的磁通量与铁心中的磁通量相等。因为空气的磁导率与铁心磁导率不同，所以磁场强度 H 不同。因此，式(12-6)可改写为

$$H_{铁心}l_{铁心} + H_{空气隙}l_{空气隙} = NI$$

对于不同导磁材料构成的磁路，结合式(12-8)、式(12-9)，可推出：

$$\sum F = \sum \Phi R_m \tag{12-11}$$

若把 ΦR_m 称为磁压降，则式(12-11)表明在任一闭合的磁路中磁压降的代数和等于总磁动势的代数和。

综上所述，磁路与电路有许多相似之处。但应该指出，用电路的基本定律来描述磁路问题，只是为了帮助理解和记忆磁路的基本物理量和基本定律，绝不能因此而误认为磁路和电路有着相同的物理本质。事实上，磁路与电路之间存在着本质的差别。例如，电流是带电质点的有规律的运动，电流流过电阻要消耗能量，使电阻发热；而磁通不是质点的运动，恒定的磁通通过磁阻时，并不消耗能量。当电路处于开路状态时，电流为零，但电动势依然存在，而磁路中有磁动势必然伴有磁通，即使磁路中有空气隙存在，磁通也不能为零。另外，电路中有良好的绝缘材料，而磁路中却没有。

根据磁路的基本定律对磁路进行计算是设计和分析电机、电器时必须进行的工作。

【例 12-1】 在如图 12-5 所示的磁路中，其励磁线圈为 1200 匝，尺寸如图所示，单位为 cm。

(1) 若直流电流 $I = 0.2A$，分别计算铁心材料为铸铁和硅钢片时的磁感应强度和磁通。

(2) 为使铁心中的磁通 $\Phi = 7.2 \times 10^{-4}$Wb，计算当铁心材料为铸铁

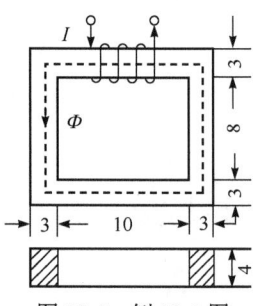

图 12-5 例 12-1 图

和硅钢片时的励磁电流各为多少?

解 因为磁路材料相同且截面积均匀,所以沿平均长度上的磁场强度相等。由式(12-7)得

$$H = \frac{NI}{l} = \frac{1200 \times 0.2}{48} = 5(\text{A/cm})$$

(1)当铁心材料为铸铁时,由图 12-3 查得 $B_a \approx 0.1\text{T}$,由式(12-2)可求出:

$$\Phi_a = B_a S = 0.1 \times 12 \times 10^{-4} = 1.2 \times 10^{-4}(\text{Wb})$$

同理,当铁心为硅钢片时,查得 $B_c \approx 1.1\text{T}$,可得

$$\Phi_c = B_c S = 1.1 \times 12 \times 10^{-4} = 1.32 \times 10^{-3}(\text{Wb})$$

(2)因为磁路规则且截面积均匀,所以可以认为磁通量在横截面内均匀分布,即

$$B = \frac{\Phi}{S} = \frac{7.2 \times 10^{-4}}{12 \times 10^{-4}} = 0.6(\text{T})$$

当铁心采用铸铁时,由图 12-3 查得 $H_a \approx 30\,\text{A/cm}$;当铁心为硅钢片时,查得 $H_c \approx 1.3\,\text{A/cm}$,因此得

$$I_a = \frac{H_a l}{N} = \frac{30 \times 48}{1200} = 1.2(\text{A})$$

$$I_c = \frac{H_c l}{N} = \frac{1.3 \times 48}{1200} = 0.052(\text{A/cm})$$

由本例的结果可知,在相同磁动势下,采用硅钢片作铁心比采用铸铁作铁心磁通大。反过来,为获得相同的磁通,采用硅钢片作铁心时,励磁电流则大大降低。因此,一般的电器设备都采用磁导率较高的硅钢片作铁心。

12.2 互感元件与参数方程

对于第 2 章中介绍的电感元件,其磁通和感应电压是由流经本身的电流引起的,故有时也称为自感元件。若一个线圈的磁通和感应电压是由流经邻近的另一个线圈的电流引起的,则称这两个线圈之间存在着磁耦合(magnetic coupling)或互感(mutual inductance)。通过磁耦合或者互感,可以把电磁能量或信号从一个线圈传递到另一个线圈。

具有互感的两个(或几个)线圈称为耦合线圈或互感线圈。只考虑其磁效应时,互感线圈的电路模型就是互感元件(mutual inductor),又称耦合电感。含有互感元件的电路称为互感耦合电路,简称互感电路。

12.2.1 互感系数和耦合系数

设有两个线圈①和②,匝数分别为 N_1 和 N_2。当线圈①中通以电流 i_1 时,它所产生的磁通不仅穿过本线圈,还有一部分穿过邻近线圈②,如图 12-6(a)所示。穿过本线圈的磁通称为自感磁通,用 Φ_{11} 表示;穿过线圈②的磁通称为线圈①对线圈②的互感磁通,用 Φ_{21} 表示。为讨论简单,假设穿过线圈每一匝的磁通都是相同的,则线圈①的自感磁链 $\Psi_{11} = N_1\Phi_{11}$,线圈①对线圈②的互感磁链 $\Psi_{21} = N_2\Phi_{21}$。根据定义,自感磁链与产生它的电流的比值称为线圈的自感系数,简称自感(self inductance)或电感,故线圈①的自感系数为

$$L_1 = \frac{\Psi_{11}}{i_1} = \frac{N_1 \Phi_{11}}{i_1} \tag{12-12}$$

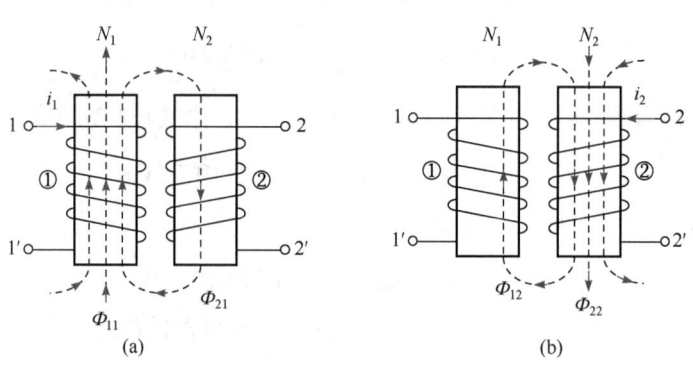

图 12-6 互感线圈

与此相似，将线圈①对线圈②的互感磁链 Ψ_{21} 与产生它的电流 i_1 的比值称为线圈①对线圈②的互感系数，简称互感，用 M_{21} 表示，即

$$M_{21} = \frac{\Psi_{21}}{i_1} = \frac{N_2 \Phi_{21}}{i_1} \tag{12-13}$$

同样，当线圈②中通以电流 i_2 时，也会有磁通穿过两个线圈，如图 12-6(b)所示。线圈②的自感磁通和自感磁链分别用 Φ_{22} 和 Ψ_{22} 表示，线圈②对线圈①的互感磁通和互感磁链分别用 Φ_{12} 和 Ψ_{12} 表示，则线圈②的自感系数为

$$L_2 = \frac{\Psi_{22}}{i_2} = \frac{N_2 \Phi_{22}}{i_2} \tag{12-14}$$

线圈②对线圈①的互感系数为

$$M_{12} = \frac{\Psi_{12}}{i_2} = \frac{N_1 \Phi_{12}}{i_2} \tag{12-15}$$

可以证明，两个线圈之间的互感是相等的，即 $M_{12} = M_{21}$。因此，仅有两个相互耦合的线圈存在时，互感系数可略去下标直接用 M 表示。

对于一对线圈，互感系数的大小反映了该对线圈之间的磁耦合程度。M 越大，表示一个线圈产生的穿过另一个线圈的磁通（互感磁通）越多，说明两线圈耦合越紧；反之，M 越小，说明两线圈耦合越松；当 $M = 0$ 时，说明两线圈之间不存在耦合关系。但是对于两对不同的线圈，仅由互感系数的大小不能说明它们的磁耦合程度，即 M 大的一对线圈不一定比 M 小的一对线圈耦合得紧。这是因为耦合的紧松取决于互感磁通的多少，而互感系数的大小不仅与互感磁通的多少有关，还与线圈的匝数有关。

两个线圈之间的耦合程度可用耦合系数（coupling coefficient）k 表示，定义为

$$k = M / \sqrt{L_1 L_2} \tag{12-16}$$

将式(12-16)两边取平方，并代入式(12-12)～式(12-15)，得

$$k^2 = \frac{M_{21} M_{12}}{L_1 L_2} = \frac{\dfrac{N_2 \Phi_{21}}{i_1} \cdot \dfrac{N_1 \Phi_{12}}{i_2}}{\dfrac{N_1 \Phi_{11}}{i_1} \cdot \dfrac{N_2 \Phi_{22}}{i_2}} = \frac{\Phi_{21}}{\Phi_{11}} \cdot \frac{\Phi_{12}}{\Phi_{22}}$$

即
$$k = \sqrt{\frac{\Phi_{21}}{\Phi_{11}} \cdot \frac{\Phi_{12}}{\Phi_{22}}} \qquad (12\text{-}17)$$

式(12-17)比式(12-16)更能清楚地说明 k 的物理意义。由于互感磁通是自感磁通的一部分，即 $\Phi_{21} \leqslant \Phi_{11}$，$\Phi_{12} \leqslant \Phi_{22}$，所以有 $0 \leqslant k \leqslant 1$，$k$ 越大，说明两线圈耦合越紧。当 $k=0$ 时，两个线圈之间完全没有磁耦合；当 $k=1$ 时，一个线圈产生的磁通将全部穿过另一个线圈，这种情况称为全耦合。全耦合时，有

$$\Phi_{11} = \Phi_{21} = \Phi_{22} = \Phi_{12}$$

$$\frac{L_1}{L_2} = \frac{N_1 \frac{\Phi_{11}}{i_1}}{N_2 \frac{\Phi_{22}}{i_2}} = \frac{N_1^2}{N_2^2} \cdot \frac{N_2 \frac{\Phi_{21}}{i_1}}{N_1 \frac{\Phi_{12}}{i_2}} = \frac{N_1^2}{N_2^2} \cdot \frac{M_{21}}{M_{12}} = \left(\frac{N_1}{N_2}\right)^2$$

根据式(12-16)，还有
$$M = \sqrt{L_1 L_2}$$

由互感系数的定义可知，此时互感系数最大，即两线圈间的最大互感等于两个自感的几何平均值。

两个线圈之间的磁耦合程度取决于线圈的结构、两线圈的相对位置以及周围介质的导磁性能。两个线圈越近，耦合越紧。如果两个线圈紧密绕在一起，如图 12-7(a) 所示，k 值接近于 1；如果两个线圈轴线互相垂直，如图 12-7(b) 所示，k 值接近于零。在实际工程上，为了取得紧密的耦合，可采用双线并绕的方式制作耦合线圈，也可采用铁磁材料作线圈的芯子；反过来，为了在有限的空间内避免或减少磁耦合以消除或减小线圈间的相互干扰，除了采用屏蔽手段外，合理布置这些线圈的相对位置(如垂直摆放)也是一个有效的办法。

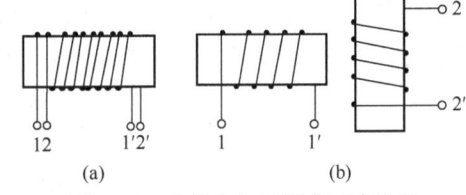

图 12-7 全耦合与无耦合互感线圈

12.2.2 互感电压及同名端

两个耦合线圈中分别通以电流，会产生穿过两个线圈的磁通。如果电流是变化的，磁通自然是变化的，于是在两个线圈中就会产生感应电压。如图 12-8(a) 所示，当线圈①中通以变化电流 i_1 时，它所产生的穿过本线圈的自感磁通 Φ_1 和穿过线圈②的互感磁通 Φ_{21} 也是变化的。由变化的 Φ_1 在本线圈产生的感应电压称为自感电压，用 u_{11} 表示；由变化的 Φ_{21} 在线圈②产生的感应电压称为互感电压，用 u_{21} 表示。若取 u_{11} 和 Φ_1 的方向、u_{21} 和 Φ_{21} 的方向分别满足右手螺旋定则，则根据法拉第电磁感应定律，有

$$u_{11} = \frac{\mathrm{d}\Psi_{11}}{\mathrm{d}t} = L_1 \frac{\mathrm{d}i_1}{\mathrm{d}t}$$

$$u_{21} = \frac{\mathrm{d}\Psi_{21}}{\mathrm{d}t} = M \frac{\mathrm{d}i_1}{\mathrm{d}t}$$

同样，如图 12-8(b) 所示，当线圈②中通以变化电流 i_2 时，也会在两个线圈中产生自感电压 u_{22} 和互感电压 u_{12}，且

$$u_{22} = \frac{\mathrm{d}\Psi_{22}}{\mathrm{d}t} = L_2 \frac{\mathrm{d}i_2}{\mathrm{d}t}$$

$$u_{12} = \frac{\mathrm{d}\Psi_{12}}{\mathrm{d}t} = M\frac{\mathrm{d}i_2}{\mathrm{d}t}$$

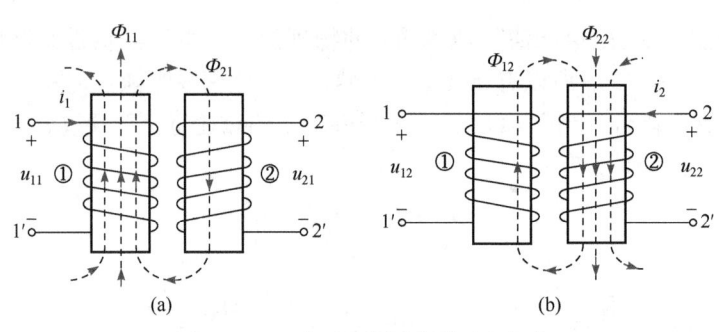

图 12-8 互感两个线圈分别通以电流

若在两个线圈中同时通以变化的电流 i_1 和 i_2，则每个线圈中都将包含自感磁通和互感磁通两部分。这两部分磁通的方向随电流方向、线圈绕向、两线圈相对位置等因素的不同有以下两种可能：①两部分磁通方向一致，是相互加强的，如图 12-9(a) 所示；②两部分磁通方向相反，是相互削弱的，如图 12-9(b)（电流 i_2 方向相反）、图 12-9(c)（线圈②绕向相反）、图 12-9(d)（两线圈相对位置不同）所示。若用 Ψ_1 和 Ψ_2 分别表示两线圈的总磁链，且总磁链和自感磁链方向一致，则有 $\Psi_1 = \Psi_{11} \pm \Psi_{12}$、$\Psi_2 = \Psi_{22} \pm \Psi_{21}$。在电压和各自电流方向一致的前提下（因各线圈电流与总磁链分别满足右手螺旋定则，故各电压与总磁链也分别满足右手螺旋定则），有

$$u_1 = \frac{\mathrm{d}\Psi_1}{\mathrm{d}t} = \frac{\mathrm{d}\Psi_{11}}{\mathrm{d}t} \pm \frac{\mathrm{d}\Psi_{12}}{\mathrm{d}t} = u_{11} \pm u_{12}$$

$$u_2 = \frac{\mathrm{d}\Psi_2}{\mathrm{d}t} = \frac{\mathrm{d}\Psi_{22}}{\mathrm{d}t} \pm \frac{\mathrm{d}\Psi_{21}}{\mathrm{d}t} = u_{22} \pm u_{21}$$

式中，最右侧第一项分别为两线圈的自感电压；第二项分别为两线圈的互感电压。对于一对具体的耦合线圈，在其绕向和相对位置确定的情况下，根据电流的方向可确定互感电压项的正、负。如图 12-9 所示的四种情况，图(a)中互感电压项为正，图(b)~(d)中互感电压项为负。

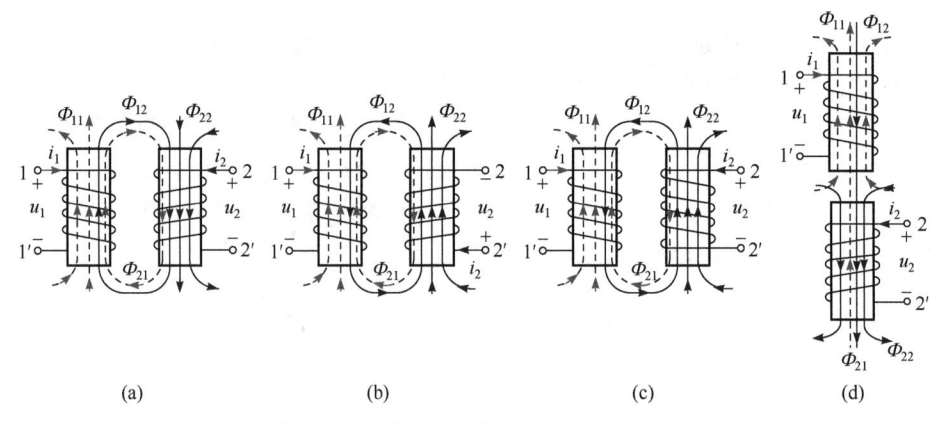

图 12-9 互感的几种典型结构及磁通方向

在忽略线圈的损耗等次要影响，只考虑其磁效应时，将耦合线圈的电路模型称为耦合电感或互感元件，其电路符号如图 12-10(a) 所示，是一个四端元件，L_1、L_2、M 为其参数。当周围介质为非铁磁材料时，其参数为不变的常数，互感元件为线性元件。本节讨论的是这种

情况。

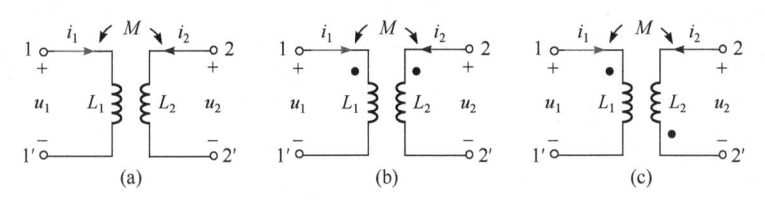

图 12-10 互感元件的电路符号

在各线圈的电压和电流均取关联参考方向的情况下，互感元件伏安关系的一般形式为

$$u_1 = L_1 \frac{di_1}{dt} \pm M \frac{di_2}{dt}$$
$$u_2 = L_2 \frac{di_2}{dt} \pm M \frac{di_1}{dt}$$
(12-18)

与自感（电感）元件相比，互感元件的伏安关系有两点不同：①各线圈电压不仅与本线圈电流有关，而且与另一线圈的电流有关，即有自感电压和互感电压两个分量。特别地，当某线圈电流为零时，该线圈仍有电压（互感电压），而另一线圈只有自感电压；②互感电压项的符号有正、负两种可能。

通过前面的学习，我们已经了解到，互感电压的正或负与两线圈的实际绕向和相对位置有关，但在电路符号中看不出线圈绕向和相对位置。于是，我们用标记同名端（corresponding terminals）的方法来解决问题。

同名端是指两个耦合线圈中的这样一对端钮，当电流由该对端钮分别流入两个线圈时，它们产生的磁通是相互加强的，即同方向。根据该定义，图 12-9(a) 和 (b) 中的 1 和 2 为同名端，图 12-9(c) 和 (d) 中的 1 和 2′ 为同名端，当然图中余下的一对端钮也是同名端。

在电路图中，同名端用两个相同的符号（如·或*等）加以标注。给出同名端后，互感电压项的正、负号可由电压、电流的参考方向来确定。若互感电压的"+"极端与产生它的电流的流入端为同名端（此时互感电压和互感磁通满足右手螺旋定则），则互感电压项取正，如图 12-9(b) 所示；否则，互感电压项取负，如图 12-10(c) 所示。综上所述，一个互感元件在给出同名端后，伏安关系可由其参考方向完全确定下来，互感电压项或正或负是唯一的。

两线圈的同名端可以根据其绕制方向和相对位置来确定。对于无法看到具体情况的耦合线圈，则可通过实验来确定其同名端。有关这方面的知识将在后面的例题或习题中加以介绍。

如果有两个以上的线圈相互存在磁耦合，同名端应该两两成对分别加以标记，而且每对必须用不同符号，以免混淆，如像图 12-11 所示的标记。

在正弦电路中，互感元件的互感电压和自感电压相同，也是与电流同频率的正弦量，因而也可用相量表示。仿照电感元件伏安关系的相量形式，可以得到如图 12-12(a) 所示互感元件伏安关系的相量形式如下：

$$\dot{U}_1 = j\omega L_1 \dot{I}_1 + j\omega M \dot{I}_2$$
$$\dot{U}_2 = j\omega L_2 \dot{I}_2 + j\omega M \dot{I}_1$$
(12-19)

可见，互感电压与产生它的电流相位相差 90°。当互感电压的"+"极端与产生它的电流的流入端为同名端时，互感电压超前于产生它的电流 90°。

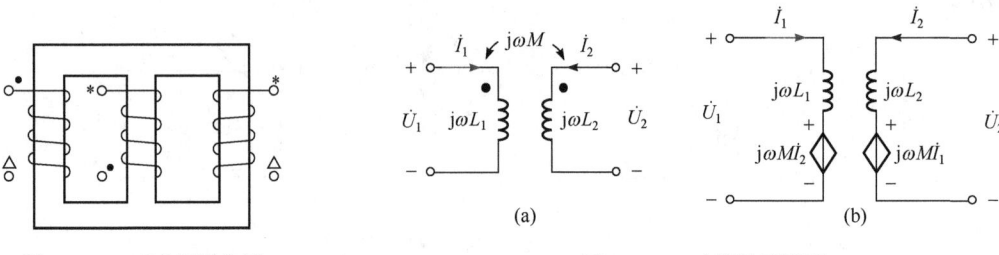

图 12-11 互感的同名端　　　　　图 12-12 互感相量模型

式(12-19)中的 ωM 称为互感电抗(mutual reactance)或耦合电抗，用 X_M 表示，即

$$X_M = \omega M$$

互感电抗与频率成正比，单位也是欧姆(Ω)。在正弦电路中，互感的作用可以通过 $Z_M = jX_M = j\omega M$ 来体现。

图 12-12(a)所示的互感元件还可以表示为如图 12-12(b)所示的等效电路。在等效电路中，互感的作用是通过电流控制电压源来体现的。

12.2.3 互感元件的连接和去耦等效电路

接下来的讨论将集中在正弦电路中进行。当然，某些结论的适用范围也可能更广泛些。

互感元件是一种四端元件，但在实际应用时，互感元件除了以四端直接与外电路相连(称为四端接法)外，还常常先经过内部的适当连接，仅以两端或三端与外电路相连。互感元件两线圈经串联或并联后以两端与外电路相连，如图 12-13(a)和(b)所示，称为两端接法；互感元件两线圈各一端连在一起作为公共端，再加上另外两端共三端与外电路相连，如图 12-13(c)所示，称为三端接法。

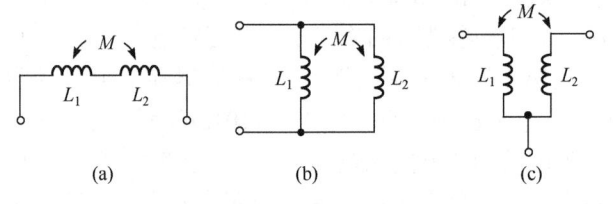

图 12-13 互感的连接方法

先讨论互感元件两线圈串联的情况。串联时，因同名端位置不同而分为两种情况。一种情况是两线圈的异名端连在一起，即公共电流由同名端流入或流出，如图 12-14(a)所示，称为顺向串联，简称顺联。另一种情况是两线圈的同名端连在一起，即公共电流由异名端流入或流出，如图 12-14(b)所示，称为逆向串联，简称逆联。

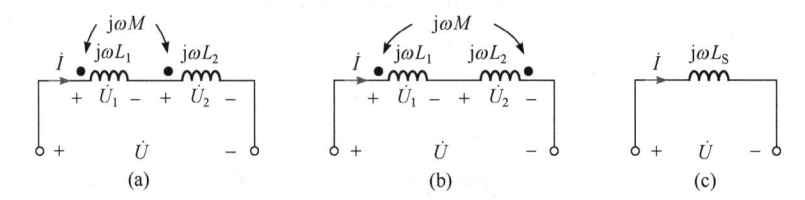

图 12-14 互感串联

根据 KVL 和互感元件的伏安关系，考虑顺联和逆联两种情况，有

$$\dot{U} = \dot{U}_1 + \dot{U}_2 = (j\omega L_1 \pm j\omega M\dot{I}) + (j\omega L_2 \dot{I} \pm j\omega M\dot{I})$$
$$= j\omega(L_1 + L_2 \pm 2M)\dot{I} = j\omega L_S \dot{I}$$

其中
$$L_S = L_1 + L_2 \pm 2M \tag{12-20}$$

为互感元件串联时的等效电感(equivalent inductance)。式中，$2M$ 前的"+"对应顺联，"−"对应逆联。显然，顺联时的等效电感大于两自感之和，逆联时的等效电感小于两自感之和。这是因为顺联时电流自同名端分别流入两线圈，产生的磁通互相加强，总磁链增多；逆联时情况恰好相反。在实际中，可以利用顺联时的等效电感大于逆联时的等效电感这一结论，通过实验来判断两耦合线圈的同名端。

再讨论互感元件两线圈并联的情况。并联时，也因同名端位置不同而分为两种情况。一种是两线圈的同名端连在一起，如图 12-15(a)所示，称同名端同侧并联。另一种是两线圈的异名端连在一起，如图 12-15(b)所示，称同名端异侧并联。

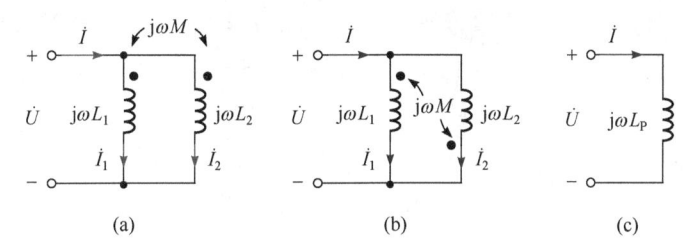

图 12-15 互感并联

根据互感元件的伏安关系并考虑以上两种情况，有
$$\dot{U}_1 = j\omega L_1 \dot{I}_1 \pm j\omega M \dot{I}_2$$
$$\dot{U}_2 = \pm j\omega M \dot{I}_1 + j\omega L_2 \dot{I}_2$$

由此可求得
$$\dot{I}_1 = \frac{L_2 \mp M}{j\omega(L_1 L_2 - M^2)} \dot{U}$$

$$\dot{I}_2 = \frac{L_1 \mp M}{j\omega(L_1 L_2 - M^2)} \dot{U}$$

由 KCL 得
$$\dot{I} = \dot{I}_1 + \dot{I}_2 = \frac{L_1 + L_2 \mp 2M}{j\omega(L_1 L_2 - M^2)} \dot{U}$$

即
$$\dot{U} = j\omega \frac{L_1 L_2 - M^2}{L_1 + L_2 \mp 2M} \dot{I} = j\omega L_P \dot{I}$$

其中
$$L_P = \frac{L_1 L_2 - M^2}{L_1 + L_2 \mp 2M} \tag{12-21}$$

为互感元件并联时的等效电感。式中，$2M$ 前的"−"对应同侧并联，"+"对应异侧并联。显然，同侧并联时的等效电感大于异侧并联时的等效电感。

现在讨论互感元件的三端接法。这种连接也因同名端位置不同而分为同名端同侧相连和异侧相连两种情形，分别如图 12-16(a)和(c)所示。我们可以通过电路方程，导出其对应的等效电路，分别如图 12-16(b)和(d)所示，具体过程如下。

根据互感元件的伏安关系并考虑以上两种情况，有

$$\dot{U}_{13} = j\omega L_1 \dot{I}_1 \pm j\omega M \dot{I}_2$$
$$\dot{U}_{23} = j\omega L_2 \dot{I}_2 \pm j\omega M \dot{I}_1$$

利用 $\dot{I}_1 + \dot{I}_2 = \dot{I}_3$ 的关系，得

$$\dot{U}_{13} = j\omega(L_1 \mp M)\dot{I}_1 \pm j\omega M \dot{I}_3$$
$$\dot{U}_{23} = j\omega(L_2 \mp M)\dot{I}_2 \pm j\omega M \dot{I}_3$$

由这两个方程可以得到对应的等效电路。此时各等效电感均为自感，相互之间已无耦合存在，故称为去耦等效电路。图 12-16 中的④是等效电路中一个新增加的节点，出现的负电感只是出于计算的需要，并无其他意义。

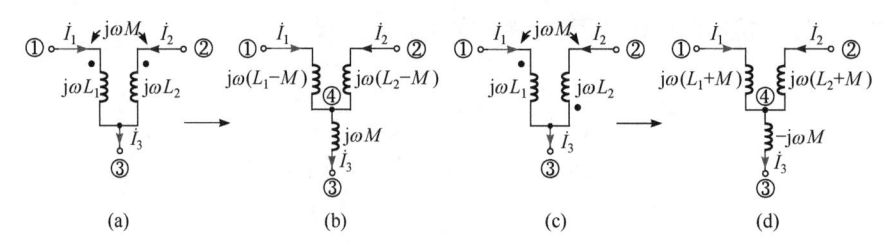

图 12-16 互感的三端连接

前面所述的互感元件串、并联接法，实际上可以看作三端接法的特例：将③端悬空，只将①、②两端接于电路即为串联；将①、②两端合并作为一端，③端作为另一端接于电路即为并联。由此求得的等效电感与前面推导得出的结果是一致的。

在去耦等效电路中，不必再去考虑互感的作用和互感电压（此时的互感作用已体现在各等效电感中）。在电路分析中，利用去耦等效电路分析含有互感元件电路的方法称为去耦法（或互感消去法），其为常用的一种分析方法。该方法对于非正弦电路也是成立的。

【例 12-2】 求图 12-17(a) 所示电路的入端复阻抗。

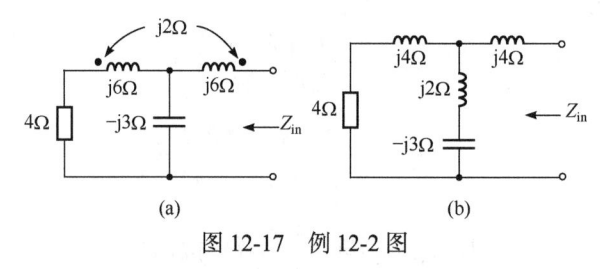

图 12-17 例 12-2 图

解 电路中的互感元件为同名端同侧相连，其去耦等效电路如图 12-17(b) 所示，可知：

$$Z_{in} = j4 + \frac{(4+j4)(j2-j3)}{4+j4+j2-j3} = j4 + \frac{4-j4}{4+j3} = 0.16 + j2.88\,(\Omega)$$

12.3 互感电路的分析及线性变压器

12.3.1 具有互感的正弦电路的分析

对于含有互感元件的正弦电路，仍可采用相量法进行分析。原则上，前面讲过的各种分

析方法和网络定理均可运用，只是应该注意互感元件的特殊之处，即在考虑其电压时，不仅要计算自感电压，还要计算互感电压。而互感电压的确定又要顾及同名端的位置以及电压、电流参考方向的选取，这就增加了列写电路方程的复杂性。鉴于互感电压是由流经另一线圈的支路电流引起的，与支路电流直接发生关系，故运用支路电流法较于其他方法显得既方便又直观。当然，戴维南定理等其他方法也可以运用，但一般不直接运用节点电压法。这是因为对于连有互感元件的节点，其电压可能是几个支路电流的多元函数，节点电压与支路电流的关系不能用简单的表达式直接写出。当然，去耦后再运用节点电压法就没有问题了。

下面通过例题具体说明各种方法的运用及注意事项。

【例 12-3】 试列写图 12-18 所示电路的支路电流方程，图中各元件参数均为已知。

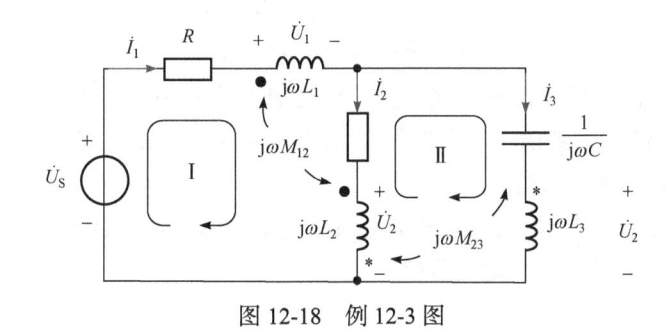

图 12-18 例 12-3 图

解 设各支路电流方向如图 12-18 中所示。根据 KCL，有

$$\dot{I}_1 = \dot{I}_2 + \dot{I}_3 \qquad ①$$

根据 KVL，在回路 Ⅰ 和回路 Ⅱ 分别有

$$R_1\dot{I}_1 + \dot{U}_1 + R_2\dot{I}_2 + \dot{U}_2 = \dot{U}_S \qquad ②$$

$$-j\frac{1}{\omega C}\dot{I}_3 + \dot{U}_3 - \dot{U}_2 - R_2\dot{I}_2 = 0 \qquad ③$$

式中，$\dot{U}_1$、$\dot{U}_2$、$\dot{U}_3$ 分别为三个线圈上的电压，各电压除包含自感电压外，还应包含互感电压，其中线圈 2 因同时与另外两个线圈相耦合，故互感电压应有两项。具体如下：

$$\dot{U}_1 = j\omega L_1 \dot{I}_1 + j\omega M_{12} \dot{I}_2$$

$$\dot{U}_2 = j\omega L_2 \dot{I}_2 + j\omega M_{12} \dot{I}_1 - j\omega M_{23} \dot{I}_3$$

$$\dot{U}_3 = j\omega L_3 \dot{I}_3 - j\omega M_{23} \dot{I}_2$$

把它们分别代入方程②和③，整理后得

$$[R_1 + j\omega(L_1 + M_{12})]\dot{I}_1 + [R_2 + j\omega(L_2 + M_{12})]\dot{I}_2 - j\omega M_{23}\dot{I}_3 = \dot{U}_S \qquad ④$$

$$j\omega M_{12}\dot{I}_1 + [R_2 + j\omega(L_2 + M_{23})]\dot{I}_2 - j\left[\omega(L_3 + M_{23}) - \frac{1}{\omega C}\right]\dot{I}_3 = 0 \qquad ⑤$$

方程①、④、⑤即为所需的支路电流方程，联立求解便可求得各支路电流。

【例 12-4】 在图 12-19 所示电路中，R_1、L_1 和 R_2、L_2 分别为线圈 1-1' 和线圈 2-2' 的电阻和电感，若 $R_1 = R_2 = 3\Omega$，$\omega L_1 = \omega L_2 = 4\Omega$，$\omega M = 2\Omega$，$U_S = 10V$，求 a、b 两端的开路电压 $\dot{U}_{ab}$；若线圈 2-2' 两端对调，结果如何？

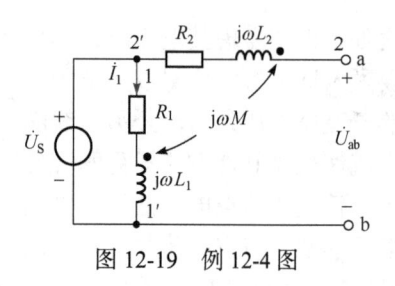

解 因 a、b 两端开路，线圈 2-2′ 中无电流，故线圈 1-1′ 只有自感电压而无互感电压，线圈 2-2′ 只有互感电压而无自感电压。设 $\dot{U}_S = 10\text{V}$，流经线圈 1-1′ 的电流为 $\dot{I}_1$，则有

$$\dot{I}_1 = \frac{\dot{U}_S}{R_1 + j\omega L_1} = \frac{10}{3+j4} = 2\angle -53.1°(\text{A})$$

$$\dot{U}_{ab} = j\omega M \dot{I}_1 + \dot{U}_S = j2 \times 2\angle -53.1° + 10$$
$$= 13.2 + j2.4 = 13.4\angle 10.8°(\text{V})$$

图 12-19 例 12-4 图

若线圈 2-2′ 两端对调，则由同名端位置相反，有

$$\dot{U}_{ab} = -j\omega M \dot{I}_1 + \dot{U}_S = -j2 \times 2\angle -53.1° + 10$$
$$= 6.8 - j2.4 = 7.21\angle -19.4°(\text{V})$$

该例实际给出了测定耦合线圈同名端的一种交流实验方法。按图 12-19 接线，线圈端钮标号如图中所示，测出 U_{ab} 的数值与电源电压 U_S 比较，若 $U_{ab} > U_S$，则 1 与 2 为同名端；反之，若 $U_{ab} < U_S$，则 1 与 2′ 为同名端。

【例 12-5】 电路及参数如图 12-20(a)所示，求流经 5Ω 电阻的电流 $\dot{I}$。

解 法一 支路电流法。由此法可得

$$\begin{cases} \dot{I}_1 + \dot{I}_2 = \dot{I} \\ 12\angle 0° - j3\dot{I}_2 = 10\angle 53.1° + (4+j6)\dot{I}_1 - j2\dot{I} \\ 10\angle 53.1° = -j3\dot{I}_2 + (5+j6)\dot{I} - j2\dot{I}_1 \end{cases}$$

即

$$\begin{cases} \dot{I}_1 + \dot{I}_2 - \dot{I} = 0 \\ (4+j6)\dot{I}_1 + j3\dot{I}_2 - j2\dot{I} = 6 - j8 \\ j2\dot{I}_1 + j3\dot{I}_2 - (5+j6)\dot{I} = -6 - j8 \end{cases}$$

故所求电流为 $\dot{I} = 1.51\angle 34.3°\text{ A}$

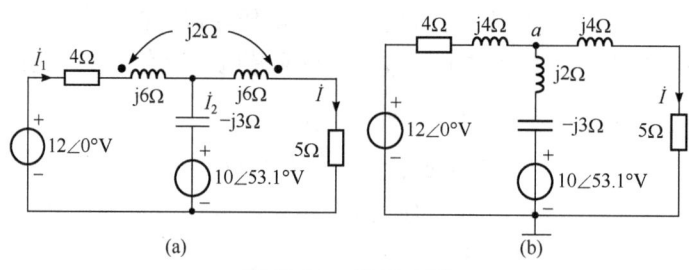

图 12-20 例 12-5 图

法二 去耦法。画出图 12-20(a)所示电路的去耦等效电路，如图 12-20(b)所示。进一步分析既可用支路法，也可用节点法，可得

$$\left(\frac{1}{4+j4} + \frac{1}{j2-j3} + \frac{1}{5+j4}\right)\dot{U}_a = \frac{12\angle 0°}{4+j4} + \frac{10\angle 53.1°}{j2-j3}$$

解得 $\dot{U}_a = 9.66\angle 73°\text{ V}$

则 $$\dot{I} = \frac{\dot{U}_a}{5+j4} = 1.51\angle 34.3°\text{ A}$$

通过以上各例的分析可以看出，互感电路的分析在原则上与一般正弦电路的分析一致，只是需要额外考虑互感电压。当然，也可以用去耦法使分析简化。

12.3.2 线性变压器

变压器(transformer)是工程中常见的电路器件，其工作原理是将交流电源的电能以磁耦合的方式传递给负载，使负载获得与电源同频率但量值不同的交流电压，而电源与负载之间并无电路连接。其结构原理图如图 12-21 所示，一般由两套线圈和磁芯构成，与电源相接的一侧线圈称为原边或初级回路或一次回路，与负载相接的线圈称为副边或次级回路或二次回路，由于绕制线圈用的导线和线间绝缘材料及制造手段不同，因此变压器原边与副边不可以混用。根据磁芯材料的不同，变压器有线性变压器与非线性变压器之分。线性变压器的磁芯采用线性导磁材料制成，如空气、塑料、电木等，又称空心变压器。当然"空心"并不代表没有磁芯，只是制成磁芯所用的线性材料的磁导率是常数，这一点与空气相同。根据原、副两边匝数的多少，变压器可分为升压变压器与降压变压器。

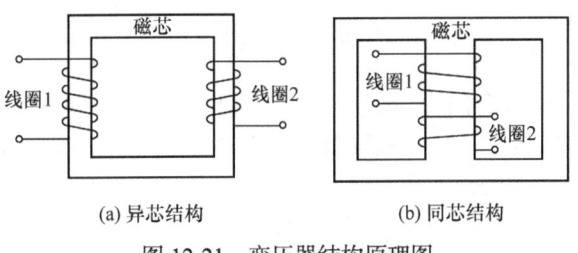

图 12-21 变压器结构原理图

这里我们将从电路原理的角度对空心变压器加以介绍，铁心变压器将在 12.4 节中进行具体介绍。

空心变压器带载工作时的电路原理图如图 12-22(a)所示，其中 R_1、R_2 分别为原、副线圈绕线的等效电阻，Z_L 为负载，L_1、L_2、M 分别为各线圈的自感系数和互感系数。当原边所接电源是正弦交流电时，可以用相量法来分析，相量表示的电路图如图 12-22(b)所示。

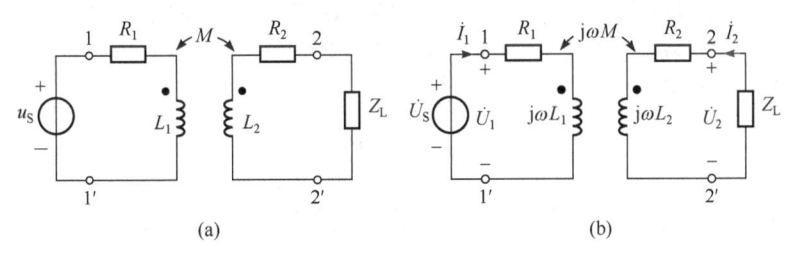

图 12-22 空心变压器等效电路图

参照图 12-22(b)可以写出变压器的电路方程。

原边侧方程： $\dot{U}_1 = (R_1 + j\omega L_1)\dot{I}_1 + j\omega M \dot{I}_2$

副边侧方程： $0 = (R_2 + j\omega L_2 + Z_L)\dot{I}_2 + j\omega M \dot{I}_1$

若令 $Z_1 = R_1 + j\omega L_1$，$Z_{20} = R_2 + j\omega L_2$，$Z_2 = Z_{20} + Z_L$，$Z_M = j\omega M$，则方程可以简写为

$$\begin{cases} \dot{U}_1 = Z_1 \dot{I}_1 + Z_M \dot{I}_2 \\ 0 = Z_M \dot{I}_1 + Z_2 \dot{I}_2 \end{cases} \tag{12-22}$$

式中，Z_1 为原边阻抗；Z_2 为副边阻抗；Z_M 为互感抗；Z_{20} 为变压器副边线圈阻抗。进一步，可以求解得到变压器原边和副边电流：

$$\dot{I}_1 = \frac{\dot{U}_1}{Z_1 - \frac{Z_M^2}{Z_2}} = \frac{Z_2\dot{U}_1}{Z_1Z_2 - Z_M^2} = \frac{(R_2 + j\omega L_2 + Z_L)\dot{U}_1}{(R_1 + j\omega L_1)(R_2 + j\omega L_2 + Z_L) + (\omega M)^2} \quad (12\text{-}23)$$

$$\dot{I}_2 = -\frac{Z_M}{Z_2}\dot{I}_1 = -\frac{Z_M\dot{U}_1}{Z_1Z_2 - Z_M^2} = \frac{-j\omega M}{(R_1 + j\omega L_1)(R_2 + j\omega L_2 + Z_L) + (\omega M)^2}\dot{U}_1 \quad (12\text{-}24)$$

变压器输出电压：

$$\dot{U}_2 = -Z_L\dot{I}_2 = \frac{-Z_LZ_M\dot{U}_1}{Z_1Z_2 - Z_M^2} = \frac{j\omega M \cdot Z_L}{(R_1 + j\omega L_1)(R_2 + j\omega L_2 + Z_L) + (\omega M)^2}\dot{U}_1 \quad (12\text{-}25)$$

从变压器的输入端（即原边侧）看，对电源而言，包括变压器在内的后续电路或装置相当于一个负载阻抗，这个阻抗称为变压器的输入等效阻抗，其值为

$$Z_{in} = \frac{\dot{U}_1}{\dot{I}_1} = Z_1 - \frac{Z_M^2}{Z_2} = R_1 + j\omega L_1 + \frac{(\omega M)^2}{R_2 + j\omega L_2 + Z_L} \quad (12\text{-}26)$$

观察式(12-26)，其中最右侧第一项是原边的阻抗，与副边参量无关；第二项则由互感及副边阻抗决定，与原边参量无关，输入等效阻抗 Z_{in} 相当于两部分阻抗的串联，故后者又可称为反射阻抗(reflected impedance)，用 Z_r 表示：

$$Z_r = \frac{(\omega M)^2}{R_2 + j\omega L_2 + Z_L}$$

反射阻抗是对变压器电路进行分析时非常有用的概念，有了这个参数，可以简化电源侧电路的分析。例如，电源变压器一次端口接入上级供电回路，二次端口又接有很多负载，在对供电回路进行分析时，只要有反射阻抗 Z_r，就可以将变压器的磁路以及副边电路全部"忽略"，对供电电源而言，变压器及其所有负载只相当于一个阻抗 Z_{in}。

从变压器的输出端看，对负载而言，变压器就是给它供电的有源二端网络，故可以用等效电源定理对变压器以及上级回路进行简化建模，这样也可以简化副边负载电路的分析。下面用戴维南定理对电路进行分析。二端网络端口为 $2 - 2'$，由互感原理可以求得端口开路（即副边开路）时的输出电压：

$$\dot{U}_{oc} = Z_M\dot{I}_1' = \frac{j\omega M\dot{U}_1}{R_1 + j\omega L_1}$$

此电压又称变压器空载输出电压，也是工程上定义的变压器输出端的额定电压。这里的 $\dot{I}_1'$ 代表副边开路时原边的电流（此时 $\dot{I}_2 = 0$）。

下面利用开路短路法求变压器输出端的戴维南等效电阻，若将变压器输出端 $2 - 2'$ 短路，即 $Z_L = 0$，$Z_2 = Z_{20}$，代入式(12-24)求得短路电流：

$$\dot{I}_{2sc} = -\frac{Z_M\dot{I}_1''}{Z_{20}} = -\frac{Z_M\dot{U}_1}{Z_1Z_{20} - Z_M^2} = \frac{-j\omega M}{(R_1 + j\omega L_1)(R_2 + j\omega L_2) + (\omega M)^2}\dot{U}_1$$

式中，$\dot{I}_1''$ 是副边短路时原边回路的电流，可由式(12-23)求得

$$\dot{I}_1'' = \frac{Z_{20}\dot{U}_1}{Z_1Z_{20} - Z_M^2} = \frac{(R_2 + j\omega L_2)\dot{U}_1}{(R_1 + j\omega L_1)(R_2 + j\omega L_2) + (\omega M)^2}$$

戴维南等效阻抗：

$$Z_0 = -\frac{\dot{U}_{oc}}{\dot{I}_{2sc}} = Z_{20} - \frac{Z_M^2}{Z_1} = (R_2 + j\omega L_2) + \frac{(\omega M)^2}{R_1 + j\omega L_1}$$

戴维南等效电路模型如图 12-23 所示，根据此等效模型也可以求得变压器副边电流 $\dot{I}_2$ 和输出的电压 $\dot{U}_2$，其结果与式(12-24)、式(12-25)相同，读者可以自行求解。

仔细观察 Z_0，对比式(12-26)，可以发现它也可视为由两部分阻抗串联而成，前一项 $R_2 + j\omega L_2$ 是副边的线圈阻抗，与原边参量无关，后一项由互感和原边阻抗决定，与副边参量无关，这一项也可视为原边向副边的反射阻抗。于是，读者不妨推断一下，如果电源 $\dot{U}_S$ 有内阻抗(设为 Z_S)时，Z_0 将如何变化？当然，这时 $\dot{U}_{oc}$ 也会有相应变化。

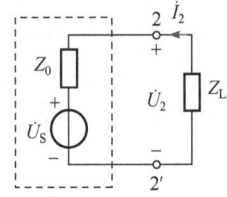

图 12-23 戴维南等效电路模型

12.4 交流铁心磁路及铁心变压器

12.4.1 交流铁心线圈

本节将研究正弦交流励磁下的铁心线圈的电磁关系、电压平衡方程及功率损耗等问题。这些分析对铁心变压器、交流电动机及交流电器的学习具有重要意义。

1. 电磁关系

铁心线圈如图 12-24(a)所示，当线圈两端加上交流电压 u 时，线圈将产生交变电流 i，在磁路中将产生交变磁动势 Ni。

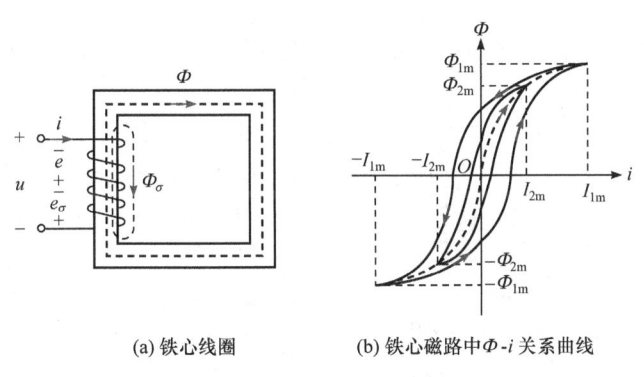

(a) 铁心线圈　　(b) 铁心磁路中 Φ-i 关系曲线

图 12-24 交流铁心线圈

此磁动势产生的磁通包括主磁通 Φ 和漏磁通 Φ_σ 两部分，由前面的知识已知 $\Phi \gg \Phi_\sigma$，因为磁动势 Ni 是交变的，所以磁通 Φ、Φ_σ 也是交变的。根据电磁感应定律，它们在线圈中都要产生感生电动势，即主磁感应电动势 e 和漏磁感应电动势 e_σ。其电磁关系可表示为

$$u \to i(Ni) \begin{cases} \Phi \to e = -N\dfrac{d\Phi}{dt} \\ \Phi_\sigma \to e_\sigma = -N\dfrac{d\Phi_\sigma}{dt} = -L_\sigma \dfrac{di}{dt} \end{cases} \tag{12-27}$$

漏磁通主要是通过空气闭合的，空气的磁导率是常数，因此励磁电流 i 与 Φ_σ 间成正比关

系，而且相位相同。铁心线圈对应于漏磁通的漏磁电感为

$$L_\sigma = \frac{N\Phi_\sigma}{i} \tag{12-28}$$

式中，L_σ 为一常数，简称漏感，相当于空心螺线圈的自感系数。

对于图 12-24(a)所示的铁心线圈，其铁心的截面积 S、线圈的匝数 N 已经固定，由 $\Phi = BS$，$HL = Ni$，可以将图 12-1 所示的磁化曲线 B-H 的关系，变换为 Φ-i 的关系曲线，如图 12-24(b)所示，图中 I_{1m}、I_{2m} 代表不同正弦交流电流的幅值。

铁心线圈的主磁电感 L 为

$$L = \frac{N\Phi}{i} = \frac{N^2\Phi}{Ni} = \frac{N^2\Phi}{F} = \frac{N^2\Phi}{\Phi R_m} = \frac{N^2}{R_m} \tag{12-29}$$

对于交流铁心线圈，因为组成磁路的铁磁材料的磁导率 μ 不是常数，磁阻 R_m 也不是常数，所以主磁电感 L 不是常数，因此线圈对外电路而言是一个非线性电感元件。在电子电路中，也有很多用塑料、绝缘胶木等合成材料构成的磁心，磁导率接近于常数，主磁电感 L 也是常数，这样的线圈对外电路而言相当于一个线性电感元件。

事实上，当图 12-24 所示交流铁心线圈中的励磁电流 i 较大时，由磁化曲线可知，有可能已出现磁饱和现象。这时，即使励磁电流 i 是标准的正弦交流，主磁通 Φ、磁感应强度 B 也将发生畸变，畸变成平顶非正弦的波形，主磁感应电动势 e 也将是非正弦的周期性交变电动势。进一步地，外加正弦电压 u 与 e 的共同作用会使励磁电流 i 也发生一定程度的畸变。磁饱和的程度越深，i、Φ、e 的畸变越严重。因此，工程上应尽量避免深度磁饱和现象的出现，即磁动势 Ni 不可以过大。对于一个匝数已固定的线圈，则要求 i 不可以过大。

2. 电压平衡方程

根据图 12-24 中电量的参考方向，可以画出交流铁心励磁回路的等效电路图，如图 12-25 所示。

图 12-25(a)中，因为漏磁电感 L_σ 为一常数，所以用线性电感元件替代，R 为线圈导线的电阻，而主磁电感 L 不是常数，因此不能用我们已了解的线性元件替代，故仍以其自感应电动势 e 来考虑，用一交变的电压源来替代。由图 12-25(a)可列出 KVL 方程：

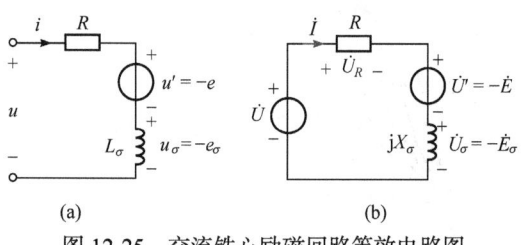

图 12-25 交流铁心励磁回路等效电路图

$$u = Ri + (-e) + (-e_\sigma) = Ri - e + L_\sigma \frac{di}{dt} \tag{12-30}$$

当 u 是正弦量时，如果交流铁心中 i、Φ 畸变很轻，可以视为正弦。于是式(12-30)又可用相量表示为

$$\dot{U} = \dot{I}(R + jX_\sigma) - \dot{E} = \dot{I}Z - \dot{E} \tag{12-31}$$

式中，$X_\sigma = \omega L_\sigma$，称为漏磁感抗，单位为欧姆（$\Omega$）；$Z = R + jX_\sigma$，称为漏阻抗。

由于铁心的磁导率比空气磁导率大很多倍，所以主磁感生电动势 $e \gg e_\sigma$，并且为使铁心中主磁通 Φ 接近于正弦，除了必须选用软磁材料作铁心外，励磁电流 i 也要很小；另外，绕线电阻 R 只会带来无效的有功损耗，导致发热与温升，所以制造交流铁心时，一般均使 R 尽可

能小，于是有 $\dot{E} \gg \dot{I}(R+\mathrm{j}X_\sigma)$。若忽略漏阻抗所造成的压降，则有

$$\dot{U} \approx -\dot{E} \tag{12-32}$$

3. 主磁感应电动势 E 的计算

由于主磁感应电动势所对应的主磁感抗不是常数，因此可按下面方法计算。当电源电压 $u = U_\mathrm{m}\cos(\omega t)$ 时，则主磁通为正弦，即 $\Phi = \Phi_\mathrm{m}\sin(\omega t)$，有

$$e = -N\frac{\mathrm{d}\Phi(t)}{\mathrm{d}t} = -N\omega\Phi_\mathrm{m}\cos(\omega t) = 2\pi f N\Phi_\mathrm{m}\sin(\omega t - 90°)\ \mathrm{V} \tag{12-33}$$

可见，主磁感应电动势 e 的幅值为 $E_\mathrm{m} = 2\pi f N\Phi_\mathrm{m}$，其有效值为

$$E = \frac{E_\mathrm{m}}{\sqrt{2}} = \frac{2\pi f N\Phi_\mathrm{m}}{\sqrt{2}} \approx 4.44 f N\Phi_\mathrm{m} \tag{12-34}$$

由式(12-33)和式(12-34)的关系可知：

$$U \approx E = 4.44 f N\Phi_\mathrm{m} \tag{12-35}$$

由此可知，交流铁心在频率、匝数一定，i、$\Phi(t)$ 畸变很小，波形近似为正弦时，主磁通最大值 Φ_m 与 U 成正比，即当外加电压有效值不变时，主磁通幅值几乎不变。式(12-35)是分析铁心变压器和电机的常用公式。

4. 功率关系

当交流铁心线圈接通交流电源时，除了产生由线圈电阻引起的功率损耗 ΔP_Cu（简称铜损）外，交流磁通在铁心中还会引起功率损耗 ΔP_Fe（简称铁损）。铁损包括磁滞损耗和涡流损耗。

1) 磁滞损耗

铁磁材料在反复磁化时存在磁滞现象，由此而引起的电损耗称为磁滞损耗。在图12-1中可以看出，反复磁化过程中，当励磁电流为零即磁动势为零时，磁感应强度不为零（图中 b、e 点处），这就称为磁滞现象。当要在铁心当中建立反向磁场时，必须克服正向的滞留磁通，因此必然带来电损耗。可以证明，在一个磁化循环过程中，损耗的功率正比于该铁磁材料磁滞回线所包围的面积。磁滞损耗会引起铁心发热。

2) 涡流损耗

铁心不仅是导磁材料，同时也是导电材料。在交变磁通作用下，铁心内部也要产生感应电动势，从而在垂直于磁通方向的铁心平面内要产生如图12-26(a)所示涡涡状的感应电流，称为涡流。由涡流在铁磁材料内产生的能量损耗，称为涡流损耗。涡流损耗也要引起铁心发热，降低电器、电机的效率。因此，必须尽量减少涡流损耗。常用的方法是增大涡流通路的电阻值来限制涡流，具体措施是使铁心由顺着磁场方向且彼此绝缘的薄钢片叠成，如图12-26(b)所示，并选用电阻率较大的铁磁材料，如硅钢片。

12.4.2 铁心变压器

铁心变压器的磁芯由铁磁材料制成。铁心变压器的种类非常多，电压范围也很广，从伏特级到百万伏特级都有。有电子电路使用的低功率、中高频率变压器，也有电力电路使用的中大功率、低频率变压器。在这里我们主要学习电力变

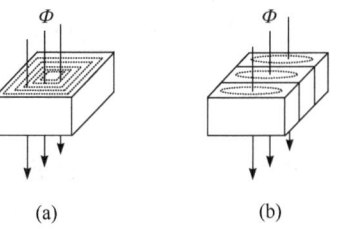

图 12-26 铁心中的涡流

压器。

在电力系统中,远距离输电都采用变压器将发电机发出的电压升高到输电所需要的电压数值(如110kV、220kV、500kV),再进行远距离输送,以减少线路上的损耗。在用电方面,为了安全和降低用电设备的绝缘费用以及满足各种低压用电设备的需要,可用变压器将高压降低到电器设备的额定值,如380V、220V、110V。在一些环境条件较差的工作场所,还要用到36V、24V、12V的安全电压。这种供输电与配电用的变压器,称为电力变压器。

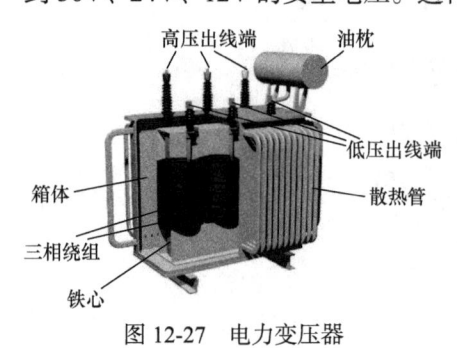

变压器除了能改变交流电压以外,还可以改变交流电流(如电流互感器)、变换阻抗(如电子电路中的阻抗变换器)、改变相位(如脉冲变压器)等。

除铁心、绕组外,变压器还有一些附件和其他装置。例如,为了散热,大功率变压器的铁心线圈多浸在装有变压器油的箱体里。为提高散热能力,在箱体外壁还装了许多散热管。此外,变压器还有油枕、高、低压出线端等,其实物及外形示意图如图12-27所示。

图12-27 电力变压器

1. 铁心变压器的工作原理

图12-28所示为一台单相双绕组变压器的工作原理图。原边匝数为N_1,其电压、电流、电动势分别用$\dot{U}_1$、$\dot{I}_1$、$\dot{E}_1$表示;副边匝数为N_2,其电压、电流、电动势用标准符号加下标"2"表示。下标"0"表示空载,即副边绕阻未接负载。

下面分析变压器的空载和有载运行。

1) 变压器的空载运行

空载运行,就是变压器绕组的原边接入电压$\dot{U}_1$,副边空载运行。此时,原边励磁电流通常以$\dot{I}_0$表示。

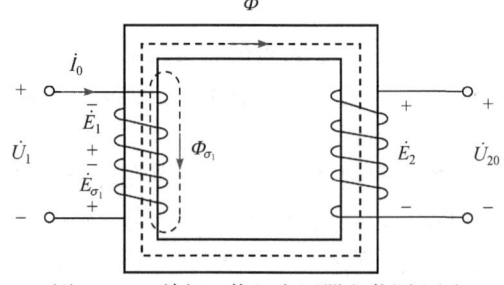

图12-28 单相双绕组变压器空载原理图

空载运行变压器的电磁关系和交流铁心线圈相同。由于变压器的空载励磁电流很小,可以认为主磁通Φ也是正弦交变的,它穿越原、副两边绕组并在其中产生感生电动势$\dot{E}_1$和$\dot{E}_2$。

由式(12-35)可知电动势的有效值:

$$U_1 \approx E_1 = 4.44 f N_1 \Phi_m \tag{12-36}$$

$$U_{20} \approx E_2 = 4.44 f N_2 \Phi_m \tag{12-37}$$

式中,Φ_m为主磁通最大值;f为电源频率;U_{20}为变压器副边空载电压有效值。

由式(12-36)、式(12-37)可求出:

$$\frac{U_1}{U_{20}} \approx \frac{N_1}{N_2} = k_B \tag{12-38}$$

式中,k_B称为变压器的变比。式(12-38)说明变压器原边绕组与副边绕组电压之比等于它们的匝数之比。

工程上规定原边绕组加额定电压 U_{1N} 时，副边绕组的空载电压 U_{20} 就是副边绕组的额定电压 U_{2N}。制造变压器时，会根据额定电压等级来选择绕线间的绝缘材料及绝缘方式，而绝缘材料又限制了绕组的发热与温升，变压器温度过高首先损坏绝缘。

2) 变压器的有载运行

如图 12-29 所示，变压器副边接入负载，在感应电动势 E_2 的作用下，副边绕组中会有电流 I_2 产生，同时 I_2 也会产生磁通，根据右手螺旋定则，I_2 产生的漏磁通 Φ_{σ_2} 方向如图所示，I_2 在铁心中产生的主磁通与 Φ 方向相同，增强原空载励磁电流 I_0 产生的磁通。若铁心中磁通增大，则感生电动势 E_1 相应增大，外加电压 U_1 不变，励磁电流将减小，若令有载时励磁电流为 I_1，则必有 $I_0 > I_1$；励磁电流减小又使得磁通减小。这样，原空载的变压器接入负载后，磁通 Φ 先增大后减小，励磁电流从 I_0 减小到 I_1。

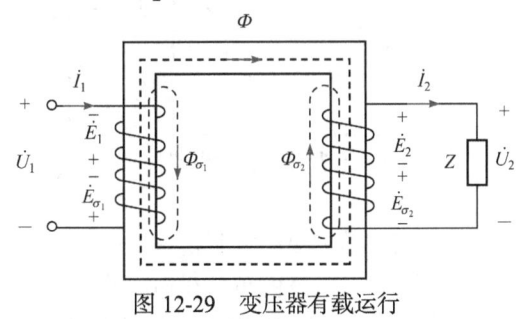

图 12-29 变压器有载运行

根据铁心磁化曲线的特点，要得到足够大的磁通，又要尽量保持磁通不畸变，变压器有载与空载时，主磁通量 Φ 大小基本相当。另外，由式(12-36)也可以推知，当原边电源电压 U_1 一定时，主磁通最大值 Φ_m 近似恒定。

下面分析变压器原、副两边电流之间的关系。由磁路定律可知，磁路中磁通 Φ 由原边磁动势 $N_1 I_1$ 与副边磁动势 $N_2 I_2$ 共同作用产生，当变压器空载或有载、主磁通基本不变时，相量形式有

$$N_1 \dot{I}_0 \approx N_1 \dot{I}_1 + N_2 \dot{I}_2 \tag{12-39}$$

式(12-39)称为变压器的磁动势平衡方程式，它是变压器有载后必须遵循的规律。

将式(12-39)两边除以 N_1 并移项，有

$$\dot{I}_1 \approx \dot{I}_0 - \frac{N_2}{N_1} \dot{I}_2 = \dot{I}_0 - \frac{1}{k_B} \dot{I}_2 = \dot{I}_0 - \dot{I}_L \tag{12-40}$$

式中，$\dot{I}_L = \frac{1}{k_B} \dot{I}_2$。式(12-40)说明，变压器带负载后，原边电流包含两个分量，一个是空载电流 $\dot{I}_0$，用来产生主磁通；另一个是补偿电流 $\dot{I}_L$，用来补偿 $\dot{I}_2$ 对变压器带来的影响。实际上，由于变压器铁心的磁导率很高，空载电流 $\dot{I}_0$ 很小，其有效值 I_0 一般低于原边额定电流 I_{1N} 的 10%，故可以忽略不计，于是式(12-40)可写成：

$$\dot{I}_1 \approx -\dot{I}_L = -\frac{1}{k_B} \dot{I}_2$$

或

$$\frac{\dot{I}_1}{\dot{I}_2} \approx -\frac{1}{k_B} = -\frac{N_2}{N_1} \tag{12-41}$$

式(12-41)表明，变压器有载运行时，原、副两边的电流比近似等于其匝数比的倒数。这就是变压器的电流变换关系。

3) 理想变压器

理想变压器是实际变压器的理想化模型。变压器作为一个传递能量的器件(或装置)，人们不希望其自身有能量消耗，同时也希望原、副两边绕组的耦合系数为 1(即全耦合)，这样才能

最高效率地传递能量。那么,分析图 12-29 所示的变压器等效电路,其中两边线圈的绕线电阻在变压器工作时必然会有能量消耗,消耗的能量全部用来发热。这部分能耗除了升高温度以外,不会对负载产生任何有益的作用(并没有传递给负载),所以属于实际变压器的非理想因素,理想的变压器应当没有这部分能耗,即绕线电阻为零。可以这样认为,理想变压器的线圈采用理想导线绕制,绕线电阻为零,同时用理想的磁绝缘材料来限制漏磁($L_{\sigma_1} = L_{\sigma_2} = 0$),铁心为线性导磁体且只导磁不导电(无磁滞与涡流损耗),可将变压器用图 12-30 的理想变压器符号来表示,其中 u_1 与 u_2、i_1 与 i_2 的关系如式(12-38)和式(12-41)所示,只不过式(12-41)中不带负号。

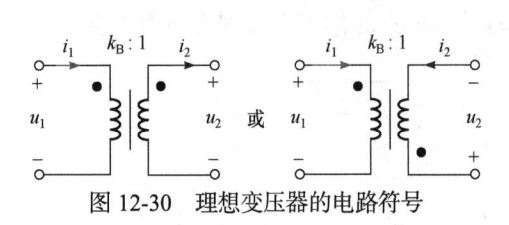

图 12-30 理想变压器的电路符号

【例 12-6】 交流电源 $u_S = 220\sqrt{2}\cos(314t + 15°)$ V,它经过一个变比为 10 的理想变压器,给阻抗为 $30 + j40\ \Omega$ 的负载供电,求电源输出的功率。

解 法一 根据题意,画出电路图如图 12-31 所示,由已知条件有 $\dot{U}_S = 220\angle 15°$ V,$k_B = 10$。由式(12-38)有 $\dfrac{\dot{U}_S}{\dot{U}_2} = k_B$,即 $\dot{U}_2 = \dfrac{\dot{U}_S}{k_B} = 22\angle 15°$ V,则有

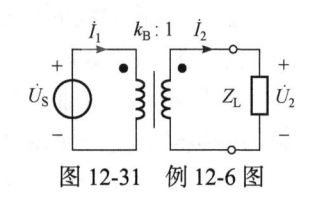

图 12-31 例 12-6 图

$$\dot{I}_2 = \frac{\dot{U}_2}{Z_L} = \frac{22\angle 15°}{30 + j40} = \frac{22\angle 15°}{50\angle 53.13°} = 0.44\angle -38.13° \text{ (A)}$$

根据 $\dfrac{\dot{I}_1}{\dot{I}_2} = \dfrac{1}{k_B}$,有 $\dot{I}_1 = \dfrac{\dot{I}_2}{k_B} = 0.044\angle -38.13°$ A

则电源输出的功率 $P_S = U_S I_1 \cos(15° + 38.13°) = 5.808$ W。

法二 利用等效输入阻抗 Z_{in},理想变压器的输入阻抗为

$$Z_{in} = \frac{\dot{U}_1}{\dot{I}_1} = \frac{k_B \dot{U}_2}{\dfrac{1}{k_B}\dot{I}_2} = k_B^2 \cdot \frac{\dot{U}_2}{\dot{I}_2} = k_B^2 Z_L$$

所以有 $\dot{I}_1 = \dfrac{\dot{U}_1}{Z_{in}} = \dfrac{\dot{U}_1}{k_B^2 Z_L} = \dfrac{220\angle 15°}{10^2 \times 50\angle 53.13°} = 0.044\angle -38.13°$ (A)

求得电流后,电源输出的功率与法一相同,这里不再计算。读者可以自行计算变压器输出给负载 Z_L 的有功功率,观察是否与电源输出功率相等。

由法二可知,对理想变压器而言,如果副边接有负载 Z_L,那么相当于在电源侧接入 $Z_{in} = k_B^2 Z_L$ 的阻抗,该特点称为变压器的阻抗变换作用,即通过变压器把一个参数为 Z_L 的阻抗变换成参数为 $k_B^2 Z_L$ 的阻抗接入电源。工程上经常利用变压器的这一作用来实现实际负载与信号源之间的阻抗匹配。

2. 变压器铭牌参数

1) 额定电压(U_{1N}、U_{2N})

原边额定电压 U_{1N} 是指原边绕组施加的电源电压;副边额定电压 U_{2N} 是指原边施加额定电

压时副边绕组的开路电压。变压器有载运行时,因考虑有内阻抗压降,故副边额定输出电压应比负载所需的额定电压高 5%~10%。通常铭牌上都以 U_{1N}/U_{2N} 的分数形式标记。

2) 额定电流(I_{1N}、I_{2N})

原、副边额定电流 I_{1N} 和 I_{2N} 是根据变压器额定容量和额定电压算出的电流值,也就是变压器运行时原、副边绕组允许通过而不会引起设备损坏的规定电流值。

3) 额定容量(S_N)

额定容量是指变压器副边的额定视在功率,即额定电压与额定电流的乘积。

4) 额定频率(f_N)

变压器所加电源电压的频率应符合额定频率,额定频率不同的电源变压器一般不能换用。

3. 变压器运行特性

变压器对负载而言,相当于一个电压源;对电源而言,又相当于一个负载,因此有必要对其外特性和效率进行分析。

1) 变压器的外特性和电压调整率

作为电源的变压器,其副边所接的负荷量通常是变化的。在电源电压保持不变,负载功率因数 $\cos\varphi_2$ 一定的条件下,变压器副边绕组的输出电压 U_2 随负载电流 I_2 的变化关系称为变压器的外特性,如图 12-32 所示。

当负载电流 I_2 增加时,变压器副边电压 U_2 随之下降,其下降程度与负载的功率因数及原、副边绕组阻抗有关。负载功率因数越低,原、副边绕组阻抗越大,电压下降越多。

一般情况下,负载都要求电源电压稳定,即希望变压器副边电压 U_2 变动越小越好。从空载到额定负载,副边电压变化程度用电压调整率ΔU 表示,即

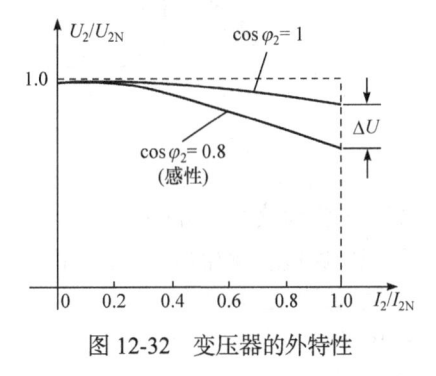

图 12-32 变压器的外特性

$$\Delta U = \frac{U_{2N} - U_2}{U_{2N}} \tag{12-42}$$

在一般变压器中,原、副边绕组的阻抗很小,因此电压调整率不大,约为 5%。通常,电力变压器为了调整输出电压,在高压线圈中均设有±5%抽头。

2) 变压器的损耗及效率

变压器运行时会有一定能耗,其能耗包括原、副两边绕组电阻的电能损耗和铁心磁路中的磁能损耗两项。前者称为铜损 ΔP_{Cu},后者称为铁损 ΔP_{Fe}。

变压器空载运行时,在其原边可测得输入功率。由于变压器空载励磁电流 I_0 很小,因此可忽略此时绕组的铜损。测得的功率就是铁心磁路的铁损,它包括磁滞损耗和涡流损耗。铁损又称空载损耗。

由式(12-35)可知,当变压器原边所加电压不变时,铁心中磁通也基本不变,即变压器空载和有载时的铁损基本相等,则变压器有载运行时的总损耗可用如下公式表示:

$$\Delta P = \Delta P_{Cu} + \Delta P_{Fe} \tag{12-43}$$

若将变压器有载运行时的总损耗 ΔP 测出,则可通过式(12-43)求出铜损。

若变压器的输出功率为

$$P_2 = U_2 I_2 \cos\varphi_2 \qquad (12-44)$$

则变压器的输入功率为

$$P_1 = U_1 I_1 \cos\varphi_1 = P_2 + \Delta P \qquad (12-45)$$

变压器效率为

$$\eta = \frac{P_2}{P_1} \times 100\%$$

通常，电力变压器的损耗相对其输出功率而言较小，效率很高，一般均为 95%～99%。

4. 变压器的极性

为适应不同的电源电压或者为负载提供不同的输出电压，变压器要有几个原边绕组和副边绕组，如图 12-33 所示。在应用中，对这种多绕组变压器，为了能够正确连接各绕组，必须先确定每个绕组的极性，也就是前面提到过的同名端。

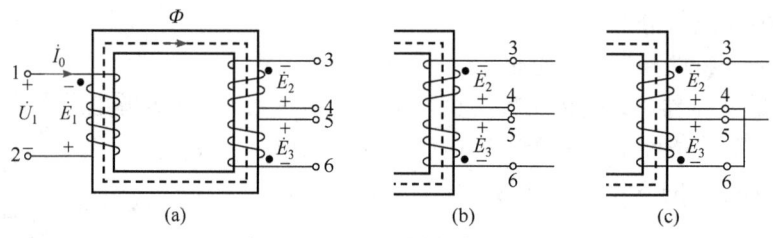

图 12-33 变压器同名端的用法

在图 12-33(a)中，根据楞次定律可以判断出 1、3、6 为同名端，同样 2、4、5 也是同名端。若需要将绕组并联，应将同名端连接在一起，如图 12-33(b)所示。这样，在并联的两个绕组回路内，感生电动势互相抵消，因此在绕组回路内不会有环绕电流产生。否则，若将异名端（如图 12-33 中的 3 与 5 或 4 与 6）并联，在绕组回路内两感生电动势顺向叠加，相当于短路，会因环绕电流过大烧毁绕组。因此，设计多绕组变压器时，必须标清绕组的同名端，以便使用。若按图 12-33(c)将绕组异名端串联在一起，会得到多大的输出电压，请读者自己分析。

对于已经封装好的变压器，绕组绕向无法确定，同名端标志也可能因磨损而变得不清晰，这时需要通过实验方法来判别同名端。

1）交流判别法

如图 12-34 所示，将两个不同绕组的任意两端用导线相连后，在高压绕组侧加一个便于测量的低电压，用电压表分别测出变压器各端子之间的电压。若 $U_{15} = U_{12} - U_{56}$，则 U_{12} 与 U_{56} 为逆向串联，1、5 应为同名端；若 $U_{15} = U_{12} + U_{56}$，则 U_{12} 与 U_{56} 为顺向串联，1、6 应为同名端。

2）直流判别法

如图 12-35 所示，将一直流电源经开关 S 接到变压器一相绕组上，另一绕组接一直流电流

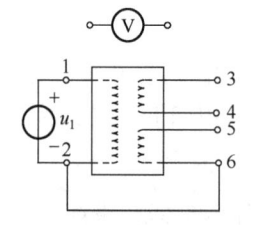

图 12-34 同名端交流判别法 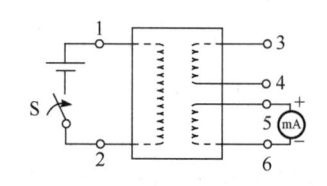　　　　图 12-35 同名端直流判别法

表，极性如图中所示。在开关闭合瞬间，表针正向偏转，则 1、5 为同名端；表针反向偏转，则 1、6 为同名端。

12.4.3 三相变压器及特殊变压器

1. 三相变压器

三相变压器的结构及原理如图 12-36 所示。

变压器的原、副边绕组均可视需要接成星形或三角形的形式，通常以 Y_0/Y、$Y_0/\triangle$、$Y/\triangle$ 三种连接应用最广。这种书写方式表示"原边/副边"的接法。

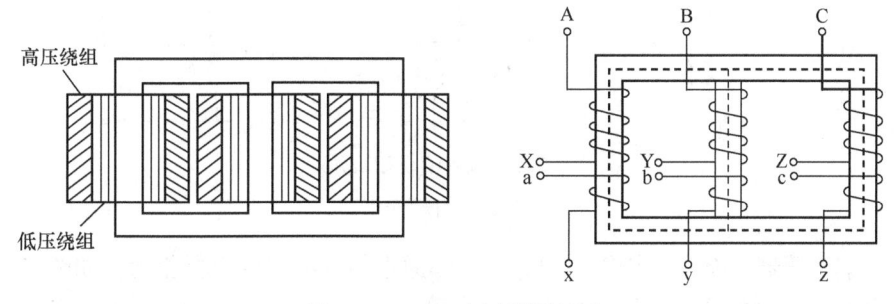

图 12-36 三相变压器原理图

以 $Y_0/\triangle$ 为例，这种接法表示原边绕组接成星形带有中线的形式，副边绕组接成三角形，其优点是：高压绕组接成星形，相电压只有线电压的 $1/\sqrt{3}$，因而每相绕组的绝缘要求可降低；低压绕组接成三角形，相电流只有线电流的 $1/\sqrt{3}$，因而导线截面积可以缩小。因此，大容量的变压器常采用 $Y/\triangle$ 或 $Y_0/\triangle$ 接法。而 Y_0/Y 接法适用于容量不大的三相配电变压器，可供给动力和照明混合负载。

三相变压器的工作原理与单相变压器的工作原理完全相同。但是三相变压器铭牌上所给出的额定电压和电流均指线电压、线电流。因此，三相变压器原、副边的电压比不仅与匝数有关，而且与接法有关。另外，原、副边接法的不同，还会造成两边线电压有一定的相位差。

在图 12-37(a) 中，变压器原边 Y 连接，理想情况下，$\dot{U}_{ax}$ 与 $\dot{U}_{AX}$ 同相，而原边线电压 $\dot{U}_{AB}$ 比 $\dot{U}_{AX}$ 超前 30°，副边为 △ 连接，其相电压 $\dot{U}_{ax}$ 与线电压 $\dot{U}_{ab}$ 相等，因此副边线电压滞后原边线电压 30°，如图 12-37(b) 相量图所示。

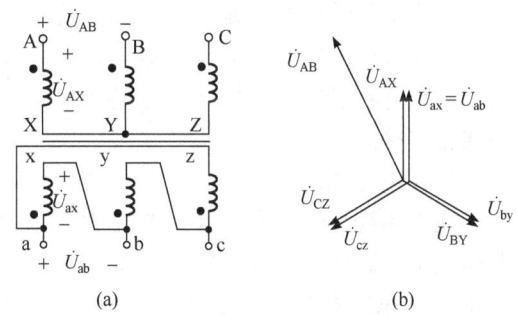

图 12-37 三相变压器 $Y/\triangle$ 接法

2. 特殊变压器

前面介绍的变压器是普通的变压器。下面介绍几种在生产及科学实验中常用到的特殊变压器。

1) 自耦变压器

自耦变压器又称调压器，它只有一个线圈，其副边绕组是原边绕组的一部分，外形图如图 12-38(a) 所示，其电路如图 12-38(b) 所示，图中 N_1、N_2 分别为原(高压)边绕组和副(低压)

边绕组的匝数。

(a) 自耦变压器的结构

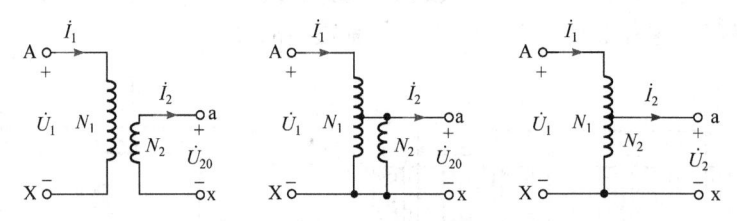

(b) 由双绕组变压器到自耦变压器的演变

图 12-38　自耦变压器

尽管自耦变压器只有一个绕组，但它的工作原理与双绕组变压器相同，如图 12-38(b)所示的原理电路上，接触臂可借助手柄操纵自由滑动，从而可以平滑地调节副边绕组电压，所以这种变压器又称自耦调压器。若原边绕组加上电压 U_1，则可得副边绕组电压 U_2，且原边绕组、副边绕组的电压和它们的匝数成正比，即

$$\frac{U_1}{U_{20}} \approx \frac{N_1}{N_2} = k_B$$

有载时，原边绕组、副边绕组电流和它们的匝数成反比，即

$$\frac{I_1}{I_2} \approx \frac{N_2}{N_1} = \frac{1}{k_B}$$

自耦变压器的特点是：原、副边绕组之间不仅有磁的耦合，而且有电的直接联系，当绕组的公共部分断线时，高压会进入低压端，危及人身和设备的安全。自耦变压器变比一般不大于 2.5。使用调压器时，应当注意原、副边绕组不能对换使用，并一定要使其公共端和电源地线相连接。

2) 仪用互感器

在电路测量中，常需要对交流大电流(几百至几千安)及高电压(几千伏)进行测量，这是普通交流电表无法直接进行测量的。因此，在进行高电压(或大电流)测量时，常通过特制的仪用变压器，将高电压(或大电流)转换成低电压(或较小的电流)后，再进行测量。这些特制的具有一定精度要求的仪用变压器，称为仪用互感器。仪用互感器分为电压互感器和电流互感器两类。

(1) 电压互感器。

图 12-39 所示为电压互感器接线图和符号图，其原边绕组匝数 N_1 较多，并连于待测的高压线路中。副边绕组 N_2 匝数较少，接入电压表或接到其他仪表和保护电器的电压线圈上，这样就可以通过测 U_2 而测出高压线路电压 U_1 值。

电压互感器运行时，绝对不允许短路，其副边绕组要接地，以免高低压绕组之间的绝缘损坏，从而在低压绕组上出现高电压，危及操作人员安全和损坏仪表。

(2) 电流互感器。

图 12-40 所示为电流互感器接线图和符号图，从图中可知，原边绕组匝数较少(有的只有一匝)，导线粗，串联于待测电流的线路中；副边绕组匝数较多，导线细，使用时接入电流表或其他仪表的电流线圈。电流互感器运行时，绝对不允许开路，否则会在副边绕组两端产生很高的尖峰电压，对于操作人员和绕组绝缘都很危险。

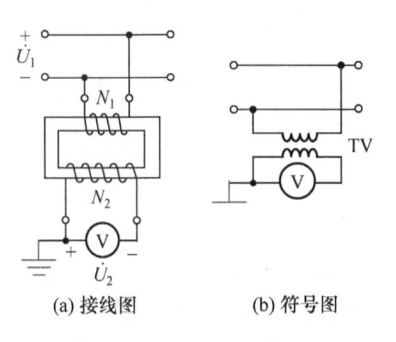

图 12-39 电压互感器

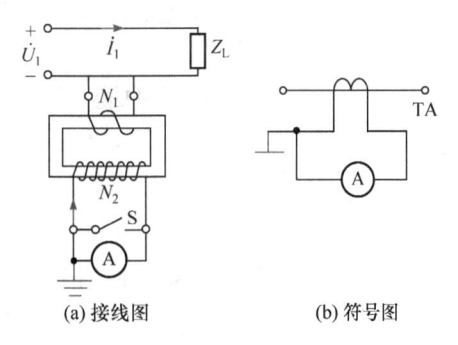

图 12-40 电流互感器

12.5 电 磁 铁

电磁铁是利用电磁力来实现某一机械动作或保持某种工件于固定位置的电磁元件。电磁铁用途很广，通常采用它制成各种自动控制电器，如继电器、接触器和电磁阀等。电磁铁的结构示意图如图 12-41 所示。

工作时，线圈中通入电流产生磁场，衔铁被吸向铁心，从而带动某一机构产生相应的动作。电磁铁根据励磁电流的不同，可分为直流电磁铁和交流电磁铁。

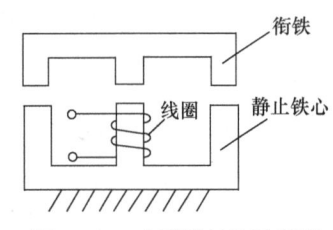

图 12-41 电磁铁结构示意图

12.5.1 直流电磁铁

直流电磁铁的励磁电流为直流。稳态时，磁路中的磁通是恒定的，恒定的磁通不会在铁心中引起涡流损耗和磁滞损耗。因此，直流电磁铁的铁心可用整块的铸铁或工程纯钢制成。为加工方便，套有线圈部分的铁心多做成圆形，线圈也绕成圆筒形。

直流电磁铁电磁力的基本计算公式为

$$F = \frac{1}{2}\frac{B_0^2}{\mu_0}S_0 = \frac{10^7}{8\pi}B_0^2 S_0$$

式中，B_0 为空气隙中磁感应强度，单位为特斯拉(T)；S_0 为电磁铁空气隙的总面积，单位为平方米(m^2)；F 为电磁铁的吸力，单位为牛(N)。

直流电磁铁线圈接通直流电流 I 之后，铁心产生由上式所确定的电磁力 F。F 将吸合衔铁，在衔铁被吸合前，由于空气隙较大，B_0 较小；衔铁被吸合后，空气隙变得很小，磁感应强度 B_0 将增大，电磁力 F 也增大。因此，直流电磁铁在铁心吸合后的电磁吸引力比吸合前大得多。

12.5.2 交流电磁铁

交流电磁铁的励磁电流为交流。为了减少铁损，交流电磁铁的铁心由表面经绝缘处理的薄硅钢片叠成。在交流电磁铁中，由于磁通是交变的，因此它的电磁吸力 F 的大小也是交变的。设电磁铁空气隙处的磁感应强度 $B_0 = B_m \sin(\omega t)$，则电磁吸力的瞬时值为

$$f = \frac{10^7}{8\pi} B_m^2 \sin^2(\omega t) S_0 = \frac{10^7}{8\pi} B_m^2 S_0 \frac{1-\cos(2\omega t)}{2} = F_m \frac{1-\cos(2\omega t)}{2}$$

式中，$F_m = \frac{10^7}{8\pi} B_m^2 S_0$，为吸力的最大值。可见，交流电磁铁吸力在零值与最大值 F_m 之间脉动。吸力平均值为

$$F = \frac{1}{T} \int_0^T f \, dt = \frac{10^7}{16\pi} B_m^2 S_0$$

电磁吸力是脉动的，这会导致衔铁振动，产生噪声，并造成机械磨损，减少电磁铁的使用寿命。为了消除这种现象，可如图 12-42 所示在铁心的某一端面套装一个闭合的铜环，通常称为短路环或分磁环。当交变的磁通 Φ_1 穿过短路环时，环内便产生感应电动势并出现感应电流。根据楞次定律，它将阻止磁通的变化，结果使得铁心中的两部分磁通 Φ_1 和 Φ_2 之间出现了相位差，这两部分磁通产生的吸力就不会同时为零，这样就可以消除衔铁的振动。

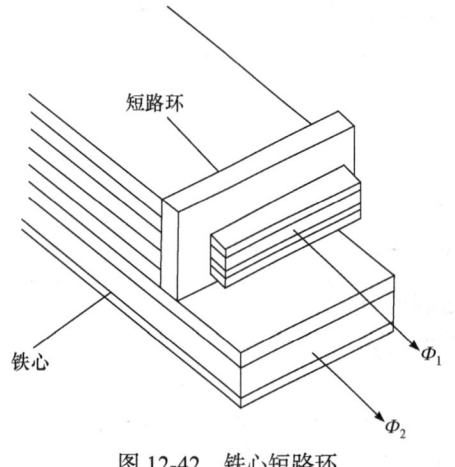

由交流铁心线圈电路中 $U \approx E = 4.44 fN\Phi_m$ 关系式可看到，交流电磁铁在工作过程中，当外加电源电压的有效值不变时，主磁通的最大值也几乎不变。因此，衔铁吸合前后的吸力平均值变化不大。但是，由于衔铁吸合前磁阻大，吸合后磁阻小，因而吸合前的磁动势要比吸合后的磁动势大。线圈中的励磁电流在衔铁吸合前要远大于衔铁吸合后。为此，当交流电磁铁线圈通电时，要防止衔铁被卡住或吸合不牢的情况发生，否则会由于电流过大而导致线圈烧坏。

图 12-42 铁心短路环

习 题

12-1 (1) 试确定题 12-1 图(a)中两线圈的同名端。若已知互感 $M = 0.04\text{H}$，流经 L_1 的电流 i_1 的波形如题 12-1 图(b)所示，试画出 L_2 两端的互感电压 u_{21} 的波形。

(2) 如题 12-1 图(c)所示的两耦合线圈，已知 $M = 0.0125\text{ H}$，L_1 中通过的电流 $i_1 = 10\cos 800t \text{ A}$，求在 L_2 两端产生的互感电压 u_{21}。

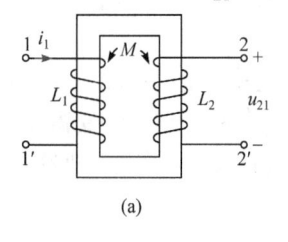

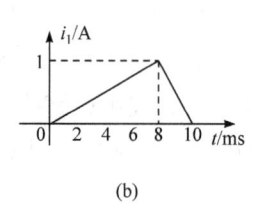

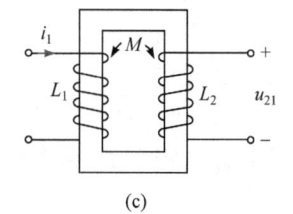

题 12-1 图

12-2 有两组线圈，一组的参数为 $L_1=0.01\text{H}$，$L_2=0.04\text{H}$，$M=0.01\text{H}$；另一组的参数为 $L_1'=0.04\text{H}$，$L_2'=0.06\text{H}$，$M'=0.02\text{H}$，试分别计算每组线圈的耦合系数。通过比较说明，是否互感大者耦合必紧？为什么？

12-3 题 12-3 图所示的电路为测定耦合线圈同名端的一种实验电路。如果在开关 S 闭合瞬间，伏特表指针反向偏转，试确定两线圈的同名端，并说明理由（U_S 为直流电源）。

12-4 将两个耦合线圈串联起来接到 220V、50Hz 的正弦电源上，顺联时测得电流为 2.7A，吸收的功率为 218.7W，逆联时测得电流为 7A，求两线圈的互感 M。

12-5 求题 12-5 图所示两电路的入端复阻抗。

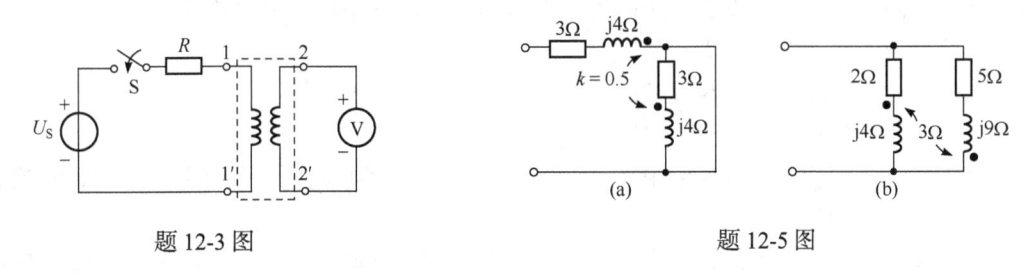

题 12-3 图　　　题 12-5 图

12-6 题 12-6 图所示的电路中，已知 $R_1=10\Omega$，$R_2=6\Omega$，$\omega L_1=15\Omega$，$\omega L_2=12\Omega$，$\omega M=8\Omega$，$\dfrac{1}{\omega C}=9\Omega$，$U_\text{S}=120\text{V}$，求各支路电流。

12-7 题 12-7 图所示的电路中，已知 $R_1=R_2=3\Omega$，$\omega L_1=\omega L_2=4\Omega$，$\omega M=2\Omega$，$R=5\Omega$，$U_\text{S}=10\text{V}$，求 U_o。

12-8 求题 12-8 图所示电路的戴维南等效电路的参数。

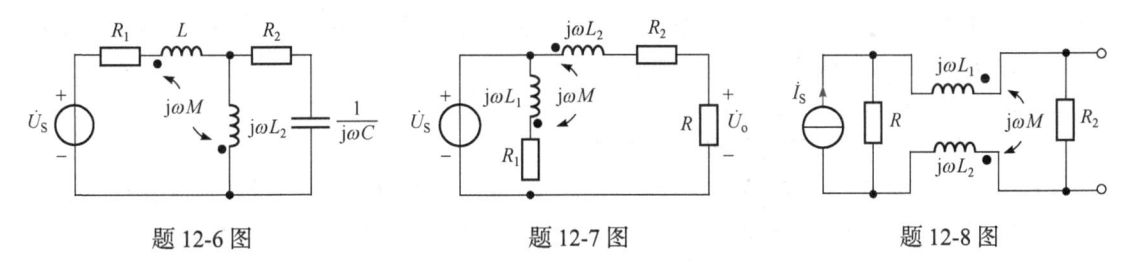

题 12-6 图　　　题 12-7 图　　　题 12-8 图

12-9 题 12-9 图所示的电路中，虚线框内为一个线性变压器。求：(1)变压器输出电压 u_2；(2)能量传输效率(输出功率与输入功率之比)。

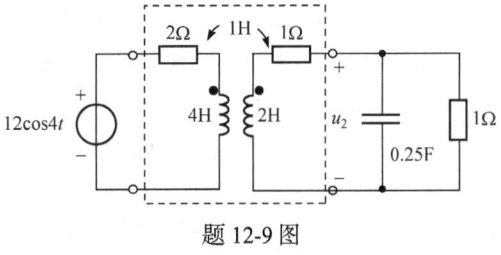

12-10 有一线圈，其匝数 $N=1500$ 匝，绕在由铸钢制成的铁心上(铁心是闭合的)，铁心截面积 $S=10\text{cm}^2$，铁心平均长度 $l=75\text{cm}$。

(1)若要在铁心中产生磁通 $\Phi=0.001\text{Wb}$，试计算线圈中应通入多大的直流电流。

(2)若线圈中通入的电流为 2.5A，铁心中的磁通 Φ 为多少？

题 12-9 图

12-11 试定性分析一截面均匀的直流闭合铁心中的磁感应强度，线圈中的电流在下列情况下将如何变化：

(1)铁心截面积加倍，线圈的电阻和匝数以及电源电压保持不变；

(2)线圈匝数加倍,线圈的电阻及电源电压保持不变;

(3)电路与磁路结构及参数均不变,将铁心换成高磁导率材料。

12-12 有一个直流铁心,铁心采用硅钢材料,平均长度 $l = 101$cm,各处截面积相等且 $S = 10$cm², 当磁路中磁通 $\Phi = 0.0012$Wb 时,试求铁心的磁场强度、磁阻、磁压降及磁动势。

12-13 对于题 12-12 中的直流铁心,如果磁路带有空气隙,铁心部分平均长度 $l = 100$cm,空气隙长度 $l_0 = 1$cm,其他参数均不改变,试再求铁心的磁场强度、磁阻、磁压降及磁动势。

12-14 试定性分析一截面均匀的交流铁心中的磁感应强度,线圈中的电流和铜损在下列几种情况下将如何变化:

(1)电源频率减半,电源电压的大小保持不变,磁路结构和材料不变;

(2)电源频率及电压的大小均减半;

(3)铁心截面积加倍,线圈的电阻和匝数以及电源电压保持不变;

(4)线圈匝数加倍,线圈的电阻及电源电压保持不变。

12-15 一台变压器的额定电压为 220/110V,如果不慎将低压绕组接到 220V 电源上,励磁电流有何变化?

12-16 一台变压器的额定电压为 220/110V,$N_1 = 2000$ 匝,$N_2 = 1000$ 匝。有人提出为了节约铜,建议将匝数减少为 250 匝和 125 匝,这种改法是否可行?为什么?

12-17 有一台变压器,原边绕组为 733 匝,副边绕组为 60 匝,铁心截面积为 13cm²,原边电压为 220V,频率为 50Hz。试求:

(1)变压器的变比 k_B 及副边电压 U_2;

(2)铁心中磁感应强度的最大值 B_m。

12-18 有一台变压器,原边绕线匝数 $N_1 = 460$ 匝,接于 220V 电源上。现副边需要三种电压:$U_{21} = 110$V, $U_{22} = 36$V, $U_{23} = 6.3$V, 空载电流忽略不计时,副边电流分别为 $I_{21} = 0.2$A, $I_{22} = 0.5$A, $I_{23} = 1$A, 负载全为电阻,试求:

(1)副边绕组匝数 N_{21}、N_{22}、N_{23};

(2)变压器原边电流。其容量最少应为多少?

12-19 有一单相照明变压器,容量为 10kV·A,电压为 3300/220V,现欲在副边接上 60W、220V 的白炽灯,如果变压器在额定情况下运行,求:(1)原、副边绕组的额定电流;(2)这种电灯可接多少盏?

12-20 如题 12-19 所示的变压器,如果换作日光灯,灯管额定功率为 60W,电压为 220V,额定功率因数为 0.6,若变压器在额定情况下运行,这种日光灯可接多少盏?

12-21 电力系统中通常共用一个供电变压器,变压器负载默认应当是电阻性负载或电感性负载,若有较大功率的电容性负载用电,则需要为其专门设置变压器,请解释原因。

12-22 一台扬声器的电阻 $R = 8\Omega$,将它接在输出变压器的副边,此变压器原边绕组为 500 匝,副边绕组为 100 匝。试求:(1)扬声器在原边的等效阻抗;(2)将变压器原边接入电动势 $E = 10$V,内阻 $R_0 = 250\Omega$ 的信号源时,输送到扬声器上的功率。

12-23 题 12-23 图所示的电路中,虚线框内为理想变压器,求图中的未知电流及电压。

12-24 有一台 CJO-10A 接触器,其原理电路如题 12-24 图所示,其线圈电压为 380V,有 8750 匝,导线直径为 0.09mm。问:若将其改装成线圈电压为 36V 的接触器,应如何改装?(提示:改装前后磁动势相等,导线截面积与所通过的电流成正比)

题 12-23 图

题 12-24 图

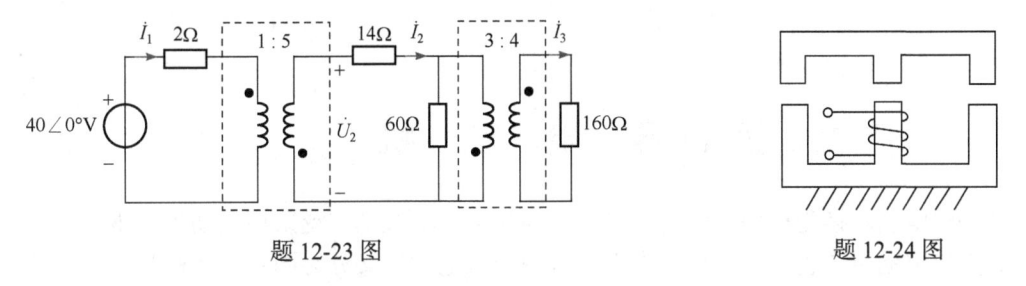

12-25 有一拍合式电磁铁，其磁路尺寸：$c = 4\text{cm}$，$l = 7\text{cm}$，铁心由硅钢片叠成，铁心和衔铁的横截面都是正方形，每边长度为 $a = 1\text{cm}$，如题 12-25 图所示。励磁线圈电压为交流 220V，现要求衔铁在最大空气隙 $\delta = 1\text{cm}$（平均值）时需产生吸力 50N。试计算线圈匝数和此时的电流值。（计算时可忽略漏磁通，并认为铁心和衔铁的磁阻与空气隙相比可以不计）

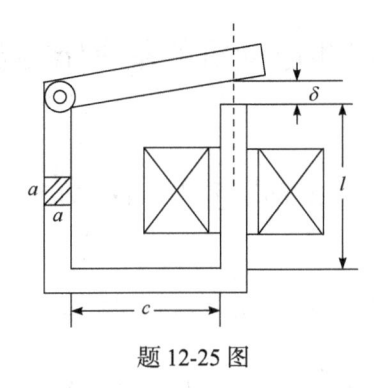

题 12-25 图

第13章 电 动 机

电动机是将电能转换为机械能的电气设备。现代生产机械都广泛采用电动机来驱动。电动机可分为交流电动机与直流电动机两大类,其中交流电动机又分为同步电动机和异步电动机。由于异步电动机具有结构简单、坚固耐用、运行可靠、维护方便、价格便宜等优点,在工农业生产中获得了广泛的应用。

本章主要介绍三相异步电动机的构造、工作原理、各种工作特性以及单相异步电动机和直流电动机的工作原理及特性。

13.1 三相异步电动机的基本结构及工作原理

13.1.1 基本结构

三相异步电动机由定子(固定不动的部分)和转子(转动的部分)两大部分组成,如图13-1所示。

1. 定子

异步电动机的定子主要由定子铁心、定子绕组和机座三部分组成。

1)定子铁心

为了减少定子铁心中的涡流损耗和磁滞损耗,它是由导磁性能较好的、0.5mm厚且冲有一定槽形的硅钢片叠压而成的,如图13-2(a)所示。定子铁心的作用有两方面:一是安放定子绕组;二是构成主磁通磁路的一部分。

2)定子绕组

定子绕组是异步电动机定子的电路部分,它是由许多线圈按一定规律连接而成的三相对称绕组。定子绕组由彼此绝缘的铜或铝导线绕成。定子绕组的作用是通入三相对称电流而形成旋转磁场。

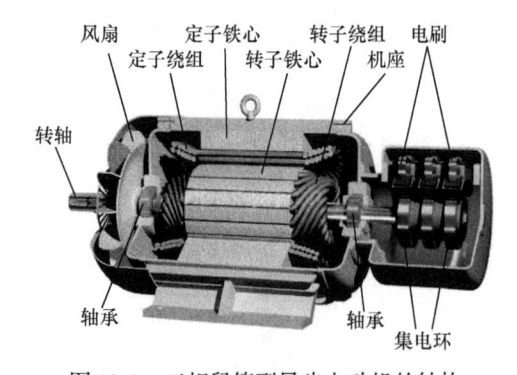

图 13-1 三相鼠笼型异步电动机的结构

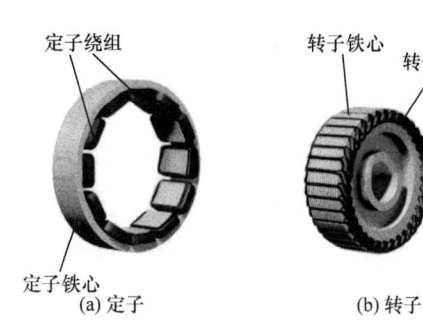

图 13-2 定子与转子

3)机座

机座的作用主要是支撑定子铁心。对于中、小型异步电动机,通常采用铸铁机座;对于大型电动机,一般采用钢板焊接的机座。

2. 转子

异步电动机的转子主要由转子铁心、转子绕组和转轴组成。

1) 转子铁心

为了减少转子铁心中的铁损，转子铁心一般也由 0.5mm 厚、冲有槽形的硅钢片叠成，如图 13-2(b)所示。铁心固定在转轴或转子支架上。整个转子铁心的外表面呈圆柱形。

2) 转子绕组

转子绕组分为绕线型和鼠笼型两种结构。

(1) 绕线型绕组和定子绕组一样，也是一个对称三相绕组，这个三相绕组接成星形，并接到铜制的滑环上。滑环固定在转轴上，环与环、环与轴都互相绝缘，再通过电刷使转子绕组与外电路接通，如图 13-3 所示。通过滑环和电刷可在转子回路中接入附加电阻或其他控制装置，以便改善电动机的起动性能或调速性能。

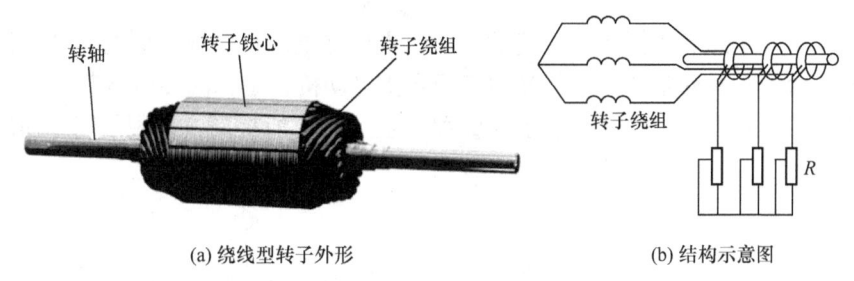

(a) 绕线型转子外形　　　(b) 结构示意图

图 13-3　绕线型转子的外形与结构示意图

(2) 鼠笼型绕组就是在转子铁心的槽中放入铜条，其两端用端环连接，简称笼型绕组。其也可在转子铁心的槽中灌注铝液铸成，如图 13-4 所示。

转子绕组为绕线型的异步电动机称为绕线式电动机，而转子绕组为鼠笼型的异步电动机称为鼠笼式电动机。由于鼠笼式电动机价格低廉、工作可靠，因此在生产中应用最广。

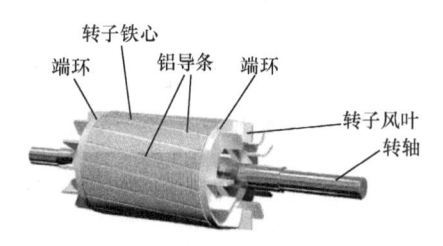

图 13-4　鼠笼型转子的绕组

3) 转轴

电机转轴的主要作用是将电能转换为机械能，并将其传递到负载上进行工作。具体来说，电机转轴通过旋转产生机械动力，并通过轴承等部件支持，传递这种动力到负载上，使其得以正常工作。此外，电机转轴还可以通过选择合适的材料和润滑方式来减少磨损和摩擦，从而延长其使用寿命。

13.1.2　铭牌数据

每台电动机都有一块铭牌，上面标明了这台电动机的各项技术数据，这些技术数据称为额定值。额定值是制造厂家对电动机正常运行时有关的电量和机械量所规定的数据。若电动机运行时，这些量符合额定值，则称为额定运行状态。在额定运行状态下工作，电动机能可靠地运行，并具有良好的性能。

实际运行中，电动机并不总是运行在额定状态。流过电动机的电流小于额定电流时，称为欠载运行；大于额定电流时，称为过载运行。长期过载或欠载运行对电动机都会造成影响：长期过载，有可能因过载而损坏电动机；长期欠载，运行效率较低，能量浪费较大。

了解电动机的铭牌数据，对于电动机的正确使用、维护和修理等都是必不可少的。现以 Y160M-4 型电动机为例，说明铭牌上各数据的意义。

××××电机厂　　　　　　三相异步电动机　　　　　　编号××××

型号 Y160M-4　　　　　　功率 11kW　　　　　　　　频率 50Hz

电压 380V　　　　　　　　电流 22.6A　　　　　　　　接法 △

转速 1460r/min　　　　　　温升 75℃　　　　　　　　绝缘等级 E

功率因数 0.84　　　　　　重量 150kg　　　　　　　　工作方式 S1

防护等级 IP 144　　　　　出厂日期××××年××月

1. 型号

为了适应不同用途和不同工作环境的需要，人们将电动机制成不同的系列，而每种系列用各种型号表示。Y 系列是通用的鼠笼型三相异步电动机，是我国 20 世纪 80 年代新设计的统一系列产品。本系列电机的效率较于 J02 型（老产品）有所提高，采用了国际通用标准。型号具体说明如下。

```
              Y   160   M  - 4
异步电动机系列─┘    │    │    └─磁极数
机座中心高160mm────┘    └─中机座，L为长机座，S为短机座
```

2. 额定功率 P_N

电动机的额定功率也称为额定容量，是指电动机在额定运行情况下转轴上输出的机械功率。

3. 额定电压 U_N

额定电压指电动机额定运行时，加在定子绕组上的线电压。

4. 额定电流 I_N

额定电流指电动机在定子绕组上施加额定电压，轴上输出额定功率时定子绕组的线电流。

5. 额定频率 f_N

额定频率指电动机使用的交流电源的频率，我国电网工频为 50Hz。

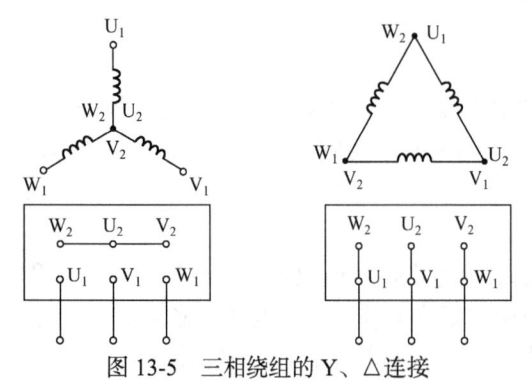

6. 额定转速 n_N

额定转速指电动机定子绕组加额定频率的额定电压后，轴上输出额定功率时电动机的转速。

7. 接法

电动机定子绕组的常用接法为△和Y：△称为三角形接法；Y 称为星形接法。它们的原理图和在接线盒内的连接，如图 13-5 所示。其中，U₁、

图 13-5　三相绕组的 Y、△连接

V_1、W_1 代表三相绕组首端，U_2、V_2、W_2 代表三相绕组末端。

有些电动机的铭牌上标有"220/380V，△/Y 接"，这表示当电源线电压为 220V 时，定子绕组为三角形接法；当电源线电压为 380V 时，定子绕组为星形接法。

8. 功率因数 $\cos\varphi_N$

铭牌上的功率因数指电动机在额定运行下定子电路的功率因数。三相异步电动机的功率因数较低，额定负载时为 0.7～0.9，而在轻载和空载时更低，空载时只有 0.2～0.3。

因此，必须正确选择电动机的容量，以防止"大马拉小车"，并力求缩短空载运行时间。

9. 温升

铭牌上的温升是指环境温度为 40℃时，电动机在运行中定子绕组发热而升高的温度。电动机发热影响绝缘材料，而各种材料的耐热性能不同，所以电机的允许温升与绝缘等级有关，见表 13-1。

表 13-1 绝缘等级和温升

绝缘等级	A	E	B	F	H
允许最热点温度/℃	105	120	130	155	180
最高允许温升/℃（环境温度 40℃）	60	75	80	100	120

【**例 13-1**】 已知一台 Y180M-2 型三相异步电动机，输出有功功率 $P_{2N} = 22\text{kW}$，$U_N = 380\text{V}$，三角形连接，$I_N = 42.2\text{A}$，$\cos\varphi_N = 0.89$，$f_N = 50\text{Hz}$，$n_N = 2940\text{r/min}$。求额定状态下的定子绕组相电流 I_P、输入有功功率 P_{1N} 及效率 η_N。

解 已知定子三相绕组为三角形接法，故定子绕组相电流：

$$I_P = \frac{I_N}{\sqrt{3}} = \frac{42.2}{\sqrt{3}} = 24.4(\text{A})$$

输入有功功率： $P_{1N} = \sqrt{3}U_N I_N \cos\varphi_N = \sqrt{3} \times 380 \times 42.2 \times 0.89 = 24.7(\text{kW})$

效率： $\eta_N = \frac{P_{2N}}{P_{1N}} \times 100\% = \frac{22}{24.7} \times 100\% = 89.1\%$

13.1.3 工作原理

1. 转动原理

三相异步电动机接上电源就会转动。为说明三相异步电动机转动原理，先来看图 13-6 所示的转子转动演示。一个装有手柄的蹄形磁铁，磁极之间放置一个可转动的鼠笼型转子。磁极与转子之间没有机械联系。当摇动磁极时，可看到转子和磁极一起转动。手柄摇得快，转子转得也快；摇得慢，转得也慢；如果反摇，那么转子也随着反转。

异步电动机转子转动的原理与上述演示实验相似。在图 13-7 中，当磁极以转速 n_0 (r/min) 顺时针方向旋转时，形成旋转的磁场。旋转磁场的磁力线切割转子导体，根据电磁感应定律，转子导体中有感应电动势产生。因为转子电路是闭合的，所以转子导体中就产生电流。转子导体中的感应电动势的实际方向可由右手定则确定，若近似认为转子电路是一个纯电阻电路，则感生电动势和感生电流方向相同。转子导体的电流和磁场相互作用而产生电磁力 F，其实际方向用左手定则来确定。由电磁力 F 产生的电磁转矩驱动三相异步电动机的转子沿着旋转磁场的旋转方向以转速 n 转动起来，而且转子转动的方向与旋转磁场的方向相同。

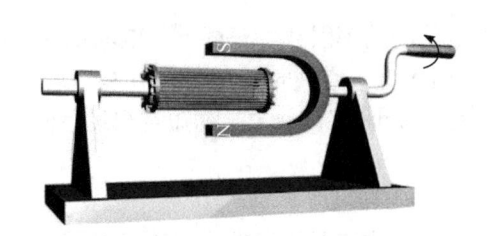

图 13-6 转子转动演示

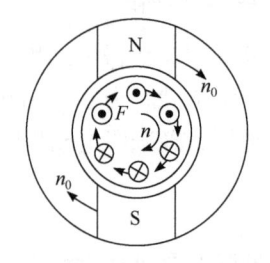

图 13-7 转子转动原理

由上述分析中可知，这类异步电动机的工作原理是以电磁感应定律为基础的，故又称感应电动机。

虽然转子转动的方向与旋转磁极的方向相同，但转子转速 n 与旋转磁场的转速 n_0 不可能相等，即应满足 $n<n_0$。因为如果 $n=n_0$，那么旋转磁场与转子导体之间就没有了相对运动，磁场的磁力线与转子导体无切割作用，转子导体便不能产生感应电动势和电磁转矩，转子自然就不会转动。因此，感应电动机的转速 n 不等于旋转磁场的转速 n_0，也就是转子的运动与定子旋转磁场不同步，所以称为异步电动机。旋转磁场的转速 n_0 也称为同步转速。

n_0 与 n 之差称为转差。转差 n_0-n 的存在是异步电动机运行的必要条件，而转差 n_0-n 与同步转速 n_0 之比，称为转差率，用 S 表示，即

$$S=\frac{n_0-n}{n_0}\times 100\% \tag{13-1}$$

转差率是三相异步电动机的一个重要参数。一般情况下，异步电动机的转差率变化不大，空载转差率在 0.5% 以下，额定运行时，其转差率（也称为额定转差率）S_N 很小，一般中小型电动机的 S_N 为 2%～6%，而在起动瞬间（$n=0$），转差率最大（$S=1$）。

实际的异步电动机中并没有永久磁极在旋转，那么它的旋转磁场从何而来呢？下面来讨论这个问题。

2. 旋转磁场的产生

已知在三相异步电动机的定子铁心中放有三相对称绕组 U_1U_2、V_1V_2、W_1W_2。现将三相绕组接成星形，接在三相电源上，绕组中便通过三相对称电流，其参考方向和波形如图 13-8 所示。

为说明三相对称电流流进三相对称绕组会产生旋转磁场，可以任选几个不同的时刻来进行分析。在图 13-8 的 t_1 时刻，$i_A=0$，i_B 为负，这表明此时电流 i_B 的实际方向与规定的参考方向相反，即从 V_2 流入，用符号 $\otimes$ 表示；从 V_1 流出，用符号 $\odot$ 表示。i_C 为正，其实际方向与参考方向相同，即从 W_1 流入，从 W_2 流出。然后，根据右手螺旋定则可知，它们产生的磁场如图 13-9(a) 中的虚线所示，是两个磁极的磁场，上面是 N 极，下面是 S 极。

在图 13-8 的 t_2 时刻，i_A 为正，电流从 U_1 流入，从 U_2 流出；i_B 和 i_C 都为负，即 i_B 从 V_2 流入，从 V_1 流出；i_C 从 W_2 流入，从 W_1 流出。它们产生的磁场如图 13-9(b) 所示。

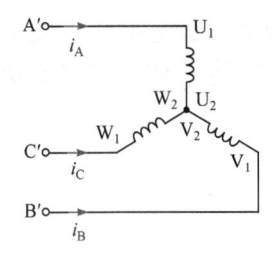

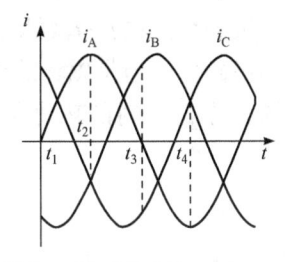

图 13-8 定子绕组的星形连接与三相对称电流

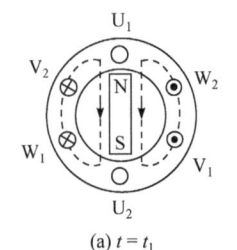

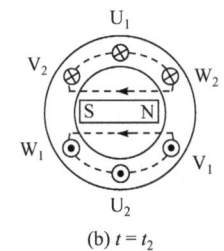

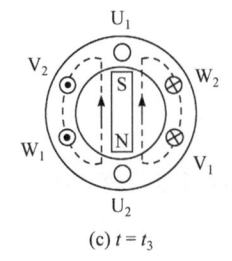

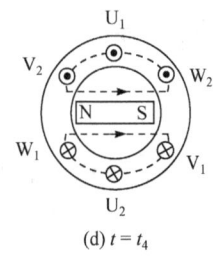

图 13-9 三相对称电流产生的旋转磁场

同理可以得出在图 13-8 的 t_3 和 t_4 时刻的磁场，如图 13-9(c)、(d)所示。依次观察图 13-9 中的各子图，便会发现三相电流通过三相对称绕组后，所建立的合成磁场并非静止，而是在空间不断地旋转。

下面讨论旋转磁场的旋转方向。由图 13-9 可见，旋转磁场沿着 $U_1 \to V_1 \to W_1$ 方向，也就是说，旋转磁场的旋转方向和三相电流的相序是一致的。

如果把三相绕组接到电源的三根引出线中的任意两根对调，如把 B、C 两根线对调，利用同样的分析方法，可知此时旋转磁场的旋转方向将是 $U_1 \to W_1 \to V_1$，呈逆时针方向旋转。

由此可以得出结论，即旋转磁场的旋转方向与三相电流的相序是相关的。

下面再讨论旋转磁场的旋转速度 n_0，又称同步转速。在图 13-9 中所讨论的是只有两个磁极的情况。当电流变化一周即 360°时，旋转磁场在空间恰好也转过一周。当电流的频率为 f_1 时，则旋转磁场每秒转 f_1 周，因此旋转磁场每分钟的转速 $n_0 = 60f_1$。

假设磁极对数 $p=2$（即两个 N 极，两个 S 极），情况又如何呢？图 13-10 所示为两对磁极的情况，其定子上有 6 个完全相同的线圈，各线圈在空间相隔 60°，分别放置在 12 个槽里，每相隔 180°的两个线圈串联起来作为一相。三相绕组接成图 13-10(a)所示的星形（或三角形），通过图 13-8 所示的三相对称电流。在 $t=t_1$ 的瞬间，定子绕组中的电流方向如图 13-10(b)所示，

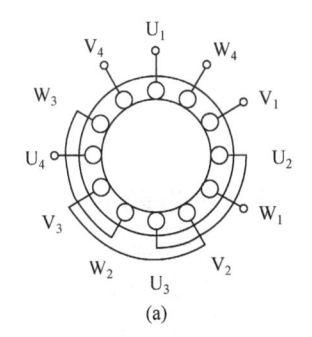

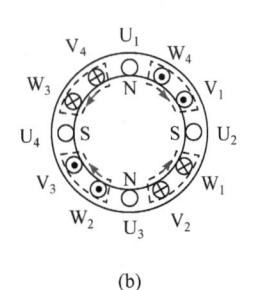

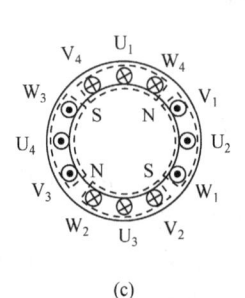

图 13-10 产生四极的定子绕组及旋转磁场（$p=2$）

这时电流产生一个四极磁场。在 $t=t_2$ 的瞬间，定子绕组中的电流方向如图 13-10(c)所示，这时电流仍产生一个四极磁场，但是磁场的位置却在空间转了 45°。依此类推，电流变化一周，磁场在空间转过半周，比 $p=1$ 时的转速慢了一半，即

$$n_0 = \frac{60f_1}{2}$$

同理可知，在三对磁极的情况下，当电流变化一周时，磁场在空间仅旋转 $\frac{1}{3}$ 周，是 $p=1$ 时转速 n_0 的 $\frac{1}{3}$，即

$$n_0 = \frac{60f_1}{3}$$

依此类推，当旋转磁场具有 p 对磁极时，磁场的转速将为

$$n_0 = \frac{60f_1}{p} \tag{13-2}$$

因此，旋转磁场的转速 n_0 取决于定子电流频率 f_1 和磁极对数 p，而磁极对数又取决于三相绕组的安排情况。

由于我国的工频电流为 50Hz，因此由式(13-2)可得出对应于不同磁极对数旋转磁场的转速 n_0，见表 13-2。

表 13-2　不同磁极对数旋转磁场的转速

p	1	2	3	4	5	6
n_0/(r/min)	3000	1500	1000	750	600	500

3. 旋转磁场的大小

定子三相电流产生旋转磁场，其定子每相绕组的磁通穿过气隙并通过定子和转子铁心，同时与定子绕组和转子绕组相交链，与变压器的电磁关系相似，可把定子绕组看作原边绕组，转子绕组为副边绕组。当定子绕组接上三相交流电源时，旋转磁场在转子和定子绕组中都将感应出电动势。由于旋转磁场的磁感应强度沿气隙是接近正弦规律分布的，故穿过定子每相绕组的磁通也是随时间按正弦规律变化的，即 $\Phi = \Phi_m \sin(\omega t)$，其中 Φ_m 是通过每相绕组的磁通最大值，在数值上等于旋转磁场的每极磁通 Φ，即为空气隙中磁感应强度的平均值与每极面积的乘积。因此，定子每相绕组中产生的感应电动势为

$$e_1 = -N_1 \frac{d\Phi}{dt}$$

其有效值为
$$E_1 = 4.44K_1 f_1 N_1 \Phi \tag{13-3}$$

式中，K_1 为定子绕组的绕组系数，与绕组结构有关；f_1 为 e_1 的频率，它等于定子电流的频率；N_1 为定子每相绕组的等效匝数；Φ 为旋转磁场的每极磁通量，常称为主磁通。

定子电流除了产生旋转磁场（它既穿过定子绕组，又穿过转子绕组）的主磁通外，还会产生少量的漏磁通 Φ_{σ_1}。漏磁通只交链定子某一相绕组，而不交链转子绕组。由于定子电流是交变的，因此漏磁通 Φ_{σ_1} 也是交变的，它将在定子绕组中感应出漏磁电动势。这与处理变压器原

边绕组漏磁感应电动势相同，需要一个漏感抗电压分量去克服它。除此之外，定子绕组本身还有电阻 R_1，也要有相应的电压去平衡。

由于定子绕组三相对称，因此只讨论其中的一相。现取其中的一相画在图 13-11 中，各物理量的参考方向如图所示。

根据 KVL，有

$$\dot{U}_1 = -\dot{E}_1 + \dot{I}_0 R_1 + \mathrm{j}\dot{I}_0 X_1 = -\dot{E}_1 + \dot{I}_0 Z_1 \tag{13-4}$$

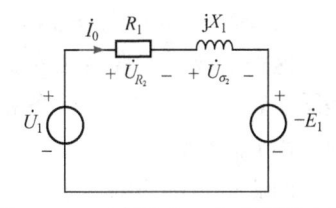

图 13-11 定子绕组一相的等效电路

式中，$Z_1 = R_1 + \mathrm{j}X_1$，为定子每相绕组的漏阻抗，单位为 Ω；$X_1 = \omega_1 L_{\sigma_1} = 2\pi f_1 L_{\sigma_1}$，为定子每相绕组的漏感抗，单位为 Ω；L_{σ_1} 为定子每相绕组的漏电感，是一个常数，单位为 H。

由于定子每相绕组的漏阻抗很小，漏阻抗中压降一般仅占外加电压的百分之几，因此漏阻抗压降可以忽略，故式(13-3)可近似表示为

$$\dot{U}_1 \approx -\dot{E}_1$$

只考虑大小，有 $U_1 \approx E_1 = 4.44 K_1 f_1 N_1 \Phi$

则

$$\Phi \approx \frac{U_1}{4.44 K_1 f_1 N_1} \tag{13-5}$$

在异步电动机中，K_1 一般略小于 1。

【例 13-2】 已知一台 50Hz 的异步电动机，额定转速 $n_N = 730 \text{r/min}$，空载转差率 $S_0 = 0.00267$。试求该电动机的磁极对数、同步转速、空载转速及额定负载时的转差率。

解 已知 $n_N = 730 \text{r/min}$，而额定转速略小于同步转速 n_0。参看表 13-2 可知该电动机的同步转速 $n_0 = 750 \text{r/min}$，因此磁极对数为

$$p = \frac{60 f_1}{n_0} = \frac{60 \times 50}{750} = 4$$

空载转速为 $n_0' = n_0(1 - S_0) = 750 \times (1 - 0.00267) = 748 \text{ (r/min)}$

额定转差率为 $S_N = \dfrac{n_0 - n_N}{n_0} \times 100\% = \dfrac{750 - 730}{750} \times 100\% = 2.67\%$

13.2 三相异步电动机的电磁转矩和机械特性

13.2.1 电磁转矩

异步电动机之所以能转动，是因为转子绕组中产生了感应电动势，从而产生转子电流，而此电流与旋转磁场的磁通作用产生电磁转矩。因而，在讨论电磁转矩之前，必须了解与电磁转矩有关的转子电路各物理量及其相互关系。

1. 转子电路的基本公式

1) 转子绕组中的电动势

定子电流产生的旋转磁场不仅穿过定子绕组，也穿过转子绕组，因而在转子绕组中产生感应电动势。下面分两种情况来研究转子每相绕组中的电动势。

(1) 转子不转时（$n=0$）。

这种情况一般发生在异步电动机起动的瞬间。这时旋转磁场切割转子绕组导体的速度就是同步转速 n_0，因为转子各相绕组是对称的，所以转子每相绕组的电动势有效值大小是相等的，用 E_{20} 表示。

而旋转磁场切割定子绕组导体的速度与切割转子绕组导体的速度是相同的，因此转子绕组电动势和定子绕组电动势的频率是相同的，即 f_1。与研究定子每相绕组电动势的方法一致，转子每相绕组主磁感应电动势的有效值为

$$E_{20} = 4.44 K_2 f_1 N_2 \Phi \tag{13-6}$$

式中，K_2 为转子绕组的绕组系数，$K_2 < 1$；N_2 为转子绕组每相的等效匝数。

(2) 转子以转速 n 旋转时。

这时旋转磁场切割转子绕组导体的相对速度为 $n_0 - n$，则转子电动势和电流的频率为

$$f_2 = \frac{p(n_0 - n)}{60} = \frac{p n_0}{60} \cdot \frac{n_0 - n}{n_0} = S f_1 \tag{13-7}$$

故转子旋转时，转子绕组每相电动势的有效值为

$$E_2 = 4.44 K_2 f_2 N_2 \Phi = S(4.44 K_2 f_1 N_2 \Phi) = S E_{20} \tag{13-8}$$

2) 转子绕组中的电流

现以绕线型异步电动机为例来研究转子绕组中的电流。绕线型转子具有三相对称绕组，设每相绕组本身具有电阻 R_2，转子电流产生的漏磁通为 Φ_{σ_2}，它只交链转子绕组而不交链定子绕组，且它的闭合路径很大一部分处在空气中。转子电流是交变的，将在转子绕组中感应出漏电势。这与处理变压器副边绕组漏电势相同，需要一个漏感抗电压分量去克服转子漏电势。我们现画出转子绕组一相的等效电路，并标出各物理量的参考方向，如图 13-12 所示。

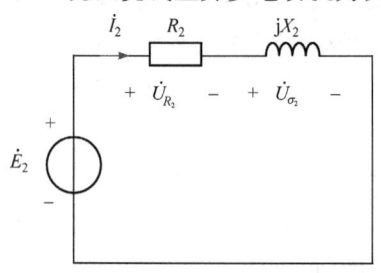

图 13-12 转子绕组一相的等效电路

可用相量表示为

$$\dot{E}_2 = \dot{U}_{R_2} + \dot{U}_{\sigma_2} = R_2 \dot{I}_2 + j X_2 \dot{I}_2 \tag{13-9}$$

令 $X_2 = 2\pi f_2 L_{\sigma_2} = 2\pi S f_1 L_{\sigma_2} = S X_{20}$，$X_{20} = 2\pi f_1 L_{\sigma_2}$，$X_{20}$ 是转子不转动时转子每相绕组的漏感抗。将式(13-8)代入式(13-9)，有

$$S \dot{E}_{20} = \dot{I}_2 R_2 + j \dot{I}_2 S X_{20}$$

将上式两边除以 S，得

$$\dot{E}_{20} = \dot{I}_2 \frac{R_2}{S} + j \dot{I}_2 X_{20} \tag{13-10}$$

转子每相绕组中电流的有效值为

$$I_2 = \frac{E_2}{\sqrt{R_2^2 + X_2^2}} = \frac{E_{20}}{\sqrt{\left(\frac{R_2}{S}\right)^2 + X_{20}^2}} \tag{13-11}$$

由图 13-12 可见，转子电路是一个电感性电路。设 i_2 滞后于 e_2 一个角度 φ_2，因而转子电

路的功率因数为

$$\cos\varphi_2 = \frac{R_2}{\sqrt{R_2^2 + X_2^2}} = \frac{R_2}{\sqrt{R_2^2 + (SX_{20})^2}} \quad (13\text{-}12)$$

综上所述，当异步电动机负载运行时，转子绕组中的电流 I_2、转子电动势 E_2、转子频率 f_2、每相漏感抗 X_2 及转子电路的功率因数 $\cos\varphi_2$ 都是转差率 S 的函数，如图 13-13 所示。

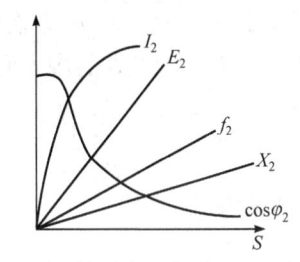

图 13-13 转子各量与转差率 S 的曲线

2. 转矩表达式

1) 物理表达式

异步电动机的转矩是由旋转磁场和转子电流相互作用产生的，因此必然和主磁通 Φ 以及转子电流 I_2 有关。其转矩的物理表达式为

$$T = C_T \Phi I_2 \cos\varphi_2 \quad (13\text{-}13)$$

式中，T 为电动机的转矩；C_T 为与电动机结构有关的转矩常数；Φ 为旋转磁场的每极磁通；$\cos\varphi_2$ 为转子每相的功率因数；$I_2\cos\varphi_2$ 为转子电流的有功分量。为什么转矩与 $\cos\varphi_2$ 有关呢？这是因为只有转子电流的有功分量才能转换为机械能而做有用功。

式(13-13)用以分析异步电动机在各种运转状态下的物理过程较为方便，但反映不出电动机参数及电源对转矩的影响。为此将式(13-13)再做推导，即可得到参数表达式。

2) 参数表达式

由式(13-5)、式(13-11)、式(13-12)可知：

$$I_2 = \frac{SE_{20}}{\sqrt{R_2^2 + (SX_{20})^2}} = \frac{S(4.44 K_2 f_1 N_2 \Phi)}{\sqrt{R_2^2 + (SX_{20})^2}}$$

$$\cos\varphi_2 = \frac{R_2}{\sqrt{R_2^2 + (SX_{20})^2}}$$

如果将以上三式代入式(13-13)中，整理后可得参数表达式为

$$T = K \frac{SR_2 U_1^2}{R_2^2 + (SX_{20})^2} \quad (13\text{-}14)$$

式中，K 为一常数，由电动机本身所决定。利用式(13-14)可分析当一些参数改变时对电动机性能与特性的影响。例如，$T \propto U_1^2$，可见转矩对电压的波动十分敏感，即电压稍有波动，就会引起转矩较大的变化。

3. 转矩特性

在电源电压 U_1、频率 f_1 和转子电阻 R_2 一定时，电磁转矩 T 与转差率 S 之间的函数关系 $T=f(S)$ 称为异步电动机的转矩特性。$T=f(S)$ 曲线称为转矩特性曲线，如图 13-14 所示。

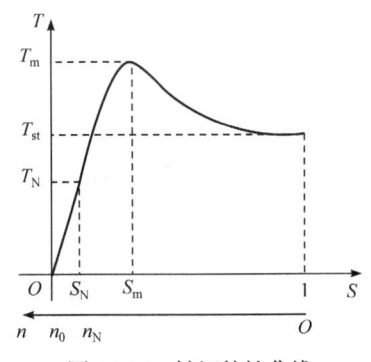

图 13-14 转矩特性曲线

图 13-14 中，S_m 称为临界转差率，是异步电动机出现最大转矩 T_m 时对应的转差率。在 $0<S<S_m$ 时，T 随 S 的增大而增加；在 $S_m<S<1$ 时，T 随 S 的增大而减小。

为求 T_m 和 S_m，可令

$$\frac{dT}{dS}=0$$

解得结果为

$$S_m=\pm\frac{R_2}{X_{20}} \quad (\text{取正值}) \tag{13-15}$$

由式(13-15)可见，S_m 与转子电阻 R_2 成正比，与 X_{20} 成反比，与电源电压无关。将式(13-15)代入式(13-14)中，可得

$$T_m=K\frac{U_1^2}{2X_{20}} \tag{13-16}$$

由式(13-16)可见，T_m 与 U_1^2 成正比，与转子电阻 R_2 无关，而与 X_{20} 成反比。

由此可得出以下两点结论。

(1)电磁转矩 T、最大转矩 T_m 均与定子电压 U_1 的平方成正比，表明电源电压的变化对异步电动机电磁转矩数值有很明显的影响。定子电压降低为原电压的 80%时，转矩则减小为原转矩的(80%)²，即 64%。当电动机运行时，若电压偏低太多，以致负载转矩超过最大转矩时，电动机则无法拖动负载，即出现堵转现象。一旦堵转，电动机的电流随即升高 4~7 倍，导致电机严重过热，甚至烧坏。

(2)最大转矩 T_m 与转子电阻 R_2 无关，但对应最大转矩的临界转差率 S_m 与 R_2 成正比，R_2 越大，S_m 也越大。图 13-15 所示为电源电压 U_1 一定时，不同转子电阻下的转矩特性曲线。在同一负载下，R_2 越大，对应的转差率 S 也越大，因此转速越低；同时对应 $S=1$ 的起动转矩 T_{st} 也随 R_2 增加而增大。上述情况表明，适当调节异步电动机转子电路的电阻，可以实现小范围内调速和达到改善起动性能的目的，但只有绕线转子电动机才有这种特性。

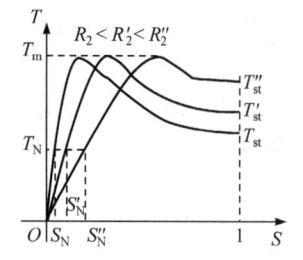

图 13-15　R_2 对 $T=f(S)$ 的影响

13.2.2　机械特性

当电源电压 U_1、转子电阻 R_2 以及 X_{20} 为常数时，电动机的转速 n 与电磁转矩 T 之间的函数关系称为机械特性，即 $n=f(T)$。根据 $n=n_0(1-S)$，可以把 $T=f(S)$ 曲线转换成 $n=f(T)$ 曲线，即将 $T=f(S)$ 曲线沿顺时针方向转 90°，再将表示 T 的横轴向下平移即可得出 $n=f(T)$ 曲线，如图 13-16 所示。

研究机械特性的目的是分析异步电动机的外部特性，尤其是特性曲线上三个特殊工作点所对应的转矩。

1. 额定转矩 T_N

额定转矩是电动机在额定负载时的转矩。这时的转差率 S_N 称为额定转差率，这时的转速也称为额定转速。电动机的额定转矩 T_N 可根据如下公式求得：

图 13-16　机械特性曲线

$$T_N=9550\frac{P_{2N}}{n_N} \tag{13-17}$$

式中，P_{2N} 为电动机的额定输出机械功率，单位为 kW；n_N 为电动机额定转速，单位为 r/min；

T_N 为电动机的额定转矩，单位为 N·m。

若 Y160L-4 型异步电动机的铭牌上标出 P_N=15kW，n_N=1460r/min，则额定转矩为

$$T_N = 9550 \times \frac{15}{1460} = 98.1(\text{N}\cdot\text{m})$$

2. 最大转矩 T_m

从 $T = f(n)$ 曲线上看，转矩有个最大值，称为最大转矩或临界转矩。最大转矩反映了异步电动机短时的过载能力，它与额定转矩的比值称为过载系数或过载能力，用 λ 来表示，即

$$\lambda = \frac{T_m}{T_N} \tag{13-18}$$

一般电动机的 λ 值为 1.8～2.5。特殊用途电动机的 λ 值可到 3 或更大。

异步电动机不允许长期过载运行，否则将过热而烧毁。但只要负载转矩不大于最大转矩 T_m，并且电动机的发热不超过允许温升，短时间内过载运行是允许的。在电动机的选择计算中，若根据生产机械的转矩负荷曲线确定电动机容量，则必须验算其转矩过载能力。

3. 起动转矩 T_{st}

电动机刚起动瞬间（$n=0$，$S=1$）的转矩称为起动转矩。将 $S=1$ 代入式(13-14)中，可求得

$$T_{st} = K \frac{R_2 U_1^2}{R_2^2 + X_{20}^2} \tag{13-19}$$

由式(13-19)可见，T_{st} 与 U_1^2 成正比，与转子电阻 R_2 有关。适当增大转子电阻，起动转矩会增大。

起动转矩的大小反映了电动机的起动性能。T_{st} 大，电动机起动能力强；T_{st} 小，电动机起动能力差。通常用起动转矩与额定转矩的比值 K_{st} 表示异步电动机的起动能力，即

$$K_{st} = \frac{T_{st}}{T_N}$$

一般鼠笼式电动机的起动能力较差，其 K_{st} 为 1.0～2.4，所以有时需在轻载或空载下才能起动。

4. 三相异步电动机的稳定运行

接下来讨论电力拖动系统的稳定性问题。假设电动机拖动的是恒转矩负载（如起重机），它的机械特性曲线如图 13-17 中与纵轴平行的直线所示。要满足匀速运转的条件，必有 $T = T_c$，电动机的工作点必在电动机和负载的两条机械特性曲线的相交点上。图 13-17 中可见有两个相交点 a 和 b，a 点在机械特性曲线的 $0 < S < S_m$ 部分，而 b 点在曲线 $S_m < S < 1$ 部分。但是，电动机在这两个部分不是都能稳定运行的。对大多数负载来说，电动机只有在 $0 < S < S_m$ 区域中运行才是稳定的。

设电动机工作在 a 点，这时电动机的电磁转矩与反抗转矩相平衡，即 $T_a = T_c$，稳定转速为 n_a。现在反抗转矩 T_c 增大到 T_c'，这一瞬间破坏了 $T_a = T_c$ 的平衡关系，此时 $T_a < T_c'$。由转矩平衡方程式 $T - T_c = J\frac{d\Omega}{dt}$ 可知，将产生负的角加速度，于是转速下降。随着转速的下降，电动机的电磁转矩逐渐增大，到新的电磁转矩 T_a' 与新的反抗转矩 T_c' 相平衡时为止，这时电动机以新的转速 n_a' 稳定运转。新的转速将低于原转速。如果反抗转矩又从 T_c' 下降到 T_c，这一瞬间转矩平衡

关系又会被打破。根据转矩平衡方程式，要产生正的角加速度，转子转速必须升高。随着转速的升高，电磁转矩逐渐减小到 T_a，到又与 T_c 相平衡为止，这时电动机又重新回到原转速 n_a 稳定运转。由此可见，$0 < S < S_m$ 这段区域为稳定区域。如果电动机原来工作在 b 点，由于某种因素反抗转矩 T_c 增大到 T_c'，那么转速一定要下降。从图 13-17 中可见，转速下降，电磁转矩也下降，则转速将继续下降直到停转。因此，$S_m < S < 1$ 这段区域一般称为不稳定区域。

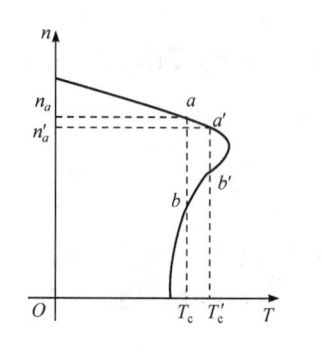

图 13-17　三相异步电动机的稳定运行区和不稳定运行区

【例 13-3】 已知一台三相异步电动机，$P_{2N} = 7.5 \text{ kW}$，$n_N = 1450 \text{ r/min}$，起动能力 $T_{st}/T_N = 1.4$，过载能力 $T_m/T_N = 2$。试求该电动机的额定转矩、起动转矩和最大转矩。

解
$$T_N = 9550 \frac{P_{2N}}{n_N} = 9550 \times \frac{7.5}{1450} = 49.4 \text{ (N·m)}$$

$$T_{st} = 1.4 T_N = 1.4 \times 49.4 = 69.2 \text{ (N·m)}$$

$$T_m = 2 T_N = 2 \times 49.4 = 98.8 \text{ (N·m)}$$

13.3　三相异步电动机的运行特性及控制原理

13.3.1　三相异步电动机的起动

电动机的起动是指将其由停转状态到开动起来的过程。评价一台异步电动机的起动性能好坏应全面考虑各项指标，如起动电流、起动转矩、起动时间、经济性和可靠性等。这里主要讨论起动电流和起动转矩。

1. 起动性能

首先讨论起动电流。在电动机接入电网起动的瞬间（$S = 1$，$n = 0$），由于旋转磁场对静止的转子有很大的相对转速，这时转子电路中的感应电动势和感应电流都很大。转子电流大，定子电流也大，因此异步电动机直接接通电源起动时，定子电流通常是额定电流的 4～7 倍。由于起动时间短，只要电动机不是频繁起动，一般不至于引起电动机本身过热，但是将导致供电线路的电压下降，从而影响接在同一电网上的其他电器设备的正常工作。

然后讨论起动转矩。异步电动机的起动电流虽然大，但由于转子功率因数 $\cos\varphi_2$ 在起动时很低，因此起动转矩并不大，一般只有额定转矩的 1.0～2.4 倍。这对于经常满载起动的电动机，如电梯、起重机、皮带传输机等，当起动转矩小于负载转矩时，根本就转不起来。

总之，异步电动机的起动性能比较差。为改善其起动性能必须采用适当的起动方法。

2. 鼠笼型异步电动机的起动方法

三相鼠笼型异步电动机常有直接起动与降压起动两种方法。
1）直接起动

直接起动是一种最简单的起动方法。起动时，通过一些直接起动设备把全部电源电压（即全压)直接加到电动机的定子绕组上。

一般规定异步电动机的功率低于 7.5 kW 时允许直接起动。如果功率大于 7.5 kW,而电源总容量较大,能符合式(13-20)要求者,电动机也可允许直接起动。

$$\frac{I_{Lst}}{I_{LN}} \leqslant \frac{1}{4}\left(3+\frac{电源总容量}{起动电动机容量}\right) \tag{13-20}$$

式中,I_{Lst} 为电动机直接起动时定子绕组线电流有效值;I_{LN} 为电动机定子绕组额定线电流有效值。若不满足式(13-20),则必须采用降压起动的方法。通过降压,把起动电流 I_{Lst} 限制到允许的数值。

2) 降压起动

现介绍两种降压起动的方法:

(1) 星形-三角形(Y-△)起动。

对于正常运行是三角形接法的电动机,起动时若改接成星形接法,则电动机每相绕组所承受的电压自然会降低为额定电压的 $1/\sqrt{3}$。图 13-18 所示为异步电动机 Y-△ 起动的线路图。电动机定子三相绕组首尾六个出线端都引出来,接在开关 Q_2 上。起动时,先将三相定子绕组接成星形,待转速接近稳定时再改接成三角形,在全压下运行。

正常运行时,定子接成三角形,其相电压等于线电压;起动时,定子接成星形,其相电压等于线电压的 $1/\sqrt{3}$,因此电压降低的比值是 $\sqrt{3}$。

图 13-19 所示为定子绕组的两种接法。$|Z|$ 为起动时定子每相绕组的等效阻抗。

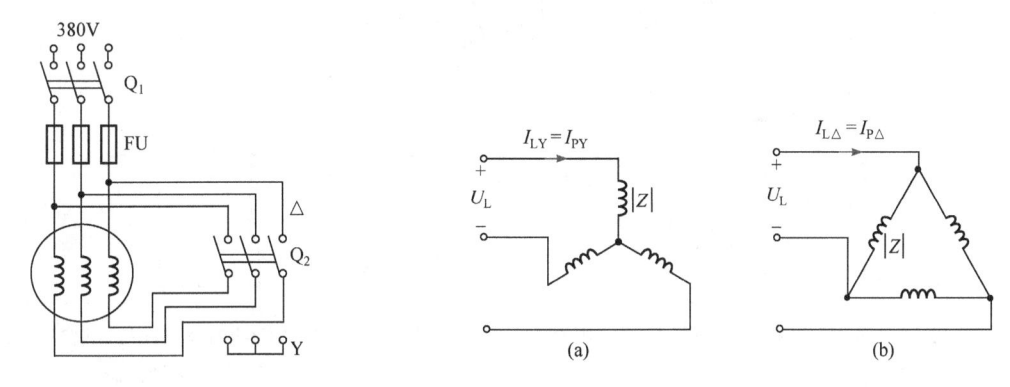

图 13-18 Y-△降压起动原理图　　图 13-19 Y-△连接时起动电流的比较

当绕组星形连接时,有

$$I_{LY} = I_{PY} = \frac{U_L/\sqrt{3}}{|Z|}$$

当绕组三角形连接时,有

$$I_{L\triangle} = \sqrt{3}I_{P\triangle} = \sqrt{3}\frac{U_L}{|Z|}$$

比较上面两式,有

$$\frac{I_{LY}}{I_{L\triangle}} = \frac{1}{3} \tag{13-21}$$

又因起动转矩与相电压的平方成正比,所以起动转矩也减小到直接起动时的 $\left(1/\sqrt{3}\right)^2 = 1/3$。这种换接起动可以采用专门的星形-三角形起动器来实现,也可以采用自动控制实现。

(2) 自耦变压器降压起动。

图 13-20 所示为异步电动机用三相自耦变压器降压起动的线路图。起动时，将开关 Q_2 投向起动位置，则自耦变压器线圈接电源，其副边抽头接电动机，此时电动机降压起动。待转速接近稳定值时，将开关 Q_2 倒向运行位置，这样就能把自耦变压器切除，电动机将全压运行。

利用自耦变压器降压起动能减小电流，同时也能减小起动转矩。但对于减小的程度和什么因素有关，下面将进行推导。图 13-21 及图 13-22 分别表示直接起动和利用自耦变压器降压起动的异步电动机一相的电路图，设自耦变压器的变比为 k_B。当然，无论是直接起动还是降压起动，每相电压都是额定电压 U_{1N}。直接起动时，由电源提供给电机每相绕组的起动电流为 I_{st}；降压起动时，由电源提供给自耦变压器原边的起动电流为 I'_{1st}，而流进电动机每相电路的电流为 I'_{2st}。I'_{2st} 与 I_{st} 应该与起动时加在电动机上的相电压成正比，即

$$\frac{I'_{2st}}{I_{st}} = \frac{U_2}{U_{1N}}$$

又因

$$\frac{U_2}{U_{1N}} = \frac{I'_{1st}}{I'_{2st}} = \frac{1}{k_B}$$

所以有

$$I'_{1st} = \frac{1}{k_B} I'_{2st} = \frac{I_{st}}{k_B^2} \tag{13-22}$$

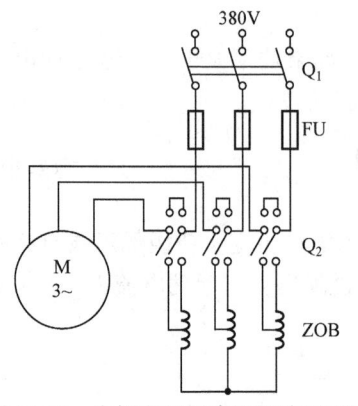

图 13-20 自耦变压器降压起动原理图

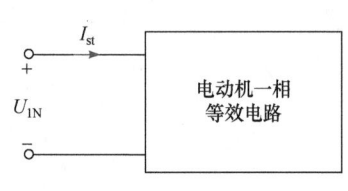

图 13-21 三相异步电动机直接起动一相等效电路

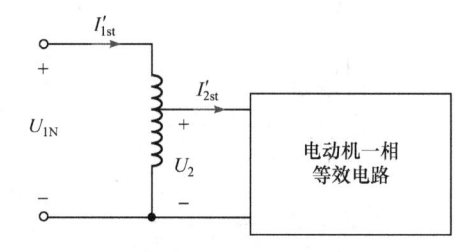

图 13-22 三相异步电动机用自耦变压器降压起动一相等效电路

当电动机为 Y 连接降压起动时，供电的线电流等于自耦变压器原边的相电流，即

$$I'_{LYst} = I'_{1st} = \frac{1}{k_B^2} I_{LYst}$$

当电动机为 △ 连接降压起动时，供电的线电流是自耦变压器原边相电流的 $\sqrt{3}$ 倍，即

$$I'_{L\triangle st} = \sqrt{3} I'_{1st} = \frac{1}{k_B^2} \cdot \sqrt{3} I_{st} = \frac{1}{k_B^2} I_{L\triangle st}$$

因此，采用自耦变压器降压起动时，无论电机是星形还是三角形，起动电压降低的比值是 k_B^2，而起动电流降低的比值是 k_B^2。至于起动转矩，它仍应与电压的平方成正比，即

$$T'_{st} = \frac{T_{st}}{\left(\frac{U_{1N}}{U_2}\right)^2} = \frac{T_{st}}{k_B^2} \tag{13-23}$$

为了改变降压倍数以适应不同情况,自耦变压器有抽头可供选择。它们分别是电源电压的 55%、64%、73%或者 40%、60%、80%。

与第一种方法相比较,用自耦变压器降压起动可以有较多的降压等级,且电压降低 k_B 倍时,电流降低 k_B^2 倍,所付出的代价是起动设备体积大,价格也贵些。

3. 绕线型异步电动机的起动方法

中大容量电动机重载起动时问题最尖锐,此时可采用绕线式电动机。因为给绕线式电动机转子串接合适的电阻,既可以增大起动转矩,又能减小起动电流,其接线图如图 13-3(b)所示。

【例 13-4】 已知一个鼠笼型异步电动机,额定容量为 75kW,额定转速为 970r/min,额定电压为 380V,额定电流 137.5A,三角形连接,起动转矩与额定转矩的比值为 1:1,起动电流与额定电流的比值为 6.5。问:

(1) 能否用 Y-△变换起动? 如果能,起动电流为多少?

(2) 若改用自耦降压起动,使起动电流不大于 380A,自耦变压器的变比 k_B 应为多少?

解 (1) 该电动机正常工作时为三角形连接,故可以采用 Y-△变换起动。

$$I_{L\triangle st} = 6.5 \times 137.5 = 894(A)$$

$$I_{LYst} = \frac{1}{3} I_{L\triangle st} = \frac{1}{3} \times 894 = 298(A)$$

(2) 求限制起动电流为 380A 的变比 k_B。由式(13-22)有

$$k_B = \sqrt{\frac{894}{380}} = 1.534$$

$$\frac{1}{k_B} = \frac{1}{1.534} = 0.652$$

变比 k_B 应大于 1.534,实际上取 64%抽头即可。

13.3.2 三相异步电动机的调速

为了提高劳动生产率和产品质量,在现代工业中,大量的生产机械(如各种机床、轧钢机、造纸机、纺织机械等)要求在不同的情况下,以不同的速度工作。这就要求采用一定的方法来改变生产机械的工作速度,以满足生产的需要,这种方法通常称为调速。换言之,调速也就是用人为的方法改变电动机的机械特性,使其在同一负载下获得不同的转速。

调速可用机械、电气或机电配合的方法。本节只讨论三相异步电动机的电气调速方法。

对调速一般有三个要求,即调速范围(用最高转速和最低转速的比值表示)是否广、是否均匀和是否经济。

异步电动机在结构简单、价格便宜、运行可靠、维护方便等各个方面都优于直流电动机,但是在调速和控制性能上不如直流电动机。因此,在很多对调速性能和控制精度要求较高的场合都采用直流电动机作为拖动电机。近年来,随着变频调速技术的发展,交流异步电动机的调速和控制完全可以与直流电动机相比,因此大有取代直流电动机的趋势。

异步电动机有几种调速方法呢? 由公式:

$$n = (1-S)n_0 = (1-S)\frac{60f_1}{p}$$

可见有三种方法，即改变电源频率 f_1、改变磁极对数 p 以及改变转差率 S。改变电源频率是一种很有效的调速方法，但是电网频率固定为 50 Hz，必须配备专门的变频设备。改变磁极对数是鼠笼式电动机常用的调速方法，而改变转差率是绕线式电动机常用的调速方法。

1. 改变磁极对数的调速

改变定子的磁极对数，可使异步电动机的同步转速 $60f_1/p$ 改变，从而得到转速的调节。

如何改变定子的磁极对数呢？异步电动机的磁极对数取决于定子绕组的连接方式。下面以四极变二极为例，来说明变极数的原理。

图 13-23 所示为一个四极（$p=2$）电动机 U 相绕组中两个线圈的示意图，U_1U_2 和 U_3U_4 中电流的方向如图中所示。显然，它们所产生的主磁场是四极的。如果用图 13-24 的方式使其中一个线圈 U_3U_4 中的电流反向（图 13-24(a)），或者反向并联（图 13-24(b)）或者反向串联（图 13-24(c)），用右手螺旋定则可以判断所产生的主磁场已经变成二极。当然图 13-24 上没有表示出的 V 相和 W 相也应同时换接。由上可见，让半相绕组的电流反向，就能使磁极数减少一半，从而使同步转速提高一倍，转子转速基本上也提高一倍。像这样能够变极调速的电动机称为多速电动机。

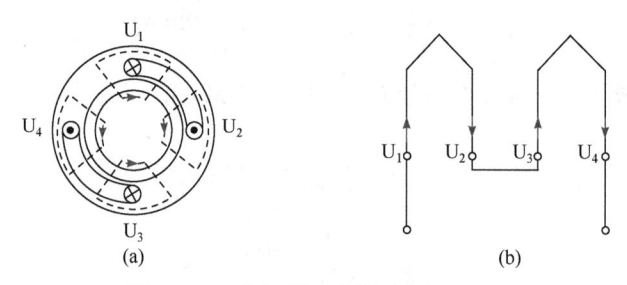

图 13-23 改变磁极对数调速（$p=2$）

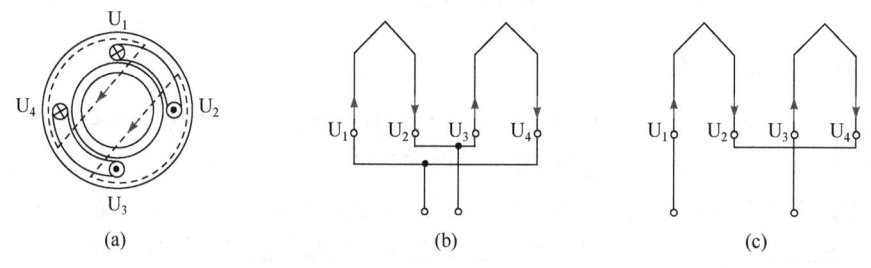

图 13-24 改变磁极对数调速（$p=1$）

改变磁极对数的多速电动机都是鼠笼型转子。这是因为鼠笼型转子绕组本身没有确定的极对数，其极对数是由旋转磁场决定的，也就是说完全取决于定子绕组的极对数，变极时只要换接定子绕组即可。若用绕线型转子，则必须定子、转子绕组同时换接才行，显然要复杂得多。

2. 改变转差率的调速

这种调速方法仅适用于绕线型转子异步电动机。图 13-25 所示为电源电压 U_1 不变时，不

同转子电路电阻 R_2 的转矩特性曲线。由图 13-25 可见，在同一负载 T_L 下，R_2 越大，对应的转差率也越大，因此转速也越低。于是，可用调节转子电路的电阻使转差率变化而达到改变电动机转速的目的。

改变转差率调速，虽然调速范围不大，但调速平滑性好，还可适当改善起动性能。

3. 改变供电电源频率的调速

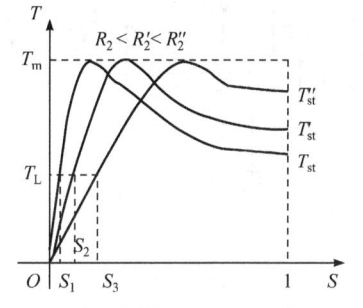

图 13-25 对应不同转子电阻时的转矩特性曲线

这种调速方式通常简称变频调速。额定频率称为基频，变频调速时可以从基频向下调，也可以从基频向上调。

1) 从基频向下变频调速

由于 $U_1 \approx E_1 = 4.44 K_1 f_1 N_1 \Phi_m$，若降低 f_1 且保持电压 U_1 不变，则随 f_1 下降磁通 Φ_m 将增大。电动机磁路本来就刚进入饱和状态，Φ_m 增大，励磁电流将大大增加，这是不允许的。因此，在降低频率的同时，必须降低电源电压，保持 $\dfrac{U_1}{f_1} \approx \dfrac{E_1}{f_1} = 4.44 K_1 N_1 \Phi_m$ 为常数，这样才能保持 Φ_m 在调速过程中不变，这种调速方式又称恒磁通调速。此外，也有保持 U_1/f_1 为某一函数关系的调速方式。

2) 从基频向上变频调速

此时若也按比例升高电压，则电压会超过电动机的额定电压，也是不允许的，因此只能保持电压不变。频率越往上调，磁通就越小，这是一种弱磁调速。

综上所述，变频调速具有以下几个主要特点。

(1) 从基频向下调速，为恒转矩调速方式；从基频向上调速，近似为恒功率调速方式。
(2) 调速范围大。
(3) 转速稳定性好。
(4) 频率 f_1 可以连续调节，为无级调速。
(5) 需要专门的变频电源。

变频调速是一种非常有价值的调速方式。这种调速方式在过去很少应用，其原因是国内元件价格较贵，制造水平较低，技术复杂等限制了它的推广使用。近年来，由于大功率半导体器件以及电子技术的发展，调频电源设备易于实现，尤其是工业变频器的产生和使用，使得三相及单相异步电动机的变频调速系统发展迅速并得到推广。

目前对于中小容量的三相及单相异步电动机，已有价格较便宜的通用工业变频器，可以实现语言编程、数字显示、计算机联网等功能。

13.3.3 三相异步电动机的反转与制动

1. 反转

为了适应生产和生活上的需要，对于大多数电动机，其中包括异步电动机，都需要反转。然而，如何使异步电动机反转呢？已知当异步电动机的转差率为 $0 < S < 1$ 时，异步电动机转子的旋转方向与旋转磁场的方向一致。而旋转磁场的方向又取决于定子电流的相序，因此只要改变定子电流的相序就可以改变电动机转子的旋转方向。实际上，只要将接在定子绕组上的

三根电源线任意对调两根，就可使电动机转子反转。而电源线的对调可利用图13-26所示的开关来实现。

2. 制动

在生产过程中，为了提高劳动生产率和安全生产，某些生产机械的旋转工作部件需要迅速停止；但由于电动机的旋转部件具有惯性，切断电源后，电动机将继续旋转一段时间以后才能停止。因此，要采取措施来制动电动机，使其迅速停止。

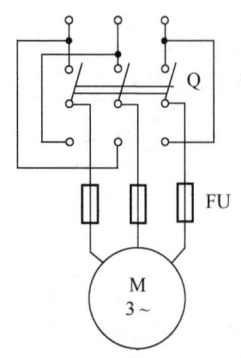

图13-26 三相异步电动机的反转控制图

制动就是给电动机施加一个转向相反的转矩，该转矩称为制动转矩。此制动转矩若是由机械制动闸的摩擦转矩来产生，则称为机械制动；若是电动机本身产生的电磁转矩，则称为电气制动。本节只介绍后者，即介绍三相异步电动机电气制动的三种方法：能耗制动、反接制动及回馈制动。

1) 能耗制动

能耗制动的原理线路如图13-27所示。当需要制动时，通过控制电路将接触器触头KM_1断开，使电动机定子绕组脱离三相电源，同时立即将接触器KM_2的触头闭合，使在电动机定子绕组中通入直流电，于是产生图13-28所示的恒定磁场。此时，转子由于机械惯性继续旋转（假设按顺时针方向），转子导体将产生感应电动势；由于转子回路一般都是闭合的，故要产生感应电流。根据右手定则，可判别出感应电动势的实际方向。由于转子电路可近似认为是纯电阻电路，则感应电流的实际方向将与感应电动势的实际方向一致。通电导体在磁场内将会受到力的作用，此力的方向可用左手定则判别。由图13-29可见，此作用力产生的转矩与转子原来的转向相反，故起到制动作用，从而使电动机的转子迅速停转。

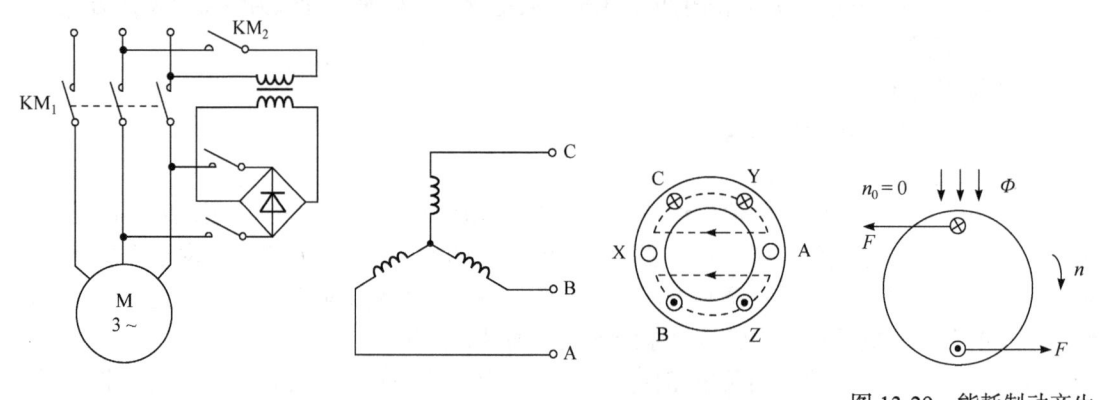

图13-27 能耗制动控制线路图　　图13-28 能耗制动时产生的恒定磁场　　图13-29 能耗制动产生制动力矩

由于这种制动方法是将转子旋转的动能转换为消耗在转子电阻上的电能，故称为能耗制动。

制动转矩的大小一方面取决于定子直流电流的大小（即恒定磁场的大小），另一方面取决于转子电流的大小。因此，对于鼠笼式电动机，可利用调节定子直流电流的大小来控制制动力的强弱；而对于绕线式电动机，调节定子直流电流或调节转子附加电阻均可控制制动力的强弱。

这种制动方法的优点是准确可靠、对电网影响小；缺点是需要一套专门的直流电源。而且由于制动转矩随转子电流的减小而减小,故不易制停。

2)反接制动

实现反接制动有转速反向与定子两相反接两种方法,现分别讨论如下。

(1)转速反向的反接制动。

在绕线式电动机提升重物时,若不断增加转子电路中的电阻R_2,则由图13-30可知,电动机的转速将不断下降。R_2到达某一值,可使转速为零。若再增加R_2,则电动机的机械特性曲线和重物的机械特性曲线将相交在第四象限,即转速为负,说明电动机已被重物拖着反转,这时电动机转子的转动方向与旋转磁场的方向相反。由左、右手定则判别可知产生的转矩为制动转矩,从而限制了重物下降的速度。这种制动方法常常用于起重机的重物下降。

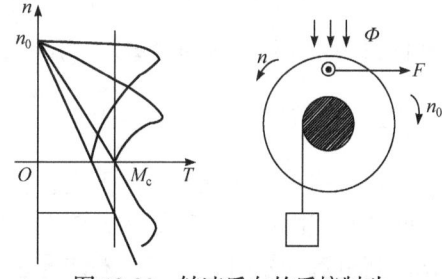

图13-30 转速反向的反接制动

(2)定子两相反接的反接制动。

在电动机需要制动时,可将接到电源的三相火线任意对调两相,使旋转磁场反转。而转子仍在原方向转动,设为顺时针方向。这时由左、右手定则判别可知转矩的方向与电动机转子转动方向相反,如图13-31所示,从而起到制动作用。

制动时,由于转子与反向旋转磁场的相对速度n_0+n很大,因此电流也很大。为了避免电动机过热和电网电压有较大的波动,应在定子电路中串接限流电阻。

两相反接制动的优点是制动效果好,缺点是能量损耗大、制动准确性差,因为一旦电动机转速迅速降至零时,必须及时拉闸断电,否则电动机将反向旋转。为了提高制动的准确性,通常利用速度继电器等一类电器进行自动控制。

3)回馈制动

由于起重机快速下放重物或负载力矩带动异步电动机出现转子的转速超过旋转磁场转速的情况,同样利用左、右手定则判别可知此时产生的转矩也为制动转矩,如图13-32所示。这时电动机已转入发电机运行,将负载的位能转换为电能回馈到电网中,故称为回馈制动。

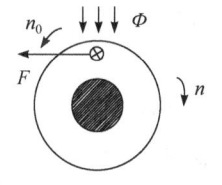

图13-31 定子两相反接的反接制动

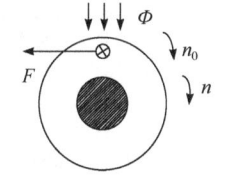

图13-32 回馈制动

13.4 单相异步电动机

13.4.1 结构特点和工作原理

1. 结构特点

在只有单相电源或只需容量较小的电动机的情况下,常常采用单相异步电动机。单相异步电动机具有结构简单、成本低廉等特点,因此被广泛应用于工农业生产和人民生活的各个方面,

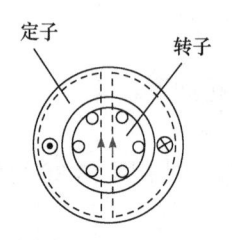

图 13-33 单相异步电动机的基本结构

特别是医疗器械、家用电器、电动工具等使用较多。但与同容量的三相异步电动机相比，其体积较大、运行性能较差，因此单相异步电动机的容量较小，功率一般为几瓦到几百瓦。

从结构上看，单相异步电动机和三相鼠笼型异步电动机相似，转子也是鼠笼型，定子绕组也是嵌放在定子槽内，不过定子绕组只有一相，如图 13-33 所示。

2. 工作原理

在单相正弦电流通过定子绕组后产生的磁场如图 13-33 所示，由图可见，在定子与转子之间的空气隙内合成磁场的方向在纵轴上，而磁场的强弱随通入绕组中电流的大小而发生变化。当电流为零时，它产生的磁通也为零；电流增大，磁场也增强；电流方向相反时，磁场方向也跟着相反。但无论在什么时刻，磁场在空间的轴线都不移动。磁通的大小和方向在不断变化，称为脉动磁场。

一个按正弦规律变化的脉动磁场，可以分解成两个以同样转速向相反方向旋转的磁场。这两个旋转磁场的磁通相等，是脉动磁场磁通最大值的 1/2，两个旋转磁场的速度为同步转速 $n_0 = \pm \dfrac{60 f_1}{P}$。

为了证明上述的结论，可以根据相量的运算法则：一个相量可按平行四边形定则分解为两个相量。这是因为结构因素使电动机空气隙中磁通的分布为正弦分布，而正弦量可以用相量表示。相量图解如图 13-34 所示。

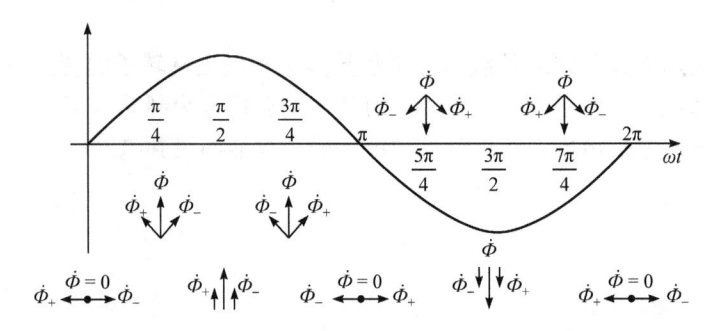

图 13-34 一个脉动磁场分解为两个旋转磁场

一般把逆时针方向旋转的磁场称为正序磁场，把顺时针方向旋转的磁场称为负序磁场。这两个旋转磁场分别在转子导体中产生感应电动势和电流，从而产生正向电磁转矩 T_+ 和反向电磁转矩 T_-。当转子静止时，转子对正向和反向旋转磁场的转差率 $S=1$，因此 T_+ 和 T_- 大小相等，方向相反，合成转矩 T 为零（即单相异步电动机起动转矩为零），故电动机无法起动。这是单相异步电动机的特点，也是其缺点。

若用外力推动转子，使电动机转子正向（逆时针）转动，则此时转子导体切割正序磁场和负序磁场的速度不同。切割正序磁场的转差率和转子频率分别为

$$S_+ = \dfrac{n_0 - n}{n_0} = S < 1, \quad f_{2+} = S f_1$$

切割负序磁场的转差率和转子频率分别为

$$S_- = \frac{-n_0 - n}{-n_0} = \frac{n_0 + n}{n_0} = \frac{n_0 + n_0(1-S)}{n_0} = 2 - S > 1$$

$$f_{2-} = S_- f_1 = (2-S)f_1 \approx 2f_1$$

由于 f_{2-} 很大，近似为电源频率的 2 倍，故转子感抗很大，转子电流的有功分量 $I_2 \cos\varphi_2$ 很小，这就使得 T_- 远小于 T_+，可用图 13-35 所示的 $T = f(S)$ 曲线表示。

图 13-35 单相异步电动机的 $T = f(S)$ 曲线

将 T_+ 和 T_- 合成而得到合成转矩：

$$T = T_+ - T_-$$

由此可见，单相异步电动机有下述两个特点：①它的起动转矩为零，即不能自行起动；②它的旋转方向不是固定的，取决于起动时的旋转方向，故要使单相异步电动机具有实用价值，就必须解决它的起动问题。

由于单相异步电动机的起动转矩为零，在使用时要用某些特殊的起动装置，常见的有电容分相式异步电动机(图 13-36)和罩极式异步电动机(图 13-37)。下面以电容分相式异步电动机为例，分析其工作原理。

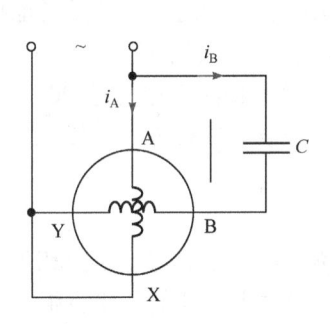

图 13-36 电容分相式异步电动机

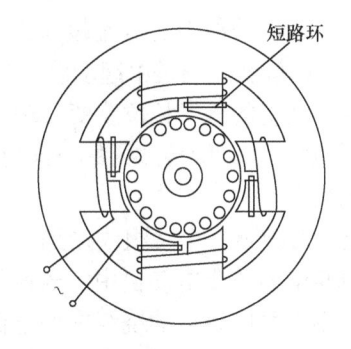

图 13-37 罩极式异步电动机

13.4.2 电容分相式异步电动机

如图 13-36 所示，单相电容分相式异步电动机在定子上嵌放两相绕组，工作(主)绕组 AX 和起动(副)绕组 BY，它们在空间各相差 90°，工作绕组匝数较多，约占定子总槽数的 2/3~3/4，起动绕组电路中串有电容。绕组中电流参考方向如图 13-36 所示。在设计时尽量使 i_A 超前于 i_B 90°，这样在空间相差 90°的两个绕组，分别通入在相位上相差 90°(或接近 90°)的两相电流，也能产生旋转磁场。设通入 AX 绕组的电流为 i_A，通入 BY 的电流为 i_B，且有

$$i_A = I_m \cos(\omega t)$$

$$i_B = I_m \cos(\omega t - 90°)$$

波形如图 13-38 所示。如分析三相异步电动机的旋转磁场的方法，分别画出 $\omega t = 0$、$\omega t = 45°$ 和 $\omega t = 90°$ 时电流在定子绕组中产生的磁场，如图 13-39 所示。在这个旋转磁场的作用下，电动机的转子就能转动起来。待转速升高到一定数值时，可借助于离心装置或其他自动控制电器将起动绕组与电源切断。

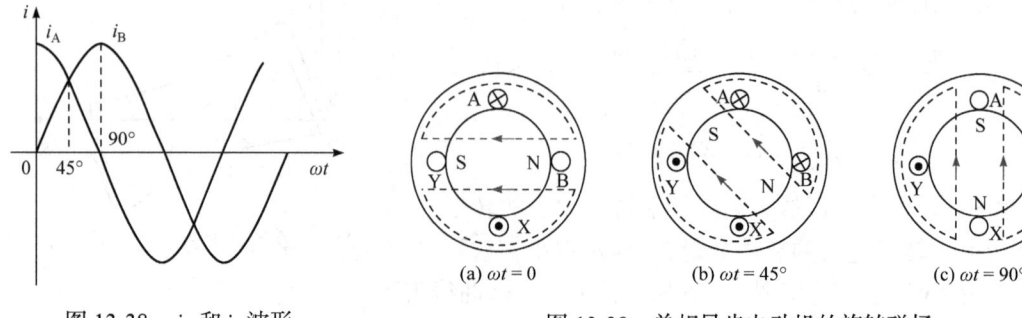

图 13-38　i_A 和 i_B 波形

图 13-39　单相异步电动机的旋转磁场

13.4.3　单相异步电动机的反转和调速

1. 反转

要使单相异步电动机反转，必须使旋转磁场反转，从图 13-39 两相旋转磁场的原理图中可以看出，有以下两种方法可以改变单相异步电动机的转向。

1）将工作绕组和起动绕组的首末端对调

因为单相异步电动机的转向是由工作绕组与起动绕组所产生磁场的相位差来决定的，一般情况下，起动绕组中的电流超前于工作绕组的电流，从而起动绕组产生的磁场也超前于工作绕组，所以旋转磁场是由起动绕组的轴线转向工作绕组的轴线。如果把其中一个绕组反接，等于把这个绕组的磁场相位改变 180°，若原来起动绕组的磁场超前工作绕组 90°，则改接后变成滞后 90°，所以旋转磁场的方向也随之改变，转子跟着反转。这种方法一般用于不需要频繁反转的场合。

2）将电容器从一个绕组改接到另一个绕组

在单相电容异步电动机中，若两相绕组做成完全对称，即匝数相等，空间相位相差 90° 电角度，则串联电容器的绕组中的电流超前于电压，而非串联电容器的那相绕组中的电流滞后于电压。转向为由串联电容器的绕组转向非串联电容器的绕组。电容器的位置改接后，旋转磁场和转子的转向自然跟着改变。由于电路比较简单，所以这种方法用于需要频繁正反转的场合。洗衣机中常用的正反转控制电路如图 13-40 所示。

2. 调速

单相异步电动机与三相异步电动机相同，转速的调节也比较困难。若采用变频调速则设备复杂、成本高。因此，一般只采用简单的降压调速。

1）串电抗器调速

将电抗器与电动机定子绕组串联，利用电流在电抗器上产生的压降，使加到电动机定子绕组上的电压低于电源电压，从而达到降低电动机转速的目的。因此，用串电抗器调速时，电动机的转速只能由额定转速往低调。图 13-41 为吊扇串电抗器调速的电路图。改变电抗器的抽头连接可得到高低不同的转速。

2）定子绕组抽头调速

为了节约材料、降低成本，可把调速电抗器与定子绕组做成一体。由单相电容异步电动机组成的台扇和落地扇，普遍采用定子绕组抽头调速的方法。这种电动机的定子铁心槽中嵌

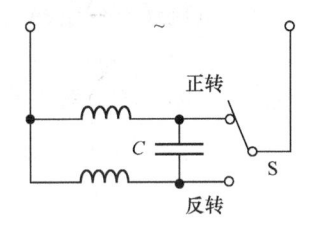

图 13-40 洗衣机正反转控制电路

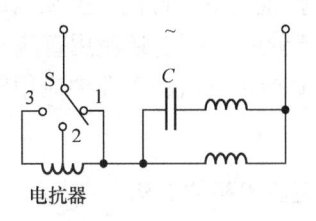

图 13-41 串电抗器调速
1-高速；2-中速；3-低速

放有工作绕组 1、起动绕组 2 和调速绕组 3，通过调速开关改变调速绕组与起动绕组及工作绕组的接线方法，从而达到改变电动机内部旋转磁场的强弱，实现调速的目的。图 13-42 为台扇抽头调速的原理图。这种调速方法的优点是不需要电抗器、节省材料、耗电少，缺点是绕组嵌线和接线比较复杂、电动机与调速开关之间的连线较多，所以不适合吊扇。

3）利用晶闸管调速

如果去掉电抗器，又不想增加定子绕组的复杂程度，单相异步电动机还可采用双向晶闸管调速。调速时，旋转控制线路中的带开关电位器，就能改变双向晶闸管的控制角，使电动机得到不同的电压，达到调速的目的，如图 13-43 所示。这种调速方法的优点是可以实现无级调速、控制简单、效率较高，缺点是电压波形差、存在电磁干扰。目前这种调速方法常用于吊扇上。

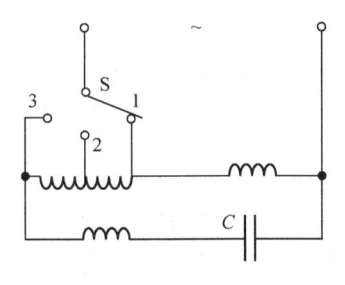

图 13-42 串联调速绕组调速

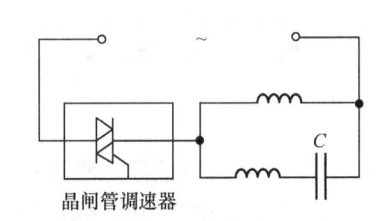

图 13-43 晶闸管调速电路

13.5 直流电机

直流电机是机械能和直流电能互相转换的旋转机械装置。直流电机分为直流电动机和直流发电机两大类。将直流电能转换为机械能的称为直流电动机，将机械能转换为直流电能的称为直流发电机。

直流电动机的作用是提供转动的力矩。它与交流电动机相比，具有宽广的调速范围、平滑的调速性能、较大的起动力矩。因此，直流电动机被广泛应用于高精度、深调速、大负载起动，特别是快速可逆的电力拖动系统中。例如，它可用作轧钢机、电力机车、金属切削机床等生产机械的拖动电机。近年来，随着工业变频器的产生和发展，直流电动机调速方面的优越性正逐渐被交流电动机的变频调速所替代。

直流发电机的作用是提供直流电源。例如，它可用作直流电动机、同步机的励磁，以及化工、冶炼、交通运输中某些设备的直流电源。随着电力电子技术的发展，直流发电机已逐渐被可控整流设备所替代。但在电源质量和可靠性方面，直流发电机还有一定的优点，因此在工业生产的一些场合还使用直流发电机。

由于直流电动机在工业中应用较多，而直流发电机应用较少，因此本节对直流电动机进行介绍。

13.5.1 直流电机的结构

直流电动机和直流发电机在构造上是相同的，主要由定子、转子和换向器三部分组成。如图 13-44 所示。

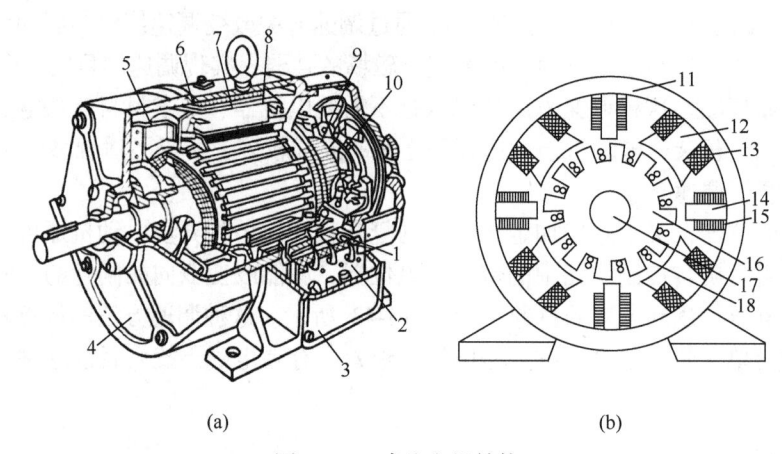

图 13-44 直流电机结构

1-换向磁极；2-接线板；3-出线盒；4-端盖；5-风扇；6-机座；7-电枢；8-主磁极；9-电刷装置；10-换向器；11-机座（磁轭）；12-主磁极铁心；13-励磁绕组；14-换向磁极铁心；15-换向磁极绕组；16-电枢铁心；17-转轴；18-电枢绕组

1. 定子

定子由机座、磁路（也称为磁轭）、主磁极和换向磁极以及电刷装置等组成。机座是电机的机械支撑，磁轭为磁极间提供磁阻较小的磁通路。主磁极用来产生磁场，它由铁心和绕组两部分组成。磁极的铁心由硅钢片叠成，固定在机座上。绕组由漆包铜线绕制而成，绕组绕在铁心上，如图 13-44(b) 所示。

换向磁极是装在两个主磁极间的小磁极，其作用是改善换向性能。小功率直流电机一般不装换向磁极。

在小型直流电机中，也有用永久磁铁作为磁极的例子。

2. 转子

转子又称电枢，是电机的旋转部分，它由电枢铁心和绕组两部分组成。铁心由 0.5mm 厚的硅钢片叠成，表面冲有槽，槽中放有绕组；绕组由圆形或矩形漆包铜线绕制而成，如图 13-45 所示。

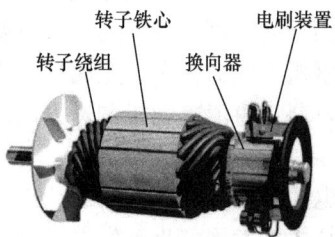

图 13-45 直流电机的转子及换向器

3. 换向器

换向器又称整流子，如图 13-45 所示。它的作用是把绕组内部的交流电动势用机械换接的方法转换为直流电动势，换向器是由很多彼此绝缘的换向片构成的。在换向器表面用弹簧压着固定的电刷，使转动的电枢绕组得以与外电路连接起来。

13.5.2 直流电动机的工作原理

一台简化的两极直流电动机模型如图 13-46 所示，图中 N、S 为主磁极，abcd 为某一条转子绕线，如图 13-46(a)所示。多条相同的绕线彼此绝缘扎在一起构成绕组，绕组再按一定规律嵌入转子的每个槽孔中，如图 13-46(b)所示。绕组端头固定在相应的换向片上，换向片与绕组一起转动，电刷静止不动。

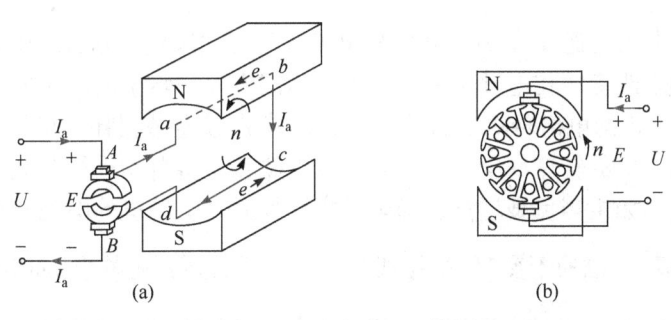

图 13-46 直流电动机工作原理

当电机作为电动机运行时，在电刷 A、B 间接上直流电源，使电流从电刷 A 流入线圈 abcd，由电刷 B 流出。因为电刷 A 连接 N 极下的导体，电刷 B 连接 S 极下的导体，此时的电流总是经 N 极下的导体流入，而经 S 极下导体流出，此两导体在磁场中受电磁力的作用，其方向由左手定则判别。在 N 极下导体受力的方向和 S 极下导体受力的方向始终不变，它们所产生的力矩总是逆时针方向。这样，电动机在电磁力矩的作用下，就可以带动生产机械沿一定方向转动。

13.5.3 直流电动机的电动势和电磁转矩

1. 电动势

电动机在运行过程中，嵌在转子槽口中的电枢绕组切割磁力线，会有感生电动势 e 产生。每段绕组产生的感生电动势顺向串联，汇聚到电刷形成合成电动势 E。E 的实际方向与电枢电流实际方向相反，故称为反向感生电动势。根据电源电压、感生电动势、电流之间的关系，可画出直流电动机转子回路等效电路，如图 13-47 所示。

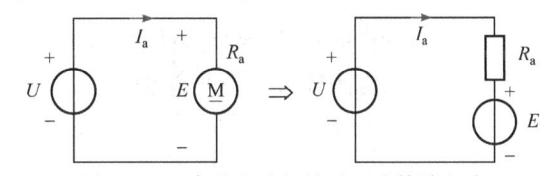

图 13-47 直流电动机转子回路等效电路

图 13-47 中，U 为电源电压，R_a 为转子绕组等效电阻，E 为转子绕组反向感生电动势。由电磁感应定律可知，E 与磁感应强度 B、绕组有效长度 l、绕组切割磁力线线速度 v 成正比：

$$E \propto Blv$$

将磁感应强度 B 用磁通量 Φ 表示，绕组旋转线速度 v 用转速 n 表示，有

$$E = C_E \Phi n \tag{13-24}$$

式中，C_E 为电动势常数，是与电机结构有关的常数；Φ 为主磁通量(Wb)；n 为电机转速(r/min)；E 的单位为伏特(V)。

2. 电磁转矩

在直流电动机中,电磁转矩是由电枢电流与主磁极磁场互相作用而产生的电磁力形成的。对于给定的电动机,由于电磁转矩 T 与电枢电流、工作磁通及电动机结构参数有关,电磁转矩的大小可用如下公式表示:

$$T = C_T \Phi \cdot I_a \tag{13-25}$$

式中,T 为电磁转矩(N·m);C_T 为转矩常数,是与电动机结构有关的常数;Φ 为主磁通量(Wb);I_a 为电枢电流(A)。

电磁转矩的方向由磁通 Φ 的方向和电枢电流 I_a 的方向决定,两者之中有一个改变,电磁转矩的方向就会随之改变。在电动机中,电磁转矩的方向与转子的旋转方向相同,其驱动电枢旋转。因此,电动机的电磁转矩 T 必须与负载转矩 T_L 及空载损耗转矩相平衡,即当负载转矩发生变化时,电动机的转速、电动势、电流及电磁转矩将自动进行调节,以适应负载的变化,保持新的平衡。如果当负载增加,即阻转矩增加时,电动机的电磁转矩便暂时小于负载转矩,这时转速下降。当磁通不变时,根据式(13-24),反电势 E 将减小,而电枢电流 $I_a = \dfrac{U-E}{R_a}$ 将增加,于是电磁转矩 T 也随之增加,一直达到与负载转矩相平衡后转速不再下降,电动机在新的转速下稳定运行,但这时的电枢电流已大于原来的电流。这也说明当负载增加时,电动机从电源索取的功率也增加,将更多的电能转换为机械能。

13.5.4 直流电动机的分类

直流电动机按励磁绕组和电枢绕组的连接方式分为以下四种。

1. 他励电动机

励磁绕组和电枢绕组分别由两个不同的直流电源供电,如图 13-48 所示。励磁电流不受电枢端电压和电枢电流的影响。

2. 并励电动机

并励电动机的励磁绕组与电枢绕组并联,如图 13-49 所示。它的励磁绕组的导线较细、匝数较多,因而电阻较大,其中通过的励磁电流较小。励磁回路的电流与电枢两端的电压有关。

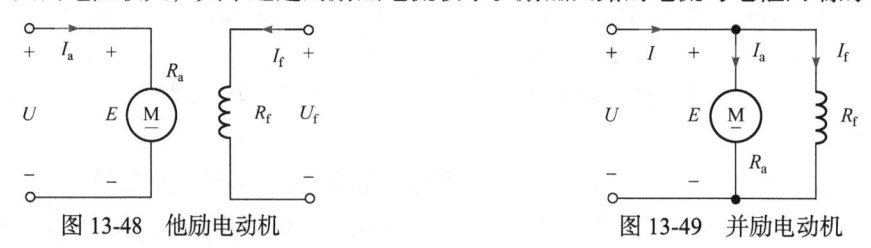

图 13-48 他励电动机

图 13-49 并励电动机

3. 串励电动机

串励电动机的励磁绕组和电枢绕组串联,如图 13-50 所示。其励磁绕组的匝数少、导线粗,其中通过较大的电枢电流。

4. 复励电动机

复励电动机有两个励磁绕组,一个与电枢绕组串联,另一个与电枢绕组并联,如图 13-51

所示。

图 13-50 串励电动机

图 13-51 复励电动机

13.5.5 直流电动机的机械特性

电动机的机械特性是指电动机转速 n 与转轴输出的电磁转矩 T 之间的关系。根据图 13-47 所示的转子回路等效电路，有

$$U = E + R_a I_a \tag{13-26}$$

将式(13-25)、式(13-26)代入式(13-24)中，求转速 n，则有

$$n = \frac{E}{C_E \Phi} = \frac{U - R_a I_a}{C_E \Phi} = \frac{U}{C_E \Phi} - \frac{R_a}{C_T C_E \Phi^2} T \tag{13-27}$$

式(13-27)即为直流电动机的机械特性方程式。令

$$n_0 = \frac{U}{C_E \Phi} \tag{13-28}$$

$$\beta = \frac{R_a}{C_T C_E \Phi^2} \tag{13-29}$$

则机械特性方程式可以简化为

$$n = n_0 - \beta T \tag{13-30}$$

式(13-28)、式(13-30)中的 n_0 称为理想空载转速，即电枢绕组外加电压 U，而输出的电磁转矩为零时的转速。事实上，电动机在空载时也会存在摩擦转矩，T 始终不可能为零，因此电动机靠自身的电磁力矩牵引，实际转速总是达不到 n_0 的值。根据式(13-30)，可以绘出电动机的机械特性曲线，如图 13-52 所示。

用 Δn 表示电机实际转速与理想空载转速 n_0 的差：

$$\Delta n = n_0 - n = \frac{R_a}{C_T C_E \Phi^2} T = \beta T \tag{13-31}$$

图 13-52 直流电动机的机械特性曲线

式中，Δn 为转速差或转速降；β 为机械特性曲线的斜率。当电枢回路电阻 R_a 恒定，电机励磁电流 I_f 不发生变化时，磁通 Φ 也基本不变，β 可视为一个常数。

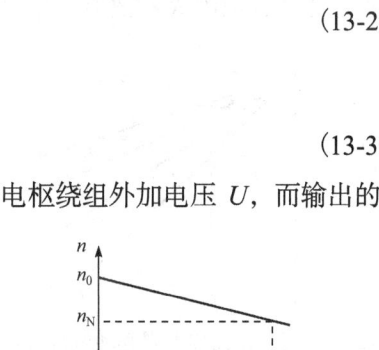

从图 13-52 可以看出，当转矩 T 增加时，转速 n 会下降。其原因是：当电磁转矩增加时，电枢电流 I_a 会增大，而外加电压 U 是不变的，因此由式(13-26)可知感生电动势 E 必然减小，转速必然下降。机械特性曲线的斜率由 β 决定，β 越大，曲线越陡，这样的特性称为软机械特性；β 越小，曲线越平缓，这样的机械特性称为硬机械特性。要求转速恒定的负载，都希

望拖动电机具有较硬的机械特性。他(并)励电动机在自然运行状态下具有比较硬的机械特性，因此其在生产实际中应用最多。

13.5.6 直流电动机运行

以他(并)励直流电动机为主要研究对象，分析它们的起动、调速、制动及反转运行状态。

1. 他(并)励直流电动机的起动

直流电动机在刚起动瞬间，转子转速 $n=0$，反电动势 $E=0$，则由式(13-26)可知，电动机起动电流：

$$I_{aS} = \frac{U}{R_a} \tag{13-32}$$

由于电枢电阻 R_a 很小，若以额定电压加到电枢绕组两端，则会产生很大的起动电流，此电流可能是额定电流的十多倍。过大的电流会导致电机换向的恶化。同时，与电枢电流成正比的起动转矩也很大，将可能损坏电机的传动机构。为此，在起动时，应设法限制起动电流。对并励和他励电动机来说，限制电枢电流的方法有以下两种。

1) 改变电枢电阻——转子回路串电阻起动

在电枢回路串入起动电阻 R 之后，起动电流为

$$I_{aS} = \frac{U_N}{R + R_a} \tag{13-33}$$

适当选择电阻 R 的数值，就可以将起动电流限制在允许的范围内(一般均为 1.5~2.5 倍额定电流)。一般情况下，在起动过程中，电机转子回路所串的起动电阻是逐级切换的。当电机转速接近额定转速时，将 R 全部切换掉，其起动过程的机械特性曲线变化如图 13-53 所示。这种起动方式的优点是起动装置简单、工作可靠；缺点是所串电阻要白白消耗能量、起动的经济效益差。

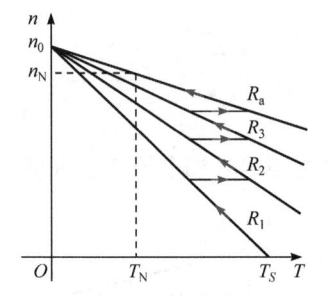

2) 改变电源电压——降压起动

图 13-53 转子回路串电阻起动机械特性曲线

起动时，降低电源电压 U 来限制起动电流，以后随着电动机转速的升高，逐步增加电源电压的数值，一直到电动机在全压下正常运行。这种方法的优点是能量损耗小、效率高，另外，可以实现平滑、无级起动，使平稳性大大提高；缺点是需要一个可调压的直流电源，专供电枢电路之用。

2. 他(并)励直流电动机的调速

直流电动机最大的优点就是可以在很广的范围内平滑而经济地调节转速。根据电动机机械特性表达式：

$$n = \frac{U}{C_E \Phi} - \frac{R_a}{C_T C_E \Phi^2} T$$

可以判断，在负载转矩不变的情况下，改变转速 n 有三种方法。

(1) 改变电枢电压 U。

(2) 改变电枢回路电阻，具体可以采用串电阻的方法。

(3) 改变磁通量 Φ。

下面分别介绍这三种方法的特点。

1) 改变电枢电压调速

受电动机内部的绝缘材料等级所限，变转子电压的调速方法只能是降压调速，不可以升压。当电枢两端的电压变化而电动机其他参数不变时，电动机的理想空载转速 n_0 将与电压成正比例变化，而转速下降 Δn 不变。电动机的机械特性如图 13-54 所示，降压调速电动机转速与转矩的变化过程如图中箭头所示。

这种调速方法的优点是：①机械特性硬度不变；②转速可以实现均匀调节，即实现无级调速；③电能损耗小，比较经济。其缺点是：对直流电源有较高要求，不仅要求其电压连续可调，而且要求电压调节的速度要与电机转速的变化相对应。

2) 改变电枢回路电阻的调速

在电枢回路适当串入电阻 R 时，由式(13-28)、式(13-29)可推知 n_0 不会改变，β 将增大，机械特性曲线将变陡。图 13-55 所示为他(并)励电动机转子回路串电阻调速的机械特性曲线。这种调速方法装置简单、容易实现，但机械特性将变软，而且电阻耗能大、经济效益差。

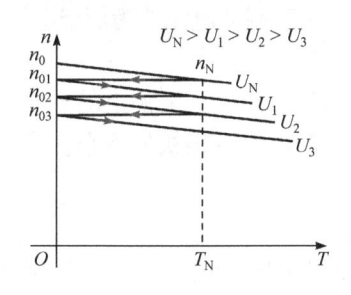

图 13-54　他励电动机降压调速

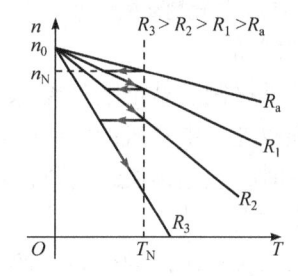

图 13-55　串电阻调速机械特性曲线

3) 改变磁通调速

通常情况下，直流电动机都是在电枢电压和励磁电流为额定值的情况下运行的，这时额定磁通已使磁路接近饱和，可使电动机的体积变小、成本减少。因此，改变磁通量的调速只能从额定值往下调，即弱磁调速。具体实现办法是在励磁回路串入一个可变电阻 R，通过调节 R 使励磁电流和磁通量 Φ 减少。

分析电动机的机械特性方程式(13-27)可知，弱磁调速使电动机理想空载转速 n_0 升高，系数 β 增大，特性有所变软。弱磁调速的机械特性曲线如图 13-56 所示。弱磁调速的物理过程：当主磁通 Φ 下降时，电机转速来不及变化，因此感生电动势 E 将下降，电枢电流 I_a 将增大。由于 I_a 增大的影响超过 Φ 下降的影响，因此转矩 T 也将增加，电机转速 n 上升，反电动势 E 也增大，最后达到平衡。

如果电机在弱磁调速之前已处于额定运行状态，那么在不改变负载转矩的情况下进行弱磁调速时，由公式 $T_N = C_T \Phi I_{aN}$ 可以看出，电枢电流将会大于额定值，这是不允许的。为了保证调速前后电枢电流均不超过额定值，必须减轻负载转矩。因此，这种调速方式只适用于转矩与转速成反

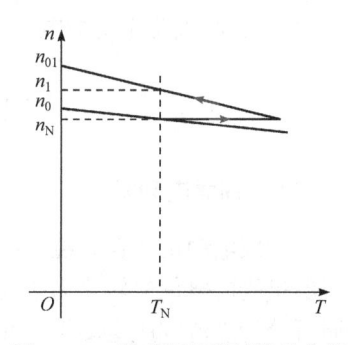

图 13-56　弱磁调速机械特性曲线

比例变化的情况,即输出功率基本不变的场合,如用于切削机床中。这种调速方式常称为恒功率调速。

值得注意的是,这种调速方法在磁通很小时,转速会很高,这是电机换向及转子机械结构所不允许的。因此,这种调速方式对普通电机而言,最高可以到额定转速的1.2~2倍。也正是由于上述因素,他(并)励电动机的励磁回路是不允许断路的。

这种调速的优点是调速比较均匀、能量损耗小、经济,且控制方便。

3. 他励电动机的制动

直流电动机和交流电动机相同,电磁制动分为能耗制动、反接制动和再生发电制动。

1)能耗制动

能耗制动的电路如图13-57所示。当需要对电动机进行制动时,将开关S掷向右边,使电枢绕组与一个制动电阻相连,但励磁绕组的电源必须保留。能耗制动的物理过程与交流异步电动机的能耗制动基本相同。制动电阻R的选择应考虑制动电流的限制,不能使制动电流太大,一般制动电流约为额定电流的2倍。

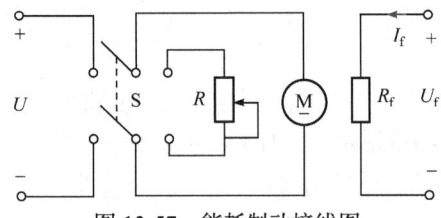

图13-57 能耗制动接线图

2)反接制动

常见的反接制动是把刚脱离电源的电枢绕组两端对调后,再接到电源上的方法。它使电枢电流方向改变,电动机的电磁转矩变成制动转矩,从而使电动机很快停下来。当电动机转速接近于零时,应立刻切断电源,否则电机会反转。

3)再生发电制动

再生发电制动是电动机的一种运行状态,并不是迫使电动机停止。例如,在电车下坡行驶时,重力产生驱动转矩,使车速不断上升,超过理想空载转速n_0,即$n > n_0$,也就使得感生电动势不断升高直至大于电源电压,即$E > U$。这时电枢电流将改变方向,与E同向,电动机变成了发电机。由于励磁回路没有变化,电磁转矩变成制动转矩,限制电机转速继续升高。

4. 他励电动机的反转

由图13-46所示的直流电动机工作原理图可知:要实现电机的反转,电磁转矩T必须反向。而实现电磁转矩反向可采用下面两种方法。

(1)将电枢绕组所加电压U的极性反接,这样电流I也将反向,电磁转矩也跟着改变方向,电机反转。

(2)将励磁绕组所加电压U_f极性反接,主磁通方向反向,电磁转矩也反向,电机反转。

13.6 常用执行电动机简介

13.6.1 伺服电动机

伺服电动机在自动控制系统和计算装置中作为执行元件,故又称执行电动机,其功能是把所接受的电信号转化为电动机轴上的角位移或角速度输出。伺服电动机按其使用的电源性质可分为直流伺服电动机和交流伺服电动机两大类,其主要特点是:当信号电压为零时,无自转现象,转速随着转矩的增加而匀速下降。

伺服主要靠脉冲来定位，基本上可以这样理解，伺服电机接收到 1 个脉冲，就会旋转 1 个脉冲对应的角度，从而实现位移，因为伺服电机本身具备发出脉冲的功能，所以伺服电机每旋转一个角度，都会发出对应数量的脉冲，和伺服电机接收的脉冲形成呼应，或者称为闭环，如此一来，系统就会知道发出了多少脉冲给伺服电机，同时又接收了多少脉冲回来，这样就能够很精确地控制电机的转动，从而实现精确的定位，可以达到 0.001mm 的精度。

1. 直流伺服电机

直流伺服电机分为有刷电机和无刷电机。有刷电机成本低、结构简单、起动转矩大、调速范围宽、控制容易、需要维护，但维护不方便(换碳刷)，产生电磁干扰，对环境有要求。因此，它可以用于对成本敏感的普通工业和民用场合。无刷电机体积小、重量轻、效率高、响应快、速度高、惯量小、转动平滑、力矩稳定、控制复杂、容易实现智能化，其电子换相方式灵活，可以方波换相或正弦波换相，且电机免维护、效率很高、运行温度低、电磁辐射很小、寿命长，可用于各种环境。

2. 交流伺服电机

交流伺服电机也是无刷电机，分为同步电机和异步电机，目前运动控制中一般都用同步电机，它的功率范围大，可以发出很大的功率。其惯量大、最高转动速度低，且随着功率增大而快速降低，因而适合做低速平稳运行的应用。

伺服电机内部的转子是永磁铁，驱动器控制的 U/V/W 三相电形成电磁场，转子在此磁场的作用下转动，同时电机自带的编码器反馈信号给驱动器，驱动器根据反馈值与目标值进行比较，调整转子转动的角度。伺服电机的精度取决于编码器的精度(线数)。

13.6.2 步进电机

步进电机作为执行元件，是机电一体化的关键产品之一，广泛应用在各种自动化控制系统中。随着微电子和计算机技术的发展，步进电机的需求量与日俱增，在各个国民经济领域都有应用。

步进电机是一种将电脉冲转化为角位移的执行机构。当步进驱动器接收到一个脉冲信号时，它就驱动步进电机按设定的方向转动一个固定的角度(称为"步距角")，它的旋转是以固定的角度一步一步运行的。可以通过控制脉冲个数来控制角位移量，从而达到准确定位的目的；同时可以通过控制脉冲频率来控制电机转动的速度和加速度，从而达到调速的目的。步进电机可以作为一种控制用的特种电机，利用其没有积累误差的特点，广泛应用于各种开环控制。

现在比较常用的步进电机包括永磁式步进电机(pm)、反应式步进电机(vr)、混合式步进电机(hb)和单相式步进电机等。

永磁式步进电机一般为两相，转矩和体积较小，步进角一般为 7.5°或 15°；

反应式步进电机一般为三相，可实现大转矩输出，步进角一般为 1.5°，但噪声和振动都很大。反应式步进电机的转子磁路由软磁材料制成，定子上有多相励磁绕组，利用磁导的变化产生转矩。

混合式步进电机混合了永磁式和反应式的优点，它又分为两相和五相：两相步进角一般为 1.8°，而五相步进角一般为 0.72°。这种步进电机的应用最为广泛。

1. 步进电机的基本参数

(1)电机固有步距角(步进角)，是指控制系统每发一个步进脉冲信号时，电机所转动的角度。电机出厂时给出了一个步距角的值，如 86BYG250A 型电机给出的值为 0.9°/1.8°(表示半步工作时为 0.9°、整步工作时为 1.8°)，这个步距角可以称为"电机固有步距角"，它不一定是电机实际工作时的真正步距角，真正的步距角和驱动器有关。

(2)步进电机的相数，是指电机内部的线圈组数，目前常用的有二相、三相、四相、五相步进电机。电机相数不同，其步距角也不同，一般二相电机的步距角为 0.9°/1.8°、三相为 0.75°/1.5°、五相为 0.36°/0.72°。在没有细分驱动器时，用户主要靠选择不同相数的步进电机来满足自己对步距角的要求。若使用细分驱动器，则"相数"将变得没有意义，用户只需在驱动器上改变细分数，就可以改变步距角。

(3)保持转矩，是指步进电机通电但没有转动时，定子锁住转子的力矩。它是步进电机最重要的参数之一，通常步进电机在低速时的力矩接近保持转矩。由于步进电机的输出力矩随速度的增大而不断衰减，输出功率也随速度的增大而变化，所以保持转矩就成为了衡量步进电机最重要的参数之一。例如，当人们说 2N·m 的步进电机，在没有特殊说明的情况下是指保持转矩为 2N·m 的步进电机。

(4)定位转矩，是指步进电机没有通电的情况下，定子锁住转子的力矩。Detent torque 在国内没有统一的翻译方式，暂且翻译为定位转矩；由于反应式步进电机的转子不是永磁材料，所以它没有定位转矩。

2. 步进电机的特点

(1)一般步进电机的精度为步进角的 3%～5%，且不累积。

(2)步进电机外表允许的最高温度。

步进电机温度过高首先会使电机的磁性材料退磁，从而导致力矩下降乃至于失步，因此电机外表允许的最高温度应取决于不同电机磁性材料的退磁点；一般来讲，磁性材料的退磁点都在 130℃以上，有的甚至高达 200℃以上，所以步进电机外表温度达 80～90℃时完全正常。

(3)步进电机的力矩会随转速的升高而下降。

当步进电机转动时，电机各相绕组的电感将形成一个反向电动势；频率越高，反向电动势越大。在它的作用下，电机随频率(或速度)的增大而相电流减小，从而导致力矩下降。

(4)步进电机低速时可以正常运转，但若高于一定速度则无法启动，并伴有啸叫声。

步进电机有一个技术参数：空载起动频率，即步进电机在空载情况下能够正常起动的脉冲频率，如果脉冲频率高于该值，电机不能正常起动，可能发生丢步或堵转。在有负载的情况下，起动频率应更低。如果要使电机达到高速转动，脉冲频率应该有加速过程，即起动频率较低，然后按一定加速度升到所希望的高频(电机转速从低速升到高速)。

步进电动机以其显著的特点，在数字化制造时代发挥着巨大的用途。伴随着不同的数字化技术的发展以及步进电机本身技术的提高，步进电机将会在更多的领域得到应用。

习 题

13-1 已知三相异步电动机的额定转速为 1470r/min，频率为 50Hz，求同步转速以及磁极对数。

13-2 一台 50Hz、十二极三相异步电动机的额定转差率为 5%，试求：
(1)电动机的额定转速；(2)空载转差率为 2.5%时的空载转速；(3)转子额定电流的频率。

13-3 三相四极异步电动机的额定功率为 4kW，额定电压为 220/380V，额定转速为 1450r/min，额定功率因数为 0.85，额定效率为 0.86。当电动机在额定情况下运行时，试求：
(1)输入功率；(2)定子绕组接成星形和三角形时的线电流；(3)转矩；(4)转差率。

13-4 三相异步电动机接上电源后，若转子卡住，长期不能转动，将产生什么后果？

13-5 一台三相异步电动机铭牌上写明，额定电压为 380/220V，定子绕组接法为 Y/△。试问：(1)使用时，如果将定子绕组接成三角形，并接于 380V 的三相电源上，能否空载运行或带额定负载运行？会发生什么现象？(2)使用时，如果将定子绕组接成星形，并接 220V 的三相电源上，能否空载运行或带额定负载运行？会发生什么现象？

13-6 已知一台鼠笼式电动机，电压为 380V，接法为△，额定功率为 40kW，额定转速为 1450r/min，起动转矩与额定转矩之比为 0.75，求起动转矩。如果负载转矩为额定转矩的 20% 或 50%，试计算能否采取星形起动？

13-7 已知一台三相四极异步电动机，额定功率为 30kW，额定电压为 380V，三角形接法，频率为 50Hz。在额定负载时，其转差率为 0.02，效率为 90%，线电流为 57.5A。$T_{st}/T_N = 1.2$，$I_{Lst}/I_{LN} = 7$，如果采用自耦变压器降压起动，而使电动机的起动转矩为额定转矩的 85%，试求：(1)自耦变压器的变比；(2)电动机的起动电流和线路上的起动电流。

13-8 三相异步电动机技术数据如下：额定功率为 4.5kW，额定转速为 975r/min，额定效率为 84.5%，额定功率因数为 0.8，频率为 50Hz，过载系数为 2.2，起动电流与额定电流之比为 6.5，起动转矩与额定转矩之比为 1.8，电压为 220/380V。试求：(1)电动机的磁极对数；(2)额定负载时的转差率、电磁转矩及电流；(3)星形与三角形接法时的起动线电流及起动转矩。

13-9 Y200-4 型三相异步电动机的额定功率为 30kW，额定电压为 380V，三角形接法，频率为 50Hz，在额定负载下运行时，其转差率为 0.02，效率为 92.2%，线电流为 56.8A。试求：(1)额定转矩；(2)电动机的功率因数。

13-10 一台三相六极异步电动机在频率为 50Hz、电压为 380V 的电网上运行，此时电动机的定子输入功率为 44.6kW，定子电流为 78A，转差率为 0.04，轴上输出转矩为 392N·m。试求：(1)转速；(2)轴上输出的功率；(3)功率因数；(4)效率。

13-11 已知某三相异步电动机，磁极对数 $p=2$，定子绕组三角形连接，接于 50Hz、380V 的三相电源上工作，当负载转矩 $T_L = 91$N·m 时，测得 $I_1 = 30$A，$P_1 = 16$kW，$n = 1470$r/min，求该电动机带此负载运行时的 S、P_2、η 和 $\cos\varphi$。

13-12 已知某三相异步电动机，额定功率 $P_{2N} = 45$kW，额定转速 $n_N = 2970$r/min，$T_{st}/T_N = 2.0$，$T_m/T_N = 2.2$。若 $T_L = 200$N·m，试问能否带此负载：(1)长期运行；(2)短时运行；(3)直接起动。

13-13 已知一台 Y250M-6 型三相鼠笼式电动机，$U_N = 380$V，三角形连接，$P_{2N} = 37$kW，$n_N = 985$r/min，$I_N = 72$A，$T_{st}/T_N = 1.8$，$I_{st}/I_N = 6.5$。若电动机起动时的负载转矩 $T_L = 250$N·m，从电源取用的电流不得超过 360A，试问：(1)能否直接起动？(2)能否采用星形-三角形起动？(3)能否采用 $k_B = 1.25$ 的自耦变压器起动？

13-14 已知一台 Y225M-4 型三相异步电动机，定子绕组三角形连接，其额定数据如题 13-14 表所示。试求：(1)额定电流 I_N；(2)额定转差率 S_N；(3)额定转矩 T_N、最大转矩 T_m、起动转矩 T_{st}。

题 13-14 表

功率	转速	电压	效率	功率因数	I_{st}/I_N	T_{st}/T_N	T_m/T_N
45kW	1480r/min	380V	92.3%	0.88	7.0	1.9	2.2

13-15 题 13-14 中：(1)如果负载转矩为 510.2N·m，试问在 $U=U_N$ 和 $U'=0.9U_N$ 两种情况下，电动机能否起动？(2)若采用星形-三角形起动，求起动电流和起动转矩；当负载转矩为额定转矩的 80% 和 50% 时，电动机能否起动？

13-16 某设备原装有 Y132M-4 型三相异步电动机拖动，三角形接法，其额定数据如题 13-16 表所示。已知起动时它的负载反转矩为 40N·m，电网不允许起动电流超过 100A。问：(1)该电动机能否直接起动？(2)能否采用星形-三角形换接起动，为什么？

题 13-16 表

功率	电流	效率	功率因数	转速	I_{st}/I_N	T_{st}/T_N	T_m/T_N
7.5kW	15.4A	87%	0.85	1440r/min	7	2.2	2.2

13-17 三相异步电动机如果断掉一根电源线后能否起动？如果在运行时断掉一根电源线能否继续旋转？为什么？

13-18 已知一台并励电动机，额定工作电压 $U_N=110$V，额定输入电流 $I_N=52.5$A，励磁绕组电阻 $R_f=44\Omega$，电枢绕组电阻 $R_a=0.1\Omega$，额定转速 $n_N=1050$r/min，额定效率 $\eta_N=87\%$。求：(1)电动机额定励磁电流 I_{fN}，额定电枢电流 I_{aN}；(2)额定运行状态时的反电动势 E；(3)额定转矩。

13-19 一台他励电动机额定数据如下：$P_N=2.2$kW，$U_{fN}=110$V，$U_N=100$V，$n_N=1500$r/min，$R_a=0.4\Omega$，$R_f=82.7\Omega$，$\eta_N=80\%$。试求：(1)额定电枢电流 I_{aN}；(2)额定励磁功率；(3)额定转矩；(4)机械特性方程式。

13-20 对于题 13-19 的电机，试求直接起动时起动电流 I_{aS}；若要求起动电流不超过额定电流的 2 倍，求起动电阻和起动转矩。

13-21 对于题 13-19 的电机，要在额定负载下调速，试求用下列两种方法时的转速：
(1)额定磁通，电枢电压降低 20%；
(2)额定磁通，恒定电枢电压，在中枢回路串入一个 1.6Ω 的电阻；
(3)求出以上(1)、(2)两种情况调速后的机械特性方程式。

13-22 对于题 13-19 的电机，若电枢电流过载倍数(最大电流/额定电流)限制在 2.0 以下，那么采用能耗制动时，电枢回路应串多大制动电阻？

第 14 章　暂态电路的复频域分析法

第 5 章阐述了线性动态电路的时域分析法，重点讨论了一阶电路及一阶电路一种简化方法——三要素法。线性动态电路的时域分析法需要建立和求解电路的微积分方程，当方程的阶数大于 2 时，求解和计算过程比较复杂。为了使线性动态电路的分析过程得到简化，应用拉普拉斯变换将电路由时域形式变换为复频域形式，在复频域形式下建立电路模型并求解电路，再将复频域下得到的电路的解，通过拉普拉斯逆变换获得其时域形式的解。这种采用在复频域中分析线性动态电路的方法，称为线性动态电路的复频域分析法或拉普拉斯变换的运算法。

本章首先介绍拉普拉斯变换及其基本性质，然后重点讨论电路的复频域变换与逆变换的两种方法，即拉普拉斯逆变换的部分分式展开法、电路定律及模型的拉普拉斯变换运算形式、拉普拉斯变换的运算法，最后介绍了网络函数的概念与特性。

14.1　拉普拉斯变换及其基本性质

14.1.1　拉普拉斯变换与逆变换

对于定义在 $t\in[0,\infty)$ 区间的函数 $f(t)$，它的拉普拉斯变换（Laplace transform）$F(s)$ 为

$$F(s)=\int_{0^-}^{\infty}f(t)\mathrm{e}^{-st}\mathrm{d}t \tag{14-1}$$

式中，$s=\sigma+\mathrm{j}\omega$，为复变量，称为复频率（complex frequency），是电路的复频域分析中的算子；$f(t)$ 称为 $F(s)$ 的原函数（primitive function），$F(s)$ 称为 $f(t)$ 的象函数（image function）。拉普拉斯变换简称为拉氏变换，简记为 $F(s)=L[f(t)]$。

式（14-1）中的积分下限用 0^-，是计及 $f(t)$ 可能包含的冲激函数及其各阶导数，从而给计算存在冲激电压和冲激电流的电路带来方便。

式（14-1）表明拉氏变换是一种积分变换，$f(t)$ 的积分变换 $F(s)$ 存在的条件是 $f(t)$ 在 $t\in[0,\infty)$ 区间上，除了数量有限的第一类间断点处处连续；式（14-1）右边的积分为有限值，e^{-st} 为收敛因子。

对于一个函数 $f(t)$，若存在正的有限值常数 M 和 σ_0，使得对所有 t 满足条件：

$$|f(t)|<M\mathrm{e}^{\sigma_0 t} \tag{14-2}$$

则 $f(t)$ 的拉氏变换 $F(s)$ 存在，因为总可以找到一个合适的 s 值，使式（14-1）中的积分为有限值。

在电路分析中所遇到的时间函数基本上都能满足上述收敛条件，在本章计算拉氏变换时，可以直接引用式（14-1）来进行计算，不对其存在性进行讨论。

由象函数 $F(s)$ 到原函数 $f(t)$ 的变换称为拉普拉斯逆变换（inverse Laplace transform），简称拉氏逆变换。其数学表示形式为

$$f(t) = \frac{1}{2\pi j} \int_{\sigma-j\infty}^{\sigma+j\infty} F(s) e^{st} ds, \quad t > 0 \tag{14-3}$$

拉氏逆变换简记为 $f(t) = L^{-1}[F(s)]$。

【例 14-1】 求单位冲激函数 $\delta(t)$ 的象函数。

解 根据拉氏变换定义式(14-1)，单位冲激函数 $\delta(t)$ 的象函数为

$$F(s) = L\{\delta(t)\} = \int_{0^-}^{\infty} \delta(t) e^{-st} dt = \int_{0^-}^{\infty} \delta(t) e^0 dt = 1$$

【例 14-2】 求单位阶跃函数 $\varepsilon(t)$ 的象函数。

解 根据式(14-1)，单位阶跃函数 $\varepsilon(t)$ 的象函数为

$$F(s) = L\{\varepsilon(t)\} = \int_{0^-}^{\infty} \varepsilon(t) e^{-st} dt = \int_{0^+}^{\infty} e^{-st} dt = -\frac{1}{s} e^{-st} \Big|_{0^+}^{\infty} = -\frac{1}{s} e^{-(\sigma+j\omega)t} \Big|_{0^+}^{\infty}$$

当 $\sigma > 0$ 时，极限：

$$\lim_{t \to \infty} e^{-\sigma t} = 0$$

因此积分收敛于 $1/s$。于是得到 $\varepsilon(t)$ 的象函数为

$$L\{\varepsilon(t)\} = \frac{1}{s}$$

【例 14-3】 求指数函数 $f(t) = e^{-at} (t \geq 0)$ 的象函数。

解 根据式(14-1)，指数函数 e^{-at} 的象函数为

$$F(s) = L\{e^{-at}\} = \int_{0^-}^{\infty} e^{-at} e^{-st} dt = \int_{0^-}^{\infty} e^{-(s+a)t} dt = -\frac{1}{s+a} e^{-(s+a)t} \Big|_{0^-}^{\infty} = \frac{1}{s+a}$$

因此有

$$L\{f(t)\} = \frac{1}{s+a}, \quad (\sigma + a) > 0$$

式中，$(\sigma + a) > 0$ 为收敛条件。

14.1.2 拉普拉斯变换的基本性质

拉普拉斯变换具有许多性质，利用这些性质可简化求取时域函数拉普拉斯变换的计算过程。在线性动态电路的复频域分析中，应用拉普拉斯变换的基本性质可以很方便地建立电路定律和电路元件的复频域模型。

1. 线性性质

若 $L[f_1(t)] = F_1(s)$，$L[f_2(t)] = F_2(s)$，a、b 为任意常数，则有

$$L[af_1(t) \pm bf_2(t)] = aF_1(s) \pm bF_2(s) \tag{14-4}$$

证明
$$L[af_1(t) \pm bf_2(t)] = \int_{0^-}^{\infty} [af_1(t) \pm bf_2(t)] e^{-st} dt$$
$$= a \int_{0^-}^{\infty} f_1(t) e^{-st} dt \pm b \int_{0^-}^{\infty} f_2(t) e^{-st} dt = aF_1(s) \pm bF_2(s)$$

线性性质(linearity property)表明，原函数线性组合的象函数等于由各原函数的象函数的

相同形式的线性组合。

【例 14-4】 求 $\cos(\omega t)(t>0)$ 的象函数。

解 由欧拉公式可知：
$$\cos(\omega t) = \frac{e^{j\omega t} + e^{-j\omega t}}{2}$$

应用线性性质可得
$$L[\cos(\omega t)] = L\left[\frac{1}{2}e^{j\omega t} + \frac{1}{2}e^{-j\omega t}\right] = \frac{1}{2}\left(\frac{1}{s-j\omega} + \frac{1}{s+j\omega}\right) = \frac{s}{s^2 + \omega^2}$$

2. 复频域平移性质

若 $L[f(t)] = F(s)$，则
$$L\left[e^{-at}f(t)\right] = F(s+a) \tag{14-5}$$

证明
$$L\left[e^{-at}f(t)\right] = \int_{0^-}^{\infty} e^{-at}f(t)e^{-st}dt = \int_{0^-}^{\infty} f(t)e^{-(s+a)t}dt = F(s+a)$$

复频域平移性质(translation property in complex frequency domain)表明，$e^{-at}f(t)$ 的象函数可以由 $f(t)$ 的象函数 $F(s)$ 得到，只要把其中的 s 都以 $s+a$ 替代即可。

【例 14-5】 求 $e^{\mp at}\cos(\omega t)(t>0)$ 的象函数。

解 根据复频域平移性质和例 14-4 的计算结果，可得
$$L\left[e^{\mp at}\cos(\omega t)\right] = \frac{s \pm a}{(s \pm a)^2 + \omega^2}$$

3. 时域平移性质

若 $L[f(t)] = F(s)$，则
$$L[f(t-t_0)\varepsilon(t-t_0)] = e^{-st_0}F(s) \tag{14-6}$$

证明 由拉氏变换定义可知：
$$L[f(t-t_0)\varepsilon(t-t_0)] = \int_0^{\infty} f(t-t_0)\varepsilon(t-t_0)e^{-st}dt$$

令 $t' = t - t_0$ 代入上式，则有
$$L[f(t-t_0)\varepsilon(t-t_0)] = \int_{-t_0}^{\infty} f(t')\varepsilon(t')e^{-s(t'+t_0)}dt' = e^{-st_0}\int_0^{\infty} f(t')\varepsilon(t')e^{-st'}dt'$$

则
$$L[f(t-t_0)\varepsilon(t-t_0)] = e^{-st_0}\int_0^{\infty} f(t)\varepsilon(t)e^{-st}dt = e^{-st_0}\int_0^{\infty} f(t)e^{-st}dt = e^{-st_0}F(s)$$

时域平移性质(time domain translation property)表明，$f(t-t_0)\varepsilon(t-t_0)$ 的象函数可以由 $f(t)$ 的象函数 $F(s)$ 得到，只要把 $F(s)$ 乘以 e^{-st_0} 即可。

【例 14-6】 已知矩形脉冲电压 $u(t)$ 的波形如图 14-1 所示，求 $u(t)$ 的象函数。

解 用时延阶跃函数表示 $u(t)$ 为
$$u(t) = U\varepsilon(t-t_1) - U\varepsilon(t-t_2)$$

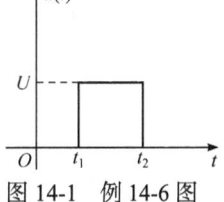

图 14-1 例 14-6 图

应用拉氏变换的线性性质和时延性质，可得

$$L[u(t)] = L[U\varepsilon(t-t_1) - U\varepsilon(t-t_2)] = UL[\varepsilon(t-t_1)] - UL[\varepsilon(t-t_2)]$$
$$= \frac{U}{s}(e^{-st_1} - e^{-st_2})$$

【例 14-7】 求图 14-2(a)所示的半波正弦脉冲电压 $u(t)$ 的象函数。

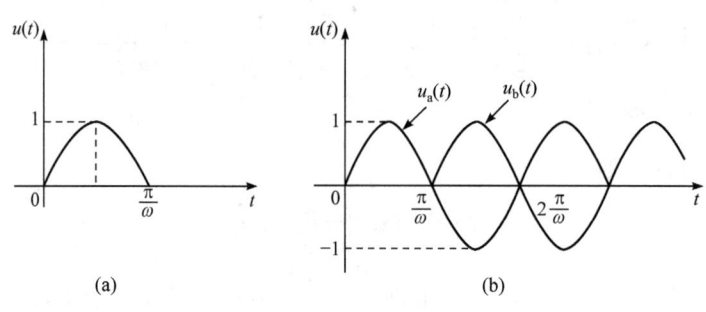

图 14-2　例 14-7 图

解 用图 14-2(b)所示的连续正弦函数 $u(t)$ 和时延为 $\dfrac{\pi}{\omega}$ 的连续正弦函数 $u(t)$ 来表示 $u(t)$，即

$$u(t) = u_a(t) + u_b(t) = \sin(\omega t)\varepsilon(t) + \sin\left[\omega\left(t-\frac{\pi}{\omega}\right)\right]\varepsilon\left(t-\frac{\pi}{\omega}\right)$$

因为

$$L[\sin(\omega t)] = \frac{\omega}{s^2 + \omega^2}$$

所以有

$$L[u(t)] = L[\sin(\omega t)\varepsilon(t)] + L\left\{\sin\left[\left(t-\frac{\pi}{\omega}\right)\right]\varepsilon\left(t-\frac{\pi}{\omega}\right)\right\}$$
$$= \frac{\omega}{s^2 + \omega^2} + \frac{\omega}{s^2 + \omega^2}e^{-\frac{\pi}{\omega}s} = \frac{\omega}{s^2 + \omega^2}(1 + e^{-\frac{\pi}{\omega}s})$$

4. 微分定理

若 $L[f(t)] = F(s)$，则

$$L\left[\frac{\mathrm{d}f(t)}{\mathrm{d}t}\right] = sF(s) - f(0^-) \tag{14-7}$$

式中，$f(0^-) = f(t)\big|_{t=0^-}$ 是原函数 $f(t)$ 在 $t = 0^-$ 时刻的值。

微分定理(differentiation theorem)表明，原函数导数的拉氏变换等于将原函数的象函数乘以 s，再减去原函数初始值的代数运算。

证明 根据拉普拉斯变换的定义可知：

$$L\left[\frac{\mathrm{d}f(t)}{\mathrm{d}t}\right] = \int_{0^-}^{\infty} \frac{\mathrm{d}f(t)}{\mathrm{d}t}e^{-st}\mathrm{d}t = e^{-st}f(t)\bigg|_{0^-}^{\infty} - \int_{0^-}^{\infty} f(t)\mathrm{d}(e^{-st})$$
$$= \lim_{t\to\infty}e^{-st}f(t) - f(0^-) + s\int_{0^-}^{\infty}f(t)e^{-st}\mathrm{d}t$$

因为 $f(t)$ 是可以拉氏变换的，且 $\lim\limits_{t\to\infty}\mathrm{e}^{-st}f(t)=0$，所以有

$$L\left[\frac{\mathrm{d}f(t)}{\mathrm{d}t}\right]=sF(s)-f(0^-) \tag{14-8}$$

运用微分定理可得到原函数的二阶导数的拉氏变换为

$$L\left[\frac{\mathrm{d}^2 f(t)}{\mathrm{d}t^2}\right]=L\left[\frac{\mathrm{d}f'(t)}{\mathrm{d}t}\right]=s\left[sF(s)-f(0^-)\right]-f'(0^-)$$
$$=s^2F(s)-sf(0^-)-f'(0^-)$$

依此类推，可得到原函数的 n 阶导数 $f^{(n)}(t)$ 的拉氏变换为

$$L\left[f^{(n)}(t)\right]=s^n F(s)-s^{n-1}f(0^-)-s^{n-2}f^{(1)}(0^-)-\cdots-f^{(n-1)}(0^-) \tag{14-9}$$

在式 (14-9) 中，若 $f^{(i)}(0^-)=0$，其中 $i=0,1,\cdots,n-1$，则有

$$L\left[\frac{\mathrm{d}f(t)}{\mathrm{d}t}\right]=sF(s) \tag{14-10}$$

【例 14-8】 求冲激函数的导数 $\delta'(t)$ 的象函数。

解 由微分定理可知：

$$L\left[\delta'(t)\right]=sL\left[\delta(t)\right]-\delta(0^-)=s\times 1=s$$

5. 积分定理

若 $L[f(t)]=F(s)$，则

$$L\left[\int_0^t f(\tau)\mathrm{d}\tau\right]=\frac{1}{s}F(s) \tag{14-11}$$

积分定理 (integration theorem) 表明，原函数 $f(t)$ 在时域中积分的拉氏变换等于对其象函数 $F(s)$ 乘以 $1/s$ 的代数运算。

证明 因为

$$L[f(t)]=L\left[\frac{\mathrm{d}}{\mathrm{d}t}\int_0^t f(\tau)\mathrm{d}\tau\right]=s\cdot L\left[\int_0^t f(\tau)\mathrm{d}\tau\right]-\left[\int_0^t f(\tau)\mathrm{d}\tau\right]\bigg|_{t=0}$$
$$=s\cdot L\left[\int_0^t f(\tau)\mathrm{d}\tau\right]-0$$

所以有

$$L\left[\int_0^t f(\tau)\mathrm{d}\tau\right]=\frac{1}{s}L[f(t)]=\frac{1}{s}\cdot F(s)$$

同理可证，原函数 $f(t)$ 的 n 重积分的拉氏变换为

$$L\left[\overbrace{\int_0^t\int_0^t\cdots\int_0^t}^{n} f(\tau)(\mathrm{d}\tau)^n\right]=\frac{1}{s^n}\cdot F(s) \tag{14-12}$$

【例 14-9】 求函数 $t^2\varepsilon(t)$ 的象函数。

解
$$t^2=\int_0^t 2\tau\mathrm{d}\tau$$

对上式两边取拉氏变换，运用积分定理得

$$L[t^2] = L\left[\int_0^\infty 2\tau \mathrm{d}\tau\right] = 2 \times \frac{1}{s} \times L[t] = 2 \times \frac{1}{s} \times \frac{1}{s^2} = \frac{2}{s^3}$$

6. 卷积定理

若 $L[f_1(t)] = F_1(s)$，$L[f_2(t)] = F_2(s)$，则

$$L[f_1(t) * f_2(t)] = L\left[\int_{0^-}^t f_1(\tau) f_2(t-\tau) \mathrm{d}\tau\right] = F_1(s) F_2(s) \tag{14-13}$$

证明 由拉普拉斯变换的定义可知：

$$L[f_1(t) * f_2(t)] = \int_{0^-}^\infty \left[\int_{0^-}^t f_1(\tau) f_2(t-\tau) \mathrm{d}\tau\right] \mathrm{e}^{-st} \mathrm{d}t$$

注意到 $f_1(t)$ 与 $f_2(t)$ 均为因果函数，因此当 $\tau > t$ 时，$f_2(t-\tau) = 0$，所以可以用引入单位阶跃函数 $\varepsilon(t-\tau)$ 的办法将括号内积分上限扩展至 ∞，即

$$L[f_1(t) * f_2(t)] = \int_{0^-}^\infty \left[\int_{0^-}^\infty f_1(\tau) f_2(t-\tau) \varepsilon(t-\tau) \mathrm{d}\tau\right] \mathrm{e}^{-st} \mathrm{d}t$$

因 $f_1(t)$ 与 $f_2(t)$ 均可取拉氏变换，故上式中的两个无穷积分必然绝对收敛。因此，对 t 和 τ 的积分顺序可交换，于是有

$$L[f_1(t) * f_2(t)] = \int_{0^-}^\infty f_1(\tau) \left[\int_{0^-}^\infty f_2(t-\tau) \varepsilon(t-\tau) \mathrm{e}^{-st} \mathrm{d}t\right] \mathrm{d}\tau$$

令 $x = t - \tau$，则 $\mathrm{e}^{-st} = \mathrm{e}^{-s(x+\tau)}$，上式可写成：

$$L[f_1(t) * f_2(t)] = \int_{0^-}^\infty f_1(\tau) \left[\int_{0^-}^\infty f_2(x) \varepsilon(x) \mathrm{e}^{-sx} \cdot \mathrm{e}^{-s\tau} \mathrm{d}x\right] \mathrm{d}\tau$$

$$= \left[\int_{0^-}^\infty f_1(\tau) \mathrm{e}^{-s\tau} \mathrm{d}\tau\right]\left[\int_{0^-}^\infty f_2(x) \mathrm{e}^{-sx} \mathrm{d}x\right]$$

$$= F_1(s) F_2(s)$$

卷积定理（convolution theorem）表明，时域中两原函数卷积的象函数等于复频域中相应象函数的乘积。卷积定理可以用于解决线性动态电路关于任意激励作用下的零状态响应的求解问题。

表 14-1 中给出了常用函数的拉普拉斯变换。

表 14-1 常用函数的拉普拉斯变换

序号	原函数 $f(t)$, $t > 0$	象函数 $F(s)$
1	$\delta'(t)$	s
2	$\delta(t)$	1
3	$\varepsilon(t)$	$\dfrac{1}{s}$
4	t	$\dfrac{1}{s^2}$
5	t^2	$\dfrac{2}{s^3}$

续表

序号	原函数 $f(t)$, $t>0$	象函数 $F(s)$
6	e^{-at}	$\dfrac{1}{s+a}$
7	$te^{\pm at}$	$\dfrac{1}{s\mp a^2}$
8	$\sin(\omega t)$	$\dfrac{\omega}{s^2+\omega^2}$
9	$\cos(\omega t)$	$\dfrac{s}{s^2+\omega^2}$
10	$\sin(\omega t+\varphi)$	$\dfrac{s\sin\varphi+\omega\cos\varphi}{s^2+\omega^2}$
11	$\cos(\omega t+\varphi)$	$\dfrac{s\cos\varphi-\omega\sin\varphi}{s^2+\omega^2}$
12	$e^{-at}\sin(\omega t)$	$\dfrac{\omega}{(s+a)^2+\omega^2}$
13	$e^{-at}\cos(\omega t)$	$\dfrac{s+a}{(s+a)^2+\omega^2}$

14.2 拉普拉斯逆变换的部分分式展开法

拉氏逆变换有多种方法，首先可以用拉氏逆变换定义式(14-3)求解，但复变函数积分的计算一般比较烦琐，其次是利用拉氏变换表和拉氏变换性质求拉氏逆变换求解，这种方法虽然简便，但拉氏变换表 14-1 所列象函数 $F(s)$ 的数量是有限的，因此针对电路分析，本节讨论一种较为简便和实用的方法，即部分分式展开法(partial fraction expansion method)。因为集总参数电路中的电压和电流的象函数通常都是关于 s 的有理分式，所以若将其展开成为部分分式，并分别对部分分式的每一项求原函数，则其计算过程比较简单。

线性动态电路响应的象函数 $F(s)$ 可表示为

$$F(s)=\frac{N(s)}{D(s)}=\frac{b_m s^m+b_{m-1}s^{m-1}+\cdots+b_1 s+b_0}{a_n s^n+a_{n-1}s^{n-1}+\cdots+a_1 s+a_0} \tag{14-14}$$

式中，n 与 m 均为正整数；系数 a 与 b 都是实常数，且分子和分母多项式无公因式。

当 $n>m$ 时，分子多项式 $N(s)$ 的次数低于分母多项式的次数，$F(s)$ 为有理真分式，可直接应用部分分式展开法。当 $n \leqslant m$ 时，$F(s)$ 为假分式，在应用部分分式展开法之前，使用多项式除法把 $F(s)$ 分解为有理真分式与多项式和的形式，即

$$F(s)=\frac{N(s)}{D(s)}=Q(s)+\frac{R(s)}{D(s)} \tag{14-15}$$

式(14-15)中，对有理真分式部分 $\dfrac{R(s)}{D(s)}$ 应用部分分式展开法求原函数，多项式 $Q(s)$ 的原函数可通过分析冲激函数 $\delta(t)$ 及其各阶导数的拉氏变换的特点而获得。

下面分两种情况讨论有理真分式函数的部分分式展开法。

1. $D(s)=0$ 的根为 n 个单根

设 $s_1, s_2, \cdots, s_n$ 为 $D(s)$ 的 n 个单根，则 $D(s)$ 可按根因式分解为

$$D(s) = a_n(s-s_1)(s-s_2)\cdots(s-s_n)$$

于是可以把 $F(s)$ 写成部分分式和的形式，即

$$F(s) = \frac{N(s)}{D(s)} = \frac{A_1}{s-s_1} + \frac{A_2}{s-s_2} + \cdots + \frac{A_n}{s-s_n} = \sum_{k=1}^{n} \frac{A_k}{s-s_k} \tag{14-16}$$

式中，$A_k (k=1, 2, \cdots, n)$ 为待定系数。

为确定待定系数 A_k，将式 (14-16) 等式两边同乘 $s-s_k$，则有

$$(s-s_k)\frac{N(s)}{D(s)} = (s-s_k)\sum_{i=1}^{n}\frac{A_i}{s-s_i}$$

$$= (s-s_k)\sum_{i=1}^{k-1}\frac{A_i}{s-s_i} + A_k + (s-s_k)\sum_{i=k+1}^{n}\frac{A_i}{s-s_i}$$

上式中令 $s=s_k$，可得待定系数 A_k 为

$$A_k = \left[(s-s_k)\frac{N(s)}{D(s)}\right]_{s=s_k} \tag{14-17}$$

式中，$k=1, 2, \cdots, n$。

由于当 $s=s_k$ 时，计算式 (14-17) 会遇到 0/0 型的极限问题，可以引用洛必达法则，于是待定系数 A_k 为

$$A_k = \lim_{s \to s_k}\frac{(s-s_k)N(s)}{D(s)} = \lim_{s \to s_k}\frac{N'(s)(s-s_k) + N(s)}{D'(s)} = \frac{N(s_k)}{D'(s_k)} \tag{14-18}$$

若待定系数 A_k 已知，由 $F(s)$ 的部分分式展开式 (14-16) 便可求出它的原函数 $f(t)$ 为

$$f(t) = L^{-1}\left[\sum_{k=1}^{n}\frac{A_k}{s-s_k}\right] = \sum_{k=1}^{n} A_k e^{s_k t}, \quad t>0 \tag{14-19}$$

式中，$A_k = \left[(s-s_k)\frac{N(s)}{D(s)}\right]_{s=s_k}$ 或 $A_k = \frac{N(s)}{D'(s)}\bigg|_{s=s_k}$，$k=1, 2, \cdots, n$。

式 (14-19) 即为求象函数 $F(s)$ 的拉氏逆变换的部分分式展开法。由该方法求出的原函数 $f(t)$ 为定义在 $t>0$ 区域上的时间函数。若 $f(t)$ 在 $t=0$ 处连续，则上述定义域可扩展至 $t \geq 0$。

【例 14-10】 求象函数 $F(s) = \dfrac{s+3}{s^2+3s+2}$ 的原函数 $f(t)$。

解 由 $s^2 + 3s + 2 = (s+1)(s+2) = 0$ 求得

$$s_1 = -1, \quad s_2 = -2$$
$$A_1 = [(s+1)F(s)]|_{s=-1} = 2$$
$$A_2 = [(s+2)F(s)]|_{s=-2} = -1$$

则有

$$f(t) = A_1 e^{s_1 t} + A_2 e^{s_2 t} = 2e^{-t} - e^{-2t}, \quad t>0$$

【例 14-11】 求象函数 $F(s) = \dfrac{3s+4}{s^2+10s+125}$ 的原函数 $f(t)$。

解 由 $D(s) = s^2 + 10s + 125 = 0$ 求得

$$s_{1,2} = -5 \pm \mathrm{j}10$$

因为
$$N(s) = 3s + 4, \quad D'(s) = 2s + 10$$

所以有
$$A_1 = \left.\frac{N(s)}{D'(s)}\right|_{s=s_1} = \left.\frac{3s+4}{2s+10}\right|_{s=-5+\mathrm{j}10} = \frac{-11+\mathrm{j}30}{\mathrm{j}20} = 1.6\mathrm{e}^{\mathrm{j}20.1°}$$

而
$$A_2 = \left.\frac{N(s)}{D'(s)}\right|_{s=s_2} = \left[\overline{\frac{N(\overline{s})}{D'(\overline{s})}}\right]_{s=s_2} = \overline{\frac{N(s_1)}{D'(s_1)}} = \overline{A_1} = 1.6\mathrm{e}^{-\mathrm{j}20.1°}$$

于是原函数 $f(t)$ 为

$$\begin{aligned}f(t) &= \sum_{k=1}^{2} A_k \mathrm{e}^{s_k t} = 1.6\mathrm{e}^{\mathrm{j}20.1°}\mathrm{e}^{(-5+\mathrm{j}10)t} + 1.6\mathrm{e}^{-\mathrm{j}20.1°}\mathrm{e}^{(-5-\mathrm{j}10)t}\\ &= 1.6\mathrm{e}^{-5t}\left[\mathrm{e}^{\mathrm{j}(10t+20.1°)} + \mathrm{e}^{-\mathrm{j}(10t+20.1°)}\right]\\ &= 3.2\mathrm{e}^{-5t}\cos(10t+20.1°), \quad t > 0\end{aligned}$$

由例 14-11 可知，与 $D(s)$ 的共轭复根对应的待定系数也存在复共轭的关系。

因此，若令 $D(s)$ 的一对共轭复根 $s_{1,2} = \sigma \pm \mathrm{j}\omega$ 及对应的待定系数 $A_{1,2} = \rho\mathrm{e}^{\pm\mathrm{j}\theta}$，则在部分分式展开式中与之对应项的原函数可简化为

$$\begin{aligned}f(t) &= A_1\mathrm{e}^{s_1 t} + A_2\mathrm{e}^{s_2 t} = \rho\mathrm{e}^{\mathrm{j}\theta}\mathrm{e}^{(\sigma+\mathrm{j}\omega)t} + \rho\mathrm{e}^{-\mathrm{j}\theta}\mathrm{e}^{(\sigma-\mathrm{j}\omega)t}\\ &= \rho\mathrm{e}^{\sigma t}\left[\mathrm{e}^{\mathrm{j}(\omega t+\theta)} + \mathrm{e}^{-\mathrm{j}(\omega t+\theta)}\right] \\ &= 2\rho\mathrm{e}^{\sigma t}\cos(\omega t + \theta), \quad t > 0\end{aligned} \tag{14-20}$$

2. $D(s) = 0$ 的根为二重根

设 s_1 和 s_2 为 $D(s)$ 的重根，$s_3, s_4, \cdots, s_n$ 为 $D(s)$ 的单根，按根对 $D(s)$ 进行因式分解，可得

$$D(s) = a_n(s-s_1)^2(s-s_3)(s-s_4)\cdots(s-s_n)$$

把 $F(s)$ 写成部分分式和的形式，有

$$F(s) = \frac{N(s)}{D(s)} = \frac{A_1}{(s-s_1)^2} + \frac{A_2}{(s-s_1)} + \sum_{k=3}^{n}\frac{A_k}{s-s_k} \tag{14-21}$$

式中，A_1 和 A_2 分别为由二重根 s_1 和 s_2 决定的待定系数；$A_k(k=3,4,\cdots,n)$ 为由单根所决定的待定系数。

将式 (14-21) 等式两边同乘 $(s-s_1)^2$ 后，令 $s = s_1$，则有

$$A_1 = \left[(s-s_1)^2 F(s)\right]_{s=s_1} \tag{14-22}$$

为求 A_2，先用 $(s-s_1)^2$ 乘式 (14-21) 等式的两边，然后关于 s 取导数，再令 $s = s_1$，便可得到

$$A_2 = \frac{\mathrm{d}}{\mathrm{d}s}\left[(s-s_1)^2 F(s)\right]_{s=s_1} \tag{14-23}$$

其余的待定系数可以用前面讨论给出的式(14-17)或式(14-18)来计算，即

$$A_k = [(s-s_k)F(s)]\big|_{s=s_k} \quad \text{或} \quad A_k = \frac{N(s)}{D'(s)}\bigg|_{z=z_k} \tag{14-24}$$

式中，$k = 3, 4, \cdots, n$。

当求出全部待定系数后，由式(14-20)可求出原函数 $f(t)$ 为

$$f(t) = A_1 t e^{s_1 t} + A_2 e^{s_2 t} + \sum_{k=3}^{n} A_k e^{s_k t}, \quad t > 0 \tag{14-25}$$

【例 14-12】 求 $F(s) = \dfrac{1}{(s+1)(s+2)^2}$ 的原函数 $f(t)$。

解 由 $(s+1)(s+2)^2 = 0$ 求出三个根分别为

$$s_1 = -1, \quad s_2 = s_3 = -2$$

将各根分别代入对应的待定系数计算式，得

$$A_1 = [(s+1)F(s)]\big|_{s=-1} = 1$$

$$A_2 = [(s+2)^2 F(s)]\big|_{s=-2} = -1$$

$$A_3 = \frac{d}{ds}\left[(s+2)^2 F(s)\right]\bigg|_{s=-2} = -1$$

因此有

$$f(t) = A_1 e^{s_1 t} + A_2 t e^{s_2 t} + A_3 e^{s_3 t} = 1 - t e^{-2t} - e^{-2t}, \quad t > 0$$

【例 14-13】 求 $F(s) = \dfrac{s^2 + 2s + 3}{s+1}$ 的原函数 $f(t)$。

解 把 $F(s)$ 化成 s 多项式与有理真分式和的形式，则有

$$F(s) = \frac{s^2 + 2s + 3}{s+1} = \frac{(s+1)^2 + 2}{s+1} = s + 1 + \frac{2}{s+1}$$

因为

$$L[\delta(t)] = 1, \quad L[\delta'(t)] = s$$

所以有

$$f(t) = L^{-1}[F(s)] = L^{-1}[s+1] + L^{-1}\left[\frac{2}{s+1}\right] = \delta'(t) + \delta(t) + 2e^{-1}\varepsilon(t)$$

由例 14-13 可知，求具有假分式形式的象函数的拉氏逆变换时，首先要把假分式分解为 s 多项式与有理真分式和的形式。然后，对有理真分式使用部分分式展开法求拉氏逆变换，对 s 多项式用相对应的冲激函数及其各次导数组成的时间函数来表示。

【例 14-14】 求 $F(s) = \dfrac{s+3}{2s^2 + 6s + 4} e^{-st_0}$ 的原函数 $f(t)$。

解 令 $G(s) = \dfrac{s+3}{2s^2 + 6s + 4}$，则有 $F(s) = G(s)e^{-st_0}$。

由时延性质可知：

$$f(t) = g(t-t_0)\varepsilon(t-t_0)$$

由例 14-11 可以得到 $G(s)$ 的原函数 $g(t)$ 为

$$g(t) = e^{-t} - \frac{1}{2}e^{-2t}, \quad t > 0$$

因此有
$$f(t) = g(t-t_0)\varepsilon(t-t_0) = \left[e^{-(t-t_0)} - \frac{1}{2}e^{-2(t-t_0)}\right]\varepsilon(t-t_0)$$

14.3 电路定律及模型的运算形式

运用复频域的方法分析暂态电路，必须将电路和电路定律都变换成复频域的形式，才能进行电路分析来取得电路的解。本节讨论时域中的电路定律及其元件的伏安关系在复频域中的运算形式，这些电路定律及元件伏安关系的运算形式是列写复频域电路方程，以及 14.4 节"拉普拉斯变换的运算法"的基本依据。

14.3.1 基尔霍夫定律的运算形式

对于电路中的任一节点，基尔霍夫电流定律的时域表示形式为
$$\sum i(t) = 0$$
对上式等号两边取拉氏变换，并根据线性性质，得
$$L[\sum i(t)] = \sum L[i(t)] = 0$$
设电流 $i(t)$ 的象函数为 $I(s)$，即 $L[i(t)] = I(s)$，则有
$$\sum I(s) = 0 \tag{14-26}$$
这就是基尔霍夫电流定律在复频域中的数学表示，称为基尔霍夫电流定律的运算形式。式(14-26)表明，在电路的任一节点上，流入(或流出)该节点的电流的象函数的代数和等于零。

对于电路中的任一回路，基尔霍夫电压定律的时域表示形式为
$$\sum u(t) = 0$$
对上式等号两边取拉氏变换，并根据线性性质，得
$$L[\sum u(t)] = \sum L[u(t)] = 0$$
设电压 $u(t)$ 的象函数为 $U(s)$，即 $L[u(t)] = U(s)$，则有
$$\sum U(s) = 0 \tag{14-27}$$
这就是基尔霍夫电压定律在复频域中的数学表示，称为基尔霍夫电压定律的运算形式。式(14-27)表明，在电路的任一回路中，沿回路绕行一周，各支路电压的象函数的代数和等于零。

14.3.2 元件模型的运算形式

1. 电阻元件

如图 14-3(a)所示，在电压、电流关联参考方向下，线性电阻元件的电压电流关系为
$$u(t) = Ri(t)$$
对上式等号两边取拉氏变换，并利用线性性质得
$$U(s) = RI(s) \tag{14-28}$$
式(14-28)是电阻元件模型的运算形式。式中，$U(s) = L[u(t)]$ 和 $I(s) = L[i(t)]$ 分别为电阻电压 $u(t)$ 和电流 $i(t)$ 的象函数。该式表明，电阻电压的象函数与电流的象函数之间的关系遵

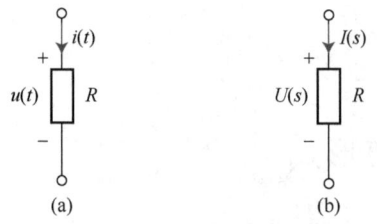

图 14-3 电阻的时域及复频域模型

循欧姆定律。

根据式(14-28)可画出电阻元件的复频域模型(complex frequency domain model)，或称运算形式，如图 14-3(b)所示。

2. 电容元件

如图 14-4(a)所示，在电压、电流关联参考方向下，线性电容元件的电压电流关系为

$$i_C(t) = C\frac{\mathrm{d}u_C(t)}{\mathrm{d}t}$$

对上式等号两边取拉氏变换，并利用微分定理得

$$I_C(s) = sCU_C(s) - Cu_C(0^-) = \frac{U_C(s)}{\frac{1}{sC}} - Cu_C(0^-) \tag{14-29}$$

式(14-29)是电容元件模型的运算形式。式中，$U_C(s) = L[u_C(t)]$ 和 $I_C(s) = L[i_C(t)]$ 分别为电容电压 $u_C(t)$ 和电流 $i_C(t)$ 的象函数。

根据式(14-29)画出电容元件的并联型复频域模型，如图 14-4(b)所示，图中 $\frac{1}{sC}$ 具有电阻的量纲，称为运算容抗(operational capacitive reactance)。$Cu_C(0^-)$ 称为附加电源(additional source)，它是一个电流源，与 $I_C(s)$ 具有相同的量纲。该附加电源反映了电容初始储能对暂态过程的影响。

利用有源支路的等效变换得到串联形式的电容元件的复频域模型如图 14-4(c)所示，图中 $\frac{u_C(0^-)}{s}$ 为附加电压源，与 $U_C(s)$ 具有相同的量纲。

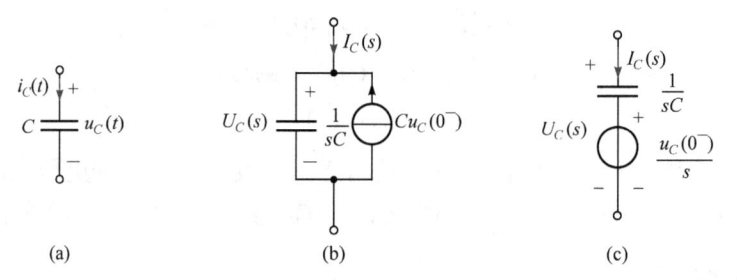

图 14-4 电容的时域及复频域模型

3. 电感元件

如图 14-5(a)所示，在电压、电流关联参考方向下，线性电感元件的电压电流关系为

$$u_L(t) = L\frac{\mathrm{d}i_L(t)}{\mathrm{d}t}$$

对上式等号两边取拉氏变换，并利用微分定理得

$$U_L(s) = sLI_L(s) - Li_L(0^-) \tag{14-30}$$

式(14-30)是电感元件模型的运算形式。式中，$U_L(s) = L[u_L(t)]$ 和 $I_L(s) = L[i_L(t)]$ 分别为

电感电压 $u_L(t)$ 和电流 $i_L(t)$ 的象函数。

根据式(14-30)画出电感元件的串联型复频域模型,如图 14-5(b)所示,图中 sL 具有电阻的量纲,称为运算感抗(operational inductive reactance)。$Li_L(0^-)$ 称为附加电源,它是一个电压源,与 $U_L(s)$ 具有相同的量纲。该附加电源反映了电感初始储能对暂态过程的影响。

利用有源支路的等效变换得到并联形式的电感元件的复频域模型如图 14-5(c)所示,图中 $\dfrac{i_L(0^-)}{s}$ 为附加电流源,具有与 $I_L(s)$ 相同的量纲。

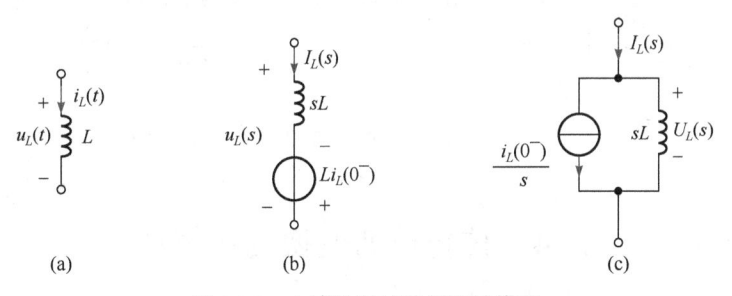

图 14-5 电感的时域及复频域模型

以上讨论了三种基本电路元件的复频域模型。仿照同样的方法,可以推导出其他电路元件的复频域模型,如互感元件、受控源等。

14.3.3 欧姆定律的运算形式

若一段电路由 R、L、C 元件串联而成,如图 14-6(a)所示,在 $t=0^-$ 时,电容电压为 $u_C(0^-)$,电感电流为 $i_L(0^-)$。将电路中的元件用其复频域模型替代,得到 RLC 串联电路的复频域模型如图 14-6(b)所示。

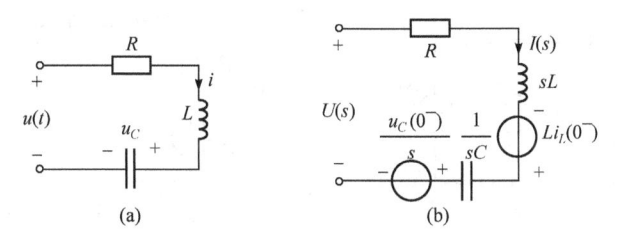

图 14-6 RLC 串联电路的复频域模型

根据基尔霍夫电压定律的运算形式,由图 14-6(b)求出:

$$U(s) = \left(R + sL + \frac{1}{sC}\right)I(s) - Li(0^-) + \frac{u_C(0^-)}{s} \tag{14-31}$$

$$= Z(s)I(s) - Li(0^-) + \frac{u_C(0^-)}{s}$$

其中

$$Z(s) = R + sL + \frac{1}{sC} \tag{14-32}$$

称为 RLC 串联电路的运算阻抗(operational impedance)。

运算阻抗的倒数定义为运算导纳(operational admittance),记为 $Y(s)$:

$$Y(s) = \frac{1}{Z(s)} \qquad (14\text{-}33)$$

电路具有零初条件时,即 $i(0^-) = 0$ 及 $u_C(0^-) = 0$,则有

$$U(s) = Z(s)I(s) \qquad (14\text{-}34)$$

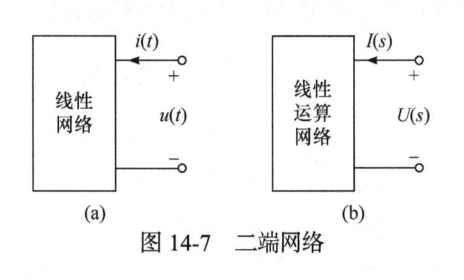

式(14-34)称为电路欧姆定律的运算形式。

如果线性二端网络不含独立电源和附加电源,如图 14-7 所示,由式(14-34)定义电路的等效运算阻抗为

$$Z(s) = \frac{U(s)}{I(s)}$$

图 14-7 二端网络

电路的等效运算导纳为 $Y(s) = \dfrac{1}{Z(s)} = \dfrac{I(s)}{U(s)}$。

14.4 拉普拉斯变换的运算法

14.4.1 运算电路模型

保持电路开关处于 $t > 0$ 时的位置,原电路的结构及变量的参考方向保持不变,将电路中的所有元件分别用它们对应的复频域模型替代,电流和电压用其拉氏变换式即象函数表示,就可得到该电路的运算电路模型,又称电路的复频域模型,简称运算电路图。

电感和电容的复频域模型都有并联和串联两种形式,选择的原则是便于电路分析或使运算电路结构最简单。

如下所示,图 14-9 是图 14-8 电路换路后的运算电路图。

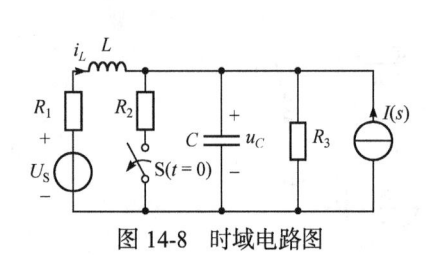

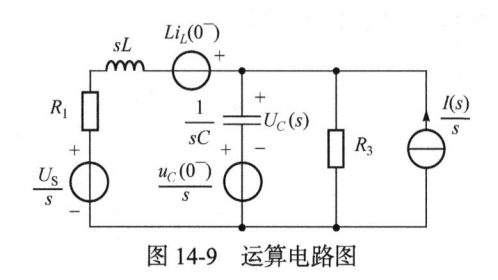

图 14-8 时域电路图

图 14-9 运算电路图

14.4.2 拉普拉斯变换的运算法

拉普拉斯变换的运算法是应用拉普拉斯变换将电路由时域形式变换为复频域的运算电路形式,在复频域形式下求解运算电路,再将运算电路的解进行拉普拉斯逆变换获得其时域形式解的方法。其中,在复频域运算电路的求解过程中,时域中的电路定理及分析方法,包括基尔霍夫定律、叠加定理、替代定理、戴维南定理、诺顿定理、特勒根定理以及支路电流法、回路电流法和节点电压法等,同样适用于运算电路。

应用拉氏变换求解线性动态电路的分析方法,称为运算法或复频域分析法(complex frequency domain analysis method)。运算法的主要步骤如下:

(1)画出电路换路后的运算电路图;

(2)根据运算电路图列写象函数形式的电路方程(或运用电路定理简化分析),求出电路

响应的象函数；

(3) 应用展开定理求出电路响应的时域解。

【例 14-15】 画出图 14-10(a)所示电路的运算电路图。

解 为了确定附加电源，需要计算换路前终止时刻($t=0^-$时)的电容电压$u_C(0^-)$和电感电流$i_L(0^-)$。

在$t=0^-$时，图 14-10(a)中的电容相当于开路，电感相当于短路，可求得

$$i_L(0^-) = \frac{U_S}{R_1 + R_2 + R_3}$$

$$u_C(0^-) = \frac{R_3 U_S}{R_1 + R_2 + R_3}$$

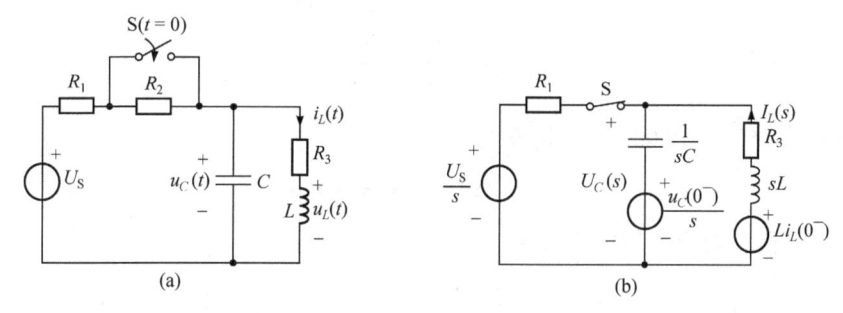

图 14-10 例 14-15 图

电源U_S的象函数为

$$U_S(s) = L[U_S] = \frac{U_S}{s}$$

运算电路图如图 14-8(b)所示。

【例 14-16】 图 14-11(a)所示的电路中，已知$U_S = 200\text{V}$，$R = 20\Omega$，$L = 0.1\text{H}$，$C = 10^3 \mu\text{F}$，电容初始电压$u_C(0^-) = 100\text{V}$，开关 S 在$t=0$时闭合，求电流$i_1(t)$。

解 电源U_S的象函数为 $L[U_S] = \frac{U_S}{s} = \frac{200}{s}$

在$t<0$时，电感相当于短路，因此有

$$i_1(0^-) = \frac{U_S}{R} = \frac{200}{20} = 10(\text{A})$$

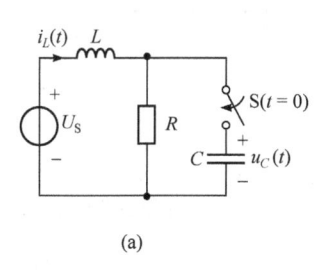

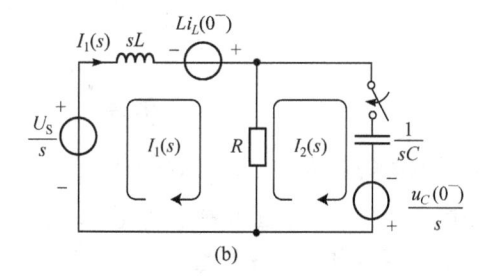

图 14-11 例 14-16 图

运算电路如图 14-11(b)所示。

设回路电流$I_1(s)$和$I_2(s)$的绕行方向如图 14-11(b)所示，回路电流方程为

$$\begin{cases}(R+sL)I_1(s)-RI_2(s)=\dfrac{U_S}{s}+Li_1(0^-)\\-RI_1(s)+\left(R+\dfrac{1}{sC}\right)I_2(s)=\dfrac{u_C(0^-)}{s}\end{cases}$$

代入已知条件，化简得

$$\begin{cases}(20+0.1s)I_1(s)-20I_2(s)=\dfrac{200}{s}+1\\-20I_1(s)+\left(20+\dfrac{1000}{s}\right)I_2(s)=\dfrac{100}{s}\end{cases}$$

则

$$I_1(s)=\dfrac{10}{s}+\dfrac{3000}{s^2+50s+10000}$$

设

$$I_1(s)=\dfrac{10}{s}+\dfrac{N(s)}{D(s)}$$

令 $D(s)=s^2+50s+10000=0$，其根为

$$s_{1,2}=-25\pm j96.82=\sigma\pm j\omega$$

共轭复根 s_1 和 s_2 对应的待定系数为

$$A_1=\overline{A}_2=\dfrac{N(s)}{D'(s)}\bigg|_{s=s_1}=\dfrac{3000}{2s+50}\bigg|_{s=-25+j96.82}=15.49e^{-j90°}=\rho e^{j\theta}$$

于是，象函数 $I_1(s)$ 的时域表达式为

$$\begin{aligned}i_1(t)&=10+A_1e^{s_1t}+A_2e^{s_2t}=10+2\rho e^{\sigma t}\cos(\omega t+\theta)\\&=10+30.98e^{-5t}\cos(96.82t-90°)\\&=10+30.98e^{-5t}\sin 96.82t\ \text{V},\ t>0\end{aligned}$$

【例 14-17】 电路如图 14-12(a)所示，求 $u_C(t)$。

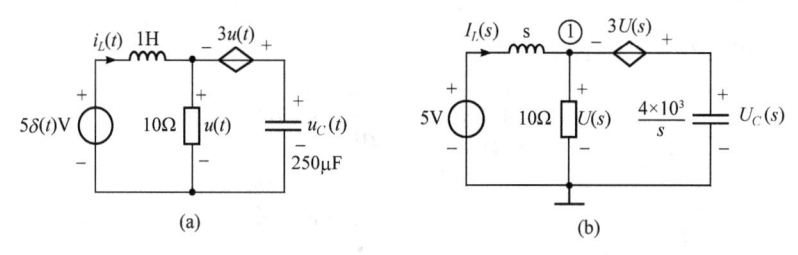

图 14-12 例 14-17 图

解 冲激电源的象函数为 $L[5\delta(t)]=5$。

当 $t<0$ 时，由图 10-12(a)可知，$i_L(0^-)=0, u_C(0^-)=0$。运算电路图如图 10-12(b)所示。对节点①列写节点电压方程为

$$\left(\dfrac{1}{s}+\dfrac{1}{10}+\dfrac{s}{4\times10^3}\right)U_{n1}(s)=\dfrac{5}{s}-\dfrac{s}{4\times10^3}\times3U(s)$$

因为

$$U_{n1}(s)=U(s)$$

所以有
$$U(s) = \frac{5}{s} \times \frac{1}{\frac{1}{s} + \frac{1}{10} + \frac{s}{1000}} = \frac{5}{\frac{1}{1000}s^2 + \frac{1}{10}s + 1}$$

由图 14-12(b)可知，电容电压为
$$U_C(s) = 3U(s) + U(s) = 4U(s) = \frac{20 \times 10^3}{s^2 + 100s + 1000}$$

令 $s^2 + 100s + 1000 = 0$，则有
$$s_{1,2} = \frac{-100 \pm \sqrt{100^2 - 4 \times 1000}}{2} \approx -50 \pm 38.73$$

待定系数为
$$A_1 = \left.\frac{N(s)}{D'(s)}\right|_{t=s_1} = \left.\frac{20 \times 10^3}{2s + 100}\right|_{s=-11.27} \approx 258.2$$

$$A_2 = \left.\frac{N(s)}{D'(s)}\right|_{t=s_2} = \left.\frac{20 \times 10^3}{2s + 100}\right|_{s=-88.73} \approx -258.2$$

因此有
$$u_C(t) = A_1 e^{s_1 t} + A_2 e^{s_2 t} = 258.2 e^{-11.27t} - 258.2 e^{-88.73t}$$
$$= 258.2 \times (e^{-11.27t} - e^{-88.73t}) \text{ V}, \quad t > 0$$

【例 14-18】 图 14-13(a)所示的电路中，已知 $u_S(t) = e^{-2t}\varepsilon(t)$ V，$R_1 = R_2 = 1\Omega$，$L_1 = L_2 = 0.1\text{H}$，$M = 0.05\text{H}$，求 $i_1(t)$ 及 $i_2(t)$。

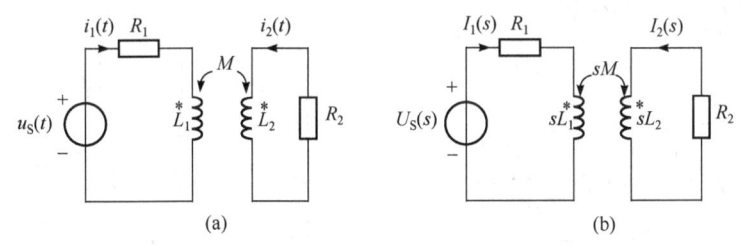

图 14-13 例 14-18 图

解 电源 $u_S(t)$ 的象函数为 $U_S(s) = L[u_S(t)] = L[e^{-2t}\varepsilon(t)] = \dfrac{1}{s+2}$。

当 $t < 0$ 时，$i_1(0^-) = i_2(0^-) = 0$。运算电路图如图 14-13(b)所示。由支路电流法列写电路方程，即
$$\begin{cases} (R_1 + sL_1)I_1(s) + sMI_2(s) = U_S(s) \\ sMI_1(s) + (R_2 + sL_2)I_2(s) = 0 \end{cases}$$

代入已知条件，得
$$\begin{cases} (1 + 0.1s)I_1(s) + 0.05sI_2(s) = \dfrac{1}{s+2} \\ 0.05sI_1(s) + (1 + 0.1s)I_2(s) = 0 \end{cases}$$

解方程得
$$I_1(s) = \frac{1 + 0.1s}{(s+2) \times (0.0075s^2 + 0.2s + 1)}$$

$$I_2(s) = \frac{-0.05s}{(s+2) \times (0.0075s^2 + 0.2s + 1)}$$

求时域解 $i_1(t)$，令 $D(s) = (s+2) \times (0.0075s^2 + 0.2s + 1) = 0$，其根为

$$s_1 = -2, \quad s_2 = -6.67, \quad s_3 = -20$$

由于
$$D'(s) = 0.0225s^2 + 0.43s + 1.4$$

因此待定系数分别为

$$A_1 = \frac{N(s)}{D'(s)}\bigg|_{s=s_1} = \frac{1+0.1s}{0.0225s^2 + 0.43s + 1.4}\bigg|_{s=-2} \approx 1.270$$

$$A_2 = \frac{N(s)}{D'(s)}\bigg|_{s=s_2} = \frac{1+0.1s}{0.0225s^2 + 0.43s + 1.4}\bigg|_{s=-6.67} \approx -0.713$$

$$A_3 = \frac{N(s)}{D'(s)}\bigg|_{s=s_3} = \frac{1+0.1s}{0.0225s^2 + 0.43s + 1.4}\bigg|_{s=-20} \approx -0.556$$

则 $i_1(t)$ 的时域解为

$$i_1(t) = A_1 e^{s_1 t} + A_2 e^{s_2 t} + A_3 e^{s_3 t} = 1.27 e^{-2t} - 0.713 e^{-6.67t} - 0.556 e^{-20t} \text{ A}, \quad t > 0$$

同理，可求出 $i_2(t)$ 的时域解为

$$i_2(t) = 0.159 e^{-2t} - 0.714 e^{-6.67t} + 0.555 e^{-20t} \text{ A}, \quad t > 0$$

【例 14-19】 图 14-14(a) 所示的电路中，已知 $u_S = 10\text{V}$，$R = 2\Omega$，$C_1 = 0.2\text{F}$，$C_2 = 0.3\text{F}$，开关 S 在 $t = 0$ 时闭合，求 $u_{C_2}(t)$。

(a)

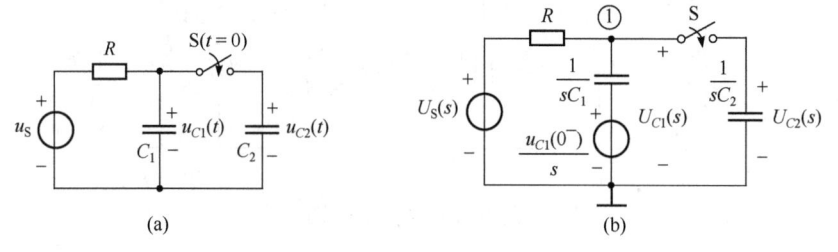

(b)

图 14-14 例 14-19 图

解 电源 u_S 的象函数为 $U_S(s) = L[u_S] = \dfrac{u_S}{s} = \dfrac{10}{s}$。

当 $t < 0$ 时，有 $u_{C_1}(0^-) = 10\text{V}$，$u_{C_2}(0^-) = 0\text{V}$。运算电路图如图 14-12(b) 所示。对节点①列写节点电压方程为

$$\left(\frac{1}{R} + sC_1 + sC_2\right) U_{n1}(s) = \frac{U_S(s)}{R} + sC_1 \frac{u_{C_1}(0^-)}{s}$$

$$U_{n1}(s) = U_{C_2}(s)$$

代入已知条件，得

$$U_{C_2}(s) = \frac{U_S(s)/R + C_1 u_{C_1}(0^-)}{1/R + sC_1 + sC_2} = \frac{5/s + 2}{0.5 + 0.5s} = \frac{4s + 10}{s(s+1)}$$

求时域解 $u_{C_2}(t)$，令 $s(s+1) = 0$，其根为 $s_1 = 0$，$s_2 = -1$。

待定系数为
$$A_1 = \left[s \times \frac{4s+10}{s(s+1)} \right]_{s=0} = 10$$

$$A_2 = (s+1) \times \frac{4s+10}{s(s+1)} \bigg|_{s=-1} = -6$$

则
$$u_{C_2}(t) = A_1 e^{s_1 t} + A_2 e^{s_2 t} = 10 - 6e^{-t} \text{ V}, \quad t > 0$$

14.5 网络函数及其特性

14.5.1 网络函数

如图 14-15 所示，若线性网络内部无独立源且初始状态为零，在仅有一个激励源 $e(t)$ 作用下的零状态响应为 $r(t)$，且激励源 $e(t)$ 和零状态响应 $r(t)$ 的象函数分别为 $E(s)$ 和 $R(s)$，则网络的零状态响应的象函数 $R(s)$ 与激励的象函数 $E(s)$ 之比定义为网络函数 (network function)，用 $H(s)$ 表示，即

$$H(s) = \frac{R(s)}{E(s)} \tag{14-35}$$

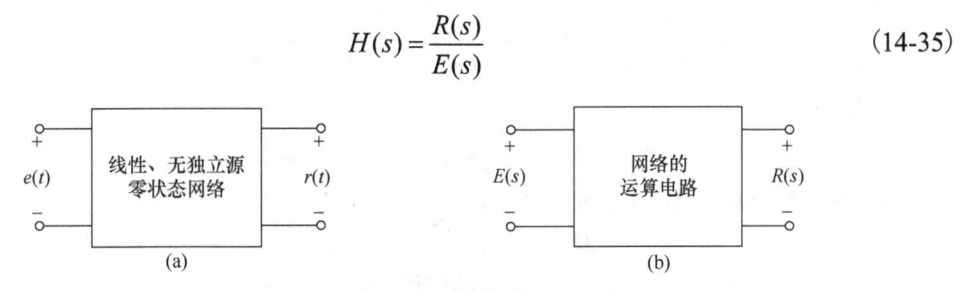

图 14-15 网络函数的意义

由式(14-35)可以写出在任一激励作用下，网络的零状态响应的复频域解为

$$R(s) = H(s)E(s) \tag{14-36}$$

当激励为单位冲激函数 $\delta(t)$ 时，响应为单位冲激响应 $h(t)$，故由式(14-36)得

$$R(s) = H(s) = L[h(t)] \tag{14-37}$$

式(14-37)表明，网络函数 $H(s)$ 与单位冲激响应 $h(t)$ 之间构成拉氏变换对。网络函数可以通过已知的单位冲激响应求出，单位冲激响应可以通过求已知网络函数的拉氏逆变换得出。因此，网络函数不仅能够表征一个线性网络的特性，而且为求取网络对任意激励作用下的响应提供了一条便捷的途径。

在网络中，激励与响应可以分别独立地取为电压或电流，因此网络函数可能具有阻抗、导纳、电流比和电压比的形式。由于激励与响应所处的位置不同，网络函数又有策动点函数 (driving point function) 和转移函数 (transfer function) 之分。策动点函数对应于激励与响应属于同一端口的情况；转移函数对应于激励与响应属于不同端口的情况。归纳上述情况，网络函数有六种形式，即策动点阻抗、策动点导纳、转移阻抗、转移导纳、转移电流比和转移电压比。

14.5.2 网络特性

通常，一个线性动态电路的网络函数可以写成如下形式：

$$H(s) = \frac{N(s)}{D(s)} = \frac{b_m s^m + b_{m-1} s^{m-1} + \cdots + b_1 s + b_0}{a_n s^n + a_{n-1} s^{n-1} + \cdots + a_1 s + a_0} \tag{14-38}$$

式中，a 和 b 为实常数；$N(s)$ 和 $D(s)$ 为关于 s 的多项式。

求出 $H(s)$ 的分子、分母多项式的根，将式(14-38)进一步地按根因式分解，即

$$H(s) = H_0 \frac{\prod_{j=1}^{m}(s - z_j)}{\prod_{i=1}^{n}(s - p_i)} \tag{14-39}$$

式中，$H_0 = b_m / a_n$；$z_j (j = 1, 2, \cdots, m)$ 为分子多项式 $N(s)$ 的根，称为网络函数的零点(zero point)；$p_i (i = 1, 2, \cdots, n)$ 为分母多项式的根，称为网络函数的极点(pole point)。在复频域平面上用"○"符号表示网络函数的零点，用"×"符号表示网络函数的极点，称为网络函数的零极点分布图(zero pole point position plot)。

【例 14-20】 已知网络函数 $H(s) = \dfrac{s+3}{(s+2)(s+2s+5)}$，画出其零、极点分布图。

解 $H(s) = \dfrac{s+3}{(s+2)(s+2s+5)} = \dfrac{s+3}{(s+2)(s+1-\mathrm{j}2)(s+1+\mathrm{j}2)}$

极点、零点分别为

$$p_1 = -2, \quad p_2 = -1 + \mathrm{j}2, \quad p_3 = -1 - \mathrm{j}2; \quad z_1 = -3$$

画出零、极点分布图如图 14-16 所示。

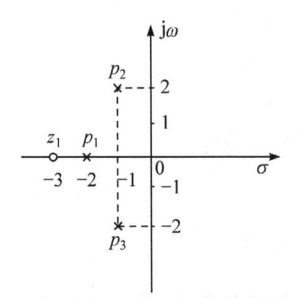

图 14-16 零、极点分布图

为便于分析，设 $H(s)$ 为真分式且分母具有单根，将式(14-38)所示的网络函数展开为部分分式：

$$H(s) = \sum_{k=1}^{n} \frac{A_k}{s - s_k}$$

对上式进行拉氏逆变换，便可得到与网络函数 $H(s)$ 相对应的冲激响应：

$$h(t) = L^{-1}[H(s)] = \sum_{k=1}^{n} A_k \mathrm{e}^{s_k t}, \quad t > 0$$

由上式可知，网络函数的极点决定了冲激响应的变化规律，如图 14-17 所示。

由图 14-17 可知，当网络函数 $H(s)$ 的极点位于 s 平面的右半平面时，它的时域响应 $h(t)$ 将是发散的，即呈指数规律振荡式或单调式地增长；当 $H(s)$ 的极点位于虚轴上的有限频率处时，它的时域响应 $h(t)$ 将呈现等幅振荡；当 $H(s)$ 的极点位于 s 平面的左半平面时，它的时域响应 $h(t)$ 将是收敛的，即呈指数规律振荡式或单调式地衰减；当 $H(s)$ 的极点位于原点时，它的时域响应将呈现阶跃函数的特性，即直流特性。

当电路网络函数 $H(s)$ 的全部极点都位于复平面的左半平面时，$h(t)$ 必随时间增长而衰减，则电路是稳定的。

将式(14-36)写成下列形式：

$$R(s) = H(s)E(s) = \frac{N(s)}{D(s)} \cdot \frac{P(s)}{Q(s)} \tag{14-40}$$

式中，$P(s)$ 与 $Q(s)$ 为外加激励 $E(s)$ 的分子与分母多项式。

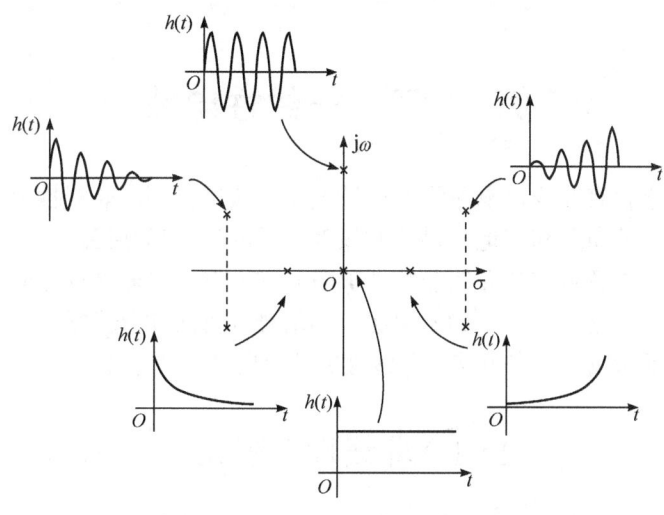

图 14-17 极点分布与冲激响应的关系

为求网络响应的时域解 $r(t)$，首先对 $R(s)$ 按极点进行部分分式展开。$R(s)$ 有两类极点，一类为网络函数 $H(s)$ 的极点 $p_i(i=1,2,\cdots,n)$，另一类为外加激励 $E(s)$ 的极点 $p_j(j=1,2,\cdots,m)$，假设它们都是单阶极点。

于是将式(14-40)展开成部分分式和的形式：

$$R(s) = \sum_{i=1}^{n} \frac{K_i}{s-p_i} + \sum_{j=1}^{m} \frac{K_j}{s-p_j} \tag{14-41}$$

待定系数由下式确定：

$$\begin{cases} K_i = (s-p_i)H(s)E(s)\big|_{s=p_i} \\ K_j = (s-p_j)H(s)E(s)\big|_{s=p_j} \end{cases} \tag{14-42}$$

式中，$i=1,2,\cdots,n$；$j=1,2,\cdots,m$。由部分分式展开法求出网络的时域响应 $r(t)$ 为

$$r(t) = \sum_{i=1}^{n} K_i e^{p_i t} + \sum_{j=1}^{m} K_j e^{p_j t} \tag{14-43}$$

由式(14-43)可知，网络的时域响应由两部分组成。第一部分的变化规律取决于网络函数 $H(s)$ 的极点 p_i，p_i 称为网络的固有频率或自然频率，这一部分代表 $r(t)$ 的自由分量。第二部分的变化规律取决于外加激励 $E(s)$ 的极点，这一部分代表 $r(t)$ 的强制分量，与外加激励具有相同的变化规律。由式(14-42)可知，网络函数的零点对网络响应的影响将表现在 K_i 及 K_j 值的确定上。

第15章 非线性电路

非线性电路是指含有非线性电路元器件的电路，这里提到的非线性电路元器件不包括独立电源。非线性电路的研究和其他学科的非线性问题的研究相互促进，已成为非线性科学研究的重要分支之一。本章将首先介绍非线性电阻元件，然后以非线性电阻元件电路为例介绍分析非线性电路的一些常用方法，如图解法、小信号分析法和分段线性法；最后介绍三种典型非线性电路，包括非线性动态电路、非线性振荡电路和混沌电路。

15.1 非线性电阻元件

15.1.1 非线性电阻元件及其约束关系

关联参考方向下，线性电阻元件的伏安特性可用欧姆定律 $u = Ri$ 表示，即 u-i 特性是通过坐标原点的一条直线。非线性电阻元件的伏安特性不满足欧姆定律而遵循某种特定的非线性函数关系，即其 u-i 特性为曲线。非线性电阻元件在电路中的符号如图15-1所示。

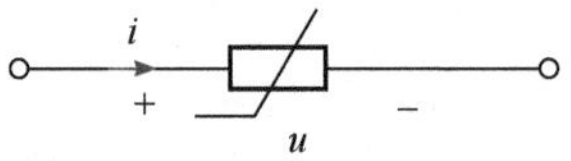

图15-1 非线性电阻元件图形符号

非线性电阻元件一般可分为电流控制型电阻、电压控制型电阻和单调型电阻等三个类别。

若非线性电阻元件两端电压是其电流的单值函数，这种电阻则称为电流控制型电阻，其伏安特性可表示为

$$u = f(i)$$

式中，每一个给定的电流值 i，有且只有一个电压值 u 与之相对应。充气二极管属于电流控制型电阻的一种典型器件，其 u-i 关系可表示为

$$u = f(i) = a_0 i + a_1 i^2 + a_2 i^3$$

式中，a_0、a_1、a_2 均为系数。充气二极管的电路符号和 u-i 特性曲线如图15-2所示。

若非线性电阻元件的电流是其两端电压的单值函数，这种电阻则称为电压控制型电阻，其伏安特性可表示为

$$i = f(u)$$

式中，每一个给定的电压值 u，有且只有一个电流值 i 与之相对应。隧道二极管属于电压控制型电阻的一种典型器件，其 u-i 关系可表示为

$$i = g(u) = a_0 u + a_1 u^2 + a_2 u^3$$

式中，a_0、a_1、a_2 均为系数。隧道二极管的电路符号和 u-i 特性曲线如图15-3所示。

若非线性电阻元件的两端电压是其电流的单值函数，同时该元件的电流也是其两端电压的单值函数，这种电阻则称为单调型电阻。由于单调型电阻的 u-i 特性曲线是单调变化的，即对给定的每个电压值有且仅有一个电流值与之对应，反之也成立，因此它既是电流控制型电阻，又是电压控制型电阻。本书9.2节提到的二极管属于单调型电阻的一种典型器件，其 u-i

图 15-2 充气二极管

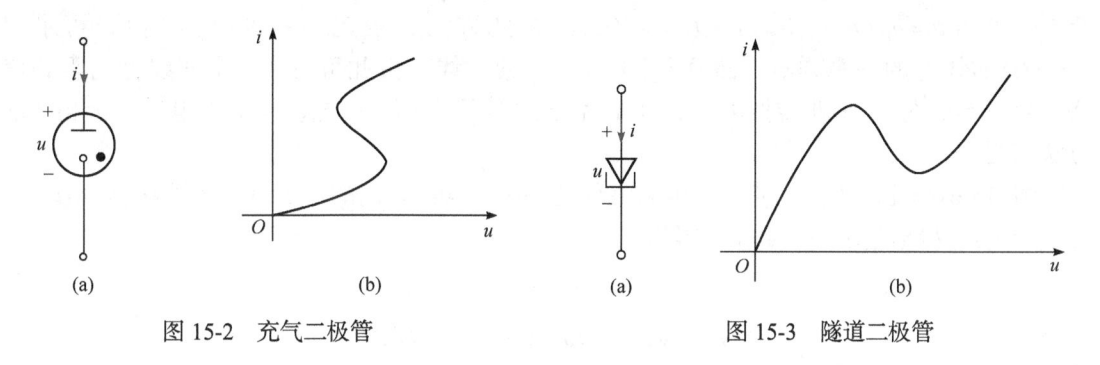

图 15-3 隧道二极管

关系如式(9-1)所示。

综上所述，无论何种非线性电阻元件，其两端电压 u 和电流 i 之间的关系总可用非线性代数方程 $f(u,i) = 0$ 来描述。线性电阻和非线性电阻的主要区别在于它们是否遵循欧姆定律以及 u-i 特性曲线的形状。线性电阻的 u-i 特性曲线是通过坐标原点的一条直线，其电阻值是一个常数，而非线性电阻的 u-i 特性曲线通常是曲线，其电阻值不是常数，需要根据具体的伏安特性进行计算来确定电阻值。

另外需要着重指出，非线性电阻元件的 u-i 关系不满足齐次性和叠加性。可以通过实例验证上述结论，假设某非线性电阻的 u-i 关系为 $u = f(i) = 50i + 0.5i^3$，则有如下内容。

当 $i_1 = 2A$ 时，$u' = 50 \times 2 + 0.5 \times 2^3 = 104(V)$。

当 $i_2 = 10A$ 时，$u'' = 50 \times 10 + 0.5 \times 10^3 = 1000(V)$。

显然 $u' \neq 5u''$，因此不满足齐次性。

当 $i = i_1 + i_2 = 12A$ 时，$u = 50 \times 12 + 0.5 \times 12^3 = 1464V \neq u' + u''$，因此不满足叠加性。

由于非线性电阻不满足齐次性和叠加性，因此叠加定理对非线性电阻电路不再适用。

15.1.2 非线性电阻元件的串联和并联

在非线性电路中，基尔霍夫电压定律和基尔霍夫电流定律依然适用，利用基尔霍夫定律，可以分析非线性电阻进行串联和并联后的 u-i 特性。图 15-4(a)显示了两个非线性电阻元件的串联。假设它们的 u-i 特性分别为 $u_1 = f_1(i_1)$，$u_2 = f_2(i_2)$，根据基尔霍夫定律，得到：

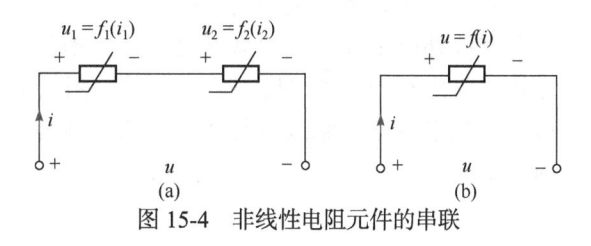

图 15-4 非线性电阻元件的串联

$$i = i_1 = i_2$$

$$u = u_1 + u_2 = f_1(i_1) + f_2(i_2) = f(i)$$

两个串联非线性电阻可以等效为 1 个非线性电阻，等效的非线性电阻元件模型如图 15-4(b)所示，$u = f(i)$ 为计算等效非线性电阻伏安特性的公式。

如图 15-5 所示，可以利用图解法分析非线性电阻的串联电路。在已知两个电阻 u-i 特性：$u_1 = f_1(i_1)$ 和 $u_2 = f_2(i_2)$ 的前提下，可以给定某电

图 15-5 非线性电阻元件的串联的 u-i 特性曲线

流 i，求出 $u = u_1 + u_2 = f_1(i_1) + f_2(i_2) = f(i)$。按此方法，给定一系列电流 i 值，可求出 $u = f(i)$ 曲线上的一系列点，进而得到 $u = f(i)$ 的曲线。由此可见，n 个非线性电阻相串联，可以等效为 1 个非线性电阻，其 u-i 特性曲线可以用同一电流坐标下电压坐标相加的方法获得。

图 15-6(a) 显示了两个非线性电阻元件的并联。假设它们的 u-i 特性分别为 $i_1 = f_1(u_1)$，$i_2 = f_2(u_2)$，根据基尔霍夫定律，得到：

$$u = u_1 = u_2$$
$$i = i_1 + i_2 = f_1(u_1) + f_2(u_2) = f(u)$$

两个并联非线性电阻可以等效为 1 个非线性电阻，等效的非线性电阻元件模型如图 15-6(b) 所示，$i = f(u)$ 为计算等效非线性电阻伏安特性的公式。

同理，如图 15-7 所示，可以利用图解法分析非线性电阻的并联电路。在已知两个电阻 u-i 特性：$i_1 = f_1(u_1)$ 和 $i_2 = f_2(u_2)$ 的前提下，把在同一电压值 u 下的 i_1 和 i_2 相加，即得到电流 i 取不同的 u 值，可逐点求出 u-i 特性：$i = f(u)$。由此可见，n 个非线性电阻相并联，可以等效为 1 个非线性电阻，其 u-i 特性曲线可以用同一电压坐标下电流坐标相加的方法获得。

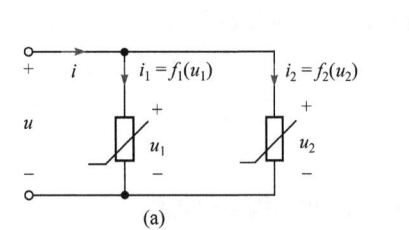

图 15-6　非线性电阻元件的并联

图 15-7　非线性电阻元件的并联的 u-i 特性曲线

需要指出，本节讲述的是电流控制型电阻相串联和电压控制型电阻相并联，即对于若干个非线性电阻元件的串联或并联，只有所有电阻元件的控制类型相同，才有可能得出其等效电阻伏安特性的解析表达式，并运用图解法依次求出等效的 u-i 特性曲线。对不同类型的非线性电阻串并联进行等效，需结合具体电路，利用曲线相交法进行分析，这里不再详细讨论。

15.2　非线性电阻电路分析方法

15.2.1　图解法

在 15.1.2 节中，我们利用图解法得到非线性电阻串并联电路的等效伏安特性。图解法就是利用图形来解决数学运算的方法。由于非线性代数方程式的求解步骤烦琐，因此当精度要求不高，且电路结构又不太复杂时，可采用图解法求解。

图 15-8(a) 所示为一个 PN 结二极管、电源 U_S 和线性电阻 R_S 构成的非线性电阻电路，根据 KVL，可以列出 PN 结二极管的 u-i 关系为

$$u = U_S - R_S i \tag{15-1}$$

非线性电阻元件 PN 结二极管的 u-i 关系为

$$i = I_S \left(e^{\frac{qu}{kT}} - 1 \right) \tag{15-2}$$

将式(15-2)代入式(15-1)得

$$u = U_S - R_S I_S \left(e^{\frac{qu}{kT}} - 1 \right) \tag{15-3}$$

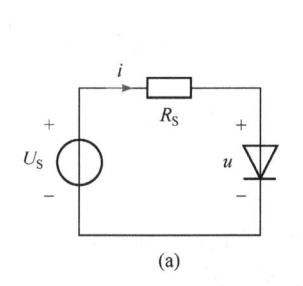

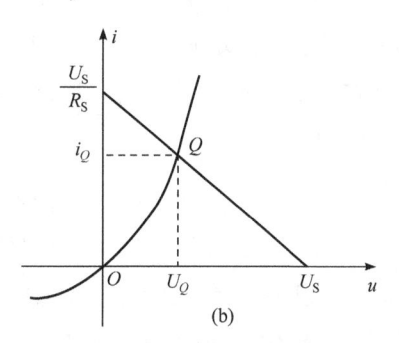

图 15-8 PN 结二极管非线性电阻电路及其图解

式(15-3)是一个非线性代数方程，求解过程较为烦琐，本节采用图解法求解。如图 15-8(b)所示，在 u-i 平面上画出非线性电阻元件的 u-i 特性曲线，其为一条曲线。同时，在该坐标平面中画出电源 U_S 和线性电阻 R_S 所构成的有伴电压源的 u-i 特性曲线，其为一条直线，此直线在纵轴上的截距为 U_S/R_S，其斜率为 $-1/R_S$。两线的交点确定了该电路中非线性电阻两端的电压和流经它的电流，通常称该点为静态工作点或 Q 点。

图 15-8(b)中非线性电阻的 u-i 特性曲线是根据其函数关系画出的。在实际情况中，如果不知道非线性电阻的 u-i 特性，可以通过实验方法，通过测量非线性电阻的电压和电流获得其 u-i 特性曲线。

综上所述，分析只含有 1 个非线性电阻的电路，首先画出非线性电阻的 u-i 特性曲线；然后利用戴维南定理，获得非线性电阻向外看所余电路的有伴电压源模型，并画出有伴电压源的 u-i 特性曲线；最后由上述两线的交点确定该非线性电阻两端的电压和流经非线性电阻的电流。这种方法称为非线性电阻电路的图解法。

图解法不仅适用于简单电路，也可用以求解仅含有一个非线性电阻元件而结构复杂的电阻电路，其最大的优点是直观、简便，因此广泛应用于分析电子线路。

15.2.2 小信号分析法

在实际工程中，大多数电子电路都需要直流偏置，也就是在直流电源激励下，在各非线性元件中建立合适的电压和电流值。这种合适的电压和电流值在平面上对应着一个特定的点，称为静态工作点或 Q 点。因此，非线性电路在直流电压源激励下的解又称工作点。有时为了获得有用的输出信号，在设定了工作点的电子电路中输入变化幅度较小的信号，则把这些输入信号称为小信号。分析此类电路时，采用小信号分析法则较为简便。

如图 15-9 所示的电路，U_S 是理想直流电压源，电阻 R_S 为电源的内阻，它是线性电阻，图中的非线性电阻是一个 PN 结二极管，$\Delta u_S(t)$ 表示足够小的扰动，即 $|\Delta u_S(t)| \ll U_S$，可看作小信号。首先根据 KVL 列写电路方程，得到：

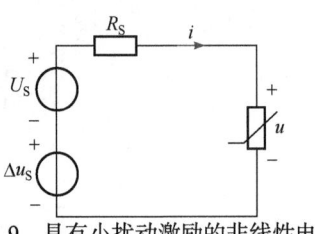

$$\begin{cases} U_S + \Delta u_S(t) = R_S i + u \\ i = I_S \left(e^{\frac{qu}{kT}} - 1 \right) \end{cases} \tag{15-4}$$

图 15-9　具有小扰动激励的非线性电路

在式(15-4)中，当 $\Delta u_S(t) = 0$ 时，即只有直流电压源单独作用时，根据 15.2.1 节介绍的图解法可以得到这个非线性方程的解，即静态工作点，记作 $Q(U_Q, I_Q)$。当激励由 U_S 变为 $U_S + \Delta u_S(t)$ 时，由于 $|\Delta u_S(t)| \ll U_S$，因此电路的解必在静态工作点 (U_Q, I_Q) 附近变动，那么解的形式可表述为

$$\begin{cases} u(t) = U_Q + \Delta u(t) \\ i(t) = I_Q + \Delta i(t) \end{cases} \tag{15-5}$$

式中，U_Q、I_Q 已经求得；$\Delta u(t)$、$\Delta i(t)$ 为待求变量，即由扰动信号 $\Delta u_S(t)$ 引起的偏差。对于任何时刻 t，$\Delta u(t)$、$\Delta i(t)$ 相对于 U_Q、I_Q 都是变化很小的电量。将二极管的 u-i 关系在工作点 $Q(U_Q, I_Q)$ 附近进行泰勒级数展开，得到：

$$i = I_S \left[e^{\frac{q(U_Q + \Delta u(t))}{kT}} - 1 \right]$$

$$= I_Q + \left.\frac{di}{du}\right|_{u=U_Q} \Delta u(t) + \frac{1}{2} \left.\frac{d^2 i}{du^2}\right|_{u=U_Q} [\Delta u(t)]^2 + \frac{1}{3!} \left.\frac{d^3 i}{du^3}\right|_{u=U_Q} [\Delta u(t)]^3 + \cdots$$

由于 $|\Delta u_S(t)| \ll U_S$，因此可以假定 $[\Delta u(t)]^2$、$[\Delta u(t)]^3$ 及更高次项是可以忽略的，从而得到：

$$i \approx I_Q + \left.\frac{di}{du}\right|_{u=U_Q} \Delta u(t) \tag{15-6}$$

将式(15-5)和式(15-6)代入式(15-4)并化简，得到：

$$\begin{cases} \Delta u_S(t) = R_S \Delta i(t) + \Delta u(t) \\ \Delta i(t) = \left.\frac{di}{du}\right|_{u=U_Q} \Delta u(t) = G_d \Delta u(t) \end{cases} \tag{15-7}$$

式中，$\left.\frac{di}{du}\right|_{u=U_Q} = G_d = \frac{1}{R_d}$，称为非线性电阻在静态工作点 Q 处的动态电导，对应工作点处的切线的斜率。因此，由式(15-7)可以看出，小信号电压 $\Delta u_S(t)$ 产生的电压 $\Delta u(t)$ 和电流 $\Delta i(t)$ 之间的关系是线性的。由于式(15-7)中只包含了小信号激励及响应，由此可以做出给定非线性电阻在静态工作点 Q 处的小信号等效电路，如图 15-10 所示，它是一个线性电阻电路。

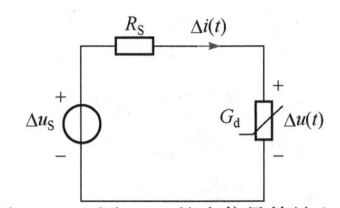

最终得到非线性电阻电路的解为

图 15-10　图 15-9 的小信号等效电路

$$\begin{cases} u(t) = U_Q + \Delta u(t) \\ i(t) = I_Q + \Delta i(t) \end{cases} \tag{15-8}$$

本质上，小信号分析法是将电压和电流在静态工作点局部范围内变化的小信号电路近似视作线性电路，将非线性问题近似成线性问题，因此我们使用的"小信号分析法"是一种"局部线性法"，区别于下一节将要介绍的"分段线性法"。

总结用小信号分析法求解非线性电阻电路的步骤如下。

(1) 将非线性电路分解为直流分量电路与小信号分量电路。

(2) 对直流分量电路进行计算和分析，目的是得到非线性器件的静态工作点 Q 点，所得到的静态电压或静态电流可以供下一步计算动态电阻所用。

(3) 对小信号分量电路进行小信号交流分析。

(4) 将工作点和小信号解叠加得到最终解。

【例 15-1】 如图 15-11(a) 所示的电路，其中直流电流源 $I_S = 10\text{A}$，$R_0 = \dfrac{1}{3}\Omega$，非线性电阻元件的 u-i 特性为（图 15-11(b)）

$$i = g(u) = \begin{cases} u^2, & u > 0 \\ 0, & u < 0 \end{cases}$$

小信号电流源 $\Delta i_S(t) = 0.05\cos t$，求电压 u 和电流 i。

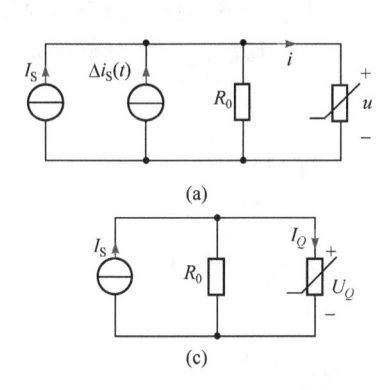

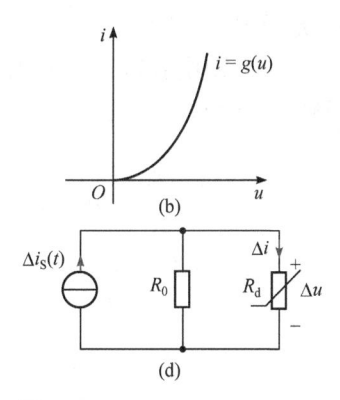

图 15-11 例 15-1 图

解 由于 $\Delta i_S(t) = 0.05\cos t$，其值在 -0.05 和 0.05 之间变动，那么激励总电流 $I_S + \Delta i_S$ 在其直流分量值 10A 附近的变动低于 10%，因而可以用小信号分析法来求解。

(1) 求静态工作点。直流分量电路如图 15-11(c) 所示。

列写 KCL 方程为 $\qquad I_S - \dfrac{U_Q}{R_0} - U_Q^2 = 0, \ u > 0$

代入已知数据，得 $\qquad 10 - 3U_Q - U_Q^2 = 0, \ u > 0$

解得 $U_Q = 2\text{V}$，另有 $U_Q = -5\text{V}$，不合题意，舍去。对应工作点的电流 $I_Q = 4\text{A}$。

(2) 求小信号响应。小信号分电路如图 15-11(d) 所示，其中非线性电阻元件的小信号电阻为

$$R_\text{d} = \dfrac{1}{\left.\dfrac{\text{d}i}{\text{d}u}\right|_{u=U_Q}} = \dfrac{1}{2u|_{U_Q=2}} = 0.25\Omega$$

根据图 15-11(d)，得到：

$$\begin{cases} \Delta u = \dfrac{0.05}{7}\cos t = 0.00714\cos t \text{ V} \\ \Delta i = \dfrac{0.2}{7}\cos t = 0.0286\cos t \text{ A} \end{cases}$$

(3) 将工作点和小信号解叠加得到最终解。求原电路中的电压 u 和电流 i，根据式(15-8)，可得

$$u = U_Q + \Delta u = 2 + 0.00714\cos t \text{ V}$$
$$i = I_Q + \Delta i = 4 + 0.0286\cos t \text{ A}$$

15.2.3 分段线性法

分段线性法是通过把非线性特性做分段线性化近似处理来分析非线性系统的一种方法。

针对非线性电路，我们可以把非线性电阻元件的 u-i 特性曲线分成若干个区段，在每个区段中用直线段近似地替代特性曲线，这种处理方法称为非线性电路的分段线性法。在分段线性化处理后，所研究的非线性电路在每一个区段上被近似等效为线性电路，即可采用线性电路的理论和方法来进行分析。将各个区段的分析结果，按时间的顺序加以衔接，就是所研究的非线性电路按分段线性法分析得到的结果。

如图 15-12 所示，虚线为隧道二极管的 u-i 特性曲线，在分段线性化处理后，3 个分段曲线都可以用直线(实线)来近似替代。在采用分段直线来表示非线性电阻元件的伏安特性后，对于每一分段，都可以用直线的斜率和表征该直线有效区域的电压或电流值来确定非线性电阻元件的 u-i 特性。假设这 3 段直线的斜率分别为

$$G = \left.\dfrac{\mathrm{d}i}{\mathrm{d}u}\right|_{0<u<u_{b1}} = G_a, \quad 0 < u < u_{b1} \text{（分段 1）}$$

$$G = \left.\dfrac{\mathrm{d}i}{\mathrm{d}u}\right|_{u_{b1}\leqslant u<u_{b2}} = G_b, \quad u_{b1} \leqslant u < u_{b2} \text{（分段 2）}$$

$$G = \left.\dfrac{\mathrm{d}i}{\mathrm{d}u}\right|_{u\geqslant u_{b2}} = G_c, \quad u \geqslant u_{b2} \text{（分段 3）}$$

式中，u_{b1}、u_{b2} 分别为分段 1 与分段 2 和分段 2 与分段 3 之间转折点的电压值。至于一个元件的实际伏安特性究竟要用多少段直线来表示，要由对分析精度的要求来决定。当然，划分的段数越多，直线特性将越接近于实际情况，但分析的工作量也随之增加。

在用分段直线表示非线性电阻元件的伏安特性后，对于每一分段区间，都可以用戴维南或诺顿电路来等效元件。例如，图 15-12 中的第 2 分段区间，元件可等效为图 15-13(a)所示的戴维南电路；图 15-12 中的第 3 分段区间，元件等效为图 15-13(b)所示的所示诺顿电路。图 15-13 中的电压源 U_{S1} 的大小是第 2 分段直线在横轴(电压轴)上的截距，电流源 I_{S1} 的大小是第 3 分段直线在纵轴(电流轴)上的截距，R 是相对应的直线的斜率。

通常，利用分段线性法分析电路时，并不知道各电路元件的确切的工作区域，往往需要用基于"假设—检验"的方法分析。具体做法是：先任意假设某非线性元件工作于某直线段，应用该段的线性等效模型，使得原电路成为线性电路，求解该电路得到线性模型的端电压和电流，判断端电压和电流是否满足该段的条件。若条件满足，则假设成立，求解完毕；

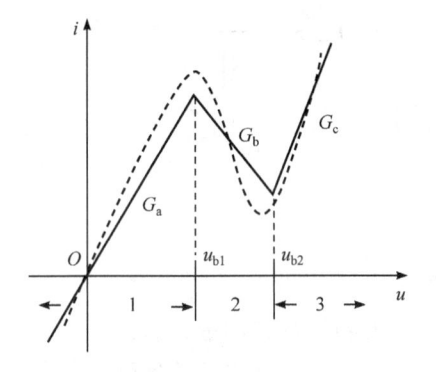

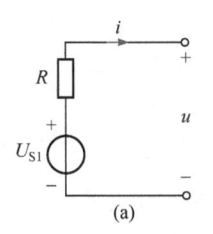

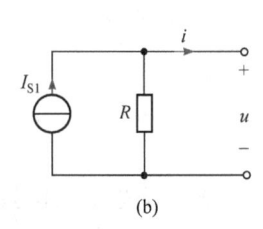

图 15-12　隧道二极管的伏安特性的分段线性近似　　图 15-13　非线性电阻元件的分段近似戴维南和诺顿等效电路

若条件不满足，则假设不成立，再假设其工作于另一段，继续上述过程，直至求解完毕。用这种基于"假设—检验"的方法分析求解含分段线性模型的非线性电阻电路十分有效。需要强调的是，应用这种"假设—检验"的方法的前提是假设非线性电阻电路本身存在唯一解，分段线性模型覆盖了非线性电阻的所有工作范围。因为非线性电阻电路本身可能多解或无解，另外用分段线性模型来代替原来的非线性模型也可能产生多解或无解，从而使得上述"假设—检验"过程可能得出该非线性元件满足多个区段条件或不满足任何区段条件的情况。对于这种情况的讨论超出了本书的范围。

【**例 15-2**】 如图 15-14 所示，已知非线性电阻，当 $i<1\mathrm{A}$ 时，$u=2i$；当 $i>1\mathrm{A}$ 时，$u=i+1$，求 u。

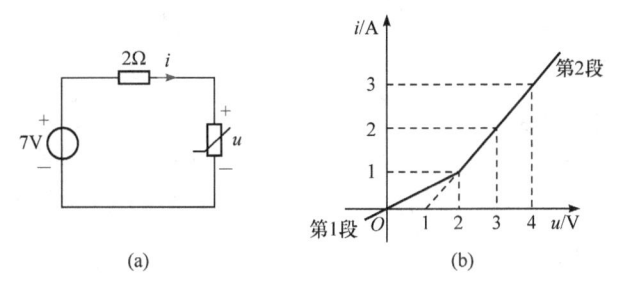

图 15-14　例 15-2 非线性电阻电路的分段线性模型

解　利用假设—检验的方法求解，首先假设非线性电阻工作在第 1 段，条件是 $i<1\mathrm{A}$。由第 1 段直线的斜率，可以得到它等效为一个阻值为 2Ω 的电阻，得到的线性电阻电路如图 15-15(a)所示，求得 $i=1.75\mathrm{A}>1\mathrm{A}$，因此假设错误。

再假设非线性电阻工作在第 2 段，条件是 $i>1\mathrm{A}$。将第 2 段直线延长至横轴，和横轴交点为 1V，斜率为 1，则得到的线性电阻电路如图 15-15(b)所示，求得 $i=2\mathrm{A}>1\mathrm{A}$，因此假设正确。

$$u=1+2\times 1=3(\mathrm{V})$$

如果一个电路有 n 个非线性元件，第 i 个非线性元件有 m_i 个工作区段，那么从存在工作点的可能性来看，就需要把所有可能组合都算出来，以获得最后的结论。换句话说，就需要对电路进行 $\prod_{i=1}^{n} m_i$ 次分析。在电路比较复杂、非线性元件个数较多，并且元件特性含有较多

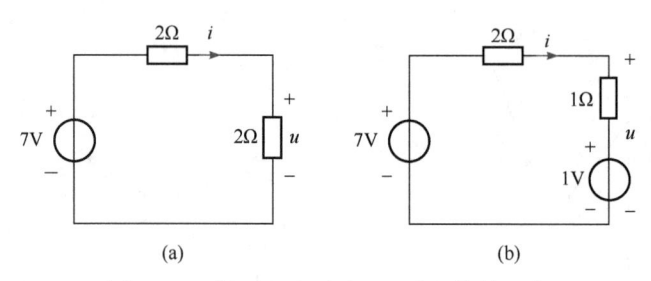

图 15-15 例 15-2 电路在两段中的等效电路

的分段直线时，用分段线性法对电路进行分析将需要很大的计算工作量。但是，因为它是运用线性电路的分析方法来分析非线性电路，该方法的优点也是明显的，并且可以求出电路的所有可能解。

15.3 典型非线性电路分析

15.3.1 非线性动态电路分析

非线性动态电路的分析常采用图解法、小信号分析法和分段线性法等。本节利用分段线性法讨论一阶无源非线性动态电路的分析方法。图 15-16(a)所示的一阶动态电路中，电容 C 是线性元件，N 是无源二端网络，既含有线性电阻元件，又含有非线性电阻元件。假设该网络内的非线性电阻元件都可以分段线性化，以致可用分段线性 u-i 曲线来描述二端电阻网络 N 的端口特性，如图 15-16(b)所示。

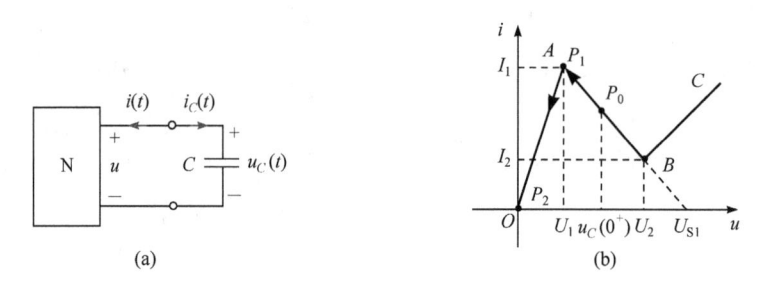

图 15-16 一阶分段线性电路及二端网络 N 的端口特性

研究图 15-16(a)的目的是寻求给定初始状态下的电容电压 $u_C(t)$。由于二端网络 N 的端口变量 $u(t)$ 和 $i(t)$ 必然位于该网络的端口特性曲线上，$u(t)$ 和 $i(t)$ 的变化可以设想为端口特性曲线上的一点自给定的初始点出发，沿着端口特性曲线移动。又因为端口特性是分段线性的，求解端口变量 $u(t)$ 和 $i(t)$ 可以先行确定反映端口变量特性曲线演变的点移动的"路径"和"方向"，即动态路径(dynamic route)。动态路线一旦确定，可借"观察法"求得沿端口特性曲线的每一段直线的解。

【例 15-3】 设图 15-16(a)中二端网络 N 的电压控分段线性端口特性如图 15-16(b)所示。若已知电容元件 $C = 0.5\mu F$，初始电压 $u_C(0^+) = 2.5V$，$U_{S1} = 3.25V$，$U_1 = 2V$，$U_2 = 3V$，$I_1 = 10mA$，$I_2 = 2mA$，求 $t \geq 0^+$ 时的电容电压 $u_C(t)$。

解 按下列步骤求解。

(1) 确定初始点。

设电路的初始状态为 $u_C(0^+)$，因为对于所有的时刻 t，均有 $u(t)=u_C(t)$，因此在初始时刻 $t=0$ 时，$u(0^+)=u_C(0^+)=2.5\text{V}$，所以位于二端网络 N 的端口特性曲线上电容电压初始值 $u_C(0^+)$ 对应的点 P_0 就是初始点，如图 15-16(b) 所示。

(2) 确定动态路径。

图 15-16(a) 的电路方程为

$$\frac{\mathrm{d}u(t)}{\mathrm{d}t}=\frac{i_C(t)}{C}=-\frac{i(t)}{C}$$

而 $u(t)=u_C(t)$，故有

$$\frac{\mathrm{d}u_C(t)}{\mathrm{d}t}=\frac{\mathrm{d}u(t)}{\mathrm{d}t}=-\frac{i(t)}{C}$$

当 $i(t)>0$ 时，电压 $u(t)$ 总是减小的，因而自 P_0 点出发的动态路径必然总是沿着 u-i 曲线中 u 减小的方向移动，也就是从 P_0 点移到 P_1 点，然后到 P_2 点，如图 15-16(b) 所示。动态路径终止于 P_2 点，因为此时有 $i=0$，从而有 $\frac{\mathrm{d}u(t)}{\mathrm{d}t}=0$，即电容电压将不再变化。整个过程电容始终处于放电过程，但从 P_0 点到 P_1 点，电流在增加，在 P_1 点处，电流达到最大值 I_1 后，电容电压就逐渐减小到零。

(3) 对 u-i 曲线的每一个直线段分别求解。

动态路径由 P_0 点移到 P_1 点这个区段时，端口 N 的伏安特性是用线段 $\overline{AB}$ 表示的，所以 N 可用图 15-17(a) 的等效电路代替，其中直流电压源的电压等于 $U_{S1}=3.25\text{V}$，而线性电阻 R_1 为该段直线斜率的倒数，即

$$R_1=\frac{U_1-U_2}{I_1-I_2}=-125\Omega$$

由图 15-16(b) 可以看出 $R_1<0$，它是一个负电阻。根据三要素法，写出电容电压由 P_0 点移到 P_1 点这个区段的解析解为

$$u_C(t)=[u_C(0^+)-U_{S1}]\mathrm{e}^{-\frac{t}{\tau_1}}+U_{S1}$$

式中，时间常数 $\tau_1=R_1C=1-25\times0.5=-62.5(\mu\text{s})$。由于 $R_1<0$，故 τ_1 为负值，所以 $u_C(t)$ 的曲线经过 $u_C(0^+)$ 并当 $t\to-\infty$ 时渐近地趋向于 U_{S1}，如图 15-17(c) 中的虚线所示。但 $[u_C(0^+)-U_{S1}]$ 为负值，所以 $u_C(t)$ 中有一个随时间增长而增长的负分量。事实上，$u_C(t)$ 随时间的增长而下降，当 $u_C(t)$ 达到 U_1 时（对应时间为 t_1）便进入另一线性段：

$$u_C(t)=[u_C(0^+)-U_{S1}]\mathrm{e}^{-\frac{t}{\tau_1}}+U_{S1}=3.25-0.75\mathrm{e}^{\frac{t}{62.5}}\text{ V},\quad 0^+\leqslant t\leqslant 31.9\mu\text{s}$$

式中，31.9μs 是对应于 $u_C(t)=2\text{V}$ 的时刻。

动态路径由 P_1 点移到 P_2 点区段时，端口 N 的伏安特性对应的线段是 $\overline{AO}$，可用图 15-17(b) 等效，其中线性电阻 $R_2=U_1/I_1=200\Omega$，对应的电容电压可根据图 15-17(b) 计算：

$$u_C(t)=U_1\mathrm{e}^{\frac{-(t-t_1)}{\tau_2}}=2\mathrm{e}^{-\frac{(t-31.9)}{100}}\text{ V},\quad t>31.9\mu\text{s}$$

式中，$\tau_2=R_2C=100\mu\text{s}$。电容电压随时间变化的曲线如图 15-17(c) 所示。

(a)　　　　　　　　(b)　　　　　　　　(c)

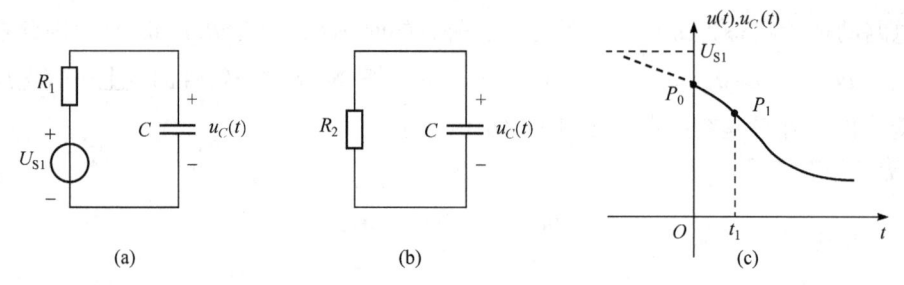

图 15-17　计算图 15-16(a)电路的等效电路

15.3.2　非线性振荡电路分析

本节通过实例介绍一种典型非线性振荡电路，即范德波尔振荡电路。原理上它是由一个线性电感、一个线性电容和一个非线性电阻组成的，如图 15-18(a)所示。非线性电阻的伏安特性曲线有一段为负电阻性质，它的伏安特性可用如下公式表示(属于电流控制型)：

$$u_R = \frac{1}{3}i_R^3 - i_R$$

其伏安特性曲线如图 15-18(b)所示。

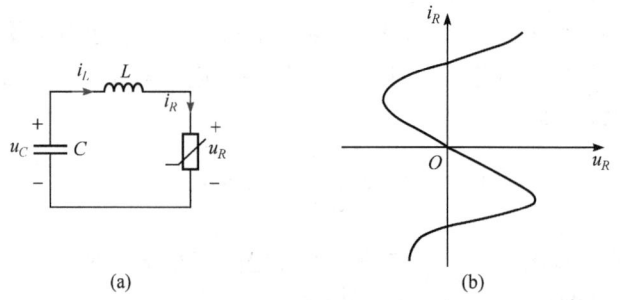

(a)　　　　　　　　　　　　(b)

图 15-18　范德波尔振荡电路

电路的状态方程可写为(注意 $i_L = i_R$)

$$\begin{cases} \dfrac{du_C}{dt} = -\dfrac{i_L}{C} \\ \dfrac{di_L}{dt} = \dfrac{u_C - \left(\dfrac{1}{3}i_L^3 - i_L\right)}{L} \end{cases}$$

式中，u_C 和 i_L 为状态变量。令 $\tau = \dfrac{1}{\sqrt{LC}} t$，$\tau$ 的量纲为 1，则有

$$\begin{cases} \dfrac{du_C}{dt} = \dfrac{du_C}{d\tau}\dfrac{d\tau}{dt} = \dfrac{1}{\sqrt{LC}}\dfrac{du_C}{d\tau} \\ \dfrac{di_L}{dt} = \dfrac{di_L}{d\tau}\dfrac{d\tau}{dt} = \dfrac{1}{\sqrt{LC}}\dfrac{di_L}{d\tau} \end{cases} \quad (15\text{-}9)$$

式(15-9)可改写为

$$\begin{cases} \dfrac{du_C}{d\tau} = -\dfrac{1}{\varepsilon}i_L \\ \dfrac{di_L}{d\tau} = \varepsilon\left[u_C - \left(\dfrac{1}{3}i_L^3 - i_L\right)\right] \end{cases} \quad (15\text{-}10)$$

式中，$\varepsilon = \sqrt{\dfrac{C}{L}}$。

方程式(15-10)中仅有一个参数，即 ε。对于不同的 ε 值，可以画出该方程不同的相图。图 15-19 所示为 $\varepsilon = 0.1$ 时的相图示意图，从图中可以看出有半径为 20 的单一的闭合曲线存在。这种单一或孤立的闭合曲线称为极限环，与其相邻的相轨道都是卷向它的，所以无论相点最初在极限环外或是极限环内，最终都将沿着极限环运动。这说明无论初始条件如何，在所研究的电路中最终将建立起周期性振荡。这种在非线性自治电路产生的持续振荡是一种自激振荡。再令 $x_1 = i_L, x_2 = \dfrac{\mathrm{d}i_L}{\mathrm{d}\tau}$，则

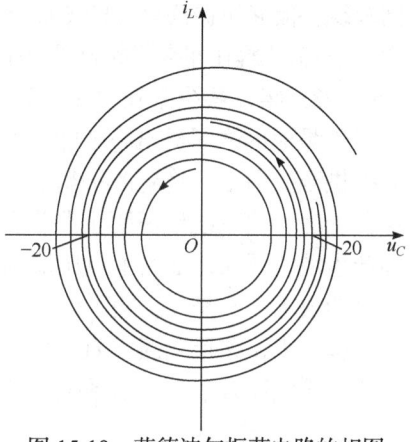

图 15-19 范德波尔振荡电路的相图

式(15-10)可写成：

$$\begin{cases} \dfrac{\mathrm{d}x_1}{\mathrm{d}\tau} = x_2 \\ \dfrac{\mathrm{d}x_2}{\mathrm{d}\tau} = \varepsilon(1-x_1^2)x_2 - x_1 \end{cases} \quad (15\text{-}11)$$

如果令式(15-11)中的 $x_1 = x$，该方程可写为含有一个变量的二阶非线性微分方程：

$$\dfrac{\mathrm{d}^2 x}{\mathrm{d}t^2} - \varepsilon(1-x^2)\dfrac{\mathrm{d}x}{\mathrm{d}t} + x = 0$$

上式即为范德波尔方程。

15.3.3 混沌电路分析

几百年来，人类在观察、研究、认识自然的过程中，发现确定性系统可表现出类似随机的行为。混沌理论的出现与发展正在尝试帮助人们认识和理解这种确定性系统的复杂行为。混沌是一种区别于传统随机运动的无规则运动，它是确定性系统内在随机性的体现。20 世纪 60 年代，大气学家、数学家 Lorenz 在大气湍流模型中发现"蝴蝶吸引子(奇怪吸引子)"，极大地推动了混沌理论的发展。80 年代后，混沌的工程应用研究取得了快速发展。

非线性电路中的混沌研究始于 20 世纪 80 年代初。粗略来讲，非线性电路系统的混沌解或混沌振荡，是指确定的电路系统中产生的不确定、类似随机的输出。确定的电路系统是指电路的参数都为定值，没有随机因素。不确定、类似随机的输出是指电路的输出既不是周期的，也不是拟周期的；既不趋于无穷，也不趋于静止(平衡点)，而是在一定区域内永不重复地振荡输出，这种性质的输出与平衡点、周期解与拟周期解相比有如下几个特征。

(1) 不确定性。在给定的初始状态下，不能精确预测它的任一分量的长期行为。

(2) 对初值的极端敏感性。两个从任意靠近初值出发的轨线，在一定的时间间隔内将会以指数率分离，即初值极其微小的改变，可以使振荡的输出产生本质的差异。这种差异绝不是计算误差形成的，而是非线性系统的固有特性。

(3) 周期或者拟周期信号的频谱是离散谱，混沌振荡输出信号则是在一定的频率范围内的类似噪声的连续谱。

(4) 周期或者拟周期信号的庞加莱映射，在庞加莱截面上的表现是点或无限填充的封闭

椭圆线。但混沌振荡对应的庞加莱映射，在庞加莱截面上的表现则是杂乱无章的点的集合。

(5) 混沌解在相空间的表现是在一定区域内无限填充或具有分数维结构的一个不变集合。

1983 年，蔡少棠在日本目睹了试图在基于洛伦兹方程的模拟电路中产生混沌现象的试验，于是他也试图提出一个能够产生混沌的电子电路。他意识到在分段线性电路中，如果能够提供至少两个不稳定的平衡点（一个提供伸长，另一个折叠轨迹），就可以产生混沌。怀着这种想法，他系统地证明了那些含有简单的由电压控制的非线性电阻的三阶分段线性电路能够产生混沌现象；证明了电压控制型非线性电阻 R 的驱动点特征应符合至少有两个不稳定平衡点的要求，于是他发明了蔡氏电路。

多年来，蔡氏电路一直被认为是混沌产生和演示的最简单的现实案例。蔡氏电路模型是一个三阶线性自治动力学系统，其理论模型如图 15-20 所示。

蔡氏电路方程为

$$\begin{cases} \dfrac{\mathrm{d}u_{C1}}{\mathrm{d}t} = (G/C_1)(u_{C2}-u_{C1})-(1/C_1)g(u_R) \\ \dfrac{\mathrm{d}u_{C2}}{\mathrm{d}t} = (G/C_2)(u_{C1}-u_{C2})-(i_L/C_2) \\ \dfrac{\mathrm{d}i_L}{\mathrm{d}t} = -(1/L)u_{C2} \end{cases} \tag{15-12}$$

图 15-20 所示的电路是由 2 个线性电容、1 个线性电感、1 个线性电阻和 1 个非线性电阻（也称为蔡氏二极管）组成的动态电路。其中，u_{C1} 为电容 C_1 两端的电压，u_{C2} 为电容 C_2 两端电压，i_L 为流过电感 L 的电流。电阻 R 为分段线性电阻，图 15-21 所示为它的伏安特性曲线，其中 m_0、m_1 和 m_2 分别表示相应折线的斜率。

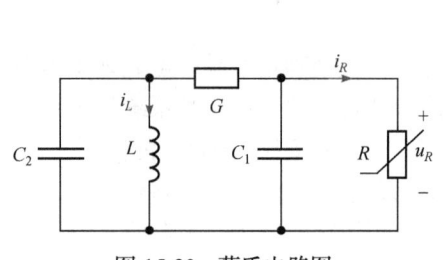

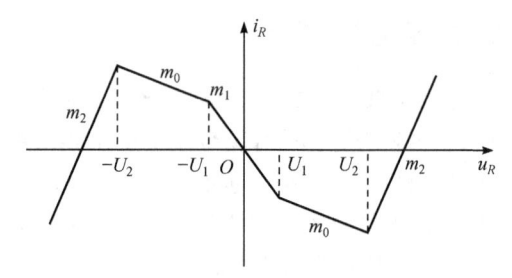

图 15-20　蔡氏电路图　　　　图 15-21　非线性电阻的伏安特性曲线

这是一个三阶非线性自治系统。这个电路在不同参数值条件下会发生丰富多样的动态过程，并有混沌出现，同时方程的解对初始条件十分敏感。

如果令式(15-12)中的 $x=u_{C1}$，$y=u_{C2}$，$z=i_L$，那么该方程可写为无量纲的形式的正规化状态方程：

$$\begin{aligned} \dot{x} &= a_1[y-k(x)] \\ \dot{y} &= x-y+z \\ \dot{z} &= a_2 y \end{aligned}$$

式中，a_1 和 a_2 为参数；$k(\cdot)$ 为非线性函数，满足如下方程：

$$k(x) = \begin{cases} m_1 x + (m_0 - m_1), & x \geqslant 1 \\ m_0 x, & |x| < 1 \\ m_1 x - (m_0 - m_1), & x \leqslant -1 \end{cases}$$

对蔡氏电路进行仿真，选取适当的初始值，即可出现有趣的双涡卷吸引子的现象，如图 15-22 所示。

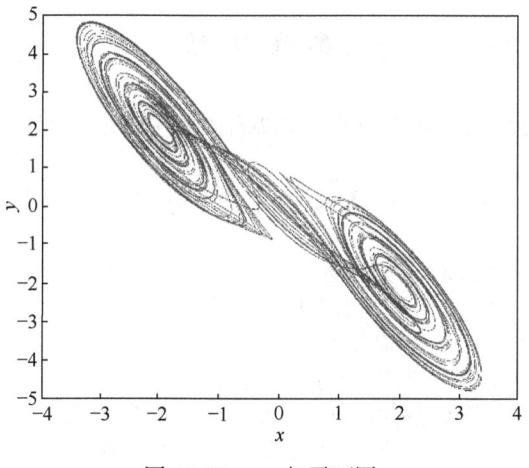

图 15-22　x-y 相平面图

参 考 文 献

AGARWAL A, LANG J H, 2008. 模拟和数字电子电路基础[M]. 于歆杰, 朱桂萍, 刘秀成, 译. 北京: 清华大学出版社.

毕查德·拉扎维, 2003. 模拟 CMOS 集成电路设计[M]. 陈贵灿, 程军, 张瑞智, 等, 译. 西安: 西安交通大学出版社.

曹有为, 内蒙古电力公司培训中心, 2017. 画说电力系统常识[M]. 北京: 中国电力出版社.

姜钧仁, 2002. 电路基础[M]. 哈尔滨: 哈尔滨工程大学出版社.

李鸿林, 席志红, 2023. 电子技术简明教程[M]. 北京: 电子工业出版社.

邱关源, 罗先觉, 2022. 电路[M]. 6 版. 北京: 高等教育出版社.

童诗白, 华成英, 2023. 模拟电子技术基础[M]. 6 版. 北京: 高等教育出版社.

席志红, 2021. 电路分析基础[M]. 2 版. 哈尔滨: 哈尔滨工程大学出版社.

席志红, 李万臣, 2018. 电工基础[M]. 北京: 科学出版社.

肖登, 章晋, 2021. 鉴略电力: 新语说电力基础知识[M]. 北京: 中国电力出版社.

阎石, 清华大学电子学教研组, 2016. 数字电子技术基础[M]. 6 版. 北京: 高等教育出版社.